Angewandte Geophysik

Band 3

Angewandte Geophysik

Herausgegeben von
H. Militzer und F. Weber

Band 3

Seismik

Mit Beiträgen von
B. Forkmann, H. Militzer, R. Rösler,
R. Schmöller und F. Weber

Mit 239 Abbildungen und 9 Tabellen

Springer-Verlag
Wien New York

Akademie-Verlag
Berlin

Dr. rer. nat. habil. HEINZ MILITZER
Ordentlicher Professor für Geophysik
an der Bergakademie Freiberg, Deutsche Demokratische Republik

Dr. phil. FRANZ WEBER
Ordentlicher Professor für Geophysik
an der Montanuniversität Leoben, Österreich

Vertriebsrechte für alle Staaten mit Ausnahme der sozialistischen Länder:
Springer-Verlag Wien—New York

Vertriebsrechte für die sozialistischen Länder:
Akademie-Verlag Berlin

Das Werk erscheint als Gemeinschaftspublikation im
Springer-Verlag Wien—New York und im Akademie-Verlag Berlin

Akademie-Verlag Berlin	ISBN 3-05-500271-7
Springer-Verlag Wien—New York	ISBN 3-211-81799-9
Springer-Verlag New York—Wien	ISBN 0-387-81799-9

1987

Lizenznummer: 202 · 100/448/87
Printed in the German Democratic Republic
Gesamtherstellung: VEB Druckhaus „Maxim Gorki“, 7400 Altenburg
Lektor: Dipl.-Met. Heide Deutscher
LSV 1445
Bestellnummer: 763 556 4 (6745/3)
06800

Vorwort

Im nunmehr vorliegenden dritten und letzten Band des Lehrwerkes „Angewandte Geophysik“ werden die theoretischen, methodischen und apparativtechnischen Grundlagen der Erkundungsseismik schwerpunktartig so dargestellt, wie sie in die Methodik zur Prospektion auf Erdöl und Erdgas Eingang gefunden haben. Besonderheiten der angewandten Seismik, die sich aus spezifischen Aufgaben wie Strukturanalyse und Kennwertermittlung für den Ingenieur- und Bergbau über- und untertage oder Erkundung großer Tiefen in Kruste und oberem Erdmantel ergeben, finden nur insofern Berücksichtigung, als es zum Verständnis um die anhaltende Entwicklung und das Erschließen neuer Anwendungsgebiete notwendig erscheint.

In der Entwicklung der Erkundungsseismik kommt das hohe Tempo des wissenschaftlich-technischen Fortschritts der angewandten Geophysik unserer Zeit besonders deutlich zum Ausdruck. Auf Teilgebieten haben Theorie, Methodik und Anwendung in Verbindung mit apparativ-technischen Neuentwicklungen zur Datengewinnung, -verarbeitung, -darstellung und -interpretation zum Teil völlig neue Bereiche erschlossen und Aussagen ermöglicht, die das Risiko geologischer Such- und Erkundungsarbeiten wesentlich verringern. Eckpunkte der Entwicklung waren die Einführung von Methoden mit sprengstoffloser Energieanregung und einer durchgehenden Digitaltechnik. Nachdem bei landseismischen Messungen lange Jahre 24kanalige Apparaturen im Einsatz waren, sind es heute vorwiegend solche mit 96 Kanälen, und perspektivisch liegen Datenaufnahmesysteme mit mehreren tausend Kanälen im Bereich des Möglichen und Notwendigen. In der Seeseismik gibt es bereits heute Apparaturen mit mehr als 200 Kanälen. — Wesentliche Impulse für diese rasche Entwicklung kommen aus der Satellitentechnik und der Telemetrie.

Im erreichten Stand der seismischen Datenverarbeitung spiegeln sich deutlich die Fortschritte der modernen Informationstheorie und Rechentechnik wider. Bestehende Wechselwirkungen drücken sich nicht zuletzt dadurch aus, daß die Zentren der seismischen Datenverarbeitung schon frühzeitig bedeutende Abnehmer hochleistungsfähiger Rechenanlagen mit großer Speicherkapazität und hoher Operationsgeschwindigkeit gewesen sind.

Die Fortschritte in der Auswertung und Interpretation werden durch erreichte Verbesserungen im Auflösungsvermögen sowie die Einführung neuer Methoden — z. B. der seismischen Vertikalprofilierung oder der seismischen Modellierung — deutlich. Sie haben wesentlichen Anteil an den enger gewordenen Verbindungen der angewandten Geophysik zur Geologie sowie zu den Montan- und Ingenieurwissenschaften.

Die Möglichkeiten der Seismik reichen heute weit über die Analyse von Struktursituationen hinaus. Vielmehr bilden sie eine tragfähige Basis für stratigraphische Einordnungen, den Nachweis von Formationsinhalten, z. B. über die DHI-Methoden (direct hydrocarbon indicators) sowie die Ermittlung petrophysikalischer Kennwerte für den Ingenieur- und Bergbau.

In didaktischer Hinsicht werden auch in diesem Band die wesentlichen mathematischen Grundlagen so dargeboten, daß der an der Theorie weniger interessierte Leser in den übrigen Kapiteln das notwendige Verständnis für den Gegenstand findet. Technische Einzelheiten treten zugunsten von Beschreibungen des Prinzips, der Funktion sowie des Leistungsvermögens anhand ausgewählter Beispiele zurück. Ein tieferes Eindringen in das Fachgebiet erfordert das Studium weiterführender Spezialliteratur, die in großem Umfang für Teilgebiete in englischer und russischer Sprache zur Verfügung steht.

Herausgeber und Autoren standen vor der schwierigen Aufgabe, die große Stoffülle in einem begrenzten Rahmen darzustellen, der aus Gründen der Verlagstechnik sowie der Kosten gegeben war. — Die Herausgeber danken den Autoren für ihr Verständnis um die Berücksichtigung der zum Teil als drückend empfundenen, dennoch erforderlich gewesenen Einschränkungen.

Für das Verständnis und die richtige Einschätzung von Aussagemöglichkeiten der Reflexionsseismik waren nach didaktischen Gesichtspunkten ausgewählte und geologisch bestätigte Beispiele aus der Praxis unerläßlich. Dieses Ziel war nur mit der großzügigen Unterstützung durch die Erdölindustrie zu erreichen, dank deren Entgegenkommen auf ein umfassendes, unveröffentlichtes Material zurückgegriffen werden konnte. — Die Herausgeber und Autoren sind daher folgenden Gesellschaften, Betrieben und Fachkollegen für die verständnisvolle Förderung zu größtem Dank verpflichtet: dem Vorstand der ÖMV-AG/Wien sowie deren Chefgeologen Herrn Professor Dr. Kröll und Herrn Professor Dr. Zych, dem Vorstand der Rohöl-Aufsuchungsgesellschaft m. b. H./Wien, insbesondere Herrn Direktor Dr. Malzer und Herrn Dr. Kittler, der Geschäftsleitung der Prakla-Seismos/Hannover, insbesondere ihrem Vorsitzenden Herrn Dr. Trappe, dem Volkseigenen Kombinat Geophysik/Leipzig, insbesondere dem Generaldirektor, Herrn Dipl. Min. Körner.

Der Forschungsgesellschaft Joanneum Graz — Leoben wird für das Zurverfügungstellen ihrer Infrastruktur herzlich gedankt. Aufrichtiger Dank gilt auch einer Reihe von Mitarbeitern des Wissenschaftsbereiches Angewandte Geophysik der Bergakademie Freiberg und der Montanuniversität Leoben, insbesondere Herrn Dr. Käppler/Freiberg sowie Herrn cand. ing. Hartmann/Leoben für ihre tatkräftige Mitarbeit bei der Manuskriptvorbereitung.

Heinz Militzer   Franz Weber

Inhaltsverzeichnis

1. Einführung

H. Militzer

Nach den physikalischen Grundlagen und dem Arbeitsprinzip ist die angewandte Seismik in die Gruppe der „indirekten" geophysikalischen Verfahren einzustufen. In methodischer Hinsicht geht es um die Untersuchung der kinematischen und dynamischen Eigenschaften elastischer Wellen, die im Boden oder im Wasser durch Sprengungen oder andere Maßnahmen künstlich erzeugt und nach Durchlaufen verschiedener Wege mittels Geophonen oder Hydrophonen auf der Erdoberfläche, in Bohrungen oder im Wasser empfangen werden. Teilziele dieser Untersuchungen sind vor allem die Tiefenbestimmung seismischer „Grenzflächen" und die Ausgliederung solcher Bereiche, die sich in ihren elastischen und anelastischen Eigenschaften von ihrer Umgebung unterscheiden. Das Endziel besteht — wie in den überwiegenden Fällen angewandt-geophysikalischer Untersuchungen — in der Erstellung eines Modells der fraglichen geologischen Situation, in das die Ergebnisse aller anderen geo- und montanwissenschaftilchen Untersuchungen im Sinne einer lagerstättenkundlichen, bergbau- oder ingenieurtechnischen Aussage widerspruchsfrei eingepaßt werden können.

Die Wellenausbreitung ist durch Richtung, Geschwindigkeit, Amplitude und Frequenz des Wellenvorganges sowie durch daraus abgeleitete oder damit verbundene Merkmale gekennzeichnet; dazu gehören z. B. die Laufzeit, die Wellenlänge, die Absorption, die Refraktion und die Reflexion. In dieser Hinsicht gelten für die Beschreibung der Ausbreitungsvorgänge elastischer wie elektromagnetischer Wellen die gleichen Grundbeziehungen. Deshalb werden zur Verdeutlichung seismischer Vorgänge neben den Gesetzen der Elastizitätstheorie auch die Grundgesetze der geometrischen Optik herangezogen.

Historisch betrachtet ist die angewandte Seismik unverkennbar in der Seismologie verwurzelt. Dies ist jene Wissenschaft, die sich mit der Entstehung, der geographischen Verteilung und den Auswirkungen von Erdbeben sowie mit den von ihnen ausgehenden seismischen Wellen befaßt. Aus seismologischen Untersuchungen stammen nicht nur unsere Kenntnisse über den Schalenaufbau der Erde, sondern ebenso über physikalische Zustände des tieferen Erdinneren.

Trotz grundlegender Gemeinsamkeiten zwischen Seismologie und angewandter Seismik haben beide Gebiete doch ihre eigene Entwicklung genommen. Die Entwicklung der angewandten Seismik ist von den ersten Anfängen

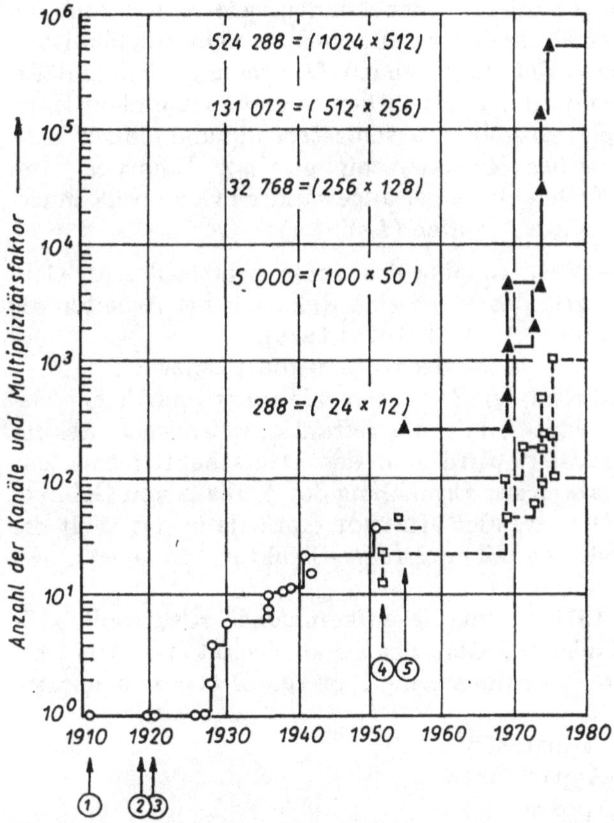

Abb. 1.1. Einige technische Daten zur Entwicklung der angewandten Seismik in Termen der Kanalzahl seismischer Apparaturen und des Multiplizitätsfaktors (umgezeichnet nach ALLEN, 1980) (Multiplizitätsfaktor = Anzahl der Registrierkanäle × Stapelgrad)

① MINTROP erkennt als erster reflektierte Wellen,
② MINTROP beweist die Existenz einer Grenzwelle,
③ erste praktische Anwendung der Seismik durch MINTROP,
④ erste Magnetbandregistrierung,
⑤ erste CDP-Stapelregistrierung,
○ Kanalzahlen vor Einführung der Magnetbandtechnik,
□ Kanalzahlen seit Einführung der Magnetbandtechnik,
▲ Multiplizitätsfaktoren

zu Beginn dieses Jahrhunderts bis zum heutigen Tag beispielhaft für den wissenschaftlich-technischen Fortschritt der angewandten Geophysik insgesamt. Heute nimmt sie innerhalb der angewandten Geophysik eine Vorrangstellung ein. Dies gilt sowohl hinsichtlich ihrer Anwendungsbreite als auch bezüglich der eingesetzten technischen Mittel. Nicht zuletzt begründet sich diese Vorrangstellung aus den methodischen Besonderheiten, die es ermöglichen, praktisch mit einem Meßvorgang Informationen aus mehreren Tiefenstockwerken einzuholen, die mit einer Relevanz in das geologischgeophysikalische Modell eingeordnet werden können, wie es mit anderen oberflächengeophysikalischen Methoden im allgemeinen nicht möglich ist.

Wenngleich es der Rahmen der vorliegenden Darstellung nicht zuläßt, die Entwicklung der angewandten Seismik lückenlos und nach einheitlichen Gesichtspunkten abzuhandeln, so soll doch wenigstens anhand einiger Eckdaten und apparativ-technischer Merkmale ein gewisser Eindruck vom Entwicklungstempo dieses Fachgebietes der angewandten Geophysik innerhalb weniger Jahrzehnte vermittelt werden (Abb. 1.1):

- Emil Wiechert (1861–1928), Inhaber des ersten Lehrstuhles für Geophysik in Deutschland begründet durch eine Reihe eigener Arbeiten die angewandte Seismik (Wiechert, 1923; 1924; 1926).
- Ludger Mintrop (1880–1956) entdeckt 1919 die Grenzwelle („Mintrop-Welle") am Kontakt zweier Schichten mit unterschiedlicher Geschwindigkeit und begründet damit die refraktionsseismische Erkundungsmethode. Am 7. 12. 1919 wird ihm das Deutsche Reichspatent (DRP) Nr. 371693 „Verfahren zur Ermittlung des Aufbaus von Gebirgsschichten" erteilt, und 1920 wendet Mintrop erstmals in der Welt die neue seismische Methode an einer Erdgas-Struktur (Neuengamme) an (Mintrop, 1943).
- J. C. Karcher (1894–1978) nutzt die aufkommende Elektronik zielstrebig für den geophysikalischen Gerätebau und arbeitet etwa seit 1921 an der Einführung der Reflexionsseismik in die Prospektionspraxis (Meinhold, 1981).
- 1927/28 erste Zweikanal-Apparatur
- 1928 erste Vierkanal-Apparatur
- 1937/38 erste 12-Kanal-Apparatur
- 1941 erste 24-Kanal-Apparatur (bleibt für etwa 30 Jahre Standardsystem)
- 1952 erstes Magnetband-Registriersystem (12-kanalig)
- 1959 erstes volltransistorisiertes Magnetband-Registriersystem (24-kanalig)
- Periode der 50er Jahre,
  z. B. Entwicklung der zwei- und dreidimensionalen Modellierung, synthetischer Seismogramme und sprengstoffloser Energiequellen
- Periode der 60er Jahre,
  z. B. Einführung der Dekonvolution und anderer Filtertechniken, der CDP-Stapelung und Vibrationstechnik in größerem Umfang; Einführung digitaler Feldapparaturen bis zu 100 Kanälen und Registrierungen mit 50facher Überdeckung
- Periode der 70er Jahre,
  z. B. Entwicklung neuer Gerätesysteme (z. B. Korrelator, Summator) auf der Grundlage mikroelektronischer Baugruppen, Verwendung von Minicomputern im Gelände, Entwicklung der 3D-Seismik, von Systemen mit 1000 Kanälen und telemetrischer Datenübertragung, Einführung neuer Computersysteme und Programme für das Processing zur Bewältigung einer ständig zunehmenden Datenflut.

Bereits diese skizzenhaften Entwicklungsdaten machen deutlich, daß zwischen den Fortschritten der angewandten Seismik und Entwicklungen auf den Gebieten der Meßtechnik, der Rechentechnik und der Datenverarbeitung enge Wechselbeziehungen bestehen. Die wichtigsten Etappen der Rechnerentwicklung mögen dies verdeutlichen (Tab. 1.1).

Tabelle 1.1. Entwicklungsetappen der Rechnergenerationen

Jahr	Generation	Arbeitselement	Operationen pro Sekunde
1940	0.	Relais	
1950	1.	Röhren, Trommelspeicher	10^2
1960	2.	diskrete Halbleiter, Kernspeicher	10^5
1970	3.	Festkörperschaltkreise	10^6
1975	4.	Mikroprozessoren, Festkörperschaltkreise	10^7

Von geologisch-geophysikalischer Seite wurde diese Entwicklung vor allem durch die ständig steigenden Anforderungen an die Qualität des seismischen Primärmaterials, an das Auflösungsvermögen der eingesetzten Methoden und die Zuverlässigkeit der geologischen Aussage seismischer Messungen für die Belange der Suche und Erkundung von Erdöl-Erdgas-Lagerstätten bestimmt. Langzeituntersuchungen über den Zusammenhang zwischen erkundungsseismischen Arbeiten auf Erdöl, Erdgas und niedergebrachten Bohrungen machten deutlich, daß die prospektionsseismischen Aktivitäten als eine Art „Bedarfsbarometer“ für Erdöl und Erdgas als weltwirtschaftlich besonders wichtige Energieträger und Rohstoffe angesehen werden können. (Ausführliche, zeitlich und regional aufgeschlüsselte Informationen über prospektionsseismische Aktivitäten werden in Abständen von einem Jahr in der Zeitschrift „Geophysics“ – Publikationsorgan der Society of Exploration Geophysicists (SEG), Tulsa, Oklahoma (USA) – sowie monatlich auszugsweise in der Zeitschrift „First Break“ – einem Schnellinformationsdienst der European Association of Exploration Geophysicists (EAEG) der Blackwell Scientific Publications Ltd., Oxford (England) – veröffentlicht.)

Hinsichtlich der Kostenentwicklung ist festzustellen, daß die Ausgaben für die geophysikalische Prospektion in den zurückliegenden Etappen wie folgt anzusetzen sind (außer sozialistische Länder) (Gocht, 1983)

1955	$4 \cdot 10^8$ US-Dollar
1975	$1{,}2 \cdot 10^9$ US-Dollar
1981	$4 \cdot 10^9$ US-Dollar.

Gegenwärtig betragen im Weltmaßstab die Ausgaben für die geophysikalische Prospektion angenähert 10^{10} US-Dollar pro Jahr (ohne die sozialistischen Länder). Davon entfallen etwa 95% allein auf die Seismik. – Wenn sich auch Bedeutung und Entwicklungstendenz eines geophysikalischen Verfahrens nicht ausschließlich aus der Kostenentwicklung einschätzen

Tabelle 1.2. „Seismik aller Wellenlängen"

	S e i s m o l o g i e			a n g e w	
Frequenzbereich in Hz	$3 \cdot 10^{-4} \ldots 10^{-2}$	$10^{-2} \ldots 10^{-1}$	$10^{-1} \ldots 10^{0}$	Tiefenseismik $10^{0} \ldots 10^{1}$	$10^{0} \ldots 10^{1}$
Wellenlänge in km	26000...800	800...80 ($\bar{v} = 8$ km/s)	80...8	$6 \ldots 6 \cdot 10^{-1}$ ($\bar{v} = 6$ km/s)	
Quellen/wichtigste Wellenarten	Eigenschwingungen der Erde (Grundmode) Oberflächenwellen	Fernbeben	Nahbeben	Nahbeben	Sprengungen
		Oberflächenwellen Raumwellen — Tauchwellen — gebrochene — reflektierte Kanalwellen		Raumwellen — Wechselwellen	Raumwellen — gebrochene — reflektierte
Untersuchungsbereich	g e s a m t e E r d e		Erdmantel/ Erdkruste	Erdkruste/ Deckgebirge	Oberkruste/ Deckgebirge
Dimension bzw. Tiefenreichweite in km	10^{4}		$10^{3} \ldots 10^{2}$	$10^{2} \ldots 10^{1}$	$10^{2} \ldots 10^{1}$
Auflösungsvermögen bzw. Genauigkeit in km	10^{2}		10^{1}	$10^{1} \ldots 10^{0}$	10^{0}

lassen, so läßt sich doch ein entsprechendes Wachstum der Anwendungsbreite erkennen. In besonderem Maße gilt dies für die seismische Erkundung der tieferen Erdkruste und des oberen Mantels (Tiefenseismik). Ihr verdanken wir unsere Kenntnisse über Existenz und Verlauf globaler seismischer Diskontinuitäten (z. B. der Mohorovičić-Diskontinuität) sowie über deren Beschaffenheit in Teufenbereichen, die technisch erst in ferner Zukunft zugänglich sein werden; und dennoch sind sie bereits heute von grundsätzlicher Bedeutung für das Verständnis um die Entwicklungsgeschichte unserer Erde sowie die Genese und Verteilung zahlreicher Lagerstätten. Ebenso gilt dies für seismische Reflexions-, Refraktions- und Durchschallungsmessungen im Ingenieur- und Wasserbau sowie für die vielfältigen Belange der Lagerstättensuche und -erkundung im Bereich der Steine und Erden ebenso wie für die Wassererschließung (Ingenieurseismik).

Nicht zuletzt spiegelt sich dieses Wachstum auch in der gezielten Anwendung seismischer Verfahren bei Über- und Untertage-Erkundungen auf

a n d t e	S e i	s m i k		
Erkundungs-seismik $10^1 \ldots 10^2$	Nahseismik $3 \cdot 10^1 \ldots 10^2$	Ingenieur-seismik $10^1 \ldots 10^3$	Bergbauseismik (unter Tage) $10^2 \ldots 10^4$	Laborseismik $2 \cdot 10^4 \ldots 5 \cdot 10^5$
$3 \cdot 10^{-1} \ldots 3 \cdot 10^{-2}$ ($\bar{v} = 3$ km/s)	$10^{-1} \ldots 10^{-2}$ ($\bar{v} = 1 \ldots 3$ km/s)	$4 \cdot 10^{-1} \ldots 5 \cdot 10^{-4}$ ($\bar{v} = 0{,}5 \ldots 4$ km/s)	$4 \cdot 10^{-2} \ldots 2 \cdot 10^{-4}$ ($\bar{v} = 2 \ldots 4$ km/s)	$4 \cdot 10^{-4} \ldots 2 \cdot 10^{-6}$ ($\bar{v} = 1 \ldots 8$ km/s)
Sprengungen und sprengstofflose Energieanregung		Sprengstofflose Energieanregung	Sprengungen und sprengstofflose Energieanregung	Knallfunken und mittels Ultraschall
		Oberflächenwellen	Raumwellen — direkte — gebrochene — reflektierte Kanalwellen — direkte — reflektierte	Raumwellen — direkte — gebrochene — reflektierte Dehnwellen Biegewellen Torsionswellen
Deckgebirge	Nahbereich	Bauraum	Abbau- und Betriebsbereich	Modelle Gesteinsproben
$10^1 \ldots 10^0$	$10^0 \ldots 10^{-1}$	$10^{-1} \ldots 10^{-2}$	$10^{-1} \ldots 10^{-2}$	$10^{-4} \ldots 10^{-5}$
$10^{-1} \ldots 10^{-2}$	10^{-2}	$10^{-2} \ldots 10^{-3}$	10^{-3}	10^{-5}

Kohle, Kali und Erz, besonders bei Detailuntersuchungen zur Steuerung des Abbauprozesses wider (Bergbauseismik).

In methodischer Hinsicht sind die einzelnen Anwendungsbereiche meist nicht scharf voneinander abzugrenzen. Übergänge sind erkennbar, wenn man die Wellenart, den Frequenzbereich und die Wellenlängen analysiert. Die Übersicht einer „Seismik aller Wellenlängen" möge dies erläutern und gleichzeitig die Anwendungsbreite dieses bedeutsamen geophysikalischen Arbeitsgebietes erkennen lassen (Tab. 1.2).

Die Frage nach weiteren Entwicklungstendenzen der angewandten Seismik ist keineswegs umfassend und nur mit gebotener Zurückhaltung zu beantworten. Eine Teilantwort läßt sich aus den in Abb. 1.1 dargestellten technischen Entwicklungsmerkmalen entnehmen. Berücksichtigt man, daß anfangs fünf Jahrzehnte vergingen, bis die Kanalzahl seismischer Systeme um zwei Größenordnungen — von 1 auf 100 — angewachsen ist, so überrascht schon das beschleunigte Entwicklungstempo, wenn anschließend nur ein halbes Jahrzehnt bis zur Entwicklung der ersten 1000-Kanal-Systeme verging; in vergleichbarer Weise erhöhte sich der Multiplizitätsfaktor. Es ist zu erwarten, daß diese Entwicklung anhält und solche vielkanaligen Systeme routinemäßig in Gebrauch genommen werden. Damit ergeben sich grundsätzliche Voraussetzungen für intensivere Untersuchungen, methodische Verbesserungen, höhere Genauigkeiten für Korrektur- und Geschwindigkeitswerte und anderes mehr. Mit dem Wunsch nach einer größeren Auflösung verbinden sich notwendigerweise Forderungen nach Registrierungen mit größerer Bandbreite und einem weiteren Ausbau der 3D-Seismik. Dabei stellt natürlich die Filterwirkung der Erdkruste eine grundsätzliche Schranke dar. Die routinemäßige Anwendung verschiedener Wellentypen, die Weiterentwicklung der Wavelet-Analyse sowie der Migrations- und Filteralgorithmen sind Vorbedingungen dafür, daß die strukturelle und stratigraphische Analyse, die Herleitung ingenieur- und bergtechnischer Aussagen zunehmend sicherer und konkreter werden. Dieser Prozeß ist nach wie vor an den weiteren Ausbau bestehender Wechselbeziehungen z. B. der Mikroelektronik, Computertechnik bis zur mathematischen Geologie gebunden und schließt das ständige Bemühen um die Nutzung modernster Ergebnisse der Informationstheorie, der Datenübertragung und Signalverarbeitung bis zur Physik der Materie unter extremen Bedingungen ein.

2. Theorie seismischer Wellen

R. Rösler

2.1. Allgemeine Grundlagen

2.1.1. Definition seismischer Wellen

In festen und flüssigen Stoffen breiten sich zeitlich verändernde elastische Spannungen und mit ihnen verknüpfte Deformationen als elastische Wellen mit einer charakteristischen Geschwindigkeit von einigen 100 bis zu einigen 1 000 m/s aus. Als *seismische* Wellen bezeichnet man elastische Wellen in Gesteinen in ihrer natürlichen Lagerung oder im Material des tieferen Erdinneren. Sie sind zeitlich veränderliche, kleine Verschiebungen eines körperfesten Punktes in der Erde und werden durch natürliche oder künstliche Veränderungen des Deformations- und/oder Spannungszustandes hervorgerufen.

Die natürlichen Quellen seismischer Wellen sind z. B. Erdbeben, künstliche Quellen sind u. a. Sprengungen oder dynamische Belastungen durch Vibratoren an der Erdoberfläche. Die natürlichen seismischen Wellen (Erdbebenwellen) sind ein unentbehrliches Hilfsmittel zur Untersuchung des Aufbaus der Erdkruste und des Erdinneren sowie der tektonischen Prozesse, die von Erdbeben begleitet werden; die künstlichen seismischen Wellen werden in der Reflexions- und Refraktionsseismik bei der Erkundung von Lagerstätten in der obersten Erdkruste angewandt. Darüber hinaus gibt es viele Spezialprobleme in der Geophysik, in der Technik und in der Medizin, die die Kenntnis der Ausbreitungsvorgänge elastischer Wellen erfordern. Die Frequenzen seismischer Wellen liegen meist im unteren Bereich hörbarer Töne und weit darunter (100 Hz...0,01 Hz).

2.1.2. Deformationen im elastischen Medium

Die Relativbewegung eng benachbarter körperfester Punkte in einem deformierbaren elastischen Medium wird durch einen *Deformationstensor* beschrieben. Zunächst wird die relative Änderung des Abstandes zweier eng benachbarter Punkte betrachtet. Die Koordinaten eines Punktes im undeformierten Körper[1] seien $a_i (i = 1, 2, 3)$ und im deformierten Körper x_i. Der Abstand

---

[1] Für Vektoren wird sowohl die Koordinatendarstellung als auch die koordinatenfreie Schreibweise verwendet. Dabei wird der Version der Vorzug gegeben, die eine übersichtliche Lesbarkeit ermöglicht. Die Indizes $i, j, k, l, \ldots$ laufen über 1, 2, 3; x_1, x_2, x_3 wird auch ersetzt durch x, y, z.

zweier körperfester Punkte vor der Deformation sei da_i und nach der Deformation dx_i.

Für kleine Abstände $\|da_i\|$ und $\|dx_i\|$ kann dx_i als lineare Vektorfunktion

$$dx_i = (\delta_{ik} + D_{ik})\, da_k \tag{2.1}$$

dargestellt werden. Dabei ist

δ_{ik} – das KRONECKER-Symbol,

D_{ik} – der Deformationstensor.

Bezeichnet man den Verschiebungsvektor mit

$$u_i = x_i - a_i \tag{2.2}$$

dann gilt näherungsweise

$$D_{ik} = \frac{1}{2}\left(\frac{\partial u_i}{\partial x_k} + \frac{\partial u_k}{\partial x_i}\right) \tag{2.3}$$

für kleine Deformationen $|D_{ik}| \ll 1$. Die Werte der Komponenten des Deformationstensors für $i = k$ bedeuten die *relativen Längenänderungen* in der Achsenrichtung i und für $i \neq k$ die *Scherungswinkel* zwischen den Richtungen i und k.

2.1.3. Elastische Spannungen in festen Körpern

Als Spannungen werden innere Kräfte in festen Körpern bezeichnet. Sie sind als Kraft pro Fläche definiert, ihre Maßeinheit ist N/m^2. An der Oberfläche A eines Volumenelementes eines elastischen Körpers mit der Normalenrichtung in der x-Richtung (Abb. 2.1,) greift die Kraft $\boldsymbol{F}$ an. Division durch die Fläche A ergibt den Spannungsvektor

$$\boldsymbol{S} = \boldsymbol{F}/A \tag{2.4}$$

mit den kartesischen Komponenten

$$\boldsymbol{S} = \boldsymbol{e}_1 T_{11} + \boldsymbol{e}_2 T_{12} + \boldsymbol{e}_3 T_{13}. \tag{2.5}$$

Auf Grund der am Volumenelement herrschenden Momentengleichheit gilt

$$T_{12} = T_{21}, \quad T_{13} = T_{31}, \quad T_{23} = T_{32}. \tag{2.6}$$

Die Gesamtheit der Größen T_{ik} bildet den *Spannungstensor*[1]; er ist wegen (2.6) symmetrisch. Die Komponenten mit $i = k$ nennt man *Normalspannung*

[1] Für den Spannungs- bzw. Deformationstensor findet man in der Literatur auch die Symbole σ_{ik}, τ_{ik} bzw. ε_{ik}. Hier werden D_{ik} und T_{ik} in Anlehnung an „deformation" und „tension" bevorzugt.

(zur Richtung i), und die Komponenten mit $i \neq k$ sind die *Schubspannungen* in Richtung k (oder i), angreifend an einer Fläche mit der Normalen in Richtung der Achse i (oder k).

Sowohl der Deformations- als auch der Spannungstensor sind symmetrische Tensoren. Durch eine Drehung des Koordinatensystems kann man erreichen, daß die Nichtdiagonalglieder verschwinden. Die verbleibenden Hauptdiagonalglieder nennt man Hauptwerte des jeweiligen Tensors (Hauptspannungen bzw. Hauptdeformationswerte). Ausführliche Darstellungen findet man bei SOMMERFELD (1950), KOLSKY (1953), LANDAU; LIFSCHITZ (1959), AULD (1973).

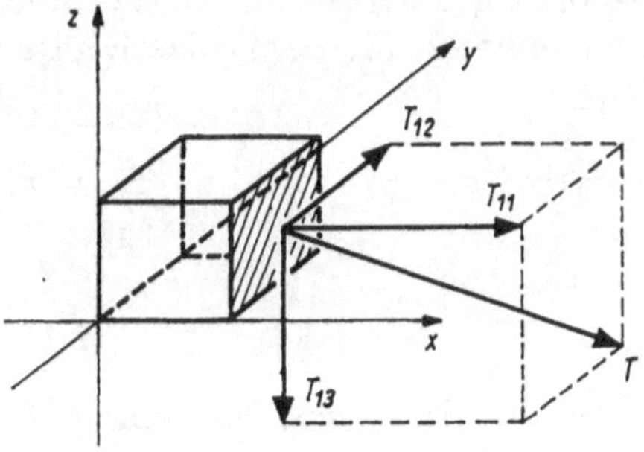

Abb. 2.1. Der Spannungsvektor an der Oberfläche eines Volumenelementes

2.2. Stoffgesetze als Verknüpfung von Spannungen und Deformationen

2.2.1. Ideale Elastizität

Bei idealer Elastizität bestehen zwischen den Momentanwerten des Spannungs- und Deformationstensors eindeutige Beziehungen. Für die meisten praktischen Anforderungen genügt eine lineare Beziehung, die sich allgemein als lineare Tensorfunktion darstellen läßt[1]

$$T_{ik} = C_{iklm} D_{lm} \,. \tag{2.7}$$

Das ist das allgemeinste ideal-elastische *Stoffgesetz* (auch Spannungs-Dehnungs-Gesetz, Stress-Strain-Relation genannt). Die Koeffizienten C_{iklm} sind die *Elastizitätskonstanten* (auch -moduln genannt). Sie sind die Komponenten eines Tensors 4. Stufe. Dieser *Elastizitätstensor* hat $3^4 = 81$ Komponenten. Infolge der Symmetrie von Spannungs- und Deformationstensor (Symmetrien I. und II. Art) und der Existenz einer potentiellen elastischen Energie (Symmetrie III. Art) bei idealer Elastizität gelten folgende Beziehungen

$$C_{iklm} = C_{kilm} = C_{ikml} = C_{lmik} \tag{2.8}$$

[1] Hier und im folgenden soll über Indices, die in Produkten oder einzelnen Termen doppelt auftreten, von 1 bis 3 summiert werden.

zwischen den 81 Konstanten. Die Anzahl voneinander unabhängiger Konstanten hängt von der Kristallsymmetrie ab, z. B. gibt es für

Trikline Kristalle	21 Konstanten
Transversal-Isotropie (= Schichtungsanisotropie)	5 Konstanten
Kubische Kristalle	3 Konstanten
Isotropes Material	2 Konstanten

(s. SOMMERFELD, 1950; FEDOROV, 1965; ACHENBACH, 1973; AULD, 1973; SCHREIBER et al., 1973). In der angewandten Geophysik wird meist isotropes Material zugrunde gelegt; man verwendet oft die LAMÉschen Konstanten λ und μ. Es existiert ein einfacher Zusammenhang mit dem Elastizitätstensor 4. Stufe

$$C_{iklm} = \lambda\delta_{ik}\delta_{lm} + \mu(\delta_{il}\delta_{km} + \delta_{im}\delta_{kl}), \tag{2.9}$$

und es gilt das HOOKEsche Gesetz

$$T_{ik} = \lambda\delta_{ik}D_{ll} + 2\mu D_{ik}. \tag{2.10}$$

Es bestehen ferner einfache Zusammenhänge mit dem *Elastizitätsmodul* E, der POISSONschen *Querkontraktionskonstante* ν, dem *Torsionsmodul* G und dem *Kompressionsmodul* k:

$$E = \frac{3\lambda + 2\mu}{\lambda + \mu}\mu, \tag{2.11}$$

$$\nu = \frac{\lambda}{2(\lambda + \mu)}, \tag{2.12}$$

$$G = \mu, \tag{2.13}$$

$$k = \lambda + \frac{2}{3}\mu. \tag{2.14}$$

Bei speziellen Aufgaben ist es notwendig, die durch die Schichtung der Gesteine hervorgerufene Anisotropie zu berücksichtigen. Es ist offensichtlich, daß unterschiedliches elastisches Verhalten parallel und senkrecht zur Schichtung auftreten kann. Man nennt dies *Schichtungsanisotropie* oder *Transversalisotropie.* Letzteres bedeutet, daß transversal zur Schichtungsrichtung Isotropie herrscht; meist ist dies die Vertikale. In diesem Falle treten fünf voneinander unabhängige Elastizitätskonstanten auf. Diese werden mit $\lambda_\parallel$, $\lambda_\perp$, $\mu_\parallel$, $\mu_\perp$ und μ bezeichnet und stehen mit den C_{iklm} im folgenden Zusammenhang:

$$C_{1111} = C_{2222} = \lambda_\parallel + 2\mu_\parallel, \tag{2.15}$$

$$C_{3333} = \lambda_\perp + 2\mu_\perp, \tag{2.16}$$

$$C_{1122} = C_{2211} = \lambda_\parallel, \tag{2.17}$$

$$C_{1133} = C_{2233} = \cdots = \lambda_{\perp}, \tag{2.18}$$

$$C_{1313} = C_{2323} = \cdots = \mu, \tag{2.19}$$

$$C_{1212} = \cdots = \mu_{\parallel}, \tag{2.20}$$

wobei die z-Achse (Index 3) die Symmetrieachse ist (2.20). Durch ... wird angedeutet, daß sich eine Reihe weiterer Koeffizienten durch die Symmetrieeigenschaften (2.8) ergeben. Es verschwinden alle C_{iklm}, bei denen die Indices 1, 2 *und* 3 vorkommen (z. B. $C_{1231} = 0$).

Das HOOKEsche Gesetz (Stoffgesetz) ist etwas komplizierter:

$$\begin{aligned}
T_{11} &= \lambda_{\parallel}(D_{11} + D_{22}) + \lambda_{\perp} D_{33} + 2\mu_{\parallel} D_{11}, \\
T_{22} &= \lambda_{\parallel}(D_{11} + D_{22}) + \lambda_{\perp} D_{33} + 2\mu_{\parallel} D_{22}, \\
T_{33} &= \lambda_{\perp}(D_{11} + D_{22} + D_{33}) + 2\mu_{\perp} D_{33}, \\
T_{12} &= 2\mu_{\parallel} D_{12}, \\
T_{13} &= 2\mu D_{13}, \\
T_{23} &= 2\mu D_{23}.
\end{aligned} \tag{2.21}$$

Hieraus wird die Bedeutung der Indices $\parallel$ und $\perp$ deutlich.

2.2.2. Anelastizität

Alle Abweichungen von der idealen Elastizität bezeichnet man als inelastisches Verhalten. Es ist dadurch gekennzeichnet, daß es keinen eindeutigen Zusammenhang zwischen den Momentanwerten von Spannungen und Deformationen gibt. Der momentane Zustand wird auch durch die elastische Vorgeschichte beeinflußt; dies wird als *elastische Nachwirkung* bezeichnet. Sie kann im Stoffgesetz durch Einbeziehung der zeitlichen Differentialquotienten $\frac{\partial}{\partial t} D_{ik}$ und $\frac{\partial}{\partial t} T_{ik}$ berücksichtigt werden. Sieht man von plastischen Deformationen ab, so spricht man von *Anelastizität*; sie wird in verschiedenen Spezialfällen (Viskoelastizität, Elasticoviskosität, usw.) untersucht.

Ein sehr allgemeines anelastisches Stoffgesetz wurde von NAKAMURA (1949) angegeben:

$$\left(a + b\frac{\partial}{\partial t}\right) T_{ik} = \delta_{ik}\left(\lambda' + \lambda\frac{\partial}{\partial t}\right) D_{ll} + 2\left(\mu' + \mu\frac{\partial}{\partial t}\right) D_{ik}. \tag{2.22}$$

Es kann aus einem allgemeinen Nachwirkungsgesetz für die Deformationen abgeleitet werden, in dem exponentielle Nachwirkungsfunktionen auftreten (BUCHHEIM, 1959). Das Stoffgesetz (2.22) enthält alle Spezialfälle linearer anelastischer Stoffgesetze mit höchstens ersten zeitlichen Ableitungen. So ergibt sich z. B.

– die ideale Flüssigkeit (PASCAL):

$$a = 1, \quad b = \mu = \mu' = \lambda = 0, \quad \lambda = \varkappa,$$

— die NEWTONsche Flüssigkeit:

$$a = 1, \quad b = \mu' = \lambda = 0, \quad \lambda' = \varkappa, \quad \mu = \eta,$$

— der KELVIN-VOIGT-Körper:

$$a = 1, \quad b = 0, \quad \lambda' = \lambda, \quad \mu' = \mu, \quad \lambda = -\frac{2}{3}\eta, \quad \mu = \eta$$

usw.

Durch das Stoffgesetz (2.22) und seine Spezialfälle lassen sich Kriechvorgänge bei langandauernder Belastung, Energieverluste bei elastischen Schwingungen, die Dämpfung elastischer (seismischer) Wellen u. a. Erscheinungen phänomenologisch beschreiben. Angaben über die in (2.22) auftretenden Koeffizienten sind nur spärlich verfügbar und nicht immer widerspruchsfrei. Ihre Bestimmung ist mit großen Schwierigkeiten verbunden.

2.3. Die Wellengleichung und einige wichtige Lösungen im unbegrenzten Raum

2.3.1. Isotropes Material

2.3.1.1. Kompressions- (P-) und Scherungs- (S-) Wellen

Aus der Gleichgewichtsbedingung zwischen der Trägheitskraft und den an einem Volumenelement angreifenden elastischen Spannungen erhält man die *Bewegungsgleichung*. Sie lautet, wenn keine äußeren Volumenkräfte berücksichtigt zu werden brauchen (das ist bei den in der angewandten Geophysik vorliegenden Verhältnissen meist der Fall):

$$\varrho \frac{\partial^2}{\partial t^2} u_i = \frac{\partial}{\partial x_k} T_{ik}. \tag{2.23}$$

Mit dem Stoffgesetz (2.10) und den Komponenten des Deformationstensors (2.3) erhält man für räumlich konstante λ und μ (homogenes Material)

$$\varrho \frac{\partial^2}{\partial t^2} u_i = (\lambda + \mu) \frac{\partial^2}{\partial x_i \, \partial x_l} u_l + \mu \frac{\partial^2}{\partial x_k \, \partial x_k} u_i \tag{2.24}$$

oder

$$\varrho \frac{\partial^2}{\partial t^2} \boldsymbol{u} = (\lambda + \mu) \nabla\nabla \cdot \boldsymbol{u} + \mu \nabla \cdot \nabla \boldsymbol{u} \tag{2.25}$$

mit dem Verschiebungsvektor

$$\boldsymbol{u} = u_1 \boldsymbol{e}_1 + u_2 \boldsymbol{e}_2 + u_3 \boldsymbol{e}_3. \tag{2.26}$$

Mit der bekannten eindeutigen Zerlegung des Verschiebungsvektors $\boldsymbol{u}$ in einen rotationsfreien Vektor $\boldsymbol{u}^{(1)}$ und einen divergenzfreien Vektor $\boldsymbol{u}^{(2)}$

$$\boldsymbol{u} = \boldsymbol{u}^{(1)} + \boldsymbol{u}^{(2)} \tag{2.27}$$

erhält man nach einigen Umformungen aus (2.25) die beiden *Wellengleichungen*

$$\Delta \boldsymbol{u}^{(1)} - \frac{\varrho}{\lambda + 2\mu} \frac{\partial^2}{\partial t^2} \boldsymbol{u}^{(1)} = 0, \tag{2.28}$$

$$\Delta \boldsymbol{u}^{(2)} - \frac{\varrho}{\mu} \frac{\partial^2}{\partial t^2} \boldsymbol{u}^{(2)} = 0. \tag{2.29}$$

Die Lösungen dieser Wellengleichungen stellen die zwei Arten der *elastischen Raumwellen* in festen Körpern dar. Wegen $\nabla \times \boldsymbol{u}^{(1)} = 0$ ist $\nabla \cdot \boldsymbol{u}^{(1)} \neq 0$, und die Wellen $\boldsymbol{u}^{(1)}$ sind *Kompressionswellen*; wegen $\nabla \cdot \boldsymbol{u}^{(2)} = 0$ ist $\nabla \times \boldsymbol{u}^{(2)} \neq 0$, die Wellen $\boldsymbol{u}^{(2)}$ sind *Rotations-* oder *Scherungswellen*. Aus den Wellengleichungen findet man ihre Geschwindigkeiten zu

$$v_p = \sqrt{\frac{\lambda + 2\mu}{\varrho}} \quad \text{für die Kompressions- oder P-Wellen}^1, \tag{2.30}$$

$$v_s = \sqrt{\frac{\mu}{\varrho}} \quad \text{für die Scherungs- oder S-Wellen}. \tag{2.31}$$

Man kann $\boldsymbol{u}^{(1)}$ als Gradienten eines Skalar-Potentials Φ und $\boldsymbol{u}^{(2)}$ als Rotation eines Vektorpotentials $\boldsymbol{A}$ darstellen:

$$\boldsymbol{u}^{(1)} = -\nabla \Phi, \tag{2.32}$$

$$\boldsymbol{u}^{(2)} = \nabla \times \boldsymbol{A}. \tag{2.33}$$

Diese beiden Potentiale erfüllen ebenfalls die Wellengleichungen (2.28) und (2.29):

$$\Delta \Phi - \frac{\varrho}{\lambda + 2\mu} \frac{\partial^2}{\partial t^2} \Phi = 0, \tag{2.34}$$

$$\Delta \boldsymbol{A} - \frac{\varrho}{\mu} \frac{\partial^2}{\partial t^2} \boldsymbol{A} = 0. \tag{2.35}$$

Auf Details dieser Ableitungen wird an dieser Stelle verzichtet (SOMMERFELD, 1950; KOLSKY, 1953; EWING et al., 1957; LANDAU; LIFSCHITZ, 1959; SAVARENSKI; KIRNOS, 1960; ACHENBACH, 1973; AL-SADI, 1980).

---

[1] Wegen $v_P > v_S$ treffen die P-Wellen (= undae primae, lat.) zuerst ein, die S-Wellen (= undae secundae, lat.) sind die „zweiten" Wellen.

2.3.1.2. Ebene Wellen

Falls der Verschiebungsvektor $\boldsymbol{u}$ nur von einer Raumkoordinate (z. B. nur von x) abhängt, dann vereinfachen sich die Wellengleichungen (z. B. für die P-Welle) zu

$$\frac{\partial^2}{\partial x^2}\,\boldsymbol{u}^{(1)}(x,t) - \frac{1}{v_p{}^2}\,\frac{\partial^2}{\partial t^2}\,\boldsymbol{u}^{(1)}(x,t) = 0\,. \tag{2.36}$$

(2.36) ist auch als Differentialgleichung der schwingenden Saite bekannt. Aus der Bedingung $\nabla \times \boldsymbol{u}^{(1)} = 0$ folgt, daß ebene Kompressionswellen *longitudinale Wellen* sind. Ebene Scherungswellen sind wegen $\nabla \cdot \boldsymbol{u}^{(2)} = 0$ *transversale Wellen*. Die allgemeine Lösung von (2.36) ist als D'ALEMBERT-sche Lösung bekannt

$$\boldsymbol{u}^{(1)}(x,t) = \boldsymbol{e}_x[f(x - v_p t) + g(x + v_p t)]\,. \tag{2.37}$$

Sie stellt die Überlagerung einer in positiver x-Richtung laufenden Welle f mit einer Welle g dar, die in negativer x-Richtung läuft (KOLSKY, 1953; ACHENBACH, 1973).

Der Verschiebungsvektor (2.37) ist unabhängig in y und z und hat auf jeder Ebene $x = \text{const}$ in jedem Zeitpunkt den gleichen Wert. Man nennt deshalb (2.37) eine *ebene Welle*.

Bei einer Zeitabhängigkeit der Art $e^{-i\omega t}$ spricht man von einer *harmonischen Welle* mit der Kreisfrequenz ω, und statt (2.37) gilt dann

$$\boldsymbol{u}^{(1)}(x,t) = \boldsymbol{e}_x[A\,e^{i((\omega/v_p)x - \omega t)} + B\,e^{-i((\omega/v_p)x + \omega t)}]\,. \tag{2.38}$$

Die zwei Konstanten A und B ergeben sich aus den Anfangs- oder Randbedingungen der Wellenbewegung. Fällt die Ausbreitungsrichtung nicht mit der x-Achse zusammen, so ist x in (2.38) durch $\boldsymbol{n} \cdot \boldsymbol{r}$ zu ersetzen[1]

$$\boldsymbol{u}^{(1)}(\boldsymbol{n} \cdot \boldsymbol{r}, t) = \boldsymbol{n}\,[A\,e^{i(\boldsymbol{k}_p \cdot \boldsymbol{r} - \omega t)} + B\,e^{-i(\boldsymbol{k}_p \cdot \boldsymbol{r} + \omega t)}]\,. \tag{2.39}$$

Der Vektor

$$\boldsymbol{k}_p = k_p \boldsymbol{n} \tag{2.40}$$

ist der Wellenvektor, und $k_p = \dfrac{\omega}{v_p}$ ist die Wellenzahl der P-Wellen.

Einige Probleme der Wellenausbreitung lassen sich am Modell der ebenen Wellen untersuchen. Dabei werden die Krümmung der Wellenfronten und die Amplitudenabnahme in Ausbreitungsrichtung infolge sphärischer Divergenz vernachlässigt.

---

[1] Die Gleichung einer Ebene mit der Normalenrichtung $\boldsymbol{n}$ lautet $\boldsymbol{n} \cdot \boldsymbol{r} = p = \text{const}$. Dabei ist p der kürzeste Abstand der Ebene vom Koordinatenursprung.

2.3.1.3. Kugelwellen

In Kugelkoordinaten (r, ϑ, φ) lautet die Wellengleichung für harmonische Wellen (Zeitabhängigkeit: $e^{-i\omega t}$) für das Skalarpotential Φ

$$\frac{1}{r^2}\frac{\partial}{\partial r} r^2 \frac{\partial}{\partial r}\Phi + \frac{1}{r^2 \sin\vartheta}\frac{\partial}{\partial\vartheta}\sin\vartheta\frac{\partial}{\partial\vartheta}\Phi + \frac{1}{r^2\sin^2\vartheta}$$

$$\times \frac{\partial^2}{\partial\varphi^2}\Phi + \frac{\omega^2}{v_p^2}\Phi = 0. \tag{2.41}$$

Wird in einem unbegrenzten, ideal-elastischen Medium eine seismische Welle durch eine Punktquelle, z. B. die Detonation einer Sprengladung, hervorgerufen, so entsteht eine radiale P-Welle, deren Verschiebungsvektor und Skalarpotential nur von r, aber nicht von ϑ und φ abhängen, und (2.41) geht in eine gewöhnliche Differentialgleichung über:

$$\frac{1}{r^2}\frac{\mathrm{d}}{\mathrm{d}r} r^2 \frac{\mathrm{d}}{\mathrm{d}r}\Phi = -\frac{\omega^2}{v_p^2}\Phi. \tag{2.42}$$

Die Lösung lautet

$$\Phi(r, t) = \frac{A}{r} e^{i(k_p r - \omega t)}. \tag{2.43}$$

Sie beschreibt P-Wellen, die in r-Richtung vom Koordinatenursprung nach außen laufen. Die Konstante A kann aus Randbedingungen an der Oberfläche der seismischen Quelle bestimmt werden (s. Kap. 2.5.). Der Verschiebungsvektor lautet

$$\boldsymbol{u} = -\nabla\Phi = \boldsymbol{e}_r A \left(\frac{1}{r^2} - \frac{ik_p}{r}\right) e^{i(k_p r - \omega t)} \tag{2.44}$$

und besteht aus zwei Anteilen: Der erste nimmt proportional $1/r^2$ mit der Entfernung ab und überwiegt in geringeren Entfernungen (*Nahzone*); der zweite Teil nimmt proportional $1/r$ ab und überwiegt in großen Entfernungen (*Fernzone*). Die Grenze zwischen Nahzone und Fernzone hängt von der Wellenzahl $k_p = \frac{\omega}{v_p} = \frac{2\pi}{L_p}$ ab, wobei L_p die Wellenlänge der P-Wellen ist. Diese Amplitudenabnahme ist eine Folge der radialen Ausbreitung der Wellen, d. h. der *sphärischen Divergenz*, bei der sich die Wellenenergie (genauer: die elastische Energiestromdichte) mit wachsendem Abstand auf eine immer größer werdende Kugeloberfläche verteilt. Da die Kugeloberfläche mit r^2 wächst, nimmt die Energiestromdichte wie $1/r^2$ ab und die Amplitude der Welle selbst mit $1/r$.

Die allgemeine Lösung der Wellengleichung (2.41) lautet

$$\Phi(r, \vartheta, \varphi, t) = r^{-1/2} \sum_{n=0}^{\infty} Z_{n+(1/2)}(k_p r)\, S_n(\vartheta, \varphi)\, \mathrm{e}^{-\mathrm{i}\omega t} \tag{2.45}$$

mit

$$Z_{n+(1/2)}, (k_p r) = a_n H^{(1)}_{n+(1/2)}(k_p r) + b_n H^{(2)}_{n+(1/2)}(k_p r), \tag{2.46}$$

$$S_n(\vartheta, \varphi) = \sum_{m=0}^{n} (A_{n,m}\, \mathrm{e}^{\mathrm{i}m\varphi} + B_{n,m}\, \mathrm{e}^{-\mathrm{i}m\varphi})\, P_n{}^m(\cos \vartheta). \tag{2.47}$$

Es bedeuten

$H^{(1,2)}_{n+(1/2)}(k_p r)$ – Hankel-Funktionen halbzahliger Ordnung,
$S_n(\vartheta, \varphi)$ – Kugelflächenfunktionen,
$P_n{}^m(\cos \vartheta)$ – zugeordnete Legendresche Funktionen.

Die Konstanten a_n, b_n, $A_{n,m}$ und $B_{n,m}$ ergeben sich aus den Rand- und Ausstrahlungsbedingungen des jeweiligen Problems. Mit der allgemeinen Lösung (2.45), kombiniert mit den entsprechenden Lösungen von (2.35), können spezielle Anregungsbedingungen (Vibrator, Herdmechanismen von Erdbeben u. a.) sowie die Eigenschwingungen einer kugelförmigen Erde (Lapwood; Usami, 1981) modelliert werden.

Die Entstehung von Kugelwellen, die von einem Druckimpuls ausgehen, untersuchte Sharpe (1942). Bei beliebiger Zeitabhängigkeit und Kugelsymmetrie gilt die Differentialgleichung

$$\frac{1}{r} \frac{\partial^2}{\partial r^2} r\Phi = \frac{1}{v_p{}^2} \frac{\partial^2}{\partial t^2} \Phi. \tag{2.48}$$

Man kann davon ausgehen, daß im Abstand $r = a$ vom Mittelpunkt einer Explosion der Druck auf solche Werte abgenommen hat, daß von diesem Abstand an das Hookesche Gesetz gilt. Es gilt dann für $r = a$ die Randbedingung

$$p(t) = -\left[(\lambda + 2\mu) \frac{\partial u}{\partial r} + 2\lambda \frac{u}{r}\right], \tag{2.49}$$

$$u = \frac{\partial \Phi}{\partial r}. \tag{2.50}$$

Ferner soll für $r \to \infty$ und $t \to \infty$: $u \to 0$ gelten.

Wird der Druckverlauf an der Kugeloberfläche $r = a$ (auch *äquivalenter Hohlraum* genannt) durch die Sprungfunktion

$$p(t) = \begin{cases} 0 & \text{für } t < 0 \\ p_0 & \text{für } t \geqq 0 \end{cases} \tag{2.51}$$

beschrieben, kann dieses Problem mit Hilfe der Laplace-Transformation gelöst werden (Sharpe, 1942; Savarenski; Kirnos, 1960). Man erhält für die radiale Verschiebungskomponente

$$u(r, t) = \frac{p_0 a^3}{4\mu} \left[\left\{ \frac{1}{r} \frac{\omega}{v_p} \frac{\lambda + 2\mu}{\lambda + \mu} \sin \omega \left(t - \frac{r - a}{v_p} \right) - \frac{1}{r^2} \right. \right.$$
$$\times \sqrt{\frac{\lambda + 2\mu}{\lambda + \mu}} \cos \left(\omega \left(t - \frac{r - a}{v_p} \right) - \arcsin \frac{v_s}{v_p} \right) \Bigg\}$$
$$\left. \times \mathrm{e}^{-(1/\tau)(t - (r-a)/v_p)} - \frac{1}{r^2} \right] \tag{2.52}$$

mit

$$\omega = \frac{2v_p}{a} \sqrt{\frac{\mu(\lambda + \mu)}{\lambda + 2\mu}}, \tag{2.53}$$

$$\tau = \frac{a}{2v_p} \frac{\lambda + 2\mu}{\mu}. \tag{2.54}$$

Das letzte Glied stellt eine statische (zeitlich konstante) Verschiebung dar, der zweite Summand in der geschweiften Klammer das in der Nahzone vorherrschende Verschiebungsfeld. Der erste Summand ist das Verschiebungsfeld in großen Abständen (Fernzone). Es ist aus (2.52) ersichtlich, daß durch den Druckstoß gedämpfte Schwingungen mit der Kreisfrequenz ω und der Dämpfungskonstante τ entstehen. Abb. 2.2. zeigt zwei Beispiele für verschiedene Funktionen $p(t)$ an der Oberfläche des äquivalenten Hohlraumes nach SHARPE (1942) für die Fernzone.

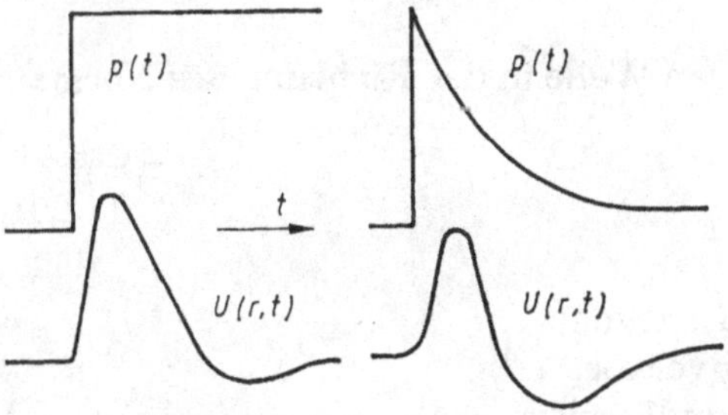

Abb. 2.2. Zwei Beispiele für $u(r, t)$ im großen Abstand von der Quelle für verschiedene Druckfunktionen $p(t)$ für $r = a$ nach SHARPE (1942)

2.3.1.4. *Zylinderwellen*

Für einige Aufgabenstellungen — Abstrahlung von Zylinderwellen in radialer Richtung (Raumwellen oder Oberflächenwellen), Ausbreitung von geführten Wellen längs einer Bohrung, Eigenschwingungen zylindrischer Probenkörper u. a. — benötigt man Lösungen der Wellengleichung in Zylinderkoordinaten (r, φ, z):

$$\frac{1}{r} \frac{\partial}{\partial r} r \frac{\partial}{\partial r} \Phi + \frac{1}{r^2} \frac{\partial^2}{\partial \varphi^2} \Phi + \frac{\partial^2}{\partial z^2} \Phi + k_p{}^2 \Phi = 0. \tag{2.55}$$

Die allgemeine Lösung kann wie bei Kugelwellen in Form eines Produktansatzes als FOURIER-BESSEL-Integral angegeben werden:

$$\Phi(r, \varphi, z, t) = \sum_{n=-\infty}^{\infty} \mathrm{e}^{\mathrm{i}n\varphi} \int_{\zeta=-\infty}^{\infty} Z_n\left(r\sqrt{k_p{}^2 - \zeta^2}\right) \mathrm{e}^{\mathrm{i}\zeta z}\, \mathrm{d}\zeta\, \mathrm{e}^{-\mathrm{i}\omega r} \tag{2.56}$$

mit

$$\begin{aligned} Z_n\left(r\sqrt{k_p{}^2 - \zeta^2}\right) = {} & A_n(\zeta)\, H_{|n|}^{(1)}\left(r\sqrt{k_p{}^2 - \zeta^2}\right) \\ & + B_n(\zeta)\, H_{|n|}^{(2)}\left(r\sqrt{k_p{}^2 - \zeta^2}\right). \end{aligned} \tag{2.57}$$

$H_n{}^{(1,2)}$ (...) sind wiederum die HANKEL-Funktionen.

2.3.2. Anisotropes Material

Für homogenes Material ergibt sich aus der Bewegungsgleichung (2.23) mit dem Stoffgesetz (2.7)

$$\varrho \frac{\partial^2}{\partial t^2} u_i = C_{iklm} \frac{\partial}{\partial x_k} D_{lm} \tag{2.58}$$

und mit dem Deformationstensor (2.3) unter Beachtung der Symmetrien (2.8)

$$\varrho \frac{\partial^2}{\partial t^2} u_i = C_{iklm} \frac{\partial^2}{\partial x_k\, \partial x_l} u_m . \tag{2.59}$$

Der Verschiebungsvektor u_m einer ebenen Welle in der Richtung des Normalen-Einheitsvektors k_j lautet

$$u_m = \mathring{u}_m f(k_j x_j - vt) \tag{2.60}$$

mit

$\mathring{u}_m$ – Einheitsvektor in Schwingungsrichtung,
k_j – Wellennormalenvektor, Einheitsvektor,
v – noch unbekannte Wellengeschwindigkeit
f – eine Funktion, welche die Wellenform darstellt.

Es folgt aus (2.59) und (2.60) die Eigenwertaufgabe

$$A_{im}\mathring{u}_m = \varrho v^2 \mathring{u}_i \tag{2.61}$$

für die Matrix

$$A_{im} = C_{iklm} k_k k_l \tag{2.62}$$

mit den Eigenwerten $\gamma = \varrho v^2$. Sie sind die Wurzeln der kubischen Gleichung

$$\mathrm{Det}\,(A_{im} - \gamma \delta_{im}) = 0 . \tag{2.63}$$

Die drei Eigenwerte $\gamma_{\mathrm{I,II,III}}$ sind reell und positiv, da die Matrix A_{im} reell und symmetrisch ist.

Zu jeder Richtung k_j ergeben sich die drei Geschwindigkeiten

$$\begin{aligned} v_{\mathrm{I}} &= \sqrt{\gamma_{\mathrm{I}}/\varrho}, \\ v_{\mathrm{II}} &= \sqrt{\gamma_{\mathrm{II}}/\varrho}, \\ v_{\mathrm{III}} &= \sqrt{\gamma_{\mathrm{III}}/\varrho}. \end{aligned} \tag{2.64}$$

Zu jedem Eigenwert γ gehört ein Eigenvektor $u_m^{(0)}$. Die drei Eigenvektoren stehen senkrecht aufeinander und geben die zu den entsprechenden Ausbreitungsgeschwindigkeiten v gehörenden Schwingungsrichtungen an. Im allgemeinen ist keiner dieser Eigenvektoren parallel zur Normalenrichtung k_j, so daß es keine „echten" Longitudinal- oder Transversalwellen gibt. Einer der drei Eigenvektoren bildet jedoch mit der Normalenrichtung einen spitzen Winkel, und die zu diesem Eigenwert gehörende Welle nennt man *Quasi-Longitudinalwelle*, die beiden anderen *Quasi-Transversalwellen.*

Werden die zu jeder Richtung gehörenden drei Geschwindigkeiten als Abstände vom Koordinatenursprung aufgetragen, so entsteht die dreiblättrige *Normalenfläche.* Sie ist eine Fläche 12. Grades. Die reziproken Geschwindigkeiten sind dem Brechungsindex proportional; in gleicher Weise aufgetragen entsteht die *Indexfläche,* die eine Fläche 6. Grades ist. Ebenen rechtwinklig zum Ortsvektor in den Punkten der Normalenflächen sind die Wellenfronten. Sie breiten sich in Normalenrichtung k_j mit den jeweiligen Geschwindigkeiten aus. Diese Ebenen sind zugleich Tangentialebenen und Einhüllende der *Wellenflächen.* Die Wellenflächen stellen gewissermaßen eine Momentaufnahme der Wellenfronten aller von einem Punkt ausgehenden Wellenarten dar. Auch sie sind dreiblättrig, jedoch von wesentlich komplizierterer Gestalt und höheren Grades als z. B. die Normalenflächen. Jedes ihrer Blätter kann singuläre Punkte und Linien besitzen, und außerdem können sich die einzelnen Blätter für manche Richtungen noch weiter aufspalten (HELBIG, 1958; FEDOROV, 1965; AULD, 1973).

Im Falle der Schichtungsanisotropie ist eine der Quasi-Transversalwellen, nämlich die horizontal polarisierte (SH), eine echte Transversalwelle. Das dazugehörige Blatt der oben genannten Flächen ist eine Kugel.

2.3.3. Seismische Wellen im anelastischen Material

In Kap. 2.2.2. wurde gezeigt, daß das anelastische Stoffverhalten durch das allgemeine Stoffgesetz (2.22) weitgehend beschrieben werden kann. Betrachtet man harmonische Wellen mit der Zeitabhängigkeit $e^{-i\omega t}$, so entsteht im stationären Zustand aus (2.22)

$$T_{ik} = \delta_{ik} \frac{\lambda' - i\omega\lambda}{a - i\omega b} D_{ll} + 2 \frac{\mu' - i\omega\mu}{a - i\omega b} D_{ik}. \tag{2.65}$$

Dieses für periodische Vorgänge der Kreisfrequenz ω gültige Stoffgesetz entspricht vollkommen dem HOOKEschen Gesetz (2.10) im Falle idealer Elastizität, wenn darin die LAMÉschen Konstanten durch die folgenden komplexen Ausdrücke ersetzt werden:

$$\lambda \to \frac{\lambda' - i\omega\lambda}{a - i\omega b}, \tag{2.66}$$

$$\mu \to \frac{\mu' - i\omega\mu}{a - i\omega b}. \tag{2.67}$$

Die Auswirkungen können am Beispiel ebener Wellen demonstriert werden. Dazu wird auf (2.39) zurückgegriffen, wo eine sich in n-Richtung ausbreitende P-Welle ($A \neq 0$, $B = 0$) durch

$$\boldsymbol{u} = \boldsymbol{n}A\ \mathrm{e}^{\mathrm{i}(\boldsymbol{k}_p \cdot \boldsymbol{r} - \omega t)} \tag{2.68}$$

beschrieben wird. Dabei ist

$$k_p = \omega \sqrt{\frac{\varrho}{\lambda + 2\mu}}. \tag{2.69}$$

Für komplexe λ und μ wird auch die Wellenzahl k_p komplex

$$k_p = \omega \sqrt{\frac{(a - i\omega b)\,\varrho}{\lambda' + 2\mu' - i\omega(\lambda + 2\mu)}} = \alpha + i\beta. \tag{2.70}$$

Der Verschiebungsvektor lautet nun

$$\boldsymbol{u} = \boldsymbol{n}A\ \mathrm{e}^{-\beta\boldsymbol{n}\cdot\boldsymbol{r} + \mathrm{i}(\alpha\boldsymbol{n}\cdot\boldsymbol{r} - \omega t)}; \tag{2.71}$$

$\boldsymbol{u}$ zeigt eine exponentielle Amplitudenabnahme (Absorption) in Ausbreitungsrichtung, wobei die Amplitude nach Durchlaufen der Strecke

$$\tau = \frac{1}{\beta} = \frac{1}{\mathrm{Im}\,(k_p)} > 0 \tag{2.72}$$

auf den e-ten Teil abnimmt. Man nennt τ die *Eindringtiefe*. Weiterhin ist die Phasengeschwindigkeit

$$v_p(\omega) = \frac{\omega}{\alpha} = \frac{\omega}{\mathrm{Re}\,(k_p)} \tag{2.73}$$

frequenzabhängig; es tritt also *Dispersion* auf. Die Erfahrung zeigt, daß die Geschwindigkeit mit wachsender Frequenz zunimmt.

Die Abweichungen vom ideal-elastischen Verhalten rufen eine frequenzabhängige Absorption und eine Dispersion hervor. Sie bewirken eine Veränderung der Form seismischer Signale während ihrer Ausbreitung.

2.4. Das Wellenfeld im geschichteten Raum

2.4.1. Stetigkeitsbedingungen an Diskontinuitätsflächen

Bei der Anwendung seismischer Methoden geht man häufig von der idealisierten Vorstellung aus, daß lithologische Einheiten konstante physikalische Eigenschaften besitzen und ihre Grenzen *Diskontinuitätsflächen* sind. An diesen Diskontinuitätsflächen $F_{1,2}$ zwischen den Medien 1 und 2 muß das Verschiebungsfeld der seismischen Welle gewisse Stetigkeitsbedingungen erfüllen:

a) Die Stetigkeit des Verschiebungsvektors selbst

$$u_i^{(1)}(P) = u_i^{(2)}(P) \qquad \text{für} \qquad P \in F_{1,2}, \tag{2.74}$$

b) Die Stetigkeit des an der Diskontinuitätsfläche angreifenden Spannungsvektors

$$n_i T_{ik}^{(1)} = n_i T_{ik}^{(2)} \qquad \text{für} \qquad P \in F_{1,2}, \tag{2.75}$$

wobei n_i der Normalenvektor auf der Diskontinuitätsfläche $F_{1,2}$ ist. Die vektoriellen Gleichungen (2.74) und (2.75) stellen sechs skalare Gleichungen dar. Im folgenden wird ideal-elastisches, isotropes Material vorausgesetzt.

2.4.2. Reflexion und Brechung ebener Wellen an Diskontinuitätsflächen

Die Diskontinuitätsfläche $F_{1,2}$ sei die x-y-Ebene $z = 0$. Es wird im Medium 1 eine einfallende ebene Welle $\boldsymbol{u}^{(e)}$ betrachtet, die eine reflektierte $\boldsymbol{u}^{(r)}$ und im Medium 2 eine gebrochene Welle $\boldsymbol{u}^{(g)}$ hervorruft. In jedem der beiden Medien muß der Verschiebungsvektor $\boldsymbol{u}$ die Wellengleichungen erfüllen. Er setzt sich also i. allg. aus einer P-Welle und einer S-Welle zusammen. Es ist zweckmäßig, die S-Welle in zwei rechtwinklig zueinander polarisierte Anteile (in und senkrecht zur Einfallsebene) zu zerlegen und diese getrennt zu betrachten. Die senkrecht zur Einfallsebene polarisierte Welle ist stets parallel zur Diskontinuität und wird als SH-Welle bezeichnet (horizontal polarisierte S-Welle), der andere Anteil ist die SV-Welle (vertikal polarisiert, da eine Vertikalkomponente vorhanden ist).

Es werden folgende Bezeichnungen verwendet:

- $\boldsymbol{e}$ — Einheitsvektoren,
- α, β — Einfalls-, Reflexions- und Brechungswinkel von P- bzw. S-Wellen,
- A — Amplitude der P-Welle,
- B — Amplitude der SH-Welle,
- C — Amplitude der SV-Welle,
- $\boldsymbol{k}_{\mathrm{P}}$ — Wellenzahlvektor der P-Welle,
- $\boldsymbol{k}_{\mathrm{S}}$ — Wellenzahlvektor der S-Welle.

Obere Indices:

(e) – einfallende Welle,
(r) – reflektierte Welle,
(g) – gebrochene Welle.

Damit wird (Abb. 2.3a)

$$\boldsymbol{u}^{(e)} = \{\boldsymbol{e}_P{}^{(e)} A^{(e)} \exp [i\boldsymbol{k}_P{}^{(e)} \cdot \boldsymbol{r}] + \boldsymbol{e}_y B^{(e)} \exp [i\boldsymbol{k}_S{}^{(e)} \cdot \boldsymbol{r}] + \boldsymbol{e}_y \times \boldsymbol{e}_S{}^{(e)} C^{(e)} \exp [i\boldsymbol{k}_S{}^{(e)} \cdot \boldsymbol{r}]\} \, e^{-i\omega t}. \tag{2.76}$$

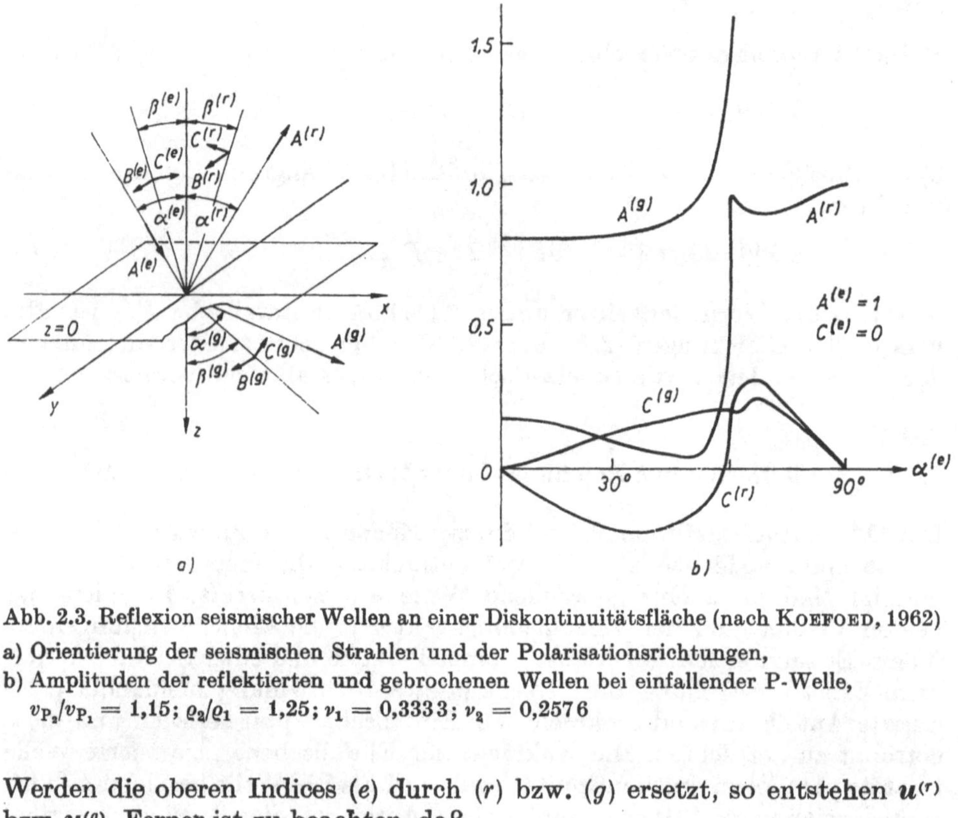

Abb. 2.3. Reflexion seismischer Wellen an einer Diskontinuitätsfläche (nach Koefoed, 1962)
a) Orientierung der seismischen Strahlen und der Polarisationsrichtungen,
b) Amplituden der reflektierten und gebrochenen Wellen bei einfallender P-Welle,
$v_{P_2}/v_{P_1} = 1{,}15$; $\varrho_2/\varrho_1 = 1{,}25$; $\nu_1 = 0{,}3333$; $\nu_2 = 0{,}2576$

Werden die oberen Indices (e) durch (r) bzw. (g) ersetzt, so entstehen $\boldsymbol{u}^{(r)}$ bzw. $\boldsymbol{u}^{(g)}$. Ferner ist zu beachten, daß

$$\boldsymbol{k}_P{}^{(e)} = \frac{\omega}{v_{P_1}} \boldsymbol{e}_P{}^{(e)}, \qquad \boldsymbol{k}_S{}^{(e)} = \frac{\omega}{v_{S_1}} \boldsymbol{e}_S{}^{(e)} \tag{2.77}$$

usw. gilt. Die Komponenten der Normalenvektoren können durch die Winkel α und β ausgedrückt werden:

$$\boldsymbol{e}_P{}^{(e,r,g)} = \boldsymbol{e}_x \sin \alpha^{(e,r,g)} \mp_{+}^{+} \boldsymbol{e}_z \cos \alpha^{(e,r,g)}, \tag{2.78}$$

$$\boldsymbol{e}_S{}^{(e,r,g)} = \boldsymbol{e}_x \sin \beta^{(e,r,g)} \mp_{+}^{+} \boldsymbol{e}_z \cos \beta^{(e,r,g)}. \tag{2.79}$$

(Beim 1., 2. oder 3. oberen Index gilt das 1., 2. oder 3. Vorzeichen.)

2.4.2.1. *Die einfallende Welle ist eine SH-Welle*

Dieser Fall ist besonders einfach und übersichtlich. Es ist $A^{(e)} = C^{(e)} = 0$, und die einfallende SH-Welle besitzt nur eine y-Komponente $B^{(e)}$. Weiterhin besitzt der Spannungsvektor an der Ebene $z = 0$ ebenfalls nur eine y-Komponente, so daß von den Stetigkeitsbedingungen (2.74) und (2.75) nur die beiden folgenden Gleichungen übrigbleiben:

$$u_2^{(e)} + u_2^{(r)} = u_2^{(g)}, \tag{2.80}$$

$$T_{2,3}^{(e)} + T_{2,3}^{(r)} = T_{2,3}^{(g)}. \tag{2.81}$$

Deshalb genügt es, auch für die reflektierte und gebrochene Welle eine reine SH-Welle anzusetzen. Mit $A^{(r)} = A^{(g)} = C^{(r)} = C^{(g)}$ stellen (2.80) und (2.81) zwei Gleichungen für die Unbekannten $B^{(r)}$ und $B^{(g)}$ dar. Aus den Stetigkeitsbedingungen ergibt sich das *Brechungs-* und *Reflexionsgesetz*

$$\frac{\sin \beta^{(e)}}{v_{S_1}} = \frac{\sin \beta^{(r)}}{v_{S_1}} = \frac{\sin \beta^{(g)}}{v_{S_2}} \tag{2.82}$$

und

$$\frac{B^{(r)}}{B^{(e)}} = \frac{\varrho_1 v_{S_1} \cos \beta^{(e)} - \varrho_2 v_{S_2} \cos \beta^{(g)}}{\varrho_1 v_{S_1} \cos \beta^{(e)} + \varrho_2 v_{S_2} \cos \beta^{(g)}}, \tag{2.83}$$

$$\frac{B^{(g)}}{B^{(e)}} = \frac{2\varrho_1 v_{S_1} \cos \beta^{(e)}}{\varrho_1 v_{S_1} \cos \beta^{(e)} + \varrho_2 v_{S_2} \cos \beta^{(g)}}. \tag{2.84}$$

Diese beiden Amplitudenverhältnisse sind vom Einfallswinkel $\beta^{(e)}$ und vom Verhältnis der Schallhärten $\varrho_1 v_{S_1}$, $\varrho_2 v_{S_2}$ abhängig. Unter dem Reflexionskoeffizienten (im engeren Sinne) versteht man das Verhältnis $B^{(r)}/B^{(e)}$ für $\beta^{(e)} = 0$, d. h. bei senkrechtem Einfall. Für $v_{S_2} > v_{S_1}$ gibt es einen *Grenzwinkel der Totalreflexion*; er wird bei solchen Einfallswinkeln erreicht, bei denen sich aus (2.82) Werte für $\sin \beta^{(g)} \geqq 1$ ergeben. Es wird dann $\cos \beta^{(g)} = \sqrt{1 - \sin^2 \beta^{(g)}} = 0$ oder rein imaginär, und (2.83) ist vom Betrage 1, womit der Begriff *Totalreflexion* erklärt ist. Die Totalreflexion ist mit einer (winkelabhängigen) Phasenverschiebung zwischen einfallender und reflektierter Welle verbunden. Der Vorgang der Totalreflexion findet — allerdings bei P-Wellen — in der Refraktionsseismik praktische Anwendung. Insbesondere spielt dort eine längs der Grenzfläche geführte Welle eine wichtige Rolle, die sich mit der Geschwindigkeit v_{P_2} ausbreitet.

2.4.2.2. *Die einfallende Welle ist eine P-Welle*

Für eine einfallende P-Welle ist $A^{(e)} \neq 0$ und $B^{(e)} = C^{(e)} = 0$. Der Verschiebungsvektor $\boldsymbol{u}^{(e)}$ der einfallenden Welle enthält sowohl eine x- als auch eine z-Komponente; gleiches gilt auch für den Spannungsvektor an der Diskontinuitätsfläche $z = 0$, der in eine Normal- und eine Tangentialkomponente T_{33} und T_{13} zerlegt werden kann. Dies bewirkt, daß mit den

Stetigkeitsbedingungen (2.74) und (2.75) vier Gleichungen zu erfüllen sind. Dazu sind entsprechende Lösungen der Wellengleichungen für die Verschiebungsvektoren der reflektierten und der gebrochenen Wellen heranzuziehen. Offensichtlich genügen dafür die P-Wellen $A^{(r)}$ und $A^{(g)}$ allein nicht. Es werden zwei weitere Wellen benötigt, die ebenfalls nur x- und z-Komponenten in (2.74) und (2.75) hervorrufen Das sind die reflektierten und gebrochenen SV-Wellen $C^{(r)}$ und $C^{(g)}$. Damit liegen vier lineare Gleichungen für die vier Unbekannten $A^{(r,g)}$ und $C^{(r,g)}$ vor

$$A^{(r)} \sin \alpha^{(r)} - C^{(r)} \cos \beta^{(r)} - A^{(g)} \sin \alpha^{(g)} - C^{(g)} \cos \beta^{(g)} = -A^{(e)} \sin \alpha^{(e)}, \tag{2.85}$$

$$A^{(r)} \cos \alpha^{(r)} + C^{(r)} \sin \beta^{(r)} + A^{(g)} \cos \alpha^{(g)} - C^{(g)} \sin \beta^{(g)} = A^{(e)} \cos \alpha^{(e)}, \tag{2.86}$$

$$A^{(r)} \varrho_1 \frac{v_{S_1}^2}{v_{P_1}} \sin 2\alpha^{(r)} - C^{(r)} \varrho_1 v_{S_1} \cos 2\beta^{(r)} + A^{(g)} \varrho_2 \frac{v_{S_2}^2}{v_{P_2}} \sin 2\alpha^{(g)} + C^{(g)} \varrho_2 v_{S_2} \cos 2\beta^{(g)} = A^{(e)} \varrho_1 \frac{v_{S_1}^2}{v_{P_1}} \sin 2\alpha^{(e)}, \tag{2.87}$$

$$A^{(r)} \varrho_1 v_{P_1} \cos 2\beta^{(r)} + C^{(r)} \varrho_1 v_{S_1} \sin 2\beta^{(r)} - A^{(g)} \varrho_2 v_{P_2} \cos 2\beta^{(g)} + C^{(g)} \varrho_2 v_{S_2} \sin 2\beta^{(g)} = -A^{(e)} \varrho_1 v_{P_1} \cos 2\beta^{(r)}. \tag{2.88}$$

Aus den Stetigkeitsbedingungen folgt außerdem das *erweiterte Brechungs- und Reflexionsgesetz*

$$\frac{\sin \alpha^{(e)}}{v_{P_1}} = \frac{\sin \alpha^{(r)}}{v_{P_1}} = \frac{\sin \beta^{(r)}}{v_{S_1}} = \frac{\sin \alpha^{(g)}}{v_{P_2}} = \frac{\sin \beta^{(g)}}{v_{S_2}}. \tag{2.89}$$

Aus diesen Gleichungen können die Amplituden der reflektierten und gebrochenen P- und S-Wellen als Funktion des Einfallswinkels $\alpha^{(e)}$ berechnet werden. Beispiele dazu zeigt Abb. 2.3b. Für die bei der Reflexion von P-Wellen entstehenden S-Wellen hat man den Begriff *Wechselwellen* geprägt. In der Reflexionsseismik haben sie nur untergeordnete (meist störende) Bedeutung. In der Seismologie spielen sie dagegen eine wichtige Rolle, da sie Auskunft über Diskontinuitäten im Erdinneren geben. Hier bezeichnet man Wellen, die längs des Strahls vom Erdbebenherd bis zur seismischen Station ihren Charakter gewechselt haben, durch Symbole der Art PSSP usw.

Wesentlich schwieriger ist die Behandlung der Reflexion von Kugelwellen, die den Bedingungen der Praxis besser entsprechen. In der Nähe des kritischen Einfallswinkels tritt eine bemerkenswerte Erhöhung des Reflexionskoeffizienten auf, die auch auf Abb. 2.3b erkennbar ist. Für die Reflexionsseismik ist der senkrechte Einfall ($\alpha^{(e)} = 0$) von besonderem Interesse. Hier gibt es keine Wechselwellen, und die Gleichungen (2.85) bis (2.88) reduzieren sich auf folgende zwei

$$A^{(r)} + A^{(g)} = A^{(e)}, \tag{2.90}$$

$$-A^{(r)} + \frac{\varrho_2 v_{P_2}}{\varrho_1 v_{P_1}} A^{(g)} = A^{(e)} \tag{2.91}$$

mit der Lösung

$$R = \frac{A^{(r)}}{A^{(e)}} = \frac{\varrho_2 v_{P_2} - \varrho_1 v_{P_1}}{\varrho_2 v_{P_2} + \varrho_1 v_{P_1}}, \tag{2.92}$$

$$t = \frac{A^{(g)}}{A^{(e)}} = 1 - R. \tag{2.93}$$

Man bezeichnet R als Reflexions- und t als Transmissionskoeffizient (im engeren Sinne, d. h. bezogen auf senkrechten Einfall). Beide hängen nur vom Verhältnis der *Schallhärten* $\varrho_2 v_{P_2}/\varrho_1 v_{P_1}$ beider Medien ab und erfüllen die Ungleichungen

$$-1 \leqq R < 1, \tag{2.94}$$

$$0 < t \leqq 2. \tag{2.95}$$

2.4.2.3. *Die einfallende Welle ist eine SV-Welle*

Hier ist $A^{(e)} = B^{(e)} = 0$ und $C^{(e)} = 0$. Auch hier treten vier Stetigkeitsbedingungen wie im Kap. 2.4.2.2. auf, die ebenfalls zur Entstehung von Wechselwellen führen. Außer den reflektierten und gebrochenen S-Wellen entstehen auch reflektierte und gebrochene P-Wellen. Die Amplituden dieser Wellen ergeben sich ebenfalls aus den Gleichungen (2.84) bis (2.88), deren rechte Seiten durch

$$-C^{(e)} \cos \beta^{(e)}, \quad C^{(e)} \sin \beta^{(e)}, \quad C^{(e)} \varrho_1 v_{S_1} \cos 2\beta^{(e)}, \quad C^{(e)} \varrho_1 v_{S_1} \sin 2\beta^{(e)}$$

zu ersetzen sind. (Literatur zu Kap. 2.4.2.: Ewing et al., 1957; Savarensky; Kirnos, 1960; Koefoed, 1962; Achenbach, 1973.)

2.4.3. Oberflächen- und Grenzschichtwellen

Oberflächenwellen sind dadurch gekennzeichnet, daß sie sich entlang der Oberfläche eines elastischen Körpers (z. B. des Halbraumes, einer Kugel (Erde), einer Bohrung usw.) ausbreiten, wobei ihre Amplitude in das Innere hinein sehr rasch (meist exponentiell) abnimmt. Sie wurden bereits im 19. Jahrhundert auf Erdbebenregistrierungen durch ihre großen Amplituden entdeckt und durch Rayleigh und Love theoretisch erklärt. Ähnliche Wellentypen breiten sich auch entlang Diskontinuitätsflächen im Inneren elastischer Körper aus (*Grenzschicht-* und *Kanalwellen*).

2.4.3.1. Rayleigh-*Wellen*

An der Oberfläche des Halbraumes können Rayleigh-Wellen entstehen. Sie sind durch eine vertikale und eine horizontale Komponente des Verschiebungsvektors in Ausbreitungsrichtung gekennzeichnet. Dabei ist die Vertikalkomponente größer als die horizontale. Die Rayleigh-Welle existiert – im Gegensatz zur Love-Welle – auch im homogenen Halbraum. Der Verschiebungsvektor $\boldsymbol{u}_R$ einer ebenen Rayleigh-Welle kann als Überlagerung einer Kompressions- und einer Scherungswelle dargestellt werden. Für die Potentiale Φ und $\boldsymbol{A}$ des Verschiebungsvektors

$$\boldsymbol{u}_R = -\nabla\Phi + \nabla \times \boldsymbol{A} \tag{2.96}$$

eignet sich folgender Ansatz:

$$\Phi(x, z, t) = \Phi_0 \, e^{-rz} \, e^{i((\omega/v_R)x - \omega t)}, \tag{2.97}$$

$$\boldsymbol{A}(x, z, t) = \boldsymbol{e}_y A_0 \, e^{-sz} \, e^{i((\omega/v_R)x - \omega t)}. \tag{2.98}$$

Dabei ist v_R die Geschwindigkeit der Rayleigh-Welle, die sich in x-Richtung ausbreitet.

Aus den Wellengleichungen (2.34) und (2.35) ergeben sich

$$r = \frac{\omega}{v_P} \sqrt{\frac{v_P^2}{v_R^2} - 1}, \tag{2.99}$$

$$s = \frac{\omega}{v_S} \sqrt{\frac{v_S^2}{v_R^2} - 1}. \tag{2.100}$$

Die geforderte exponentielle Amplitudenabnahme in z-Richtung tritt in (2.97) und (2.98) nur für reelle r und s auf. Daraus folgt wegen $v_S < v_p$ eine obere Schranke für die Rayleigh-Wellengeschwindigkeit:

$$v_R < v_S. \tag{2.101}$$

An der freien Oberfläche $z = 0$ verschwindet der Spannungsvektor:

$$T_{13} = 0, \quad T_{23} = 0, \quad T_{33} = 0, \tag{2.102}$$

wobei die zweite Komponente identisch verschwindet; die beiden anderen Bedingungen ergeben einerseits eine Kopplung der Amplituden A_0 und Φ_0 und andererseits eine Bestimmungsgleichung für die Geschwindigkeit v_R. Mit $\eta = (v_R/v_S)^2$ lautet sie

$$\eta^3 - 8\eta^2 + 8\eta \left(3 - 2\,\frac{v_S^2}{v_P^2}\right) - 16\left(1 - \frac{v_S^2}{v_P^2}\right) = 0. \tag{2.103}$$

Für $\lambda = \mu$ bzw. $v_P = v_S\sqrt{3}$ erhält man

$$v_R = 0{,}9194\, v_S. \tag{2.104}$$

Abb. 2.4a zeigt das Verhältnis v_R/v_S in Abhängigkeit von der Poissonschen Konstanten

$$\nu = \frac{\lambda}{2(\lambda + \mu)} = \frac{1}{2} \frac{1 - 2\dfrac{v_S^2}{v_P^2}}{1 - \dfrac{v_S^2}{v_P^2}}. \tag{2.105}$$

An der Erdoberfläche ist die Teilchenbewegung eine Ellipsenbahn mit großer vertikaler Achse. Für $\lambda = \mu$ ist das Achsenverhältnis 1,4679. Mit zunehmender Tiefe werden die Ellipsen immer kleiner, und außerdem verändert sich das Achsenverhältnis (s. Abb. 2.4b); ferner verschwindet in der Tiefe $z = 0{,}193\,\frac{2\pi v_R}{\omega}$ (für $\lambda = \mu$) die Horizontalkomponente. Unterhalb dieser Tiefe werden die Ellipsen im umgekehrten Umlaufsinn durchlaufen (Hardtwig, 1943).

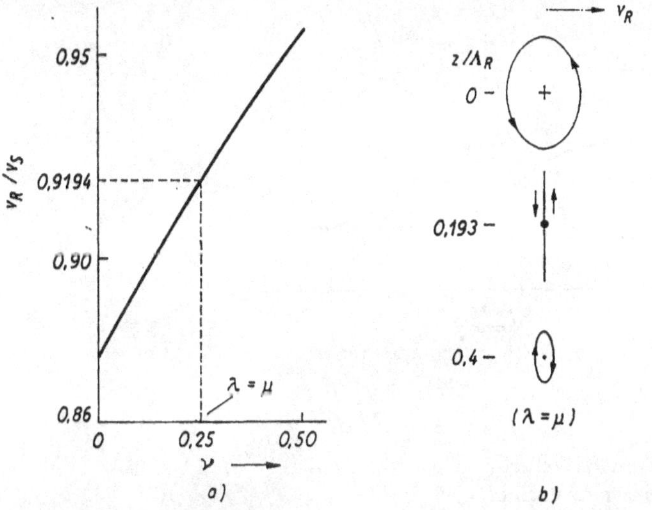

Abb. 2.4. Rayleigh-Wellen
a) Die Abhängigkeit von v_R/v_S von der Poissonschen Konstanten ν
b) Teilchenbahnen in verschiedenen Tiefen
λ_R — Wellenlänge der Rayleigh-Welle

Während die hier beschriebenen Rayleigh-Wellen für den homogenen Halbraum keine Dispersion zeigen (d. h., v_R ist frequenzunabhängig), tritt im geschichteten Halbraum Dispersion auf. Sie wird maßgeblich bestimmt durch das Verhältnis von Schichtmächtigkeit/Wellenlänge der Rayleigh-Welle.

Aus der Dispersion von Oberflächenwellen kann die Krustenmächtigkeit im Ozean und auf den Kontinenten bestimmt werden. Andererseits wird die gleiche Methode bei Baugrunduntersuchungen zur Bestimmung der Mächtigkeit von Lockersedimenten angewandt.

2.4.3.2. Love-Wellen

Diese zweite Art von Oberflächenwellen besitzt nur eine horizontale Verschiebungskomponente rechtwinklig zur Ausbreitungsrichtung und existiert nur im geschichteten Halbraum, dabei muß $v_{S_2} > v_{S_1}$ sein (Abb. 2.5a). Ihre Geschwindigkeit v_L ist kleiner als v_{S_2}. Die Love-Wellen können dargestellt werden als zwei Transversalwellen (SH) in der oberen Schicht, die in den in Abb. 2.5a angegebenen Richtungen laufen und an der Erdoberfläche $z = 0$ und der Diskontinuität $z = h$ ständig reflektiert werden. Sie werden im unteren Halbraum von einer in x-Richtung laufenden horizontal polarisierten Welle mit exponentiell abnehmender Amplitude begleitet. Je nach Neigung der SH-Wellenfronten in der oberen Schicht resultiert eine unterschiedliche Scheingeschwindigkeit an der Erdoberfläche. Diese ist die Geschwindigkeit v_L der Love-Welle, wobei stets

$$v_{S_1} < v_L < v_{S_2} \tag{2.106}$$

ist.

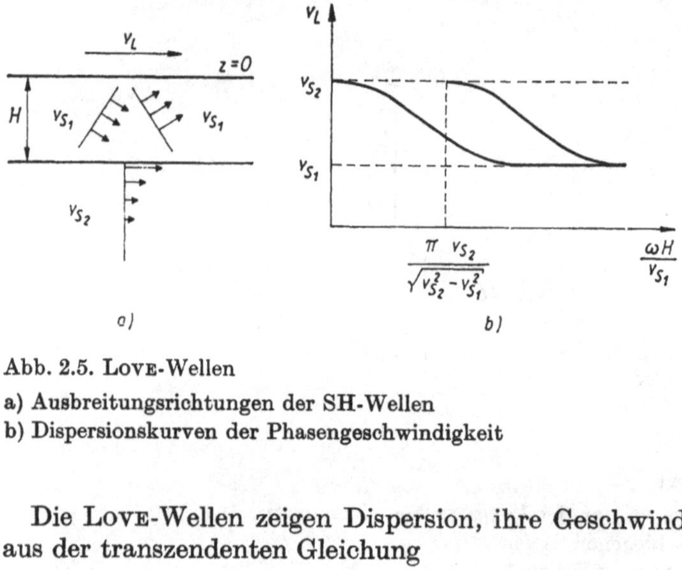

Abb. 2.5. Love-Wellen
a) Ausbreitungsrichtungen der SH-Wellen
b) Dispersionskurven der Phasengeschwindigkeit

Die Love-Wellen zeigen Dispersion, ihre Geschwindigkeit v_L ergibt sich aus der transzendenten Gleichung

$$\tan \frac{\omega h}{v_{S_1} v_L} \sqrt{v_L{}^2 - v_{S_1}^2} = \frac{\varrho_2 v_{S_2}}{\varrho_1 v_{S_1}} \sqrt{\frac{v_{S_2}^2 - v_L{}^2}{v_L{}^2 - v_{S_1}^2}}. \tag{2.107}$$

Diese Geschwindigkeit ist die *Phasengeschwindigkeit*; Abb. 2.5b zeigt ein Beispiel ihrer Abhängigkeit von $\omega h/v_{S_1}$, das ist das 2π-fache des Verhältnisses der Schichtmächtigkeit zur Wellenlänge der S-Wellen in der Schicht. Bemerkenswert ist, daß für $\omega > \frac{\pi v_{S_1} v_{S_2}}{h \sqrt{v_{S_2}^2 - v_{S_1}^2}}$ mehrere Schwingungsmoden der Love-Wellen auftreten können, die sich mit unterschiedlicher Geschwindigkeit ausbreiten.

Bei mehreren Schichtgrenzen wird (2.107) wesentlich komplizierter. Auch die Dispersion der LOVE-Wellen dient zur Bestimmung von Krustenmächtigkeiten. Außerdem wurde sie bei der Baugrunduntersuchung zur Mächtigkeitsbestimmung von Lockersedimenten benutzt.

Die Ausbreitungsgeschwindigkeit seismischer Signale heißt *Gruppengeschwindigkeit* v_{GR} und ist bei Dispersion von der Phasengeschwindigkeit v verschieden. Als Funktion der Wellenzahl ergibt sich

$$v_{GR}(k) = v(k) + k \frac{d}{dk} v(k). \tag{2.108}$$

Die Gruppengeschwindigkeit besitzt im Bereich der Frequenzen, in dem die Phasengeschwindigkeit abnimmt, ein Minimum. Die Wellen dieser Frequenzen nehmen etwas langsamer mit der Entfernung ab als außerhalb des Minimums und erhielten von PEKERIS (s. EWING et al., 1957) die Bezeichnung AIRY-Phase.

2.4.3.3. *Kanal- oder Flözwellen*

Für die angewandte Geophysik sind von den entlang Grenzschichten geführten Wellen die Kanal- oder Flözwellen von besonderem Interesse. Es ist experimentell und theoretisch nachgewiesen, daß ein Tiefenintervall mit niedrigerer Geschwindigkeit gegenüber den darüber- und darunterliegenden Gesteinen einen seismischen Wellenleiter darstellt. In der Seismologie nennt man dieses Tiefenintervall Niedrig-Geschwindigkeits-Kanal (low velocity layer = LVL).

Veränderungen der Geometrie dieser Schicht, z. B. Mächtigkeitsveränderungen oder tektonische Störungen, beeinflussen die Ausbreitung empfindlich. Deshalb wurden diese Wellen zum Nachweis von Lagerungsstörungen in Kohleflözen verwendet (s. Kap. 11.3.5.). Es gibt auch bei den Flözwellen sowohl den LOVE- als auch den RAYLEIGH-Typ, die von KREY (1963) theoretisch untersucht wurden. Bei beiden Typen wird die Zwischenschicht wie in Abb. 2.6a von den Wellen schräg durchlaufen, die an der Ober- und Unterkante reflektiert und im oberen und unteren Halbraum von Wellen abnehmender Amplitude begleitet werden. Abb. 2.6a zeigt dies schematisch für Flözwellen vom LOVE-Wellen-Typ, die sich aus vier verschiedenen SH-Wellen zusammensetzen. Die Flözwellengeschwindigkeit v_F ergibt sich aus der tranzendenten Gleichung

$$\tan \frac{\omega H}{v_{S_0} v_F} \sqrt{v_F^2 - v_{S_0}^2} = \frac{\frac{\varrho_1 v_{S_1}}{\varrho_0 v_{S_0}} \sqrt{\frac{v_{S_1}^2 - v_F^2}{v_F^2 - v_{S_0}^2}} + \frac{\varrho_2 v_{S_2}}{\varrho_0 v_{S_0}} \sqrt{\frac{v_{S_2}^2 - v_F^2}{v_F^2 - v_{S_0}^2}}}{1 + \frac{\varrho_1 \varrho_2 v_{S_1} v_{S_2}}{\varrho_0^2 v_{S_0}^2} \frac{\sqrt{(v_{S_1}^2 - v_F^2)(v_{S_2}^2 - v_F^2)}}{v_F^2 - v_{S_0}^2}}. \tag{2.109}$$

Man unterscheidet außer den *Grund-* und den *höheren Moden*, die sich wie im Kap. 2.4.3.2. als mehrfache Lösungen der Gleichung (2.109) oberhalb einer gewissen Frequenz ergeben, auch zwischen

– *Normalmoden* (normal modes) mit der Geschwindigkeit v_F im Intervall

$$v_{S_0} < v_F \leqq \text{Min}\,(v_{S_1}, v_{S_2})\,, \tag{2.110}$$

die dadurch gekennzeichnet sind, daß im angrenzenden Gestein die Wellenausbreitung parallel zum Flöz mit in $\pm z$-Richtung abnehmender Amplitude erfolgt und

– *Leckmoden* mit

$$\text{Min}\,(v_{S_1}, v_{S_2}) < v_F \leqq \text{Max}\,(v_{S_1}, v_{S_2}), \tag{2.111}$$

bei denen Wellenenergie durch seitliche Abstrahlung in den oberen und unteren Halbraum abgegeben wird (Leckverluste; leaking modes).

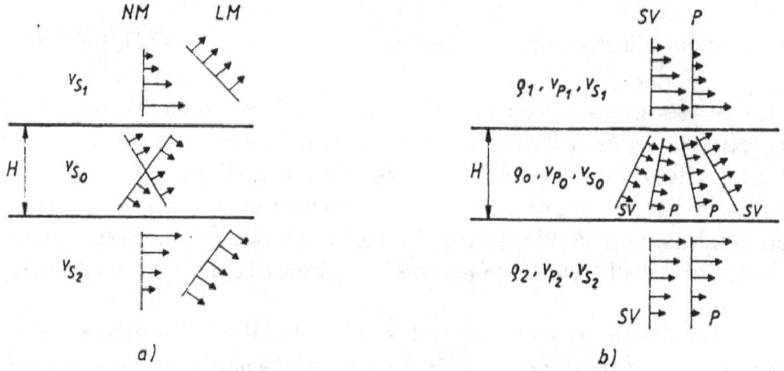

Abb. 2.6. Die Bestandteile der Flözwellen
a) vom LOVE- und b) vom RAYLEIGH-Typ mit den Ausbreitungsrichtungen a) SH-Wellen und b) der P- und SV-Wellen (NM = Normalmoden, LM = Leckmoden)

Flözwellen vom RAYLEIGH-Typ sind von größerer praktischer Bedeutung, aber komplizierter zusammengesetzt. Sie setzen sich aus den insgesamt acht Wellen (SV- und P-Wellen) zusammen, die in Abb. 2.6b skizziert sind. Im Prinzip gilt auch hier das über die Flözwellen vom LOVE-Typ Gesagte. In beiden Fällen tritt Dispersion auf. Über Modellversuche berichten DRESEN; FREYSTÄTTER (1976), über praktische Anwendungen MILLAHN (1980) und über numerische Berechnung des Wellenfeldes, das von einer Punktquelle im Flöz ausgeht, nach der Methode der endlichen Differenzen BODOKY; BODOKY (1983). Den Einfluß inelastischen Verhaltens auf Dämpfung und Dispersion der Flözwellen untersuchen DOBROKA; ORMOS (1983).

2.5. Die Berechnung reflexionsseismischer Wellenfelder

Die Modellierung geologischer Strukturen zur Berechnung seismischer Wellenfelder führt infolge zahlreicher Diskontinuitäten komplizierter Gestalt mit räumlich veränderlicher Neigung gegen die Vertikale zu einem erheblichen rechnerischen Aufwand. In der reflexionsseismischen Praxis werden Näherungsverfahren benutzt; zwei von ihnen werden an dieser Stelle vorgestellt.

2.5.1. Methode der Integralgleichungen

2.5.1.1. Die KIRCHHOFF*sche Formel*

Die allgemeine Lösung der Wellengleichung (2.34) für das Skalarpotential Φ führt auf die KIRCHHOFFsche Formel, und zwar gilt für einen Punkt P im Inneren des Gebietes G mit dem Rand Γ (SOMMERFELD, 1950)

$$\Phi(P, t) = \frac{1}{4\pi} \int\limits_{\Gamma} \left\{ \frac{1}{r} \frac{\partial \Phi}{\partial n} - \Phi \frac{\partial}{\partial n} \frac{1}{r} + \frac{1}{rv} \frac{\partial \Phi}{\partial t} \frac{\partial r}{\partial n} \right\} \Bigg|_{t-(r/v)} \mathrm{d}A(P') \qquad (2.112)$$

mit

r — Abstand PP',
n — Außennormale,
$\Phi|_{t-(r/v)}$ — Funktionswerte von Φ zur Zeit $t - (r/v)$ auf Γ,

und eine entsprechende Darstellung für das Vektorpotential. Auf die Reflexionsseismik wurde (2.112) zuerst von HAGEDOORN (1954) angewandt.

Für theoretische Untersuchungen bevorzugt man oft die FOURIER-Transformierte (2.112)

$$\overline{\Phi}(P, \omega) = \frac{1}{4\pi} \int\limits_{\Gamma} \left\{ \frac{1}{r} \frac{\partial \overline{\Phi}}{\partial n} - \overline{\Phi} \frac{\partial}{\partial n} \frac{1}{r} + \frac{i\omega}{v} \overline{\Phi} \frac{\partial r}{\partial n} \right\} \mathrm{e}^{-i(\omega/v)r} \, \mathrm{d}A(P'); \qquad (2.113)$$

2.5.1.2. Die Anwendung der KIRCHHOFF*schen Formel auf Diffraktionswellen*

Eine anschauliche Anwendung auf Reflektoren endlicher Erstreckung stammt von TROREY (1970). Dabei werden eine Reihe von Vereinfachungen vorgenommen:

a) Es werden nur P-Wellen berücksichtigt.
b) Der tatsächliche Reflektor wird in ebene Reflektoren zerlegt.
c) Der Reflexionskoeffizient R ist klein gegenüber 1.
d) Die Ausbreitungsgeschwindigkeit im Medium ist konstant.
e) Quelle und Empfänger der seismischen Wellen seien an der gleichen Stelle (entspricht der NMO-Korrektur in der Reflexionsseismik).

Mit a)…d) kann die FOURIER-Transformierte $\overline{\Phi}(P', \omega)$ auf dem Rand Γ durch

$$\overline{\Phi}(P', \omega) = Rf(\omega) \frac{e^{-i\omega r_0/v}}{r_0} \tag{2.114}$$

dargestellt werden (Abb. 2.7a). Dabei ist $f(\omega)$ das Spektrum des seismischen Signals. Wegen

$$\frac{\partial \overline{\Phi}}{\partial n} = \frac{z_0}{r_0} Rf(\omega)\, e^{-i\omega r_0/v} \left[\frac{1}{r_0^2} + \frac{i\omega}{r_0 v}\right] \tag{2.115}$$

folgt nach FOURIER-Transformation aus (2.112)

$$\overline{\Phi}(P, \omega) = \frac{z_0 Rf(\omega)}{4\pi} \int \frac{e^{-(i\omega/v)(r+r_0)}}{r r_0} \left\{\frac{1}{r_0^2} + \frac{1}{r^2} + \frac{i\omega}{v}\left[\frac{1}{r_0} + \frac{1}{r}\right]\right\} dA \tag{2.116}$$

und mit $r = r_0$ entsprechend Vereinfachung e):

$$\overline{\Phi}(P, \omega) = \frac{z_0 Rf(\omega)}{2\pi} \int\limits_{\vartheta} \int\limits_{r_1(\vartheta)}^{r_2(\vartheta)} e^{-2i\omega r/v} \left\{\frac{1}{r^4} + \frac{i\omega}{v r^3}\right\} r\, dr\, d\vartheta, \tag{2.117}$$

$$= \frac{z_0 Rf(\omega)}{4\pi} \int\limits_{\vartheta} \left[\frac{1}{r_1^2(\vartheta)} e^{-2i\omega r_1(\vartheta)/v} - \frac{1}{r_2^2(\vartheta)} e^{-2i\omega r_2(\vartheta)/v}\right] d\vartheta \tag{2.118}$$

(s. Abb. 2.7a). Es sind zwei Fälle zu unterscheiden:

A – Der Fußpunkt des Lotes von P auf die Reflektorebene liegt nicht auf dem Reflektor (Abb. 2.7b).

B – Der Fußpunkt des Lotes von P auf die Reflektorebene liegt auf dem Reflektor (Abb. 2.7c).

Mit

$$D_{1,2} = \frac{z_0 Rf(\omega)}{4\pi} \int\limits_{-\pi/2}^{+\pi/2} \frac{1}{r_{1,2}^2(\vartheta)} e^{-2i\omega r_{1,2}(\vartheta)/v} d\vartheta \tag{2.119}$$

wird

$$\overline{\Phi}_A(P, \omega) = D_1 - D_2. \tag{2.120}$$

Das ist die Differenz der Diffraktionswellen an den zwei Halbebenen, die sich von x_1 bzw. x_2 bis $+\infty$ erstrecken.
Im Falle B ist $r_1(\vartheta) = z = \text{const}$, und es ist

$$V = \frac{Rf(\omega)}{2z} e^{-2i\omega z/v} \tag{2.121}$$

die reflektierte Welle, so daß

$$\overline{\Phi}_B(P, \omega) = V - D_1 - D_2 \tag{2.122}$$

gilt. Befindet sich P über der Kante des Reflektors, so folgt aus $\overline{\Phi}_A = \overline{\Phi}_B$

$$D_1 = \frac{1}{2} V, \tag{2.123}$$

d. h., über der Beugungskante ist die gebeugte Welle mit der reflektierten identisch, besitzt aber nur die halbe Amplitude. Die Diffraktionswelle selbst jedoch ändert beim Übergang des Fußpunktes des Lotes von P über die Reflektorkante ihr Vorzeichen, wie aus dem Vergleich von (2.120) mit (2.122) folgt. Auf dieser Basis wurden Programme sowohl zur Berechnung von Modellseismogrammen als auch zur seismischen Migration entwickelt (TROREY, 1970; ROCKWELL, 1971; TIMOŠIN, 1972; VASIL'EV et al., 1972). BERRYHILL (1977) untersucht den Fall, daß Quelle und Empfänger nicht identisch sind.

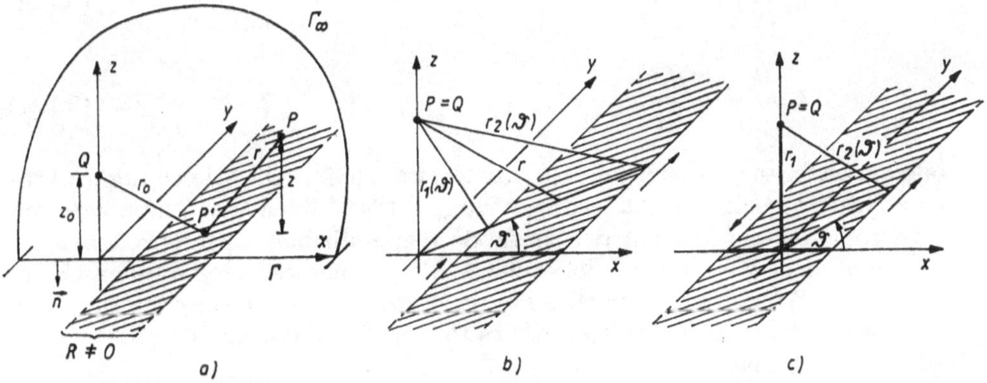

Abb. 2.7. Zur Anwendung der KIRCHHOFFschen Formel
a) Ein ebener streifenförmiger Reflektor auf dem Rand des Integrationsgebietes.
b) Der Fußpunkt des Lotes vom gemeinsamen Quell- und Empfangspunkt liegt außerhalb des Reflektors.
c) Der Fußpunkt des Lotes liegt auf dem Reflektor, r_1 = const.

2.5.2. Methoden der endlichen Differenzen

Bei den Methoden der endlichen Differenzen werden die Differentialquotienten in der Wellengleichung durch Differenzenquotienten ersetzt. Damit wird die Wellengleichung einer numerischen Bearbeitung zugänglich. Der damit verknüpfte extrem hohe Rechenaufwand und Speicherplatzbedarf wurde durch einen Vorschlag von CLAERBOUT; JOHNSON (1971) wesentlich verringert. Durch eine Koordinatentransformation $x' = x$, $y' = y$, $z' = z$, $t' = t + z/v$ werden die Laufzeitunterschiede für die aufwärts laufende Welle beseitigt. Für zweidimensionale Wellenfelder, d. h. solche, die nur von y unabhängig sind, lautet die Wellengleichung in den neuen Koordinaten

$$\frac{\partial^2 \Phi}{\partial x'^2} + \frac{\partial^2 \Phi}{\partial z'^2} + \frac{2}{v} \frac{\partial^2 \Phi}{\partial x' \, \partial t'} = 0. \tag{2.124}$$

Bei kleinen Winkeln φ zwischen der Strahlrichtung und der Vertikalen – das entspricht kleinen Neigungen der Reflektorhorizonte – können in (2.124) die 2. Ableitungen nach z' vernachlässigt werden. Diese Näherung ist für $\varphi \leqq 15°$, zulässig und man erhält die sogenannte *15-Grad-Gleichung*:

$$v \frac{\partial^2 \Phi}{\partial x'^2} + 2 \frac{\partial^2 \Phi}{\partial z' \, \partial t'} = 0, \qquad (2.125)$$

mit der eine effektive numerische Berechnung möglich ist. Für größere Neigungswinkel werden verschiedene Methoden zur Verringerung des entstehenden Fehlers entwickelt, eine der gebräuchlichsten ist die der Modifikation der Vertikalkomponente k_z der Wellenzahl durch angenäherte Reihenentwicklung von

$$k_z = \sqrt{k^2 - k_x^2} \qquad (2.126)$$

durch

$$k_z \approx k - \frac{k_x^2}{2k} \qquad (2.127)$$

oder noch bessere Ausdrücke (SCHIKOWSKI, 1983). Die Gleichung (2.125) bzw. andere geeignete Näherungen von (2.124) bilden die Grundlage von Näherungsverfahren nach der Methode der endlichen Differenzen bei der Berechnung sowohl von Modell- oder synthetischen Seismogrammen (KELLY et al., 1976) als auch umgekehrt zur Migration von Seismogrammen, um aus seismischen Profilschnitten die räumliche Lage der Reflexionselemente zu rekonstruieren.

3. Petrophysikalische Grundlagen

H. Militzer

Die wichtigsten seismischen Kenngrößen sind

- die *Ausbreitungsgeschwindigkeit* elastischer Wellen,
- die *Absorption* (s. Kap. 2.3.3.),
- die *Schallhärte* (s. Kap. 2.4.2.2.).

Diese Größen kennzeichnen die Übertragung seismischer Energie durch das Medium und dabei auftretende Änderungen des Primärsignals.

3.1. Ausbreitungsgeschwindigkeit

3.1.1. Allgemeine Grundlagen

Wie in Kap. 2.0 gezeigt wurde, erfolgt die Ausbreitung seismischer Wellen nach den Gesetzen der Elastizitätstheorie. Dabei gilt für ein *homogen-isotropes* Material, daß es durch zwei Kenngrößen charakterisiert wird, z. B. durch die Laméschen Konstanten λ und μ. Bei praktischen Aufgabenstellungen werden statt λ und μ je zwei der Moduln E (*Elastizitätsmodul*), ν (Poissonsche *Querkontraktionszahl*) und G (*Torsions-* oder *Schermodul*) wahlweise bevorzugt (vgl. (2.11) bis (2.13). Sie bestimmen zusammen mit der *Dichte* ϱ die Ausbreitungsgeschwindigkeiten der in einem unbegrenzten Medium möglichen Raumwellenarten:

$$v_P = \sqrt{\frac{\lambda + 2\mu}{\varrho}} = \sqrt{\frac{E}{\varrho} \frac{1 - \nu}{(1 + \nu)(1 - 2\nu)}} = \sqrt{\frac{2G}{\varrho} \frac{1 - \nu}{1 - 2\nu}} \tag{3.1}$$

für die *Longitudinalwellen* und

$$v_S = \sqrt{\frac{\mu}{\varrho}} = \sqrt{\frac{E}{\varrho} \frac{1}{2(1 + \nu)}} = \sqrt{\frac{G}{\varrho}} \tag{3.2}$$

für die *Transversalwellen*.

Im unendlich ausgedehnten Raum bzw. in Bereichen, deren Entfernung von Berandungen im Vergleich zur Wellenlänge sehr groß ist, sind diese Geschwindigkeiten fundamental und stellen (wie die elastischen Kenngrößen und die Dichte) *Materialkonstanten* dar. Die Geschwindigkeit der Longitudinalwelle ist dabei wegen $0 \leqq \nu \leqq 0{,}5$ stets größer als die der Transversalwelle.

Bei Vorhandensein von Grenzflächen in Ausbreitungsrichtung mit kleinerem Abstand, als die Wellenlänge beträgt, entstehen Wellentypen, die sich in Deformationsverhalten und Geschwindigkeit von longitudinalen und transversalen Raumwellen unterscheiden. Infolge der verminderten Behinderung von Querverschiebungen in Randnähe können Deformationen in Ausbreitungsrichtung von stärkeren Deformationen in dazu senkrechten Ebenen begleitet sein und umgekehrt. Die auftretenden Wellen enthalten dann allgemein longitudinale und transversale Verschiebungskomponenten. Typische „*Mischwellen*" sind die Dehn- und Biegewellen in unendlich ausgedehnten Platten (Begrenzung des Mediums in einer Dimension) und in unendlich langen Stäben (Begrenzung in zwei Dimensionen). Abb. 3.1. zeigt

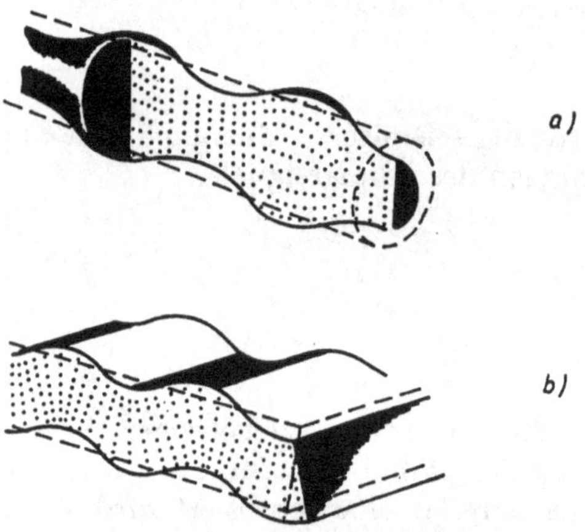

Abb. 3.1. Wellen in Stäben und Platten mit Wellenlängen $\bar{\lambda} \gtrapprox 2r$ bzw. d (r-Radius des Stabes, d – Plattendicke)
a) Dehnwelle, b) Biegewelle

schematisch für einen bestimmten Zeitpunkt die Verschiebungen der einfachsten Biege- und Dehnwellen, die bei großer Wellenlänge $\bar{\lambda}$ im Vergleich zur maßgebenden Querabmessung entstehen.

Die Geschwindigkeit v_D der *Dehnwellen* beträgt

$$v_{D_{Platte}} = \sqrt{\frac{E}{\varrho(1-\nu^2)}}, \tag{3.3}$$

$$v_{D_{Stab}} = \sqrt{\frac{E}{\varrho}} \quad \text{(Kreis- oder Rechteckstab)} \tag{3.4}$$

und die Geschwindigkeit v_B der *Biegewellen* beträgt

$$v_{B_{Platte}} = \frac{\pi d}{\bar{\lambda}\sqrt{3}} \sqrt{\frac{E}{\varrho(1-\nu^2)}} \quad (d \text{ – Plattendicke}), \tag{3.5}$$

$$v_{B_{Stab}} = \frac{\pi r}{\bar{\lambda}} \sqrt{\frac{E}{\varrho}} \quad (\text{Kreisstab; } r \text{ – Radius}). \tag{3.6}$$

Die Formeln sind nur gültig bei spannungsfreier Berandung (Vakuum oder Luft) und $\bar{\lambda} \gg d$ bzw. r. Die Geschwindigkeit der Biegewelle ist der Wellenlänge umgekehrt proportional, zeigt also *anomale Dispersion* (s. Kap. 2.4.3.1.). Diese Besonderheiten der Wellenausbreitung sind von speziellem Interesse bei der Bestimmung der Ausbreitungsgeschwindigkeit elastischer Wellen an Proben im Labor.

3.1.2. Geschwindigkeitsbestimmungen unter Laborbedingungen

Unter Laborbedingungen werden Geschwindigkeitsbestimmungen an Gesteinsproben (Schreiber et al., 1973) meist mittels

- direkter Laufzeitmessungen von Ultraschallimpulsen (Impuls-Laufzeitverfahren, kurz *Impulsverfahren*) oder
- stehender Wellen (*Resonanzverfahren*)

durchgeführt. Für beide Verfahren stehen eine Reihe von kommerziellen Geräten zur Verfügung. Um Lagerstättenbedingungen anzunähern, werden Umgebungsdruck und Temperatur der Probe bei der Messung erhöht.

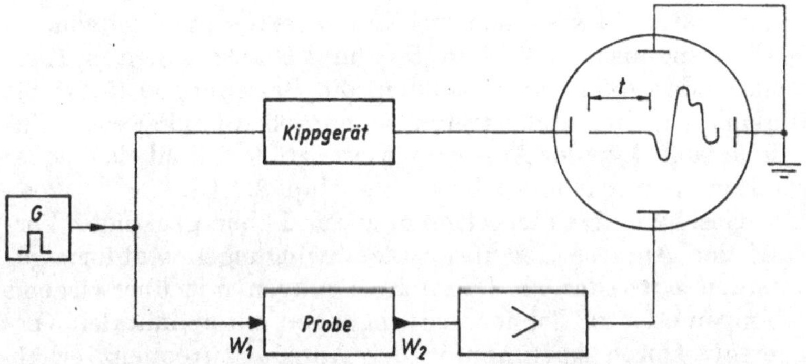

Abb. 3.2. Prinzipaufbau einer Ultraschall-Apparatur zur Laufzeitmessung

Am häufigsten wird das Impulsverfahren angewendet, weil es einfach ist und Proben mit lediglich zwei parallelen Flächen zum Ankoppeln von Ultraschallgeber und -empfänger erfordert. Der schematische Aufbau ist in Abb. 3.2. dargestellt. Ein Impulsgenerator G erzeugt in bestimmter Folge kurzzeitige Spannungsimpulse, die den Wandler W_1 (Geber) zu einer gedämpften mechanischen Schwingung anregen. Wegen der Kopplung mit der Probe ist die Vorzugsfrequenz dieser Schwingung stets kleiner als die angegebene Eigenfrequenz. Der entstehende Ultraschallimpuls durchläuft die Probe und wird vom Wandler W_2 (Aufnehmer) in ein elektrisches Signal zurückverwandelt. Nach Verstärkung gelangt das Signal auf einen Oszillographen, dessen Horizontalablenkung durch den elektrischen Geberimpuls gestartet wird. Man erhält Oszillographenbilder, wie im Prinzip in Abb. 3.2. dargestellt ist. Mittels elektronischer Einrichtungen wird die

Zeit t sehr genau gemessen; sie entspricht der Laufzeit des Impulses. Aus der Probenlänge l und der Laufzeit t folgt

$$v = \frac{l}{t}. \tag{3.7}$$

Zur Anregung und Aufnahme von longitudinalen und transversalen Impulsen werden im Prinzip unterschiedliche Geber- und Aufnehmertypen benötigt. Dem ersten deutlichen Einsatz des registrierten Impulses läßt sich dann die Geschwindigkeit v_P bzw. v_S zuordnen. Bei v_P-Messungen ist zu beachten, daß die Probenberandung einen störenden Einfluß ausüben kann. Das ist dann der Fall, wenn die Querabmessungen mit der vorherrschenden Wellenlänge des Impulses vergleichbar oder kleiner als diese sind. Für stabförmige Proben reicht normalerweise ein Verhältnis von Durchmesser zu vorherrschender Wellenlänge von 1,3 bis 1,5 bereits aus. Wird dieses Mindestverhältnis eingehalten, dann sind die Meßergebnisse praktisch gleich v_P und unabhängig von der Probengeometrie. Bei Unterschreitung des Wertes von etwa 1,3 geht v_P allmählich in v_D über, d. h., es werden zu kleine Geschwindigkeiten bestimmt. Für Impulse transversaler Wellen, die sich stets mit der Geschwindigkeit v_S ausbreiten, besteht diese Problematik nicht.

Im Fall isotroper Gesteine lassen sich aus den gemessenen Geschwindigkeiten v_P und v_S die dynamischen Moduln E, ν und G ausrechnen (s. Kap. 2.4.2.2.). Bei vorliegender *Anisotropie* verlieren die Beziehungen (2.11) bis (2.14) ihre Gültigkeit. An ihre Stelle treten wesentlich kompliziertere Zusammenhänge, die je nach Typ der Anisotropie eine größere Zahl elastischer Konstanten enthalten als nur E und ν bzw. G (s. Kap. 2.2.1.).

Das zweite zur Geschwindigkeitsbestimmung im Labor geeignete Verfahren beruht auf der Analyse der Resonanzschwingungen stabförmiger Proben. Diese werden entweder zu Dehnschwingungen mit überwiegend axialen Verschiebungen oder zu Torsionsschwingungen mit azimutalen Verschiebungen angeregt. Durch Abstimmung der Anregungsfrequenz erhält man die Resonanzfrequenz des Stabes. Sie liegt bei Stablängen von 10 bis 15 cm im Bereich von etwa 5...25 kHz.

Das Prinzip des Verfahrens ist in Abb. 3.3 dargestellt. Bei Anregung von Dehnschwingungen steht die zylinderförmige Probe aufrecht auf einer kurzen Stahlspitze *Sp*, die vom piezokeramischen Geber *P* in harmonische Schwingungen versetzt wird (Abb. 3.3a). Eine Gummischeibe *Sch* mit einem dem Durchmesser angepaßten Loch wird in einem Knoten der Schwingungsbewegung angebracht und verhindert das Umfallen der Probe. Zur Registrierung dient ein kommerzieller Beschleunigungsaufnehmer *BA* mit hoher Eigenfrequenz und geringer Masse; er wird mittels einer möglichst dünnen Klebschicht, z. B. aus Plastilina, an der oberen Probenfläche angekoppelt. Das entstehende elektrische Signal wird verstärkt und von einem Voltmeter angezeigt. Zur Anregung des Piezogebers dient ein durchstimmbarer Sinusgenerator, zur Bestimmung der Frequenz ein Frequenzmesser. Die Signale können geber- und aufnahmeseitig mit einem Zweistrahl-Oszillographen sichtbar gemacht werden (Abb. 3.3a).

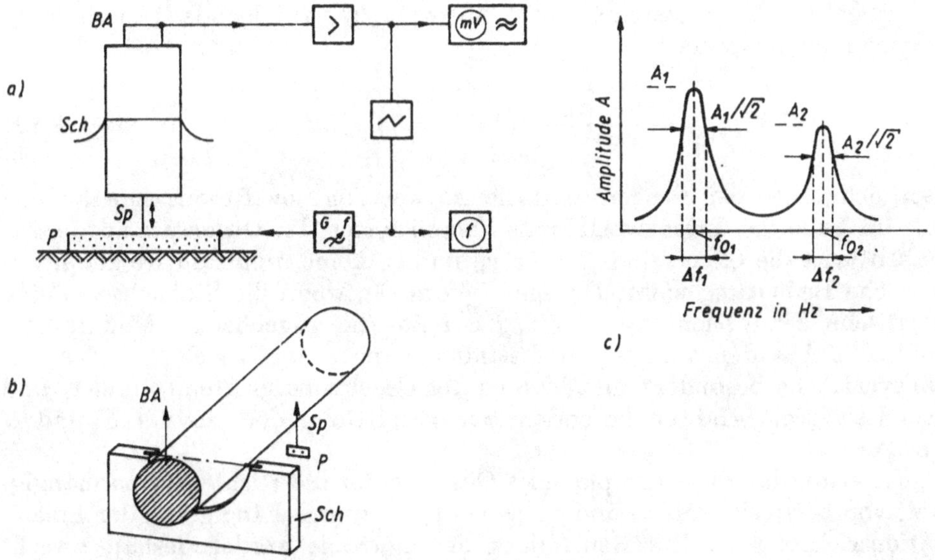

Abb. 3.3. Prinzip des Resonanzverfahrens (nach ROST, 1980)
a) Apparativer Grundaufbau für Dehnschwingungsuntersuchungen
b) Probenhalterung und -anregung für Torsionsschwingungsuntersuchungen
c) Schematischer Verlauf der Amplitude (an einer bestimmten Stelle des Stabes gemessen) in Abhängigkeit von der Frequenz zur Bestimmung von Dämpfung und Absorptionskoeffizient

Sp — Stahlspitze,
P — piezokeramischer Geber,
Sch — Gummischeibe,
BA — Beschleunigungsaufnehmer,
f_{01}, f_{02} — Resonanzfrequenzen

Die Anregung von Torsionsschwingungen erfolgt nach der in Abb. 3.3b angegebenen Weise, wobei die Probe waagerecht von Geberspitze und Gummischeibe (von der nur die Hälfte gezeichnet ist) gehalten wird. Die Spitze hat die Richtung einer Sehne des Stabquerschnittes. Zur Registrierung wird der Beschleunigungsaufnehmer *BA* angekoppelt. Meßwerte des Resonanzverfahrens sind die Resonanzfrequenzen $f_1^{\mathrm{D}}, f_2^{\mathrm{D}}\ldots$ der Dehnschwingungen und $f_1^{\mathrm{T}}, f_2^{\mathrm{T}}\ldots$ der Torsionsschwingungen (Abb. 3.3c). Aus den gemessenen Resonanzfrequenzen der Dehn- und Torsionsschwingungen lassen sich unmittelbar die entsprechenden Ausbreitungsgeschwindigkeiten berechnen. Für Kreisstabproben, deren Länge l wenigstens den dreifachen Durchmesser betragen sollte, gilt:

$$v_{\mathrm{D}} = \frac{2lf_n^{\mathrm{D}}}{n} \quad \text{mit } n = 1 \text{ oder höchstens 2 (aus Genauigkeitsgründen)}, \tag{3.8}$$

$$v_{\mathrm{S}} = v_{\mathrm{T}} = \frac{2lf_n^{\mathrm{T}}}{n} \quad \text{mit } n = 1, 2, 3\ldots \tag{3.9}$$

Unter der Voraussetzung von Isotropie kann folgende Umrechnung vorgenommen werden

$$v_P = v_S \sqrt{\frac{4v_S^2 - v_D^2}{3v_S^2 - v_D^2}}. \tag{3.10}$$

Bei nicht isotropen Proben wird die Auswertung von Resonanzmessungen wie im Falle des Impulsverfahrens komplizierter. Im Gegensatz zu diesem haben jetzt die Geschwindigkeiten v_D und v_T keine unmittelbare geophysikalische Bedeutung mehr. Dagegen liefern sie, wenn die Stabachse in eine elastische Hauptrichtung $1 = x, y, z$ fällt, die zugehörigen Moduln $E^{(i)}$ und $G^{(i)}$. Aus den dargelegten Zusammenhängen ergibt sich, daß das Impulsverfahren besonders zur Messung der Geschwindigkeiten v_P und v_S und das Resonanzverfahren besonders zur Ermittlung der Moduln E und G geeignet ist.

Kriterium für die Isotropie eines Gesteines ist die Richtungsunabhängigkeit von beispielsweise v_P und v_S, wobei v_S auch unabhängig von der Polarisationsrichtung ist. Zur Beurteilung der Isotropie werden deshalb zweckmäßig Impulsmessungen an quaderförmigen, beliebig orientierten Proben vorgenommen. Bei Unterschieden der gemessenen Geschwindigkeiten, die größer sind als die apparativ- und ankopplungsbedingten Meßfehler, entsteht die Frage nach dem Typ der Anisotropie und der Orientierung der elastischen Achsen. Im allgemeinsten Fall sind die dann notwendigen Untersuchungen nicht ganz einfach durchzuführen (ALEKSANDROV et al., 1968). Sehr oft fallen die elastischen Achsen des Materials jedoch mit charakteristischen geologischen Richtungen oder Ebenen zusammen. Dann kann zumindest für die ausgezeichneten Richtungen die Bestimmung von $v_D^{(i)}$ und $v_S^{(i)}$ bzw. $E^{(i)}$ und $G^{(i)}$ mittels Impuls- bzw. Resonanzverfahren in der beschriebenen Weise erfolgen. Zur umfassenden Kennzeichnung des anisotropen Mediums gehört aber stets die Angabe des vollständigen Satzes der elastischen Konstanten. Ob dann – zwecks Verdichtung der Daten zu näherungsweiser Isotropie – die Mittelung über alle Richtungen möglich und sinnvoll ist, hängt vom Grad der Anisotropie und von den Anforderungen ab.

Wie oftmals zu beobachten ist, stimmen die Ergebnisse von Messungen mit dem Impuls- und Resonanzverfahren am selben Probenmaterial nicht überein. Die Gründe dafür sind unterschiedlich. Zunächst ist zu beachten, daß die Übereinstimmung natürlich nicht besser sein kann, als sich aus den einzelnen Verfahrensfehlern ergibt. Das sind normalerweise einige Prozent. Außerdem ist zu berücksichtigen, daß das Resonanzverfahren v_D und v_T, das Impulsverfahren aber v_P und v_S liefert. Ein Vergleich ist also nur für $v_T = v_S$ direkt möglich, für v_D bzw. v_P nur nach Umrechnung, wobei die Fehler noch wachsen. Deshalb ist die Übereinstimmung in v_S gewöhnlich etwas besser. Weiterhin treten Diskrepanzen auf, wenn die für isotrope Medien gültigen Beziehungen und Kenngrößen auch bei anisotropen Proben benutzt werden (ROST, 1982). Damit verbunden, entstehen bei überzähligen Messungen „innere Widersprüche" der ermittelten Kenngrößen, wie z. B. negative POISSON-Zahlen, oder auch systematische Fehler, die nicht als solche erkannt werden. Schließlich können besonders bei grobkristallinen Proben verfahrensabhängige Struktureinflüsse vorliegen und ein Auseinanderfallen der Ergebnisse beider Methoden verursachen (Rost; Heinicke, 1985).

3.1.3. Einige Ergebnisse von Geschwindigkeitsbestimmungen an Gesteinsproben

Abb. 3.4 zeigt eine Übersicht zu Größenordnung und Streubereich der Ausbreitungsgeschwindigkeit elastischer Wellen einiger Minerale und Gesteine, wie sie vorzugsweise aus Messungen an Proben unter Laborbedingungen ermittelt wurden.

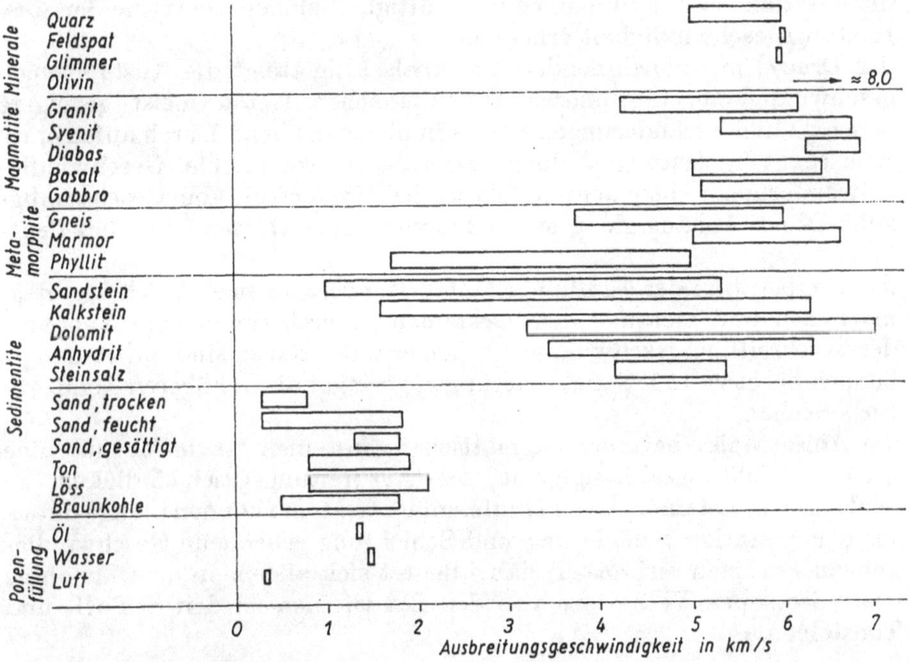

Abb. 3.4. Größenordnungen und Streubereiche der Ausbreitungsgeschwindigkeit elastischer Wellen aus Messungen an Proben ausgewählter gesteinsbildender Minerale und Gesteine

Aus der Darstellung lassen sich einige allgemeine Schlußfolgerungen ableiten, und es läßt sich erkennen, daß die Ausbreitungsgeschwindigkeit elastischer Wellen in Mineralen und Gesteinen von verschiedenen Parametern beeinflußt wird. Das sind

– die petrographische Zusammensetzung: basische Gemengteile (z. B. Olivin) besitzen eine höhere Ausbreitungsgeschwindigkeit als saure (z. B. Quarz); daraus erklärt sich die Geschwindigkeitszunahme in der Reihe der Magmatite von den sauren zu den basischen Vertretern,

- das Gesteinsgefüge: auch bei gleichem modalem Bestand besitzen feinkörnige Ausbildungen eine höhere Ausbreitungsgeschwindigkeit als grobkörnige; metamorph oder diagenetisch stark verfestigte Gesteine zeichnen sich durch besonders hohe Ausbreitungsgeschwindigkeiten aus; tonige Bindemittel verringern, kalkige erhöhen die Ausbreitungsgeschwindigkeit,
- die Dichte: die Ausbreitungsgeschwindigkeit wächst mit der Dichte (kein Widerspruch zu (3.2)...(3.6), da E und G überlinear mit ϱ anwachsen),
- die Porosität: mit zunehmender Porosität nimmt die Ausbreitungsgeschwindigkeit ab; da auch Art und Grad der Porenfüllung von erheblichem Einfluß sind, erklären sich die oft außerordentlich breiten Streubereiche der Geschwindigkeit innerhalb auch nur eines Gesteinstyps,
- die Klüftigkeit: mit zunehmender Klüftigkeit sinken die Werte der Ausbreitungsgeschwindigkeit erheblich.
- der Druck: mit zunehmender Druckbelastung steigt die Ausbreitungsgeschwindigkeit; in höheren Druckbereichen treten meist geringere Geschwindigkeitsänderungen auf als in niederen; beim Durchlaufen eines Belastungs-Entlastungs-Zyklus lassen sich irreversible Geschwindigkeitsänderungen beobachten (elastische Hysterese); die Geschwindigkeits-Druck-Abhängigkeit ist bei den porösen Gesteinen besonders deutlich ausgeprägt,
- die Temperatur: der Einfluß erhöhter Temperatur macht sich bei magmatischen und metamorphen Gesteinen generell durch eine Abnahme der Ausbreitungsgeschwindigkeit bemerkbar; dabei sind im Anfangsbereich bis etwa 150 °C die Änderungen geringer als in höheren Temperaturbereichen,
- die Anisotropie: bei den magmatischen Gesteinen ist meist nur eine geringe Richtungsabhängigkeit der Ausbreitungsgeschwindigkeit zu beobachten; metamorphe und sedimentäre Gesteine können infolge unterschiedlich starker Schieferung und Schichtung erhebliche Geschwindigkeitsanisotropien aufweisen; dabei deutet sich allgemein eine Zunahme des anisotropen Verhaltens von den Sandsteinen zu den Schluff- und Tonsteinen an.

Die erheblichen Schwankungen der Geschwindigkeitswerte allgemein und wie sie speziell auch in der Abb. 3.4 zum Ausdruck kommen, haben verständlicherweise ihre Ursache im unterschiedlichen — oft auch schwer unterscheidbaren — Einfluß der verschiedenen Gesteinsparameter.

Eine ausführliche Darstellung über experimentelle Befunde und Ansätze einer theoretischen Erklärung über Einflußgrößen sowie deren Zusammenwirken auf die Ausbreitungsgeschwindigkeit elastischer Wellen findet sich bei Schön (1983).

3.2. Absorption

3.2.1. Allgemeine Grundlagen

Beim Durchgang elastischer Wellen durch ein reales Medium treten stets Energieverluste auf. Sie hängen letztlich damit zusammen, daß die Formänderungen der Stoffe bis zu einem gewissen Grad irreversibel sind. Infolge *innerer Reibung* (internal friction) wird ein Teil der Schwingungsenergie ständig in Wärme umgesetzt. Auch durch *Streuungen* an Inhomogenitäten wird der Welle laufend Energie entzogen. Diese beiden Hauptprozesse der Energieaufzehrung lassen sich nur schwer trennen. Die Detailprozesse sind noch nicht hinreichend aufgeklärt. Deshalb ist es üblich, die Energieabnahme einer Welle unter dem Begriff der *Absorption* zusammenzufassen.

Die Absorption ist (unter sonst gleichen Bedingungen) frequenz- und oberhalb bestimmter Dehnungen auch amplitudenabhängig. Die Grenze liegt für Gesteine bei Dehnungsamplituden der Größenordnung 10^{-6} m. In der Seismik und auch bei Labormessungen sind die auftretenden Dehnungsamplituden normalerweise kleiner als 10^{-6} m, so daß die Absorption amplitudenunabhängig wird. Mit der Absorption ist notwendig eine Frequenzabhängigkeit der Ausbreitungsgeschwindigkeit (*Dispersion*) verbunden, die bezogen auf den seismischen Frequenzbereich aber nur einige Prozent ausmacht. Die Folge von Absorption und Dispersion ist eine Veränderung der Form seismischer Signale beim Durchgang durch das Gestein (s. Kap. 2.3.3.). Quantitativ kann die Abnahme der Amplitude einer elastischen Welle mit bestimmter Frequenz in Ausbreitungsrichtung x wie folgt dargestellt werden:

$$A(x) = A_0 \, e^{-\alpha(x-x_0)}/f(x), \tag{3.11}$$

A, A_0 – Amplituden, α – Absorptionskoeffizient mit der Dimension Np/m
$f(x)$ – Divergenzfunktion, bedingt durch das Auseinanderlaufen der Fronten nichtebener Wellen.

Trotz vielfältiger Bemühungen, die Ursachen der Absorption im Fest- oder Lockergestein aufzudecken, konnte bisher noch kein abgeschlossenes Ergebnis erzielt werden (Shibuya, 1977; Mavko et al., 1979; Rost, 1980). Mit Sicherheit tragen je nach Frequenz verschiedene Ursachen in unterschiedlichem Maße zum beobachteten Absorptionsverhalten bei. Trotz des Fehlens detaillierter Kenntnisse über diese Ursachen läßt sich feststellen, daß sie im Gegensatz zum Hookeschen Gesetz einen zeitabhängigen Zusammenhang von Spannungen und Dehnungen bewirken (s. Kap. 2.2.2.).

Speziell bei periodischen Vorgängen entsteht eine Phasenverschiebung φ zwischen Spannung σ und Deformation ε; die Deformation bleibt hinter der Spannung zurück. In der σ-ε-Ebene umläuft der Bildpunkt eine Ellipse, deren Fläche dem Energieverlust ΔE je Periode entspricht. Derartige Hysterese-Verluste können durch Einführung komplexer Moduln $M(\triangleq E, G, \nu)$ berücksichtigt werden:

$$M = M'(\cos\varphi + i\sin\varphi) \approx M'(1 + i\tan\varphi), \quad (\sin\varphi \ll 1). \tag{3.12}$$

Auch in experimenteller Hinsicht konnte trotz zahlreicher Laboruntersuchungen bisher noch kein vollständiges Bild über den Verlauf des Absorptionskoeffizienten in Abhängigkeit von der Frequenz gewonnen werden. Besonders wenig Kenntnisse existieren bei Frequenzen unter etwa 1 Hz, weil Messungen in diesem Bereich sehr schwierig sind. Bei höheren Frequenzen besteht das Problem, daß die Meßverfahren nur für begrenzte Meßbereiche einsetzbar sind und der Anschluß der Messungen selbst für das gleiche Material oftmals nicht befriedigend gewährleistet ist.

Da die direkte Messung der Absorptionskoeffizienten nicht sehr genau ist, werden sie oft aus der Resonanzbreite erzwungener oder dem Abklingverhalten gedämpfter Schwingungen einer Stabprobe bestimmt. Im Ergebnis erhält man Dämpfungsmaße, die mit dem Absorptionskoeffizienten zusammenhängen. Wichtigstes Dämpfungsmaß ist der sog. dimensionslose *Gütefaktor* Q, der ursprünglich zur Qualitätskennzeichnung elektrischer Schwingkreise diente. Der reziproke Wert Q^{-1} ist wie folgt definiert:

$$Q^{-1} = \frac{1}{2\pi} \frac{\Delta E}{E}. \tag{3.13}$$

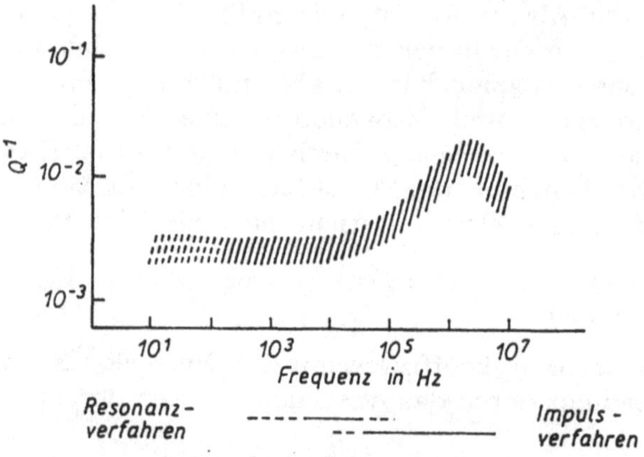

Abb. 3.5. Schematischer Verlauf des reziproken Gütefaktors Q^{-1} bei Festgesteinen in Abhängigkeit von der Frequenz (nach Rost, 1980)

ΔE ist die je Periode dissipierte und E die maximale Energie. Q^{-1} liegt bei trockenen, intakten Festgesteinen normalerweise in der Größenordnung von $10^{-2} \cdots 10^{-3}$. Für Q^{-1} gelten folgende Beziehungen:

$$Q^{-1} = \tan \varphi = \frac{\Delta f}{f_0} = \frac{\vartheta}{\pi} = \frac{2\alpha v}{\omega} = \frac{\alpha v}{\pi f}, \qquad (Q^{-1} \ll 1) \tag{3.14}$$

φ – Phasenwinkel, f_0 – Resonanzfrequenz, Δf – Resonanzbreite (gemessen bei $1/\sqrt{2}$ der Resonanzamplitude), ϑ – logarithmisches Dekrement.

Nach den vorliegenden experimentellen Untersuchungen ist es sicher, daß Q^{-1} von den niedrigsten, dynamisch realisierten Frequenzen von 10^1 bis 10^2 Hz bis in den Frequenzbereich von einigen 10^4 Hz praktisch frequenzunabhängig ist. Bei weiterer Erhöhung der Frequenz scheint Q^{-1} anzusteigen, um nach Überschreitung eines Maximums bei $1 \cdots 10$ MHz wieder abzufallen. Schematisch ist der Verlauf in Abb. 3.5 wiedergegeben.

Als repräsentativer Wert für den seismischen Bereich wird meist das bei Ultraschallfrequenzen gemessene Q^{-1} angenommen. Die Auswertung umfangreicher in situ-Daten hat jedoch in der letzten Zeit zumindest für Transversalwellen Zweifel an der Q^{-1}-Konstanz bei seismischen Frequenzen aufkommen lassen (Aki et al., 1980). Vielmehr ist ein Ansteigen von Q^{-1} unterhalb von einigen Hz wahrscheinlich.

3.2.2. Bestimmung des Absorptionskoeffizienten unter Laborbedingungen

Die Bestimmung des Absorptionskoeffizienten an Proben erfolgt entweder nach dem Resonanzverfahren gem. (3.14) oder unter Anwendung von (3.11) nach Impulsanregung aus Amplituden-Entfernungs-Messungen. Das meßtechnische Problem bei der Amplituden-Entfernungs-Messung ist die Einhaltung gleichbleibender Ankopplungsbedingungen des Schwingungsaufnehmers an das Objekt (Gesteinsprobe, Erdoberfläche). Im Gegensatz dazu werden beim Resonanzverfahren schwer zu beherrschende Amplitudenänderungen vermieden, die infolge geringfügiger Schwankungen der Ankopplungsbedingungen an der Probe entstehen und unkontrollierbare Fehler der Impulsmessungen verursachen können. Deshalb ist zur Bestimmung des Absorptionskoeffizienten unter Laborbedingungen dem Resonanzverfahren der Vorzug zu geben.

Meßwerte sind die Resonanzfrequenzen der Dehn- bzw. Torsionsschwingungen $f_{01}^{D}, f_{02}^{D} \ldots$ bzw. $f_{01}^{T}, f_{02}^{T} \ldots$ und die dazugehörigen Resonanzbreiten $\Delta f_1^{D}, \Delta f_2^{D} \ldots$ sowie $\Delta f_1^{T}, \Delta f_2^{T} \ldots$ Diese werden in der Höhe $1/\sqrt{2}$ der Resonanzamplituden bestimmt (Abb. 3.3c). Aus Δf_n und den zugehörigen Resonanzfrequenzen f_{0n} läßt sich die Dämpfung (reziproker Gütefaktor) Q^{-1} nach (3.14) angeben.

Für die Absorptionskoeffizienten der Longitudinal- und Transversalwelle folgt aus (3.14)

$$\alpha_P = \pi f_n Q^{-1}/v_P\,; \qquad \alpha_S = \pi f_n Q^{-1}/v_S\,. \tag{3.15}$$

Da die Resonanzbreite im Frequenzbereich von einigen Hz bis zu einigen kHz praktisch unabhängig von der Frequenz ist (Abb. 3.5), können für dieses Intervall α_P und α_S wegen (3.15) als linear frequenzabhängig angenommen werden.

3.2.3. Einige Ergebnisse der Bestimmung von Absorptionskoeffizienten an Gesteinsproben

Abb. 3.6 zeigt eine Übersicht zu Größenordnung und Streubereich von Absorptionskoeffizienten innerhalb eines begrenzten Frequenzbereiches einiger Gesteinsgruppen. Die im Vergleich zu den Geschwindigkeitsdaten viel geringere Anzahl verfügbarer und zuverlässiger Werte lassen allerdings nur

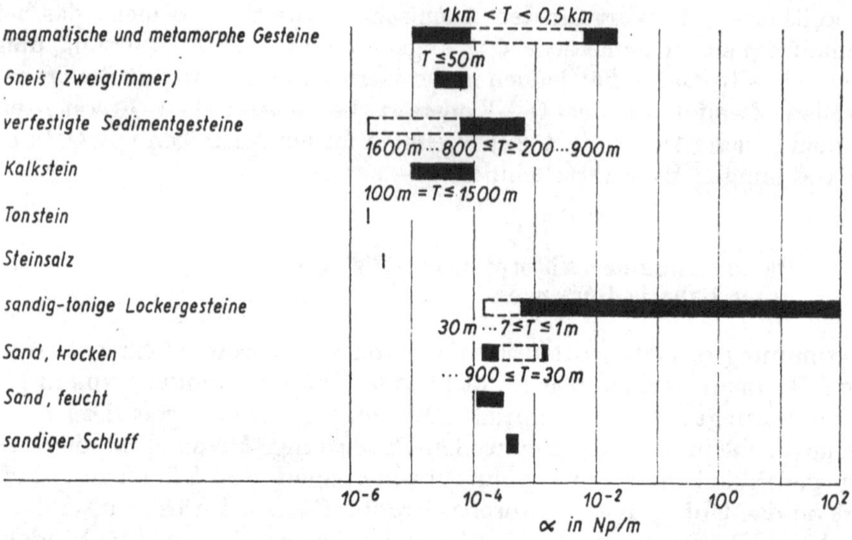

Abb. 3.6. Wertebereiche des Absorptionskoeffizienten α für einige Gesteinsarten ($f \approx 50$ bis 500 Hz) (nach SCHÖN, 1983)

■ belegte Werte,
[- - -] extrapolierte Werte,
T — Entnahmetiefe

eine sehr grobe Untergliederung zu. — In der Abb. 3.7 kommt die experimentell bestätigte Abhängigkeit des Absorptionskoeffizienten von der Frequenz für verschiedene Gesteinsarten zum Ausdruck. Wegen der relativ hohen Meßunsicherheit in der Bestimmung der Werte und der Spezifik der Meßbedingungen liegt aber auch hier die Bedeutung in erster Linie im qualitativen Verlauf des dargestellten Zusammenhanges und weniger in den angegebenen absoluten Daten.

Trotz all dieser Einschränkungen kann aus den beiden Abbildungen qualitativ entnommen werden:

- generell nimmt der Absorptionskoeffizient mit steigender Frequenz zu (Tiefpaßfilterwirkung der Gesteine),
- beginnend im unteren Frequenzbereich bis zu einigen 10^4 Hz besteht zwischen dem Absorptionskoeffizienten und der Frequenz eine gut angenäherte Proportionalität,
- kompakte, metamorph oder diagenetisch verfestigte Gesteine zeigen i. allg. eine geringere Absorption als Lockergesteine, bei denen α häufig mit wachsender Porosität bzw. abnehmender Dichte zunimmt,
- der Absorptionskoeffizient ist teufen- und damit druckabhängig; so kann z. B. Q^{-1} (bei gegebener Frequenz und Amplitude der Welle) um den Faktor 10 und mehr abnehmen, wenn die Druckbelastung der Proben $1 \ldots 10^2$ MPa beträgt (ROST, 1980),

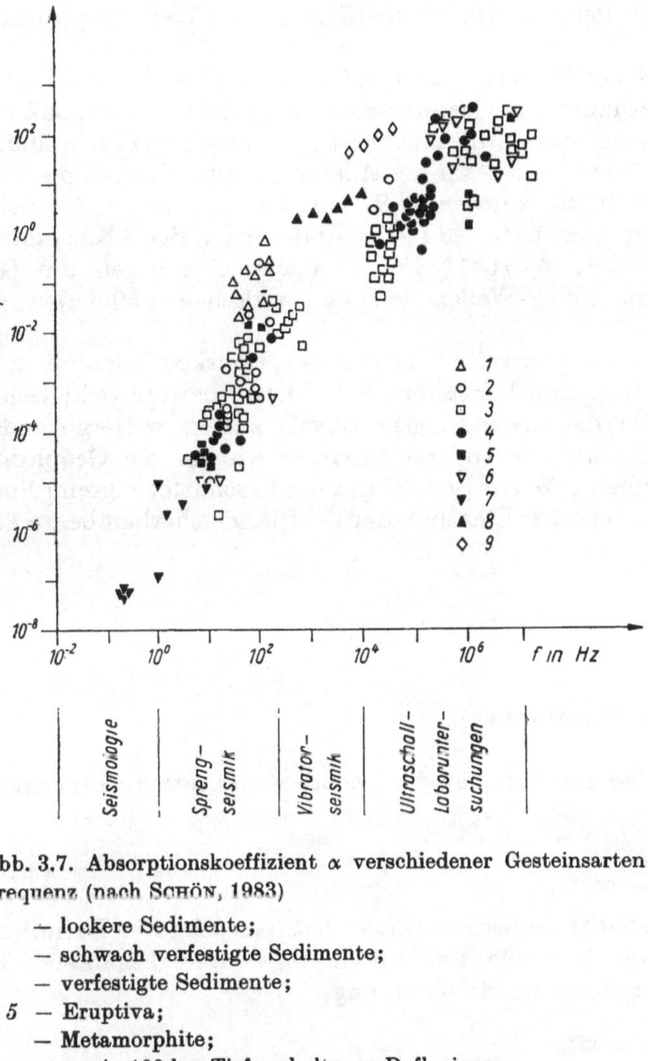

Abb. 3.7. Absorptionskoeffizient α verschiedener Gesteinsarten in Abhängigkeit von der Frequenz (nach SCHÖN, 1983)

1 – lockere Sedimente;
2 – schwach verfestigte Sedimente;
3 – verfestigte Sedimente;
4, 5 – Eruptiva;
6 – Metamorphite;
7 – aus in 100 km Tiefe erhaltenen Reflexionen;
8 – Kalkstein (Erzgebirge);
9 – Sand (trocken)

– für metamorphe und sedimentäre Gesteine besteht eine Abhängigkeit der Absorption von der Schieferung und Schichtung (Anisotropie-Effekt).

Vergleichbare Werte liefern Absorptionsuntersuchungen generell nur an trockenen Gesteinsproben. Feuchtigkeit vergrößert schon in Spuren die Absorption beträchtlich; das gilt in besonderem Maße auch für den Einfluß des Porenwassers, wie z. B. Untersuchungen an Mondgestein gezeigt haben (MAVKO et al., 1979). Die Absorption hängt zusätzlich von der Deformationsart ab. Damit ist auch der Absorptionskoeffizient vom Wellentyp abhängig.

Trotz dieser Vielfalt der Probleme und unterschiedlichen Einflußgrößen auf das Absorptionsverhalten der Gesteine muß festgestellt werden, daß der Absorptionskoeffizient ein viel empfindlicherer Indikator zur Beschreibung petrophysikalischer Eigenschaften als die Ausbreitungsgeschwindigkeit ist (MILITZER; STOLL, 1968). So wurden z. B. von NIKOLAJEW (1965) beim Übergang vom lockeren zum festen Material Änderungen des Absorptionskoeffizienten von $1 \cdot 10^{-1} \ldots 5 \cdot 10^{-3}$ Np/m beobachtet, wogegen die Geschwindigkeitszunahme bei P-Wellen lediglich zwischen 2500 m/s und 5500 m/s betrug.

Sichere Bestimmungsmöglichkeiten des Absorptionskoeffizienten und gesicherte Kenntnisse über sein Verhalten als Indikator petrophysikalischer Besonderheiten sind für die Erkundungsgeophysik zwecks weitergehender Analyse seismischer Signale ebenso von Interesse wie für die Geophysik im Ingenieur- und Bergbau z. B. zur Beurteilung der Erschütterungsempfindlichkeit des Baugrundes oder zur Einschätzung der Standsicherheit bergmännischer Auffahrungen.

3.3. Schallhärte

3.3.1. Allgemeine Grundlagen

Die *Schallhärte* Z ist das Produkt aus der Dichte ϱ und der Ausbreitungsgeschwindigkeit v

$$Z = \varrho v. \tag{3.16}$$

Sie wird auch als akustische Impedanz bezeichnet. Gemäß ihrer Definition ist die Schallhärte keine Meßgröße, sondern ein abgeleiteter Parameter. In dieser Eigenschaft geht sie in die Beschreibung

- der *seismischen Intensität*,
- der Energieübertragung von einer seismischen Quelle in das umgebende Medium sowie von einem Medium in ein angrenzend anderes Medium (Transmission) und
- des Verhältnisses von reflektierter zu einfallender Energie (Reflexion) ein.

Die seismische Intensität I läßt sich als Produkt aus Energiedichte W (Energiefluß pro s) und Ausbreitungsgeschwindigkeit v darstellen

$$I = Wv. \tag{3.17}$$

Damit gilt für die Intensität einer einfachen harmonischen Welle mit der Amplitude A und der Frequenz f

$$I = 2\pi^2 A^2 f^2 \varrho v = 2\pi^2 A^2 f^2 Z. \tag{3.18}$$

Für die Energieübertragung einer Welle beim Übergang von einem Medium mit der Schallhärte Z_1 in ein Medium mit der Schallhärte Z_2 gilt:

$$\frac{I_t}{I_e} = \frac{4\frac{Z_2}{Z_1}}{\left(1 + \frac{Z_2}{Z_1}\right)^2}, \tag{3.19}$$

I_e — Intensität der einfallenden Welle,
I_t — Intensität der transmittierten Welle.

Der reflektierte Energieanteil beträgt:

$$\frac{I_r}{I_e} = \left(\frac{A_r}{A_e}\right)^2 = \left(\frac{1 - \frac{Z_2}{Z_1}}{1 + \frac{Z_2}{Z_1}}\right)^2, \tag{3.20}$$

I_r — Intensität der reflektierten Welle.

Gleichung (3.19) und (3.20) gelten für senkrechtes Einfallen auf die Grenzfläche zwischen Medium 1 und 2. Aus (3.19) und (3.20) folgt, daß bei sehr großen Unterschieden zwischen Z_1 und Z_2 kaum noch Energie in das Medium 2 übertragen und die einfallende Energie fast vollständig reflektiert wird.

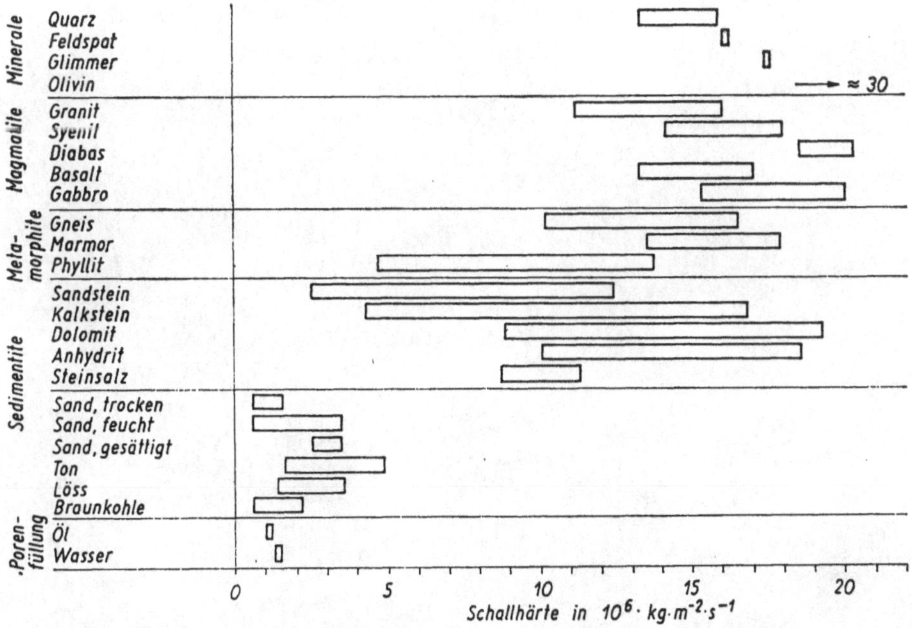

Abb. 3.8. Größenordnungen und Streubereiche der Schallhärte ϱv elastischer Wellen ausgewählter gesteinsbildender Minerale, Gesteine und Porenfüllungen

Für den Fall $Z_2 \gg Z_1$ ergibt sich aus (3.20) eine Phasenumkehr zwischen einfallender und reflektierter Welle. Andererseits wird bei sehr geringen Unterschieden zwischen Z_1 und Z_2 nur ein sehr kleiner Energieanteil reflektiert, so daß die Energie der einfallenden Welle annähernd vollständig in das Medium 2 übertragen wird.

3.3.2. Einige Daten zur Schallhärte

Wird die Schallhärte auf das Einheitensystem bezogen, so spricht man auch von der spezifischen Schallhärte. Sie beträgt z. B. für Stahl $39 \cdot 10^6$ kg $\times$ $m^{-2} \cdot s^{-1}$ und für Luft 42 kg $\cdot$ $m^{-2} \cdot s^{-1}$. In der Abb. 3.8 sind die spezifischen Schallhärten für einige Minerale, Gesteine und die Porenfüllungen Wasser und Öl angegeben; sie wurden aus ihren Geschwindigkeiten und Dichten errechnet. Die Streubreiten und Einflußparameter dieser Meßgrößen (vgl. z. B. Abb. 3.4) bestimmen natürlich auch die Abhängigkeiten und Varianz der daraus abgeleiteten Schallhärten.

4. Apparativ-methodische Grundlagen

B. Forkmann, R. Schmöller

4.1. Anregung seismischer Wellen

4.1.1. Übersicht

Zur Erzeugung seismischer Wellen sind eine Vielzahl unterschiedlicher Anregungsverfahren entwickelt worden. Nur wenige haben eine breite Anwendung gefunden. In der Landseismik gilt seit ihren Anfängen das Sprengen in Bohrungen (Schußbohrungen) als das effektivste Anregungsverfahren. Es vereinigt in sich die Vorteile einer einfachen Beeinflußbarkeit der Energie und des Spektrums der erzeugten seismischen Wellen und einer dem Objekt angepaßten Robustheit der Technik. Das Verfahren hat bisher nur dort an Bedeutung eingebüßt, wo besondere Erschwernisse beim Niederbringen der Schußbohrungen oder spezielle Erfordernisse des Umweltschutzes bestehen. In diesen Fällen stellen Oberflächenanregungsverfahren eine ökonomisch vorteilhaftere bzw. alternative Lösung dar. Unter den Oberflächenanregungsverfahren dominiert die Vibrationsanregung auf Grund ihrer günstigen Voraussetzungen zur Signalbeeinflussung. In der Seeseismik hat das Verfahren der explosionsartigen Druckgasentspannung besondere Bedeutung erlangt. Unter den spezifischen Anregungsbedingungen auf See ist es das flexibelste Verfahren. Nachteilig ist sein im Vergleich zu anderen seismischen Anregungsverfahren relativ niedriger Wirkungsgrad, verursacht durch die langanhaltende Oszillation der erzeugten Luftblase. Für eine Reihe spezieller Anwendungen eignen sich besonders angepaßte Oberflächenquellen mit geringem Gewicht. Zur seismischen Untersuchung geringer Tiefen werden bevorzugt Hammerschlag, Fallgewicht und Vibroimpulsramme benutzt. Für die Seebodenkartierung sind vorwiegend magnetostriktive Ultraschallgeber und Sparker in Gebrauch.

Tab. 4.1 gibt einen Überblick über die wichtigsten physikalischen Prinzipien zur Anregung seismischer Wellen. Die in der vorletzten Spalte angegebenen Energiewerte geben Auskunft über die Größe der aufzuwendenden Initialenergie. Sie sagen noch nichts über den zu erzielenden seismischen Effekt aus. Hierzu ist die Kenntnis des elastomechanischen und des seismischen Wirkungsgrades erforderlich. Für landseismische Varianten des hydraulischen Vibrators und der Gasexplosionsquelle hat Šaginjan (1982) entsprechende Werte ermittelt. Für den Luftpulser als seeseismische Quelle haben Kramer et al. (1968) Schätzwerte angegeben. Die Zahlenwerte in Tab. 4.2 sind charakteristisch für die unterschiedliche Effektivität der Wandlervorgänge und den teilweise sehr niedrigen Gesamtwirkungsgrad seismischer Quellen. Für die sprengstofflosen Quellen ist in der

Tabelle 4.1. Seismische Anregungsverfahren

Art der Energieumwandlung	physikalisches Prinzip	Kennzeichnung der Quelle	Anwendung Land/See		Initialenergie in 10^3 J	Signalfolgeintervall in s
mechanisch-mechanisch	Fall (frei)	Fallgewicht	L			8
	Fall (zusätzlich beschleunigt)	Hammerschlag	L			3
		hydraulischer Hammer	L			4
	Vibration	hydraulischer Vibrator	L	S		7–14
	Druckgasentspannung	Luftpulser (airgun)		S		
	Implosion	Dampfinjektion (steam gun)		S		8
chemisch-mechanisch	Sprengstoffexplosion	Sprengladung	L	S	1 kg	
		Sprengschnur	L	S	1 kg	
	Gasexplosion	Gaskanone (gas gun)	L	S		10
		Vibroimpulsramme	L			0,1
elektrisch-mechanisch	elektrodynamisches Prinzip	elektrodynamischer Vibrator	L			3–8
	magnetostriktives Prinzip	Ultraschallgeber		S		0,05–1
thermisch-mechanisch	Verdampfung	Sparker		S		

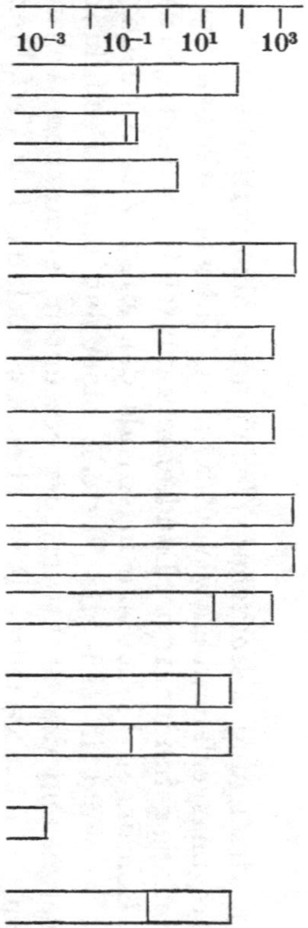

letzten Spalte der Tab. 4.1 das minimale Signalfolgeintervall aufgeführt. Die Kürze dieses Intervalls bestimmt die mit der Quelle erreichbare Produktivität. Das ist von Bedeutung vor allem für Quellen geringer Initialenergie, mit denen das erforderliche Nutz/Störverhältnis erst durch Summation von n Einzelregistrierungen erzielt wird.

Tabelle 4.2. Wirkungsgrad seismischer Quellen (in %) für P- und S-Wellen

Quelle	$\eta_{\text{elastomech.}}$	$\eta_{\text{seis.}}$		$\eta_{\text{elastomech.}}$ $\eta_{\text{seis.}}$	
		P	S	P	S
Hydraulischer Vibrator SV-10/100	2	1	3	0,02	0,06
Gasexplosionsquelle SI-40	6	0,05	0,4	0,003	0,02
Luftpulser	40	63	—	25	—

Eine der wichtigsten Kenngrößen seismischer Quellen ist die Signalform bzw. das Quellenspektrum (Kap. 4.1.2., 4.1.3.). Die Form des Quellensignals hängt von der Art und vom Ort der Signalerzeugung, von Kenngrößen der Quelle sowie von den elastischen und anelastischen Kennwerten des umgebenden Mediums ab. Eine gezielte Manipulation der Signalform ist insbesondere dann möglich, wenn ein repräsentatives Modell des Quellenvorganges angegeben werden kann. Oft reicht die mathematisch-physikalische Beschreibung des bei den meisten Anregungsverfahren sehr komplexen Quellenmechanismus nicht aus, um die Beeinflußbarkeit bzw. die Veränderlichkeit der Signalform mit hinreichender Genauigkeit zu erfassen, so daß auf empirisch gewonnene Zusammenhänge Bezug genommen werden muß.

Nicht weniger wichtig als das Quellenspektrum ist die Struktur des erzeugten Wellenfeldes (Kap. 4.1.4.). Je höher der Grad der Asymmetrie der Anregungsbedingungen ist, desto komplexer ist i. allg. die Zusammensetzung des entstehenden Wellenfeldes. Der Fall vollständiger Symmetrie ist nur für das Modell eines Kugelstrahlers im homogen-isotropen Vollraum gegeben. Dabei werden ausschließlich P-Wellen erzeugt. Durch gezielte Ausnutzung der Asymmetriebedingungen im Quellenbereich lassen sich bei einer Reihe von Anregungsverfahren der Landseismik auch energiestarke S-Wellen anregen.

Für die wichtigsten Anregungsverfahren werden im folgenden vereinfachte Quellenmodelle und Möglichkeiten der Signalbeeinflussung beschrieben. Mit der Einteilung in Verfahren zur Impuls- bzw. Vibrationsanregung werden zugleich wesentliche Unterschiede im Anregungsprinzip sowie in der Entstehung und Beeinflußbarkeit des Quellensignals hervorgehoben.

4.1.2. Impulsanregung

Die Anregung eines seismischen Impulses wird durch einen kurzzeitigen *Druckstoß* ausgelöst. Unter der Einwirkung sehr hoher Drücke in der Nähe des Quellenzentrums verändern sich die elastischen Kennwerte so, daß sich eine *Stoßwelle* ausbildet. Ab einer bestimmten Entfernung vom Quellenzentrum überschreitet die Druckbelastung nicht mehr den HOOKEschen Bereich, und die Stoßwelle geht in eine *elastische Welle* über.

In Kap. 2.3.1.3. wird die Entstehung des seismischen Quellensignals durch *Sprengung* in einem ideal-elastischen Medium behandelt. Die radiale Verschiebungskomponente u (s. (2.52)) ergibt sich aus der Lösung der Randwertaufgabe nach (2.48) bis (2.51) mit Hilfe der LAPLACE-Transformation als gedämpfte Schwingung (s. Abb. 2.2). Von besonderem praktischen Interesse ist die zeitliche Änderung der Verschiebung, da die von einem Geophon abgegebene Spannung der Verschiebungsgeschwindigkeit

$$v = \frac{\partial u}{\partial t} \tag{4.1}$$

proportional ist. Das komplexe Spektrum dieses *Quellensignals* erhält man nach GURVIČ (1965) durch die Lösung der Randwertaufgabe (2.48) bis (2.50) über die FOURIER-Transformierte der Lösungsfunktion (2.43). Mit (2.44) und (4.1) ergibt sich für die Fernzone

$$V(\omega) = \frac{-\dfrac{a}{r v_P \varrho}\,\omega^2\,\mathrm{e}^{-\mathrm{i}\omega(r-a)/v_P}}{\left[\left(\dfrac{2v_S}{a}\right)^2 - \omega^2\right] + i\left[\left(\dfrac{2v_S}{a}\right)\omega^2\,\dfrac{v_S}{v_P}\right]}\,P(\omega)\,. \tag{4.2}$$

Das *Quellenspektrum* ist das Produkt aus dem Spektrum $P(\omega)$ der anregenden Druckfunktion $p(t)$ und einem spektralen Faktor, der durch den Radius a des *äquivalenten Hohlraumes* und die Kennwerte von ϱ, v_P und v_S des umgebenden Mediums bestimmt ist. Mit der *Eigenfrequenz*

$$\omega_0 = \frac{2v_S}{a} \tag{4.3}$$

ergibt sich für den Betrag des Quellenspektrums

$$\left|V\left(\frac{\omega}{\omega_0}\right)\right| = \frac{\dfrac{a}{r v_P \varrho}\left(\dfrac{\omega}{\omega_0}\right)^2}{\sqrt{\left[1-\left(\dfrac{\omega}{\omega_0}\right)^2\right]^2 + \left[2\left(\dfrac{\omega}{\omega_0}\right)\dfrac{v_S}{v_P}\right]^2}}\,|P(\omega)|\,. \tag{4.4}$$

Aus der Form des Ausdrucks (4.4) folgt, daß der in einem ideal-elastischen Medium eingeschlossene *Kugelstrahler* wie ein Resonanzfilter auf die anregende Druckfunktion wirkt. Nimmt man den in Abb. 2.2 links angegebenen Druckverlauf (Sprungfunktion) an, gilt

$$P(\omega) = \frac{1}{\mathrm{i}\omega}, \tag{4.5}$$

und (4.4) läßt sich in der normierten Form

$$\left|\mathring{V}\left(\frac{\omega}{\omega_0}\right)\right| = r\varrho\omega_0^2\,|V| = \frac{1}{\sqrt{1 + Q^2\left(\frac{\omega}{\omega_0} - \frac{\omega_0}{\omega}\right)^2}} \tag{4.6}$$

schreiben. Abb. 4.1 zeigt das normierte Quellenspektrum mit dem *Gütefaktor*

$$Q = \frac{1}{2\,\frac{v_S}{v_P}} = \frac{v_P}{a\omega_0} \tag{4.7}$$

als Formparameter. Als *Bandbreite* ist die Frequenzdifferenz definiert, die zu den -3 dB-Punkten gehört. Sie berechnet sich aus den Kenngrößen in (4.6) zu

$$\Delta f = \frac{f_0}{Q} = \frac{a}{2\pi v_P}\,\omega_0^2. \tag{4.8}$$

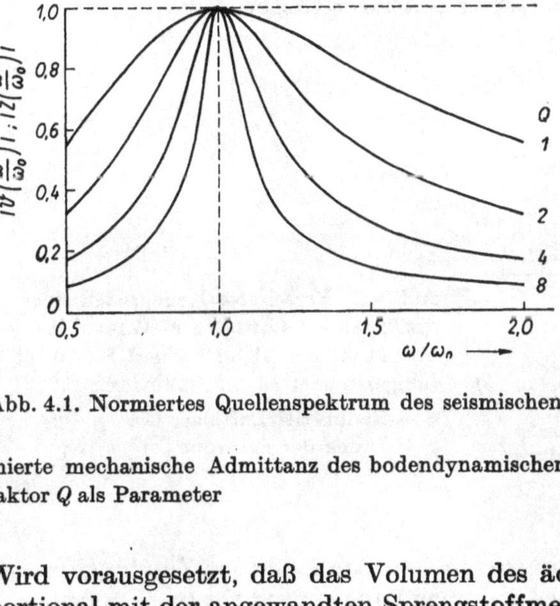

Abb. 4.1. Normiertes Quellenspektrum des seismischen Kugelstrahler $\left|\mathring{V}\left(\frac{\omega}{\omega_0}\right)\right|$ bzw. normierte mechanische Admittanz des bodendynamischen Parallelkreises $\left|\mathring{Z}\left(\frac{\omega}{\omega_0}\right)\right|$ mit Gütefaktor Q als Parameter

Wird vorausgesetzt, daß das Volumen des äquivalenten Hohlraumes proportional mit der angewandten Sprengstoffmenge m wächst, ergibt sich aus (4.6), (4.3) und (4.8)

$$v_{\max} \sim \frac{m^{2/3}}{r\varrho v_S^2}, \tag{4.9}$$

$$f_0 \sim \frac{v_S}{m^{1/3}}, \tag{4.10}$$

$$\Delta f \sim \frac{v_S^2}{v_P m^{1/3}}. \tag{4.11}$$

Diese Proportionalitätsbeziehungen stimmen gut mit der Erfahrung überein, wonach die Amplitude der registrierten seismischen Signale unterlinear mit der Ladungsmenge wächst, während vorherrschende Frequenz und Bandbreite der seismischen Signale um so größer sind, je kleiner die Ladungsmenge gewählt wird. Aus (4.9) bis (4.11) läßt sich auch der Einfluß der Materialkennwerte von ϱ, v_S und v_P bzw. ν auf die Kenngrößen des Quellensignals abschätzen. So ist die erzielte Bandbreite bei Zündung der Ladung in Festgesteinen mit $\nu \approx 0{,}25$ größer als bei Zündung der Ladung in Lockergesteinen mit $\nu \approx 0{,}48$. Schwankungen der Materialkennwerte in der Umgebung der Schußbohrungen wirken sich bei der Profilvermessung in Veränderungen der Signalform längs der Profiltrasse aus.

Für eine genaue Beschreibung der Signalkenngrößen v_{max}, f_0 und Δf ist das Modell des Kugelstrahlers im ideal-elastischen Vollraum nicht ausreichend. Der Einfluß von Grenzflächen, insbesondere des Grundwasserspiegels und der Erdoberfläche, sowie die anelastischen Eigenschaften in der Umgebung der Schußbohrungen bewirken zusätzliche Veränderungen der Signalform. Da es schwierig ist, alle Einflüsse auf das Quellensignal rechnerisch zu erfassen, werden die optimalen Schußparameter meist aus systematischen *Ladungsmengen-* und *Ladungstiefenversuchen* abgeleitet.

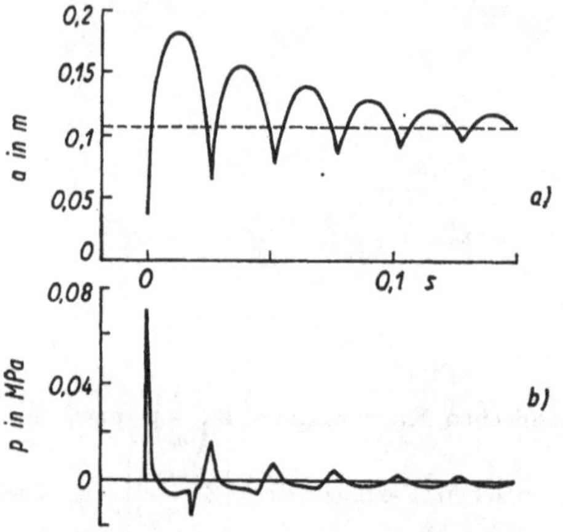

Abb. 4.2. Berechnete Kenngrößen einer oszillierenden Luftblase in Wasser für $h = 14$ m, $p = 13{,}3$ MPa und $V = 0{,}155$ l (umgezeichnet nach Ziolkowski, 1970)
a — Radius der Luftblase (a),
p — Druck der Fernzone (b)

Optimale Anregungsbedingungen ergeben sich i. allg. bei Zündung der Ladung dicht unterhalb der Grenze zwischen Langsamschicht ($v_P \approx 500$ m · s^{-1}) und wassergesättigter Zone ($v_P \approx 1750$ m · s^{-1}). Um Niveauschwankungen dieser Grenze zu erfassen, werden in größeren Abständen auf dem Profil in speziellen Bohrungen Mikroseismokarottagen (MSK) durchgeführt (vgl. Kap. 6.3). Die Bohrtiefen für die Schußbohrungen werden nach dem zwischen den MSK-Bohrungen interpolierten Verlauf dieser Grenze festgelegt.

Oft werden gleichzeitig mehrere kleine Ladungen, verteilt auf mehrere Schußbohrungen, gezündet. Auf diese Weise wird außer einer Signalbeeinflussung nach den Beziehungen (4.9) bis (4.11) eine verbesserte Richtwirkung der Signalabstrahlung erzielt (s. Kap. 4.1.4.).

In wasserbedeckten Gebieten werden seismische Wellen meist mittels *Luftpulser* erzeugt. Ähnlich der Arbeitsweise eines Zweitaktmotors stößt der Luftpulser innerhalb weniger Millisekunden ein unter ca. 15 MPa Druck stehendes Luftvolumen zwischen 30 ml bis 30 l in das umgebende Wasser. Die sich anschließende Oszillation der Luftblase im Wasser erweist sich als ein sehr komplexer Vorgang. Er dauert an, bis die Luftblase nach einigen zehntel Sekunden die Wasseroberfläche erreicht hat und entweicht. Eine geschlossene Lösung des als nichtlineare Randwertaufgabe zu behandelnden Quellenvorganges existiert nicht (Ziolkowski, 1970; Schulze-Gattermann, 1970). Eine gute Annäherung an das aus Messungen bekannte Quellensignal erreicht Ziolkowski (1970), in dem er empirisch ermittelte Werte für den Adiabatenexponenten und einen zusätzlichen Dämpfungsfaktor einführt. Abb. 4.2a zeigt die periodische Veränderung des Radius der oszillierenden Gasblase (bubble). Für die *Bubble*-Periode T gilt die nach Rayleigh und Willis benannte Beziehung (Kramer et al., 1968)

$$T = \frac{\sqrt[3]{pV}}{25\left(1 + \frac{h}{10}\right)^{5/6}} \tag{4.12}$$

mit den Anfangswerten der Wassertiefe der Luftblase h in m und des Luftdruckes p in MPa sowie dem Nennvolumen des Luftpulsers V in l. Die charakteristische Signalform der Fernzone entsteht aus der Überlagerung

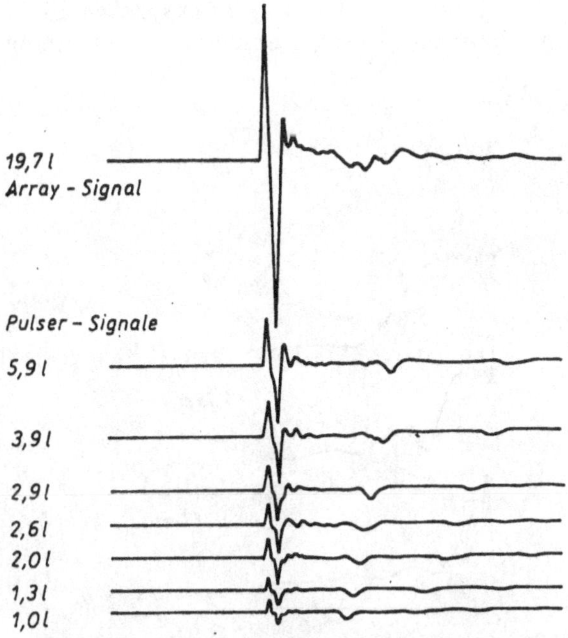

Abb. 4.3. Signalform von sieben Luftpulsern unterschiedlichen Volumens und Interferenzsignal des Arrays (umgezeichnet nach Lugg, 1979)

des Quellensignals in ca. 15 m Tiefe mit dem an der Wasseroberfläche reflektierten *Ghost*-Signal (Abb. 4.2b). Die Form dieses Summensignals kann gemäß (4.12) über die Größen h, p und V beeinflußt werden. Das wird ausgenutzt, um durch Kombination von mehreren Luftpulsern unterschiedlichen Volumens in einem *Quellen-Array* eine Dämpfung der störenden Bubble-Schwingungen zu erreichen. In Abb. 4.3 ist das Ergebnis der Superposition von sieben Einzelsignalen eines Luftpulser-Arrays dargestellt. Die Arraywirkung beruht auf der konstruktiven Interferenz der primären Impulse der einzelnen Pulser und der teilweise destruktiven Interferenz der sekundären Bubble-Impulse unterschiedlicher Periodenlänge. Zur Sicherung eines stabilen Quellensignals ist eine ständige Kontrolle und Regelung der Synchronisation aller Pulser eines Arrays notwendig (Lugg, 1979). Wie Abb. 4.4 demonstriert, kann das Signalspektrum durch entsprechende Wahl der Pulser- und Arrayparameter in weiten Grenzen variiert werden.

Bei der Sprengstoffexplosion in Gesteinen geht ein Großteil der Initialenergie durch Gesteinszerstörung verloren. Von der verbleibenden elastomechanischen Energie entfällt nur ein Teil auf die gewünschte Wellenart, so daß der Gesamtwirkungsgrad für die Erzeugung von P-Wellen nur wenige Prozent beträgt. Der Vorgang der Druckgasentspannung in Wasser wird weder von Zerstörungsprozessen begleitet, noch findet eine Aufteilung der elastomechanischen Energie auf verschiedene Wellenarten statt. Energieverluste entstehen vor allem durch Turbulenz im Bereich der pulsierenden Luftblase und durch die Abkühlung der Luftblase. Mehr als ein Drittel der erzeugten elastomechanischen Energie verbleibt jedoch in den störenden Bubble-Schwingungen. Dieser Störeffekt tritt bei *Implosionsquellen* nicht auf, so daß die erzeugte elastomechanische Energie annähernd vollständig

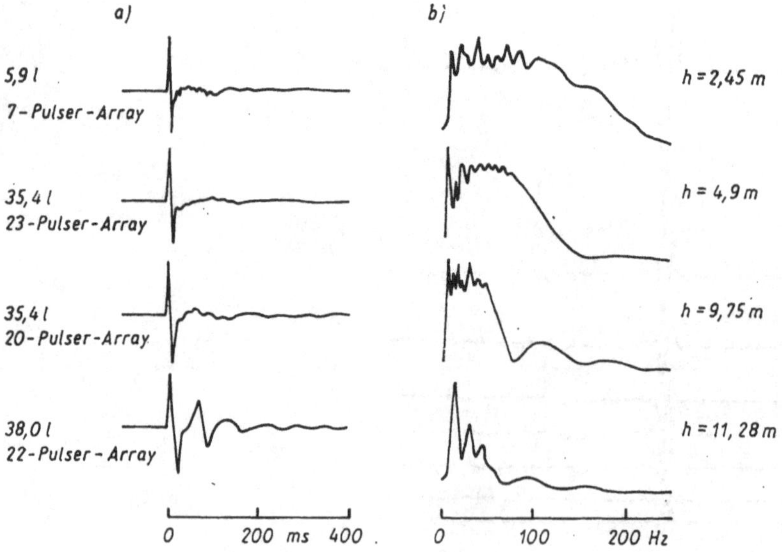

Abb. 4.4. Signal (a) und Spektrum (b) verschiedener Luftpulser-Arrays (umgezeichnet nach Lugg, 1979)

als seismische Energie zur Verfügung steht. Das drückt sich auch in der Signalform aus. In Abb. 4.5 ist der charakteristische Druckverlauf dargestellt, der sich bei der Injektion von überhitztem Wasserdampf in Wasser ausbildet. Die Druckphase zeigt die Expansion der Dampfblase an. Mit der Implosionsphase ist der Wasserdampf bereits vollständig zu Wasser kondensiert, so daß keine Bubble-Schwingungen auftreten.

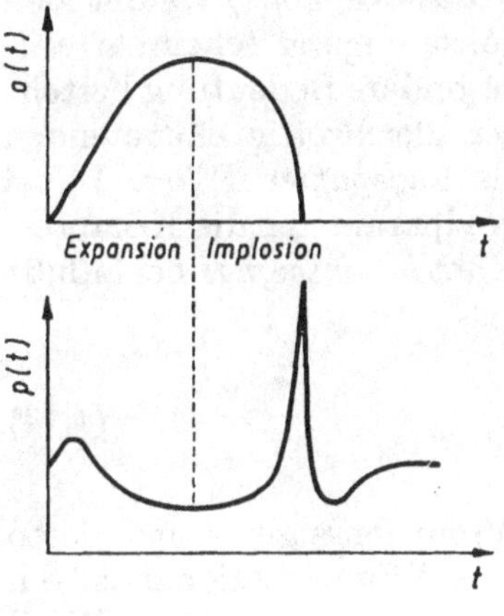

Abb. 4.5. Radiusänderung und Druckverlauf bei einer Wasserdampfinjektion in Wasser (umgezeichnet nach LUGG, 1979)

4.1.3. Vibrationsanregung

Die Anregung seismischer Wellen durch einen Vibrator unterscheidet sich wesentlich von der Impulsanregung durch einen Druckstoß. Mittels dynamischer Belastung der Bodenplatte eines Vibrators lassen sich mit vertretbarem technischem Aufwand nur vergleichsweise niedrige Sohldrücke erziehlen, so daß ein anderes Anregungskonzept angewandt werden muß, um die für eine geforderte Reichweite benötigte seismische Energie auszustrahlen. Statt eines kurzen Druckstoßes wird die gesamte benötigte Energie auf einen mehrere Sekunden andauernden *Schwingungszug* mit relativ kleiner Druckamplitude verteilt (Abb. 4.6). Dabei wird die Schwingfrequenz des Vibrators nach einer vorgegebenen Zeitfunktion verändert und mit einem Anregungsvorgang ein Frequenzband von etwa zwei Oktaven Bandbreite abgestrahlt. Das auf diese Weise angeregte *Vibrationssignal* ist selbst ungeeignet, um Laufzeiten zu messen, die kürzer als die Dauer des Vibra-

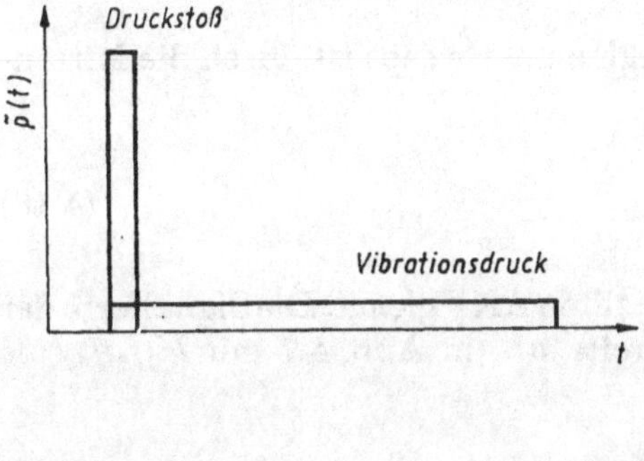

Abb. 4.6. Vergleich des Anregungskonzepts für Impuls- und Vibrationserregung seismischer Wellen

tionsvorganges sind. Dagegen stellt die Autokorrelationsfunktion (AKF) φ_{xx} des Vibrationssignals $x(t)$

$$\varphi_{xx}(\tau) = \int x(t)\, x(t + \tau)\, dt, \tag{4.13}$$

ein hinreichend kurzes *Ortungssignal* dar, wobei deren Länge und Form durch geeignete Wahl verschiedener Parameter des Vibrationssignals in gewünschter Weise manipuliert werden kann. Das *Korrelationsprinzip* bildet den Schlüssel zur Überwindung der bei der Vibrationsanregung scheinbar auftretenden Probleme der Signalauflösung. Seine besondere Bedeutung besteht neben der bezweckten *Signalkompression* in der gleichzeitig eintretenden *Störabstandsverbesserung* durch die Wirkung als *angepaßtes Filter*. Dabei stellt sich zunächst die Frage, durch welche Signalparameter die Kompression des Vibrationssignals zu einem schmalen *Korrelationssignal* beeinflußt wird. Für den Kompressionsfaktor k gilt:

$$k \sim \frac{1}{\Delta f \vartheta}. \tag{4.14}$$

Je größer die *Bandbreite* Δf und die *Dauer* ϑ des Vibrationssignals sind, desto kürzer ist das Korrelationssignal. Das klassische Vibrationssignal ist ein zwischen den Frequenzen f_1 und f_2 linear frequenzmoduliertes Sinus-Signal (*Sweep*)

$$x(t) = A_0 \sin\left[2\pi \left(f_1 + \frac{\Delta f}{2\vartheta}\, t\right) t\right] \tag{4.15}$$

mit der *Mittenfrequenz*

$$f_m = \frac{f_1 + f_2}{2}$$

und der *Augenblicksfrequenz*

$$f_a = \frac{1}{2\pi} \frac{d}{dt} \left[2\pi \left(f_1 t + \frac{\Delta f}{2\vartheta}\, t^2\right)\right] = f_1 + \frac{\Delta f}{\vartheta}\, t. \tag{4.16}$$

Abb. 4.7 zeigt die Folge der AKF für fünf Sweeps mit gleicher Mittenfrequenz f_m, aber unterschiedlicher Bandbreite

$$\Delta f = f_2 - f_1. \tag{4.17}$$

Die Breite b des *Zentralimpulses* der AKF eines Sweeps ist durch die Mittenfrequenz festgelegt,

$$b = \frac{1}{2f_m}, \tag{4.18}$$

und ist somit für alle in Abb. 4.7 dargestellten AKF gleich. Die Signalform der AKF hängt dagegen von der Bandbreite ab (in Abb. 4.7 mit $ld(f_2/f_1)$ als

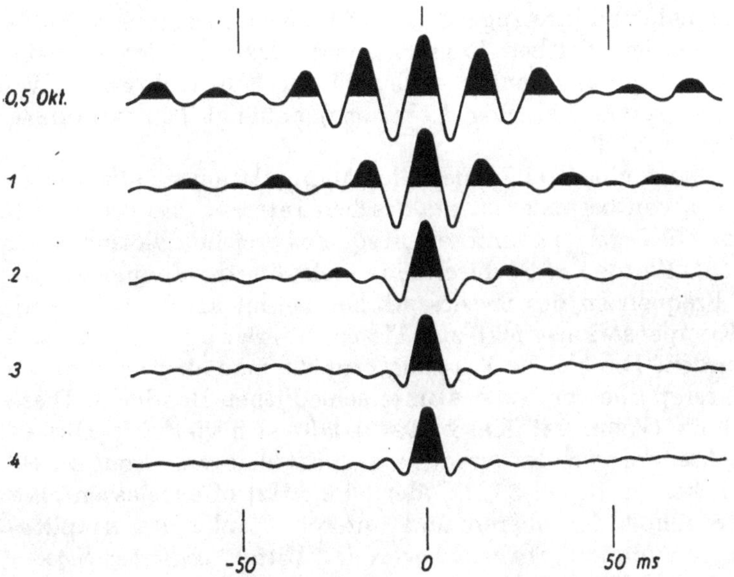

Abb. 4.7. Folge von Korrelationssignalen gleicher Mittenfrequenz (f_m =62,5 Hz), aber unterschiedlicher Bandbreite

Bandbreitemaß angegeben). Mit zunehmender Bandbreite verringert sich der symmetrisch zum Zentralimpuls auftretende Pegel der *Nebenschwingungen* (auch als *Korrelationsrauschen* bezeichnet). Die AKF für ein Vibrationssignal von zwei Oktaven Bandbreite gilt als Standardsignal der Vibratorseismik. Die Form des Korrelationssignals wird aber nicht allein durch die gemäß (4.17) definierte Bandbreite bestimmt. In Abb. 4.8 sind zwei alter-

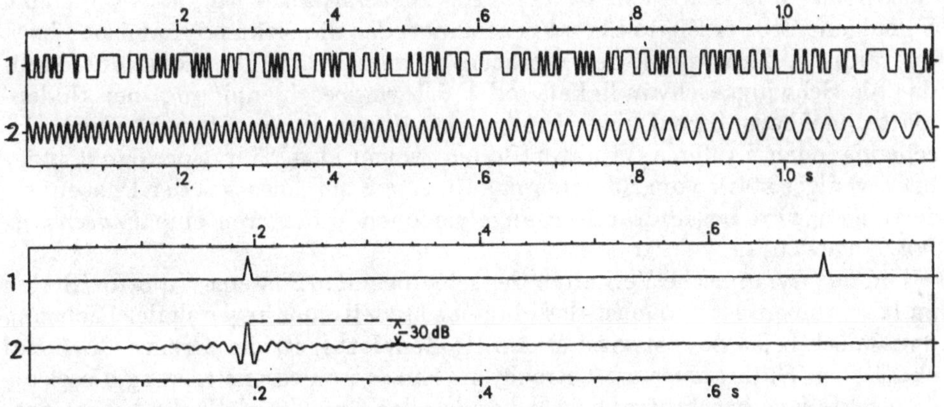

Abb. 4.8. Alternative Vibrationssignale (oben) und zugehörige Autokorrelationsfunktionen (unten) (nach Forkmann et al., 1980)

1 — quasi-stochastisches Signal

2 — Sweep

native Vibrationssignale und ihre zugehörige AKF gegenübergestellt. Beide Signale besitzen etwa den gleichen Frequenzinhalt. Daraus folgt, daß die Form des Korrelationssignals offenbar auch von der Feinstruktur des Vibrationssignals (bzw. seines Leistungsspektrums) abhängt (CUNNINGHAM, 1979; FORKMANN et al., 1980).

In diesem Sinne sind eine Reihe spezieller Manipulationsmöglichkeiten des Vibrationssignals von besonderem praktischen Interesse. So lassen sich mit *nicht-linearen Sweeps* bestimmte Frequenzbereiche akzentuieren (GOUPILLAUD, 1976). Werden z. B. durch eine nicht-lineare Frequenzänderung die höheren Frequenzen des Sweeps stärker betont als die niedrigen, kann damit ein Kompensationseffekt zur Tiefpaßfilterwirkung des Untergrundes erzielt werden. Die gleiche Wirkung erreicht man aber auch durch Kombination mehrerer linearer Sweeps unterschiedlicher Bandlage. Diese *Combi-Sweep*-Technik (WERNER; KREY, 1979) läßt sich vielfältig abwandeln, um gewünschte Formen des summaren Spektrums zu erzeugen. So können Frequenzlücken (z. B. bei 50 Hz oder 16 2/3 Hz) offengelassen oder eine gewünschte Steilheit der oberen und unteren Flanke des Amplitudenspektrums (taper function) realisiert werden. Mittels *codierter Sweeps* kann das beim einfachen linearen Sweep nur langsam abklingende Korrelationsrauschen merklich gedämpft werden (EDELMANN; WERNER, 1982). Das Vibrationssignal wird dabei z. B. aus kurzen Sweepsegmenten wechselnder Polarität aufgebaut, die in quasi zufälliger Anordnung aufeinanderfolgen. Die stärkere Dämpfung des Korrelationsrauschens ist offenbar eine Auswirkung der komplizierteren Feinstruktur so codierter Vibrationssignale.

Die beschriebenen Zusammenhänge zwischen den manipulierbaren Parametern des Vibrationssignals und der Signalform der zugehörigen AKF gelten streng genommen nur für den Idealfall einer verzerrungsfreien Vibrationsanregung. Genauer betrachtet muß zwischen Steuersignal und Vibrationssignal unterschieden werden. Als *Steuersignal* wird das von einem Signalgenerator erzeugte Signal bezeichnet, das die elektrodynamische bzw. hydraulische Kraftquelle des Vibrators antreibt. Das Vibrationssignal stellt das als Schwinggeschwindigkeit (oder Schwingbeschleunigung) der Bodenplatte meßbare Signal dar. Infolge der dynamischen Charakteristik des schwingenden Systems Vibrator/Boden weicht das Vibrationssignal mehr oder weniger stark vom Steuersignal ab. Zur Kompensation der Phasenverzerrungen wird bei hydraulisch angetriebenen Vibratoren eine *Phasenregelung* angewandt.

Um das dynamische Verhalten des schwingenden Systems Vibrator/Boden zu beschreiben, ist zunächst das einfache Modell einer in vertikaler Richtung dynamisch belasteten starren Masse (Bodenplatte) an der Grenze des ideal elastischen Halbraumes zu betrachten. Eine geschlossene Lösung dieses als gemischte Randwertaufgabe zu behandelnden Grundmodells der Vibrationsanregung existiert nicht (BORODAČEV, 1964). Von BORODAČEV (1964, 1966) wurde eine Näherungslösung angegeben, die sich auf einen mechanischen Parallelkreis (Abb. 4.9a) mit frequenzabhängiger Masse m und frequenzabhängiger Dämpfungskonstante d_B reduzieren läßt. Aus der Integro-Differential-Gleichung des *bodendynamischen Parallelkreises*

$$m\dot{v} + d_{\mathrm{B}}v + \frac{1}{n_{\mathrm{B}}}\int v\,\mathrm{d}t = K_0\,\mathrm{e}^{\mathrm{i}\omega t} \tag{4.19}$$

ergibt sich mit

$$v = v_0\,\mathrm{e}^{\mathrm{i}(\omega t - \varphi)} = V\,\mathrm{e}^{\mathrm{i}\omega t} \tag{4.20}$$

die mechanische Impedanz zu

$$Y = \frac{K_0}{V} = \mathrm{i}\omega m + d_{\mathrm{B}} + \frac{1}{\mathrm{i}\omega n_{\mathrm{B}}}. \tag{4.21}$$

Mit der *Eigenfrequenz*

$$\omega_0 = \frac{1}{\sqrt{m n_{\mathrm{B}}}} \tag{4.22}$$

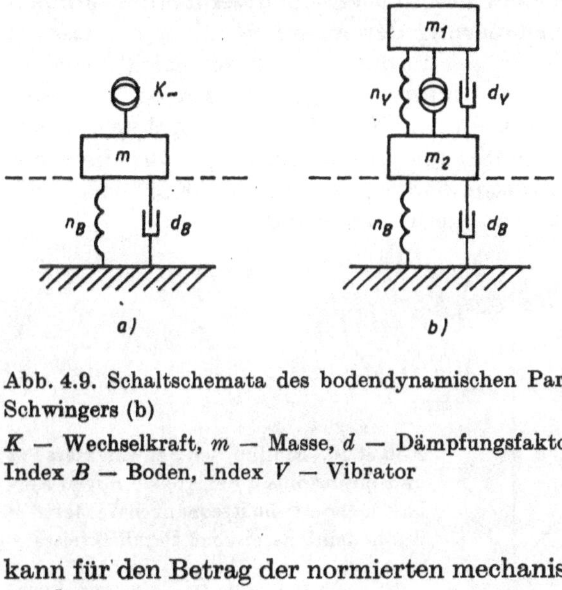

Abb. 4.9. Schaltschemata des bodendynamischen Parallelkreises (a) und des zweiläufigen Schwingers (b)
K — Wechselkraft, *m* — Masse, *d* — Dämpfungsfaktor, *n* — Federnachgiebigkeit, Index *B* — Boden, Index *V* — Vibrator

kann für den Betrag der normierten mechanischen Admittanz *Z* geschrieben werden:

$$\left|\dot{Z}\left(\frac{\omega}{\omega_0}\right)\right| = \frac{d_{\mathrm{B}}}{|Y|} = \frac{1}{\sqrt{1 + Q^2\left(\frac{\omega}{\omega_0} - \frac{\omega_0}{\omega}\right)^2}}. \tag{4.23}$$

Diese Gleichung stellt die normierte dynamische Charakteristik einer durch eine Wechselkraft angeregten starren Masse an der Grenze des ideal-elastischen Halbraumes dar. Die rechte Seite von (4.23) ist identisch mit der rechten Seite von (4.6), dem Quellenspektrum einer Sprengung im ideal-elastischen Vollraum. Abb. 4.1 beschreibt daher gleichermaßen das Quellenspektrum des seismischen Kugelstrahlers wie das Resonanzverhalten für das Grundmodell eines seismischen Vibrators. Unter Berücksichtigung der Frequenzabhängigkeit von m und d_B berechnen sich die Kenngrößen ω_0, Q und Δf des bodendynamischen Parallelkreises näherungsweise wie folgt (FORKMANN, 1973):

$$\omega_0 \approx 2 v_S \sqrt{\frac{\varrho}{1-\nu}} \sqrt{\frac{a}{m}}, \tag{4.24}$$

$$Q \approx 1{,}2 \frac{v_S}{a\omega_0}, \tag{4.25}$$

$$\Delta f = \frac{f_0}{Q} \approx 0{,}13 \frac{a}{v_S} \omega_0^2. \tag{4.26}$$

Analog den Beziehungen (4.3), (4.7) und (4.8) für das Quellenmodell einer Sprengung im elastischen Vollraum werden diese Größen durch die Kennwerte von ϱ, v_S und ν des umgebenden Mediums bestimmt. Außerdem können sie durch entsprechende Dimensionierung der Masse m mit a als Radius ihrer kreisförmigen Auflagefläche in gewünschter Weise festgelegt werden. Aus Abb. 4.10 ist der Einfluß von m und a auf Lage und Breite der Resonanzkurve zu ersehen. Hervorzuheben ist, daß die Resonanzkurve einer kleinen Schwingmasse höherfrequenter und breitbandiger ist als die einer großen Schwingmasse. Dieser Zusammenhang ist für das Konstruktionsprinzip von breitbandigen Vibratoren ausschlaggebend.

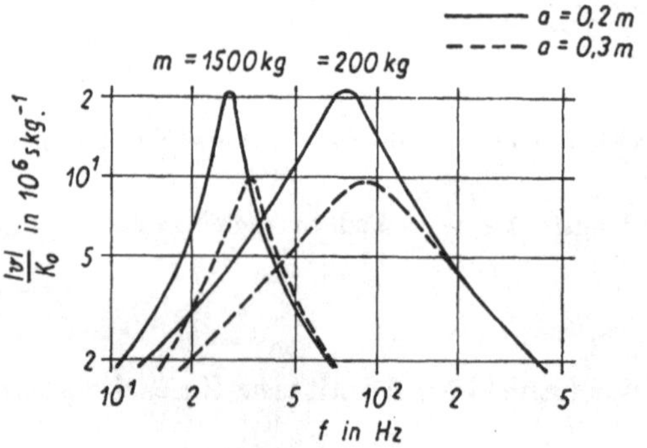

Abb. 4.10. Einfluß der Schwingmasse m und des Radius a der kreisförmigen Auflagefläche auf die Resonanzcharakteristik des bodendynamischen Parallelkreises

Das Schaltschema nach Abb. 4.9a läßt sich technisch nur mit zwei gleichphasig rotierenden Exzentermassen als Kraftquelle verwirklichen. Ein wesentlicher Nachteil der Exzenteranregung besteht in ihrer ungenügenden Phasenstabilität. Vibratoren werden daher vorzugsweise nach dem Schaltschema der Abb. 4.9b aufgebaut. Die elektrodynamische bzw. hydraulische Kraftquelle bewirkt eine vertikale gegenphasige Erregung der *Schwingmasse* (Bodenplatte) m_1 und der *Reaktionsmasse* m_2, die federnd gegen die Bodenplatte abgestützt ist. Um mit der Anwendung großer Erregerkräfte ein Springen des Vibrators zu verhindern, wird die Bodenplatte über sehr weiche Federelemente durch die Auflast eines Teils der Fahrzeugmasse gegen den Boden gepreßt. Das Resonanzverhalten eines so aufgebauten Vibrators ergibt sich aus der spezifischen Abstimmung der Elemente des Gesamtsystems. Als wichtige Abstimmungskriterien gelten dabei eine maximale Strahlungsleistung, ein optimaler Wirkungsgrad oder ein gewünschter Verlauf des Phasen- bzw. Amplitudenganges. Wie das Beispiel in Abb. 4.11 zeigt, weist ein phasengeregelter Vibrator u. U. noch einen merklichen Amplitudengang auf. Die Variabilität der Kennwerte von ϱ, v_S und ν entlang der Profiltrasse verursacht eine entsprechende Variabilität des Korrelationssignals. Durch geeignete Verfahren der Signalbearbeitung (z. B. der Dekonvolution) kann diese anregungsbedingte Veränderlichkeit der Signalform in der Bearbeitungsphase ausgeglichen werden.

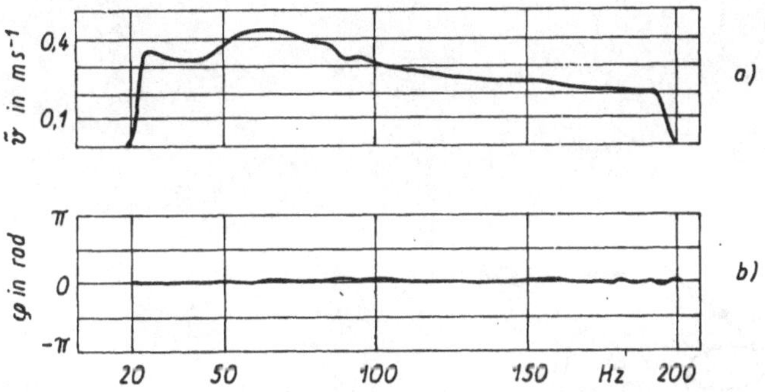

Abb. 4.11. Beispiel für die dynamische Charakteristik eines phasengeregelten Breitband-Vibrators (umgezeichnet nach CHAPMAN et al., 1981)
a) Amplitudengang, b) Phasengang

4.1.4. Richtstrahlcharakteristik

Nur ein Kugelstrahler im ideal-elastischen Vollraum erzeugt ein von der Strahlungsrichtung unabhängiges typenreines P-Wellenfeld. Befinden sich Grenzflächen in Quellennähe, entsteht ein reflektiertes (sekundäres) Wellenfeld, das sich dem primären Wellenfeld überlagert und dieses in Abhängigkeit von Wellenlänge und Richtung verstärkt bzw. abschwächt. Bei landseismischen Quellen setzt sich dieses sekundäre Wellenfeld aus P- und S-Wellen zusammen. Befindet sich die Quelle an der Grenze des elastischen Halbraumes, werden neben P- und S-Wellen vor allem Oberflächenwellen abgestrahlt (Abb. 4.12).

Die bevorzugte Anregung nur einer (Nutz-)Wellenart ist für die seismische Methodik insgesamt von wesentlicher Bedeutung. Gegenüber der Nutzwelle können alle anderen Wellenarten als Störwellen betrachtet werden, und es kann eine wirkungsvolle Optimierung des gesamten Meß-, Bearbeitungs- und Interpretationsprozesses erfolgen, um die Nutzwelle als den wesentlichen Informationsträger gegenüber anderen Wellenarten besonders herauszuheben.

Durch die synchrone Anregung einer Gruppe von Quellen im Abstand Δx erzielt man eine gewünschte Richtcharakteristik. Dabei werden die Gruppierungsparameter n (Quellenanzahl) und $l = (n - 1) \Delta x$ (Anregungsbasis) so gewählt, daß insbesondere Oberflächenwellen gedämpft werden. Für den Richtfaktor einer Quellengruppe gilt analog der Empfängerbündelung (4.55).

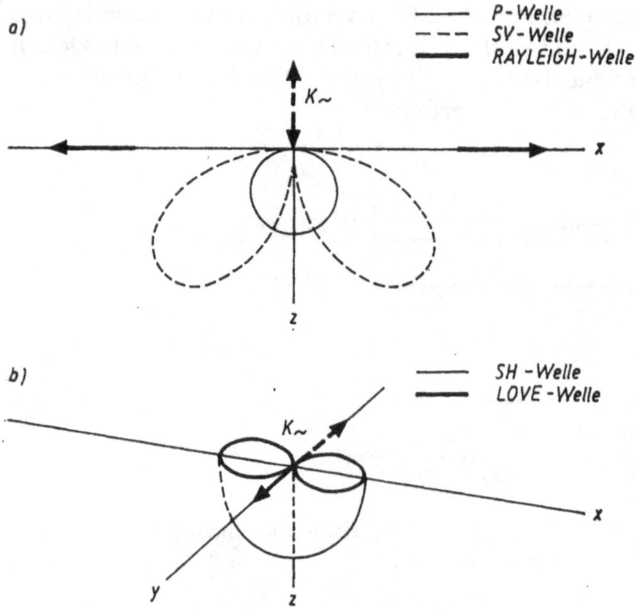

Abb. 4.12. Richtfaktoren eines vertikal schwingenden Flächenstrahlers (a); Richtfaktoren der SH-Komponenten eines horizontal schwingenden Flächenstrahlers (b)

Die bevorzugte Anregung besonders von SH-Wellen verlangt eine Scherbelastung entsprechend der Polarisationsrichtung dieser Wellenart (vgl. Abb. 4.12b). Dazu wird z. B. der Schlag gegen eine Schurfwand oder eine geeignete Verankerung an der Erdoberfläche angewandt. Auch eine Sprengung in unmittelbarer Nähe eines ebenfalls durch Sprengung vorher aufgelockerten Bereichs schafft günstige Bedingungen für eine verstärkte Anregung von SH-Wellen.

Durch die horizontale Anordnung von Schwing- und Reaktionsmasse eines Vibrators wird die Vibrationsanregung von SH-Wellen realisiert. Eine stabile Kopplung mit dem Boden wird dabei durch die Auflast der Fahrzeugmasse und ein sägezahnartiges Profil der Auflagefläche der Bodenplatte erreicht. Eine spezielle Variante der Vibrationsanregung stellt das *Shover*-Verfahren dar, bei dem SH-Wellen mittels gegenphasiger Erregung von zwei Vertikalvibratoren erzeugt werden (Edelmann; Schmoll, 1983).

4.2. Aufnahme seismischer Wellen

4.2.1. Übersicht

Die *Geophone* oder *Seismometer* sind das erste Glied in der Reihe der Instrumente einer seismischen Registriereinrichtung. Ihre Aufgabe besteht in der Aufnahme der am Meßort eintreffenden seismischen Wellen, d. h. in der Wandlung der am Meßort wirkenden mechanischen Schwingungsbewegung der Bodenteilchen in eine dieser Schwingungsbewegung proportionale elektrische Spannung.

Für die Landseismik werden ausschließlich elektrodynamische Aufnehmer verwendet. Ihre Ausgangsspannung ist proportional der Schwinggeschwindigkeit der Bodenteilchen. In der Seeseismik und bei Arbeiten in Marschgebieten haben sich piezoelektrische Aufnehmer durchgesetzt. Derartige Aufnehmer reagieren auf Druckänderungen; man bezeichnet sie als *Hydrophone*.

Wegen des rauhen Feldbetriebes müssen Geophone robust gebaut sein. Anschluß- bzw. Verbindungskabel haben den Reiß- und Zugbeanspruchungen des Feldbetriebes standzuhalten. Die Kabelausgänge müssen knicksicher ausgeführt sein. Nur eine gute Isolierung gegen die Erde kann elektrische Störströme infolge schlecht isolierter elektrischer Anlagen oder Stromleitungen verhindern.

Insbesondere in der Reflexionsseismik werden heute keine Einzelgeophone mehr verwendet, sondern bis zu 100 Geophone pro seismischem Kanal in kombinierter Reihen- und Parallelschaltung. Diese als *Geophonbündel* oder *-arrays* bezeichneten Aufnehmersysteme dienen der Dämpfung von Störwellen am Eingang der seismischen Registrierapparatur. Die Geophonbündel werden an vieladrige Kabel, sog. seismische *Kabelbäume*, angeschlossen, deren Klemmenpaare in gleichen Abständen entlang des Kabelbaumes angeordnet sind. Bei *Telemetriesystemen* (s. Kap. 4.3.4.1.) erübrigt sich die Verwendung vieladriger Kabelbäume. Die Verbindung zur Registrierapparatur erfolgt nach der Digitalisierung durch eine kleine Feldstation über einfache zweiadrige Kabel oder über Funk.

Für die seeseismische Vermessung werden die Hydrophonbündel und die Verbindungskabel in einem bis zu mehrere Kilometer langen ölaufgefüllten Plastikschlauch, dem *Streamer*, untergebracht. Dieses schwimmfähige Aufnehmersystem wird vom Meßschiff geschleppt und gestattet eine quasikontinuierliche seismische Vermessung.

4.2.2. Geophone

Geophone sind elektrodynamische Wandler mit einem Freiheitsgrad. Die in einen Ringkernmagnet eintauchende, an einem Federpaar aufgehängte Induktionsspule stellt ein lineares elektromechanisches Schwingungssystem dar, dessen Wirkungsweise durch das Gleichgewicht der an der Spulenkonstruktion angreifenden Kräfte zu beschreiben ist. Die Bodenverrückung

ξ bewirkt infolge der Trägheit der Spulenkonstruktion eine Dehnung der Feder um den Betrag $x = x_m - \xi$ (Abb. 4.13). Als Kräfte greifen außer der Federkraft $(1/n)x$ die Dämpfungskraft $d\dot{x}$ und die Trägheitskraft $m\ddot{x}_m$ an der Spulenkonstruktion an. Die in der Spule induzierte Spannung ergibt sich nach dem Induktionsgesetz zu

$$u = w \frac{\mathrm{d}\Phi}{\mathrm{d}t} = w \frac{\mathrm{d}\Phi}{\mathrm{d}x} \frac{\mathrm{d}x}{\mathrm{d}t},$$
$$= Bl\dot{x}. \tag{4.27}$$

B ist die magnetische Induktion im Luftspalt des Ringkernmagneten, und l ist die Wicklungslänge der Spule. Der in der Spule fließende Strom erzeugt nach der LENZschen Regel eine Gegenkraft

$$K = Bli. \tag{4.28}$$

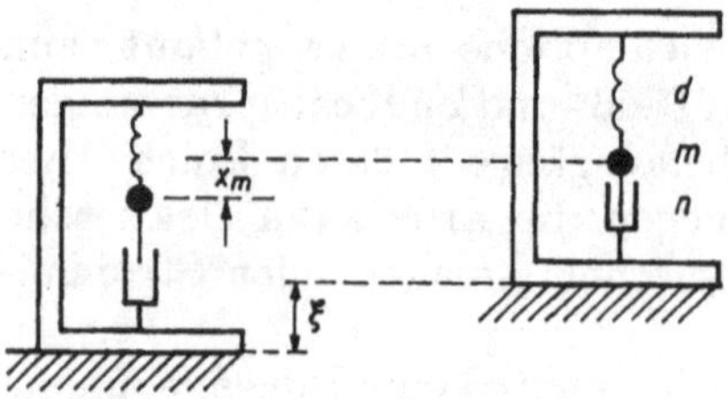

Abb. 4.13. Prinzipdarstellung zur Ableitung der Differentialgleichung des Geophons
ξ – Bodenverrückung, x_m – Verschiebung der Spulenmasse
d – mechanischer Dämpfungsfaktor,
m – Masse der Spulenkonstruktion,
n – Federnachgiebigkeit

Mit $i = u/Z$ wird aus (4.28)

$$K = \frac{(Bl)^2}{Z} \dot{x}. \tag{4.29}$$

Z ist die Impedanz des elektrischen Kreises. Die Gleichgewichtsbedingung aller Kräfte führt auf die Differentialgleichung des Geophons:

$$m(\ddot{x} + \ddot{\xi}) + \left[d + \frac{(Bl)^2}{Z}\right] \dot{x} + \frac{1}{n} x = 0 \tag{4.30}$$

oder mit (4.27) und Integration über t:

$$m\dot{u} + \left[d + \frac{(Bl)^2}{Z}\right] u + \frac{1}{n} \int u \, \mathrm{d}t = -Blm\dot{v}. \tag{4.31}$$

Gesucht ist die *Übertragungsfunktion* $H(\omega)$ des Induktionswandlers (vgl. Kap. 7.1.2.). $H(\omega)$ erhält man mittels FOURIER-Transformation von (4.31) oder mit dem gleichwertigen Lösungsansatz

$$v = v_0\, e^{i\omega t}, \tag{4.32a}$$

$$u = u_0\, e^{i(\omega t - \varphi)} = U\, e^{i\omega t}. \tag{4.32b}$$

Es ergibt sich:

$$H(\omega) = \frac{U}{v_0} = \frac{-i\omega m B l}{i m\omega + \left[d + \frac{(Bl)^2}{Z}\right] + \frac{1}{i\omega n}}. \tag{4.33}$$

Mit der Eigenfrequenz (*Resonanzfrequenz*)

$$\omega_0 = \frac{1}{\sqrt{mn}} \tag{4.34}$$

kann für den Betrag der normierten Übertragungsfunktion geschrieben werden:

$$\left|\mathring{H}\left(\frac{\omega}{\omega_0}\right)\right| = \frac{|H(\omega)|}{BlQ} = \frac{\frac{\omega}{\omega_0}}{\sqrt{1 + Q^2\left(\frac{\omega}{\omega_0} - \frac{\omega_0}{\omega}\right)^2}}. \tag{4.35}$$

Für die Phasencharakteristik gilt:

$$\varphi\left(\frac{\omega}{\omega_0}\right) = \arctan \frac{1}{Q\left(\frac{\omega}{\omega_0} - \frac{\omega_0}{\omega}\right)}. \tag{4.36}$$

In Abb. 4.14 sind Betrag und Phase der Übertragungsfunktion dargestellt. Als Parameter tritt dabei

$$D = \frac{1}{2Q} = \frac{1}{2}\, n\omega_0 \left[d + \frac{(Bl)^2}{Z}\right] \tag{4.37}$$

auf. Wie Abb. 4.14a zeigt, entspricht die Übertragungscharakteristik des Geophones der eines Hochpasses. Bei einer „kritischen" *Dämpfung* von $D = 0{,}7$ werden alle Frequenzen oberhalb der Resonanzfrequenz ω_0 durch das Geophon gleichmäßig bewertet. Dieser Dämpfungswert wird i. allg. durch Schaltung eines *Dämpfungswiderstandes* R_D parallel zur Schwingspule eingestellt. Die Impedanz Z des elektrischen Kreises setzt sich zusammen aus der Spulenimpedanz Z_S und der dazu in Reihe liegenden Parallelschaltung von R_D und dem Außenwiderstand R:

$$Z = Z_S + \frac{1}{\frac{1}{R_D} + \frac{1}{R}} = i\omega L_S + R_S + R_D \frac{1}{1 + \frac{R_D}{R}}. \tag{4.38}$$

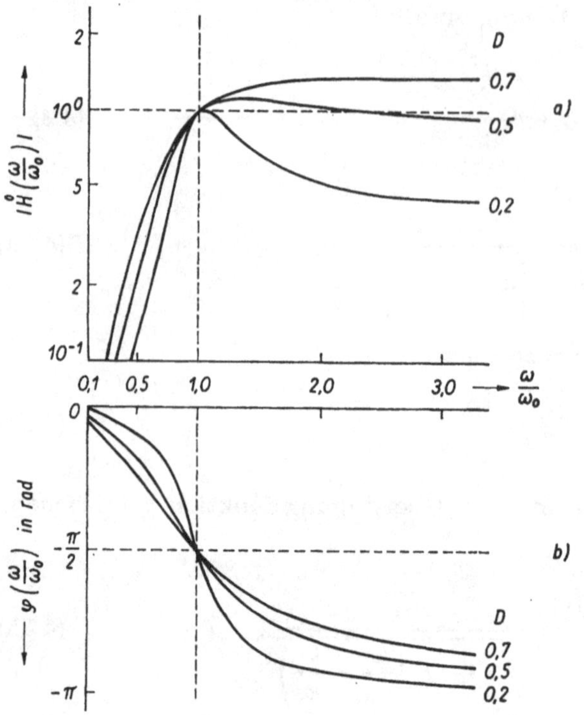

Abb. 4.14. Betrag (a) und Phase (b) der Übertragungsfunktion eines Geophons mit der Dämpfung D als Parameter

Je kleiner R_D gewählt wird, desto größer ist nach (4.38) und (4.37) die neben der mechanischen Dämpfung wirkende elektrische Dämpfung des Geophons.

Für eine verzerrungsfreie Übertragung müssen zwei Bedingungen erfüllt sein. $H(\omega)$ muß in dem zu übertragenden Frequenzbereich konstant sein. Diese Bedingung ist für $D = 0{,}7$ oberhalb f_0 erfüllt. Außerdem muß aber auch die Laufzeit ϑ aller zu übertragenden Frequenzen konstant sein. Daraus folgt für die Phasencharakteristik die Forderung nach einer linearen Frequenzabhängigkeit:

$$\varphi(\omega) = \omega\vartheta. \tag{4.39}$$

Wie Abb. 4.14b zeigt, ist auch diese Bedingung für $D = 0{,}7$ annähernd erfüllt. Erfolgt daher die Abstimmung des Geophons so, daß die untere Grenze des Spektrums der seismischen Signale $\geqq$ der Resonanzfrequenz ist und daß das Geophon mit einer Dämpfung von 0,7 betrieben wird, stellt die abgegebene Spannung ein quasi unverzerrtes Abbild des ankommenden seismischen Signals dar. Zugeschnitten auf die Erkundungsaufgabe werden z. B. für tiefenseismische Arbeiten Geophone mit $f_0 \approx 10$ Hz, für nahseismische Untersuchungen dagegen mit f_0 bis zu 100 Hz benutzt.

Genauer betrachtet folgt das im Felde gesetzte Geophon nicht streng der durch die ankommenden seismischen Wellen verursachten Bodenverrückung ξ. Die Kopplung des Geophongehäuses an den Boden ist nicht absolut fest. Vielmehr bildet der Geophonkörper zusammen mit dem Boden ein weiteres lineares Schwingungssystem (vgl. (4.19)) mit einer niederen oder hohen Resonanzfrequenz, je nachdem, ob der Boden locker oder fest ist. Die vollständige Beschreibung der Übertragungscharakteristik des im Felde gesetzten Geophons erfolgt durch ein System von zwei gekoppelten Differentialgleichungen. Die durch den Grad der Kopplung des Geophons an den Boden bestimmte Resonanzstelle des Systems Geophon/Boden kann dabei in den Bereich seismischer Signalfrequenzen fallen (HOOVER; O'BRIEN, 1980) und führt dann zu entsprechenden Verzerrungen bei der Signalaufzeichnung. Für Geophone in Leichtbauweise liegt diese Resonanzstelle bei Frequenzen > 200 Hz. Bei sehr lockerem Boden stattet man außerdem die Geophone mit langen Setzspießen aus, um so die Kopplung mit einem festen tieferen Bodenmaterial zu erzielen.

Geophone besitzen nur eine Schwingungsachse und sind damit richtungsselektive Wandler. Fallen die seismischen Wellen unter dem Winkel α zur Schwingungsrichtung ein, ist die erregende Größe gleich der Projektion auf die Schwingungsachse. Der *Richtfaktor* eines Geophons ist:

$$\mathring{R} = \cos \alpha . \tag{4.40}$$

Abb. 4.15 zeigt diesen Zusammenhang für ein vertikal aufgestelltes Geophon.

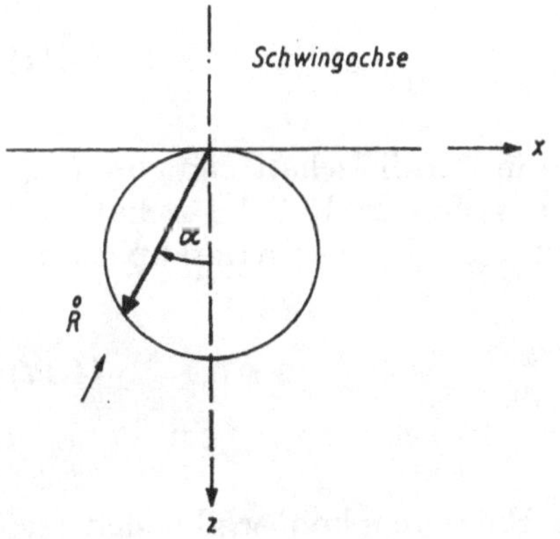

Abb. 4.15. Richtfaktor $\mathring{R}(\alpha)$ eines vertikal aufgestellten Geophons

4.2.3. Hydrophone

Hydrophone werden heute in der Regel in der piezoelektrischen Bauweise hergestellt. Zugrunde liegt die Eigenschaft bestimmter Kristalle, zwischen zwei Oberflächen eine Potentialdifferenz zu entwickeln, wenn das Material deformiert wird. In Hydrophonen verwendet man meist keramische piezoelektrisch aktive Materialien. Die durch seismische Wellen bedingten hydrodynamischen Druckänderungen deformieren die piezoelektrisch aktiven Elemente, die eine dem Wasserdruck proportionale Ausgangsspannung liefern. Wegen der hohen Ausgangsimpedanz derartiger Elemente muß zwischen Hydrophon bzw. Hydrophongruppe und Verstärker ein Impedanzwandler zwischengeschaltet sein. Derartige Hydrophone haben einen flachen Frequenzgang und eine Resonanzfrequenz, die weit über den interessierenden seismischen Frequenzen liegt.

Die in einen ölgefüllten Plastikschlauch, den (schwimmfähigen) *Streamer*, eingebauten Hydrophone werden gruppenweise in Serie geschaltet. Der Streamer wird mittels des einstellbaren Öldrucks und zusätzlich durch Steuerbojen auf einer Wassertiefe von 10 bis 20 m gehalten. Beschleunigungen in Richtung der Streamerachse infolge des Schleppvorganges werden durch geeignet geschaltete Paare piezoelektrischer Elemente kompensiert.

4.2.4. Bündelung

Mit Geophonbündelung bezeichnet man eine linienförmige oder flächenhafte Anordnung mehrerer Einzelgeophone, die, durch Serien- oder Parallelschaltung miteinander verbunden, ein Summensignal für einen seismischen Kanal liefern. Soll eine größere Anzahl von Geophonen gebündelt werden, so schließt man meist mehrere Geophonbündel mit Serienschaltung der Einzelgeophone parallel (Abb. 4.16). Der innere Widerstand des Gesamtsystems ist das Produkt aus dem Verhältnis der Anzahl s der in Serie geschalteten Geophone pro Bündel zur Anzahl p der parallel geschalteten Bündel und dem Ohmschen Widerstand R_D eines Einzelgeophons:

$$R_{i,ges} = \frac{R_D s}{p}. \tag{4.41}$$

Für die Dämpfung des Einzelgeophons ist die Parallelschaltung von $R_{i,ges}$ und dem Außenwiderstand R, bestehend aus den in Reihe geschalteten Widerständen von Kabel und Eingangsübertrager der Registrierapparatur, maßgebend:

$$R_{ges} = \frac{1}{\dfrac{1}{R} + \dfrac{p}{R_D s}}. \tag{4.42}$$

Der *effektive Dämpfungswiderstand* für das Einzelgeophon ergibt sich aus (4.41), indem $R_{i,ges}$ durch R_{ges} ersetzt wird:

$$R_{D,eff} = \frac{\dfrac{p}{s}}{\dfrac{1}{R} + \dfrac{p}{R_D s}} = \frac{1}{\dfrac{s}{Rp} + \dfrac{1}{R_D}}. \tag{4.43}$$

Erhöht man also durch Serienschaltung vieler Geophone die Empfindlichkeit des Aufnehmersystems, was natürlich wünschenswert ist, so vergrößert man auch die Dämpfung des Einzelgeophons. Mit $R \approx 10 R_D$ ist dieser zusätzliche Dämpfungseinfluß für $s/p < 5$ noch zu vernachlässigen.

Die Bündelung von Geophonen ist erforderlich, um das Nutz/Störverhältnis am Eingang der Registrierapparatur zu verbessern. Dieses Ziel kann als erreicht gelten, wenn die auftretenden Störwellen so weit gedämpft sind, daß die Aussteuerung des seismischen Registrierkanals im wesentlichen durch die gesuchten Nutzwellen bestimmt ist.

Eine günstige *Geophonkonfiguration* (pattern) ist so ausgelegt, daß jede interessante Reflexionswelle die Geophone des Bündels etwa zum gleichen Zeitpunkt erreicht, also überall innerhalb der Konfiguration annähernd gleichphasig ankommt. Störwellen müssen dagegen von Geophon zu Geophon unkorreliert, d. h. in ihrer Phasenlage unterschiedlich sein. Die Wirkung der Geophonbündelung beruht offenbar auf der *konstruktiven Interferenz* der Nutzwellen bei gleichzeitig *destruktiver Interferenz* der Störkomponenten. Um die Wirkung der Geophonbündelung zu beschreiben, ist grundsätzlich zwischen *regulären* (*kohärenten*) und *irregulären* (*inkohärenten*) Störwellen zu unterscheiden. Als Quellen regulärer Störwellen kommen neben der seismischen Quelle selbst gelegentlich einzelne punktförmige

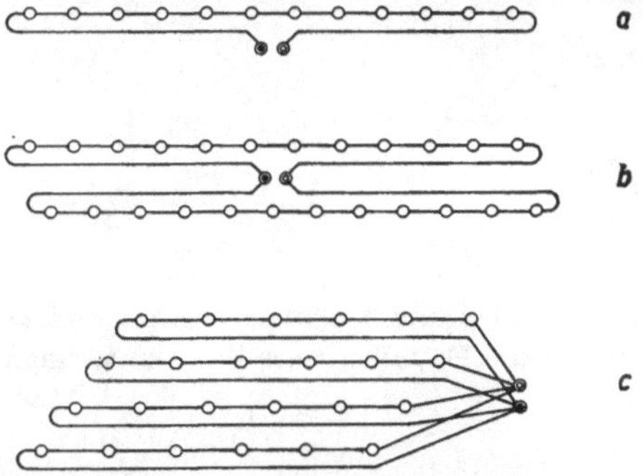

Abb. 4.16. Bündelungsbeispiele
a) 1×12 Serienbündel ($s/p = 12$)
b) 2×12 Serienbündel, parallel geschaltet ($s/p = 6$)
c) 4×6 Serienbündel, parallel geschaltet ($s/p = 1{,}5$)

Erschütterungsherde in Profilnähe in Frage. Quellen irregulärer Störwellen sind Industrieanlagen und Verkehr, Wind und Brandung, aber auch lokale Inhomogenitäten innerhalb geologischer Schichten, die zu diffus gestreuten Wellen führen. Indirekt ergeben auch die fehlerbehafteten Parameter des Bündelungssystems (Geophonempfindlichkeit und Geophonabstand) sowie die Ankopplungsbedingungen der Geophone mit ihren statistisch verteilten Maßen das Erscheinungsbild irregulärer Störkomponenten (NEWMAN; MAHONEY, 1973).

Der Modellansatz zur Abschätzung des Verbesserungsfaktors für das Verhältnis von Nutz- und Störwellenamplitude ist für beide Störwellenarten unterschiedlich. Gesucht ist die Abhängigkeit der Verbesserungsfaktoren von charakteristischen *Wellenparametern* sowie den *Bündelungsparametern* n, Δx und D_j. Für irreguläre Störwellen sind nur Aussagen über die statistische Verteilung von Wellenparametern möglich. Es soll zunächst angenommen werden, daß die n Geophone eines Bündels mit unterschiedlichen Gewichten D_j behaftet sind. Wird vorausgesetzt, daß der Geophonabstand Δx größer als der mittlere Korrelationsradius der irregulären Störkomponente ist, ergibt die Modellrechnung für diese Störwellen einen Verbesserungsfaktor von

$$V = \frac{\sum_{j=1}^{n} |D_j|}{\sqrt{\sum_{j=1}^{n} D_j^2}} \tag{4.44}$$

(Gurvič; Dukač, 1958). Für Geophone mit Gleichwichtung folgt daraus eine Verbesserung des Nutz/Störverhältnisses um den Faktor $\sqrt{n}$. Aus (4.44) ergibt sich außerdem, daß eine flächenhafte Anordnung gleichgewichteter Geophone effektiver als eine lineare Anordnung mit Wichtung der Geophonzahl an den einzelnen Positionen der Bündelungsanordnung ist.

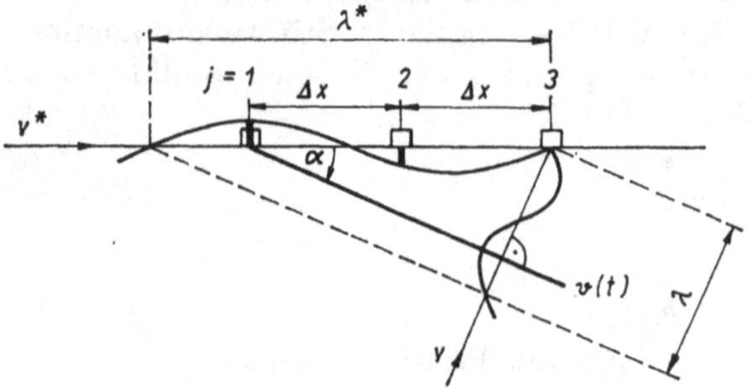

Abb. 4.17. Beziehungen zwischen Mediumgeschwindigkeit v und Scheingeschwindigkeit v^* sowie Mediumwellenlänge λ und Scheinwellenlänge λ^* beim Einfallen einer Welle unter dem Winkel α auf die Meßfläche

Im Gegensatz zu den irregulären Störwellen, deren Erscheinungsbild im Seismogramm vollständig unkorreliert ist, weisen sich reguläre Störwellen in einer mehrkanaligen Registrierung durch korrelierbare Phasenachsen mit einer bestimmten *Scheingeschwindigkeit* aus:

$$v^* = f\lambda^* = \frac{f}{k^*}. \tag{4.45}$$

Die Wellenfront einer regulären Störwelle trifft unter einem bestimmten Winkel α auf die Meßfläche (Abb. 4.17). Sie durchwandert die lineare Empfängeranordnung dabei nicht mit der Mediumgeschwindigkeit v, sondern mit der Scheingeschwindigkeit

$$v^* = \frac{v}{\sin \alpha} \tag{4.46}$$

und damit von Geophon zu Geophon mit der Zeitverzögerung von

$$\theta_j = (j - 1) \frac{\Delta x}{v^*}. \tag{4.47}$$

Das Eingangssignal $v(t)$ wird durch das Geophonbündel in das Ausgangssignal

$$u(t) = \sum_{j=1}^{n} D_j v(t - \theta_j) \tag{4.48}$$

transformiert. Durch FOURIER-Transformation von (4.48) erhält man das komplexe Spektrum des Ausgangssignals:

$$U(\omega) = \left(\sum_{j=1}^{n} D_j \, e^{-i\omega\theta_j}\right) V(\omega). \tag{4.49}$$

Der Quotient

$$R(\omega) = \frac{U(\omega)}{V(\omega)} = \sum_{j=1}^{n} D_j \, e^{-i\omega\theta_j} \tag{4.50}$$

stellt die *spektrale Richtwirkungscharakteristik* des Geophonbündels dar. Der mit $1/n$ normierte Betrag von (4.50) wird als *Richtfaktor* bezeichnet und ergibt für den Fall der Gleichwichtung

$$|\mathring{R}(\omega)| = \frac{1}{n} \left| \sum_{j=1}^{n} z^{(j-1)} \right| \tag{4.51}$$

mit

$$z = e^{-i\omega\tau}, \tag{4.52}$$

$$\tau = \frac{\Delta x}{v^*} = \frac{\Delta x}{v} \sin \alpha = \frac{\Delta x}{\lambda^* f}. \tag{4.53}$$

Die Summe in (4.51) hat die Gestalt einer endlichen geometrischen Reihe. Ihre Auswertung ergibt über einige Umformungen:

$$|\mathring{R}(f)| = \frac{1}{n} \frac{\sin (\pi f \tau n)}{\sin (\pi f \tau)}. \tag{4.54}$$

Mit (4.53) kann der Richtfaktor entweder als Funktion von v^*, α oder λ^* angegeben werden. Die Darstellung als Funktion der *Scheinwellenzahl* $k^* = 1/\lambda^*$ weist ihn als ein *Wellenzahlfilter* aus, dessen einzige verbleibende Parameter die Bündelungsparameter Δx und n sind:

$$|\mathring{R}(k^*)| = \frac{1}{n} \frac{\sin (\pi n \Delta x k^*)}{\sin (\pi \Delta x k^*)}. \tag{4.55}$$

Abb. 4.18 zeigt den periodischen Verlauf von $|\mathring{R}(\Delta x k^*)|$. Die zweckmäßige Wahl von Δx und n gestattet es, eine der Meßsituation angepaßte Dämpfung der regulären Störwellen gegenüber den Nutzwellen zu erreichen. Ausgehend von einer Störwellenregistrierung, bei der sich z. B. die Geophone eines Bündels am gleichen Ort befunden haben ($\Delta x = 0$), können aus den Wellenparametern f und v^* nach (4.45) die Scheinwellenzahlen k_N^* und k_S^* von Nutz- und Störwellen bestimmt werden. Für ein Geophonbündel mit n gleichgewichteten Geophonen ist dann der Abstand Δx so zu wählen, daß die Nutzwellen im Hauptmaximum der Richtcharakteristik bei $|\mathring{R}(\Delta x k_N^*)| \geqq \frac{1}{\sqrt{2}}$ liegen, während die regulären Störwellen in den „Löschbereich" zwischen erster und $(n-1)$ter Nullstelle der Charakteristik fallen (Abb. 4.18). Die Verbesserung des Nutz/Störwellenverhältnisses ergibt sich unmittelbar aus dem Verhältnis der zugehörigen Richtfaktoren.

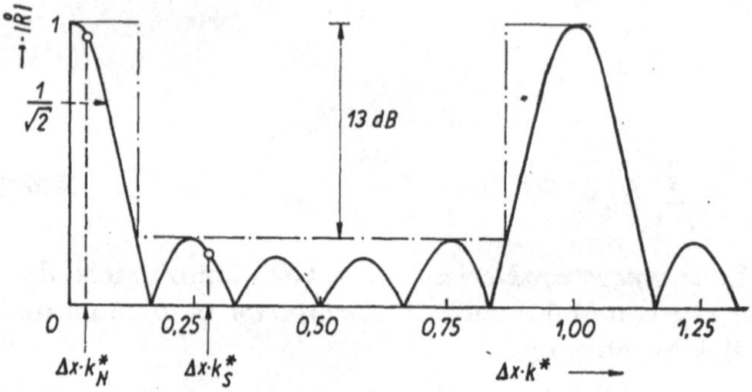

Abb. 4.18. Richtfaktor $|\mathring{R}(\Delta x k^*)|$ für ein 6faches Bündel
k_N^* – Scheinwellenzahl der Nutzwelle,
k_S^* – Scheinwellenzahl der Störwelle

Beim Entwurf von Bündelungssystemen stellt sich aus ökonomischen Erwägungen die Frage nach dem unbedingt notwendigen *Bündelungsaufwand*, d. h. nach dem geforderten Minimalwert von n und dem Maximalwert von Δx. Die Breite des „Löschbereichs" der Richtcharakteristik zwischen erster und $(n-1)$ter Nullstelle liefert die entsprechenden Bestimmungsgleichungen. Ist $k^*_{S,\min}$ die minimal und $k^*_{S,\max}$ die maximal auftretende Scheinwellenzahl, ergeben sich aus den entsprechenden Nullstellenargumenten von (4.55)

$$k_1^* = \frac{1}{n}\frac{1}{\Delta x} \leqq k^*_{S,\min}, \tag{4.56}$$

$$k^*_{n-1} = \frac{n-1}{n}\frac{1}{\Delta x} \geqq k^*_{S,\max} \tag{4.57}$$

und daraus die Forderungen

$$n \geqq 1 + \frac{k^*_{S,\max}}{k^*_{S,\min}}, \tag{4.58}$$

$$\Delta x \leqq \frac{1}{k^*_{S,\min} + k^*_{S,\max}}. \tag{4.59}$$

Zufolge der bereits erwähnten Toleranzmaße der Bündelung wird die effektive Richtwirkung bei linearer gleichgewichteter Bündelung den in Abb.

4.18 eingetragenen Wert von 13 dB kaum überschreiten. Größere Verbesserungsfaktoren erzielt man durch *gewichtete Bündelung* (D_j ungleich in (4.50)). Eine optimale Lösung stellt die TSCHEBYSCHEFF-Wichtung dar (HOLZMANN, 1963), die u. a. dadurch charakterisiert ist, daß alle Nebenmaxima der Richtcharakteristik gleiches Niveau besitzen.

Ein linienförmiges Bündel (Abb. 4.16a) hat für alle Wellen, die in Profilrichtung laufen (Azimutwinkel $\varphi = 0°$), abschwächende Wirkung. Für senkrecht dazu einfallende Wellen ($\varphi = 90°$) besitzt es dagegen stets verstärkende Wirkung, gleichgültig, ob die Wellen von unten ($\alpha = 0°$) oder von der Seite ($\alpha \neq 0°$) kommen. Eine *flächenhafte Bündelung* (Abb. 4.16b und c) ergibt einen azimutalen Effekt. Für jeden Azimutwinkel ist dieser rechnerisch durch ein bestimmtes gewichtetes Bündel beschreibbar, das durch Projektion der Geophonpositionen auf die jeweilige Richtungsachse entsteht.

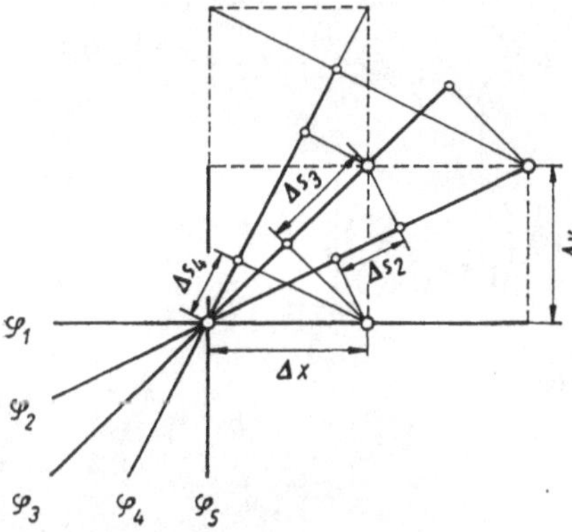

Abb. 4.19. Einfaches Flächenbündel mit $n = 4$, $\Delta x = \Delta y$

φ_1 bis φ_5 — Azimutwinkel für fünf verschiedene Richtungsachsen,

Δs_2 bis Δs_4 — projizierte Geophonabstände auf den zu φ_2 bis φ_4 gehörigen Richtungsachsen

Die in Abb. 4.19 gezeigte Flächenbündelung ergibt für eine Welle in der y-Richtung den gleichen Effekt wie eine 2fache Bündelung, aber mit doppeltem Gewicht. In der x-Richtung kommt eine Bündelung mit Dreieckswichtung zustande.

Geht man von der Gleichung (4.50) aus und schreibt diese als Z-Transformierte

$$R(z) = \sum_{j=1}^{n} D_j z^{j-1} \tag{4.60}$$

(vgl. Kap. 7.2.3.), läßt sich die Richtcharakteristik in x-Richtung ($\varphi_1 = 0°$) mit der Position des mittleren Geophons als Bezugspunkt für die Zeitverzögerung in der Form

$$R(z) = z^{-1} + 2z^0 + z^1 \tag{4.61}$$

angeben. Im Symmetriefall geht die Z-Transformierte in die Cosinus-Transformierte über:

$$R(\omega\tau) = 2(1 + \cos \omega\tau) \tag{4.62}$$

oder mit (4.53) als Richtfaktor geschrieben:

$$|\mathring{R}(k^*)| = \frac{1}{2}\,|1 + \cos(2\pi \Delta x k^*)|\,. \tag{4.63}$$

Analog dazu folgt für die anderen in Abb. 4.19 angegebenen Azimute (Abb. 4.20)

$\varphi_5 = 90°$:

$$\begin{aligned} R(z) &= 2z^{-1/2} + 2z^{1/2}, \\ |\mathring{R}(k^*)| &= |\cos(\pi \Delta y k^*)|\,; \end{aligned} \tag{4.64}$$

$\varphi_2 = 26{,}6°$:

$$\begin{aligned} R(z) &= z^{-5/2} + z^{-1/2} + z^{1/2} + z^{5/2}, \\ z &= e^{-i2\pi \Delta s_2 k^*}, \\ \Delta s_2 &= \Delta x \sin 26{,}6° = \frac{\Delta x}{\sqrt{5}}, \\ |\mathring{R}(k^*)| &= \frac{1}{2}\left|\cos\left(\frac{5\pi}{\sqrt{5}}\,\Delta x k^*\right) + \cos\left(\frac{\pi}{\sqrt{5}}\,\Delta x k^*\right)\right|; \end{aligned} \tag{4.65}$$

$\varphi_3 = 45°$:

$$\begin{aligned} R(z) &= z^{-3/2} + z^{-1/2} + z^{1/2} + z^{2/3}, \\ z &= e^{-i2\pi \Delta s_3 k^*}, \\ \Delta s_3 &= \Delta x \cos 45° = \frac{\Delta x}{\sqrt{2}}, \\ |\mathring{R}(k^*)| &= \frac{1}{2}\left|\cos\left(\frac{3\pi}{\sqrt{2}}\,\Delta x k^*\right) + \cos\left(\frac{\pi}{\sqrt{2}}\,\Delta x k^*\right)\right|; \end{aligned} \tag{4.66}$$

$\varphi_4 = 63{,}4°$:

$$\begin{aligned} R(z) &= z^{-2} + z^{-1} + z^{1} + z^{2}, \\ z &= e^{-i2\pi \Delta s_4 k^*}, \\ \Delta s_4 &= \Delta x \cos 63{,}4° = \frac{\Delta x}{\sqrt{5}}, \\ |\mathring{R}(k^*)| &= \frac{1}{2}\left|\cos\left(\frac{4\pi}{\sqrt{5}}\,\Delta x k^*\right) + \cos\left(\frac{2\pi}{\sqrt{5}}\,\Delta x k^*\right)\right|. \end{aligned} \tag{4.67}$$

Für den gleichzeitigen Einsatz von Quellengruppen und Geophonbündel berechnet sich der *kombinierte Richtfaktor* des Meßsystems durch Multiplikation der Richtfaktoren der Einzelelemente, Gruppen und Bündel. Abb. 4.21 zeigt den kombinierten Richtfaktor eines Meßsystems für nahseismische Untersuchungen. Diese Darstellung enthält die kombinierte Richt-

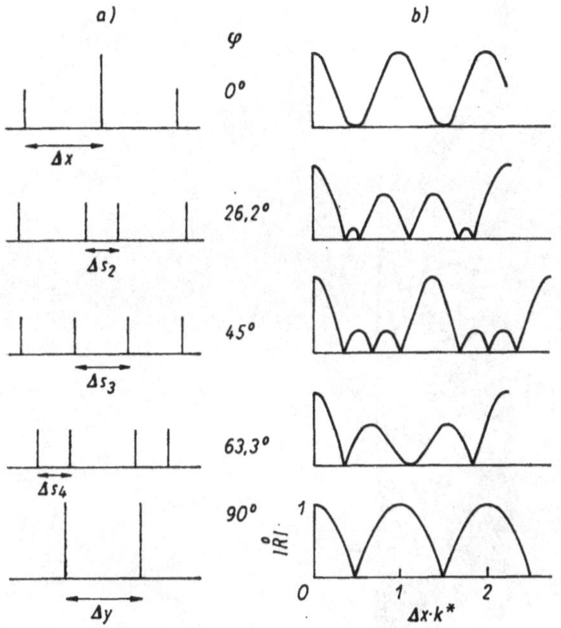

Abb. 4.20. Konfigurationen (a) und zugehörige Richtfaktoren (b) für das einfache Flächenbündel nach Abb. 4.19 als Funktion des Azimutwinkels φ

wirkung aller Glieder der Anregungs- und Empfangsseite als Funktion der Frequenz f, der Scheinwellenzahl k^* und der Wellenart. Die in der f-k-Ebene eingetragenen Scheingeschwindigkeiten der Oberflächenwelle (in Abb. 4.21a) bzw. der Reflexionswellen (in Abb. 4.21b) lassen die differenzierte frequenz- und wellenzahlabhängige Bewertung sowohl der Stör- als auch der Nutzwellen durch den kombinierten Richtfaktor des Meßsystems gut erkennen. Hervorzuheben ist die in Abb. 4.21b ersichtliche stärkere Dämpfung höherer Frequenzen für Reflektoren mit niedriger Scheingeschwindigkeit. Das betrifft besonders oberflächennahe Reflektoren, für die die Projektion des in der f-k-Ebene eingetragenen v^*-Bereichs auf die Fläche des Richtfaktors bereits in die Flanke des Hauptmaximums fällt und eine charakteristische Frequenzwichtung erfährt (vgl. Abb. 9.26).

4.3. Registrierapparaturen

4.3.1. Übersicht

Die Amplitude der von einem seismischen Anregungspunkt ausgehenden elastischen Welle schwächt sich infolge der Kugelwellen-Divergenz, der Absorption und der Energieteilung an seismischen Grenzflächen sehr schnell ab. Die Abschwächungsrate beträgt dabei im Anfangsbereich des Seismogramms bis zu 60 dB/s, gegen Ende des Seismogramms jedoch nur noch

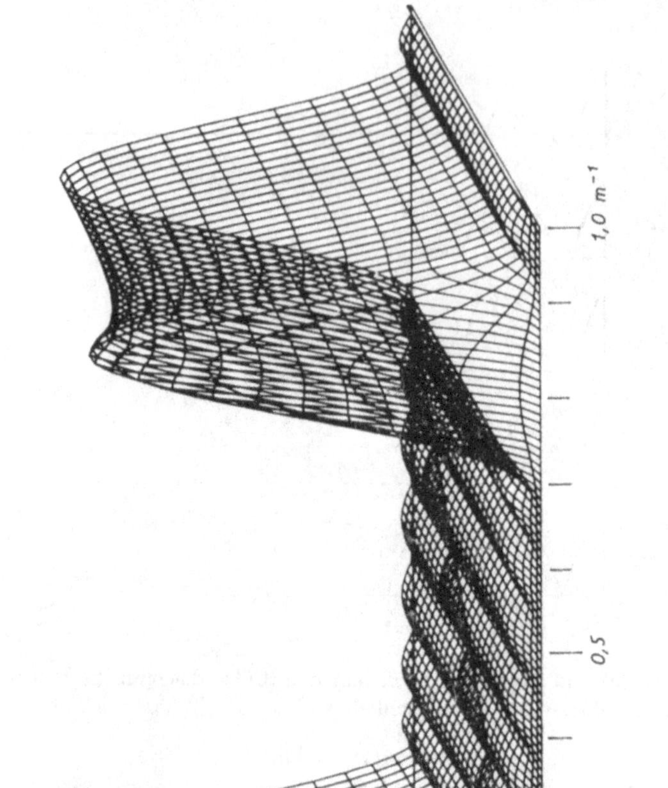
150 Hz
100
30
20
10
0
0,5
1,0 m⁻¹
a)
|R/R_max|
f
k*

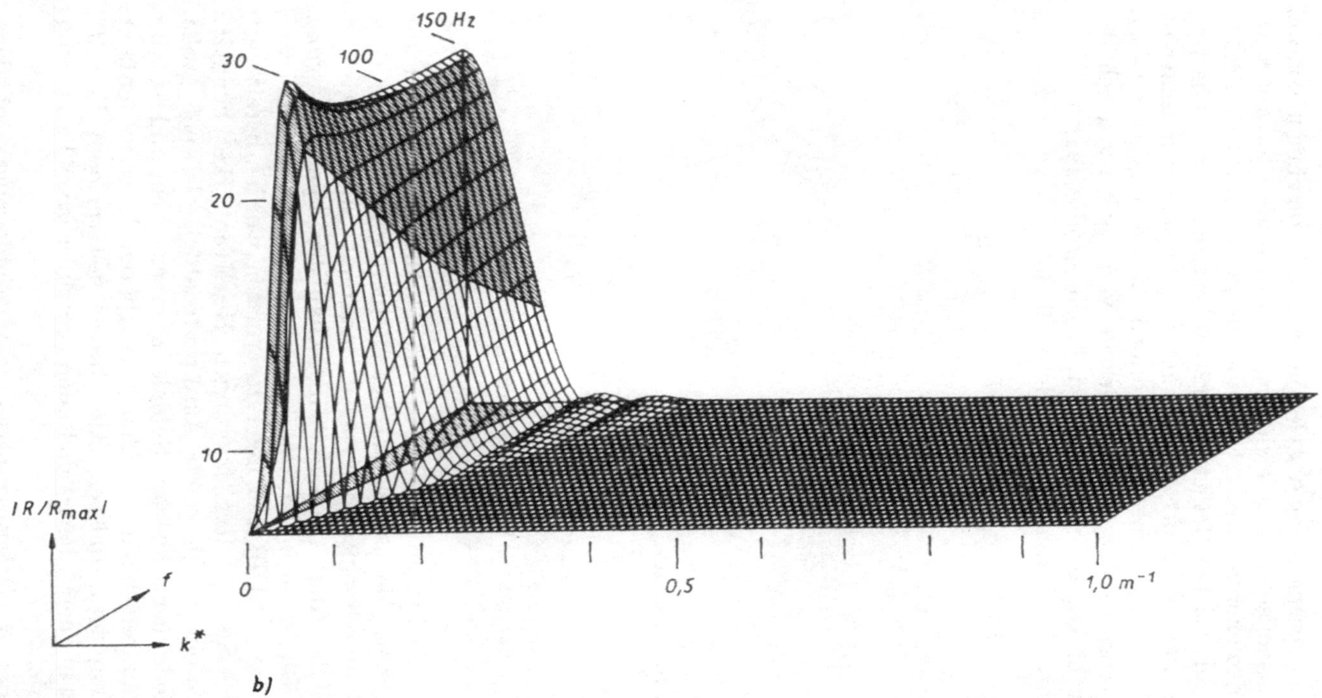

Abb. 4.21. Kombinierter Richtfaktor eines 9fachen Linienbündels mit TSCHEBYSCHEFF-Wichtung bei Anregung mit einem Vertikalvibrator für RAYLEIGH-Wellen (a) und P-Wellen (b) (Bündelbasis $(n - 1)\ \Delta x = 10$ m, Geophondämpfung $D = 0{,}4$)

wenige dB/s. Die Ausgangsspannung der Geophone sinkt von einigen zehntel Volt am Beginn der seismischen Registrierung bis auf etwa 1 μV am Ende des Seismogramms, also nach mehreren Sekunden Registrierzeit (Abb. 4.22). Ein leistungsfähiges seismisches Registriergerät sollte daher über einen weiten Frequenzbereich (wenige Hz bis mehrere 100 Hz) Signale mit relativen Pegelunterschieden von $1:10^5$ aufzeichnen können, also einen *dynamischen Bereich* von 100 dB besitzen. Die untere Grenze von 1 μV ist durch die Systemunruhe gegeben. Die obere Grenze, d. h. die größte registrierbare Amplitude, hängt von der Systemcharakteristik ab und ist von Gerät zu Gerät verschieden.

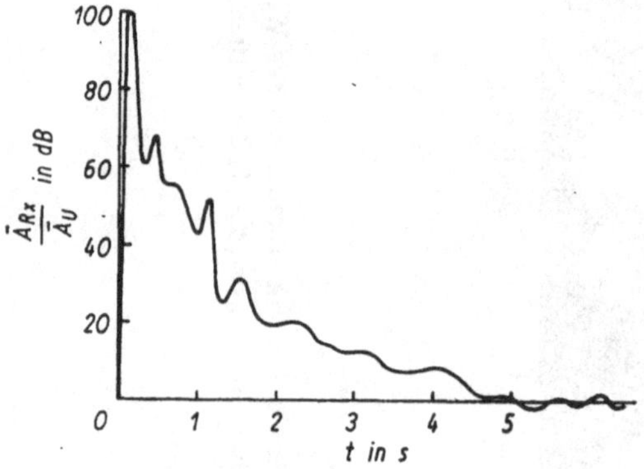

Abb. 4.22. Dynamischer Bereich seismischer Registrierungen
$\bar{A}_{Rx}$ — mittlere Amplitude von Reflexionssignalen,
$\bar{A}_U$ — mittlere Amplitude der mikroseismischen Unruhe

Bis Anfang der fünfziger Jahre wurden seismische Messungen direkt auf Fotopapier aufgezeichnet. Die auf seismischen Papierregistrierungen darstellbaren Amplitudenunterschiede betragen maximal 30 dB. Das ist der für das menschliche Auge noch gut überschaubare *Dynamikumfang* solcher mehrspuriger Registrierungen. Um den gesamten u. U. interessierenden Dynamikbereich von 100 dB und mehr zu erfassen, wurden bereits seit den Anfängen der seismischen Registrierungen Regelverstärker benutzt. Damit ließen sich sowohl der generelle Amplitudenabfall als auch große Amplitudenunterschiede benachbarter Signale kompensieren und so die primären Amplitudenunterschiede auf den verfügbaren Dynamikumfang der Papieraufzeichnung komprimieren. Ein Mangel der *analogen Verstärkungsregelung* besteht in einer nachträglich nicht korrigierbaren Verzerrung der seismischen Signale.

Die Einführung der *Zwischenspeicherung* auf Analogmagnetbändern in den fünfziger Jahren brachte wesentliche Vorteile gegenüber der *Direktaufzeichnung* auf Filmpapier. Erstens konnte man sich bei den Feldaufnahmen auf ein Mindestmaß an Filterung, Spurenmischung und Amplitudenregelung beschränken, da jetzt die Möglichkeit bestand, die günstigste Einstellung der Analogfilter, -mischer und -verstärker im *Rückspielzentrum* vorzunehmen. Zum zweiten war man nunmehr in der Lage, mehrere Einzelaufnahmen zu summieren, wodurch der Einsatz auch schwacher Energiequellen möglich wurde. Der dritte Vorteil war der, daß man jetzt bequem Spur für Spur viele Einzelaufnahmen aneinanderreihen und auf diese Weise reflexionsseismische Laufzeitprofile herstellen konnte. Durch Schwärzung der Signalmaxima wurden kräftige Reflexionen der Größe ihrer Amplituden entsprechend optisch hervorgehoben, so daß ein gut interpretierbares Abbild des geologischen Profils entstand. Diese als *Flächenschrift* bekannte Aufzeichnungsart hat die *Linienschrift* bei Profildarstellungen fast vollständig verdrängt. Die verfügbare Dynamik der Bandaufzeichnung beträgt etwa das Doppelte des Dynamikumfangs von Filmaufzeichnungen und bedeutet damit einen Gewinn an Aufzeichnungstreue. Zur Erfassung eines Dynamikbereichs von > 60 dB ist aber auch bei dieser Technik eine analoge Verstärkungsregelung erforderlich, so daß die Signalaufzeichnung noch nicht ganz verzerrungsfrei erfolgt.

Die Einführung der Digitaltechnik zu Anfang der sechziger Jahre brachte eine sprunghafte Verbesserung der Registriergenauigkeit. Im allgemeinen werden in digitalseismischen Apparaturen 14 bit ($14 \times 6 = 84$ dB) und ein Vorzeichenbit zur Darstellung eines Zahlenwertes verwendet. Gleichzeitig wird der aktuelle Verstärkungswert eines *digitalen Verstärkers* mit einem Dynamikumfang von ebenfalls 84 dB festgehalten. Die seismischen Digitalgeräte haben daher mit 2×84 dB einen deutlich größeren dynamischen Bereich als Analoggeräte, was einen wesentlichen Gewinn an Meßgenauigkeit bedeutet. Die numerische Datenverarbeitung bietet zudem mit einer Fülle von Rechenoperationen die Möglichkeit, die in den Meßdaten enthaltenen Informationen vollständiger auszuschöpfen, als dies mit der älteren Analogtechnik möglich gewesen ist.

4.3.2. Analogapparaturen

Die einfachsten seismischen Geräte bestehen aus einer Verstärkereinheit und einer Registriereinheit zur Aufzeichnung der Seismogramme. Derartige Geräte, im Prinzip seit den zwanziger Jahren in Betrieb, werden auch heute noch für refraktionsseismische Messungen, z. B. bei Baugrunduntersuchungen, verwendet. Mit der Entwicklung der Magnetbandtechnik nahm die Registrierung seismischer Daten auf Magnetband einen raschen Aufschwung. Die nachträgliche analoge Datenbearbeitung bot der Interpretation neue, vielfältige Möglichkeiten.

Der Prinzipaufbau eines Analogmagnetbandgerätes ist in Abb. 4.23 wiedergegeben. Je nach Ausstattung (6, 12 oder 24 Kanäle) besteht eine derartige Apparatur aus mehreren Baueinheiten: der Kontrolleinheit, der Filter- und Verstärkereinheit, der Registriereinheit und der Magnetbandeinheit. Dazu kommen die Stromversorgung über aufladbare Batterien und eine Starteinrichtung (Schießmaschine, Fallgewichtsauslösung), die über Kabel oder Funk zur Übertragung des Auslösemoments mit der Apparatur verbunden ist.

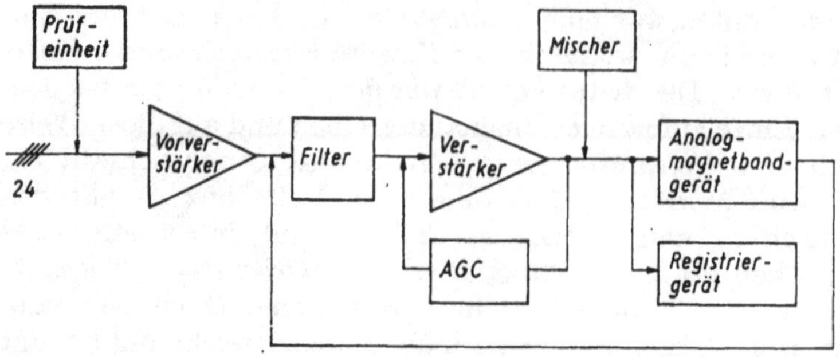

Abb. 4.23. Blockschema einer analogseismischen Apparatur

Die Anordnung der einzelnen Blöcke entspricht bei den meisten Geräten dem in Abb. 4.23 angegebenen Schema. Am Eingang befindet sich eine *Kontroll- und Prüfeinheit* für den Funktionstest der angeschlossenen Geophonbündel einerseits und die Prüfung der Apparaturfunktionen andererseits. Die in mehreren Stufen einstellbaren *Vorverstärker* gestatten eine Angleichung des mit der Spurentfernung abnehmenden Eingangspegels. Zur Ausblendung von Störsignalen mit Frequenzen außerhalb des seismischen Signalfrequenzbandes sind die Apparaturen mit wählbaren *Frequenzfiltern* ausgestattet. Bei Signalfrequenzen um 30...40 Hz können z. B. niederfrequente Oberflächenwellen und hochfrequente Windstörungen mit einem Bandpaß 25/52 Hz unterdrückt werden. Bei den meisten Geräten ist auch die Filterschärfe, d. h. die *Flankensteilheit* der Filter, wählbar. In der Apparatur ist oft eine Anfangsunterdrückung vorgesehen, um eine Übersteuerung durch den hohen Signalpegel der ersten Einsätze zu verhindern. Der einstellbare oder durch ein Geophon ausgelöste *Tripmoment* macht erst die Funktion einzelner Baueinheiten wirksam. Mit ihm wird auch die gewählte *„programmierbare" Verstärkungsregelung* (PGC[1]) ausgelöst, durch welche die schwächeren Reflexionssignale von mehreren Sekunden Laufzeit ebenfalls erkennbar registriert werden können. Dieser Verstärker ist mehrstufig ausgeführt und verfügt über einen großen dynamischen Bereich. Die *automatische Verstärkungsregelung* (AGC[2]) besteht aus einer einstellbaren mehr oder weniger schnell wirkenden Rückkopplungsschaltung. Bei manchen Geräten sind *Mischer* vorgesehen, mit welchen die Signale zweier oder mehrerer benachbarter Kanäle in einem wählbaren Verhältnis der eingebrachten Anteile gestapelt werden können. Die Wirkung des Mischens entspricht einer Wellenzahlfilterung, so daß auch eine gewisse Unterdrückung von Oberflächenwellen eintritt. Die Magnetbandaufzeichnung der gefilterten und verstärkten Signale erfolgte ursprünglich direkt. Später hat sich die Aufzeichnung mit Frequenzmodulation durchgesetzt. Dabei wird eine Trägerfrequenz durch das vom Verstärker kommende

[1] engl.: programmable gain control.
[2] engl.: automatic gain control.

Signal um die Mittenfrequenz von 4 kHz moduliert. Der Vorteil der frequenzmodulierten Aufzeichnung gegenüber der direkten Registrierung ist die geringere Empfindlichkeit gegenüber Störeinflüssen und der größere dynamische Bereich. Außer den üblichen Kanälen für die seismischen Signale sind noch Hilfskanäle zur Aufzeichnung des Auslösemoments (*Abriß*), des Zeitkontrollsignals und der *Aufzeit* (Laufzeit der direkten Welle am Schußpunkt) vorhanden.

Die Aufzeichnung des Seismogramms mit der *Registriereinheit* ist sofort bei der Aufnahme möglich. Zu Rückspielzwecken mit der Feldapparatur müssen Geräte mit Frequenzmodulation immer auch mit Demodulatoren ausgestattet sein. Das vom Band kommende Signal wird eventuell veränderten Filter- und Verstärkerprozessen unterworfen. Zur Aufzeichnung auf Filmpapier dienen meist Registriergeräte mit Spiegelgalvanometern.

4.3.3. Digitalapparaturen

Die gebräuchlichen vielkanaligen Digitalapparaturen haben mit den Analoggeräten einen vergleichbaren Aufbau bis zur Verstärkereinheit. Neu hinzu kommt die *Digitalisierungseinheit* mit dem *Analog-Digital-Wandler* als dem Herzstück von Digitalapparaturen und die *Digitalbandeinheit* anstelle der Analogbandeinheit.

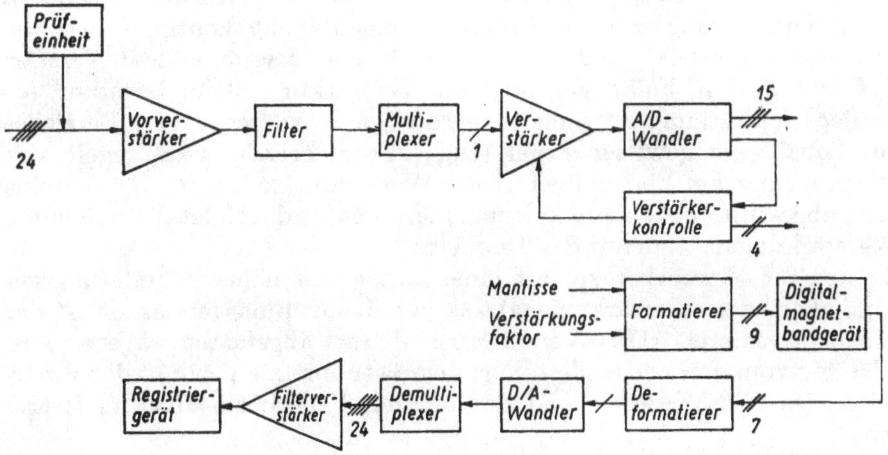

Abb. 4.24. Blockschema einer digitalseismischen Apparatur

Ein vereinfachtes Prinzipschema ist in Abb. 4.24 wiedergegeben. Das seismische Signal gelangt über einen Eingangstransformator zum *Vorverstärker*. Bereits in der Filterstufe ist eine Modifikation zu nennen: das *Anti-Aliasing-Filter*. Es muß alle Frequenzen, die oberhalb der Alias- oder NYQUIST-Frequenz (s. Kap. 7.2.1.2.) liegen, völlig unterdrücken, um spektrale Verzerrungen der Nutzsignale durch zu große Abtastintervalle zu verhindern. In der Filterstufe sind neben Hoch- und Tiefpässen generell zuschaltbare Kerbfilter (notch filter) zur Ausblendung der Netzfrequenz vorhanden.

Vor dem Analog-Digital-Wandler ist eine Verstärkerstufe angeordnet, die zur Erzielung einer hohen Dynamik eine gute Konstanz des Verstärkungsfaktors aufweisen soll. Anstelle von je einem Verstärker für jeden Meßkanal wird meistens ein einziger Verstärker für alle Meßkanäle verwendet. Das hat den Vorteil, daß sich ein Abgleich aller Verstärker untereinander erübrigt, weil vom Verstärker eventuell verursachte Verzerrungen für alle Kanäle identisch sind. Die Verwendung eines einzigen Verstärkers hat allerdings einen Umschalter zur Voraussetzung, der die einzelnen Meßkanäle zyklisch abtastet und zum Verstärker durchschaltet.

Für diesen Meßstellenumschalter in digitalseismischen Geräten hat sich der Begriff *Multiplexer* eingebürgert. Ein Umschaltzyklus muß innerhalb eines Abtastintervalls erfolgen. Zum Beispiel ergibt sich bei einem Abtastintervall von 1 ms bei 24 seismischen Kanälen, sechs Hilfskanälen und zwei weiteren Informationen, also bei einer Registrierung von 32 Worten, eine Abtastzeit für jeden Kanal von $1/32\ \text{ms} \approx 30\ \mu\text{s}$. An den Multiplexer werden hohe Anforderungen gestellt. Er muß eine exakte Durchschaltung von u. U. sehr geringen Signalspannungen von wenigen μV an den Verstärkereingang gewährleisten.

Die Verstärkerstufe moderner digitaler Registriergeräte ist ebenso wie die der Analoggeräte mit einer Regelung ausgestattet. In Wirkungsweise und Präzision bestehen aber wesentliche Unterschiede. Von *Binärverstärkern* wird die Verstärkung analoger Meßspannungen nicht kontinuierlich wie in den Analoggeräten, sondern in 6-dB-Stufen, also mit dem Verstärkungsfaktor 2, d. h. binär, geregelt. Die Verstärkung bleibt konstant, solange der Verstärkungsausgang innerhalb eines vorgegebenen Bereiches bleibt. Sobald ein gewisser Pegel ($U_{\max}$) überschritten wird, regelt sich die Verstärkung auf den halben Wert. Wenn umgekehrt $U_{\max}/4$ für eine längere, abgestuft einstellbare Zeit nicht erreicht wird, erfolgt die Erhöhung des Verstärkungsfaktors auf das Doppelte.

Ein neuerer Verstärkertyp mit einer wesentlich höheren Änderungsgeschwindigkeit des Verstärkungsfaktors als beim Binärverstärker ist der *Gleitkommaverstärker* (IFP[1]-Verstärker). Jeder abgetastete Wert wird unabhängig vom vorangehenden Wert gemessen und als Produkt der Binär-Mantisse des A/D-Wandlers und des binären Verstärkungsfaktors festgehalten.

Die vom Multiplexer bzw. Verstärker kommenden Spannungen sind Analogspannungen, die sich auch noch während der Abtastzeit ändern können. Man führt diese Signale deshalb einem *Abtast- und Haltekreis* (sample-and-hold unit) zu, der nur für wenige μs durchschaltet und einen Kondensator auf den momentanen Amplitudenwert auflädt. Die vom Kondensator auf dem konstanten Wert gehaltene Spannung wird nun digitalisiert.

Der *A/D-Wandler* vergleicht die Kondensatorspannung mit einer Reihe von Standardspannungen und liefert eine Serie von Impulsen, die den Wert

---

[1] von *instantaneous floating point*.

und das Vorzeichen des Verstärkerausganges in binärer Form angeben. Der Ausgang des A/D-Wandlers wird zur Regelung des Verstärkungsfaktors wieder zum Verstärker rückgekoppelt.

Die Serie von Impulsen aus dem A/D-Wandler gelangt zum *Formatwandler*. Hier wird nach einem genau definierten Organisationsschema die Reihenfolge festgelegt, in der die Binärzeichen auf dem *Digitalmagnetband* gespeichert werden. Der Formatwandler muß auch alle Zusatzinformationen verarbeiten. Dazu gehören die Informationen der Hilfskanäle, Registrierparameter, Prüfbits und Satzmarken.

Aus Gründen möglichst universeller Lesbarkeit werden überwiegend die von der SEG empfohlenen *Standard-Formate* benutzt:

- das SEG-A-Format für Binärverstärkeraufzeichnungen,
- das SEG-B-Format für IFP-Aufzeichnungen,
- das SEG-C-Format, gleichzeitig IBM-Standard-Format,
- das SEG-D-Format, als Kombination der A- bis C-Formate, für multiplexte sowie demultiplexte Daten und
- das SEG-Y-Format für demultiplexte Daten, insbesondere für den Datenaustausch.

In Gebrauch sind heute ausschließlich *Halbzoll-Bänder* mit sieben bzw. neun Spuren und einer Standardlänge von 732 m bzw. 366 m (2400 feet bzw. 1200 feet). Auch die *Speicherdichte* ist standardisiert. Sie wird gemessen in bit/mm oder bit pro Zoll[1], wobei unterschiedliche *Registriermoden* benutzt werden:

- 800 fpi im NRZ-Mode (non return to zero),
- 1600 fpi im PE-Mode (phase encoded),
- 6250 fpi im GCR-Mode (group coded recording).

Wichtig ist der reibungslose zeitliche Ablauf der Einzeloperationen, was durch *quarzgesteuerte Oszillatoren* im Megahertzbereich gewährleistet wird. Diese elektronischen Uhren liefern zeitlich genau abgestufte Impulse. Die Steuerzyklen, wie etwa der des Multiplexers, werden durch Schaltkreise überwacht, welche die Impulse zählen und nach einer vorgegebenen Anzahl von Impulsen entsprechende Schalter aktivieren. Die Taktfolge der auf dem Digitalmagnetband gespeicherten Daten liefert die *Zeitbasis* für die spätere Bearbeitung der Daten im Rechner.

Der große Genauigkeitsgrad, mit dem die Meßdaten auf Digitalmagnetbändern gespeichert sind, ist für die Rechnerbearbeitung gedacht. Für Rückspielzwecke im Feld müssen die auf Band gespeicherten Daten wieder in analoger Form dargestellt werden. Bei der *D/A-Wandlung* werden aber nicht die gleichen hohen Ansprüche gestellt wie bei der ursprünglichen A/D-, Wandlung der Meßdaten. Es werden nur die sieben oder acht größten Bits benutzt, was einem dynamischen Bereich von 36 dB oder 42 dB entspricht. Das

---

[1] *bpi* von *bit per inch* oder *fpi* von *frame per inch*.

reicht für *Kontroll-* und *Prüffilme* (playbacks) aus, die zur Beurteilung der technischen und wissenschaftlichen Qualität der Registrierungen bzw. zur Funktionskontrolle der Apparatur angefertigt werden.

4.3.4. Zusatz- und Spezialgeräte

Die Reihe der heute in der seismischen Meßtechnik eingesetzten Zusatz- und Spezialgeräte reicht von einfachen Prüfgeräten für Geophone und Kabel bis hin zu leistungsfähigen Feldrechnern zur dezentralen Datenverdichtung. Von besonderer Bedeutung sind Geräte, die bestimmte Teilfunktionen des Registrierprozesses übernehmen, wodurch die Methodik und Technologie des Meßprozesses u. U. nicht unwesentlich modifiziert wird. Für einige moderne Zusatz- und Spezialgeräte wird im folgenden das Funktionsprinzip kurz erläutert.

4.3.4.1. Telemetriesysteme

Bei der Vergrößerung der Kanalzahl konventioneller seismischer Aufnahmesysteme stößt man bei ca. 120 Kanälen auf bestimmte technische Grenzen. Allein die Kabelbaumsegmente, die für jedes Geophonbündel ein Drahtpaar besitzen (parallele Übertragung), erreichen dann ein unhandliches Eigengewicht. Notwendige Steckverbindungen führen zu einer erhöhten Störanfälligkeit. Reparaturen an Kabeln und Steckern werden oft sehr schwierig. Die Bandgeschwindigkeit erreicht für tragbare Apparaturen selbst bei hoher Speicherdichte ihre obere Grenze von etwa 3 m/s.

Für die profilmäßige Vermessung der 2D-Seismik stellen die 120 Kanäle eines konventionellen Aufnahmesystems eine noch praktikable, aber auch ausreichende Lösung dar. Für die 3D-Seismik und die moderne Seeseismik müßte zur weiteren Erhöhung der Kanalzahl eine Kopplung mehrerer Parallel-Systeme erfolgen. Eine technisch wie methodisch günstigere Lösung stellt offenbar die dezentralisierte Datenerfassung in Verbindung mit einer wesentlich handlicheren und einer um vieles störfesteren digitalen Datenübertragung im Feld dar. Das Grundprinzip besteht in der D/A-Wandlung und Zwischenspeicherung der seismischen Signale einer beschränkten Anzahl benachbarter Kanäle in einer *Feldstation* (remote unit) und der seriellen Übertragung der digitalisierten Daten über eine einfache Doppelleitung, per Funk oder über Lichtleiterkabel zur *zentralen Registrierapparatur* (central unit). Die Übertragung kann in demultiplexter Form erfolgen. Dieses *Telemetrieprinzip* wird sowohl bei land- als auch bei seeseismischen Aufnahmesystemen angewendet.

Bei landseismischen Systemen betreut eine Feldstation bis zu 16 Kanäle. Damit werden heute Kanalzahlen zwischen 240 bis 9 999 realisiert. Nach dem Telemetrieprinzip arbeitende seeseismische Systeme werden als *Digital-Streamer* bezeichnet. Eine „remote unit" betreut zwischen 4 bis 16, meist 12 Kanäle. Bei Kanalzahlen von insgesamt 240 bzw. 480 beträgt die Streamerlänge mehr als 3000 m.

4.3.4.2. *Signalgenerator für Vibratorsteuerung*

Anfänglich wurde das Steuersignal von einer Bandschleife der Registrierapparatur abgespielt und per Funk zu den Vibratoren einer Anregungsgruppe übertragen. Bei modernen Systemen befindet sich an jedem Vibrator ein digitaler Signalgenerator, und die Auslösung des Vibrationsvorganges erfolgt mittels eines speziell codierten Startsignals, das von der Registrierapparatur ausgesandt wird. Die Zeitgenauigkeit der quarzgesteuerten Signalgeneratoren ist mit $< 1‰$ sehr hoch und gewährleistet die erforderliche Reproduzierbarkeit. Es sind i. allg. folgende Signalparameter wählbar:

- Sweep-Dauer,
- untere/obere Sweep-Frequenz,
- zunehmende/abnehmende Sweep-Frequenz (up-sweep/down-sweep),
- Sweep-Polarität,
- Taper-Funktion (Zu- bzw. Abnahme der Sweep-Amplitude am Signalanfang bzw. -ende).

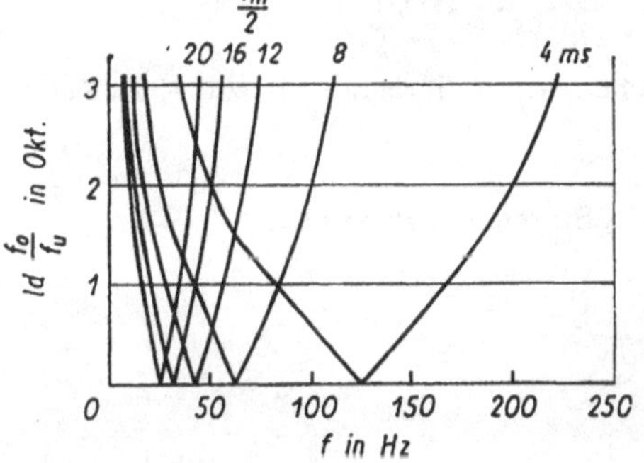

Abb. 4.25. Frequenzbandlage für Sweeps zwischen den Frequenzen f_1 und f_2, gestaffelt nach der Breite b des Zentralimpulses der zugehörigen AKF, als Funktion des Oktavmaßes $ld\ \frac{f_2}{f_1}$

In Abb. 4.25 ist für eine Folge von Korrelationssignalen, deren Zentralimpuls eine Breite $b = 4$, 8, 12, 16 bzw. 20 ms besitzt (vgl. Abb. 7.8), der absolute „Bandbreitebedarf" als Funktion der in Oktaven gemessenen Bandbreite dargestellt. Es fällt die exponentielle Zunahme des Sweep-Frequenzbandes mit den linear gestaffelten b-Werten auf.

Neben der Signalgeneration werden auch Zusatzsteuerfunktionen realisiert. Dazu gehören das Liften des Vibrators, automatische Sperren bei Fehlfunktionen des Vibrators sowie Phasenregelung und Wavelet-Analyse zur Einhaltung geforderter Toleranzen.

4.3.4.3. *Korrelator/Summator*

Bei der Vibrationsanregung seismischer Wellen wird zunächst ein dem Seismogramm gänzlich unähnliches *Vibrogramm* erhalten, das über die Kreuzkorrelation (s. Kap. 7.4.3.) des Vibrations- oder Steuersignals mit den Vibrogrammspuren in ein dem Seismogramm äquivalentes *Korrelogramm* transformiert werden muß. Abb. 4.26 demonstriert die Entstehung einer Vibrogrammspur für einen Sweep von 100...25 Hz als Vibrationssignal. Der typische Schwebungscharakter der Vibrogrammspur erklärt sich aus den Frequenzverschiebungen infolge der Laufzeitdifferenzen zwischen den einzelnen Reflexionssignalen. Die Laufzeit selbst ist in der Vibrogrammspur in verschlüsselter Form enthalten. Durch die Kreuzkorrelation mit dem Vibrationssignal entsteht die Korrelogrammspur, deren einzelne Korrelationssignale mit ihrem zentralen Maximum die entsprechende Reflexionslaufzeit markieren (vgl. Kap. 4.1.3.).

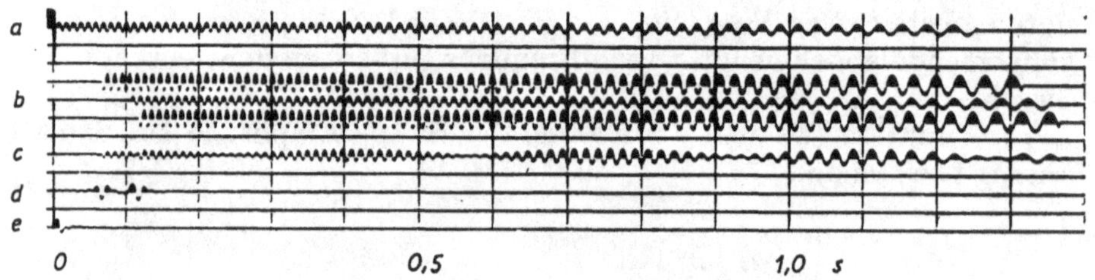

Abb. 4.26. Demonstrationsbeispiel für die Entstehung eines Vibrogramms bzw. eines Korrelogramms

a — Vibrationssignal (Referenzspur),
b — Reflexionssignale unterschiedlicher Laufzeit, Stärke und Polarität,
c — Vibrogrammspur,
d — Korrelogrammspur,
e — Autokorrelationssignal zu a)

Zur Kontrolle des Meßergebnisses im Feld reicht eine *Expreßkorrelation* mit geringer Wortbreite meist aus. Geeignet sind der *Relaiskorrelator* (sign-bit correlator) oder ein Korrelator mit 4···8 bit Wortbreite. Andererseits erspart eine Feldkorrelation mit voller Wortbreite der seismischen Registrierung (14 bit Mantisse plus 4 bit Exponent) die zeitraubende Korrelation der Vibrogramme auf einem zentralen Rechner. In Verbindung mit einer vertikalen Stapelung von Vibrogrammen oder Korrelogrammen im Feld bietet sich somit die vorteilhafte Möglichkeit einer dezentralen Bearbeitung, durch die sowohl Rechenzeit als auch Bandmaterial eingespart und gleichzeitig eine relevante Verbesserung des Nutz/Störverhältnisses erzielt wird.

Korrelatoren und Summatoren werden als Zusatzgeräte zu seismischen Digitalapparaturen angeboten. Die bei seismischen Registrierungen sporadisch auftretenden Störsignale großer Amplitude wirken sich besonders störend auf das Korrelations- wie auf das Stapelergebnis aus. Aus diesem Grund sind moderne Korrelatoren bzw. Summatoren meist zusätzlich mit einem System zur Störpegelbewertung und zur störpegelabhängigen Löschung von Spuren bzw. Spurabschnitten ausgerüstet (noise reject system).

4.3.4.4. Stapelapparatur für Ingenieurseismik

Für seismische Untersuchungen geringer Tiefen werden Digitalapparaturen mit 1...24 Kanälen angeboten, die insbesondere mit einem Summator, einem Permanentspeicher und einem Bildschirm ausgerüstet sind. Mit diesen Apparaturen ist es möglich, die Verbesserung (enhancement) der gestapelten Registrierung nach jeder zusätzlichen Aufnahme sofort einzuschätzen. Ist eine ausreichende Stapelqualität erreicht, kann das Stapelseismogramm direkt am Bildschirm ausgewertet bzw. über wählbare Frequenzfilter auf Papier oder Magnetband ausgeschrieben werden.

Dieses Prinzip ist besonders für Meßbedingungen mit ungünstigem primären Nutz/Störverhältnis, d. h. bei Anwendung energieschwacher Quellen (z. B. Hammerschlag) oder bei Messungen in bebauten Gebieten geeignet. Das Nutz/Störverhältnis verbessert sich bei n-facher Stapelung etwa mit $\sqrt{n}$.

5. Methodik seismischer Erkundungsarbeiten

R. Schmöller

5.1. Projektierung

Ursprünglich lag die Verantwortlichkeit für die Bearbeitung eines Erkundungsauftrages, beginnend mit der Projektierung, über die Feldmessung, die Interpretation bis zur Berichterstattung, in den Händen eines kleinen Kollektivs, des seismischen Meßtrupps. Die fortgeschrittene Technik und Methodik verlangen heute eine weitgehende Spezialisierung und Arbeitsteilung, so daß dem Meßtrupp nunmehr ausschließlich die Feldmessung, d. h. die Aufgabe der Datenakquisition zufällt.

Aufgabe des projektierenden Geophysikers ist es, den vom Auftraggeber erteilten *Erkundungsauftrag* mit konkreter geologischer bzw. geotechnischer Zielstellung in ein *seismisches Erkundungsprojekt* umzusetzen. Die Projektierungsarbeit beginnt mit einer Analyse des geologisch-geophysikalischen Kenntnisstandes. Alle verfügbaren Daten zur Beschreibung der geologisch-geophysikalischen Situation werden herangezogen, um zunächst ein möglichst repräsentatives geologisch-geophysikalisches Modell des zu erkundenden Bereiches zu entwickeln. Zu den Modelldaten gehören neben der zu erwartenden Geschwindigkeitsverteilung sowie dem Strukturinventar auch Angaben zum vermutlichen mikroseismischen Störpegel und zur seismologischen Oberflächensituation. Auf dieser Grundlage wird ein seismisches Profilnetz projektiert, dessen Umfang und Maschenweite einerseits die Lösung der Erkundungsaufgabe sicherstellen, andererseits aber auch die realen Bedingungen für die Zugänglichkeit und die Einhaltung von Sicherheitsabständen in Rechnung stellen muß. Gleichzeitig müssen die finanziellen Rahmenbedingungen berücksichtigt werden. Es ist zwischen Übersichts- und Spezialmessung, 2D- und 3D-Vermessung zu unterscheiden. *Übersichtsmessungen* dienen der großräumigen Erkundung ausgedehnter Strukturen, *Spezialmessungen* der Erkundung struktureller Details. Eine 3D-Vermessung erfolgt bei extrem hohen Genauigkeitsanforderungen und besonders kompliziert gebauten kleinräumigen Strukturen. Die Anlage der Profile erfolgt nach bestimmten Grundsätzen. Optimal angelegte *Erkundungsprofile* verlaufen senkrecht zur geologischen Strukturachse. Sie liefern in der Profilebene liegende Reflexionselemente und damit ein bereits lagerichtiges Abbild. Mit Hilfe von *Korrelationsprofilen* wird eine flächenhafte Verfolgung der einzelnen Reflexionshorizonte sichergestellt. Im Zuge der Interpretation dient das Ringschlußverfahren über mehrere Erkundungs- und Korrelationsprofile dem Erkennen eines unbeabsichtigten wie eines systematischen Phasenwechsels, aber auch der Überbrückung von Korrelationslücken. Die Wahl der Parameterwerte für den Überdeckungsgrad, das Beobachtungsschema, die Geophonbündelung und die Quellengruppierung richten sich nach den konkreten Modelldaten. Je klarer die Modellvorstellungen sind, desto präziser lassen sich diese Parameterwerte festlegen. Die Wahl der Parameterwerte kann sowohl durch Analogieschluß als auch durch gezielte Anwendung der seismischen Modellierung (Lösung der direkten Aufgabe) begründet sein. Nicht selten besteht die Aufgabe, die projektierten Parameterwerte noch mit Hilfe von *Versuchsmessungen* zu präzisieren. Über Art und Umfang von Versuchsmessungen sind im seismischen Projekt entsprechende Vorgaben enthalten. Außer den Projektdaten für Versuchs- und Profilmessungen sind Angaben über Art und Umfang von Zusatzmessungen zur Ermittlung statischer Korrekturen erforderlich. Spezielle Aufgaben, wie Laufzeitmessungen in Tiefbohrungen, die vertikale seismische Profilierung oder das Unterschießen von Salzstöcken, werden meist gesondert projektiert.

In ähnlicher Weise wie für die Feldtechnologie werden im seismischen Projekt Festlegungen über die anzuwendenden Bearbeitungsschritte und zweckdienliche Bearbeitungsparameter sowie über die Formen der Ergebnisdarstellung getroffen. Unter Berücksichtigung der projektierten Parameterwerte und entsprechender Leistungsnormative erfolgt schließlich die *Kostenkalkulation.* Das vom Auftraggeber bestätigte seismische Projekt bildet die Grundlage für die erfolgreiche Lösung der Erkundungsaufgabe.

5.2. Feldmethodik der Reflexionsseismik

5.2.1. Trupporganisation

Ist die Planung eines seismischen Projektes abgeschlossen, ergeht der Auftrag an den seismischen Meßtrupp. Der Aufbau eines landseismischen Trupps ist in Abb. 5.1 skizziert.

Der *Truppleiter* ist ein ausgebildeter Geophysiker, der die Verantwortung

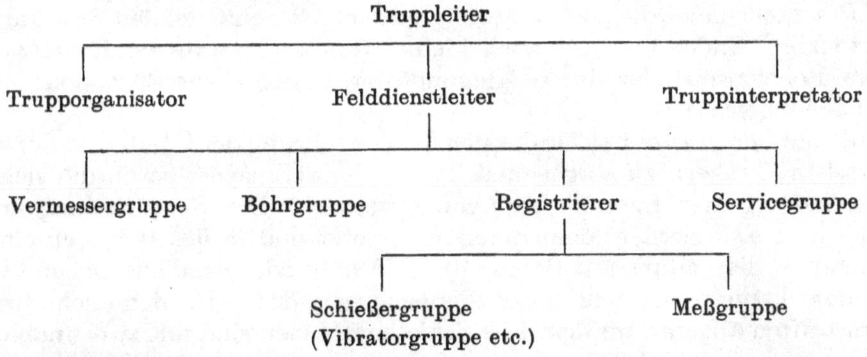

Abb. 5.1. Aufbau eines landseismischen Meßtrupps

für die Koordinierung aller Organisations-, Büro- und Feldarbeiten trägt. Ihm obliegt die Aufgabe, die termin- und qualitätsgerechte Erfüllung der projektierten Feldarbeiten zu überwachen. Zu seinen Aufgaben gehören ferner die finanziellen Regelungen, Personalangelegenheiten, Herstellung der Kontakte zu den Behörden und zu den Grundeigentümern (häufig auch von einem als „Permitman" bezeichneten Truppmitglied wahrgenommen) etc.

Dem *Trupporganisator* fällt die Aufgabe der Versorgung mit allen benötigten Materialien und Ersatzteilen sowie die Geräteinstandhaltung zu. Er ist außerdem für die Sicherung der Truppverpflegung verantwortlich.

Dem *Truppinterpretator* obliegt die Aufgabe der Erstauswertung und Qualitätskontrolle der Meßdaten. Zu seinen Aufgaben gehört insbesondere die Berechnung statischer Korrekturen sowie die Überwachung der ordnungsgemäßen Dokumentation der Meßdaten.

Die *Vermessergruppe* übernimmt das Einmessen und die Markierung der Schußpunkte und der Geophongruppenpositionen im Gelände sowie das Nivellement. Die Markierung und Numerierung der Schußpunkte erfolgt fortlaufend mit Hilfe von Pflöcken oder Metallspießen. Es müssen ferner die Zufahrtswege zu den Profilen erkundet werden, damit die Umstellung der Geräte rasch erfolgen kann. In unwegsamem Gelände mit dichter Vegetation muß rechtzeitig die Profiltrasse freigelegt werden. Wegebauarbeiten sind oft nicht vermeidbar, um auch schwerem Gerät die Zufahrt zu ermöglichen.

Die *Bohrgruppe* hat bei Trupps mit Schußanregung für die zeitgerechte und ordnungsgemäße Herstellung der Schußlöcher zu sorgen. Gewöhnlich sind drei bis vier Bohrgeräte im Einsatz, die je nach den örtlichen Gegebenheiten auf schweren Lastkraftwagen, auf Traktoren oder – für Sumpf- und Marschgebiete – auf Amphibienfahrzeugen montiert sind. Für tiefere Bohrungen werden zum Vorbereiten der Spülung und als Durchsatzreservoir Spülungswannen verwendet. Je nach Beschaffenheit des zu durchbohrenden Gebirges wird man Ton- oder Bentonitspülungen (bei starken Spülungsverlusten in Schottern) oder nur Wasser verwenden. Für den Wassertransport sind eigene Wasserwagen in Betrieb. Da man es aus Kostengründen zunehmend vorzieht, eine größere Anzahl Schußbohrungen geringer Tiefe anstelle einer die „Verwitterungsschicht" durchteufenden Bohrung zu verwenden, findet man oft auch kleine, tragbare Geräte im Einsatz wie etwa Bohrlanzen oder durch Kleinmotoren angetriebene Spiralbohr- und Schlagbohrgeräte.

Die *Schießergruppe* hat für die sichere Verwahrung der Zünd- und Sprengmittel in Bunkern zu sorgen und ist für den Transport sowie die sichere Handhabung der Sprengmittel verantwortlich. Die Sprengladung wird mit einem elektrischen Momentzünder besetzt und in das Bohrloch eingebracht. Ist die Ladung mit Bohrspülung, Wasser oder Sand ausreichend verdämmt, kann der Schuß unter Beobachtung der geltenden Sicherheitsvorschriften abgetan werden. Alle Schießmaschinen sind mit zwei unabhängig voneinander zu betätigenden Schaltern für die Schußauslösung ausgerüstet, um eine unbeabsichtigte Zündung der Sprengladung zu vermeiden.

Es werden heute ausschließlich Sicherheitssprengstoffe verwendet, die z. B. im Feuer nicht explodieren. Die Zündung der Sprengladungen erfolgt mit ausgesuchten elektrischen Momentzündern. Der Schußauslösemoment wird in der Regel per Funk übertragen.

Bei Verwendung von Oberflächenanregungsquellen (Vibroseis, Dinoseis, Fallgewicht) ist ein koordiniertes Zusammenwirken der Anregungsgruppe und des Registrierers eine wichtige Voraussetzung für eine hohe Meßleistung. Die Verständigung sowie die Auslösung des Anregungsvorganges von der Registrierapparatur aus erfolgen über Funk.

Die *Meßgruppe* hat das Auslegen der Geophone und Kabel zu besorgen. Es muß genügend weit voraus aufgebaut werden, damit die Meßarbeiten keine Verzögerung und Störung durch die Aufbauarbeiten erleiden. Die Auslagen bleiben unverändert, bis sie außerhalb des Meßbereiches liegen. Das Ab- und Aufbauen der Geophone ist eine gut zu organisierende Tätigkeit, da bei reflexionsseismischen Messungen die Aufstellung der Geophongruppen nach bestimmten Bündelungsmustern erfolgt (s. Kap. 4.2.4.).

Der *Registrierer* steuert durch seine zentrale Funktion den Ablauf der Meßzyklen. Durch Rückspielen der Bandregistrierung hat er jederzeit die Möglichkeit, die Qualität eines registrierten Seismogramms zu prüfen. Die heute übliche Mehrfachüberdeckung bei der Aufnahme und der hohe dynamische Bereich moderner Registrierapparaturen machen es i. allg. überflüssig, einzelne Schüsse zu wiederholen oder eine den lokalen Verhältnissen besser angepaßte Apparatureinstellung zu versuchen. Für ein zielgerichtetes Processing ist es wichtig, daß möglichst alle registrierbaren Informationen aufgezeichnet werden, daß man also die seismischen Daten in weitgehend unveränderter Form und ohne eine über das nötige Maß (z. B. der Aliasing-Filterung) hinausgehende instrumentelle Beeinflussung auf Magnetband registriert.

Zur *Servicegruppe* gehören Mechaniker und Elektroniker. Sie sorgen für die sachgerechte Wartung und Reparatur der Geräte.

5.2.2. Methodik der Feldarbeiten

5.2.2.1. Energieanregung

Bei der Schußanregung hängt die Wahl der Ladungsmenge und der Ladungstiefe von den Bedingungen in der oberflächennahen Zone, d. h. von der Zusammensetzung und Mächtigkeit der Verwitterungsschicht sowie der Tiefenlage des Grundwasserspiegels ab, wird aber auch von der angestrebten Erkundungstiefe und im Zusammenhang damit vom gewünschten bzw. realisierbaren Frequenzinhalt der Reflexionssignale mitbestimmt. Gute Ergebnisse liefern Schüsse unterhalb der oberflächennahen Lockerbodenschicht niedriger Geschwindigkeit, der sog. *Langsamschicht*, bzw. unterhalb des Grundwasserspiegels. Die besonders hohe Frequenzen stark dämpfende Langsamschicht muß dann nur von der rückkehrenden Welle durchlaufen werden. Außerdem erzeugen Schüsse unterhalb der Langsamschicht weniger energiereiche Oberflächenwellen. Kleine Ladungsmengen bewirken Nutzsignale mit relativ hohen Frequenzen; große Ladungsmengen begünstigen dagegen die Entstehung niederfrequenter Wellen (s. Kap. 4.1.2.). Sollen gut auflösende, also relativ hochfrequente, aber auch energiestarke Wellen erzeugt werden, tut man mehrere Einzelschüsse mit kleinen Ladungen gleichzeitig ab. Bei nicht zu großer Mächtigkeit der Langsamschicht läßt sich auch durch eine größere Zahl von Einzelschüssen mit sehr kleinen Ladungen, die innerhalb der Langsamschicht gezündet werden, eine hohe Signalauflösung erzielen. Schußbohrungen von wenigen Metern Tiefe können kostengünstig mit sog. *Bohrlanzen* niedergebracht werden (KEPPNER, 1982). Mit dem Verzicht auf tiefere Schußbohrungen muß man jedoch die Entstehung der niederfrequenten und oft sehr kräftigen Oberflächenwellen in Kauf nehmen, wie sie auch bei den Oberflächenanregungsmethoden unvermeidbar sind. Den störenden Oberflächenwellen begegnet man durch *Gruppenschüsse* mit linien- oder flächenhaften Schußanordnungen (s. Kap. 4.1.4.). Dadurch wird die oberflächenwellendämpfende Wirkung der Geophonbündelung verstärkt.

Die Gruppierung wird auch bei Anregung mit Oberflächenquellen, z. B. Vibratoren oder Gaskanonen, angewandt. Im nicht frei befahrbaren Gelände ordnet man die synchron angetriebenen Quellen dicht hintereinander an, so daß sich die schweren Fahrzeuge auch entlang von schmalen Schneisen oder auf Straßen bewegen können.

Die Energieausbeute bei der Anregung mittels Oberflächenquellen ist relativ gering. Um trotzdem brauchbare Meßergebnisse zu erhalten, muß man viele Einzelaufnahmen summieren. Dieser Vorgang, der als *Vertikalstapelung* bezeichnet wird, kann bereits im Feld erfolgen. Bei ausreichenden Platzverhältnissen verwendet man für die Erregerpunkte oft flächenhafte *Anregungsmuster* (pattern); sie müssen aber räumlich so begrenzt sein, daß sich die Einzelreflexionen ohne zusätzliche Korrekturen konstruktiv addieren und eine sofortige Stapelung im Feld zulässig ist. Es gelten dabei die gleichen Prinzipien wie bei der Geophonbündelung bzw. der Schußgruppierung (s. Kap. 4.2.4.). Bei der Ausarbeitung geeigneter Anregungsmuster stellt die durch das Abfahren des Anregungsmusters bestimmte Zykluszeit eine wichtige technologische Größe dar.

5.2.2.2. Beobachtungsschemata

Aus methodischen wie aus ökonomischen Gründen wird in der Seismik mehrkanalig registriert. Zu je einem *Schußpunkt* bzw. Anregungspunkt (*SP*) werden eine Vielzahl von *Geophonpunkten* (*GP*) in unterschiedlichen Entfernungen zum Schußpunkt angeordnet. Die Frage nach dem zweckmäßigen Abstand benachbarter Geophonpunkte, der bei Anwendung der Geophonbündelung dem *Geophongruppenabstand* entspricht, läßt sich durch Betrachtung der zentralen FRESNELschen Zone beantworten. Nach dem HUYGENSschen Prinzip gehen von allen Punkten des kreisförmigen Reflexionselementes mit dem Radius R (Abb. 5.2), die von Stoßstrahlen der einfallenden Welle getroffen werden, Elementarwellen aus. In Abb. 5.2 sind die den Geophonpunkt treffenden Stoßstrahlen der reflektierten Elementarwellen skizziert, die sich bis zu $\lambda/4$ vom zentralen Stoßstrahl (Lotstrahl) unterscheiden. Innerhalb des von diesen Stoßstrahlen gebildeten Kreiskegels interferieren die am Geophonpunkt eintreffenden Elementarwellen konstruktiv. Das am Geophonpunkt registrierte seismische Signal stammt also nicht von einem Reflexionspunkt, sondern von einem Reflexionselement, das die Größe der zentralen FRESNEL-Zone besitzt. Aus Abb. 5.2 ist leicht ableitbar, daß für den Radius R dieses Reflektorelementes gilt:

$$R = \sqrt{\frac{1}{2} z_0 \lambda + \frac{\lambda^2}{16}} \approx \sqrt{\frac{1}{2} z_0 \lambda}. \tag{5.1}$$

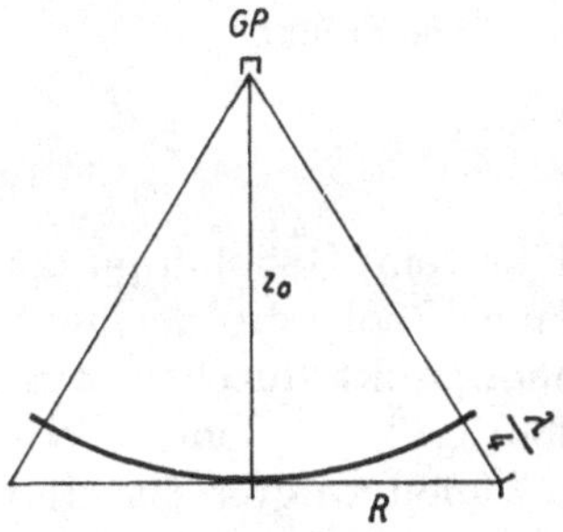

Abb. 5.2. Zur Ableitung des Radius der zentralen FRESNEL-Zone
GP — Geophonpunkt

Aus (5.1) folgt zunächst, daß die Größe des einem Reflexionssignal zuzuordnenden Reflexionselementes mit der Reflektortiefe z_0 und der Wellenlänge λ anwächst und damit Details des Reflektorreliefs immer unschärfer abgebildet werden. Das bedeutet, daß in Abhängigkeit von z_0 und λ erst von einem Abstand benachbarter Geophonpunkte $> 2R$ an wieder eine unabhängige, d. h. redundanzfreie Information über den Reflektor zu erhalten ist.

Das ursprünglich bevorzugt verwendete Beobachtungs- oder Meßschema ist die *zentrale Aufstellung*. Der Schußpunkt befindet sich dabei zwischen zwei symmetrisch zum Schußpunkt angeordneten Aufstellungen. Die Vermessung geschieht profilmäßig fortlaufend. Durch Abbau einer Kabelauslage und Anbau in Fortschreitungsrichtung entsteht eine neue Zentralaufstellung (Abb. 5.3). Auf diese Weise werden bestimmte Untergrundpunkte, die einen gegenseitigen Abstand von einer halben Geophonpunktentfernung haben, von je einem registrierbaren Wellenstrahl abgetastet. Man spricht daher in diesem Fall von *Einfachüberdeckung*. Nur die Geophone an den Endpositionen einer Kabelauslage registrieren von Schuß und Gegenschuß Reflexionssignale vom selben Untergrundpunkt und erlauben somit die sichere Weiterverfolgung einer Reflexion von einem Seismogramm zum anderen.

Bei Schüssen in geringer Tiefe und Energieanregung an der Oberfläche tritt verstärkt das Problem der Oberflächenwellen auf. Um diesen in Schußpunktnähe noch sehr starken Störwellen auszuweichen, wird oft ein

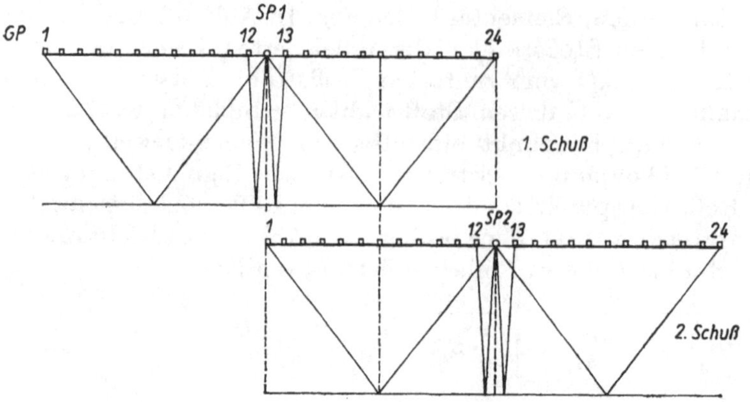

Abb. 5.3. Beobachtungsprinzip der Zentralaufstellung bei Einfachüberdeckung
GP — Geophonpunkt, *SP* — Schußpunkt

größerer Abstand zwischen Anregungspunkt und erstem Geophonpunkt gewählt. Es hat sich die *einseitige Aufstellung* mit einer Beobachtungslücke (offset) von mehreren 100 m bis zum ersten Geophonpunkt durchgesetzt. Ein großes Offset birgt allerdings die Gefahr in sich, daß die Schuß-Geophon-Abstände für Reflexionshorizonte aus kleinen Tiefen zu groß für eine optimale Signalaufnahme sind. Der Schußpunkt wird daher oft rechtwinklig zum Kabel aus dem Profil verschoben, so daß trotz genügendem Abstand zum ersten Geophonpunkt die maximalen Schuß- und Geophonpunktentfernungen in Grenzen bleiben. Diese Anordnung bedingt eine dreidimensionale Strahlenwegverteilung, was einen zusätzlichen Aufwand bei der Berechnung der dynamischen Korrekturen und der genauen Lage der Untergrundpositionen erfordert.

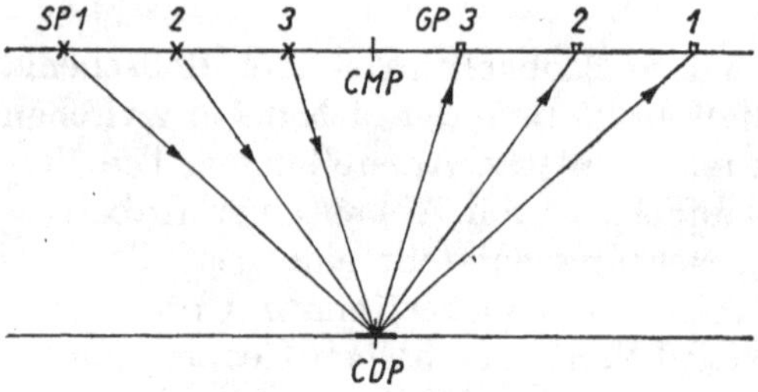

Abb. 5.4. Beobachtungsprinzip der Mehrfachüberdeckung
GP — Geophonpunkt,
SP — Schußpunkt

Genauso wie die Bündelung auf der Erreger- und Empfangsseite wird auch das Prinzip der *Mehrfachüberdeckung* (multiple coverage) längst standardmäßig in der Reflexionsseismik angewandt. Erregerpositionen und Geophonpunkte werden so angeordnet, daß von einem Reflexionspunkt mehrere seismische Strahlen mit verschiedenen Strahlenwegen registriert werden können (Abb. 5.4). Ein derartiger Reflexionspunkt kann als der für alle Strahlenwege gemeinsame Tiefenpunkt (CDP — common depth point) bezeichnet werden (Mayne, 1962). Bei geneigtem Reflektor ergibt sich für dieses Beobachtungsprinzip nach Abb. 5.3 kein gemeinsamer Reflexionspunkt mehr, so daß korrekterweise immer häufiger der Ausdruck „gemeinsamer Mittelpunkt" (CMP = common midpoint) benutzt wird. Damit wird ausgedrückt, daß das Schema der Mehrfachüberdeckung auf einen gemeinsamen Mittelpunkt unterschiedlicher Schußpunkt-Geophonpunkt-Entfernungen zentriert ist, was nur bei Horizontalschichtung exakt auf den gewünschten Fall des gemeinsamen Reflexionspunktes führt. Für die praktische Anwendung der Mehrfachüberdeckung folgt, daß je nach dem gewünschten *Überdeckungsgrad* nicht nur eine, sondern mehrere über die Kabellage verteilte Erregerpositionen vorzusehen sind. Der Überdeckungsgrad der 2D-Seismik C_{2D} hängt von der Anzahl der angeschalteten Geophongruppen N (seismische Kanäle) und dem Verhältnis von Geophongruppenabstand x_G zu Schußpunktabstand x_S ab. Für die einseitige Aufstellung gilt:

$$C_{2D} = \frac{1}{2} N \frac{x_G}{x_S}. \tag{5.2}$$

Ordnet man z. B. für ein 24kanaliges Aufnahmesystem nach jeder zweiten Geophongruppenposition einen Schußpunkt an, so erhält man einen 6fachen Überdeckungsgrad. Abb. 5.5 zeigt diesen Fall in einer Darstellungsform, die als *Korrelationsschema* bezeichnet wird. Um ein überschaubares Bild von den sich mehrfach überdeckenden Beobachtungslinien zu erhalten, werden diese, ausgehend vom zugehörigen Schußpunkt, um 45° geneigt gegen die Profillinie aufgetragen. Auf der Lotlinie zur Profillinie liegen dann alle Geophonpunkte, die einen gemeinsamen Reflexionspunkt besitzen. Der Überdeckungsgrad kann sofort als die Zahl der lotrecht über der Profillinie angeordneten Geophonpunkte abgelesen werden. Der Lotpunkt aller zum gleichen Reflexionspunkt gehörigen Geophonpunkte gibt die richtige laterale Lage des entsprechenden Reflexionspunktes für den Fall der Horizontalschichtung an, und die Projektion der geneigt eingetragenen Beobachtungslinie auf die Profillinie entspricht folglich der richtigen Lage des erfaßten Reflektorbereiches für diesen Fall. Aus Abb. 5.5 geht außerdem hervor, daß der Überdeckungsgrad zunächst von 1 bis auf den nach (5.2) zu berechnenden Wert zunimmt und in gleicher Weise zum Profilende hin wieder bis auf 1 abnimmt. Im *An-* und *Auslauf* wird also der maximal mögliche Überdeckungsgrad des Beobachtungsschemas noch nicht erreicht.

Die zu einem gemeinsamen Reflexionspunkt gehörigen Empfangsspuren werden im Rechenzentrum nach Berechnung der statischen und dynamischen Korrekturen summiert und als CMP-Stapelspur ausgeschrieben. Diesen Prozeß nennt man wegen der horizontalen Verschiebung der zusammenzufassenden Empfangsspuren auch *Horizontalstapelung*, im Gegensatz zur Vertikalstapelung, bei der die Schußpunkt-Geophonpunkt-Anordnung feststeht und keine Zeitkorrektur erfolgt. Der Zweck des Verfahrens ist eine Verbesserung des Nutz/Störverhältnisses. Einerseits addieren sich die synchronen Nutzsignale, also die Reflexionen, von denen ein weitgehend gleicher Charakter vorausgesetzt werden kann, da sie alle von dem gleichen Un-

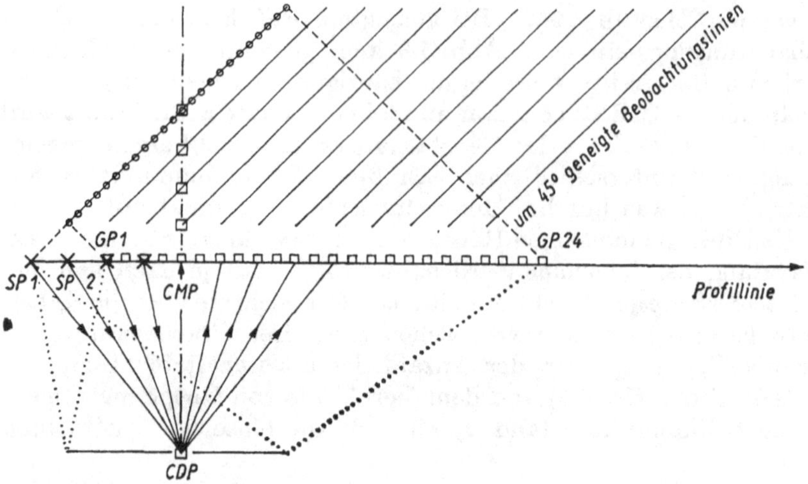

Abb. 5.5. CMP-Korrelationsschema bei einseitiger Aufstellung
GP — Geophonpunkt, *SP* — Schußpunkt

tergrundelement reflektiert werden. Andererseits erreichen Störwellen im allgemeinen die für eine Stapelung verwendeten Aufnehmergruppen nicht phasengleich. Das gilt sowohl für die horizontal fortschreitenden kohärenten Oberflächenwellen als auch besonders für multiple Reflexionen. Letztere haben durchweg eine andere Hyperbelkrümmung als zeitgleiche Primärreflexionen. Eine für eine Primärreflexion korrekte dynamische Korrektur wirkt sich daher bei der Stapelung auf eine zeitgleiche Multiple durch destruktive Interferenz abschwächend aus.

Für besondere Untersuchungen können verschiedene Kombinationen von Empfangsspuren interessant sein:
— alle Spuren mit gemeinsamem Schußpunkt (konventionelles Seismogramm),
— alle Spuren eines feststehenden Geophonpunktes,
— alle Spuren mit gleichem Schußpunkt-Geophonpunkt-Abstand,
— alle Spuren mit gemeinsamem Reflexionspunkt (CDP bzw. CMP).

In Abb. 5.6 sind diese Kombinationsmöglichkeiten angedeutet. Die ersten beiden Kombinationen sind für die Bestimmung der statischen Restkorrekturen sehr zweckmäßig, da durch die mehrfache Kontrolle eine gute Trennung der jeweiligen Korrekturzeitanteile an Schuß- und Geophonpunkt möglich ist. Die dritte Kombinationsmöglichkeit informiert über die Schichtneigung; die vierte dient nach statischer und dynamischer Korrektur und anschließender Stapelung der einzelnen Spuren zur Darstellung der gemeinsamen Reflexionselemente.

5.2.2.3. *Besonderheiten der Scherwellenseismik*

Die Scherwellenseismik erfordert gerätemäßig nur auf der Erregerseite wesentliche Modifikationen im Vergleich zur konventionellen Kompres-

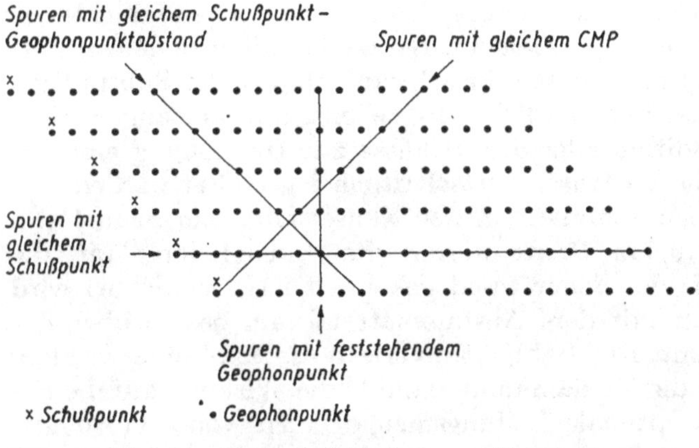

Abb. 5.6. Kombinationsmöglichkeiten von Empfangsspuren

sionswellenseismik. Auf der Aufnehmerseite sind lediglich die üblichen vertikalempfindlichen Geophone durch horizontalempfindliche Scherwellenaufnehmer zu ersetzen. Bei den Aufnahmeapparaturen ist keine spezielle Modifikation im Vergleich zur konventionellen Meßmethode notwendig. Eine gute Übersicht über die Datenerfassung bei der Scherwellenseismik stammt von Edelmann; Schmoll (1983).

5.2.2.3.1. Scherwellenerzeugung

Beim derzeitigen Stand der Scherwellenseismik wird den horizontal polarisierten Scherwellen (SH-Wellen) gegenüber den vertikal polarisierten Scherwellen (SV-Wellen) der Vorzug gegeben. Der Grund liegt darin, daß nur Scherwellen mit der Polarisationsrichtung parallel zur reflektierenden Ebene als reine Scherwellen reflektiert werden (s. Kap. 2.4.2.1.). Bei Verwendung von SV-Wellen würde es an horizontalen Grenzflächen auch zu Wechselwellen, also zu störenden Kompressionswellen (P-Wellen) kommen. Eine geeignete Feldtechnik muß es also gestatten, entweder möglichst reine SH-Wellen zu erzeugen oder vorsehen, daß zwangsläufig mitregistrierte P-Wellen wieder kompensierbar sind. Die gebräuchlichsten Scherwellenerzeugungsmethoden sind das Dreiloch-Verfahren, die Schurfschuß-Methode, das Shover-Verfahren, der Horizontalhammer und der Scherwellenvibrator.

Das *Dreiloch-Verfahren* nützt die Erscheinung, daß sich das Vorzeichen der Schwingungsrichtung einer Scherwelle, nicht aber einer Kompressionswelle ändert, wenn man erst auf der einen, dann auf der anderen Seite einer Lockerzone schießt. Nach Herstellung der Lockerzone durch Vorkesselung in einem mittleren Bohrloch werden hintereinander auf beiden Seiten der Lockerzone zwei Schüsse abgetan. Durch Subtraktion der Aufnahmen dieser beiden Schüsse werden die Scherwelleneinsätze verstärkt, die P-Wellen aber abgeschwächt. Wichtig für eine gute Kompensation der P-Wellen ist, daß die beiden Schüsse P-Wellenamplituden möglichst gleicher Größe erzeugen.

Das Verhältnis von Scherwellen- zu Kompressionswellenamplituden ist erfahrungsgemäß im trockenen Boden höher als in durchfeuchteten und schweren Böden. Für das Verfahren bietet sich daher die Verwendung kleiner Ladungen in Bohrlöchern geringer Tiefe an. Bei wechselnden Bodenverhältnissen kann die Amplitudenausbeute sehr schwanken. Vor der Subtraktion ist daher eventuell eine nachträgliche P-Wellenamplitudenangleichung vorzunehmen. Durch Addition aller drei Schüsse zur Herstellung einer P-Wellenaufnahme kann das Verfahren wirtschaftlicher gestaltet werden.

Die *Schurfschuß-Methode* dominiert in der Nahseismik. Ein Schurf von etwa 1,20 m Tiefe und 0,6 m Breite nimmt die Sprengladung auf, die über eine Stahlplatte mit der Schurfwand gekoppelt ist. Der Schurf wird mit Lockermaterial, meist mit dem Aushubmaterial, am besten aber mit trockenem Sand verdämmt. Die Stahlplatte verteilt die Explosionswirkung auf die Anregungsfläche, die Verdämmung dämpft die Wirkung auf die anderen Schurfwände. Die optimale Ladungsmenge hängt von den Schurfabmessungen, der Anregungsfläche und dem Anregungsmedium ab. Meistens verwendet man flächenhaft angeordnete Sprengschnüre.

Das SHOVER-Verfahren ist eine Entwicklung von Prakla-Seismos (EDELMANN, 1981). Verwendet werden gleichzeitig zwei konventionelle P-Wellen-Vibratoren, die im Gegentakt arbeiten. Dadurch entstehen zwischen den beiden Vibratoren Horizontalverschiebungen und somit SH-Wellen. Die gleichzeitig abgestrahlten P-Wellen löschen sich weitgehend aus. Ein Vorteil des Verfahrens ist zweifellos, daß wegen der Verwendung von Vertikalvibratoren größere Flur- und Wegschäden vermieden werden.

Der *Horizontalhammer* oder auch *Wechselhammer* ist in der Ingenieurseismik schon lange in Gebrauch. Er schlägt hintereinander von entgegengesetzten Seiten auf eine möglichst gut im Boden verankerte Platte. Durch Subtraktion der beiden Aufnahmen werden wie beim Dreiloch-Verfahren die Scherwellen verstärkt, die Kompressionswellen abgeschwächt. Die Signalcharakteristik hängt in starkem Maß vom Gewicht der Bodenplatte und des Hammers sowie den Eigenschaften des Bodens ab. Kritisch ist die Verankerung der Bodenplatte, besonders auf harten Böden, wo die Schlagenergie u. U. ein Gleiten verursacht. In weichen Böden erhöhen Bodenplatten mit Rippen den Reibwert. Da bei einem mittleren Reibwert die Vorlast etwa dem Doppelten der Hammerschlagkraft entsprechen soll, ist der Einsatz schwerer Fahrzeuge nötig.

Der *Scherwellenvibrator* ist die Umsetzung des Horizontalhammerverfahrens in die Vibrationstechnik. Die Reaktionsmasse schwingt horizontal. Auftretende störende Resonanzen können durch entsprechende Wahl des Steuersignals unterdrückt werden. Beim derzeitigen Stand der Technik wird der Scherwellenvibrator wegen Ankopplungsproblemen auf Hartgestein und vor allem auch wegen der unvermeidbaren Schäden auf befestigten Wegen vornehmlich auf weichen Böden eingesetzt.

5.2.2.3.2. Aufnahmetechnik in der Scherwellenseismik

Die SH-Wellenaufnehmer sind horizontalempfindliche elektrodynamische Aufnehmer. Sie müssen horizontal und in der Polarisationsrichtung der Scherwellen, d. h. senkrecht zur Profilrichtung, orientiert sein. Für die

Feldmethodik ist von Bedeutung, daß die Störwellen bei SH-Aufnahmen Geschwindigkeiten von 200...300 m/s und Wellenlängen von 10...30 m haben. Man kommt daher mit einer kleineren Bündelungsbasis aus als bei der Kompressionswellenseismik. Trotzdem sind bei größeren Offsets und geneigten Reflektoren die scheinbaren Wellenlängen der Störwellen, insbesondere der LOVE-Welle, und auch deren Frequenzen oft jenen der Nutzsignale sehr ähnlich. Kleine Geophongruppenabstände, hoher Überdeckungsgrad und spezielle Verfahren der Datenverarbeitung, wie z. B. Spurenzusammenfassung, müssen ebenso angewandt werden wie kleinere maximale Schußpunkt-Geophonpunkt-Entfernungen. Letztere Maßnahme ergibt sich auch aus der Eigenschaft von Scherwellen, daß sich ihre Ersteinsätze schon früher mit den Reflexionen überlagern, Reflexionen bereits bei relativ kurzem Schußpunkt-Geophonpunkt-Abstand den kritischen Winkel erreichen und die NMO-Zeiten größer als für P-Wellen sind (s. (6.32)).

5.2.2.4. *Besonderheiten der 3D-Seismik*

Für Fragen der Kohleexploration, des Ingenieurwesens oder der Entwicklung eines Ölfeldes ist oft die detaillierte Kenntnis der strukturellen Verhältnisse wichtig. Brüche mit Sprunghöhen im Meterbereich, leichte Verbiegungen und Flexuren von Leithorizonten sollen erkannt werden. Der weitere Streckenabbau oder Erweiterungsbohrungen sollen optimal angesetzt werden. Mit der 2D-Seismik gewinnt man nur einen Profilschnitt, von dem angenommen wird, daß er in der lotrechten Ebene zur Profilrichtung liegt. Tatsächlich trifft dies aber nur dann zu, wenn der seismische Horizont genau in Fallrichtung gemessen wird. Zur Erfassung lateraler Neigungs- oder Strukturänderungen und zur Klärung spezieller Details reicht daher die 2D-Seismik oft nicht aus. Dazu bedarf es einer möglichst gleichmäßigen flächenhaften Abtastung des Untergrundes bei gleichzeitiger Anwendung der Methode der Mehrfachüberdeckung. Anzustreben ist dabei, daß jedes Reflexionselement möglichst von verschiedenen Richtungen her erfaßt wird. Man spricht auch von *Flächenstapelung*. Die Erreger- und Geophonpunkte müssen dabei eine Anordnung aufweisen, die diesen Erfordernissen entgegenkommt. Aus Gründen der Übersichtlichkeit und leichten Realisierbarkeit werden einfache und regelmäßige geometrische Konfigurationen der Erreger- und Geophonpunkte verwendet, sofern es die Gelände- und Bebauungsverhältnisse erlauben. Die flächenhafte Überdeckung macht aber die Aufzeichnung einer sehr großen Anzahl von Daten notwendig. Je nach den speziellen Gegebenheiten werden für derartige Aufgaben 48- bis 480kanalige Systeme eingesetzt. Für die gleichzeitige Aufnahme von mehr als 120 Kanälen sind Telemetriesysteme eine unbedingte Notwendigkeit (s. Kap. 4.3.4.1.).

Als Vorläufer der 3D-Seismik kann die Aufnahme von Kurven- und *Mäanderprofilen* betrachtet werden. Zu dieser Methodik führte die Unmöglichkeit, in manchen Gebieten wegen Unzugänglichkeit oder topographischer Schwierigkeiten geradlinige seismische Profile in der gewünschten Richtung zu vermessen. Die Feldmethodik unterscheidet sich nicht von der, wie sie bei der konventionellen CDP-Methode üblich ist. Der Unterschied besteht im Processing. Jede Schuß-Geophonpunkt-Entfernung muß für die dynamischen Korrekturen genau bestimmt werden, die entsprechenden Reflexionsorte befinden sich in der Mitte zwischen Erregungspunkt und Geophon. Durch diese Mittelpunkte werden mittlere Geraden gelegt und als gebrochenes Profil miteinander verbunden. Auf dieses gebrochene Profil werden die Mittelpunkte meist senkrecht projiziert. Gestapelt werden dann alle Spuren, deren zugehörige Projektionspunkte innerhalb eines Spurenabstandes liegen. Daher ist die Anzahl der gestapelten Aufnahmen pro dargestellter Spur von Spur zu Spur verschieden. Die Daten derartiger Messungen enthalten natürlich Informationen über die Einfallsrichtung der Reflexionshorizonte quer zur Profilrichtung. Auf die gezielte Anlage von seismischen Profilen in Form von Zickzacklinien zur Gewinnung von 3D-Informationen hat Krey (1974) aufmerksam gemacht. Der Gedanke wurde aus dem Bestreben heraus entwickelt, sich im Dschungel das Schlagen von Quertrassen für die Lokationen der Schußpunkte außerhalb der Profillinie zu ersparen. Bei uneingeschränkten Platzverhältnissen kann zur Gewinnung von 3D-Informationen die „Linienseismik" dadurch zu einer „Streifenseismik" erweitert werden, daß links und rechts einer linearen Geophonauslage ein regelmäßiges flächenhaftes Schema von Schußpunkten angeordnet wird. Sieht man in verschiedenen Abständen von einer linearen Kabelauslage mehrere Reihen von Schußpunkten in alternierender Abfolge vor, so erhält man in Profilrichtung einen flächenhaft überdeckten Streifen von der halben Breite des Schußpunktschemas (Abb. 5.7).

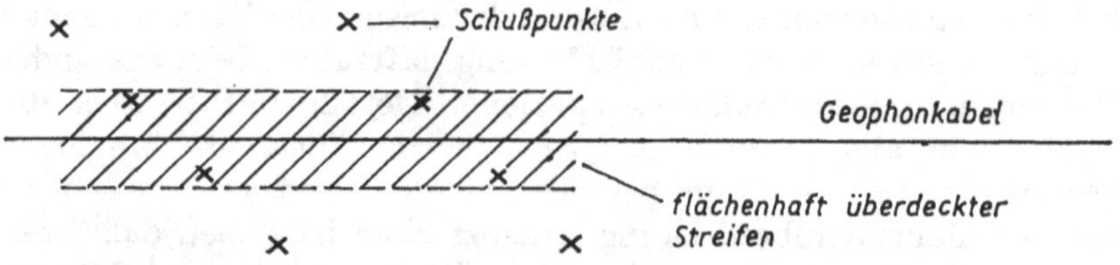

Abb. 5.7. 3D-seismisches Beobachtungsschema mit Schußpunkten in verschiedenen Abständen von der linearen Geophonauslage

Bei 3D-Messungen ergibt sich der Gesamtüberdeckungsgrad C_{3D} aus dem Produkt der Überdeckung C_x in Fortschreitungsrichtung (in-line) und der Überdeckung C_y senkrecht dazu (cross-line). Die grundlegende 3D- oder flächenhafte reflexionsseismische Aufnahmekonfiguration ist das *Kreuzarray* mit einer Geophonlinie und einer dazu senkrechten, gleich langen Erregerlinie (Abb. 5.8). Die Überdeckung ist einfach; die Flächendichte ist im gesamten überdeckten Quadrat, dessen Seiten halb so lang wie die Erreger- bzw. Geophonprofile sind, gleich. Aus dieser Grundform einer 3D-Aufstellung entsteht ein flächendeckendes Beobachtungsschema durch mehrere parallele Geophon- und Erregerprofile.

Wenn das Meßgebiet ungehindert betreten werden kann, ist eine flächenhaft gleichmäßige Verteilung der Geophonpunkte möglich. Die Geophon-

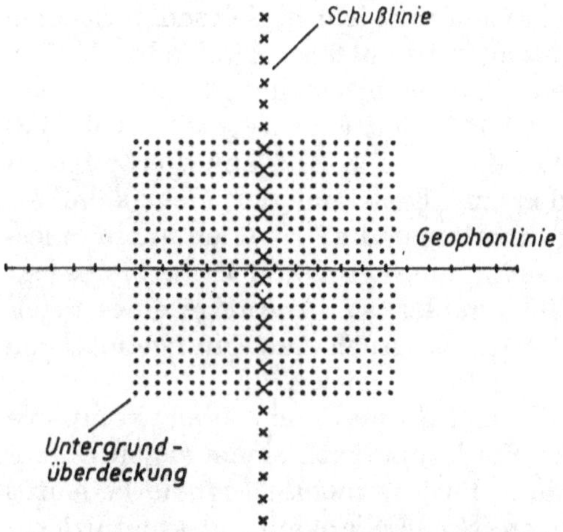

Abb. 5.8. Kreuzarray (nach BADING, 1976)

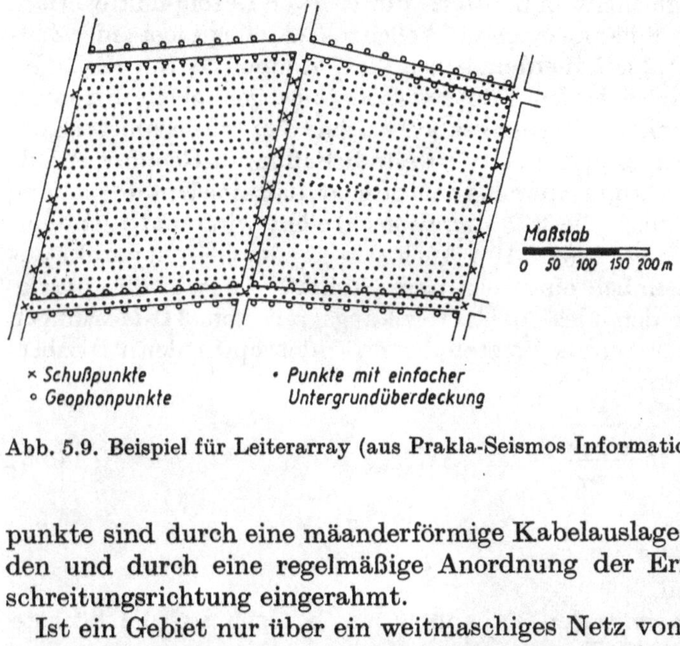

Abb. 5.9. Beispiel für Leiterarray (aus Prakla-Seismos Information Nr. 19)

punkte sind durch eine mäanderförmige Kabelauslage miteinander verbunden und durch eine regelmäßige Anordnung der Erregerpunkte in Fortschreitungsrichtung eingerahmt.

Ist ein Gebiet nur über ein weitmaschiges Netz von Straßen oder Wegen zugänglich, bietet sich das *Leiterarray* als optimales Beobachtungsschema an (Abb. 5.9). Zwei dichte Reihen von Erregerpunkten bilden die Holme der Leiter, die Geophone werden auf den Sprossen ausgelegt. Der Überdeckungsgrad steigt mit der Anzahl der pro Sprosse benützten Erregerpunkte. Ist z. B. der Sprossenabstand 5mal so groß wie der Erregerpunktabstand, so müssen 20 Erregerpunkte pro Sprosse zur Erzielung einer 2fachen Überdeckung verwendet werden. Die Vermessung derartiger Systeme ist wegen der nötigen großen Anzahl von Erregerpositionen den Vibroseistrupps vorbehalten.

Die Grundform der Geophonkonfiguration mit dem begleitenden Schema der Erregerpunkte, gleich welches System, wird auch als *Block* oder *Makrobin* bezeichnet. Entsprechend kleinere Flächenunterteilungen nennt man *Mikrobin*. Das 3D-Äquivalent des CMP-Grundschemas (vgl. Abb. 5.3) nennt man *Basisbin*. Die Einzelblöcke, die je nach Aufnahmegerät bis zu 480 Geophonpunkte umfassen, werden zur Erzielung der Mehrfachüberdeckung in Fortschreitungsrichtung überlappend zu Streifen aneinandergereiht. Zur flächendeckenden Vermessung eines größeren Meßgebietes legt man mehrere Streifen aneinander. Nicht immer ist die Anlage eines regelmäßigen 3D-Beobachtungsschemas möglich. Auch mit unregelmäßigen Konfigurationen lassen ich jedoch gute Erfolge erzielen.

Das Ziel der 3D-Seismik, detaillierte Informationen über komplexe Strukturen zu liefern, ist meist mit der Forderung nach einem engen *Datenpunktraster* verbunden. Die Bevorzugung hochfrequenter Signale bedeutet Beschränkung auf kürzere Wellenlängen. Steile Flanken und komplizierte Strukturen, die kleine Emergenzwinkel der auftauchenden Strahlen bewirken, können bei der 3D-Migration Anlaß zu Wellenzahl-Aliasing sein. Denn wenn eine Wellenlänge nicht mindestens durch zwei Datenpunkte erfaßt wird, erscheint sie mit einer niedrigeren Wellenzahl (Analogie bei einer Zeitfunktion, s. Kap. 7.2.1.2.). Außerdem sollen die Datenpunkte innerhalb des Kohärenzbereiches der zentralen FRESNEL-Zone eine genügende Streuung der Schuß-Geophonpunkt-Entfernungen aufweisen; dies wiederum verlangt ein enges Datenpunktnetz und nicht zu weite Schußpunkt-Geophonpunkt-Entfernungen. Die Erfahrung hat außerdem gezeigt, daß eine Unterdrückung von Multiplen auch durch die 3D-Migration erreicht wird und nicht nur durch die CMP-Stapelung (Abb. 8.10). Auch von diesem Gesichtspunkt aus betrachtet, ist eine räumlich eingeschränkte Gesamtkonfiguration günstig. Eine Faustformel für den idealen Überdeckungsgrad von 3D-Messungen läßt sich angeben, wenn bereits Vorstellungen für den optimalen 2D-Überdeckungsgrad existieren:

$$C_{3D} = C_{2D} \sqrt{\frac{x_{3D} y_{3D}}{2 r x_{2D}}}, \tag{5.3}$$

mit

$x_{3D} y_{3D}$ – Basisbin,
x_{2D} – Spurabstand,
r – Radius der zentralen FRESNEL-Zone, bezogen auf die höchste noch erreichbare Frequenz,
C_{2D} – optimaler 2D-Überdeckungsgrad.

Das Erfassen der Reflexionselemente aus verschiedenen Richtungen verlangt flächenhafte Bündelungsmuster, die auf einfallende horizontale Störwellen möglichst für alle Richtungen eine ähnliche Filterwirkung besitzen (s. Kap. 4.2.4.).

Für eine erfolgreiche Verarbeitung 3D-seismischer Meßdaten ist eine der gestellten Aufgabe gerecht werdende Planung und Organisation der Feldarbeiten, eine exakte Erfassung der Meßdaten, inklusive der geodätischen und der für die statischen Korrekturen wichtigen Informationen, wichtige Voraussetzung. Trotz des beträchtlichen Aufwandes im Feld und beim Processing lassen die erzielten Erfolge auf verstärkte Aktivitäten auf dem Gebiet der 3D-Seismik in der Zukunft schließen.

5.2.2.5. *Hilfsprozesse*

Im Zuge reflexionsseismischer Routinemessungen ist eine ständige Kontrolle der gewählten Aufnahmeparameter nötig. Die Ladungsmenge, die Ladungstiefe, die Gruppierungsparameter, das Offset, die Bündelungsparameter und der Geophonpunktabstand sollen so ausgelegt sein, daß bei gegebenen Aufnahmebedingungen optimale Informationen über die Untergrundstrukturen erzielt werden können.

Zu den gegebenen Aufnahmebedingungen sind die Topographie, die Verhältnisse in den oberflächennahen Schichten (Verwitterungszone), Bebauung, äußere Einflüsse, wie Unruhe durch Verkehr oder Industrieanlagen, Tiefe und gewünschte Auflösung von Strukturelementen der interessierenden Horizonte zu zählen. Daher werden zu Beginn der Feldarbeiten, aber auch in gewissen Abständen, speziell beim Überwechseln in anders strukturierte Abschnitte des Meßgebietes *Störwellenanalysen* vorgenommen.

Für die Berechnung der statischen Korrekturen ist eine gute Kontrolle des oberflächennahen Schichtbereiches bis zum Korrekturniveau nötig. Die Korrekturzeiten gewinnt man z. B. mittels *Aufzeitschießen* in speziell zu diesem Zweck niedergebrachte Bohrungen oder durch refraktionsseismische *Kurzaufstellungen.*

5.2.2.5.1. Störwellenanalyse

Die Voraussetzung einer Störwellenanalyse ist die Vermessung eines Störwellenprofils. Einzelgeophone oder ganz eng nebeneinandergesetzte, zu einem seismischen Kanal gehörende Geophone werden in Abständen von nur wenigen Metern profilmäßig ausgelegt. Die Aufnahme erfolgt möglichst ungefiltert, damit alle Störwellen in ihrer Originalform aufgezeichnet werden. Je kleiner der Geophonabstand gewählt wird, desto leichter lassen sich zusammengehörige Phasen auch der sehr langsamen und daher kurzwelligen Oberflächenwellen identifizieren (Abb. 5.10).

Für einen Gesamtüberblick sind meist mehrere Einzelaufnahmen für die verschiedenen Entfernungsbereiche erforderlich, da die Kabelauslagen wegen der kleinen Geophonabstände von wenigen Metern sehr kurz sind. Mit einer 24kanaligen Apparatur benötigt man z. B. sechs vollständige Einzelaufstellungen zu 240 m, wenn mit einem 10-m-Geophonpunktabstand eine Analyse über die durchaus übliche Aufstellungsbreite von 1400 m vorzunehmen ist.

Aus den zusammengesetzten Störwellenseismogrammen entnimmt man die Frequenz und die Scheingeschwindigkeit einer Störwelle. Der Quotient aus beiden Größen ergibt die Scheinwellenzahl. Unter Benutzung katalogi-

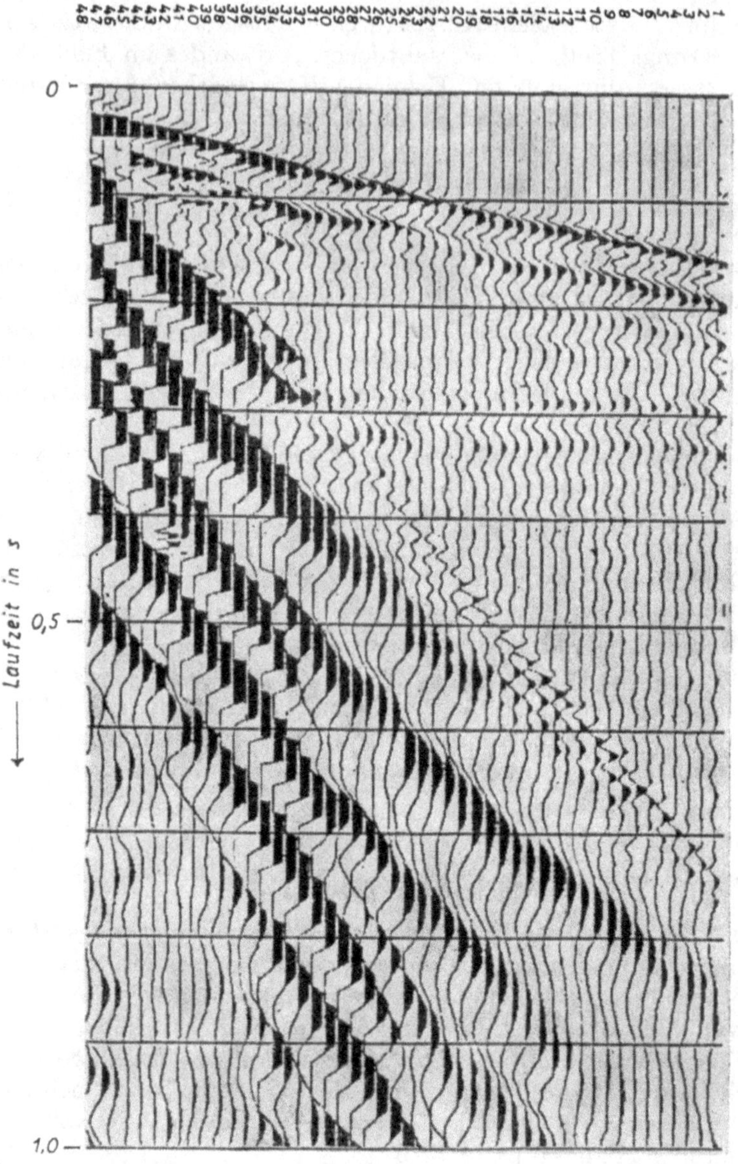

Abb. 5.10. Störwellenseismogramm
(Spurabstand 5 m)

sierter Richtfaktor- bzw. *f*-*k*-Diagramme (vgl. Abb. 4.18 bzw. 4.21) können die projektierten Bündelungsparameter überprüft bzw. optimiert werden. Aus Meßserien mit unterschiedlichen Ladungsparametern kann auch deren Einfluß auf die Störwellenintensität kontrolliert werden. Störwellenseismogrammen ist außerdem zu entnehmen, in welchem Beobachtungsintervall eine gesuchte Reflexion interferenzfrei zu registrieren ist. So erkennt man

z. B. in Abb. 5.10, daß die Reflexion bei 0,3 s Laufzeit nur im Bereich der Spuren 1 bis 30 ungestört zu beobachten ist. Zusätzliche Hilfe geben Störwellenanalysen schließlich bei der Auswahl optimaler Filterparameter für die Registrierapparatur.

5.2.2.5.2. Aufzeitschießen

Durch den Einfluß des topographischen Reliefs und Veränderungen der Verwitterungs- bzw. Langsamschichtmächtigkeit werden Laufzeitschwankungen hervorgerufen, die als statische Korrekturen in Abzug gebracht werden müssen. Um diese Laufzeitschwankungen zu erfassen, wird überwiegend das Aufzeitschießen (auch als umgekehrte Mikroseismokarottage, kurz MSK bezeichnet) angewandt (vgl. Kap. 6.3). Dabei wird die Laufzeit zwischen Sprengpunkten in einer MSK-Bohrung und einem an der Erdoberfläche in der Nähe des Bohrlochmundes aufgestellten Geophons gemessen. Seltener wird die Umkehrung dieser Anordnung benutzt (Geophonversenkmessung). Aus beiden Verfahren erhält man nach Reduktion der gemessenen Laufzeiten auf den senkrechten Laufweg ein vertikales Geschwindigkeitsprofil, dem im einfachsten Fall die Mächtigkeit und die Geschwindigkeit der Langsamschicht sowie die Geschwindigkeit der wassergesättigten Zone zu entnehmen sind. Um den für diese Messungen notwendigen zusätzlichen Bohraufwand zu minimieren, werden Aufzeitschießen nur in größeren Abständen auf dem seismischen Profil vorgenommen. Zwischen zwei MSK-Bohrungen ergeben sich durch die an den Schußbohrungen gemessenen Aufzeiten Stützwerte zur Kontrolle der Gültigkeit einer linearen Interpolation. Letztlich richtet sich der erforderliche Abstand zwischen den MSK-Bohrungen nach der lateralen Veränderlichkeit des topographischen Reliefs und der Langsamschichtunterkante. Abstände von 2 bis 4 km sind üblich.

Eine Erweiterung des Aufzeitschießens stellt die Messung der Laufzeiten mit einer linearen Einzelgeophonanordnung dar. Nach MEISSNER (1961) läßt sich dann ein Wellenfrontenplan dadurch herstellen, daß unter den Geophonpunkten in der Tiefe des Schusses die Laufzeit vom Schuß zum Geophon aufgetragen wird. Man vertauscht also Geophon- und Schußposition. Der so gewonnene Wellenfrontenplan ist allerdings nur dann korrekt, wenn entweder nur vertikale oder nur laterale Änderungen der Geschwindigkeiten auftreten, d. h. bei horizontaler oder vertikaler Schichtung

5.2.2.5.3. Refraktionsseismische Kurzaufstellungen

Wegen der in der Reflexionsseismik üblichen größeren Offsets und Aufstellungsweiten sowie infolge der Geophonbündelung und der Quellengruppierung liefern die registrierten ersten Einsätze i. allg. nur eine Information über die Geschwindigkeit der konsolidierten Schicht. Für eine detailliertere profilmäßige Erkundung der Tiefen und Bestimmung von Geschwindigkeiten der oberflächennahen Schichten wird oft ein refraktionsseismischer Vortrupp eingesetzt. Vielfach handelt es sich um das einfache Problem eines Zweischichtfalles mit Verwitterungszone und konsolidierter Schicht bzw. Langsamschicht und wassergesättigtem Lockersediment. Bewährte refraktionsseismische Auswerteverfahren, wie z. B. die Plus-Minus-Methode (s. Kap. 9.8.5.5.), liefern auch bei stark gegliederter Topographie und bei Schwankungen der Verwitterungsschichtmächtigkeit detaillierte und für die statischen Korrekturen ausreichende Informationen. Eine in Abständen anzusetzende Aufzeitmessung (MSK) ist eine wertvolle Kontrolle und ermöglicht das Erkennen von Geschwindigkeitsinversionen und überschossenen Schichten (s. Kap. 9.8.6.). Die aus solchen Messungen gewonnenen Geschwindigkeits- und Mächtigkeitsinformationen bilden die Grundlage für die Berechnung statischer Korrekturen.

5.2.2.6. *Datenkontrolle und -aufbereitung*

Die riesige anfallende Datenmenge macht eine genaue Kontrolle und Zuordnung der Einzelaufnahmen mit allen wichtigen Zusatzdaten nötig. Zu jeder Aufnahme gehört ein Aufnahmebericht mit Informationen über Projekt, Profilnummer, Koordinaten der Schuß- und Geophonpunkte, Größe und Tiefe der Sprengladung, angewandte Gruppierungs- und Bündelungsparameter, Geräteeinstellung für Filter und Verstärker, Tag und Uhrzeit der Messungen sowie bereits im Feld durchgeführte Datenverarbeitung. Viele Daten und Kontrollwerte werden auf dem Magnetband aufgezeichnet. Spezielle Prüf- und Fehlererkennungsprogramme gewährleisten eine sichere Dokumentation der Daten. Manche Datenverarbeitungsschritte werden bereits im Felde ausgeführt. Dazu gehören z. B. vertikale Stapelprozesse (s. Kap. 5.2.2.1.) bzw. Korrelationsprozesse beim Vibroseisverfahren (s. Kap. 4.3.4.3.). Eine erste Interpretationsarbeit betrifft die Ermittlung *statischer Korrekturen*. Sie werden häufig bereits im Felde durchgeführt, da die gewonnenen Daten auch zur Festlegung der Bohrtiefen der Schußlöcher wichtig sind.

Die statische Korrektur ist eine Laufzeitkorrektur und hat den Zweck, Unregelmäßigkeiten der Erdoberfläche und der Basis der Verwitterungsschicht auszugleichen. Man wählt in der Regel ein konstantes Bezugsniveau (Datum) und berechnet die Korrekturen so, als ob sich Erreger- und Empfangspunkte auf diesem Niveau befinden würden. Abb. 5.11 erläutert die prinzi-

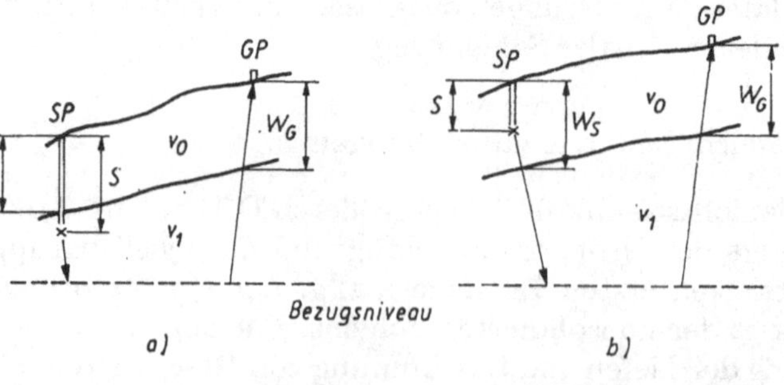

Abb. 5.11. Zur Berechnung der statischen Korrektur bei Ladung
a) unterhalb und b) innerhalb der Langsamschicht
SP – Schußpunkt, *GP* – Geophonpunkt

pielle Berechnung der Korrekturzeiten für die zwei Fälle, daß die Energieanregung oberhalb bzw. unterhalb der Basis der Verwitterungsschicht erfolgt. Die Korrekturzeit ist von der Reflexionszeit abzuziehen. Wenn H_S, H_G, H_D die Seehöhen der Schußpunkte an der Oberfläche, des Geophons und des Bezugsniveaus sind und mit v_0 bzw. v_1 die Geschwindigkeiten in der Verwitterungsschicht bzw. konsolidierten Schicht bezeichnet werden, folgt für die statische Korrektur Δt:

$$\Delta t = \frac{H_S - S - H_D}{v_1} + \frac{W_G}{v_0} + \frac{H_G - W_G - H_D}{v_1} \tag{5.4}$$

für einen Schuß unter der Verwitterungsschicht und

$$\Delta t = \frac{W_S - S}{v_0} + \frac{H_S - W_S - H_D}{v_1} + \frac{W_G}{v_0} + \frac{H_G - W_G - H_D}{v_1} \tag{5.5}$$

für einen Schuß in der Verwitterungsschicht.

Im Prinzip geht es also um die Ermittlung der Schichtgeschwindigkeiten v_0 und v_1 und der Verwitterungsmächtigkeiten an jedem Schuß- und Geophonpunkt. Zur Ermittlung dieser Daten sind Aufzeitmessungen (MSK) und Nahrefraktionsaufnahmen bewährte Methoden (s. Kap. 5.2.2.5.).

5.3. Besonderheiten der Seeseismik

5.3.1. Organisation

Bei seismischen Messungen auf See ist für die fachlichen Bereiche ein Geophysiker verantwortlich. Der Kapitän wird die Anordnungen des Meßtruppleiters im Rahmen der Sicherheitsvorschriften befolgen. Da auf See die Messungen kontinuierlich erfolgen, müssen die Posten für Meßtechniker und Navigatoren sowie die zum Ausfahren oder Einholen der Streamer zuständige Mannschaft mehrfach besetzt sein. Dazu kommt natürlich das Schiffspersonal. Insgesamt besteht die Besatzung eines seismischen Explorationsschiffes aus etwa 25 Mann. Die Schiffe sind in der Regel für eine Operationsdauer von zwei Monaten ausgestattet.

5.3.2. Meßtechnik auf See

Seeseismische Messungen führt man bei Wassertiefen von mehr als 10 m aus. Ein großer Unterschied zur Landseismik besteht in der Geschwindigkeit der Meßoperationen. Die Messungen erfolgen bei einer Fahrtgeschwindigkeit von etwa 10 km/h. Bei einer Vermessung rund um die Uhr ergäbe das eine Tagesleistung von 240 km/d, die natürlich aus Wettergründen, infolge erforderlicher Anfahrtszeiten, Manöver zum Positionswechsel auf andere Profile etc. nicht erreicht wird.

Während der Messungen steuert der Navigationsrechner das Schiff, löst die seismischen Energiequellen aus und setzt die Vorgänge zur Datenaufzeichnung in Gang; diese sind weitgehend automatisiert und werden von den Technikern nur kontrolliert. Wenn das Schiff in Fahrt ist und die Messungen im Gange sind, kann wegen Ausfalls einzelner Luftpulser oder einer Hydrophongruppe nicht unterbrochen werden. Nach einem Stop muß im Bogen kilometerweit zurückgefahren werden, um den Streamer (s. Kap. 4.2.3.) wieder in die nur durch die Fahrt aufrechtzuerhaltende gestreckte Position zu bringen.

Als Energiequellen dienen vorwiegend Gruppen von Luftpulsern, vereinzelt auch Dampfinjektionsgeräte, Gasexplosionen in dehnbaren Gummi- oder Neoprenschläuchen und andere Systeme. Große Sprengstoffladungen werden zur Schonung der Fischbestände nicht mehr verwendet. Die modernen Energieerzeugungssysteme erlauben eine rasche Abfolge bei der Abstrahlung der akustischen Impulse; dadurch ist auch bei hohem Überdeckungsgrad ein großer Meßfortschritt erzielbar. Trotz des großen Aufwandes ist die Produktion derart hoch, daß die pro Profilkilometer anfallenden Kosten nur einen Bruchteil des Aufwandes für landseismische Untersuchungen mit gleicher Kilometerleistung betragen. Die Standardausführungen der Streamer mit Analogübertragung waren für 48, eventuell 96 Kanäle ausgerüstet. In modernen Meßkabeln, wo die Daten schon im Streamer digitalisiert werden, sind 120, 240 und 480 Kanäle vorgesehen. Während der Fahrt halten automatische Tiefensteuerbojen das Kabel in 10 bis 20 m Tiefe; die Kontrolle geschieht laufend über Fernanzeige und ein Wasserschallgerät. Durch Sicht- oder Radarpeilung zu einer Schwanzboje am Ende des Streamers wird ständig die Ausrichtung des Streamers kontrolliert. Die an der Wasseroberfläche schwimmende Schwanzboje ermöglicht auch das Wiederauffinden des Meßkabels im Falle eines Bruches.

Für 3D-seismische Messungen auf See haben sich weitere Orientierungshilfen über die Position des Streamers als notwendig erwiesen. Von einem Schiff aus sind 3D-Informationen entweder mit etwa 100 m seitlich versetzten Energiequellen zu gewinnen oder z. B. dadurch, daß der Streamer von der Profilrichtung abgetrieben wird, wenn diese quer zu einer Meeresströmung liegt (Abb. 5.12). Die Position des Streamers wird mit magnetischen

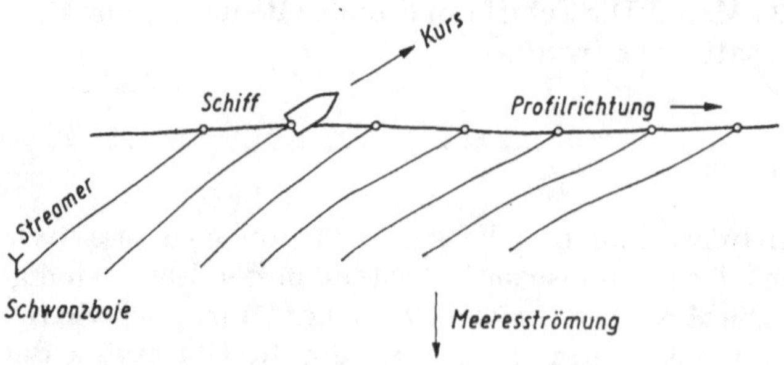

Abb. 5.12. Abdrift des Streamers von der Profilrichtung quer zur Meeresströmung, dargestellt für verschiedene Zeitpunkte

Kompassen bestimmt, die im Streamer eingebaut sind. Die relativ ungenauen Kompaßdaten müssen noch korreliert, gefiltert und kalibriert werden, bevor die Lage des Kabels als *Streamerpolygon* ausgegeben werden kann. Nach Abstimmung mit den Richtungsinformationen von der Schwanzboje ist schließlich die Ausgabe der *Streamerpositionskarte* möglich. Nun kann als Voraussetzung für die weitere Datenverarbeitung die Lage der gemeinsamen reflektierenden Tiefenpunkte berechnet werden. Angestrebt wird eine möglichst gleichmäßige Verteilung des Überdeckungsgrades. Eine anschauliche Aufzeichnung des Überdeckungsgrades erfolgt im sog. *Scattergramm* oder in Gestalt von *Bin-Graphiken* (Prakla-Seismos Information Nr. 32, 1981).

5.3.3. Positionsbestimmung auf See

Geophysikalische Daten sind wertlos, wenn der Beobachtungsort nicht wieder auffindbar ist. Es ist allerdings nicht für jedes Vorhaben dieselbe Genauigkeit der Positionsbestimmung nötig. Die Lage seismischer Profile zueinander muß zwar mit einer großen relativen Genauigkeit von ± 15 m bekannt sein, eine exakte absolute Ortsbestimmung ist aber erst z. B. zur Festlegung von Bohrpunkten wichtig. Bis Anfang der 70er Jahre wurde die Position der Schiffe fast ausschließlich mit Radio-Navigationsverfahren festgestellt. Inzwischen gehören Satelliten-Navigationsanlagen zur selbstverständlichen Ausrüstung eines modernen Explorationsschiffes. Die Radio-Navigation hat aber ihre Bedeutung beibehalten, besonders dort, wo dichte Radio-Navigationsketten installiert sind, wie in einem großen Teil des europäischen Küstenbereiches.

5.3.3.1. Radio-Navigation

Die Radio-Navigation stützt sich auf ortsfeste Anlagen zu Lande. Sie lassen sich im wesentlichen in Systeme für Laufzeitmessungen, Laufzeitvergleichsmessungen und Phasenvergleichsmessungen einteilen.

Bekannte Systeme für Laufzeitmessungen sind Radar und Shoran. *Radar* arbeitet mit Sendeimpulsen im Frequenzbereich zwischen 3000 und 10000 MHz. Der Sendeimpuls wird von der Küstenstation reflektiert; die Entfernung ergibt sich aus der Radiowellengeschwindigkeit und der halben Reflexionslaufzeit. Systeme, wie z. B. Miniranger und Trisponder von Motorola sind Radar-Systeme, bei welchen die Küstenstation unmittelbar nach Empfang der Schiffssignale eigene Antwortsignale zurücksendet. Ähnlich arbeitet das *Shoran*-System (225...400 MHz), bei dem von der Küstenstation die Empfangssignale verstärkt mit anderer Frequenz wieder zurückgesendet werden. Mit Richtantennen und zusätzlicher Verstärkung werden mit dem Shoran-XR Entfernungen über 300 km erreicht.

Je mehr Küstenstationen zur Verfügung stehen, desto größer wird die erzielbare Genauigkeit. Im Prinzip schlägt man um die Küstenstationen Kreisbögen mit den ermittelten Entfernungen als Radius. Der Schnittpunkt der Kreisbögen zeigt die Position des Schiffes an. Unterschreitet der Blickwinkel zwischen zwei Küstenstationen, gesehen vom Schiff aus, 30° oder ist er größer als 150°, wird die sonst erzielbare Genauigkeit von ± 5 bis ± 25 m nicht erreicht. Die Systeme funktionieren auf Sichtweite. Hohe, möglichst auf Anhöhen errichtete Antennen vergrößern die Reichweite.

Laufzeitvergleichsmessungen können mit *Loran C* oder z. B. mit dem in Europa viel verwendeten *Decca Mainchain* durchgeführt werden. Zwei Küstenstationen senden gleichzeitig eine kodierte Pulsfolge aus; am Schiff wird der Unterschied der Ankunftszeiten gemessen, aus denen sich der Entfernungsunterschied zu den beiden Stationen ergibt. Der geometrische Ort aller Punkte mit gleichem Entfernungsunterschied zu zwei Fixpunkten ist aber eine Hyperbel. Wird mit einer dritten Küstenstation eine zweite Hyperbel ermittelt, so ergibt deren Schnittpunkt mit der ersten Hyperbel die gesuchte Position.

Phasenvergleichssysteme benutzen kontinuierliche Sendefrequenzen zwischen 1,5 und 4,0 MHz. Das System erfordert von einem bekannten Ausgangspunkt eine ständige Zählung der vollen Durchgänge der Phasendifferenz zwischen zwei Stationen. Die Orte gleicher Phasendifferenz sind ebenfalls Hyperbeln. Mit drei Stationen ist die gesuchte Position wieder der Schnittpunkt zweier Hyperbeln. Die Genauigkeit verringert sich mit der Entfernung von den Küstenstationen, da die Hyperbeln gleichzeitig auseinanderlaufen. Interferenzen durch Signale, die an der Ionosphäre reflektiert werden, bewirken besonders in den Morgen- und Abendstunden Störungen, die zu Fehlern bei der Zählung der Phasendurchgänge führen.

5.3.3.2. Satelliten-Navigation

Die Satelliten-Navigation beruht auf DOPPLER-Messungen mit zwei sehr konstanten Frequenzen von 400 MHz und 150 MHz, die ständig von Satelliten auf polaren, fast kreisförmigen Bahnen ausgestrahlt werden. Man nutzt dabei die als DOPPLER-Effekt bekannte Erscheinung, daß bei einer Relativbewegung von Sender und Empfänger eine Frequenzänderung zu beobachten ist. Nähert sich ein Satellit einer Beobachtungsstation, so mißt man eine höhere als die abgestrahlte Frequenz, entfernt er sich wieder, so erfolgt eine scheinbare Frequenzverschiebung nach niedereren Frequenzen (Abb. 5.13). Bei der geringsten Entfernung des Satelliten vom Beobachtungsort, also bei seiner größten Kulminationshöhe, wird die wahre Frequenz gemessen. Der Satellit hat die gleiche geographische Breite wie das Beobachtungsschiff erreicht. Die gleichzeitig gemessene maximale Frequenzänderungsrate, d. h. der Gradient der DOPPLER-Frequenzkurve an ihrem Null- und Wendepunkt, läßt sich zur Bestimmung der geographischen Länge des Beobachters auswerten. Der Satellit sendet alle zwei Minuten phasenmoduliert Zeitzeichen und seine Bahnelemente aus, die vom Beobachter zur eigenen Positionsbestimmung benötigt werden. Der Satellit seinerseits erhält diese Informationen alle 12 Stunden von einer Bodenstation, die mit einem Datenzentrum gekoppelt ist, welches aus den Messungen eines über mehrere 1000 km reichenden großräumigen DOPPLER-Bodenmeßsystems die Bahnelemente des Satelliten ermittelt. Eine Verbesserung der Genauigkeit wird erzielt, wenn man die Daten gleichzeitiger Positionsbestimmungen mehrerer Stationen kombiniert (Mehrstationen-Translokation). Ein Nachteil der Satelliten-Navigation sind die großen zeitlichen Beobachtungslücken, bis der Satellit wieder auftaucht. Man kombiniert die Satelliten-Navigation immer mit anderen Navigationssystemen.

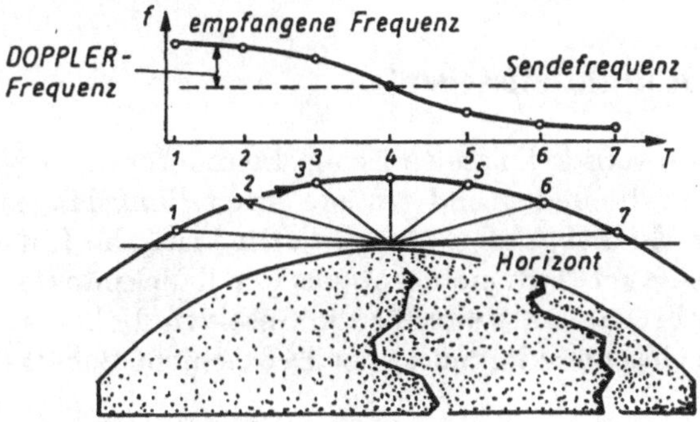

Abb. 5.13. Positionsbestimmung mit Doppler-Satelliten (nach Ries, 1984)

5.3.3.3. *Andere Navigationssysteme*

Gut eingeführt haben sich die *Sonar-Systeme.* Für nicht allzu ausgedehnte Gebiete können, in Abständen von einigen Kilometern räumlich verteilt, akustische Übertrager (pinger) im Meere ausgesetzt werden, welche auf Sonar-Impulse antworten. Es gibt sowohl Laufzeit- als auch Phasenverschiebungsmeßsysteme. Das Doppler-*Sonar* hingegen mißt die Geschwindigkeit des Schiffes durch die Doppler-Verschiebung von vier Sonarstrahlen, die nach verschiedenen Richtungen ausgestrahlt und vom Meeresboden reflektiert werden. Die Position errechnet sich – ausgehend von einem definierten Ausgangspunkt – erst durch Integration der ermittelten Geschwindigkeiten. Die dazu nötigen Richtungsinformationen liefert ein Gyrokompaß. Im tiefen Wasser kann es zu Streuungen der Sonarwellen an Inhomogenitäten im Wasser kommen. Eine laufende Kontrolle durch andere Navigationshilfen ist unerläßlich. Im Prinzip ähnlich arbeiten die Trägheitsnavigationssysteme. Durch Integration der Daten von Beschleunigungsmessern werden Geschwindigkeit und Position des Schiffes relativ zu einem bekannten Ausgangspunkt bestimmt. Wiederholte Kontrollen mit einem unabhängigen Navigationssystem verhindern das Anwachsen des systematischen Fehlers.

5.3.4. Flachwasserseismik

Seismische Flachwassermessungen erfordern eine besondere Flexibilität in der Ausrüstung und bei ihrer Handhabung. Wechselnde Meerestiefen machen den Übergang von Luftpulsern auf Sprengstoffseismik im Wasser oder in Bohrlöchern nötig, wenn die Meerestiefe kleiner als 2,50 m ist. Streamer müssen durch Grundkabel ersetzt werden. Als Aufnehmer sind eventuell Marschgeophone zu verwenden. Wenn eine Landverbindung oder Insel zu überqueren ist, muß vollkommen auf landseismische Methoden umgestellt werden. Flachseeschiffe, Kabelboote, Landeboote, die Fahrzeuge übersetzen können, Amphibienfahrzeuge etc. sollen zur Verfügung stehen. Es gibt überzeugende Beispiele für erfolgreich abgeschlossene Flachwassermessungen (Ries, 1984).

5.4. Feldmethodik der Refraktionsseismik

Ein wesentlicher Unterschied von refraktionsseismischen Feldmethoden gegenüber der Reflexionsseismik ist die bedeutend größere Aufstellungslänge, die zur Erzielung vergleichbarer Eindringtiefen nötig ist. Die kritische Entfernung x_C für eine Explorationstiefe D läßt sich grob aus der Knickpunktsformel für den Zweischichtfall abschätzen, wenn für die Geschwindigkeit v_2 des Refraktors und die mittlere Geschwindigkeit v_1 der Deckschicht Schätzwerte existieren:

$$x_C = 2D\sqrt{(v_2 + v_1)/(v_2 - v_1)}. \qquad (5.6)$$

Für die nötige Aufstellungsweite ist noch ein entsprechender Betrag zur kritischen Entfernung hinzuzuführen, um den Refraktor als ersten Einsatz nachweisen zu können.

Die weiten Schußpunkt-Geophonpunkt-Entfernungen erfordern große Sprengladungen; dies kann in zivilisierten Gebieten mit Problemen verbunden sein. Für Erdölexplorationsarbeiten auf mehrere 1000 m Tiefe ergeben sich kilometerweite Entfernungen; dies erfordert weitreichende Funkanlagen. Reflexionsseismische Apparaturen können meist ohne weiteres für refraktionsseismische Arbeiten verwendet werden. Bei großen Schußpunkt-Geophonpunkt-Distanzen müssen die Geräte aber für niedrige Frequenzen empfindlich sein, da die hohen Frequenzen auf dem langen Weg durch das Gebirge größere Absorptionsverluste erleiden. Entsprechend verwendet man dann auch Geophone mit Resonanzfrequenzen um 4 Hz.

Bei Seemessungen sind wenigstens zwei Schiffe für Hin- und Rückschuß und ein drittes Schiff für die Schießarbeiten nötig. Große Seesprengungen sind allerdings wegen Gefährdung des Fischbestandes bedenklich.

Die Planung und Ausführung refraktionsseismischer Profilmessungen verläuft ähnlich wie bei der Reflexionsseismik. Im Unterschied zur reflexionsseismischen Profilvermessung werden jedoch für die Refraktionsseismik spezifische Beobachtungsschemata angewandt. Die erforderlichen Aufstellungsweiten zur Erkundung des tiefsten interessierenden Horizontes lassen sich aus früheren Messungen ableiten oder müssen an Ort und Stelle durch genügend lange Testaufstellungen geklärt werden. Dabei ist zu beachten, daß zur Kontrolle der einzelnen gemessenen Laufzeitäste eine Überlappung der Aufstellungen vorgesehen wird. Weist der zu untersuchende Horizont ein stärkeres Relief auf, wird immer im Schuß- und Gegenschußverfahren gemessen. Abb. 5.14 soll sowohl die Aussage der *Überlappung* als auch den Sinn des *Gegenschußverfahrens* demonstrieren. Der Schuß- und Gegenschuß zwischen *SP* 1 und *SP* 2 lassen die Interpretationsmöglichkeiten einer dritten Schicht oder einer Muldenbildung der zweiten Schicht offen. Erst dadurch, daß der Knickpunkt *A* der Laufzeitkurve von *SP* 2 und Knickpunkt *A'* der überlappenden Laufzeitkurve von *SP* 3 an derselben Stelle registriert werden, beweist, daß eine Muldenbildung der zweiten Schicht vorliegt. Die Knickpunkte *B* und *B'* der Schüsse von *SP* 1 und *SP* 2 lassen hingegen sowohl an eine spitze Antiklinale als auch an einen lateralen Geschwindigkeitswechsel denken. Erst der Gegenschuß von *SP* 3 weist eindeutig darauf hin, daß nur die zweite Interpretation richtig ist.

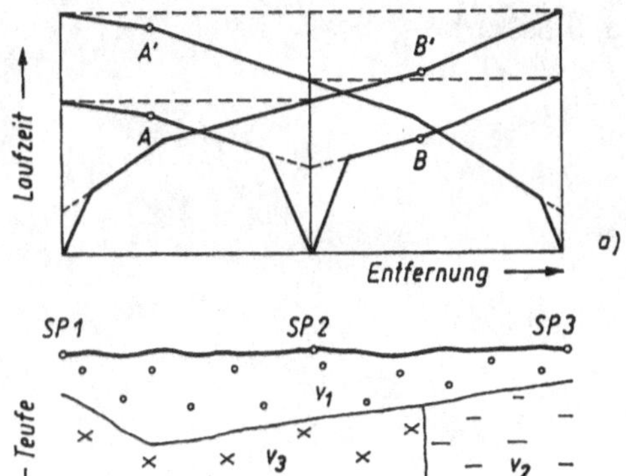

Abb. 5.14. Prinzip der Überlappung und des Gegenschießens in der Refraktionsseismik
a) Laufzeitkurven, b) geologisches Profil
SP — Schußpunkt

Geht es allerdings darum, einen durch seine Laufzeitäste immer eindeutig definierten Refraktor zu verfolgen, so verzichtet man eventuell auf die Messung des Anfangsteiles, wenn dieser mit hinreichender Sicherheit auf Grund der Kenntnis der Geschwindigkeit der Deckschicht vorausgesetzt werden kann. Wenn nur ein einzelner Refraktor verfolgt wird, genügt oft eine Vermessung mit sparsamstem Aufwand im Feld, der gerade ausreicht, um die gemessenen Laufzeitäste stückweise zu ergänzen. Ein wichtiges Korrelationskriterium sind dabei die theoretisch zu fordernden gleichen Endzeiten von Schuß- und Gegenschuß. Abb. 5.15 zeigt im Schema lücken-

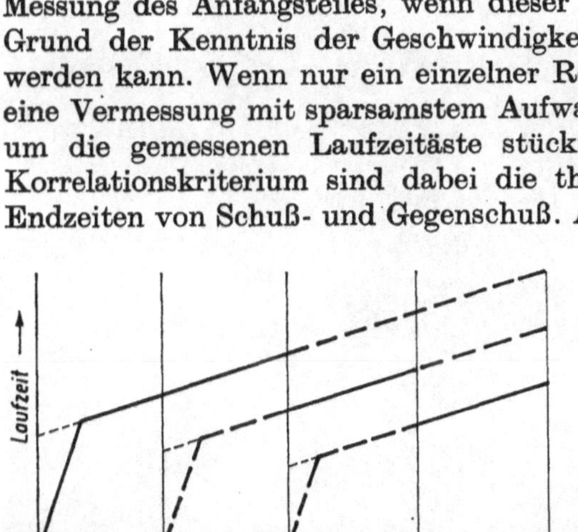

Abb. 5.15. Ergänzungen der Laufzeitäste bei lückenhaft gemessenen Refraktionsaufstellungen
SP — Schußpunkte

haft vermessene Laufzeitäste (durchgezogene Linien) mit den nachträglichen Ergänzungen (unterbrochene Linien). Wiederholte Überlappungen und Gegenschüsse sollten aber für Kontrollzwecke unbedingt vorgesehen werden.

Ein flächenhaftes Beobachtungsschema stellt das Fächerschießen dar. Mit dieser Methode sind die ersten Erfolge der Refraktionsseismik zum Aufspüren von Salzdomen mit Ölfallen in den 20er Jahren verbunden. Beim Fächerschießen werden die Geophone in verschiedene Richtungen und mit etwa gleichen Abständen um den Schußpunkt angeordnet. Kürzere Laufzeiten in einer Richtung deuten auf das Vorhandensein von Hochgeschwindigkeitseinlagerungen oder -aufragungen hin, wie es z. B. Salzdome sind. Durch Überlappung der Fächer gelingt es, Position und Ausmaß derartiger Störkörper abzugrenzen (s. Kap. 9.8.9.2.).

6. Geschwindigkeitsbestimmung

B. Forkmann

6.1. Modellbetrachtungen

Voraussetzung dafür, daß seismische Wellen als Reflexionswellen oder Kopfwellen an der Erdoberfläche registriert werden können, sind Unstetigkeiten in der Schallhärte ϱv bzw. der seismischen Geschwindigkeit v der am Aufbau der Erdkruste beteiligten Gesteine. Damit diese Unstetigkeiten im seismischen Bild erkennbar sind, müssen die Unterschiede der seismischen Parameter ϱv bzw. v einen Mindestbetrag und eine bestimmte laterale Beständigkeit aufweisen. Anderenfalls heben sich die seismischen Signale nicht aus dem Pegel der mikroseismischen Unruhe heraus, und es formiert sich kein korrelierbarer Wellenzug im Seismogramm. Die genannten Bedingungen sind offenbar dort am besten erfüllt, wo eine ausgeprägte Schichtung des geologischen Untergrundes vorliegt, wie sie i. allg. in Sedimentationsbecken angetroffen wird.

Ein wesentlicher Umstand für die adäquate Abbildung der geologischen Schichtstruktur im Seismogramm ist darin zu sehen, daß sich die petrophysikalischen Kenngrößen ϱ und v im Vertikalprofil meist parallel zu den lithologischen Eigenschaften ändern. Im Unterschied zur geologischen Schicht, die durch lithofazielle Merkmale charakterisiert wird, ist die *seismische Schicht* durch ihre petrophysikalischen Kennwerte und häufig durch besondere spektrale Eigenschaften determiniert. Ob eine lithologische Schichtgrenze auch seismisch wirksam ist, hängt allein von den spezifischen seismischen Parametern der aneinandergrenzenden Schichten ab.

Ein detailliertes Bild über den seismischen Schichtaufbau liefern die in Bohrungen gemessenen hochauflösenden Akustiklog-Profile (s. Abb. 7.12). Sie zeigen i. allg. eine differentielle Veränderlichkeit des Geschwindigkeits-Tiefenverlaufs. Akustiklog-Registrierungen vermitteln das Bild von mehrere Meter bis Dekameter mächtigen Schichten, die durch ein stufenförmiges Geschwindigkeits-Tiefenprofil angenähert werden können. Für die Ausbreitung seismischer Wellen, deren Wellenlänge von etwa 10 m bis 800 m reicht, besitzt ein solches Profil *Dünnschicht*-Charakter. Eine monotone Folge dünner Schichten ist wegen der dominierenden Interferenzbedingungen für die entstehenden seismischen Sekundärwellen im Oberflächenseismogramm nicht auflösbar. Typische seismische Signale werden aber von solchen dünnen Schichten erzeugt, deren physikalische Kennwerte sich besonders stark vom Nebengestein unterscheiden. In Abhängigkeit vom Verhältnis Schichtmächtigkeit zu Wellenlänge zeichnen sich diese Schichten durch ausgeprägte spektrale Charakteristika aus, denen oft markante Interferenzsignale entsprechen (vgl. Abb. 7.10). So besitzt eine dünne Zwischenschicht ($v_{k-1} < v_k > v_{k+1}$) sowohl für Reflexions- als auch für Kopfwellen Hochpaßcharakter. Derartige Zwischenschichten werden z. B. von dünnen Kalkschichten innerhalb von Sandstein-Tonsteinfolgen gebildet und treten im seismischen Bild oft als *Leithorizonte* hervor. Unter natürlichen Lagerungsbedingungen existiert eine Vielfalt unterschiedlichster Dünnschichtkombinationen, die sich ihrerseits im Formenreichtum seismischer Signal- und Wellenbilder widerspiegelt.

Der Fall einer seismisch *scharfen Grenze*, d. h. eines markanten Geschwindigkeits- und/oder Dichtesprungs zwischen zwei Schichten großer Mächtigkeit, scheint in der Natur nur selten realisiert zu sein. Eine solche Grenze, die auch als Grenze 1. Ordnung bezeichnet wird, stellt jedoch oft eine praktikable Näherung für zwei aneinandergrenzende Schichtkomplexe dar, denen jeweils eine mittlere Geschwindigkeit zugeschrieben werden kann. Häufig sind *Übergangsschichten* anzutreffen, die sich durch einen treppenstufenförmigen Geschwindigkeits-Tiefenverlauf approximieren lassen und die als *Gradientschichten* für die Entstehung von Tauchwellen verantwortlich sind. Ändert sich der Geschwindigkeitsgradient sprungartig, spricht man von einer Grenze 2. Ordnung.

Die Modellvorstellungen eines aus dünnen seismischen Schichten aufgebauten Mediums lassen sich zwanglos auf eine Vielzahl natürlicher Lagerungsbedingungen anwenden. Sie sind nicht nur für das Verständnis des Bildungsmechanismus und der Formenvielfalt seismischer Signal- und Wellenbilder nützlich, sondern vor allem auch für die Ermittlung der zu verschiedenen Zwecken benötigten Geschwindigkeitsverteilung von wesentlicher Bedeutung. Das Hauptziel der Geschwindigkeitsbestimmung besteht darin, ein möglichst detailliertes Bild von der *Geschwindigkeitsverteilung* im Untergrund zu erhalten. Je nach dem Zweck, für den Geschwindigkeitswerte benötigt werden, ist von unterschiedlichen Geschwindigkeitsdefinitionen auszugehen.

6.2. Geschwindigkeitsdefinitionen

Die Geschwindigkeit ist neben der Wellenlänge das wichtigste Merkmal zur Charakterisierung seismischer Wellen. In geschichteten Medien breiten sich seismische Wellen je nach Wellen- bzw. Polarisationsart mit unterschiedlicher Geschwindigkeit aus (s. Kap. 2.3, 2.4.3, 3.1). Für die wichtigsten Wellenarten (Longitudinalwelle, Transversalwelle, Rayleigh-Welle) gilt:

$$v_P > v_S > v_R .$$

In der Projektion auf die Meßfläche (Erdoberfläche) erscheinen Raumwellen mit der *Scheingeschwindigkeit*

$$v^* = \frac{v}{\sin \alpha}. \tag{6.1}$$

Hierbei ist α der zwischen der Wellenfront und der Meßfläche bzw. dem Stoßstrahl und der Normalen zur Meßfläche eingeschlossene Winkel. Je nach der Größe des Einfallswinkels α breitet sich eine Raumwelle längs der Beobachtungslinie zwischen Anregungs- und Empfangspunkt mit $v \leqq v^* \leqq \infty$ aus.

In der f, k^*-Ebene tritt v^* als Proportionalitätsfaktor auf (s. Abb. 7.17):

$$f = v^* k^* \tag{6.2}$$

Als Tangente an die Laufzeitkurve gemessen,

$$v^* = \left(\frac{\mathrm{d}t_x}{\mathrm{d}x}\right)^{-1}, \tag{6.3}$$

ist v^* wichtigstes Selektionsmerkmal bei der Wellenanalyse. Die Scheingeschwindigkeit ist die unmittelbar aus dem Seismogramm zu entnehmende Geschwindigkeit. Sie stellt keine eindeutige Bezugsgröße für die Schichtgeschwindigkeit dar.

Die genaueste Methode zur Ermittlung der *Schichtgeschwindigkeit* v_k ist die direkte Bestimmung in der Schicht selbst. Als *Intervallgeschwindigkeit* v_i definiert man den Quotienten aus Meßintervall Δs und zugehöriger Laufzeit Δt:

$$v_i = \frac{\Delta s}{\Delta t} = \frac{\Delta s}{\int\limits_{\Delta s} \frac{\mathrm{d}s}{v(s)}}. \tag{6.4}$$

Für $\Delta s \to 0$ geht die Intervallgeschwindigkeit v_i in die *Bahngeschwindigkeit* $v(s)$ über. Ist Δs gleich der Schichtmächtigkeit d_k gilt $v_i = v_k$. In anisotropen Medien ist v_i bzw. v_k richtungsabhängig (s. Kap. 2.3.2., 3.1.). In geschichteten Medien gilt $v_{k\perp} < v_{k\parallel}$. Liegt Δs parallel zur Schichtgrenze($v_{k\parallel}$) und an der Oberkante der Schicht, erhält man die *Grenzgeschwindigkeit* v_g. Mit v_g breitet sich die Kopfwelle aus.

Als mittlere Geschwindigkeit oder *Durchschnittsgeschwindigkeit* $\bar{v}$ für einen Schichtkomplex ist

$$\bar{v} = \frac{2z}{t_0} = \frac{z}{\int\limits_0^z \frac{\mathrm{d}z}{v(z)}} \tag{6.5}$$

definiert. Für eine Schichtfolge mit den Schichtmächtigkeiten d_k und den Schichtgeschwindigkeiten v_k ergibt sich daraus:

$$\bar{v} = \frac{\sum\limits_k d_k}{\sum\limits_k \frac{d_k}{v_k}} = \frac{\sum\limits_k v_k t_k}{t_0}. \tag{6.6}$$

(6.6) gibt den Zusammenhang zwischen Schichtgeschwindigkeit und Durchschnittsgeschwindigkeit wieder. $\bar{v}$ wird als Transformations- bzw. *Konstruktionsgeschwindigkeit* zur Umrechnung von Lotzeiten in Lottiefen benötigt.

Die *Effektivgeschwindigkeit* $\tilde{v}$ (v_{rms}, mit rms von *root mean square*) als ein Maß für die Krümmung der Reflexionshyperbel ist durch

$$\tilde{v} = \sqrt{\frac{\sum_k d_k v_k}{\sum_k \frac{d_k}{v_k}}} = \sqrt{\frac{\sum_k v_k^2 t_k}{t_0}} \tag{6.7}$$

definiert. (6.7) wird aus der Gleichung für die Laufzeitkurve der Reflexionswelle im horizontal geschichteten Medium hergeleitet. In ihrer quadratischen Form läßt sich diese Laufzeitkurve nach TANER; KOEHLER (1969) als unendliche Potenzreihe der Gestalt

$$t_x^2 = c_1 + c_2 x^2 + c_3 x^4 + \cdots \tag{6.8}$$

darstellen. Für die Koeffizienten c_1 und c_2 gilt: $c_1 = t_0^2$, $c_2 = 1/\tilde{v}^2$. Die Effektivgeschwindigkeit ergibt sich somit aus der Tangente an die Laufzeitgleichung (6.8) im Punkt $x = 0$:

$$\left.\frac{\mathrm{d}(t_x^2)}{\mathrm{d}(x^2)}\right|_{x=0} = \frac{1}{\tilde{v}^2}. \tag{6.9}$$

In Abb. 6.1 wird dieser Zusammenhang graphisch erläutert. Die Laufzeitgleichung (6.8) stellt eine unterlinear verlaufende Kurve dar. Wird die Potenzreihe (6.8) nach dem zweiten Glied abgebrochen, erhält man als Näherung die Hyperbelgleichung

$$t_a^2 = t_0^2 + \frac{x^2}{\tilde{v}^2}, \tag{6.10}$$

in der $1/\tilde{v}^2$ den Anstieg im Punkt $x = 0$ darstellt. Der Unterschied $(t_a^2 - t_x^2)$ beschreibt somit die Abweichung der realen Laufzeitgleichung (6.8) von der Hyperbelform (6.10). Er erklärt sich aus der Abweichung des realen Strahlenweges von der geradlinigen Verbindung zwischen Anregungs- bzw. Empfangspunkt und Reflexionspunkt infolge der in geschichteten Medien auftretenden Strahlenbrechung. Offenbar ist die Krümmung der realen Laufzeitkurve $t_x(x)$ entfernungsabhängig, so daß als geeignetes Maß zur Korrektur dieser Krümmung vor dem Stapelprozeß eine Näherung durch lineare Regression $t_x'^2(x^2)$ besser geeignet ist als die Hyperbelgleichung (6.10) (AL-CHALABI, 1979). Wie aus Abb. 6.1 ersichtlich ist, gilt für diese Näherungshyperbel:

$$t_x'^2 = t_0'^2 + \frac{x^2}{\tilde{v}'^2}. \tag{6.11}$$

Die so ermittelte „Effektivgeschwindigkeit" $\tilde{v}'$ dient als *Stapelgeschwindigkeit* zur Berechnung optimaler *dynamischer Korrekturen*[1] Δt gemäß Gleichung

$$\Delta t = \sqrt{t_0'^2 + \left(\frac{x}{\tilde{v}'}\right)^2} - t_0'. \tag{6.12}$$

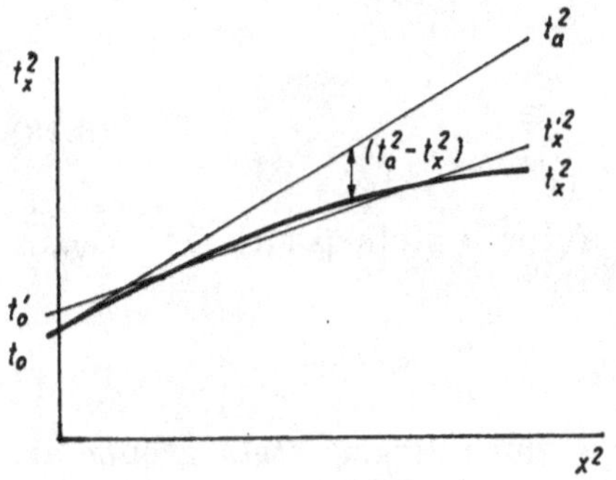

Abb. 6.1. Approximation der Laufzeitgleichung (6.8) durch die Hyperbelgleichung (6.10) bzw. (6.11)

Während der Stapelgeschwindigkeit $\tilde{v}'$ keine physikalische Bedeutung zukommt — sie ist allein eine wichtige Rechengröße für den Bearbeitungsprozeß (s. Kap. 8) —, besteht zwischen Effektivgeschwindigkeit und Schichtgeschwindigkeit ein Zusammenhang, der eine Berechnung von v_k aus den Effektivgeschwindigkeiten $\tilde{v}_{k-1}$ und $\tilde{v}_k$ sowie den zugehörigen Lotzeiten $t_{0,k-1}$ und $t_{0,k}$ gestattet. Nach TELFORD et al. (1976) folgt aus (6.7):

$$\sum_{n=1}^{k} v_n^2 t_n = \sum_{n=1}^{k-1} v_n^2 t_n + v_k^2 t_k = \tilde{v}_k^2 \sum_{n=1}^{k} t_n \tag{6.13}$$

und

$$\sum_{n=1}^{k-1} v_n^2 t_n = \tilde{v}_{k-1}^2 \sum_{n=1}^{k-1} t_n . \tag{6.14}$$

(6.14) von (6.13) subtrahiert und nach v_k aufgelöst, ergibt

$$v_k = \sqrt{\frac{\tilde{v}_k^2 t_{0,k} - \tilde{v}_{k-1}^2 t_{0,k-1}}{t_{0,k} - t_{0,k-1}}}. \tag{6.15}$$

Das ist die DIXsche Formel (DIX, 1955), die den Zusammenhang zwischen Schichtgeschwindigkeit und Effektivgeschwindigkeit wiedergibt.

Der Zusammenhang zwischen der Effektivgeschwindigkeit und der Durchschnittsgeschwindigkeit wird von AL-CHALABI (1974) am Beispiel des horizontal geschichteten Untergrundes wie folgt beschrieben. Für den Quotienten

$$g = \frac{\tilde{v}^2 - \bar{v}^2}{\bar{v}^2}, \tag{6.16}$$

---

[1] oft auch als *kinematische Korrektur* bezeichnet.

der als Maß für den Schichtungseinfluß, d. h. die Heterogenität des gesamten Deckschichtkomplexes über einem Reflektor in der Tiefe z_k aufzufassen ist, ergibt sich mit (6.6) und (6.7) über eine kurze Zwischenrechnung

$$g = \frac{1}{z_k^2} \sum_{m=1}^{k-1} \frac{d_m}{v_m} \sum_{n=m+1}^{k} \frac{d_n}{v_n} (v_m - v_n)^2. \qquad (6.17)$$

(6.16) nach $\breve{v}/\bar{v}$ aufgelöst, ergibt

$$\frac{\breve{v}}{\bar{v}} = \sqrt{1+g}. \qquad (6.18)$$

Aus (6.17) folgt, daß der Heterogenitätsfaktor g stets positiv ist. Somit gilt nach (6.17) und (6.18)

$$\breve{v} \geqq \bar{v}. \qquad (6.19)$$

In geschichteten Medien ist die Effektivgeschwindigkeit stets größer als die Durchschnittsgeschwindigkeit. Das Gleichheitszeichen steht für den Fall einer homogenen Deckschicht mit $g = 0$. Das Geschwindigkeitsverhältnis $\breve{v}/\bar{v}$ ist ein Maß für die scheinbare Anisotropie, die durch die Strahlenbrechung in geschichteten Medien verursacht wird. $\sqrt{1+g}$ wird auch als *Quasi-Anisotropiefaktor* bezeichnet.

6.3. Geschwindigkeitsbestimmung aus seismischen Messungen in Bohrungen

Bei den bohrlochseismischen Verfahren wird unterschieden zwischen

- Laufzeitmessung,
- Vertikalprofilierung und
- Akustiklog.

Die einfachste und zugleich genaueste Methode, die Durchschnittsgeschwindigkeit zu ermitteln, ist die *Laufzeitmessung* eines an der Erdoberfläche erzeugten Impulses (S), der von einer im Bohrloch versenkten Geophonsonde (E) empfangen wird (Abb. 6.2). Die Sonde muß an die Druck-

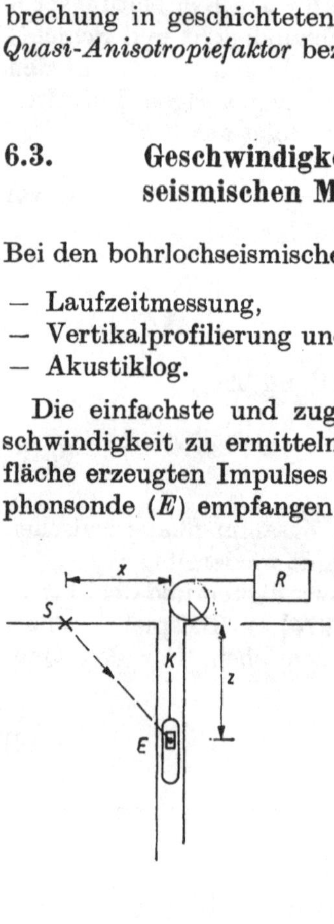

Abb. 6.2. Meßanordnung für die Laufzeitmessung und die seismische Vertikalprofilierung

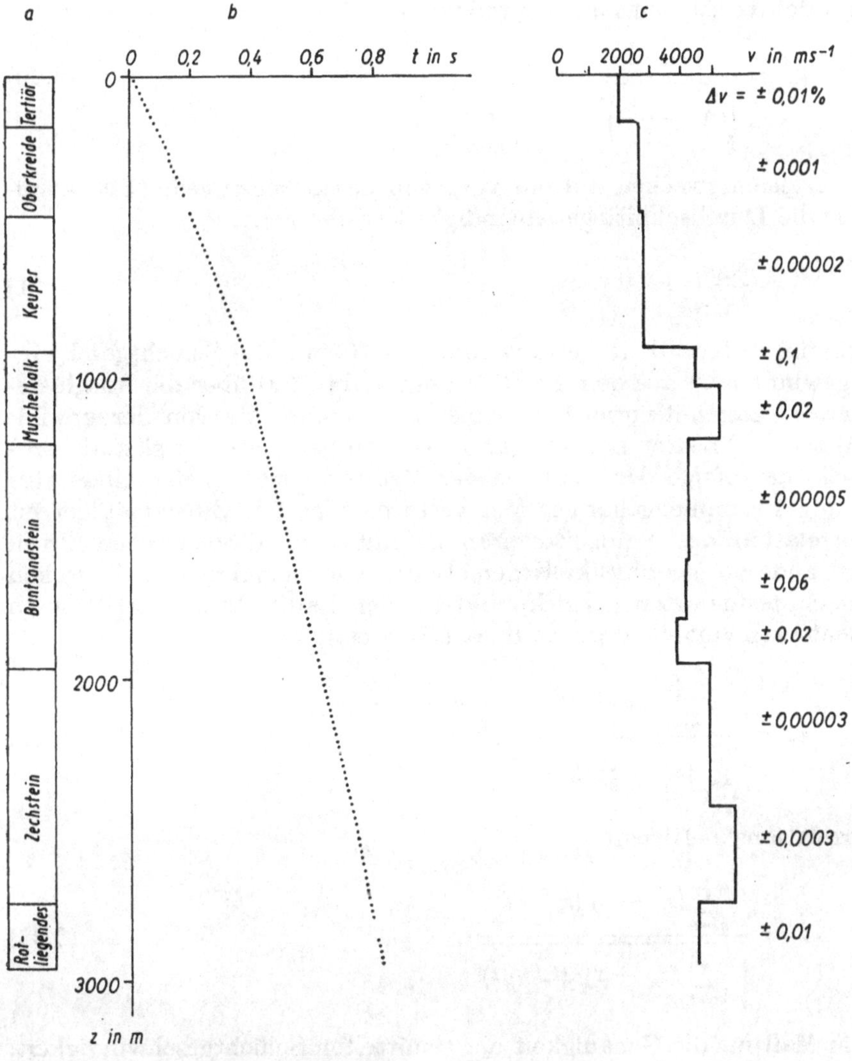

Abb. 6.3. Ergebnis der Laufzeitmessung in einer Bohrung
(unveröffentlichtes Material des VEB Kombinat Geophysik, Leipzig)
a) stratigraphisches Profil
b) t-z-Diagramm
c) Schichtgeschwindigkeiten mit Fehlerbereich

und Temperaturbedingungen im Bohrloch angepaßt sein. Das Trägerkabel (K) der Sonde dient gleichzeitig als Tiefenmaß und Übertragungsleitung. Die Laufzeit der von S nach E gelaufenen direkten Welle wird mittels einer Registriereinrichtung (R) gemessen, deren wesentliches Bauteil bei modernen Geräten eine Zählschaltung ist, die im Ankunftsmoment des ersten Einsatzes gestoppt wird und den gemessenen Wert in digitaler Form ausgibt. Die gemessene Laufzeit t_g wird unter Vernachlässigung der Brechung auf den vertikalen Laufweg reduziert,

$$t_v = \frac{t_g}{\sqrt{1 + \left(\frac{x}{z}\right)^2}}, \tag{6.20}$$

und zu Vergleichszwecken auf ein vorgegebenes Bezugsniveau (BN) korrigiert. Für die Durchschnittsgeschwindigkeit ergibt sich:

$$\bar{v} = \frac{z_{(BN)}}{t_{(BN)}}. \tag{6.21}$$

Das Meßpunktintervall Δz beträgt 20 m bis 100 m. Die Schichtgeschwindigkeit gewinnt man aus dem t-z-Diagramm (Abb. 6.3) über die Ausgliederung linearer Laufzeitkurvenäste. Eine Auswertung, die von der graphischen Mittelung linearer Laufzeitkurvenäste ausgeht, erweist sich als problematisch, da infolge der Streuung der Meßwerte meist keine eindeutige Abgrenzung zusammengehöriger Meßwerte möglich ist. Zweckmäßiger ist eine Korrelation des Laufzeitdiagramms mit dem lithologischen Profil und/oder anderen geophysikalischen Bohrlochmeßergebnissen. Zwischen den danach festgelegten „Knickpunkten" der Laufzeitkurve erhält man die Schichtgeschwindigkeit durch lineare Regression:

$$v_k = \frac{\sum_{n=1}^{m} (z_n - \bar{z})^2}{\sum_{n=1}^{m} (z_n - \bar{z})(t_n - \bar{t})}. \tag{6.22}$$

Der Korrelationskoeffizient

$$r = \frac{\sum_{n=1}^{m} (z_n - \bar{z})(t_n - \bar{t})}{\sqrt{\sum_{n=1}^{m} (z_n - \bar{z})^2 (t_n - \bar{t})^2}} \tag{6.23}$$

liefert ein Maß für die Genauigkeit der ermittelten Schichtgeschwindigkeit. Nach PUSYREV (1957) ergibt sich für den Geschwindigkeitsfehler

$$\Delta v_k = \pm s_t \frac{v_k^2}{\Delta z} \sqrt{\frac{12}{m(m+1)(m-2)}} \sqrt{1 - r^2} \tag{6.24}$$

mit der Standardabweichung der Laufzeitwerte

$$s_t = \sqrt{\frac{\sum_{n=1}^{m} (t_n - \bar{t})^2}{m - 1}}, \tag{6.25}$$

der Anzahl m der in die Regressionsanalyse einbezogenen Meßwerte, sowie v_k nach (6.22) und r nach (6.23). Die erreichbare Genauigkeit der aus Laufzeitmessungen bestimmten Schichtgeschwindigkeiten liegt bei 1···2%.

Werden mit der Meßanordnung nach Abb. 6.2 auch spätere Einsätze aufgezeichnet, erhält man ein *seismisches Vertikalprofil* (Abb. 9.29), dem außer der Laufzeit der direkten Welle eine Reihe wertvoller zusätzlicher Informationen zu entnehmen sind. Als Registriereinrichtung (R) wird i. allg. eine seismische Digitalapparatur verwendet, so daß die erhaltenen Daten unmittelbar für eine Rechnerbearbeitung geeignet sind. Die Vertikalprofilierung bietet die Möglichkeit, das seismische Wellenfeld im Inneren des Mediums zu studieren (vgl. Kap. 9.7.6.). Die Festlegung von Knickpunkten in der Laufzeitkurve der direkten Welle wird durch die Rückverfolgung der spiegelbildlich zu den ersten Einsätzen verlaufenden Reflexionseinsätze erleichtert. Der Schnittpunkt beider Laufzeitkurven markiert die Tiefe einer Reflexionsgrenze und damit die genaue Lage eines Knickpunktes.

Anhand des seismischen Vertikalprofils lassen sich die Reflexionsgrenzen mit einer Genauigkeit von ± 10 m stratigraphisch zuordnen. Durch Auswertung der wahren Amplituden der direkten und der reflektierten Welle kann der effektive Reflexionskoeffizient berechnet werden. Aus der Veränderung der Signalform in Abhängigkeit von der Meßpunkttiefe können Aussagen über die Absorptionseigenschaften der Schichten gewonnen werden. Spätere Einsätze, die parallel zu den abwärtslaufenden ersten Einsätzen bzw. parallel zu den aufwärtslaufenden Reflexionseinsätzen eintreffen, entsprechen mehrfach reflektierten Wellen. Ihre Analyse ergibt Hinweise zum Störeinfluß auf zeitgleiche Einfachreflexionen (s. Kap. 9.7.6.).

Eine Meßanordnung, bei der statt der Geophonsonde ein Zünderkabelbaum in das Bohrloch gebracht wird, dient zur Geschwindigkeitsbestimmung der oberflächennahen Schichten. Dabei wird die Laufzeit der direkten Welle zwischen den Zündertiefen im Abstand von 3 m und einem am Bohrlochmund aufgestellten Geophon gemessen. Das Verfahren ist als *Aufzeitschießen* oder *umgekehrte Mikroseismokarottage* bekannt und wird vor allem zur Ermittlung der Korrekturgeschwindigkeiten für die Berechnung *statischer Korrekturen* angewandt.

Eine andere Meßanordnung, bei welcher der Anregungspunkt (S) in Abb. 6.2 bis zu 5 km entfernt von der Bohrung angeordnet wird, dient der Aufnahme des seismischen Vertikalprofils für die Untersuchung der Lagerungsverhältnisse und der Geschwindigkeitsverteilung in der weiteren Umgebung der Bohrung. Dieses als *Offset-Vertikalprofilierung* bezeichnete Verfahren wird vor allem zur Untersuchung komplizierter Struktursituationen, z. B. von Diapirrändern, eingesetzt (s. Kap. 9.7.6.).

Zur kontinuierlichen Aufnahme des Geschwindigkeitsprofils (*Akustik-* oder *Soniclog*) muß eine Meßanordnung gewählt werden, bei der die Entfernung zwischen Anregungs- und Empfangspunkt hinreichend klein ist. Dazu werden verschiedene Kombinationen von Quellen und Empfängern in einer mehrere Meter langen Sonde untergebracht. Als seismische Impulse dienen Ultraschallimpulse mit 0,1...0,2 m Wellenlänge. Abb. 6.4 zeigt schematisch das Beispiel einer bohrlochkompensierten Sonde mit den Quellen S_1 und S_2 sowie den Empfängern E_1 und E_2. Die Länge des Laufweges durch die Spülung hängt von der Schräglage der Sonde im Bohrloch bzw. vom effektiven Kaliber ab. Über vier Meßzyklen wird die Laufzeitdifferenz zwischen E_1 und E_2 gemessen, wobei zunächst Impulse von S_1 und anschließend von S_2 emittiert werden:

$$t_4 = \frac{1}{2} [t_1 + t_2 + t_4 + t_5 - (t_1 + t_2 + t_3) + t_6 + t_7 + t_4 + t_9 - (t_6 + t_7 + t_8)]. \qquad (6.26)$$

Die durch die Schräglage oder Kaliberänderungen verursachten Unterschiede in den Laufzeiten t_3 und t_5 werden durch t_9 und t_8 kompensiert. Das Auflösungsvermögen liegt in der Größenordnung der Wellenlänge der Ultraschallimpulse. Die Eindringtiefe hängt vom Abstand zwischen S und E ab. Je größer dieser Abstand ist, desto weiter tauchen die Wellen in das umgebende Gestein ein, wodurch sich der Einfluß der durch den Bohrvorgang beanspruchten bohrlochnahen Zone verringert.

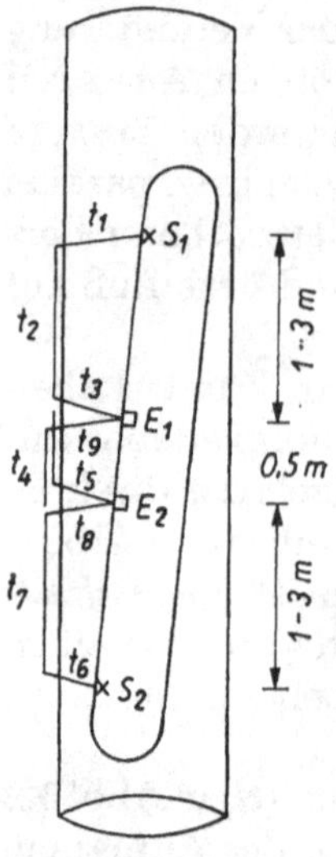

Abb. 6.4. Meßschema einer bohrlochkompensierten Akustiklog-Sonde

Die ermittelte Intervallgeschwindigkeit

$$v_i(z) = \frac{\Delta z}{t_4} \qquad (6.27)$$

wird als Funktion der Sondentiefe registriert. Abb. 7.12 zeigt links eine Akustiklog-Registrierung und in der Mitte das daraus abgeleitete synthetische Seismogramm. Als Bohrlochmeßverfahren dient das Akustiklog vor allem zur Korrelation von Bohrung zu Bohrung, zur Detailuntersuchung von Speichereigenschaften (z. B. *Porositätslog*) und zur technischen Kontrolle des Bohrlochzustandes (z. B. *Zementlog*). Aus der Sondierungskurve können durch Glättung und Mittelung der Meßwerte Schichtgeschwindigkeiten abgeleitet werden. Die Integration der geglätteten Meßwerte nach (6.5) liefert Werte für die Durchschnittsgeschwindigkeit, die i. allg. nicht mit denen aus Laufzeitmessungen nach Abb. 6.2 übereinstimmen. Die Ursachen für diese Abweichungen sind in den meßmethodischen Unterschieden zwischen beiden Verfahren begründet, wobei die Unterschiede in der Wellenlänge und im Strahlenweg den dominierenden Einfluß besitzen. Aus Vergleichsmessungen können Korrekturen für die Akustiklogwerte abgeleitet werden.

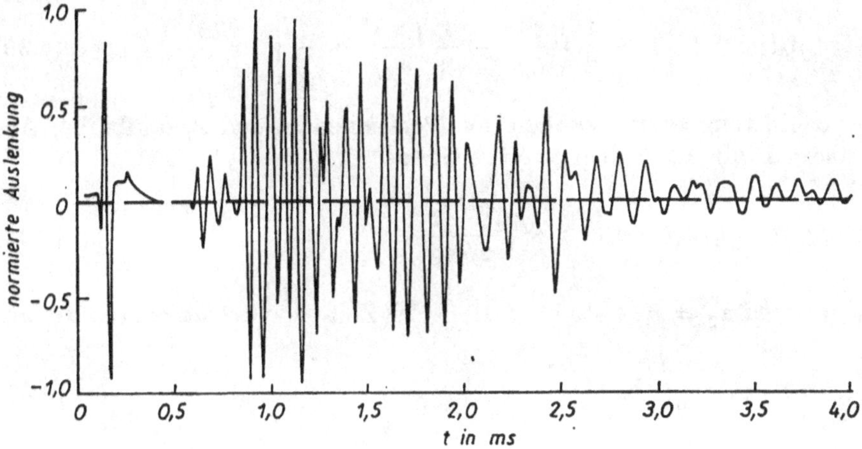

Abb. 6.5. Akustiklog-Signal (nach ENGELHARDT; NEUPERT, 1983)

Auch beim Akustiklog können spätere Einsätze ausgewertet werden. Abb. 6.5 zeigt ein typisches Akustiklog-Signal. Im vorderen Teil ist zunächst das Sendesignal eingeblendet. Die refraktierte P-Welle trifft nach 0,6 ms ein. Mit einer Laufzeit von 0,85 ms erscheinen etwa zeitgleich als zweiter Einsatz die refraktierte PSP- und die Pseudo-RAYLEIGH-Welle und bei 1,5 ms schließlich die STONELEY-Welle. Aus dem Verhältnis v_P/v_S kann auf den Wert der POISSON-Konstanten ν geschlossen werden:

$$\nu = \frac{\left(\frac{v_P}{v_S}\right)^2 - 2}{2\left(\frac{v_P}{v_S}\right)^2 - 2}. \tag{6.28}$$

6.4. Geschwindigkeitsbestimmung aus reflexionsseismischen Messungen

Die aus der Hyperbelnäherung (6.11) bestimmbare Geschwindigkeit $\bar{v}'$, ist unmittelbar als Stapelgeschwindigkeit anwendbar. Sie dient aber auch als Näherungswert für die Effektivitätsgeschwindigkeit $\bar{v}$ und über die DIXsche Formel (6.15) zur Schätzung der Schichtgeschwindigkeit v_k. Mit (6.6) kann schließlich ein Näherungswert für die Durchschnittsgeschwindigkeit berechnet werden.

Wird (6.10) in der Form

$$t_a(x) = \frac{2\tilde{h}}{\tilde{v}} \sqrt{1 + \left(\frac{x}{\tilde{v}t_0}\right)^2} \tag{6.29}$$

geschrieben, kann man die rechte Seite für $\tilde{v}t_0 = 2\tilde{h} \gg x$ in eine Reihe entwickeln:

$$t_a(x) = t_0 \left[1 + \frac{1}{2}\left(\frac{x}{\tilde{v}t_0}\right)^2 - \frac{1}{8}\left(\frac{x}{\tilde{v}t_0}\right)^4 + \cdots\right]. \tag{6.30}$$

Die Laufzeitdifferenz Δt zwischen den Positionen x_2 und x_1 ergibt bei Abbruch dieser Reihe nach dem zweiten Glied:

$$\Delta t = t_a(x_2) - t_a(x_1) \approx \frac{x_2^2 - x_1^2}{2\tilde{v}^2 t_0}. \tag{6.31}$$

Für $x_1 = 0$ und $x_2 = x_{\max}$ stellt Δt die NMO-Zeit (von *normal moveout*) dar:

$$\Delta t_{\text{NMO}} \approx \frac{x_{\max}^2}{2\tilde{v}^2 t_0}. \tag{6.32}$$

Daraus leitet sich die für kleines x gültige parabolische Näherung

$$\tilde{v} \approx \frac{x_{\max}}{\sqrt{2t_0 \Delta t_{\text{NMO}}}} \tag{6.33}$$

ab, die häufig zur Abschätzung der Effektivgeschwindigkeit aus der realen Laufzeitkurve der Reflexionswelle benutzt wird.

Kann die Oberflächenmessung an eine seismische Bohrlochmessung angeschlossen werden, läßt sich mit der nach (6.21) ermittelten Durchschnittsgeschwindigkeit eine prozentuale Korrektur $\frac{(\tilde{v} - \bar{v})}{\bar{v}} \cdot 100$ ermitteln, die flächenhaft als Reduktionsgröße zur verbesserten Abschätzung der Durchschnittsgeschwindigkeit anwendbar ist.

Aus (6.33) folgt, daß $\tilde{v}$ um so ungenauer bestimmt wird, je kleiner Δt_{NMO} ist. Für die Ermittlung der Effektivgeschwindigkeit insbesondere tiefliegender Reflektoren werden daher spezielle Beobachtungsschemata mit großen $x_{\max}$ angewandt. Abb. 6.6 zeigt ein Beobachtungsschema mit gegenläufig wandernden Anregungs- und Empfangspunkten. Der Vorzug dieses Beobachtungsschemas gegenüber einer normalen Weitaufstellung liegt darin, daß trotz großer Aufstellungsentfernungen nur ein kurzes, quasi-ebenes Reflektorstück in die Messung einbezogen wird.

Um aus dem Seismogramm ein kontinuierliches Geschwindigkeitsprofil $\tilde{v}'(t_0')$ zu erhalten, wird in Zeitschritten von 20...30 ms für vorgegebene Hyperbelkrümmungen ein *Kohärenzmaß* berechnet. Abb. 6.7 zeigt das Prinzip des Berechnungsganges. Ein einfaches Kohärenzmaß stellt die Amplituden-

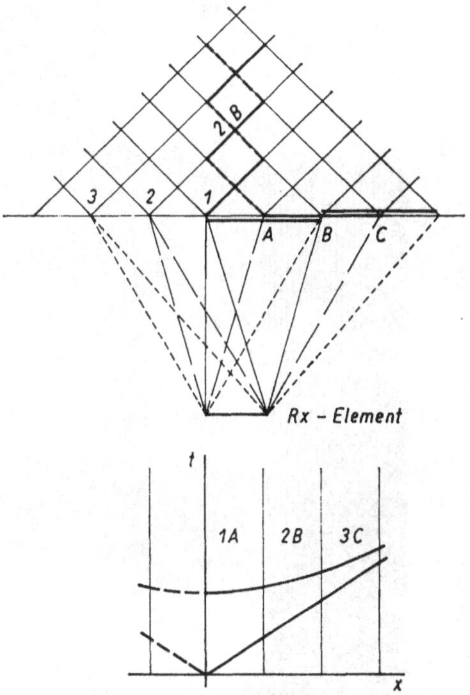

Abb. 6.6. Beobachtungsschema für Geschwindigkeitsmessung

summe

$$K(t_0', \bar{v}') = \frac{1}{n+1} \sum_{j=(t_0'/\tau)-(n/2)}^{(t_0'/\tau)+(n/2)} \left| \sum_{i=1}^{m} A_{ij} \right| \qquad (6.34)$$

dar. Diese Amplitudensumme wird für m Spuren innerhalb eines Zeitfensters von $n + 1$ Abtastungen im Abstand von τ Sekunden gebildet, nachdem zuvor für die schrittweise vorgegebenen Laufparameter t_0' bzw. $\bar{v}'$ die dynamische Korrektur nach (6.12) angebracht worden ist. Für jeden t_0'-Wert wird dazu $\bar{v}'$ entsprechend dem vorgegebenen Wertebereich variiert. Das Ergebnis wird als *Geschwindigkeitsspektrum* bezeichnet. Der zu K_{max} gehörige $\bar{v}'$-Wert ist die optimale Stapelgeschwindigkeit für den gewählten t_0'-Wert. Ein Beispiel für ein Geschwindigkeitsspektrum ist in Abb. 6.8 wiedergegeben. Bis ca. 3,2 s Laufzeit liegt ein eindeutiges Geschwindigkeitsprofil $\bar{v}'(t_0')$ vor. Unterhalb 3,2 s treten offenbar multiple Reflexionen auf,

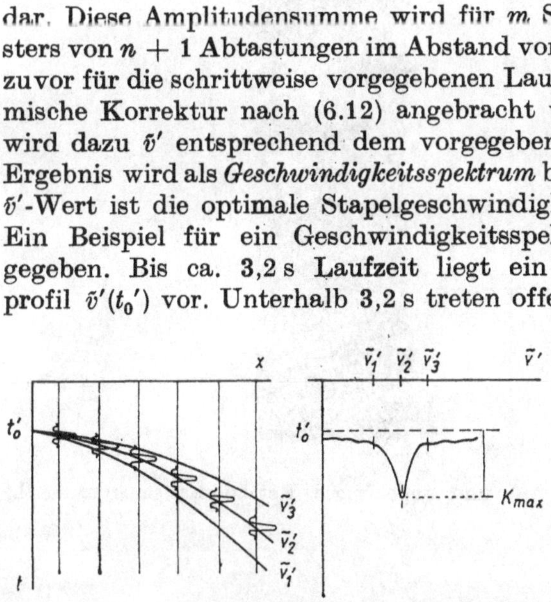

Abb. 6.7. Prinzip der Berechnung von Geschwindigkeitsspektren aus Reflexionsseismogrammen (nach TANER; KOEHLER, 1969)

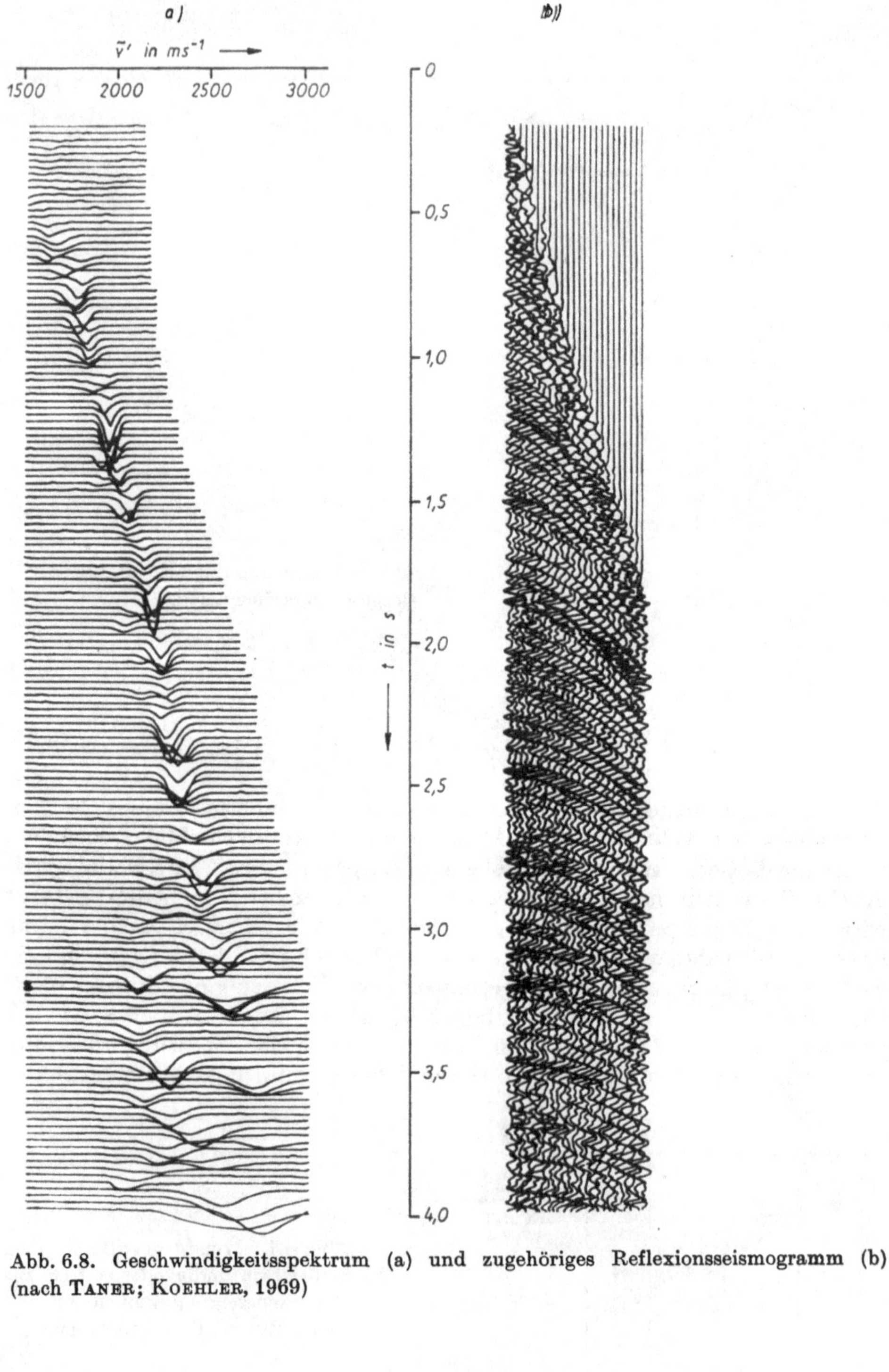

Abb. 6.8. Geschwindigkeitsspektrum (a) und zugehöriges Reflexionsseismogramm (b) (nach TANER; KOEHLER, 1969)

die zusätzliche Kohärenzmaxima bei niedrigen Geschwindigkeiten erzeugen. Die Genauigkeit der mittels $\tilde{v}$-Spektren erhaltenen Geschwindigkeitswerte wird durch eine Reihe von Faktoren bestimmt, deren aktuelle Wirkung oft schwer abzuschätzen ist. Dazu gehören vor allem Ungenauigkeiten der Positionsbestimmungen, besonders bei seeseismischen Messungen, lokale statische Verschiebungen, die von kleinräumigen Geschwindigkeitsanomalien im Hangenden verursacht werden, der Einfluß kohärenter Störwellen sowie der Einfluß von Signalverzerrungen, die im Zuge der Rechnerbearbeitung entstehen. Der mittlere Fehler der Geschwindigkeitswerte aus $\tilde{v}$-Spektren kann bis zu 15% betragen. Daraus ergeben sich i. allg. Einschränkungen für ihre Anwendung bei der Interpretation von Strukturdetails, bei lithologischen Untersuchungen sowie bei der Migration und Tiefentransformation.

Ein anderes Verfahren zur Ermittlung optimaler Stapelgeschwindigkeiten besteht darin, eine Seismogrammsektion mit einer konstanten Geschwindigkeit nach (6.12) dynamisch zu korrigieren. Nur diejenige hyperbelartig gekrümmte Reflexion wird optimal aufgebogen, für welche die gewählte Korrekturgeschwindigkeit zutrifft. Durch Anwendung einer Folge entsprechender $\tilde{v}'$-Werte kann der zur optimalen Stapelung der Seismogrammsektion erforderliche Geschwindigkeitsansatz gefunden werden (vgl. Kap. 8.7.4.).

6.5. Geschwindigkeitsbestimmung aus refraktionsseismischen Messungen

Aus den Laufzeitkurven refraktionsseismischer Messungen (erste Einsätze) sind Geschwindigkeiten unterschiedlicher Wellentypen zu bestimmen. Der im Koordinatenursprung beginnende Anfangsast der Laufzeitkurve wird von direkt gelaufenen Wellen bzw. von Tauchwellen gebildet. Die sich daran anschließenden Laufzeitkurvenäste rühren von Kopfwellen her, die an Refraktoren mit zunehmender Tiefenlage entstehen (Abb. 6.9).

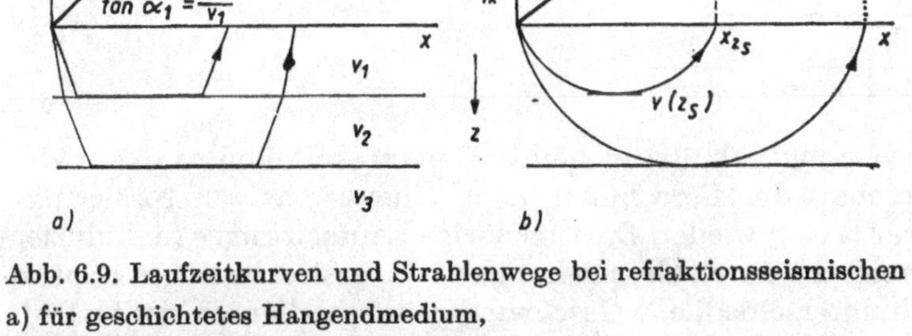

Abb. 6.9. Laufzeitkurven und Strahlenwege bei refraktionsseismischen Messungen
a) für geschichtetes Hangendmedium,
b) für Gradientmedium im Hangenden

Läßt sich das Hangende über dem ersten Refraktor als homogene Schicht konstanter Geschwindigkeit betrachten, ist der Anstieg des Anfangsastes der Laufzeitkurve gleich dem Kehrwert der Hangendgeschwindigkeit v_1:

$$\frac{\Delta t}{\Delta x} = \tan \alpha = \frac{1}{v_1}. \tag{6.35}$$

Für den Fall, daß diese Hangendschicht besser durch eine Gradientschicht angenähert wird, stellt die Tangente an den unterlinear ansteigenden Anfangsast ein Maß für die *Scheitelgeschwindigkeit* der Tauchwelle dar. Für ein Gradientmedium mit linear zunehmender Geschwindigkeit

$$v(z) = v_0(1 + kz) \tag{6.36}$$

ist

$$\tan \alpha = \frac{1}{v^*(x_{z_S})} = \frac{1}{v(z_S)}. \tag{6.37}$$

Die Scheitelpunktstiefe z_S errechnet sich aus dem WIECHERT-HERGLOTZ-Integral zu

$$z_S = \frac{1}{\pi} \int_0^{z_S} \operatorname{arcosh} \frac{v^*(x_{z_S})}{v^*(x)} \, dx. \tag{6.38}$$

Die Integration von (6.38) setzt die Kenntnis der vollständigen Laufzeitkurve von 0 bis x_{z_S} sowie einen positiven Geschwindigkeitsgradienten und eine zusammenhängende Geschwindigkeits-Tiefen-Funktion voraus.

Zur Ermittlung der Durchschnittsgeschwindigkeit $\bar{v}(z)$ für einen beliebigen Geschwindigkeits-Tiefen-Verlauf aus der Laufzeitkurve von Tauchwellen werden verschiedene empirische Näherungsformeln benutzt, bei denen die einschränkenden Voraussetzungen für die Berechnung nach (6.38) nicht bestehen. Die von PAVLENKOVA; SMELJANSKAJA (1969) angegebenen Gleichungen

$$\bar{v}(z) = \frac{2\frac{x}{t} + \sqrt{\frac{x}{t}\, v^*(x)}}{3}, \tag{6.39}$$

$$z = \frac{t_{ix}}{2} \frac{1}{\sqrt{\frac{1}{\bar{v}^2(z)} - \frac{1}{v^{*2}(x)}}} \tag{6.40}$$

erlauben die Berechnung von $\bar{v}(z)$ mit einer Genauigkeit von ca. 5%. Abb. 6.10 gibt das Ergebnis der Berechnung nach einer iterativen Näherungsmethode von GIESE (1968) wieder. Die zugehörige Laufzeitkurve (in reduzierter Darstellung) zeigt die durch Geschwindigkeitsinversion bedingten Sprünge und eine durch unterschiedliche Geschwindigkeitsgradienten verursachte Laufzeitschleife.

Die aus dem Anfangsast der Laufzeitkurve bestimmte Hangendgeschwindigkeit wird als *Konstruktionsgeschwindigkeit* für den Refraktor benötigt. Aus dem Anstieg der sich anschließenden Laufzeitkurvenäste der Kopfwellen erhält man die Grenzgeschwindigkeit v_g der einzelnen Refraktoren. Sie stellt eine für die Korrelation dieser Wellen charakteristische Größe dar. Ihr wahrer Wert wird aus den scheinbaren Geschwindigkeiten v_g^+ und v_g^- gegengeschossener Laufzeitkurven (s. Kap. 9.) bestimmt. Für den obersten Refraktor gilt:

$$v_g = \frac{v_1}{\sin i}, \tag{6.41}$$

$$i = \frac{1}{2}\left(\operatorname{arc\,sin}\frac{v_1}{v_g^+} + \operatorname{arc\,sin}\frac{v_1}{v_g^-}\right). \tag{6.42}$$

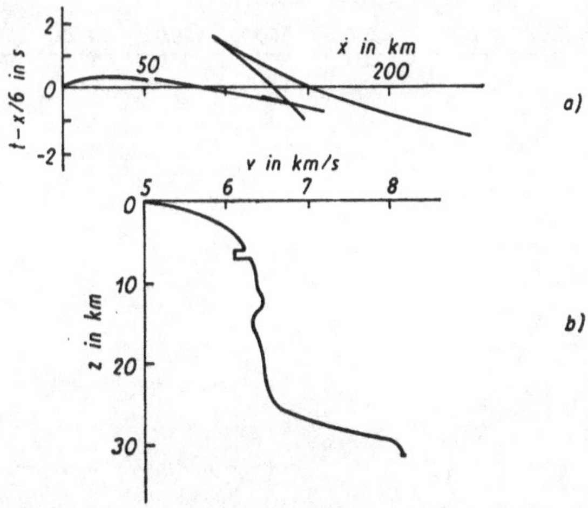

Abb. 6.10. Beispiel der Ermittlung der Geschwindigkeit-Tiefen-Funktion aus der Laufzeitkurve von Tauchwellen (umgezeichnet nach GIESE, 1968)
a) reduzierte Laufzeitkurve,
b) Geschwindigkeits-Tiefen-Funktion

6.6. Geschwindigkeitsansatz

Unter dem *Geschwindigkeitsansatz* versteht man die für einen Meßpunkt, eine Profiltrasse oder ein Meßgebiet gültige *Geschwindigkeits-Tiefen-Funktion* bzw. *Geschwindigkeitsverteilung*. Zur lage- und teufenrichtigen Transformation des seismischen Laufzeitbildes ist ein Geschwindigkeitsansatz erforderlich.

In enger Beziehung zum Strukturbau gelingt es i. allg., für bestimmte geologische Einheiten gültige Gesetzmäßigkeiten in der Geschwindigkeitsverteilung abzuleiten. Das Maß an Gültigkeit hängt dabei vom Erkundungsgrad und insbesondere von der Zahl und der Verteilung seismischer Laufzeitmessungen in Bohrungen ab.

Die einzelnen Schichtkomplexe unterscheiden sich oft durch charakteristische Tiefen- bzw. Laufzeitabhängigkeiten und Gradienten ihrer mittleren Geschwindigkeiten. So gibt John (1983) für das nordwestdeutsche Becken drei Typen der Abhängigkeit der mittleren Schichtgeschwindigkeit von der Laufzeit $\bar{v}_k(t)$ an. Für klastische Sedimente ist eine lineare Geschwindigkeitszunahme mit Gradienten zwischen $0{,}3\ \frac{\left(\frac{\mathrm{m}}{\mathrm{s}}\right)}{10^{-3}\,\mathrm{s}}$ bis $1{,}2\ \frac{\left(\frac{\mathrm{m}}{\mathrm{s}}\right)}{10^{-3}\,\mathrm{s}}$ charakteristisch, für chemische Sedimente existiert dagegen neben dem Typ einer konstanten Schichtgeschwindigkeit ein Typ mit exponentieller Abnahme von $\bar{v}_k(t)$. Eine Verallgemeinerung dieser Gesetzmäßigkeit zeigt Abb. 6.11. Außer den mittleren Schichtgeschwindigkeiten für die chemischen Sedimente sind die Gradientgeraden für die klastischen Sedimente

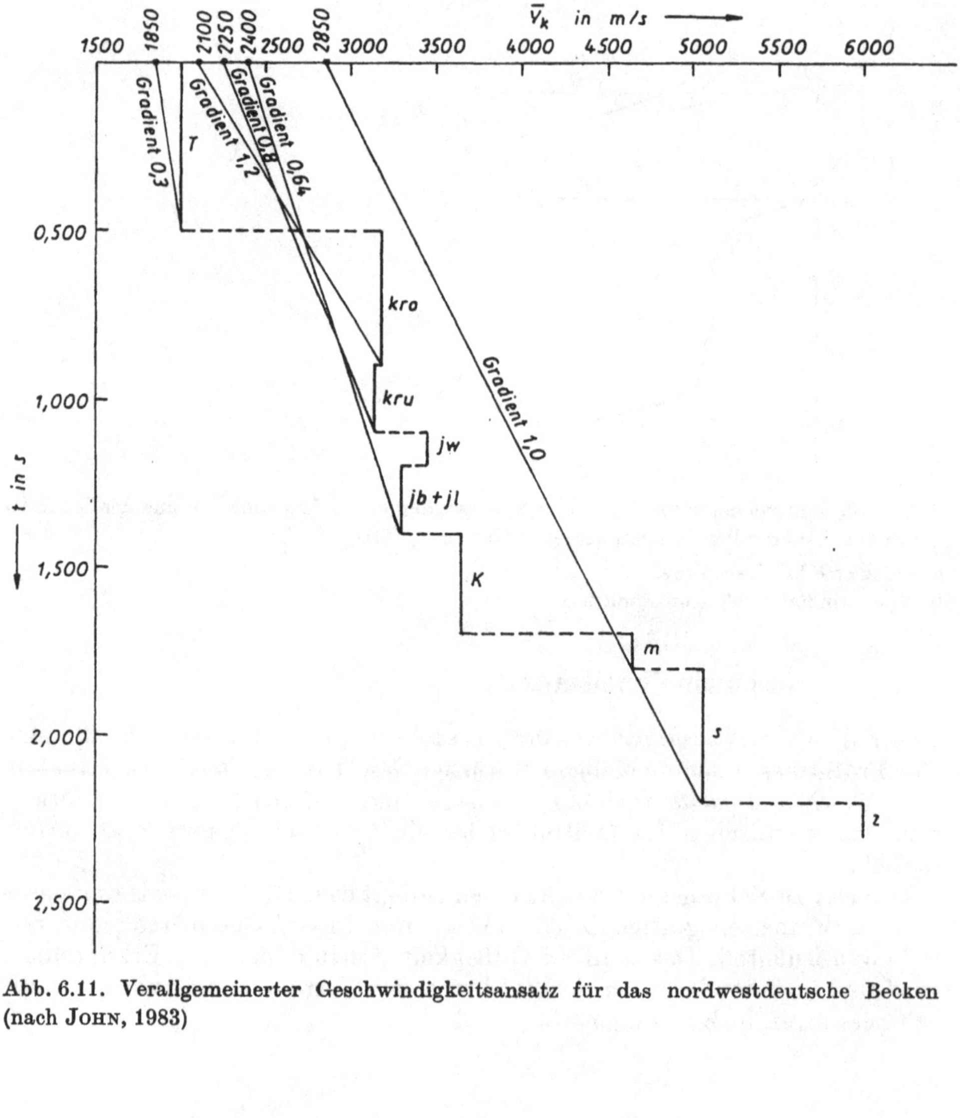

Abb. 6.11. Verallgemeinerter Geschwindigkeitsansatz für das nordwestdeutsche Becken (nach John, 1983)

mit eingetragen. Je nach der Tiefenlage wandern die Fußpunkte der entsprechenden Schichten auf diesen Geraden entlang. Eine andere Form der Verallgemeinerung stellt der von REINHARDT (1968) aufgestellte kombinierte Geschwindigkeitsansatz für den Nordteil der DDR zwischen Mitteldeutscher Hauptlinie und Grimmener Achse dar. Das in Abb. 6.12 aufgetragene Nomogramm zeigt anschaulich, wie der Geschwindigkeitsansatz für ein aktuelles Laufzeitprofil baukastenartig aus den teufenabhängigen Geschwindigkeiten der einzelnen seismischen Schichten zusammengesetzt wird.

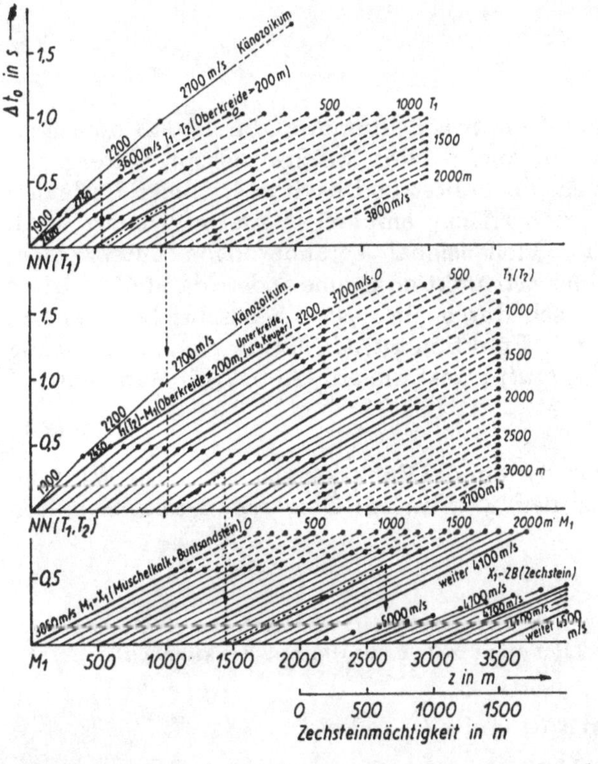

Abb. 6.12. Kombinierter Geschwindigkeitsansatz für den Nordteil der DDR zwischen Mitteldeutscher Hauptlinie und Grimmener Achse (nach REINHARDT, 1968)

Die Bedeutung eines verallgemeinerten Geschwindigkeitsansatzes liegt nicht nur in der Vereinfachung bei der Aufstellung von aktuellen Geschwindigkeitsansätzen, sondern ebenso in der Sicherheit der Interpolation. Für den kombinierten Geschwindigkeitsansatz nach Abb. 6.12 gibt REINHARDT (1968) einen Fehler von 5% bei 500 m und 2% bei 2500 m Tiefe an. Der kombinierte Ansatz versagt dort, wo sich einzelne Schichten in extremer Position befinden (z. B. in tertiären Salzstock-Randsenken) oder fazielle Änderungen innerhalb einer Schicht zu größeren Abweichungen führen (z. B. bei sandiger Ausbildung der Oberkreide). Über solche anomalen Bereiche geben Korrekturkarten Auskunft, welche die notwendigen positiven oder negativen Korrekturwerte ausweisen.

7. Grundlagen der Analyse seismischer Signale

B. Forkmann, R. Rösler

7.1. Systemtheoretische Betrachtungen zur Entstehung des Seismogramms

7.1.1. Lineare Systeme

Vereinfacht betrachtet, entsteht ein Seismogramm dadurch, daß dem Erdboden ein seismisches Signal aufgeprägt wird, welches sich im Untergrund in Form einer elastischen Welle ausbreitet und nach mehrfacher Reflexion an Schichtgrenzen an der Erdoberfläche empfangen und registriert wird. Dabei ist das ursprüngliche Quellensignal Veränderungen unterworfen, welche die Transformation einer Zeitfunktion in eine andere darstellen. Diese Transformation kann symbolisch durch ein *System* S beschrieben werden, das eine am Eingang anliegende Funktion $x(t)$ (*Input*) in eine am Ausgang erscheinende Funktion $y(t)$ (*Output*) transformiert (Abb. 7.1). Man schreibt

$$y(t) = S\{x(t)\} \tag{7.1}$$

und nennt S auch den *Operator*, der auf die Funktion $x(t)$ wirkt. Die Wirkung des Operators ergibt sich aus den spezifischen Übertragungseigenschaften des Systems.

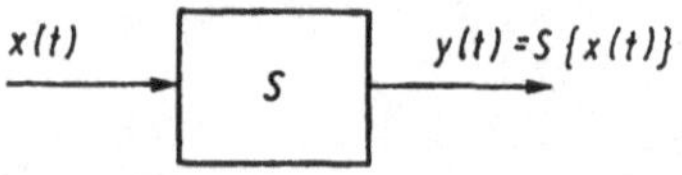

Abb. 7.1. Das System S transformiert die Input-Funktion $x(t)$ in die Output-Funktion $y(t)$.

Wenn für zwei Funktionen $x_1(t)$ und $x_2(t)$ außer

$$y_1(t) = S\{x_1(t)\} \quad \text{und} \quad y_2(t) = S\{x_2(t)\} \tag{7.2}$$

auch

$$a_1 y_1(t) + a_2 y_2(t) = S\{a_1 x_1(t) + a_2 x_2(t)\} \tag{7.3}$$

mit beliebigen Konstanten a_1 und a_2 gilt, dann ist S ein *lineares* System. (7.3) drückt aus, daß die Funktionen $x_1(t)$ und $x_2(t)$ durch S voneinander unbeeinflußt übertragen werden (*Superpositionsgesetz*).

Die Analyse linearer Systeme führt auf lineare Differentialgleichungen der Form

$$a_n \frac{\mathrm{d}^n}{\mathrm{d}t^n} y(t) + a_{n-1} \frac{\mathrm{d}^{n-1}}{\mathrm{d}t^{n-1}} y(t) + \cdots + a_0 y(t)$$

$$= b_m \frac{\mathrm{d}^m}{\mathrm{d}t^m} x(t) + b_{m-1} \frac{\mathrm{d}^{m-1}}{\mathrm{d}t^{m-1}} x(t) + \cdots + b_0 x(t). \tag{7.4}$$

Sind die Koeffizienten a_k und b_k der Differentialgleichung (7.4) zeitlich konstant, dann ist das System *zeitinvariant*. Dann gilt außer (7.1) auch

$$y(t - t_0) = S\{x(t - t_0)\}. \tag{7.5}$$

Eine wesentliche Eigenschaft linearer zeitinvarianter Systeme besteht darin, daß die Output-Funktion nur solche Frequenzen enthält, die auch am Eingang vorhanden sind.

Die Entstehung des Seismogramms, beginnend mit dem Auslösemoment des Anregungsvorganges bis zur Registrierung, kann als Übertragung durch eine Folge von Teilsystemen verstanden werden (Abb. 7.2). Die in Abb. 7.2 aufgeführten Teilsysteme können in guter Näherung als lineare zeitinvariante Systeme behandelt werden, solange sie nicht „übersteuert" werden. Das gilt im Bereich der seismischen Quelle nur dann, wenn die Gültigkeit des HOOKEschen Gesetzes angenommen werden kann. Das ist der Fall bei kleinen Deformationen, wie sie mit Sicherheit ab einer bestimmten Entfernung vom Quellenzentrum angetroffen werden. Bei der Aufnahme und Registrierung kann eine Übersteuerung durch entsprechende Dämpfung des Geophons bzw. durch geeignete Wahl der Vorverstärkung der Registrierapparatur vermieden werden.

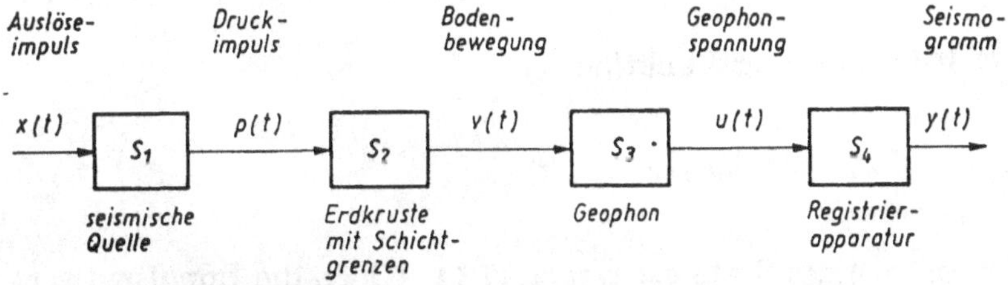

Abb. 7.2. Seismische Kette:
Der Auslöseimpuls $x(t)$ führt zur Entstehung des Seismogramms $y(t)$.

7.1.2. Übertragungsfunktion und Impulsantwort

Wird (7.4.) mittels der FOURIER-Transformation, definiert durch

$$Y(\omega) = \int_{-\infty}^{\infty} y(t)\, e^{-i\omega t}\, dt, \tag{7.6}$$

aus dem Zeitbereich in den Frequenzbereich transformiert, so entsteht

$$\begin{aligned}&[a_n(i\omega)^n + a_{n-1}(i\omega)^{n-1} + \cdots + a_0]\, Y(\omega)\\ &= [b_m(i\omega)^m + b_{m-1}(i\omega)^{m-1} + \cdots + b_0]\, X(\omega).\end{aligned} \tag{7.7}$$

Das Verhältnis $Y(\omega)/X(\omega)$ bezeichnet man als ***Übertragungsfunktion***:

$$H(\omega) = \frac{Y(\omega)}{X(\omega)} = \frac{b_m(i\omega)^m + b_{m-1}(i\omega)^{m-1} + \cdots + b_0}{a_n(i\omega)^n + a_{n-1}(i\omega)^{n-1} + \cdots + a_0}. \tag{7.8}$$

Die Übertragungsfunktion ist eine gebrochene rationale Funktion von ω, sie verknüpft die Spektren der Input- und der Output-Funktionen $X(\omega)$ und $Y(\omega)$:

$$Y(\omega) = H(\omega)\,X(\omega). \tag{7.9}$$

Beim Übergang in den Zeitbereich durch die inverse FOURIER-Transformation geht das Produkt in ein Faltungsintegral über

$$y(t) = \int_{-\infty}^{\infty} h(t - t')\,x(t')\,\mathrm{d}t' \tag{7.10}$$

mit

$$h(t) = \frac{1}{2\pi} \int_{-\infty}^{\infty} H(\omega)\,\mathrm{e}^{\mathrm{i}\omega t}\,\mathrm{d}\omega. \tag{7.11}$$

Ist die Input-Funktion speziell ein Impuls, dargestellt durch eine DIRACsche Deltafunktion

$$x(t) = \delta(t), \tag{7.12}$$

so folgt aus (7.10) als Output-Funktion

$$y(t) = \int_{-\infty}^{\infty} h(t - t')\,\delta(t')\,\mathrm{d}t' = h(t) \tag{7.13}$$

die *Impulsantwort* $h(t)$ des Systems. Wegen (7.11) bilden die Impulsantwort $h(t)$ und die Übertragungsfunktion $H(\omega)$ ein FOURIER-Transformierten-Paar. Im allemeinen ist $H(\omega)$ eine komplexe Funktion:

$$\begin{aligned} H(\omega) &= H_r(\omega) + \mathrm{i}H_i(\omega), \\ &= |H(\omega)|\,\mathrm{e}^{\mathrm{i}\varphi(\omega)}. \end{aligned} \tag{7.14}$$

Der Betrag $|H(\omega)|$ und $\varphi(\omega)$ heißen *Amplituden-* und *Phasengang.*

7.1.3. Physikalisch realisierbare Systeme

Ein System, dessen Bestandteile auf der Grundlage physikalischer Gesetze zusammenwirken und die Transformation des Inputs in den Output bewirken, heißt *physikalisch realisierbares System.* Man nennt es auch ein *kausales* System. Das Kausalitätsprinzip zwischen Input und Output besagt, daß die Wirkung (der Output) nicht vor der Ursache (dem Input) auftreten kann, und es gilt für solche Systeme:

$$h(t) = 0 \quad \text{für} \quad t < 0. \tag{7.15}$$

Hieraus folgt einerseits, daß Real- und Imaginärteil von (7.14) voneinander nicht unabhängig sind:

$$H_i(\omega) = \mathscr{H}i\,\{H_r(\omega)\}, \tag{7.16}$$

$$= \int_{-\infty}^{\infty} \sin \omega t \int_{-\infty}^{\infty} H_r(\omega') \cos \omega' t \, d\omega' \, dt. \tag{7.17}$$

Dabei bedeutet $\mathscr{H}i$ die Hilbert-Transformation. Andererseits bedingt (7.15), daß die Polstellen von $H(\omega)$ (s. (7.8)) komplex sind und einen positiven Imaginärteil besitzen. $H(\omega)$ ist also in der ganzen unteren komplexen ω-Halbebene eine reguläre Funktion (Theorem von Wiener).

7.2. Das digitalisierte Seismogramm als diskrete getastete Funktion

7.2.1. Die Abtastung

7.2.1.1. *Das Abtast-Theorem*

Seismogramme werden heute meist digital registriert. Erst dadurch gelingt es, die seismischen Signale innerhalb ihrer sehr großen Dynamik originalgetreu aufzuzeichnen und zu speichern.

Die Umwandlung einer stetigen Funktion $x(t)$ in eine äquidistante Folge diskreter Werte $(\ldots, x_k, x_{k+1}, \ldots)$ kann mit Hilfe einer Dirac-Kamm-Funktion

$$D(t) = \sum_{k=-\infty}^{\infty} \delta(t - k\tau) \tag{7.18}$$

beschrieben werden. Das ist eine Folge von δ-Funktionen im Abstand τ, dem *Abtastintervall*. Dann ist

$$\hat{x}(t) = x(t) \sum_{k=-\infty}^{\infty} \delta(t - k\tau) \tag{7.19}$$

die Folge der Funktionswerte von $x(t)$ in den äquidistanten Zeitpunkten $t = k\tau$, jeweils mit einer δ-Funktion multipliziert. Folglich treten in (7.19) nur noch die Funktionswerte

$$x(k\tau) = x_k \tag{7.20}$$

auf. Durch eine Fourier-Transformation von (7.19) erhält man das Spektrum der getasteten Funktion $x(t)$

$$\hat{X}(\omega) = \int_{-\infty}^{\infty} \hat{x}(t)\, e^{i\omega t}\, dt,$$

$$= \sum_{k=-\infty}^{\infty} x_k\, e^{-i\omega k\tau} \tag{7.21}$$

als eine periodische Funktion von ω:

$$\hat{X}\left(\omega + \frac{2\pi}{\tau}\right) = \hat{X}(\omega). \tag{7.22}$$

Das Spektrum der getasteten Funktion ist damit im sog. NYQUIST-Intervall

$$-\frac{\pi}{\tau} \leqq \omega \leqq \frac{\pi}{\tau} = \omega_N \tag{7.23}$$

vollständig gegeben. Man bezeichnet $\omega_N = \frac{\pi}{\tau}$ bzw. $f_N = \frac{1}{2\tau}$ als NYQUIST-Frequenz. Andererseits folgt aus (7.19) auch ein Zusammenhang mit dem Spektrum $X(\omega)$ der stetigen Funktion $x(t)$

$$\hat{X}(\omega) = \sum_{k=-\infty}^{\infty} X\left(\omega + k\frac{2\pi}{\tau}\right), \tag{7.24}$$

der ebenfalls die Periodizität von $X(\omega)$ zeigt. Eine Übereinstimmung von $\hat{X}(\omega)$ mit $X(\omega)$ innerhalb des NYQUIST-Intervalls existiert offenbar nur dann, wenn $X(\omega)$ außerhalb des NYQUIST-Intervalls verschwindet:

$$X(\omega) = 0 \quad \text{für} \quad \omega_N < |\omega|. \tag{7.25}$$

Der Frequenzinhalt der abzutastenden stetigen Funktion muß also vollständig innerhalb des NYQUIST-Intervalls liegen. Ist $\omega_0 = 2\pi f_0$ die obere Grenzfrequenz von $x(t)$, so folgt aus der Forderung $\omega_0 < \omega_N$ eine obere Schranke für das Abtastintervall τ:

$$\tau \leqq \frac{\pi}{\omega_0} \quad \text{bzw.} \quad \tau \leqq \frac{1}{2f_0}. \tag{7.26}$$

Das heißt, daß für die größte in $x(t)$ enthaltene Frequenz mindestens zwei Abtastungen pro Periode notwendig sind. Das ist das *Abtast-Theorem* (auch „Probenansatz"; sampling theorem).

7.2.1.2. *Der Aliasing-Effekt*

Bei zu großem Abtastintervall werden (7.26) und (7.25) verletzt, und es folgt aus (7.24), daß $\hat{X}(\omega)$ und $X(\omega)$ im NYQUIST-Intervall dann nicht übereinstimmen können. Das wird durch Abb. 7.3 verdeutlicht. Die Teile des Spek-

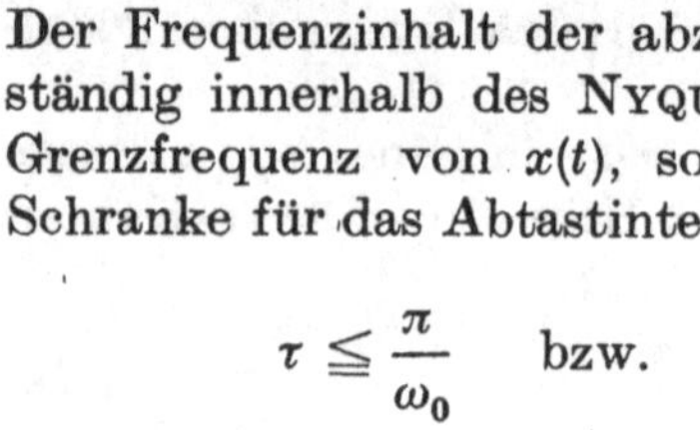

Abb. 7.3. Aliasing-Effekt: Signalfrequenzen ω_x, die größer als die NYQUIST-Frequenz ω_N sind, erscheinen nach der Abtastung mit der niedrigeren Frequenz ω_y.

trums, die zu Frequenzen $\omega_x > \omega_N$ gehören, erscheinen innerhalb des NYQUIST-Intervalls mit niedrigerer Frequenz ω_y. Dabei gilt

$$\omega_y = 2\omega_N - \omega_x. \tag{7.27}$$

Man spricht deshalb vom *Aliasing-Effekt* (alias (lat.) = anders).

7.2.1.3. *Die Signalrekonstruktion*

Die Umwandlung der diskreten Funktion in eine stetige Funktion, die *Signalrekonstruktion*, geht davon aus, daß die Spektren beider Funktionen im NYQUIST-Intervall übereinstimmen. Dazu wird (7.21) als FOURIER-Reihe für $X(\omega)$ betrachtet. Die Koeffizienten x_k ergeben sich bekanntlich durch

$$x_k = \hat{x}(t) = \frac{1}{2\omega_N} \int_{-\omega_N}^{\omega_N} \hat{X}(\omega)\, e^{i\omega t}\, d\omega \tag{7.28}$$

für $t = k\tau$. (7.21) in (7.28) eingesetzt, ergibt

$$x(t) = \frac{1}{2\omega_N} \int_{-\omega_N}^{\omega_N} \sum_{k=-\infty}^{\infty} x_k\, e^{i\omega(t-k\tau)}\, d\omega,$$

$$= \sum_{k=-\infty}^{\infty} x_k \frac{\sin \omega_N (t - k\tau)}{\omega_N (t - k\tau)} \tag{7.29}$$

durch gliedweise Integration. Die durch (7.29) erfolgende Interpolation verdeutlicht Abb. 7.4.

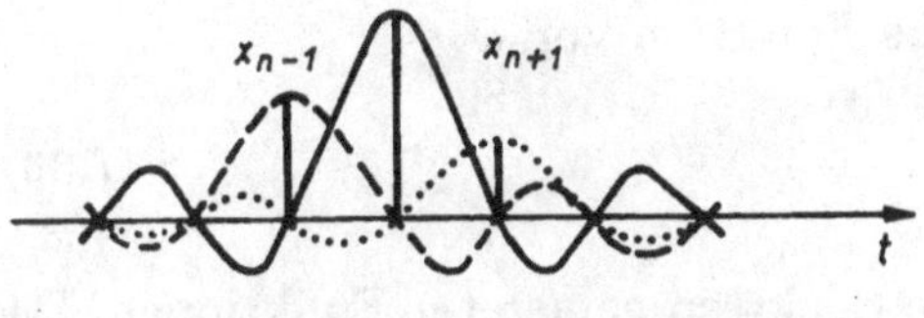

Abb. 7.4. Signalrekonstruktion aus den Abtastwerten x durch Interpolation nach (7.29)

In den Abtastpunkten liefert nur der zugehörige Abtastwert einen Beitrag, während die Interpolationsfunktion für alle anderen Abtastpunkte dort Nullstellen besitzt. Zwischen den Abtastpunkten ergeben sich dagegen Beiträge der Interpolationsfunktion von allen Abtastungen.

7.2.2. Die Übertragungsfunktion diskreter Systeme

Diskrete Systeme verarbeiten diskrete Zeitfunktionen, die durch Abtastung stetiger Funktionen entstanden sind und als *Wertereihen* vorliegen:

$$\{a_k\}_{k=0}^{l} = (a_0, a_1, \ldots, a_l). \tag{7.30}$$

Man unterscheidet endliche und unendliche Wertereihen; (7.30) stellt eine endliche der „Länge" $l + 1$ dar, d. h., die Wertereihe enthält $l + 1$ Glieder.

Während stetige Systeme durch eine Differentialgleichung (7.4) beschrieben werden, tritt an deren Stelle bei diskreten Systemen dadurch, daß die Differentialquotienten durch Differenzenquotienten ersetzt werden, eine Differenzengleichung, die nach geeigneter Umordnung folgendermaßen lautet:

$$a_0 y_k + a_1 y_{k-1} + \cdots + a_n y_{k-n} = b_0 x_k + b_1 x_{k-1} + \cdots + b_m x_{k-m}. \tag{7.31}$$

Zur Bestimmung der Übertragungsfunktion wird als Eingangsfunktion eine harmonische Funktion mit der Amplitude $X(\omega)$ verwendet.

$$x_k = X(\omega)\, e^{ik\omega\tau} \tag{7.32}$$

und die Ausgangsfunktion

$$y_k = Y(\omega)\, e^{ik\omega\tau} \tag{7.33}$$

bestimmt. Das ergibt aus (7.31) zunächst

$$Y(\omega) \sum_{q=0}^{n} a_q\, e^{-iq\omega\tau} = X(\omega) \sum_{p=0}^{m} b_p\, e^{-ip\omega\tau} \tag{7.34}$$

und daraus die Übertragungsfunktion

$$H(\omega) = \frac{Y(\omega)}{X(\omega)} = \frac{\sum\limits_{p=0}^{m} b_p\, e^{-ip\omega\tau}}{\sum\limits_{q=0}^{n} a_q\, e^{-iq\omega\tau}} \tag{7.35}$$

als eine gebrochene, rationelle Funktion von $e^{-i\omega\tau}$. Damit ist auch die Übertragungsfunktion $H(\omega)$ eine periodische Funktion von ω,

$$H\left(\omega + \frac{2\pi}{\tau}\right) = H(\omega) \tag{7.36}$$

mit der gleichen Periodenlänge wie die Spektren getasteter Funktionen. Da $H(\omega)$ periodisch ist, kann sie in eine FOURIER-Reihe entwickelt werden

$$H(\omega) = \sum_{k=-\infty}^{\infty} h_k\, e^{-i\omega k\tau}. \tag{7.37}$$

Ihre Koeffizienten lauten

$$h_k = \frac{1}{2\omega_N} \int\limits_{-\omega_N}^{\omega_N} H(\omega)\, e^{i\omega k\tau}\, d\omega. \tag{7.38}$$

Sie bilden die *Impulsantwort* $\{h_k\}_{k=-\infty}^{\infty}$ des diskreten Systems. Für ein physikalisch realisierbares System gilt $h_k = 0$ für $k < 0$.

7.2.3. Die Z-Transformation

Die Z-Transformation erleichtert das Rechnen mit diskreten Funktionen. Sie erfolgt durch die Substitution

$$z = \mathrm{e}^{-\mathrm{i}\omega\tau} \tag{7.39}$$

in den vorangegangenen Gleichungen. Das Spektrum $\hat{X}(\omega)$ einer diskreten Funktion $\{x_k\}_{-\infty}^{\infty}$ (z. B. (7.21)) wird durch die Z-Transformierte von $\{x_k\}_{-\infty}^{\infty}$ ersetzt:

$$Z\{x_k\} = \hat{X}(z) = \sum_{k=-\infty}^{\infty} x_k z^k. \tag{7.40}$$

Damit stellt die Z-Transformation die Übertragung der FOURIER-Transformation auf äquidistante Wertereihen dar. Für die Existenz der Z-Transformierten ist es notwendig und hinreichend, daß für $|z| = 1$ die Reihe (7.40) absolut und gleichmäßig konvergiert.

Mit der Z-Transformierten einer diskreten Funktion kann wie mit einer Funktion einer komplexen Veränderlichen gearbeitet, und es können die Hilfsmittel der Funktionentheorie angewandt werden. Eine ausführliche Beschreibung der Z-Transformation und ihrer Regeln findet man bei VICH (1964), STOPP (1978). Dabei ist zu beachten, daß dort und bei allen nichtgeophysikalischen Anwendungen die Z-Transformation an Stelle von (7.39) durch

$$z = \mathrm{e}^{\mathrm{i}\omega\tau} \tag{7.41}$$

definiert wird.

Die Z-Transformierte einer Wertereihe der Länge $l + 1$ (s. (7.30)) lautet

$$Z\{a_k\} = \sum_{k=0}^{l} a_k z^k = A(z) \tag{7.42}$$

und stellt eine Polynom vom Grade l dar.

Die Übertragungsfunktion eines diskreten Systems (7.35) lautet

$$H(z) = \frac{\sum_{p=0}^{m} b_p z^p}{\sum_{q=0}^{n} a_q z^q} = \sum_{k=-\infty}^{\infty} h_k z^k \tag{7.43}$$

und stellt eine gebrochene rationale Funktion von z dar.

Die Transformation (7.39) ist eine konforme Abbildung der komplexen ω-Ebene auf die komplexe z-Ebene. Dabei wird der Streifen $-\omega_N \leqq \mathrm{Re}(\omega) \leqq \omega_N$ auf die ganze z-Ebene abgebildet (Abb. 7.5), die reelle ω-Achse auf den Einheitskreis $|z| = 1$. Die Werte der Z-Transformierten auf dem Einheitskreis $|z| = 1$ stellen also das komplexe Spektrum der Wertereihe dar.

Weiterhin wird die untere ω-Halbebene $\mathrm{Im}(\omega) < 0$ auf das Innere des Einheitskreises abgebildet. Entsprechend dem Theorem von WIENER ist die Übertragungsfunktion eines physikalisch realisierbaren diskreten Systems im Innern des Einheitskreises regulär. Ihre Singularitäten (Pole, Nullstellen des Nenners der Z-Transformierten) müssen außerhalb des Einheitskreises liegen. Der Konvergenzradius R ist größer als 1, folglich verschwinden dann in (7.43) alle h_k mit $k < 0$.

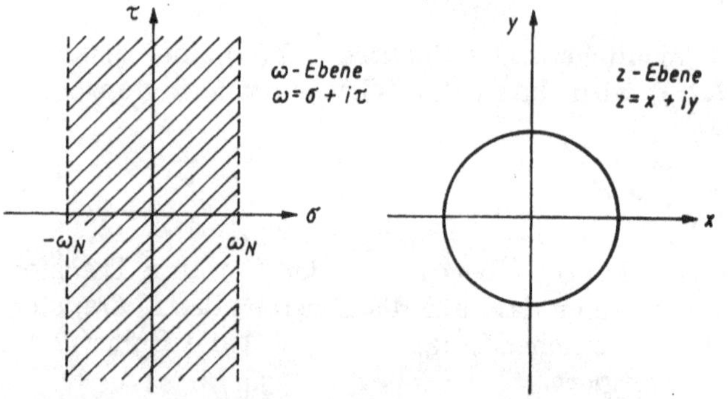

Abb. 7.5. Durch die z-Transformation $z = e^{-i\omega\tau}$ wird der schraffierte Streifen in der komplexen ω-Ebene auf die ganze komplexe z-Ebene konform abgebildet.

Die Faltung zweier Zeitfunktionen (7.10) ist eine Multiplikation ihrer Spektren im Frequenzbereich (s. (7.9)). Das Produkt der Z-Transformierten zweier Wertereihen $\{a_k\}$ und $\{b_k\}$ ergibt eine Wertereihe $\{c_p\}$

$$C(z) = A(z) \cdot B(z) = \sum_{k=0}^{N} a_k z^k \sum_{l=0}^{M} b_l z^l, \tag{7.44}$$

$$= \sum_{p=0}^{M+N} z^p \sum a_k b_{p-k} = \sum_{p=0}^{M+N} c_p z^p \tag{7.45}$$

mit der Substitution $p = k + l$. Die Elemente der Wertereihe $\{c_p\}$ werden durch die *Faltungssumme*

$$c_p = \sum_k a_k b_{p-k} \tag{7.46}$$

dargestellt. Die Faltung der Wertereihen der Längen $M + 1$ und $N + 1$ ergibt eine Wertereihe der Länge $M + N + 1$ (s. (7.45)).

7.2.4. Das Signalkonzept

7.2.4.1. Die Definition des digitalen Wavelets

Der Begriff *Wavelet* hat sich für das seismische Signal eingebürgert, das einen definierten Anfang und eine endliche Energie besitzt. Ein digitales Wavelet als diskrete Funktion endlicher Länge $N + 1$ wird meist als Reihenmatrix $(w_0, w_1, \ldots, w_N)$ dargestellt. Die einzelnen Glieder w_k heißen *Wavelet-Koeffizienten*. Das kürzeste Wavelet besteht aus zwei Koeffizienten,

z. B. (a_0, a_1), und wird als *Binom, Dublette* oder *Couplet* bezeichnet. Die Faltung (7.46) zweier Wavelets der Länge 2

$$(a_0, a_1) * (b_0, b_1) = (c_0, c_1, c_2) \tag{7.47}$$

ergibt ein Wavelet der Länge 3. Entsprechend kann ein Wavelet der Länge $N + 1$ durch Faltung von N Wavelets der Länge 2 erzeugt werden:

$$(a_0^{(1)}, a_1^{(1)}) * (a_0^{(2)}, a_1^{(2)}) * \cdots * (a_0^{(N)}, a_1^{(N)}) = (w_0, w_1, \ldots, w_N). \tag{7.48}$$

Die Z-Transformation von (7.48) ergibt

$$(a_0^{(1)} + a_1^{(1)}z) \cdot (a_0^{(2)} + a_1^{(2)}z) \cdot \cdots \cdot (a_0^{(N)} + a_1^{(N)}z)$$
$$= w_0 + w_1 z + \cdots + w_N z^N. \tag{7.49}$$

Die zeitliche Energieverteilung innerhalb eines Wavelets kann durch die Energiepartialsummen oder die Energieaufbaufunktion

$$E_k = \sum_{j=0}^{k} w_j^2 \tag{7.50}$$

dargestellt werden; die Gesamtenergie ist E_N.

Ein zeitlich umgekehrtes Wavelet zu $(w_0, w_1, \ldots, w_N)$ wird durch $(\overline{w}_N, \overline{w}_{N-1}, \ldots, \overline{w}_0)$ definiert, wobei $\overline{w}_k$ das konjugiert-komplexe zu w_k bedeutet.

Als *Dipol* definiert man ein Paar von Wavelets der Länge 2 (Binome), die durch Zeitumkehr ineinander übergehen. Es bilden also die beiden Binome (w_0, w_1) und (v_0, v_1) einen Dipol, wenn $v_0 = \overline{w}_1$ und $v_1 = \overline{w}_0$ gilt. Ist $|w_0| > |w_1|$, dann nennt man das Binom (w_0, w_1) *minimal-verzögert* und (v_0, v_1) *maximal-verzögert*. Die Energiepartialsumme eines minimal-verzögerten Binoms erreicht den Endwert schneller als die des maximal verzögerten. Ein Wavelet ist minimal- (oder maximal-) verzögert, wenn alle Binome, gebildet entspechend (7.48), minimal- (oder maximal-)verzögert sind.

Die Nullstellen der Z-Transformierten eines minimal-verzögerten Wavelets liegen außerhalb des Einheitskreises $|z| = 1$, folglich ist die Impulsantwort eines physikalisch realisierbaren Systems minimal-verzögert.

Das komplexe Spektrum eines reellen Binoms lautet

$$W(\omega) = w_0 + w_1 e^{-i\omega\tau},$$
$$= |W(\omega)|\, e^{-i\vartheta(\omega)} \tag{7.51}$$

mit dem Amplituden- und Phasenspektrum

$$|W(\omega)| = \sqrt{w_0^2 + w_1^2 + 2w_0 w_1 \cos \omega\tau}, \tag{7.52}$$

$$\vartheta(\omega) = \operatorname{arc\,tan} \frac{w_1 \sin \omega\tau}{w_0 + w_1 \cos \omega\tau}. \tag{7.53}$$

Offensichtlich sind die Amplitudenspektren der Binome eines Dipols identisch

$$|W_{\min}(\omega)| \equiv |W_{\max}(\omega)|\,; \tag{7.54}$$

die Phasenspektren unterscheiden sich. Es gilt

$$\vartheta_{\min}(0) = \vartheta_{\max}(0) = 0\,, \tag{7.55}$$

aber wegen $|w_0| > |w_1|$ beim minimal-verzögerten Wavelet

$$\vartheta_{\min}(\omega_{\mathrm{N}}) = 0\,,$$

$$\vartheta_{\max}(\omega_{\mathrm{N}}) = \pm\pi\,, \tag{7.56}$$

wobei das Phasenspektrum (7.53) derart „aufgewickelt" worden ist, daß zum Hauptwert des arctan beim Erreichen von $\pm \frac{\pi}{2}$ (bei $\omega = \frac{1}{\tau}$ arccos $(-w_0/w_1)$) jeweils $\pm\pi$ addiert wurde (Abb. 7.6). Entsprechendes gilt für Wavelets größerer Länge.

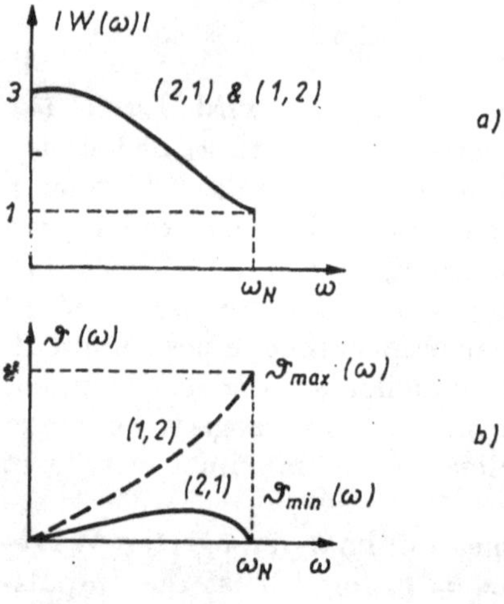

Abb. 7.6. Amplituden (a)- und Phasenspektren (b) der Binome (2,1) und (1,2)

7.2.4.2. *Das seismische Modellsignal*

In reiner Form sind seismische Signale im Seismogramm nur selten aufzufinden. Das erkennbare Signal stellt i. allg. ein Gemisch aus sich überlagernden Nutz- und Störkomponenten dar. Dennoch interessieren Größe und Form des reinen Nutzsignals (Wavelets), denn nur dieses spiegelt die gesuchten Informationen unverfälscht wider. Zur Charakterisierung wesentlicher Merkmale der sehr vielgestaltig auftretenden seismischen Signale dienen *Modellsignale*. Sie werden zur Definition dieser Signalmerkmale und zur Modellierung komplizierter Signalbilder bzw. synthetischer Seismogramme und Zeitschnitte herangezogen.

Das klassische seismische Modellsignal ist das RICKER-Wavelet. Es stellt die Antwort eines visko-elastischen Mediums auf eine impulsförmige Anregungsfunktion dar. Seine mathematische Darstellung ergibt sich nach RIKKER (1977) aus der Lösung der Wellengleichung für visko-elastisches Material nach dem Stoffgesetz von STOKES als Reihenentwicklung nach HERMITEschen Funktionen. In dieser Darstellung ist die normierte Entfernung

$$\mathring{r} = \frac{\omega_0}{v_p} r \tag{7.57}$$

von der Quelle zugleich Signalformparameter. Die Wavelet-Folge in Abb. 7.7 zeigt die mit wachsender Entfernung $\mathring{r}$ von der Quelle charakteristischen Veränderungen der Signalform, verursacht durch die zunehmende Tiefpaßwirkung längs des Wellenweges. Das äußert sich einerseits in einer stärkeren Dämpfung höherer Frequenzen gegenüber niedrigeren und andererseits in der Veränderung der Phasencharakteristik vom minimum-phasigen Signal in Quellennähe bis zum gemischt-phasigen Signal in großer Entfernung von der Quelle.

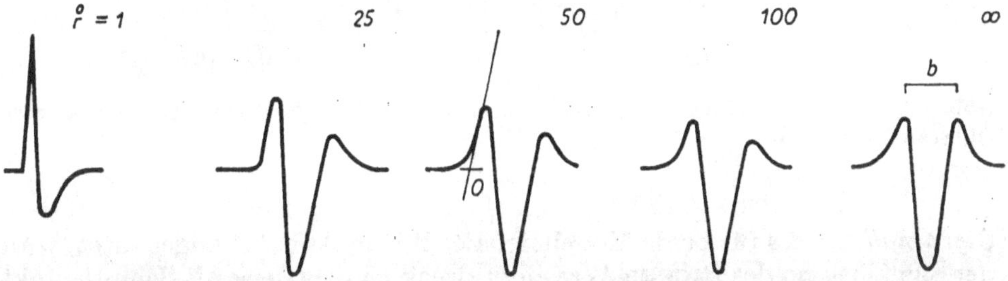

Abb. 7.7. Folge von RICKER-Wavelets in der normierten Entfernung $\mathring{r}$ von der Quelle

Eine Alternative zur impulsförmigen Anregung stellt die Vibrationsanregung seismischer Wellen dar. Durch die Korrelation von Vibrationssignalen wird ein symmetrisches Wavelet erzeugt, dessen klassisches Beispiel das KLAUDER-Wavelet ist. Die Autokorrelationsfunktion eines zwischen den Frequenzen f_1 und f_2 linear frequenzmodulierten (Vibrations-)Signals liefert seine mathematische Darstellung (KLAUDER, 1960). Die Wavelet-Folge in Abb. 7.8 zeigt eine Anzahl Modellsignale von zwei Oktaven Bandbreite mit unterschiedlicher Lage des Frequenzbandes. Diese Folge deutet zugleich die Möglichkeiten zur Anpassung des KLAUDER-Wavelets an die mit wachsender Entfernung von der Quelle zunehmende Tiefpaß-Filterwirkung des Mediums durch geeignete Wahl des Frequenzbandes an.

Beiden Modellsignalen gemeinsam ist eine *Bandpaß*-Charakteristik des *Amplitudenspektrums* (Abb. 7.9). Die charakteristischen Signalformen ergeben sich aus den unterschiedlichen *Phasenspektren*. Das RICKER-Wavelet ist *minimum-phasig* bis *gemischt-phasig*, das KLAUDER-Wavelet dagegen *nullphasig*. Daraus ergeben sich außerdem unterschiedliche Festlegungen des

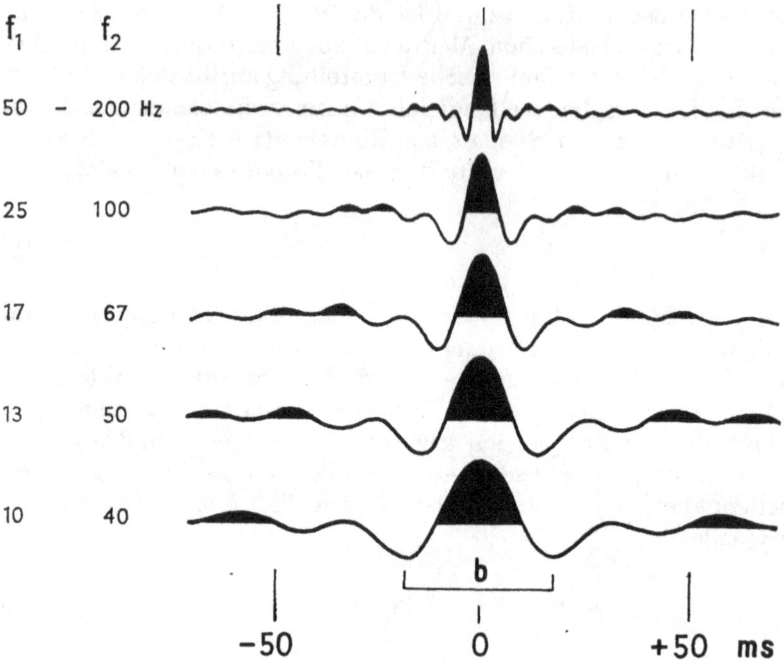

Abb. 7.8. Folge von KLAUDER-Wavelets unterschiedlicher Bandlage und jeweils zwei Oktaven Bandbreite

Signalnullpunktes für beide Modellsignale. Wie in Abb. 7.7 angedeutet, wird der Signalbeginn des RICKER-Wavelets zweckmäßigerweise als Schnittpunkt der Tangente an den Wendepunkt der vorderen Signalflanke mit der Zeitachse definiert. Beim KLAUDER-Wavelet markiert das zentrale Signalmaximum den (äquivalenten) Nullpunkt des Signals (Abb. 7.8).

Für den Zusammenhang zwischen charakteristischen Frequenzen und der Breite der zentralen Signalphase gilt für das RICKER-Wavelet in großer Entfernung (vgl. Abb. 7.7 und 7.9a)

$$b \approx \frac{\sqrt{6}}{\pi f_m} \tag{7.58}$$

und für das KLAUDER-Wavelet (vgl. Abb. 7.8 und 7.9b)

$$b = \frac{1}{f_m} = \frac{2}{f_1 + f_2}. \tag{7.59}$$

Die Diskussion der Auflösung von *Interferenzsignalen* setzt die Annahme eines bestimmten Modellsignals voraus. Die Betrachtungen gestalten sich besonders übersichtlich bei symmetrischen Signalen. In Abb. 7.10 ist eine Folge von Interferenzsignalen dargestellt, die durch zwei gleichgroße KLAUDER-Wavelets unterschiedlicher Polarität gebildet werden. Aus der Zuordnung der Impulsspuren in Abb. 7.10a zu den charakteristischen Signalphasen in Abb. 7.10b ist ersichtlich, daß eine sichere Signaltrennung nur bis zu einer Laufzeitdifferenz von $\Delta t_{\min} \approx \frac{b}{2}$, entsprechend dem Fall $\Delta z : \lambda = 1:4$, möglich ist. Eine weitere Verringerung der Laufzeitdifferenz zwischen beiden Signalen läßt sich anhand charakteristischer Phasen des Interferenz-

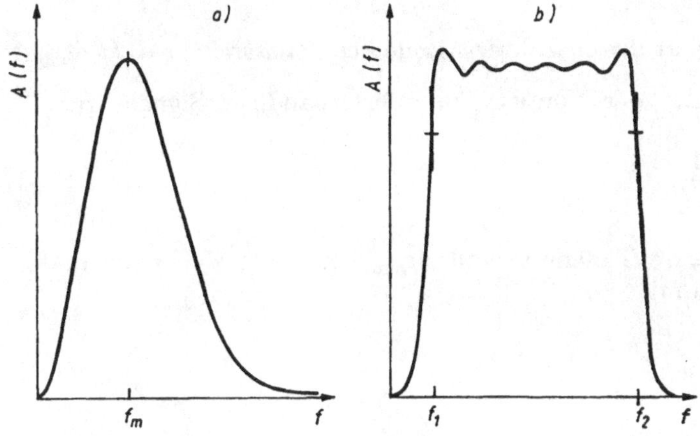

Abb. 7.9. Gegenüberstellung der Amplitudenspektren des RICKER- (a) und des KLAUDER-Wavelets (b)

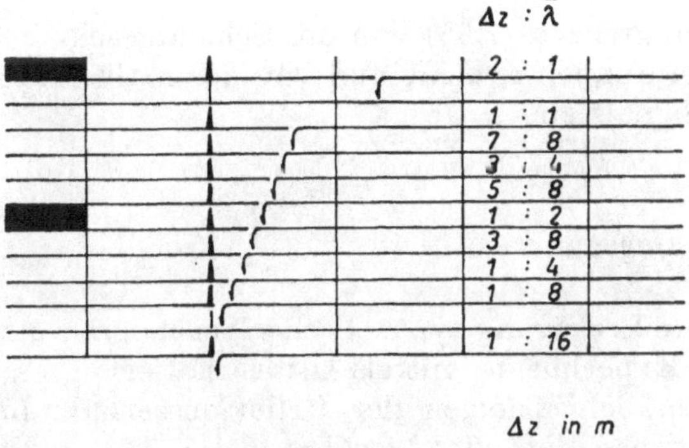

Abb. 7.10. Interferenzsignale in Abhängigkeit vom Verhältnis der Schichtmächtigkeit Δz zur mittleren Wellenlänge $\bar{\lambda}$ eines KLAUDER-Wavelets

signals nicht mehr nachweisen. Daraus folgt für die minimal auflösbare Laufzeitdifferenz mit (7.59)

$$\Delta t_{\min} \approx \frac{1}{f_1 + f_2} = \frac{1}{\Delta f \left(1 + \dfrac{2}{\dfrac{f_2}{f_1} - 1}\right)}. \tag{7.60}$$

Für $\dfrac{f_2}{f_1} \to \infty$ konvergiert das charakteristische *Zeit-Bandbreiteprodukt* $\Delta t_{\min} \Delta f$ gegen 1, so daß unter der Voraussetzung breitbandiger Signale gilt:

$$\Delta t_{\min} \approx \frac{1}{\Delta f}. \tag{7.61}$$

Das minimal auflösbare Tiefenintervall $\Delta z_{\min}$ berechnet sich nach diesen Modellbetrachtungen mit

$$\Delta z = \frac{\Delta t_0}{2} v \tag{7.62}$$

zu

$$\Delta z_{\min} = \frac{v}{2\Delta f}. \tag{7.63}$$

Die *vertikale Schichtauflösung* hängt nach (7.63) von der Schichtgeschwindigkeit v der zu untersuchenden dünnen Schicht und von der realisierten Bandbreite Δf des seismischen Signals ab.

7.2.5. Das synthetische Seismogramm

Nachdem die ersten Versuche zur Erzeugung synthetischer Seismogramme zunächst über modellseismische Experimente mittels Ultraschall erfolgten, haben sich für die komplizierten Schichtfolgen der Reflexionsseismik in zunehmendem Maße auch numerische Methoden bewährt.

Die Ausbreitung ebener seismischer Wellen in einem horizontal geschichteten Untergrund ist das einfachste Modell für die Entstehung eines Reflexionsseismogrammes. Die Vorgabe ebener Wellen ergibt ein Seismogramm, an dem die dynamischen Korrekturen und ein Energieausgleich zur Kompensation der sphärischen Divergenz angebracht worden sind.

Mit Hilfe der Z-Transformation ist eine übersichtliche Darstellung der Berechnungsmethode möglich. Dazu wird der Halbraum so in Schichten eingeteilt, daß ihre Mächtigkeiten $h_n = v_n \tau/2$ betragen, wobei τ das Abtastintervall und v_n die Geschwindigkeit der n-ten Schicht bedeuten. An der unteren Grenze der Schicht n wird der Reflexionskoeffizient für eine von oben kommende Welle mit R_n bezeichnet, der Transmissionskoeffizient beträgt $T_n = 1 - R_n$. Entsprechend Abb. 7.11 werden die Amplituden der nach unten laufenden Wellen mit D und nach oben mit U bezeichnet, Die Amplituden an der n-ten Schichtgrenze erhalten den Index n, oberhalb davon zusätzlich einen Apostroph.

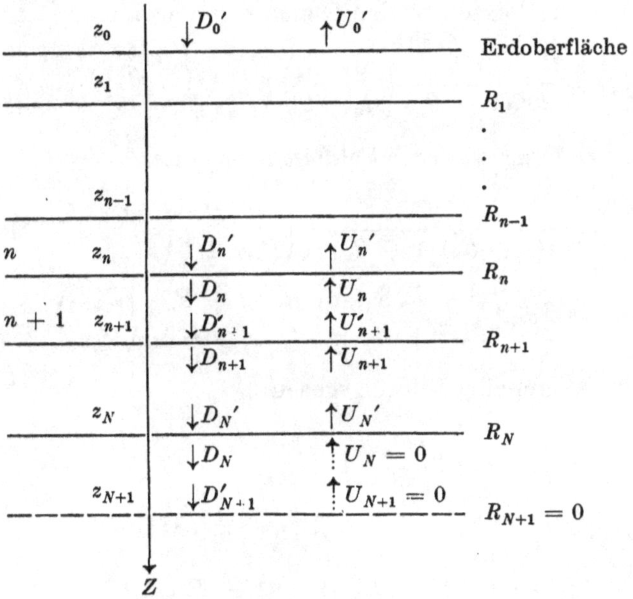

Abb. 7.11. Schema der nach unten (D = down) und nach oben (U = up) laufenden Wellen in einem geschichteten Modell mit N Grenzflächen nach CLAERBOUT (1976)

An der n-ten Schichtgrenze gilt:

$$D_n = -R_n U_n + (1 - R_n) D_n', \tag{7.64}$$

$$U_n' = (1 + R_n) U_n + R_n D_n'. \tag{7.65}$$

Daraus folgt

$$D_n' = \frac{R_n}{1 - R_n} U_n + \frac{1}{1 - R_n} D_n, \tag{7.66}$$

$$U_n' = \frac{1}{1 - R_n} U_n + \frac{R_n}{1 - R_n} D_n, \tag{7.67}$$

wofür sich eine Matrizenschreibweise empfiehlt

$$\begin{pmatrix} U_n' \\ D_n' \end{pmatrix} = \frac{1}{1 - R_n} \begin{pmatrix} 1 & R_n \\ R_n & 1 \end{pmatrix} \begin{pmatrix} U_n \\ D_n \end{pmatrix}. \tag{7.68}$$

Innerhalb der $(n + 1)$-ten Schicht sind die Wellen an Ober- und Unterkante durch die Laufzeit $\tau/2$ voneinander getrennt:

$$U_n = z^{1/2}\, U'_{n+1},$$
$$D_n = z^{-1/2}\, D'_{n+1}. \tag{7.69}$$

Die Kombination der letzten beiden Gleichungen ergibt

$$\begin{pmatrix} U_n' \\ D_n' \end{pmatrix} = \frac{1}{z^{1/2}\,(1 - R_n)} \begin{pmatrix} z & R_n \\ R_n z & 1 \end{pmatrix} \begin{pmatrix} U'_{n+1} \\ D'_{n+1} \end{pmatrix}. \tag{7.70}$$

Beim Übergang zu einer weiteren Schicht nach unten

$$\begin{pmatrix} U_n' \\ D_n' \end{pmatrix} = \frac{1}{z(1 - R_n)\,(1 - R_{n+1})} \begin{pmatrix} z & R_n \\ R_n z & 1 \end{pmatrix} \begin{pmatrix} z & R_{n+1} \\ R_{n+1} z & 1 \end{pmatrix} \begin{pmatrix} U'_{n+2} \\ D'_{n+2} \end{pmatrix},$$
$$= T_{n,2} \begin{pmatrix} z^2 + R_n R_{n+1} z & R_{n+1} z + R_n \\ R_n z^2 + R_{n+1} z & R_n R_{n+1} z + 1 \end{pmatrix} \begin{pmatrix} U'_{n+2} \\ D'_{n+2} \end{pmatrix} \tag{7.71}$$

erkennt man das allgemeine Bildungsgesetz

$$\begin{pmatrix} U_n' \\ D_n' \end{pmatrix} = \frac{1}{C}\, A(n, k) \begin{pmatrix} U'_{n+k} \\ D'_{n+k} \end{pmatrix} \tag{7.72}$$

für die Faktoren

$$C = z^{k/2}(1 - R_n)\,(1 - R_{n+1}) \cdots (1 - R_{n+k-1}) \tag{7.73}$$

und die Matrizen

$$A(n, k) = A(n, 1) \cdot A(n + 1, k - 1) = \begin{pmatrix} \tilde{f}_1 & f_2 \\ \tilde{f}_2 & f_1 \end{pmatrix} \tag{7.74}$$

mit

$$\tilde{f}_j(z) = z^k f_j\left(\frac{1}{z}\right), \qquad j = 1, 2, \tag{7.75}$$

wobei $\tilde{f}_j(z)$ Polynome vom Grade $k - 1$ von z sind. Bei einem Schichtenmodell mit N Schichtgrenzen sind $R_{N+1} = 0$ sowie $U'_{N+1} = 0$. Das Wellenfeld an der Erdoberfläche erhält man mit $n = 0$ und $k = N + 1$ aus

$$\begin{pmatrix} U_0' \\ D_0' \end{pmatrix} = \frac{1}{C}\, A(0, N + 1) \begin{pmatrix} 0 \\ D'_{N+1} \end{pmatrix}, \tag{7.76}$$

$$\begin{pmatrix} U_0' \\ D_0' \end{pmatrix} = \frac{1}{C} \begin{pmatrix} \tilde{f}_1(z) & f_2(z) \\ \tilde{f}_2(z) & f_1(z) \end{pmatrix} \begin{pmatrix} 0 \\ D'_{N+1} \end{pmatrix} \tag{7.77}$$

in der Form seiner Z-Transformierten

$$U_0'(z) = \frac{f_2(z)}{f_1(z)}\, D_0'(z), \tag{7.78}$$

wobei f_1 und f_2 Polynome vom Grade N von z sind. Die Koeffizienten der Polynome beinhalten die Reflexionskoeffizienten:

$$f_1(z) = R_0 R_N z^N + \cdots + 1, \tag{7.79}$$

$$f_2(z) = R_N z^N + \cdots + R_0. \tag{7.80}$$

Die durch Punkte ($\cdots$) angedeuteten Glieder dieser Polynome setzen sich in komplizierter Weise aus sämtlichen Reflexionskoeffizienten zusammen.

Damit ist $F(z) = f_2(z)/f_1(z)$ die Übertragungsfunktion des geschichteten Halbraumes. Sie kann in eine Potenzreihe

$$F(z) = \sum_{k=0}^{\infty} \xi_k z^k \tag{7.81}$$

entwickelt werden. Die Folge der Koeffizienten ξ_k $(k = 0, 1, \ldots, \infty)$ stellt das *Impulsseismogramm* dar. Es ist offensichtlich, daß darin die gesamte Information über das Modell, d. h. die Folge der Reflexionskoeffizienten R_n, enthalten ist.

Das Impulsseismogramm stellt die Systemantwort eines vielschichtigen Mediums auf einen Einheitsimpuls dar. Die Absorption innerhalb der einzelnen Schichten ist dabei noch nicht berücksichtigt worden. Sie kann aber

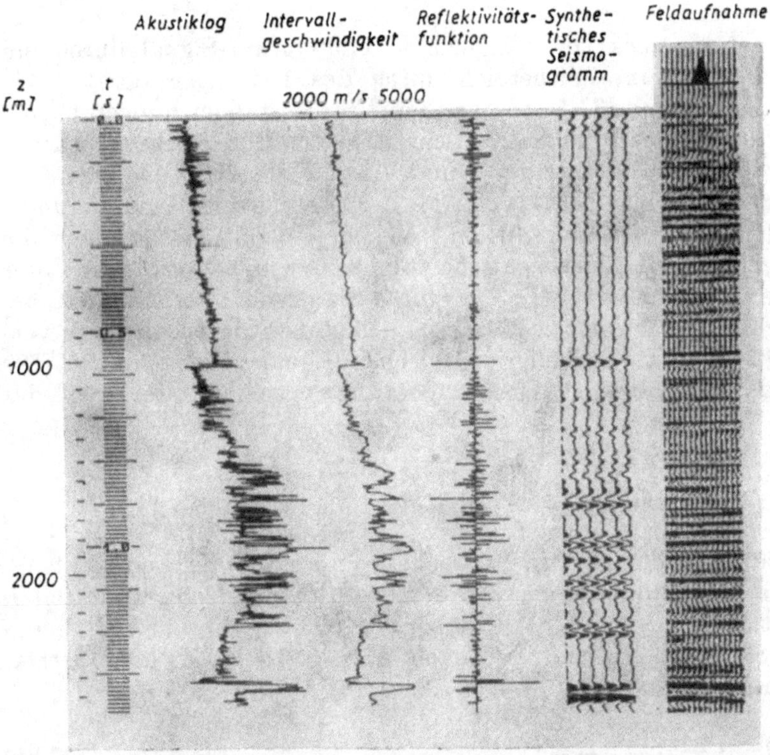

Abb. 7.12. Gegenüberstellung von Akustiklog, synthetischem Seismogramm und Oberflächenseismogramm

durch die laufzeitvariable Form des Modellsignals erfaßt werden. Durch Faltung des Impulsseismogramms mit dem Modellsignal gemäß (7.46) entsteht ein synthetisches Seismogramm, das dem realen Seismogramm um so ähnlicher ist, je genauer die Kenntnisse über die Folge der Reflexionskoeffizienten und die laufzeitabhängige Form des Wavelets (vgl. Abb. 7.7) ist. Diese Modellgrößen lassen sich am sichersten aus seismischen Bohrlochregistrierungen ableiten. Abb. 7.12 gibt dazu ein Beispiel der Gegenüberstellung von Akustiklog, synthetischem Seismogramm und an der Erdoberfläche registriertem Seismogramm wieder. Das synthetische Seismogramm, als Lösung der direkten Aufgabe in der Seismik, erfüllt hier die Aufgabe, die komplizierte Struktur des realen Seismogramms zu entschlüsseln und eine gesicherte Zuordnung der einzelnen Signalphasen zu den bohrlochseismisch ermittelten Schichtgrenzen vorzunehmen. Die umgekehrte Aufgabe, die exakte Folge der Reflexionskoeffizienten direkt aus dem realen Seismogramm zu bestimmen, ist ein praktisch noch nicht befriedigend gelöstes Problem. Das ist darin begründet, daß die Anzahl der unbekannten R_n i. allg. sehr groß und die Kenntnis des zeitvariablen Wavelets zu ungenau sind (s. Kap. 9.7.7.1.).

7.3. Digitale Filter

Die Transformation eines Input-Signals in ein Output-Signal durch ein lineares System wird im Zeitbereich durch das Faltungsintegral (7.10) bzw. die Faltungssumme (7.46) beschrieben. In diesen Gleichungen ist die Impulsantwort die Kenngröße des Systems, die seine Filterwirkung charakterisiert. Wurde in den Kapiteln 7.1 und 7.2 die Filterwirkung des Teilsystems S_2 der seismischen Kette (vgl. Abb. 7.2) auf das seismische Ortungssignal behandelt, so interessiert in den folgenden Kapiteln vor allem die Transformation der primären seismischen Signalspur mittels digitaler Filter in eine für die weitere Auswertung geeignete Signalspur. Insbesondere besteht die Aufgabe, durch digitale Filterung das Nutz/Störverhältnis zu verbessern und die Charakteristik der seismischen Signale zu optimieren. Die Struktur der dabei angewandten Filteroperatoren weicht teilweise von der physikalischer Systeme ab.

7.3.1. Der Zusammenhang mit analogen Frequenzfiltern

Konventionelle Filter der Nachrichtentechnik und elektronischen Meßtechnik bestehen aus Kombinationen von Widerständen R, Induktivitäten L und Kapazitäten C. Sie dienen der Unterdrückung unerwünschter Frequenzen. Für ein einfaches Tiefpaßfilter nach Abb. 7.13a lautet die Übertragungsfunktion (normiert)

$$|H(\omega)|^2 = \frac{A^2}{1 + \left(\frac{\omega}{\omega_1}\right)^2} \tag{7.82}$$

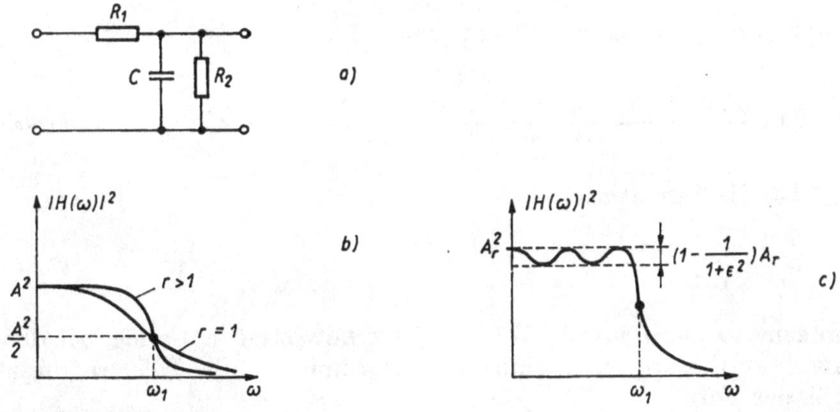

Abb. 7.13. Tiefpaßfilter

a) Schaltschema eines RC-Tiefpasses

b) Durchlaßkurve für Tießpaß nach (a): $r = 1$, Butterworth-Filter ($r > 1$)

c) Durchlaßkurve eines Tschebyscheff-Filters mit $r = 5$

mit

$$\omega_1 = \frac{R_1 + R_2}{CR_1R_2}, \qquad A = \frac{R_2}{R_1 + R_2}.$$

Die Durchlaßkurve fällt langsam ab, die Flanke an der Grenzfrequenz ω_1 ist flach. Man ist interessiert, einen möglichst horizontalen Kurvenverlauf im Durchlaßbereich und eine steile Flanke zu erzeugen. Das kann beispielsweise durch eine Übertragungsfunktion mit

$$|H(\omega)|^2 = \frac{Ar}{1 + \left(\frac{\omega}{\omega_1}\right)^{2r}} \tag{7.83}$$

bei ganzzahligem $r > 1$ erreicht werden. Filter mit dieser Übertragungsfunktion heißen Butterworth-Filter (s. Abb. 7.13b), ihre digitale Realisierung wird in der Seismologie und Ozeanographie oft verwendet.

Eine andere Klasse von Filtern sind die Tschebyscheff-Filter. Sie entstehen aus (7.83), wenn $\left(\frac{\omega}{\omega_1}\right)^r$ durch $\varepsilon V_r\left(\frac{\omega}{\omega_1}\right)$ ersetzt wird, wobei V_r ein Tschebyscheffsches Polynom vom Grade r und ein Maß für die maximale Abweichung von 1 im Durchlaßbereich ist (s. Abb. 7.13c). Ein besonderes Problem ist die technische Realisierung solcher Filter, auf das hier nicht eingegangen wird.

7.3.2. Die Darstellung digitaler Frequenzfilter

7.3.2.1. *Die Umwandlung von analogen in digitale Frequenzfilter*

Die eine Art der Darstellung digitaler Filter besteht in einer Abbildung des Definitionsbereiches der Analogfilter ($-\infty < \omega < +\infty$) auf das Nyquist-Intervall ($-\omega_N < \omega < +\omega_N$). Dazu eignet sich die Substitution von ω durch $\tan \frac{\omega\tau}{2}$. Mit $z = e^{-i\omega\tau}$ gilt

$$\tan \frac{\omega\tau}{2} = \frac{1}{i} \frac{1 - e^{-i\omega\tau}}{1 + e^{-i\omega\tau}} = \frac{1}{i} \frac{1 - z}{1 + z}. \tag{7.84}$$

Wird in (7.83) die Substitution

$$\omega = \frac{1}{i} \frac{1 - z}{1 + z} \tag{7.85}$$

vorgenommen, so kann sowohl bei den BUTTERWORTH- als auch bei den TSCHEBYSCHEFF-Filtern nach einigen Umformungen die Übertragungsfunktion in der Form

$$H(z) = \frac{b_0 + b_1 z + \cdots + b_r z^r}{1 + a_1 z + \cdots + a_r z^r} \tag{7.86}$$

dargestellt werden. Solche Filter lassen sich auf die Wertereihe $X(z)$ vorteilhaft rekursiv anwenden. Es gilt

$$\begin{aligned} Y(z) = H(z)\, X(z) &= \frac{b_0 + b_1 z + \cdots + b_r z^r}{1 + a_1 z + \cdots + a_r z^r} X(z) \\ &= (b_0 + b_1 z + \cdots + b_r z^r)\, X(z) \\ &\quad - (a_1 z + a_2 z^2 + \cdots + a_r z^r)\, Y(z), \end{aligned} \tag{7.87}$$

woraus sich

$$y_k = \sum_{i=0}^{r} b_i x_{k-i} - \sum_{i=1}^{r} a_i y_{k-i} \tag{7.88}$$

ergibt. Dabei werden zur Berechnung des neuen Wertes y_k die vorher berechneten Werte $y_{k-1}, y_{k-2}, \ldots, y_{k-r}$ mit einbezogen. Diese *rekursive* Berechnungsmethode benötigt eine geringere Anzahl $(2r + 1)$ Koeffizienten als andere Methoden und empfiehlt sich bei relativ kurzen Wertereihen. Sie wird in der Reflexionsseismik gelegentlich verwendet.

7.3.2.2. Digitale Nullphasenfilter

Die bisher beschriebenen Filter sind physikalisch realisierbare Systeme. Ihre Übertragungsfunktion ist notwendigerweise komplex und ruft eine frequenzabhängige Phasenverschiebung hervor. Von besonderem Interesse sind Frequenzfilter mit Nullphasencharakteristik. Sie besitzen eine reelle Übertragungsfunktion $H(\omega)$ und sind physikalisch nicht realisierbar. Ihre Anwendung als digitale Filter setzt voraus, daß eine Zeitverzögerung des Resultats gegenüber der Eingangsfunktion in Kauf genommen werden kann oder daß die Wertereihen wie in der Seismik als Registrierungen vorliegen.

Für eine reelle Übertragungsfunktion gilt außerdem $H(-\omega) = H(\omega)$. Ihre Entwicklung in eine FOURIER-Reihe (7.37) mit den FOURIER-Koeffizienten (7.38) ergibt die Filterkoeffizienten h_k des Faltungsoperators mit der gewünschten Übertragungsfunktion $H(\omega)$. Dabei ist es nicht zweckmäßig, $H(\omega)$ im gesamten NYQUIST-Intervall durch eine komplizierte analytische Funktion wie im Kap. 7.3.1. vorzugeben, deren Integration in (7.38) nicht elementar durchführbar ist. Deshalb wird $H(\omega)$ im Durchlaßbereich $\big(H(\omega) = 1\big)$, auf den Filterflanken und im Sperrbereich $(H(\omega) = 0)$ durch einfache Funktionen abschnittsweise festgelegt und durch die Koeffizienten h_k im Sinne eines Minimums der Summe der Abweichungsquadrate angenähert. Für ein Tiefpaßfilter mit verschiedenen Flanken gemäß Abb. 7.14 ergeben sich folgende Filterkoeffizienten mit $f = \omega/2\pi$:

a) senkrechte Flanke, $H(f)$ unstetig:

$$H(f) = \begin{cases} 1, & |f| < f_0 \\ 0, & f_0 < |f| < f_N \end{cases}, \tag{7.89}$$

$$h_k = h_{-k} = \frac{1}{\pi k} \sin k\pi \frac{f_0}{f_N}, \tag{7.90}$$

$$h_0 = \frac{f_0}{f_N};$$

b) linear abfallende Flanken, $H(f)$ stetig, $\frac{\mathrm{d}}{\mathrm{d}f} H(f)$ unstetig:

$$H(f) = \begin{cases} 1, & |f| < f_1 \\ \dfrac{f_2 - |f|}{f_2 - f_1}, & f_1 < |f| < f_2 \\ 0, & f_2 < |f| < f_N, \end{cases} \tag{7.91}$$

$$h_k = h_{-k} = \frac{f_N}{k^2\pi^2(f_2 - f_1)} \left[\cos k\pi \frac{f_1}{f_N} - \cos k\pi \frac{f_2}{f_N}\right], \tag{7.92}$$

$$h_0 = \frac{f_1 + f_2}{2f_N};$$

c) Flanken durch Cosinus-Funktion dargestellt, $\frac{\mathrm{d}}{\mathrm{d}f} H(f)$ stetig, $\frac{\mathrm{d}^2}{\mathrm{d}f^2} H(f)$ unstetig:

$$H(f) = \begin{cases} 1, & |f| < f_1 \\ \dfrac{1}{2}\left(1 + \cos \dfrac{|f| - f_1}{f_2 - f_1}\pi\right), & f_1 < |f| < f_2 \\ 0, & f_2 < |f| < f_N \end{cases} \tag{7.93}$$

$$h_k = h_{-k} = \frac{f_N{}^2}{\pi k} \frac{\sin \dfrac{k\pi}{2f_N}(f_1 + f_2) \cdot \cos \dfrac{k\pi}{2f_N}(f_2 - f_1)}{f_N{}^2 - k^2(f_2 - f_1)^2}, \tag{7.94}$$

$$h_0 = \frac{f_1 + f_2}{2f_N}.$$

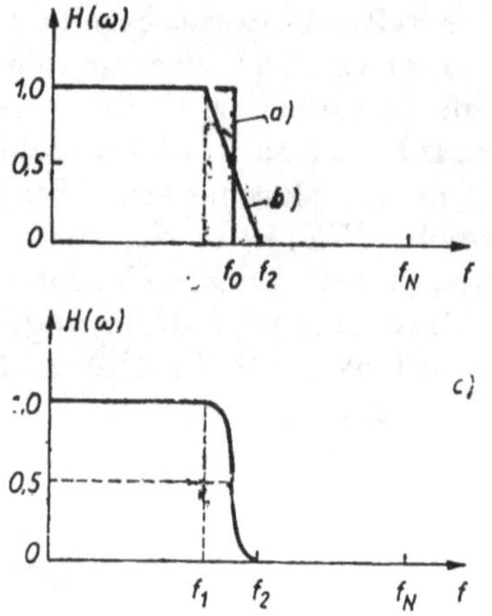

Abb. 7.14. Geforderte Übertragungsfunktion von Tiefpaßfiltern

(a) mit senkrechter und (b) mit linear abfallender Flanke, (c) mit einer durch eine cos-Funktion dargestellten Flanke

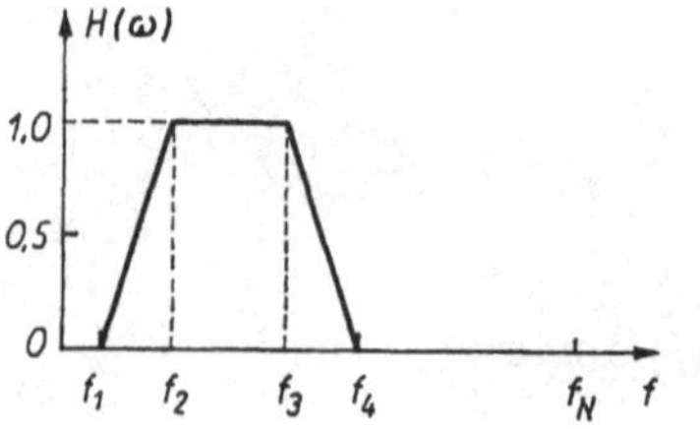

Abb. 7.15. Übertragungsfunktion eines Bandpaßfilters

Filter mit Flanken nach (b) werden Ormsby- und nach (c) Martin-Graham-Filter genannt. Die beschriebenen Filter unterscheiden sich durch zunehmende Glattheit der Übertragungsfunktion, erkennbar an der wachsenden Ordnung der Differentialquotienten, bei denen Unstetigkeiten auftreten. Das wirkt sich günstig auf das Abklingen der Filterkoeffizienten (und damit auf die benötigte Anzahl) aus; in der Reihenfolge a, b, c nehmen die h_k wie k^{-1}, k^{-2}, k^{-3} ab.

Nach dem gleichen Prinzip werden auch Bandpaß- und Hochpaßfilter berechnet (s. Abb. 7.15).

7.3.3. Geschwindigkeitsfilter

Ein wichtiges Hilfsmittel zur Erkennung von Nutzsignalen im Seismogramm bei Interferenz mit regulären Störwellen sind die mehrkanalige Registrierung und der Vergleich benachbarter Seismogrammspuren. Dabei ist die unterschiedliche Scheingeschwindigkeit von Nutz- und Störwellen ein wesentliches Unterscheidungsmerkmal. Die meist nahezu vertikal laufenden Reflexionswellen besitzen eine hohe, die sich in horizontaler Richtung ausbreitenden Oberflächenwellen eine niedrige Scheingeschwindigkeit. Es gibt Filter, die diese Unterschiede ausnutzen, um die störenden Oberflächenwellen zu unterdrücken. Da sie gleichzeitig auf mehrere Seismogrammspuren wirken, stellen sie *Mehrkanal-Filter* dar.

Die zeitliche Änderung des Verschiebungsvektors einer beliebigen ebenen Welle kann in unmittelbarer Nähe der Erdoberfläche (s. Abb. 7.16 mit der Neigung der Wellenfronten) durch

$$\boldsymbol{v}(x, z, t) = \mathring{\boldsymbol{v}} A f \left(t - \frac{1}{v_P} (x \cos \varepsilon - z \sin \varepsilon)\right) \tag{7.95}$$

beschrieben werden. Die Verschiebungsgeschwindigkeit an der Erdoberfläche $z = 0$, die als Seismogramm registriert wird, lautet

$$v(x, t) = A' f \left(t - \frac{\cos \varepsilon}{v_P} x\right). \tag{7.96}$$

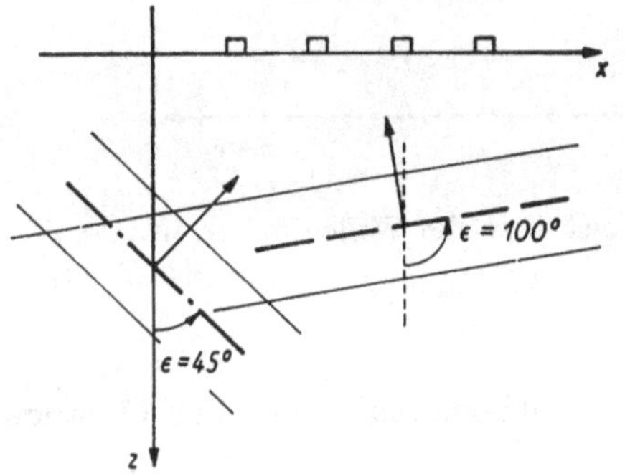

Abb. 7.16. Im Seismogramm interferieren seismische Wellen aus unterschiedlichen Richtungen

Die Funktion $v(x, t)$ liegt als abgetastete (digitalisierte) Funktion in den Zeitpunkten $t = k\tau$ und für die x-Werte vor, in denen sich die Geophone befinden ($x = j\Delta x$). Es besteht also sowohl hinsichtlich der zeitlichen Abtastung als auch hinsichtlich der räumlichen Abtastung eine obere Grenzfrequenz (Nyquist-Frequenz). Es ist deshalb naheliegend, auf (7.96) eine zweifache Fourier-Transformation hinsichtlich x und t auszuführen:

$$V(k, \omega) = A' \int\int f \left(t - \frac{x \cos \varepsilon}{v_P}\right) e^{-i(\omega t + kx)} \, dt \, dx. \tag{7.97}$$

Die Variable k entspricht einer Kreisfrequenz bezüglich der Raumkoordinate x und wird *Raumfrequenz* oder *Wellenzahl* genannt. Mit der Substitution $t = t' + x \dfrac{\cos \varepsilon}{v_P}$ und einigen einfachen Umformungen erhält man aus (7.97)

$$V(k, \omega) = 2\pi A' F(\omega) \, \delta \left(k + \frac{\omega}{v_P} \cos \varepsilon\right) \tag{7.98}$$

mit

$F(\omega)$ – Spektrum des seismischen Signals,
$\delta(\cdots)$ – Diracsche Deltafunktion.

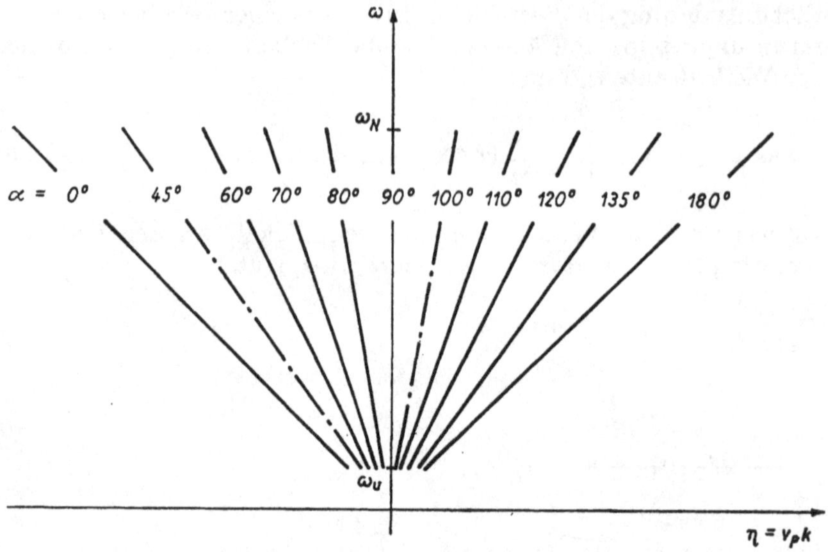

Abb. 7.17. In der Frequenz-Wellenzahl-Ebene erscheinen die Wellenfronten unterschiedlicher Neigung als Geraden durch den Ursprung.

$V(k, \omega)$ erscheint (s. Abb. 7.17) in der k-ω-Ebene auf einer der Geraden durch den Ursprung

$$\omega = -v_P k \frac{1}{\cos \varepsilon} = -\eta \frac{1}{\cos \varepsilon} \tag{7.99}$$

mit $\eta = v_P k$ innerhalb des dargestellten Dreiecks. Dabei bedeuten ω_N die NYQUIST-Frequenz und ω_u die untere Grenzfrequenz der seismischen Registrierapparatur. Damit eröffnet sich die Möglichkeit einer Trennung der Interferenzsignale mittels eines Mehrkanalfilters, das für den gewünschten Winkelbereich durchlaßfähig ist. Abb. 7.18a zeigt die Übertragungsfunktion $B(k, \omega)$, durch die diejenigen Wellen, die außerhalb des Intervalls $\varepsilon_1 \leqq \varepsilon \leqq \varepsilon_2$ liegen, unterdrückt werden mit

$$\begin{aligned} B(k, \omega) &= 1 \quad \text{für } -\omega \cos \varepsilon_1 < \eta = v_P k < -\omega \cos \varepsilon_2 \\ &= 0 \quad \text{sonst} \end{aligned} \tag{7.100}$$

innerhalb des NYQUIST-Bereiches $|\omega| < \omega_N$, $k < k_N = \dfrac{\pi}{\Delta x}$.

Eine zweifache inverse FOURIER-Transformation von (7.100) ergibt die Filterkoeffizienten $b_{i,j}$ des Mehrkanal-Filteroperators, der schematisch in Abb. 7.18b dargestellt ist.

Sind $2N + 1$ die Zahl der vom Filter erfaßten Seismogrammspuren und die zeitliche Länge der Filteroperatoren $2K + 1$ Zeiteinheiten, dann ergeben

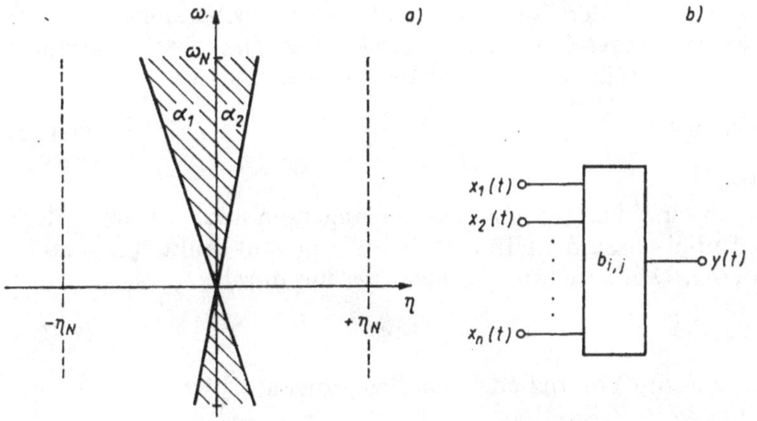

Abb. 7.18. Übertragungsfunktion (a) des Fächerfilters und schematische Darstellung (b) des zugehörigen Mehrkanalprozesses mit mehreren Eingängen und einem Ausgang

sich die gefilterten Spuren aus der zweifachen Faltungssumme

$$y_{p,q} = \sum_{i=-N}^{+N} \sum_{j=-K}^{+K} x_{p-i,q-j} b_{i,j}, \tag{7.101}$$

was mit einem erheblichen Rechenaufwand verbunden ist. Wegen der Ähnlichkeit der Funktion $B(k, \omega)$ (s. (7.100)) mit einem Tortenstück nennt man das *Geschwindigkeitsfilter* nach der englischen Übersetzung *Pie-slice-Prozeß*. Auch die Bezeichnung Fächer-Filter (fan-filter) ist gebräuchlich.

7.4. Das Seismogramm als stationäre Wertereihe

7.4.1. Das Impulsseismogramm als Zufallsprozeß

Mit dem Ziel der besseren Ausschöpfung der in den Seismogrammen enthaltenen Informationen wurden eine Reihe von neuen mathematischen Bearbeitungsprozessen auf ihre Eignung für diesen Zweck untersucht. Ihre Anwendbarkeit erfordert einige spezielle Annahmen über Eigenschaften der Seismogramme. Die Folge der Reflexionskoeffizienten repräsentiert den geologischen Aufbau hinsichtlich seiner reflexionsseismischen Erkennbarkeit. Bei einer unbekannten geologischen Struktur kann man davon ausgehen, daß das Auftreten von Reflexionskoeffizienten einerseits und ihre Werte andererseits gewissen Wahrscheinlichkeitsgesetzen genügen. Hierüber wurden an einer Vielzahl von geologischen Objekten Untersuchungen durchgeführt und für erstere eine Poisson-Verteilung und für letztere eine Gausssche Normalverteilung mit dem Mittelwert Null für den Reflexionskoeffizienten gefunden (Agard; Grau, 1961). In diesem Sinne ist der Reflexionskoeffizient eine *Zufallsgröße*. In Kap. 7.2.5. wurde die Entstehung des

Impulsseismogrammes aus den Reflexionskoeffizienten behandelt. Von den multiplen Reflexionen abgesehen, kann deshalb das Impulsseismogramm (7.81) als zufällige Wertereihen $\{\xi_k\}_{-\infty}^{\infty}$ mit dem Erwartungswert

$$E[\xi_k] = 0 \tag{7.102}$$

betrachtet werden.

Die ξ_k werden als unabhängig voneinander angenommen; zwischen dem Auftreten eines Impulses zum Zeitpunkt t_k und im Zeitpunkt t_{k+l} besteht kein Zusammenhang. Das kann ausgedrückt werden durch

$$E[\xi_k \, \xi_{k+l}] = 0, \quad l \neq 0. \tag{7.103}$$

Für $l = 0$ erhält man die Varianz oder das Streuungsquadrat

$$E[\xi^2] = \sigma_k^2. \tag{7.104}$$

Die Faltung des Impulsseismogramms ξ_k mit dem seismischen Signal w_k und eine Addition von Störwellen (Rauschen) n_k ergibt das Seismogramm

$$y_k = \xi_k * w_k + n_k. \tag{7.105}$$

Das seismische Signal ist eine *deterministische* Funktion und wird meist zeitlich unveränderlich angenommen (vgl. Kap. 7.2.4.2.), zumindest innerhalb gewisser Zeitintervalle. Damit stellt die Faltung

$$\xi_k * w_k = \sum_{l=0}^{n} w_l \xi_{k-l} \tag{7.106}$$

den Prozeß einer gleitenden Mittelung[1]) dar. Nach dem WOLDschen Zerlegungssatz ist ein Prozeß, der durch eine gleitende Mittelung aus einem Zufallsprozeß entsteht, ebenfalls ein Zufallsprozeß, so daß auch das Seismogramm y_k einen Zufallsprozeß darstellt.

7.4.2. Stationarität und Ergodizität

Nachdem das Impulsseismogramm als Realisierung eines Zufallsprozesses gedeutet wurde, wobei in praxi nur endliche Ausschnitte aus diesem zur Verfügung stehen, sind zwei weitere Annahmen notwendig. Die erste ist die der *Stationarität*. Dies bedeutet, daß (7.104) unabhängig von der Zeit t_k ist, also $\sigma_k^2 = \sigma^2 = \text{const.}$ Ohne Einschränkung der Allgemeinheit ist es in diesem Zusammenhang üblich, das Impulsseismogramm so zu normieren, daß $\sigma^2 = 1$ ist. Streng genommen ist dies bei einem realen Seismogramm nicht der Fall, jedoch ist es üblich, längs der Seismogrammspur einen Energieausgleich vorzunehmen, der die Amplitudenabnahme infolge sphärischer Divergenz und anderer Einflüsse kompensiert, was der Forderung $\sigma^2 = \text{const.}$ entgegenkommt. Die zweite Annahme ist die der *Ergodi-*

[1] engl.: moving average—MA-Prozeß.

zität. Dieser Begriff stammt aus der Thermodynamik und besagt, daß ein System im Laufe der Zeit jeden Zustand, der seiner Energie entspricht, annehmen kann. Daraus folgt, daß der Ensemble-Mittelwert (für viele Realisierungen im gleichen Zeitpunkt), ausgedrückt als Erwartungswert E, durch einen zeitlichen Mittelwert (für eine Realisierung!) ersetzt werden kann.

Unter dieser Voraussetzung wird (7.103)

$$E[\xi_k \xi_{k+l}] = \lim_{M\to\infty} \frac{1}{2M+1} \sum_{k=-M}^{M} \xi_k \xi_{k+l} = \varphi_l \tag{7.107}$$

zur Autokorrelationsfunktion (AKF). Hier gilt speziell

$$\varphi_0 = 1, \quad \varphi_l = 0, \quad l \neq 0. \tag{7.108}$$

7.4.3. Die Auto- und Kreuzkorrelationsfunktion

Als ein Maß für die Abhängigkeit zweier Größen, die durch eine paarweise geordnete Reihe von Werten experimentell bestimmt worden sind, ist der Korrelationskoeffizient bekannt. Erweitert man diesen Begriff auf zwei Funktionen und läßt man außerdem noch eine gegenseitige Verschiebung zu, so gelangt man zum Begriff der *Kreuzkorrelationsfunktion* $\varphi_{fg}(\tau)$, die für die Funktionen $f(t)$ und $g(t)$ je nach Art der Funktionen verschieden definiert wird:

a) für aperiodische Funktionen (genauer: im Intervall $-\infty < t < +\infty$ absolut integrierbare Funktionen):

$$\varphi_{fg}(t) = \int_{t'=-\infty}^{\infty} f(t')\, \overline{g(t'+t)}\, \mathrm{d}t' \tag{7.109}$$

mit $\overline{g(t'+t)}$ konjugiert komplex zu $g(t'+t)$,

b) für periodische Funktionen mit der Periode $2T$:

$$\varphi_{fg}(t) = \frac{1}{2T} \int_{-T}^{T} f(t')\, \overline{g(t'+t)}\, \mathrm{d}t', \tag{7.110}$$

c) für stochastische Funktionen ergodischer Prozesse:

$$\begin{aligned} \varphi_{fg}(t) &= E[f(t')\, \overline{g(t'+t)}] \\ &= \lim_{T\to\infty} \frac{1}{2T} \int_{-T}^{T} f(t')\, \overline{g(t'+t)}\, \mathrm{d}t'. \end{aligned} \tag{7.111}$$

Außerdem sind bei diskreten Funktionen die Integrale durch entsprechende Summen zu ersetzen; z. B. gilt für (7.111)

$$\varphi_{fg}(k) = \lim_{L\to\infty} \frac{1}{2L+1} \sum_{l=-L}^{L} f_l \overline{g_{l+k}} \tag{7.112a}$$

oder statt (7.109)

$$\varphi_{fg}(k) = \sum_l f_l \overline{g_{l+k}}. \tag{7.112b}$$

Für $f(t) = g(t)$ geht die Kreuzkorrelationsfunktion in die *Autokorrelationsfunktion* über. Letztere stellt ein Maß für die Ähnlichkeit zwischen den Funktionswerten in verschiedenen Abständen dar. Häufig erfolgt auch eine Normierung der Korrelationsfunktionen in der Form

$$\mathring{\varphi}_{fg}(t) = \frac{\varphi_{fg}(t)}{\sqrt{\varphi_{ff}(0)\,\varphi_{gg}(0)}}. \tag{7.113}$$

Ein besonderes Problem stellt die Bestimmung der Korrelationsfunktionen empirischer Funktionen dar, die nur als endlicher Ausschnitt einer (unendlich) langen Wertereihe vorliegen. Deshalb ist eine exakte Bestimmung nicht möglich, man ist auf Schätzungen angewiesen. Es gibt verschiedene Verfahren zur Minimierung des Schätzfehlers oder zu einer sinnvollen Extrapolation der Wertereihen, ohne daß charakteristische Eigenschaften der Wertereihe verändert werden.

Es gelten folgende Relationen:

$$\varphi_{fg}(-t) = \overline{\varphi_{gf}(t)}; \tag{7.114}$$

für reelle Funktionen f und g werden auch die Korrelationsfunktionen reell; es ist

$$\varphi_{fg}(-t) = \varphi_{gf}(t), \tag{7.115}$$

und speziell die Autokorrelationsfunktion wird eine symmetrische (gerade) Funktion

$$\varphi_{ff}(-t) = \varphi_{ff}(t). \tag{7.116}$$

Die Fourier-Transformation der Kreuzkorrelationsfunktion (7.109) ergibt

$$\Phi_{fg}(\omega) = \int_{t=-\infty}^{\infty} \int_{t'=-\infty}^{\infty} f(t')\,\overline{g(t'+t)}\,\mathrm{d}t' \mathrm{e}^{-\mathrm{i}\omega t}\,\mathrm{d}t, \tag{7.117}$$

$$= F(\omega)\,\overline{G(\omega)} \tag{7.118}$$

nach einigen Umformungen. Für die Autokorrelationsfunktion folgt hieraus der Satz von WIENER und CHINTCHIN

$$\Phi_{ff}(\omega) = F(\omega)\,\overline{F(\omega)} = |F(\omega)|^2 \tag{7.119}$$

oder

$$\int_{-\infty}^{\infty} \varphi_{ff}(t)\, e^{-i\omega t}\, dt = |F(\omega)|^2, \tag{7.120}$$

d. h., das Energiedichtespektrum ($|F(\omega)|^2$) und die Autokorrelationsfunktion bilden ein FOURIER-Transformierten-Paar.

In den folgenden Darstellungen werden nur reelle Funktionen bzw. Wertereihen betrachtet, so daß sich die in (7.109) bis (7.117) angegebenen Symbole für konjugiert komplexe Ausdrücke erübrigen. Es gilt die Umkehrung

$$\varphi_{ff}(t) = \frac{1}{2\pi} \int_{-\infty}^{\infty} |F(\omega)|^2\, e^{i\omega t}\, d\omega, \tag{7.121}$$

und speziell wird für $t = 0$

$$\varphi_{ff}(0) = \int_{t'=-\infty}^{\infty} (f(t))^2\, dt = \frac{1}{2\pi} \int_{-\infty}^{\infty} |F(\omega)|^2\, d\omega. \tag{7.122}$$

Diese Gleichung ist als PARSEVALsche Gleichung bekannt. Man bezeichnet $\varphi_{ff}(0)$ auch als die „Gesamtenergie" der Funktion $f(t)$. Durch (7.122) wird der Zusammenhang zwischen der Gesamtenergie und dem Energiedichtespektrum $|F(\omega)|^2$ ausgedrückt.

7.4.4. Die Dekonvolution

Der Geophysiker steht vor dem Problem, aus dem Seismogramm (7.105) sowohl ξ_k als auch w_k zu rekonstruieren. Das ist ein mehrdeutiges Problem, solange nicht zusätzliche Informationen über die in (7.105) auftretenden Funktionen zur Verfügung stehen. Einige solcher Informationen wurden in den vorangehenden Abschnitten formuliert. Weitere bestehen in Angaben über die Natur des Rauschens n_k. Außerdem ist von ξ_k, das die Folge der Reflexionskoeffizienten repräsentiert, zu erwarten, daß es aus einzelnen Impulsen besteht, während das seismische Signal w_k einen glatten Verlauf zeigt. Der Begriff Dekonvolution wird synonym für inverse Filterung verwendet und bedeutet, daß die Faltung (convolution) in (7.105) durch eine geeignete Filterung mit dem Operator

$$\{b_k\}_0^n = \{b_0, b_1, \ldots, b_n\} \tag{7.123}$$

so aufgehoben werden soll, daß die Impulsfolge ξ_k möglichst gut (optimal) durch das tatsächliche Resultat η_k rekonstruiert wird.

$$\eta_k = y_k * b_k = \xi_k + e_k, \tag{7.124}$$

wobei e_k den Fehler bedeutet, mit dem ξ_k von η_k angenähert wird. Auf diese Weise wird das ursprüngliche Impulsseismogramm als Resultat angestrebt. Man nennt diese Form der Dekonvolution *Spike-Dekonvolution.*

Wird jedoch ein Seismogramm angestrebt, das an Stelle des seismischen Signals w_k ein anderes Signal g_k (gewünschtes Signal) bei bestmöglicher Rauschunterdrückung enthält,

$$\eta_k = y_k * b_k = \xi_k * g_k + e_k, \tag{7.125}$$

so spricht man von *Shape-Dekonvolution.*

7.4.4.1. *Optimalfilter nach Wiener*

Die *Filteroptimierung* nach WIENER bedeutet eine solche Festlegung der Filterkoeffizienten b_k, daß der mittlere quadratische Fehler

$$F = E[e_k^2] = E[(\eta_k - \xi_k * g_k)^2] \to \text{Min.} \tag{7.126}$$

ein Minimum wird. Es ist dazu erforderlich, zusätzlich zu der Annahme (7.107) der Nichtkorreliertheit des Impulsseismogramms

$$E[\xi_k\, \xi_{k+r}] = \delta_{r,0} = \begin{cases} 1, & r = 0 \\ 0, & r \neq 0 \end{cases} \tag{7.127}$$

auch zweckmäßige Annahmen über das Rauschen n_k zu machen. Diese sind erstens die Annahme nichtkorrelierten weißen Rauschens mit der Leistungsdichte λ^2

$$E[n_k n_{k+r}] = \begin{cases} \lambda^2, & r = 0 \\ 0, & r \neq 0. \end{cases} \tag{7.128}$$

Zweitens werden Rauschen und Impulsseismogramm als völlig unkorreliert angenommen:

$$E[n_k \xi_{k+r}] = 0, \qquad \forall\, r. \tag{7.129}$$

Eine notwendige Bedingung für das Minimum von F ist

$$\frac{\partial F}{\partial b_l} = 0, \qquad l = 0, 1, \ldots, n. \tag{7.130}$$

Mit den Abkürzungen

$$\varphi_k = \varphi_{w,w}(k) \quad \text{und} \quad \psi_k = \varphi_{g,w}(k) \tag{7.131}$$

für die Auto- bzw. Kreuzkorrelationsfunktionen des seismischen Signals bzw. zwischen gewünschtem Signal g_k und gemessenem Signal w_k führt das auf das als WIENER-HOPF-Gleichung bekannte Gleichungssystem

$$\begin{pmatrix} \varphi_0 + \lambda^2 & \varphi_1 & \varphi_2 & \cdots & \varphi_n \\ \varphi_1 & \varphi_0 + \lambda^2 & \varphi_1 & \cdots & \varphi_{n-1} \\ \varphi_2 & \varphi_1 & \varphi_0 + \lambda^2 & \cdots & \varphi_{n-2} \\ \vdots & & & & \\ \varphi_n & \varphi_{n-1} & \varphi_{n-2} & \cdots & \varphi_0 + \lambda^2 \end{pmatrix} \begin{pmatrix} b_0 \\ b_1 \\ b_2 \\ \vdots \\ b_n \end{pmatrix} = \begin{pmatrix} \psi_0 \\ \psi_1 \\ \psi_2 \\ \vdots \\ \psi_n \end{pmatrix} \tag{7.132}$$

Die Koeffizientenmatrix ist symmetrisch und hat auf jeder zur Hauptdiagonalen parallelen Nebendiagonalen jeweils gleiche Werte. Eine solche Matrix heißt TÖPLITZ-Matrix. Zur Lösung dieses Gleichungssystems wurde von LEVINSON (1947) ein sehr effektiver Algorithmus entwickelt und von ROBINSON (1967a, b) ein FORTRAN-Programm dazu veröffentlicht.

Die rechte Seite von (7.132) lautet

$$\begin{aligned} \psi_0 &= w_0 g_0 + w_1 g_1 + w_2 g_2 + \cdots \\ \psi_1 &= w_0 g_1 + w_1 g_2 + w_2 g_3 + \cdots \\ \psi_2 &= w_0 g_2 + w_1 g_3 + w_2 g_4 + \cdots \end{aligned} \tag{7.133}$$

und wird im Falle der Spike-Dekonvolution besonders einfach. Hier ist das gewünschte Signal ein unverzögerter Impuls $g_k = (1, 0, 0, \ldots)$, und es wird $\psi_0 = w_0$, $\psi_1 = 0$, $\psi_2 = 0, \ldots$ usw. Im Falle eines um p Zeitschritte verzögerten Impulses $g_k = (0, \ldots, 0, 1, 0, \ldots)$ wird $\psi_0 = w_p$, $\psi_1 = w_{p-1}, \ldots, \psi_p = w_0$, $\psi_{p+1} = 0, \ldots$. Das ist das seismische Signal in umgekehrter Zeitfolge. Zur Lösung des Gleichungssystems (7.132) muß die Signalform von w_k genau bekannt sein, außer beim unverzögerten Impuls $g_k = \delta_{k,0}$. Hier tritt lediglich der erste Amplitudenwert w_0 auf der rechten Seite auf, der die Rolle eines Amplitudenfaktors spielt. Die Koeffizientenmatrix (φ_{k-j}) enthält lediglich die Autokorrelationsfunktion des seismischen Signals, die nach dem Theorem von WIENER-CHINTCHIN die FOURIER-Transformierte seines Leistungsspektrums ist. Damit enthält die WIENER-HOPF-Gleichung keine Information mehr über das Phasenspektrum des seismischen Signals.

Von ROBINSON (1967b, c) wurde nachgewiesen, daß für $g_k = \delta_{k,0}$ die Lösung des Gleichungssystems (7.132) den *minimalphasigen inversen Filteroperator* ergibt. Er ist für physikalisch realisierbare Systeme anwendbar. Zu seiner Berechnung ist nur die Kenntnis der Autokorrelationsfunktion des seismischen Signals erforderlich. Unter den bereits angegebenen Bedingungen ist ihre Bestimmung aus dem Seismogramm möglich. Die AKF des Seismogramms

$$\begin{aligned} \varphi_{yy}(k) &= E[y_l y_{l+k}], \\ &= E\left[\left(\sum_p \xi_{l-p} w_p + n_l\right)\left(\sum_q \xi_{l+k-q} w_q + n_{l+k}\right)\right], \\ &= \varphi_{w,w}(k) + \lambda^2 \delta_{k,0} \end{aligned} \tag{7.134}$$

erweist sich gleich der AKF des seismischen Signals (zuzüglich $\lambda^2\delta_{k,0}$), wenn die Annahmen (7.127) bis (7.129) berücksichtigt werden. Die Bestimmung der wahren Signalform des seismischen Signals ist dagegen außerordentlich schwierig, deshalb wird Minimalphasigkeit vorausgesetzt und der minimalphasige Dekonvolutionsoperator berechnet und auf das Seismogramm angewandt.

Die sehr weitgehenden Forderungen an den stochastischen Charakter des Seismogramms, die für WIENER-Filter erfüllt sein müssen, begrenzen deren Anwendbarkeit. Es sind deshalb verschiedene andere Filterverfahren entwickelt worden, die von anderen Voraussetzungen ausgehen. Einige werden in den folgenden Kapiteln beschrieben.

7.4.4.2. *Vorhersage-Filterung*

Eine wichtige Form der WIENER-Filterung ist die *Vorhersage-Filterung* (Extrapolation; prediction filtering). Hier wird ein Filteroperator v_j angewandt, der aus den bis zum Zeitpunkt $t = k\tau$ vorliegenden Meßwerten $\dots y_{k-2}$, y_{k-1}, y_k einen Schätzwert $\hat{y}_{k+\alpha}$ für einen um α Zeitschritte im voraus liegenden Meßwert $y_{k+\alpha}$ liefert.

Speziell für das Vorhersage-Intervall $\alpha = 1$ gilt

$$\hat{y}_{k+1} = \sum_{j=0}^{m} v_j y_{k-j}. \tag{7.135}$$

Der Fehler der Vorhersage lautet

$$e_k = y_k - \hat{y}_k = \sum_{j=0}^{m+1} f_j y_{k-j}, \tag{7.136}$$

wobei f_j den *Vorhersage-Fehler-Operator* bedeutet. Er ist mit dem Vorhersage-Filter durch

$$f_0 = 1, \quad f_1 = -v_0, \quad f_2 = -v_1, \dots \tag{7.137}$$

verknüpft und wird nach dem Kriterium der kleinsten Fehlerquadratsumme $F = \sum_k e_k^2 = \text{Min.}$ bestimmt. Aus der notwendigen Bedingung

$$\frac{\partial F}{\partial f_l} = 0, \quad l = 1, 2, \dots, m+1 \tag{7.138}$$

entsteht das lineare Gleichungssystem

$$\sum_{j=1}^{m+1} \varphi_{j-l} f_j = \varphi_l, \quad l = 1, 2, \dots, m+1 \tag{7.139}$$

für den Vorhersage-Fehler-Operator $f_j = (f_1, f_2, \dots, f_{m+1})$.

Dabei ist $\varphi_l = \varphi_{y,y}(l)$ die Autokorrelationsfunktion der zu extrapolierenden Wertereihe y_k.

Außer für die Vorhersage im eigentlichen Sinne werden Vorhersage-Filter zur Multiplenunterdrückung und zur Spektralabschätzung nach der *Maximum-Entropie-Methode* (OLBERG; RÁKOĆZI, 1984) benötigt.

Die Abweichungen vom vorhergesagten Wert sind die interessierenden Informationen, wie z. B. seismische Signale, die neu im Seismogramm auftreten, aber nicht als Folge vorangegangener Ereignisse. Ein typisches Beispiel hierfür sind multiple Reflexionen. Sie sind aus dem Seismogramm vorhersagbar, echte Reflexionen sind dagegen neue Informationen.

Ein offensichtlicher Nachteil der hier beschriebenen Vorhersage-Filterung (auf der Grundlage der WIENERschen Filtertheorie) beruht in der Annahme der Ergodizität und Stationarität des Prozesses mit zeitlich konstanten Korrelationsfunktionen.

Bei der KALMAN-Filterung (BERKHOUT; ZAAMEN, 1976, LINES; ULRYCH, 1977, MENDEL; KORMYLO, 1978) wird diese Voraussetzung fallengelassen und eine kontinuierliche Veränderung der Filteroperatoren während des Bearbeitungsprozesses vorgenommen. Dabei werden alle bis zum jeweiligen Zeitpunkt vorliegenden Informationen berücksichtigt. Auch hier ist die Abweichung des Vorhergesagten vom tatsächlichen Wert die neue Information („Innovation"), die aber jeweils zur Veränderung des Filteroperators herangezogen wird. Die KALMAN-Filterung eignet sich deshalb vorzüglich für die Bearbeitung in Echtzeit (real-time) und wird mit großem Erfolg in der Navigation eingesetzt. Es gibt einzelne Versuche zur Anwendung in der Seismik (MENDEL; KORMYLO, 1978).

7.4.4.3. *Homomorphe Dekonvolution*

Die homomorphe Dekonvolution verzichtet sowohl auf die Minimalphasigkeit als auch auf die genaue Kenntnis des seismischen Signals. Außerdem ist es nicht notwendig, eine zufällige Verteilung der Reflexionskoeffizienten bzw. der Impulse des Impulsseismogramms anzunehmen. Einzige Annahmen sind, daß das seismische Signal eine in gewissem Sinne „glatte" Funktion ist und das Impulsseismogramm aus einzelnen (scharfen) Impulsen besteht. Die Idee der homomorphen Dekonvolution (ULRYCH, 1971, OTIS; SMITH, 1977) beruht darauf, daß sich diese Unterschiede im Spektralbereich bemerkbar machen müssen. Aus dem Seismogramm

$$y_k = w_k * \xi_k \tag{7.140}$$

entsteht bei Anwendung der Z-Transformation aus der Faltung ein Produkt

$$Y(z) = \sum_{k=0}^{\infty} y_k z^k = W(z) \cdot \Xi(z). \tag{7.141}$$

Dem entspricht für $z = e^{-i\omega\tau}$ mit $|z| = 1$ die Darstellung im Frequenzbereich

$$Y(\omega) = W(\omega) \cdot \Xi(\omega) = \mathcal{F}\{y_k\}. \tag{7.142}$$

Die multiplikativ verknüpften Spektren können hier noch nicht getrennt werden, jedoch gilt

$$\begin{aligned} \hat{Y}(\omega) &= \log Y(\omega) = \log W(\omega) + \log \Xi(\omega), \\ \hat{Y}(z) &= \log Y(z) = \log W(z) + \log \Xi(z) = \sum \hat{y}_k z^k. \end{aligned} \tag{7.143}$$

Nach ULRYCH (1971) ist wegen der obigen Annahme eine Trennung der beiden jetzt additiv verknüpften Anteile durch Tief- bzw. Hochpaßfilter möglich. Otis; Smith (1977) gehen davon aus, daß das seismische Signal auf vielen Seismogrammspuren nahezu gleich ist, während das Impulsseismogramm ξ_k und damit auch sein Spektrum $\Xi(\omega)$ unterschiedlich sind. Bei einer Mittelung von (7.143) über mehrere Spuren wird der erste Anteil von (7.143) erhalten bleiben, der zweite sich bis zu einem gewissen Grade herausmitteln:

$$\frac{1}{N}\sum_{i=1}^{N}\log Y^{(i)}(\omega) \approx \log W(\omega). \tag{7.144}$$

Vor der Anwendung der Tief- bzw. Hochpaßfilterung muß nach Ulrych (1971) $\hat{Y}(\omega)$ in den Zeitbereich transformiert werden

$$\hat{y}(t) = \mathcal{F}^{-1}\{\hat{Y}(\omega)\} = \mathcal{F}^{-1}\{\log Y(\omega)\} \tag{7.145}$$

bzw.

$$\hat{y}_k = \mathcal{Z}^{-1}\{\hat{Y}(z)\} = \frac{1}{2\pi\mathrm{i}}\oint\frac{\log Y(z)}{z^{n+1}}\,\mathrm{d}z \tag{7.146}$$

mit

$$\hat{Y}(z) = \log Y(\omega) = \sum_k \hat{y}_k z^k. \tag{7.147}$$

Diese Funktion, entstanden durch inverse Fourier-Transformation des logarithmischen Spektrums, wird *Cepstrum*[1]) genannt; statt „Zeitbereich" sagt man *Cepstral*-Bereich. Eine nachfolgende Hochpaßfilterung (Filteroperator $\hat{h}(H)$ bzw. $\hat{h}_k$) unterdrückt das seismische Signal, und durch den umgekehrten Ablauf der beschriebenen Transformationen gelangt man aus dem Cepstral-Bereich über den Spektralbereich in den echten Zeitbereich:

$$y_k = w_k * \xi_k, \tag{7.148}$$

$$Y(z) = \mathcal{Z}\{y_k\} = \sum_{k=0}^{\infty} y_k z^k, \tag{7.149}$$

$$\hat{Y}(z) = \log Y(z) = \sum_k \hat{y}_k z^k, \tag{7.150}$$

$$\hat{y}_k = \mathcal{Z}^{-1}\{\hat{Y}(z)\} = \frac{1}{2\pi\mathrm{i}}\oint\frac{\hat{Y}(z)}{z^{k+1}}\,\mathrm{d}z, \tag{7.151}$$

$$u_k = \hat{h}_k * \hat{y}_k, \tag{7.152}$$

$$U(z) = \sum_k u_k z^k, \tag{7.153}$$

$$\tilde{\Xi}(z) = \mathrm{e}^{U(z)} = \sum_{k=0}^{\infty} \tilde{\xi}_k z^k, \tag{7.154}$$

$$\tilde{\xi}_k = \mathcal{Z}^{-1}\{\tilde{\Xi}(z)\} = \frac{1}{2\pi\mathrm{i}}\oint\frac{\Xi}{z^{k+1}}\,\mathrm{d}z. \tag{7.155}$$

---

[1] Cepstrum ist eine Paraphrase zum Wort Spectrum mit Umkehrung der Buchstabenfolge der ersten Silbe.

Die einzelnen Schritte der homomorphen Dekonvolution zeigen die Formeln (7.148) bis (7.155) für diskrete Zeitfunktionen. $\hat{h}_k$ bedeutet einen Hochpaßfilter im Cepstral-Bereich; das Symbol $\sim$ charakterisiert die Näherung für die betreffende Größe.

Aus der Literatur sind erfolgreiche Anwendungen der homomorphen Dekonvolution bekannt geworden (ULRYCH, 1971).

Die Nachteile der homomorphen Dekonvolution bestehen in der Notwendigkeit der genauen Darstellung des Phasenspektrums bei hohen Frequenzen, besonders bei der Behandlung von bandbegrenzten seismischen Signalen.

Auf den sehr starken Einfluß von Störwellen (Rauschen) verweisen JIN; ROGERS (1983). Sie weisen nach, daß selbst sehr schwaches Rauschen die Resultate unbrauchbar machen kann, wenn in den betreffenden Spektralbereichen keine Signalamplituden vorhanden sind.

8. Bearbeitung reflexionsseismischer Daten

R. Schmöller

8.1. Stellung der Bearbeitung im Gesamtprozeß

Bei reflexionsseismischen Arbeiten bedeutet die *Datenverarbeitung* (data processing) ein wichtiges Glied im Gesamtprozeß der Erkundung von geologischen Strukturen, insbesondere zum Zweck des Auffindens und Verfolgens von Kohlenwasserstoff- oder Kohlenlagerstätten. In Abb. 8.1 ist die Stellung der Datenverarbeitung im Gesamtprozeß dargestellt.

Seit Einführung der Digitalcomputer Anfang der 60er Jahre hat eine stürmische Forschung mit dem Ziel eingesetzt, die von den Computern gebotenen Möglichkeiten voll auszunutzen. Dies gilt sowohl für die Datenbearbeitung als auch für die Entwicklung der Instrumentierung und Technik der *Datengewinnung* (data acquisition). Haben doch die gewählten Aufnahmeparameter einen erheblichen Einfluß auf die erzielbaren Ergebnisse.

Einige Größen seien hier angeführt:

- Quellengruppierung und Geophonbündelung unterdrücken bereits auf der Sende- und Empfangsseite Störwellen (vgl. Kap. 4.2.4.).
- Die Geometrie des Beobachtungsschemas bestimmt den erzielbaren, laufzeitabhängigen Überdeckungsgrad (vgl. Kap. 5.2.2.2.). Je nach Erreger-Geophonpunkt-Entfernung muß beim Processing später der Anfangsteil der Seismogramme mit den ersten Einsätzen abgeschnitten werden (muting). Die Aufstellungsweite ist beim Stapeln entscheidend für den Grad der Multiplenunterdrückung.
- Das Abtastintervall in x und t, also der Geophongruppenabstand, und das Samplingintervall der digitalen Aufnahmegeräte bestimmen die erzielbare Auflösung (vgl. Kap. 5.2.2.4. und 7.2.1.).
- Die gewählten Aufnahmefilter vermindern den Frequenzinhalt oder bewirken Phasenverschiebungen, beeinflussen also die Auflösung. Kerbfilter zur Unterdrückung der Netzfrequenzen haben z. B. eine unstetige Phasenkurve (s. (4.39)).

Das Ergebnis einer seismischen Datenbearbeitung sind Darstellungen, die den strukturellen Bau des Untergrundes möglichst getreu wiedergeben sollen. Außerdem werden Kenngrößen gewonnen, die Aussagen über Lithologie und vorherrschende Porenfüllung erlauben. Eine *optimale Datenbearbeitung* ist also die Voraussetzung für eine zielgerichtete *geophysikalisch-geologische Interpretation*. Die schon während des Processings vorgenommene laufende *Qualitätskontrolle* wird daher meist von einer Gruppe, bestehend aus einem Geophysiker und einem Geologen, vorgenommen.

Eine Rückkopplung ist oft sinnvoll über *Modellrechnungen* (modelling) (s. Kap. 9.7.). Hier werden hauptsächlich Tiefbohrdaten in Form von Sonic- und Dichtelogs benutzt. Vor dem Abteufen der Tiefbohrung sollte noch ein Überprüfungsschritt stehen, nämlich die *Offset-Wellenfront-Methode* (OWFM). Dazu werden einige Profile, welche die kartierte Struktur optimal kreuzen, herangezogen. Man muß sich dabei vor Augen halten, was nach Abschluß der Interpretationsarbeiten vorliegt: Lotzeit- und Tiefenlinienpläne für ausgewählte Geschwindigkeitsgrenzen, erstellt aus Stapelprofilen und migrierten seismischen Profilen. Bereits nach der Stapelung ist eine Dimension verlorengegangen, und zwar die Beobachtungsdistanz zwischen Schuß- und Geophonpunkt. Diese Entfernung mit der entsprechenden Laufzeit für die ausgewählten Horizonte bietet eine ausgezeichnete Kontrolle der Tiefenlinienpläne durch Benutzung von Wellenfronten.

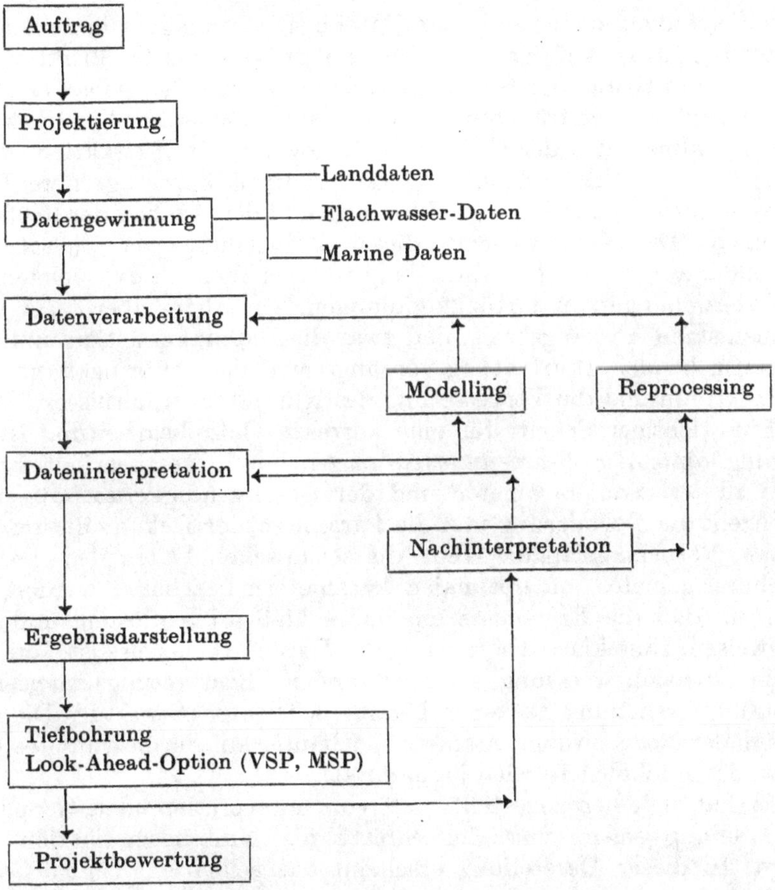

Abb. 8.1. Stellung der Datenverarbeitung im Gesamtprozeß

Nach Abschluß der Interpretationsphase liegen Lotzeit- und Tiefenlinienpläne vor. Sie bilden die Grundlage für die bohrtechnische Erkundung. Auch in dieser Etappe des Erkundungsprozesses kann die Seismik noch Hilfestellungen durch den Einsatz von *Vorschau-Methoden* (look-ahead methods) geben. Hierzu zählen die seismische Vertikalprofilierung mit stationärer (VSP = vertical seismic profiling) und beweglicher (MSP = moving source profiling) Energiequelle.

Nach Vorliegen der Bohrergebnisse kann eine weitere Rückkopplung in Form einer *Nachinterpretation* der Daten nötig sein, unter Umständen auch eine Neubearbeitung (Reprocessing). Die notwendigen Daten dafür stehen auf Magnetbändern gespeichert zur Verfügung. Meistens wird es auch zu weiterer Datenakquisition kommen, deren Umfang vom neu formulierten Explorationsziel abhängt.

8.2. Zielstellung der seismischen Datenbearbeitung

Die Zielstellung der seismischen Datenbearbeitung geht in zwei Richtungen (Ristow, 1978). Auf der einen Seite soll die geologische Struktur des Untergrundes auf Grund der Reflexionslaufzeiten möglichst genau erfaßt werden. Die Verfahren der früheren Jahre waren fast ausschließlich diesem Bestreben gewidmet. Auf der anderen Seite gewinnt die Extraktion *lithologischer Parameter* in Abhängigkeit von der Laufzeit immer größere Bedeutung. Dies wurde erst durch die Verfeinerung und den Ausbau der Rechenprozesse möglich. Das Grundschema dieser Zweiteilung der Zielsetzung ist in Abb. 8.2 aufgezeigt. Die Einteilung ist aber nicht starr, vielmehr bestehen Querbeziehungen und Rückkopplungen, vor allem aber auch eine breite gemeinsame Ausgangsbasis, und zwar die Datenakquisition und eine Reihe vorausgehender Bearbeitungsvorgänge wie das Anbringen von Laufzeitkorrekturen und die Verbesserung des Nutz/Störverhältnisses.

Ein wichtiger Schritt für eine korrekte Datenbearbeitung ist die Festlegung *optimaler Bearbeitungsparameter* durch Testbearbeitungen. Wichtige zu testende Parameter sind der Geschwindigkeitsansatz, die Filtergrenzen, die Normierung und die Parameter der Dekonvolution (Operatorlänge, Vorhersagelänge). Wenn die seismischen Daten des ganzen Untersuchungsgebietes mit optimalen Parametern bearbeitet werden, ist zu erwarten, daß die Ergebnisse ein hohes Maß an Auflösung und Lesbarkeit aufweisen. Eine klare Abgrenzung des Explorationszieles ist Voraussetzung. Eine Übersichtsmessung erfordert andere Bearbeitungskriterien als eine Detailuntersuchung an einer bereits bekannten Struktur. Die Gültigkeit optimaler Bearbeitungsparameter ist häufig auf ein bestimmtes Stockwerk bzw. einen lokalen Bereich beschränkt.

Es hat sich herausgestellt, daß vom interpretierenden Geophysiker die Darstellung seismischer Zeitschnitte als Nullphasen-Sektion bevorzugt wird. In dieser Darstellung erscheint das seismische Signal (wavelet) als Nullphasensignal, wobei dessen Maximalamplitude genau die Laufzeit bis zum entsprechenden Reflexionshorizont markiert (vgl. Kap. 7.2.4.1.).

Für eine hohe Auflösung muß der Frequenzinhalt der Daten möglichst breitbandig gehalten werden. In vielen Fällen wird eine gestapelte Version einer seismischen Sektion ausreichen. Für die Darstellung komplizierter Strukturen und steiler Horizonte ist eine migrierte Darstellung anzustreben.

Um das Ziel optimaler Darstellungen zu erreichen, sind eine ganze Reihe von Verfahren durchzuführen: Anbringung von Korrekturen, Stapeln, Amplituden- und Phasenbearbeitungen, Signalverbesserung und -umformung, Migration und 3D-Prozesse.

Die zweite Zielsetzung der seismischen Datenverarbeitung ist die Extraktion lithologischer Parameter. Abb. 8.3 zeigt in der Mitte das Impedanzlog einer Bohrung. Aus diesem Impedanzlog wurden synthetische Seismogramme für ebene Wellen ohne Berücksichtigung multipler Reflexionen berechnet. Diese Seismogramme wurden einerseits durch gemischtphasige Stan-

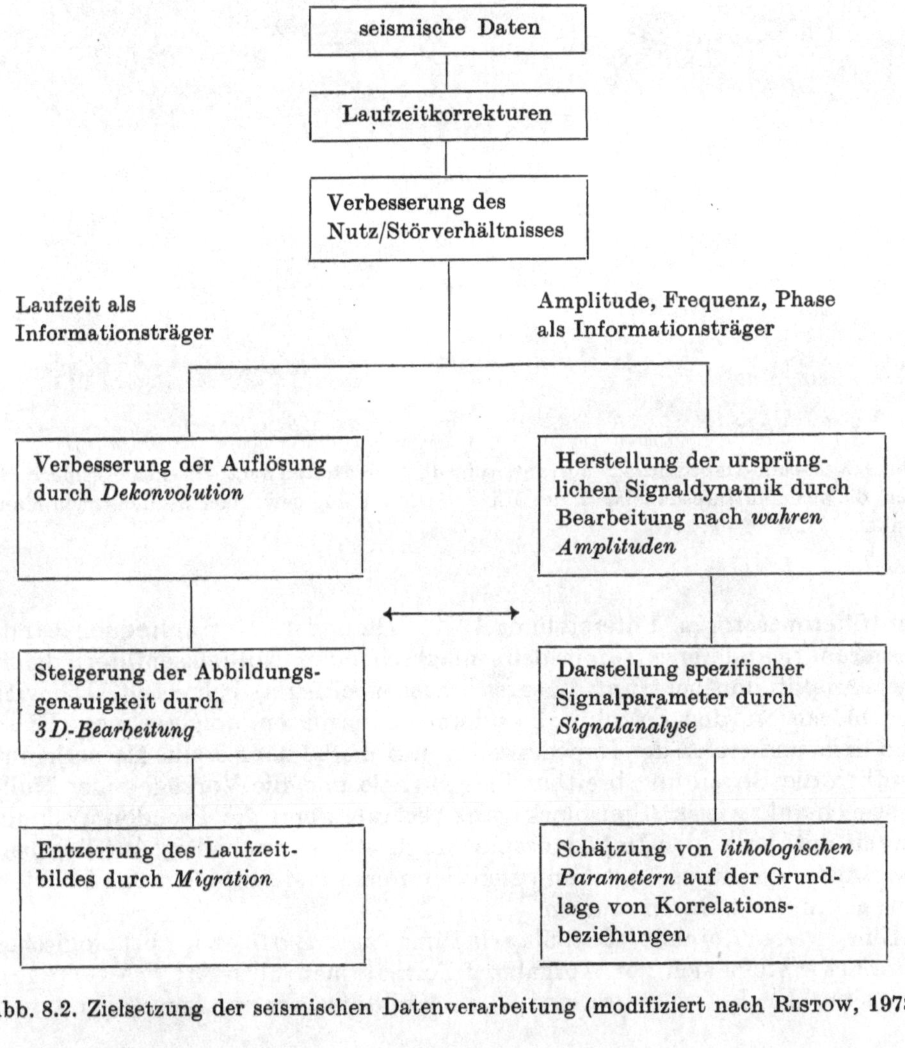

Abb. 8.2. Zielsetzung der seismischen Datenverarbeitung (modifiziert nach RISTOW, 1978)

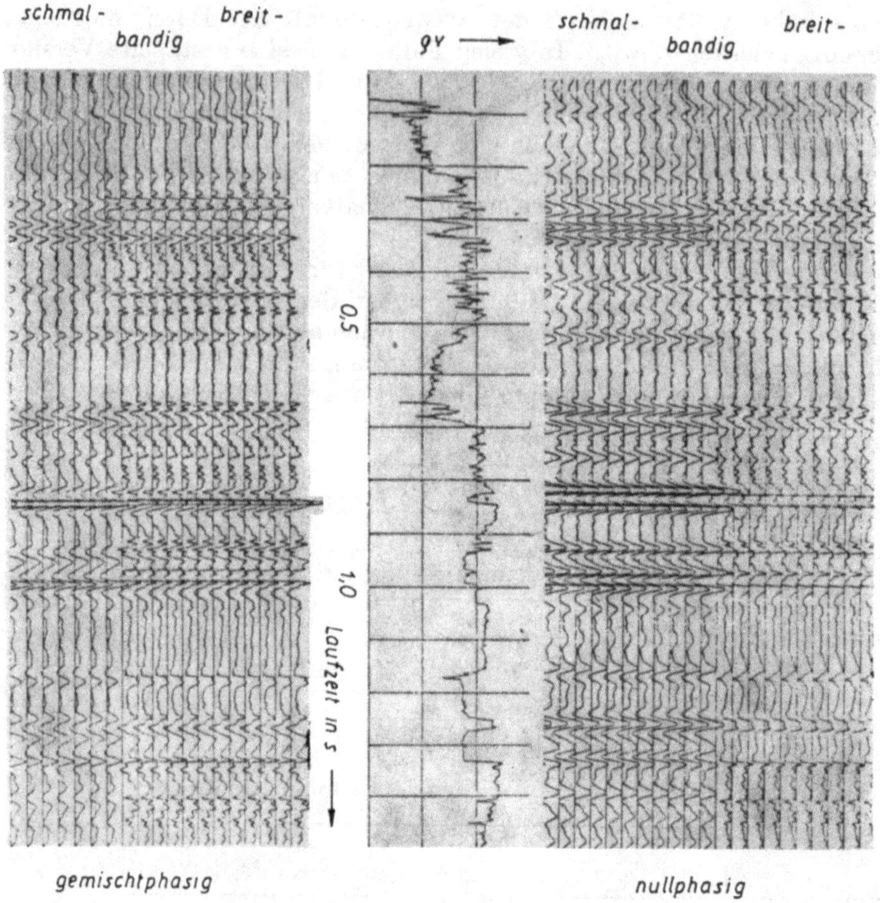

Abb. 8.3. Pseudo-Impedanzlogs aus unterschiedlich gefilterten synthetischen Seismogrammen, die aus dem Impedanzlog in der Mitte der Abbildung gewonnen wurden (nach MARSCHALL, 1982)

dardfilteroperatoren (Filterstellung 12/128 Hz und 18/50 Hz) frequenzbandbeschränkt, andererseits mit den entsprechenden Nullphasenfiltern (gleiches Amplitudenspektrum, lineares Phasenspektrum) behandelt. Die vier Spurblöcke wurden dann in Pseudoimpedanzspuren umgerechnet. Diese sind links und rechts der Impedanzspur in Abb. 8.3 dargestellt. Man erkennt deutlich die Bedeutung breitbandiger Signale und die Vorzüge einer Nullphasencharakteristik (Spurblock ganz rechts), wenn die Pseudoimpedanzspuren mit der realen Impedanzspur vergleichbar sein sollen. Auf Bearbeitungsmethoden dieser Art kann sich dann eine erste lithologische Beurteilung seismischer Daten stützen.

Eine weiterführende Datenbearbeitung zur Extraktion lithologischer Parameter stellt sich zur Aufgabe, Informationen über Art des Gebirges, Porosität der Reservoirgesteine, Permeabilitätsgrenzen, Anwesenheit von

Kohle, Kohlenwasserstoffen etc. zu ermöglichen. Die entwickelten Bearbeitungsmethoden zu diesem Ziele sind vielfältig und zahlreich. Geschwindigkeitsanalysen, synthetische Seismogramme, Impedanzlogs und seismisches Modellieren sind die wichtigsten Verfahren, auf welchen eine derartige Datenbearbeitung beruht.

8.3. Methoden der seismischen Datenbearbeitung

Die Methoden der seismischen Datenbearbeitung müssen imstande sein, die in den Kapiteln 2, 6 und 7 behandelten Zusammenhänge am Computer rechnerisch zu nutzen. Grundsätzlich kann man zwei verschiedene Verfahren hervorheben, nach welchen seismische Daten analysiert und bearbeitet werden: die *Informationstheorie*, also die Theorie kontinuierlicher und statistischer Zeitfunktionen, und die *Wellentheorie*. Das Schema von Abb. 8.4 soll dies veranschaulichen.

Die Informationstheorie verdankt ihren Aufschwung der Nachrichtentechnik. Die Theorie der *statistischen Zeitreihen* stützt sich speziell auf viele Ergebnisse der mathematischen Statistik (Wiener, 1949). In der Natur der Digitalrechner liegt es, daß auch sämtliche seismische Meßdaten, und das sind primär kontinuierliche Zeitfunktionen, in diskrete Werte umgewandelt, also digitalisiert werden müssen. Letzteres geschieht heute durch die digitalen Aufnahmegeräte bereits im Feld (vgl. Kap. 4.3.3.). Alle analytisch vorgegebenen Rechenoperationen, wie z. B. Filterungen und Korrelationen, müssen daher entsprechend formuliert und computergerecht dargestellt werden. Für die seismischen Signale selbst müssen einige Annahmen gemacht werden, wenn verschiedene bewährte Rechenverfahren aus der statistischen Zeitreihenanalyse (z. B. Leistungsdichtespektrum, Korrelation) voll zur

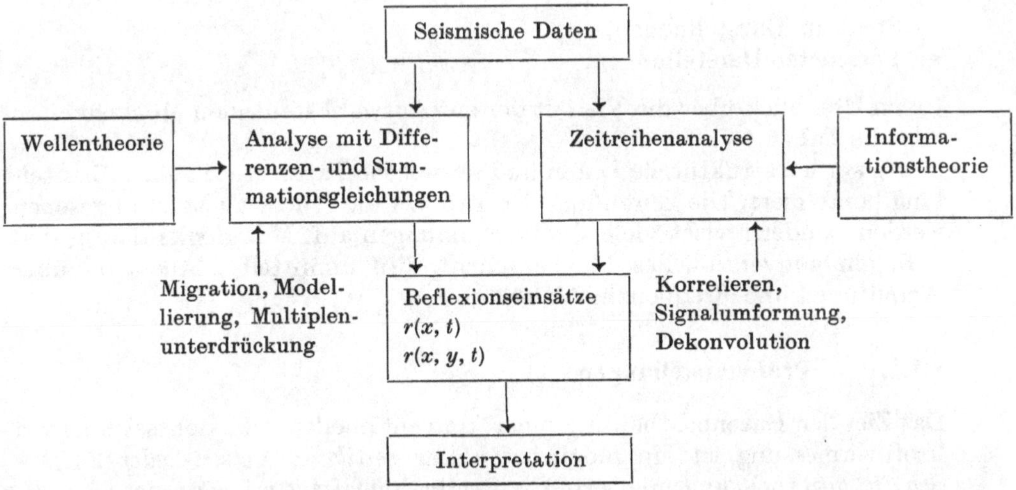

Abb. 8.4. Methoden der seismischen Datenbearbeitung (modifiziert nach Ristow, 1978)

Geltung gebracht werden sollen. Von einer *seismischen Spur* (seismic trace) wird dann angenommen, daß sie als *stochastischer Prozeß* aufgefaßt werden kann. Das ist aber prinzipiell nur für unendliche Zeitreihen richtig, wogegen es sich bei seismischen Daten natürlich immer nur um zeitlich begrenzte Informationen handeln kann. Die Ergebnisse sind daher mit Fehlern behaftet und lediglich Schätzungen. Hauptanliegen der Rechenmethoden mit statistischen Zeitreihen ist es daher, die Fehler im Berechnungsergebnis möglichst klein zu halten. Zu diesen Verfahren sind nebst Korrelation und Berechnung des Leistungsspektrums noch als besonders wichtige Methode die Dekonvolution, ferner die Ermittlung reststatischer Korrekturen, die Berechnung optimaler Filter und die Bestimmung des seismischen Signals aus seismischen Spuren zu zählen.

Die Methoden der seismischen Datenverarbeitung, die auf die Wellentheorie zurückgreifen, wurden erst durch Hochleistungsrechner realisierbar. Die Vielzahl der zu berücksichtigenden Parameter bedingt einen großen Rechenaufwand, der früher wirtschaftlich nicht vertretbar war. Auch wurden Rechenverfahren entwickelt, die gewisse simplifizierende Annahmen beinhalten, wodurch der Rechenaufwand wesentlich gesenkt werden konnte. Es sei hier an die vereinfachte Wellengleichung erinnert, durch die Claerbout und sein Gruppe neue Analysenprogramme entwickeln konnten (vgl. Kap. 2.5.2.). Sowohl die immer häufiger angewandten Methoden der Migration und der seismischen Modellierung (Modelling) als auch bestimmte Verfahren zur Unterdrückung multipler Reflexionen sind hier zu erwähnen.

8.4. Darstellungsmöglichkeiten der seismischen Informationen

Die Ergebnisse seismischer Datenbearbeitungen sollen letztendlich gut leserlich und für weitere Interpretationsarbeiten in leicht zugänglicher Form dargestellt sein. Grundsätzlich kann eine Zweiteilung vorgenommen werden:

- Struktur-Darstellungen,
- Parameter-Darstellungen.

Einen Überblick über die Vielfalt der zur Auswahl stehenden Möglichkeiten gibt die Tab. 8.1.

Oft werden strukturelle Daten und seismische Parameter in einer Darstellung kombiniert. Die Einteilung der Tab. 8.1 darf nicht als starr angesehen werden, sondern weist viele Querverbindungen auf. Man denke daran, daß z. B. ein konventionelles Flächenschriftprofil unmittelbar Aussagen über Amplituden und Frequenzinhalt erlaubt.

8.4.1. Profildarstellungen

Das Ziel der Datenbearbeitung einer konventionellen reflexionsseismischen Profilvermessung ist ein möglichst klarer *vertikaler Lotzeit- oder Tiefen-Schnitt*, gestapelt und migriert. Die Originalschriftart mit getreuer Charakterwiedergabe einer seismischen Spur ist die *Linienschrift* (wiggle). Für Pro-

Tabelle 8.1. Darstellung seismischer Informationen

Strukturelle Darstellungen	Hilfsgrößen und seismische Parameter
Seismogramme	Geschwindigkeitsanalysen
Vertikale Zeitschnitte (Lotzeitprofile)	Amplitudenspektren
Vertikale Tiefenschnitte (Tiefenprofile)	Phasenspektren
Horizontale Zeitschnitte (Zeitscheiben)	Filtercharakteristika
Isolinienpläne (Lotzeit, Tiefe, Mächtigkeit, Geschwindigkeiten etc.)	Korrelationsfunktionen
	Leistungsdichtespektren
3 D-Darstellungen	Bingraphiken
Farbdarstellungen	Querneigungsdarstellung
Synthetische Seismogramme	Kohärenzdarstellung
Synthetische Zeitschnitte	Richtfaktoren
Ray-tracing	Profilmäßige Parameterdarstellungen (Amplitude, Polarität, Phase, Frequenz, Frequenzänderung)

fildarstellungen hat sich besser die *Flächenschrift* (variable area) oder eine Kombination von Linien- und Flächenschrift bewährt. Bei reinen Flächenschriftprofilen wird ein Teil der Fläche unter den positiven Halbwellen geschwärzt, die negativen Halbwellen werden ganz ausgeblendet. Bei kombinierter Linien-Flächenschrift ist die Liniendarstellung voll erhalten. Weniger durchgesetzt hat sich die Dichteschrift (variable density). Die Amplitude wird durch den Grad der Schwärzung während des positiven Signalausschlages ausgedrückt. Natürlich ist auch wieder die Kombination mit der Linienschrift möglich.

Besonders illustrativ sind profilmäßige Darstellungen seismischer Parameter wie Signalamplitude, Polarität, Phase, Frequenzinhalt oder Änderung des Frequenzinhaltes. *Signalamplituden* können z. B. selektiv heraus gehoben werden, indem man nur Signalwerte über einem bestimmten Niveau als Flächenschrift aufzeichnet (Abb. 9.36). Es sei an den Direktnachweis von Kohlenwasserstoffvorkommen durch erhöhte Amplitudenwerte (bright spot, hot spot) erinnert. Farbdarstellungen (s. Kap. 10.6.3.) eignen sich für derartige Zwecke besonders gut. Man definiert mehrere, z. B. drei, Amplitudenbereiche und teilt jedem Bereich eine eigene Flächenschriftfarbe zu. Man kann dann die üblichen Originalflächenschriftdarstellungen mit Schwärzung positiver Ausschläge beibehalten und setzt die Auslenkung der Einhüllenden der seismischen Spur in Farbtöne um. Das kann im Sinne der spektralen Farbenzerlegung erfolgen, also von weiß über blau, grün, gelb bis rot in Richtung zu höheren Amplituden. Die Farbe wird in diesem Fall dem konventionellen Flächenschriftprofil aufgeprägt.

Zusätzlich zur Amplitude kann man z. B. die *Polarität* einer Reflexion dadurch anschaulich machen, daß man wieder drei Amplitudenbereiche wählt und den beiden höheren Amplitudenbereichen zwei Farben für die positiven Ausschläge und zwei weitere Farben für die negativen Amplituden zuteilt und sowohl positive als auch negative Amplituden in Farbflächenschrift darstellt. Man kann dann erkennen, ob die positive oder negative

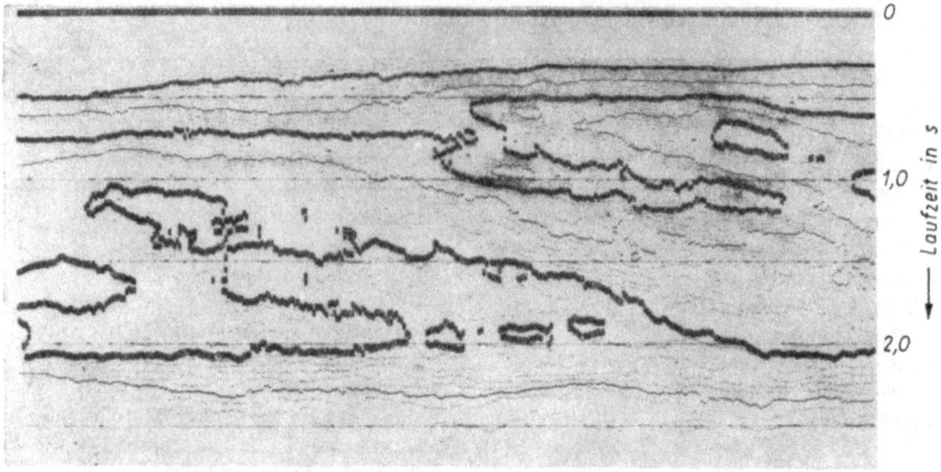

a)

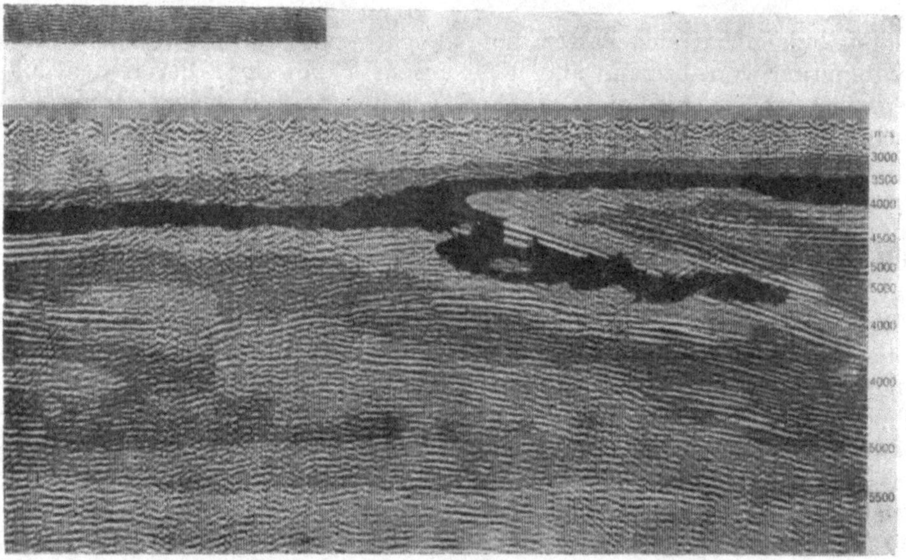

b)

Abb. 8.5. Ortsgeschwindigkeit (nach KÖRNER, 1975), dargestellt

a) durch Isolinien im Lotzeitmaßstab der Stapelsektion

b) in Grautönen (in verschiedenen Farben möglich) über der Stapelsektion

Amplitude einer Reflexion ein positives oder negatives Vorzeichen besitzt. Eine andere Variante der Polaritätsdarstellung benutzt als Kriterium, ob sich das Maximum der Einhüllenden unmittelbar hinter einer positiven oder einer negativen Amplitude befindet. Dementsprechend werden dann einer konventionellen Flächenschriftdarstellung zwei Farben, z. B. rot für positive und blau für negative Polarität, unterlegt und die Farbintensität abgestuft gemäß der Stärke der Reflexion.

Ähnliche Präsentationen mit einem spektralen Farbband sind auch möglich zur Darstellung der *Phase*, des *Frequenzinhaltes* oder, was vielleicht noch informationsträchtiger ist, der Frequenzänderung (Anstey, 1974; 1975; 1976).

Sehr anschaulich sind auch profilmäßige Darstellungen von *Stapel-*, *Intervall-* und *Bahngeschwindigkeiten* als Resultat detaillierter Geschwindigkeitsanalysen (Abb. 8.5a). Natürlich eignet sich dazu auch eine je nach Geschwindigkeit abgestufte Überfärbung oder Grautönung konventioneller Flächenschriftprofile (Abb. 8.5b). Für weitere Beispiele profilmäßiger Darstellungen von *Geschwindigkeiten*, *Kohärenz*, *Neigung*, *Querneigung* darf auf Rist (1973) und Köhler (1974) verwiesen werden. Hier müssen auch die profilmäßigen Ergebnisse von Modellberechnungen genannt werden (Schneider, 1981).

8.4.2. Flächendarstellungen

Das zweite Ziel der Datenbearbeitung zur strukturellen Datenpräsentation ist, eine räumliche Verteilung von Daten anschaulich zu machen. Eine Möglichkeit als Übergang von der Profildarstellung besteht darin, Vertikalschnitte mehrerer netzartig miteinandner verbundener seismischer Profile räumlich zusammenzufügen und in isometrischer Projektion als *Fächerdiagramm* (fence diagram) darzustellen (Abb. 8.6).

Im Zuge 3D-seismischer Arbeiten wird eine relativ gleichmäßige Überdeckung des Untergrundes erreicht. Die Ergebnisse von 3D-Messungen

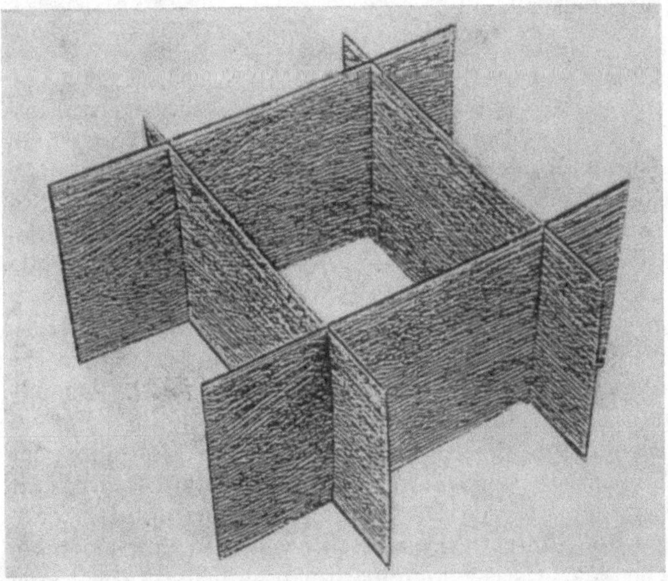

Abb. 8.6. Reflexionsseismisches Fächerdiagramm (nach Information Nr. 32 (1981) Prakla-Seismos)

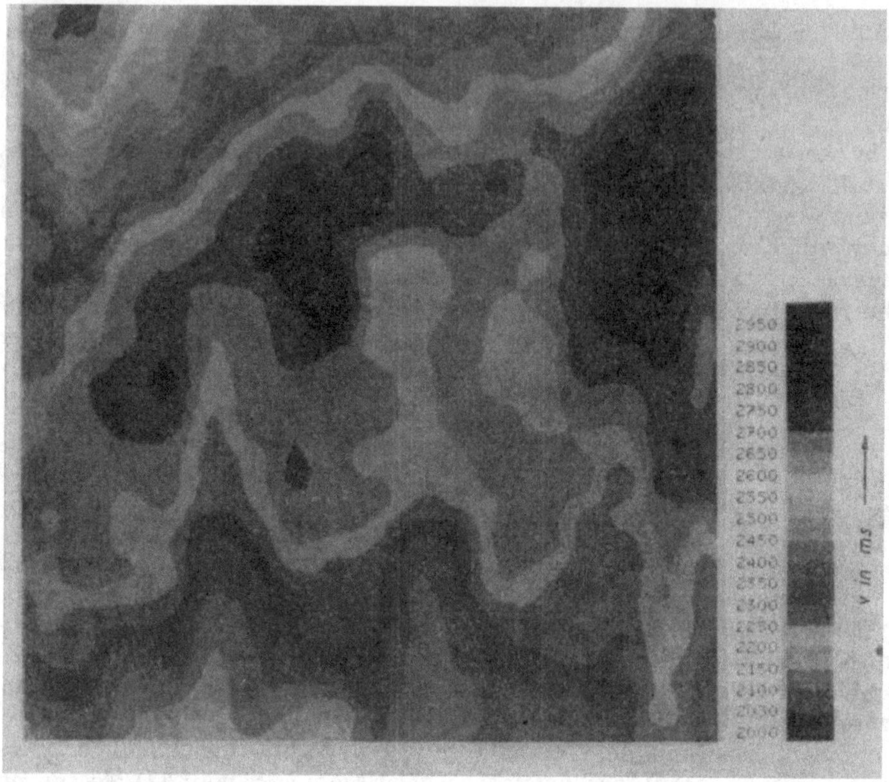

Abb. 8.7. Kartendarstellung mit Farbrasterplotter (hier nur mit Grautönen wiedergegeben) (nach Information Nr. 32 (1980) Prakla-Seismos)

eignen sich daher besonders gut für *Computergraphiken*. Isolinien von Lotzeiten (Isochronen), Tiefen (Isohypsen), Schichtmächtigkeiten (Isopachen), Geschwindigkeiten und anderen Parametern sind unerläßliche Hilfsmittel seismischer Interpretationsarbeiten. Mit Farbraster-Plottern lassen sich derartige Karten sehr illustrativ gestalten. Abb. 8.7 vermittelt über die verschiedenen Grautöne anstelle der Farben eine gewisse Vorstellung von der Wirkung als Farbbild. Durch Ausnützung der Perspektive gelingt auch die Darstellung von Isolinienplänen mehrerer Horizonte im Zusammenhang (Abb. 8.8). Die anschaulichste Form dreidimensionaler Darstellung sind natürlich die *Blockdiagramme* in isometrischer Projektion. Abb. 8.9 zeigt als „Fliegende Teppiche" drei übereinanderliegende Horizonte in 3D-Darstellung. Für ein anderes Beispiel eines Blockdiagrammes sei noch an die 3D-Darstellung des Bin-Überdeckungsgrades erinnert (vgl. Kap. 5.3.2.). In Zusammenhang mit der 3D-Seismik sei hier auch auf die Darstellung der horizontalen Zeitschnitte hingewiesen (s. Abb. 9.38.). In diesen *Zeitscheiben* zeichnen sich bestimmte Strukturen als charakteristische Konturlinien ab. Eine Aufwölbung oder Mulde wird sich z. B. durch mehr oder weniger konzentrische, ringförmig geschlossene Linien abbilden.

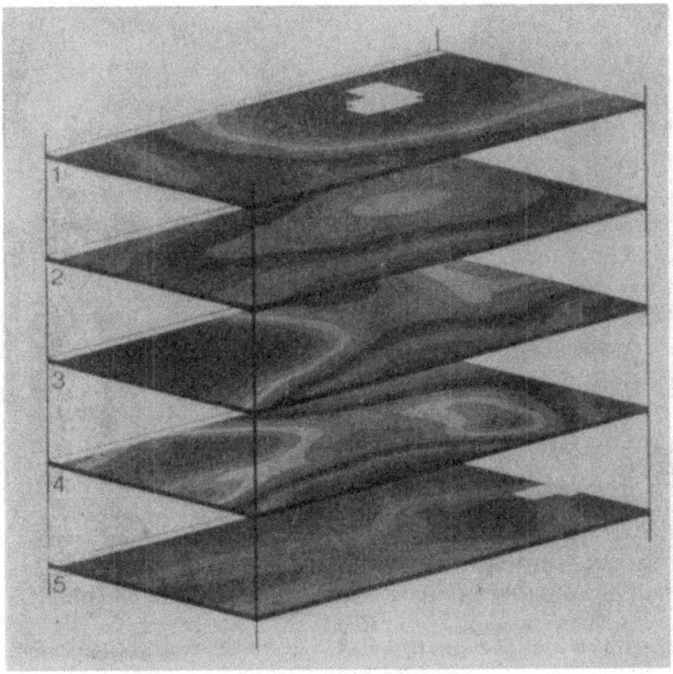

Abb. 8.8. Zeitpläne von fünf Horizonten, perspektivisch dargestellt (nach GLOCKE, 1984)

Abb. 8.9. „Fliegende Teppiche", Zeitpläne von drei Horizonten in 3D-Darstellung (nach GLOCKE, 1984)

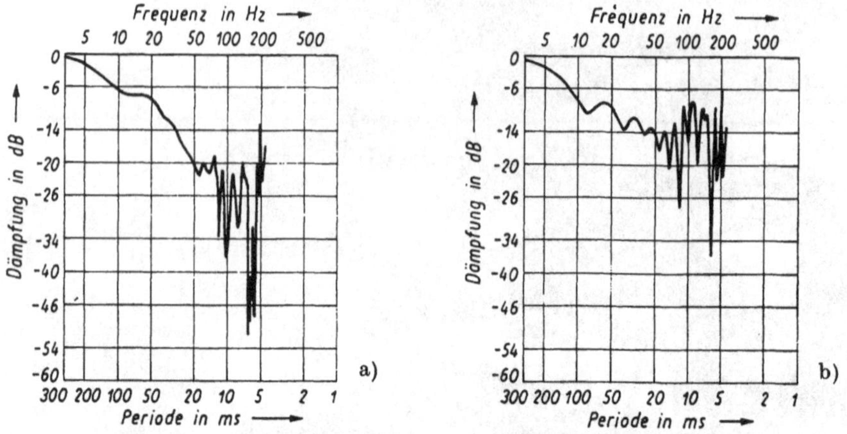

Abb. 8.10. Filtercharakteristika

a) 3D-Migration als Filterprozeß zur Dämpfung multipler Reflexionen (nach flächenhafter Feldaufnahme) mit Restamplituden als Funktion der Frequenz der multiplen Reflexionen (für NMO-Δt = 50 ms und x_{max} = 1275 m)

b) 12fach Stapelung als Filterprozeß zur Dämpfung multipler Reflexionen (nach linienhafter Feldaufnahme) mit Restamplituden als Funktion der Frequenz der multiplen Reflexionen (für NMO-Δt = 50 ms und x_{max} = 1150 m)

8.4.3. Andere Darstellungen

Im Zuge seismischer Arbeiten ist es oft wichtig, sich über bestimmte seismische Parameter ein genaues Bild zu verschaffen. Es gibt eine ganze Reihe bewährter und oft verwendeter Darstellungen, von denen nur beispielhaft einige erwähnt werden sollen. Man denke z. B. an die Darstellung der Wirkung der Wellenzahlfilterung durch Sende- oder Empfängergruppen (s. Kap. 4.2.4). Auf ähnliche Weise ist in Abb. 8.10 die Dämpfung von Multiplen abgebildet und zwar links durch eine 3D-Migration (6fache Flächenüberdeckung) und rechts nach einer 12fach überdeckten linienhaften Feldaufnahme. Man sieht mit einem Blick die stärkere Multiplen-Dämpfung durch die 3D-Migration.

Einen wesentlichen Einblick in den Frequenzinhalt eines Signals oder einer seismischen Spur gewähren Frequenzspektren. Die Leistungsdichtespektren in Abb. 8.11 illustrieren, in welchem Maß der Frequenzinhalt durch eine Spike-Dekonvolution angehoben und ausgeglichen wird. Schließlich sei noch eine Variante einer anschaulichen Darstellung der laufzeitabhängigen optimalen Stapelgeschwindigkeiten aufgeführt (Abb. 8.12).

8.5. Rechentechnik

Die Fülle der anfallenden seismischen Daten und die Komplexität vieler Rechenoperationen hat dazu geführt, daß in den seismischen Datenzentren die leistungsfähigsten Rechnersysteme zum Einsatz kommen. Zwei Arten

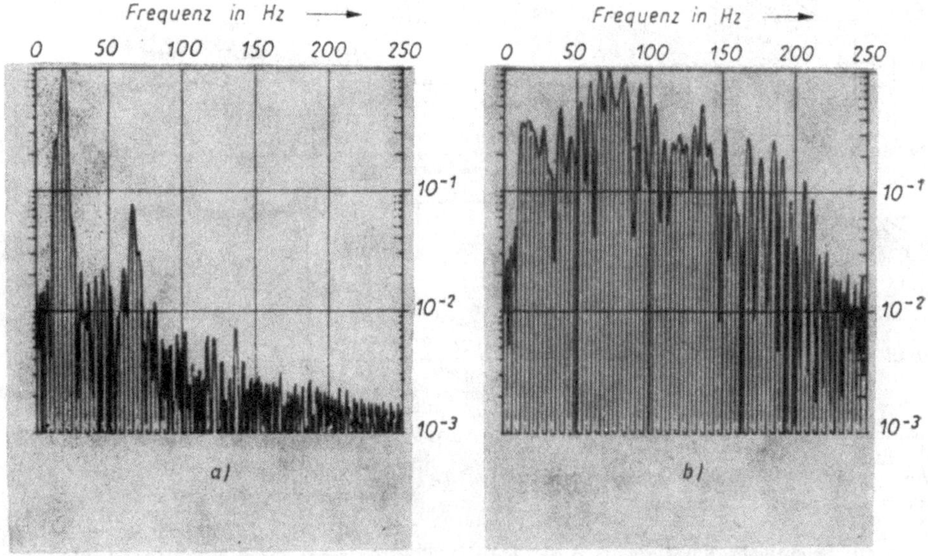

Abb. 8.11. Leistungsdichtespektren einer Einzelspur a) vor b) nach Spike-Dekonvolution (nach Bading, 1979)

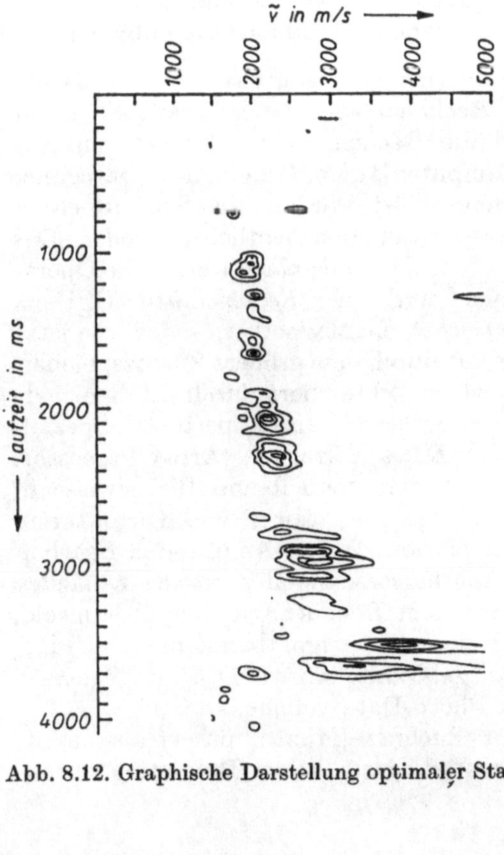

Abb. 8.12. Graphische Darstellung optimaler Stapelgeschwindigkeiten (nach Weber, 1971)

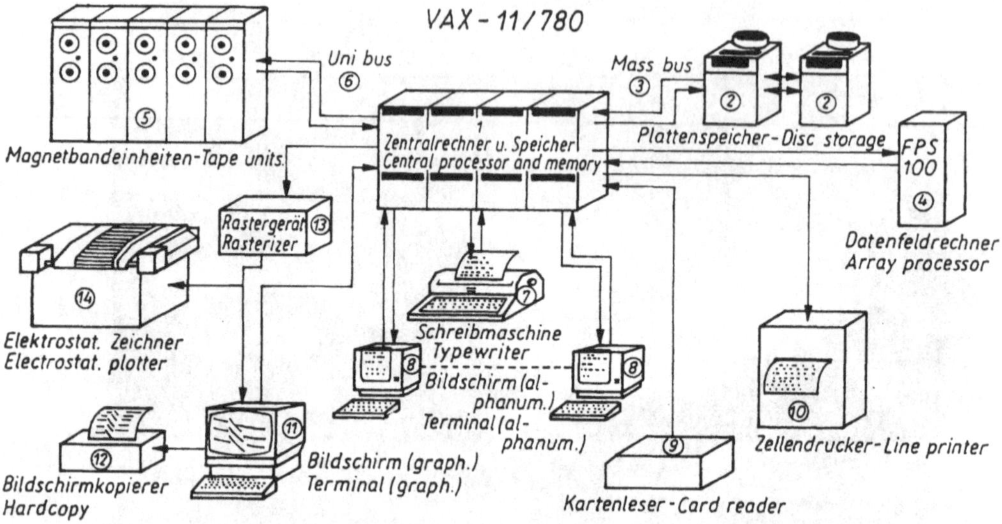

Abb. 8.13. Technische Konfiguration des VAX-11/780-Systems (nach MEIXNER, 1981)

von Digitalcomputern müssen unterschieden werden:

— Großrechner, die für jede Aufgabe verwendet werden können;
— Spezialrechner, Prozeßrechner, Minirechner für besondere Aufgaben.

Mit *Hardware* bezeichnet man die Gesamtheit des mechanischen und elektronischen Instrumentariums einer Rechenanlage. Sie ist maßgeblich für die verarbeitbare Datenmenge und die Rechengeschwindigkeit. *Software* nennt man die Programme, die am Computer laufen. Mit einem Großrechner kann zwar jede rechnerische Aufgabe gelöst werden, die Spezialrechner bewältigen aber bestimmte Rechenoperationen wesentlich schneller. Das Herz einer Rechenanlage besteht aus einer *Kontrolleinheit*, welche die Operationen des ganzen Systems koordiniert und einer *Recheneinheit* (CPU = central processing unit). Der *Zentralspeicher*, ein Magnetkern -oder, wie jetzt meistens, ein Halbleiterspeicher, wird oft durch eine größere Zusatzspeichereinheit ergänzt. Die Speichereinheit ist charakterisiert durch die Speicherkapazität und die Zugriffszeit. Direkt integriert sind meist periphäre Spezialprozessoren. Es sei hier speziell der *Datenfeldrechner* (Array-Processor, Matrix-Modul) hervorgehoben, der besonders schnell und für gewisse in der seismischen Datenbearbeitung wichtige Operationen wie Korrekturen, Dekonvolution, Stapeln, Filtern, Korrelation, Wahre-Amplituden-Bearbeitungen und Migration geeignet ist. Angeschlossen sind *periphäre Einheiten* zur Eingabe und Kommunikation mit dem Rechner wie Eingabekonsole, Digitalisiergerät, Kartenleser, Kassettengeräte, Magnetbandeinheiten, Plattenspeicher, Bildschirmgeräte und Ausgabeeinheiten wie Drucker, Zeichner (plotter), Spurschreiber (tracer) oder Photo-Dat-Systeme.

Die Tendenz geht dahin, mittlere Rechner (Minicomputer) als mobile Stationen und für ein dezentralisiertes und interaktives Processing seismi-

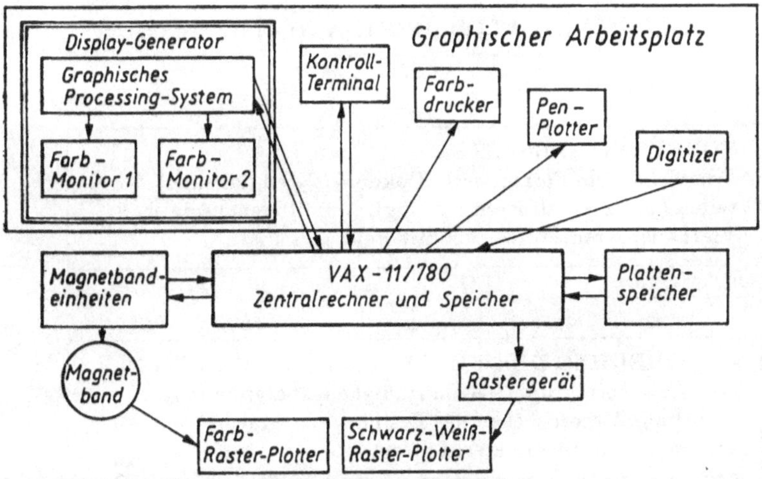

Abb. 8.14. Hardware-Konfiguration von COMSEIS (nach GLOCKE, 1983)

scher Daten zu verwenden. Mehrere Bearbeiter können gleichzeitig interaktiv an graphischen Arbeitsplätzen mit dem Rechner in Beziehung treten. Abb. 8.13 zeigt eine derartige Rechenanlage, die speziell für seismische Datenbearbeitung und als *Multi-User-System* bzw. *Multi-Programming-System* eingerichtet ist. Wenn mehrere Computer Zugriff zu gemeinsamen peripheren Komponenten wie Magnetband- oder Platteneinheiten haben, spricht man von *Multi-Processing-Systemen*.

Für seismische Interpretationsarbeiten bewähren sich *computergesteuerte seismische Auswertesysteme*. Die Hardware-Konfiguration des von Prakla Seismos entwickelten COMSEIS-Systems (GLOCKE, 1983; 1984) ist in Abb. 8.14 wiedergegeben. Zentralrechner des Systems ist ein VAX-11/780. Die Profile werden von Magnetbandlaufwerken eingelesen und über einen Display-Generator, das Herzstück der interaktiven Arbeitsstation, direkt am Bildschirm bearbeitet. Das Korrelieren ausgewählter Horizonte und sich kreuzender Profile (Vertikalschnitte) sowohl im 2D- als auch im 3D-Fall erfolgt direkt am Bildschirm, ebenso wie die Auswertung von Horizontalschnitten (Zeitscheiben), z. B. durch Eintragen von Konturlinien und Störungen. Endziel ist in der Regel die Erstellung von Konturplänen z. B. mit Farbrasterplotter (Abb. 8.7) oder in dreidimensionaler Darstellung (Abb. 8.8 und 8.9).

8.6. Technologie der Datenbearbeitung

Eine wesentliche Vereinfachung in der Bearbeitungstechnologie brachte die auf Einzelspuren orientierte Datenvor- und -weiterverarbeitung im Vergleich zur früheren, auf das einzelne Seismogramm bezogenen Bearbeitung. Die in den verschiedenen Datenzentren verwendeten Standardprogramme sind im Prinzip gleich, und man übernimmt für die eigene Anlage oft bewährte Programmpakete. Daneben werden laufend neue Programme entwickelt und bestehende Software-Pakete verbessert.

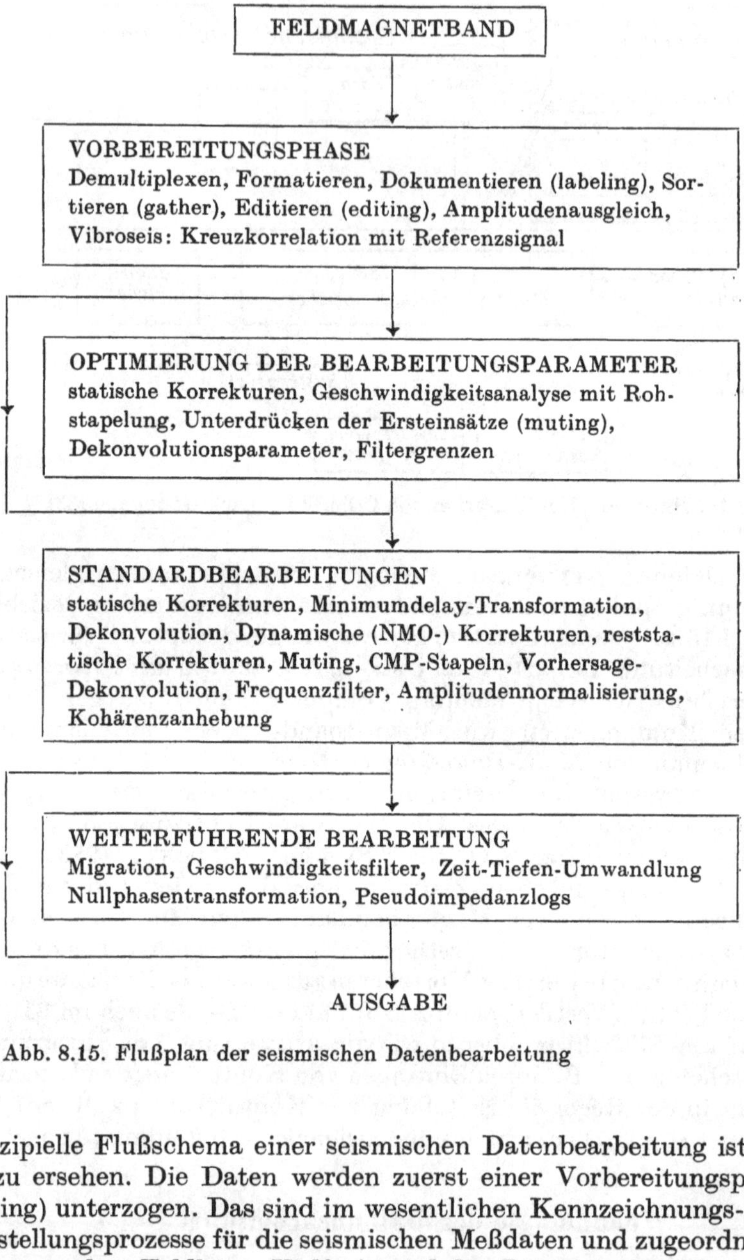

Abb. 8.15. Flußplan der seismischen Datenbearbeitung

Das prinzipielle Flußschema einer seismischen Datenbearbeitung ist aus Abb. 8.15 zu ersehen. Die Daten werden zuerst einer Vorbereitungsphase (preprocessing) unterzogen. Das sind im wesentlichen Kennzeichnungs- und Zusammenstellungsprozesse für die seismischen Meßdaten und zugeordneten Begleitdaten aus dem Feldbüro. Vielfach wird das *Preprocessing* schon von Feldcomputern geleistet, was eine bedeutende Entlastung der Datenverarbeitungszentrale bedeutet. Derartige Feldcomputer bewältigen auch weiterführende Bearbeitungen wie statische Korrekturen, Geschwindigkeitsanalysen und CMP-Stapelprozesse.

Dann folgt die Optimierung der Bearbeitungsparameter. Falls die *optimalen Bearbeitungsparameter* bereits gut bekannt sind, können sofort bewährte

Processingabläufe, in Abb. 8.15 mit Standardprocessing bezeichnet, eingeleitet werden. Vor allem am Beginn einer Meßkampagne in einem neuen Gebiet wird man die optimalen Parameter für die statischen und dynamischen Korrekturen, für die Dekonvolution und Filtergrenzen sowie für das Abschneiden (muting) der Refraktionseinsätze durch mehrere Testläufe erst ermitteln müssen.

Die *Standardbearbeitung* (standard processing) beinhaltet Amplitudenausgleichverfahren, statische und dynamische Korrekturen, Muting, CMP-Stapelung und Filterung. Man versäumt es aber heute kaum, auch die durch die Dekonvolution erzielbaren Verbesserungsmöglichkeiten voll auszunutzen.

Die gestapelten Profile dienen dem Auswerter als Grundlage seiner geologisch-strukturellen Interpretation. Nicht immer sind aber bei diesem Stand der Datenbearbeitung alle strukturellen Probleme gelöst. Auch mag eine Detailinterpretation gefordert sein, die lithologisch-substanzielle Aussagen anstrebt. Eine Reihe von weiterführenden Bearbeitungsmethoden ist in Verwendung, die den hochgesteckten Interpretationsanforderungen entgegenkommen. Dazu gehören 2D- und 3D-Migration, Geschwindigkeitsfilter und die Zeit-Tiefen-Umwandlung. Für lithologisch-stoffliche Aussagen werden die Verfahren zur Signalumformung (wavelet processing) und die Erstellung von Pseudoimpedanzlogs unumgänglich sein.

Andererseits erfolgen in Abhängigkeit von der Aufgabenstellung und der Qualität der Meßdaten *Spezialbearbeitungen*, die weit über das Ziel der Standardbearbeitung hinausgehen können. Man denke an die Horizontalzeitschnitte (Abb. 8.9) beim 3D-Processing, an Spektral- und Wellenanalysen (Abb. 8.10, 8.11), an die seismische Modellierung oder als Überprüfungsschritt vor dem Abteufen einer Tiefbohrung die Offset-Wellenfront-Methode (OWFM). Im fortgeschrittenen Explorationsstadium erlauben Informationen aus Tiefbohrungen die Erstellung synthetischer Seismogramme. Vertikalprofilierung (VSP), Offset-Vertikalprofilierung (OVP) oder Moving-Source-Profilierung (MSP) sind Methoden, die ein starkes Interesse in den letzten Jahren gefunden haben. Schließlich ermöglichen Tiefbohrdaten vergleichende Studien über Beziehungen zwischen den reflexionsseismischen und lithologischen Parametern bzw. dem Poreninhalt der Gesteine (hot spot).

8.7. Standardmäßige Datenbearbeitungsprozesse

Die Vielzahl der notwendigen und ergänzenden Bearbeitungsschritte bei der seismischen Datenverarbeitung werden heute unter dem Gesichtspunkt eines rationellen Bearbeitungsablaufes nach bewährten technologischen Schemata abgearbeitet.

8.7.1. Vorbereitungsphase

Die auf einem Feldband gespeicherten Daten bedürfen einer vorbereitenden Bearbeitung (preprocessing). Zunächst müssen die vom Feldbüro in multiplexter Form kommenden Daten *demultiplext* werden. Jede seismische

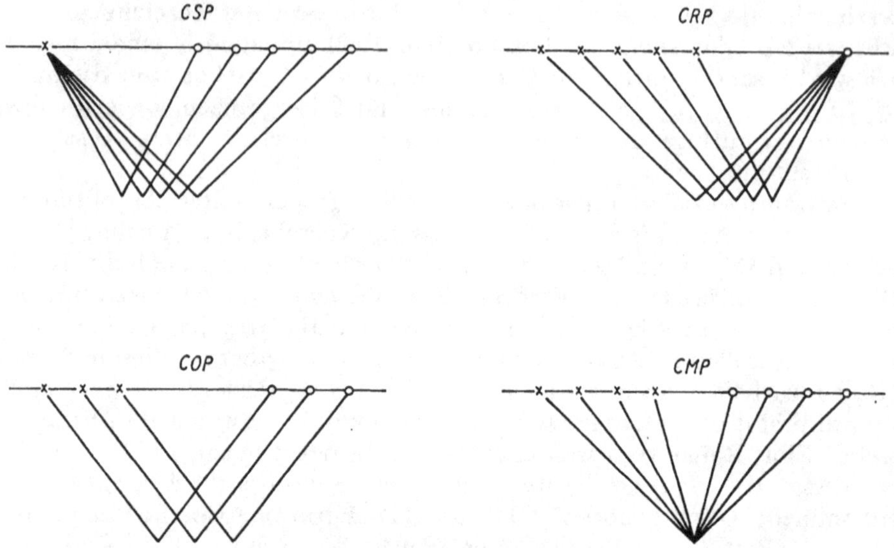

Abb. 8.16. Spuren-Gather-Darstellungen

Spur wird also wieder zu einer Zeitserie zusammengefaßt und im gewünschten Format aufgezeichnet. Das sich anschließende *Editieren* beinhaltet die Aufbereitung der Daten für weiteres Processing. Die Daten werden auf ihre Zuverlässigkeit geprüft, falsch gepolte Spuren korrigiert, stark gestörte Spuren nullgesetzt, Kennzahlen, neue Daten, Bearbeitungsparameter oder Instruktionen werden als *Spurkopf* hinzugefügt. Die vom Feldbüro übermittelten Aufnahme- und Begleitdaten (Topographie, Korrekturen, Meßgeometrie etc.) werden auf einen Computerfile als sog. *Datenpaß* dokumentiert und für weitere Bearbeitungen bereitgehalten. Nun sind die Spuren von mehrfach überdeckten Aufnahmen nach gemeinsamen Mittelpunkten (CMP) – bei horizontaler Lagerung identisch mit gemeinsamen Tiefenpunkten (CDP) – zu sortieren (gather). Je nach spezieller Fragestellung kann aber auch nach anderen Gesichtspunkten sortiert werden:

- gemeinsame Quelle (CSP = common source point),
- gemeinsamer Empfänger (CRP = common receiver point),
- gemeinsames Offset (COP = common offset point),
- gemeinsamer Mittelpunkt (CMP = common midpoint).

Die verschiedenen Gather-Möglichkeiten sind in Abb. 8.16 skizziert. Eine übersichtliche Darstellung der Gather-Möglichkeiten erlaubt das Korrelationsschema Abb. 8.17, bezogen auf die Reflexionselemente. Man vergleiche dazu das spiegelbildlich zu Abb. 8.17 dargestellte Korrelationsschema der Abb. 5.5 bzw. das Schema der Kombinationsmöglichkeiten der Abb. 5.6, bezogen auf die Geophonpunkte. Vibroseisdaten werden den gleichen vorbereitenden Bearbeitungen unterzogen, dazu kommt noch die Kreuzkorrelation mit dem Referenzsignal.

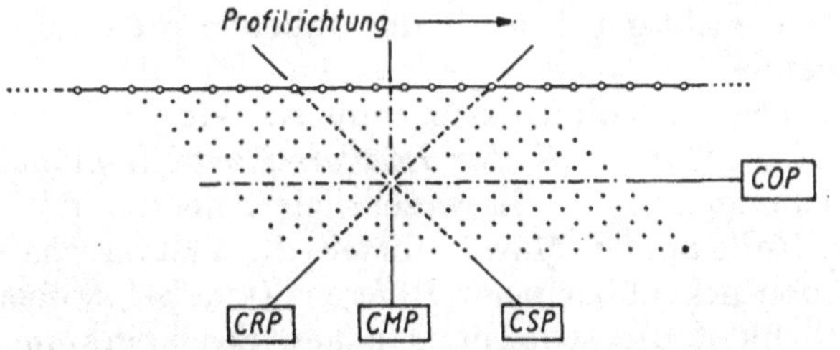

Abb. 8.17. Gather-Darstellung im Korrelationsschema

8.7.2. Amplitudenausgleich

Seismische Wellen erleiden bei ihrem Weg durch das mit Unstetigkeiten behaftete und nur unvollkommen elastische Gebirge ständig zunehmende Verluste durch sphärische Divergenz, Transmission und unelastische Dämpfung. Sie durchlaufen dabei einen Dynamikbereich von $\geqq$ 100 dB. Früher komprimierte man diesen primären Dynamikumfang durch Amplitudenregelung bereits bei der Aufnahme auf ca. 30 dB (vgl. Kap. 4.3.). Bei digitalseismischen Registrierungen vollzieht man diesen Prozeß i. allg. mit dem Einlesen demultiplexter Spuren für Prozesse der Standardbearbeitung.

Das Ziel des Amplitudenausgleichs (TAR = true amplitude recovery) ist es, aus der registrierten nicht stationären Zeitreihe mit deutlich kleiner werdenden Amplituden eine in Näherung stationäre Zeitreihe zu gewinnen. Der Prozeß liefert also relative Reflexionsamplituden unter Beibehaltung der individuellen Reflexionscharakteristik. Mit bestimmten Verfahren vermeidet man einen vollständigen Amplitudenausgleich, um die Amplitudenunterschiede sowohl in vertikaler als auch in horizontaler Richtung, d. h. von Spur zu Spur, zu bewahren. Diese Art der Vorbehandlung ist die Voraussetzung für die Untersuchung seismischer Parameter aufgrund „wahrer Amplituden", etwa bei den Methoden des „Direktnachweises" (s. Kap. 10.5.1.) oder für die Herstellung von Pseudoimpedanzlogs (s. Kap. 9.7.7.2.).

8.7.3. Statische Korrekturen und automatische statische Restkorrekturen

Die seismischen Spuren müssen auf ein definiertes Bezugsniveau zeitlich reduziert werden, um die Unregelmäßigkeiten der Topographie und der Verwitterungszone auszugleichen. Im Kap. 5.2.2.6. wird auf die Unterschiede hingewiesen, die sich bei Erregung unter- oder innerhalb der Verwitterungszone ergeben. Die Gesamtkorrektur Δt, die an jeder Einzelspur anzubringen ist, setzt sich aus einem Anteil am Erregungsort und einem Anteil am Empfängerort zusammen (vgl. (5.4) und (5.5)). Man spricht von Schußpunktkorrektur Δt_S und Geophonpunktkorrektur Δt_G:

$$\Delta t = \Delta t_S + \Delta t_G . \tag{8.1}$$

Diese Zweiteilung ist besonders wichtig bei der heute üblichen reflexionsseismischen Mehrfachüberdeckung.

Die Genauigkeit der statischen Grundkorrektur muß so sein, daß das nachfolgende Programm zur Ermittlung *statischer Restkorrekturen* (residual statics) nur mehr Zeitverschiebungen findet, die wesentlich kleiner sind als die Periode der betrachteten Reflexionen. Man ermittelt die Zeitverschiebung energiestarker Reflexionen gegenüber einer Referenzhyperbel, wobei wegen ihrer größeren Verläßlichkeit die schußpunktnahen Seismogrammspuren bevorzugt werden. Bei automatischen Verfahren wird diese Zeitverschiebung durch Vergleich der Einzelspur mit einer Summenspur bestimmt. Aufwendigere Verfahren verbinden die Optimierung der vorhandenen Geländekorrekturen mit dem Stapelprozeß derart, daß an jedem Stapelpunkt eine maximale Amplitude entsteht. Allerdings wird das Programm zur Ermittlung der statischen Restkorrekturen erst nach Durchführung der dynamischen Korrektur angewendet. Es kann also in Problemfällen dazu kommen, daß man die beiden Processingschritte „dynamische Korrektur" und „Ermittlung der statischen Restkorrekturen" mehrfach durchlaufen muß. Der Ablauf ist in Abb. 8.18 angegeben.

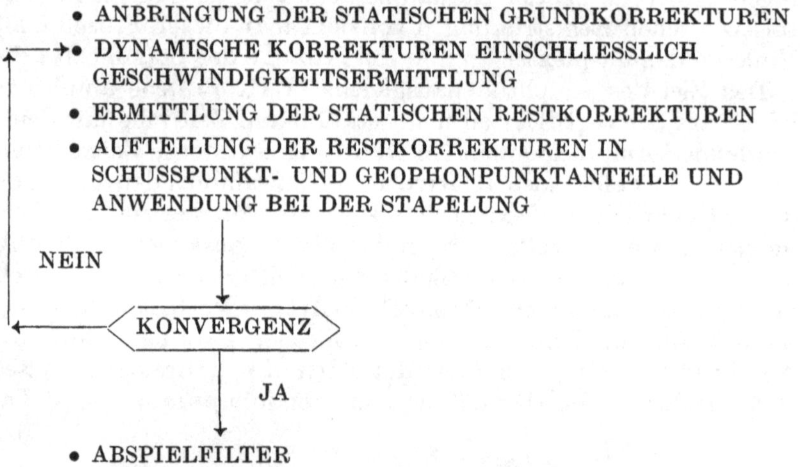

Abb. 8.18. Bearbeitungsschleife für statische Restkorrekturen

Nach Anbringung der statischen Grundkorrekturen und der dynamischen Korrekturen ergibt der erste Stapelprozeß die sog. *Rohstapelung*. Diese Rohstapelung wird nach Anwendung eines Glättungsfilters als *Referenzsektion* für die Messung der restlichen Zeitverschiebungen benutzt. Man erhält je Eingabespur eine Gleichung der Form

$$\Delta t = \Delta t_{G_i} + \Delta t_{S_j}, \tag{8.2}$$

wobei die Zeitverschiebung noch in den Schußpunkt- und Geophonpunktanteil aufgeteilt werden muß. Es ergibt sich ein sehr großes System an

Gleichungen. Als Zusatzbedingung für versenkte Quellen (Schußseismik) führt man noch ein, daß die Summe der schußseitigen Korrekturen gleich Null sein soll. Bei Oberflächenanregung (z. B. Vibroseis) hingegen muß man fordern, daß die sende- und empfangsseitige Nachkorrektur bei Koinzidenz von Empfänger und Sender gleich sein muß, d. h., hier gilt:

$$\Delta t = \Delta t_{G_i} + \Delta t_{S_j} \quad \text{mit} \quad \Delta t_{G_k} = \Delta t_{S_k}. \tag{8.3}$$

Nach Ermittlung der Restkorrekturen wird gestapelt. Das Ergebnis ist dann entweder bereits das Endprodukt, oder aber man nimmt die Neustapelung nach Glättung wiederum als neue Referenzsektion und wiederholt die beschriebene Prozedur. Wie bereits erwähnt, kann der Fall eintreten, daß man auch die dynamischen Korrekturen erneut überprüfen muß und konsequenterweise dann die Bestimmung der statischen Restkorrekturen wiederholt.

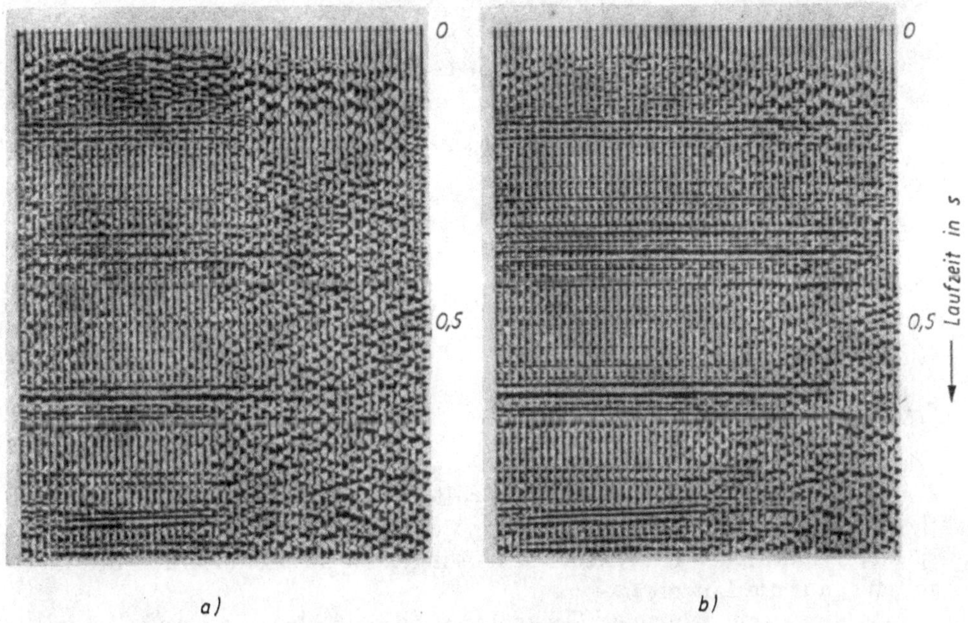

Abb. 8.19. Sektion einer 3D-Messung mit hoher Auflösung a) ohne b) mit statischen Restkorrekturen (nach Houba, 1979)

Abb. 8.19 illustriert die Wirkung automatischer Restkorrekturen an einem kurzen Profil. In Abb. 8.20 wird ein Beispiel der Anwendung von Restkorrekturen auf eine Zeitscheibe gezeigt. In diesem Fall ist links eine Zeitscheibe zu sehen nach Anbringung der statischen Grundkorrekturen, und rechts davon ist spiegelbildlich dieselbe Zeitscheibe nach Berechnung und Anwendung von statischen Restkorrekturen gezeigt. Es ist offensichtlich, daß die Auflösung wesentlich von optimalen statischen Korrekturen abhängt.

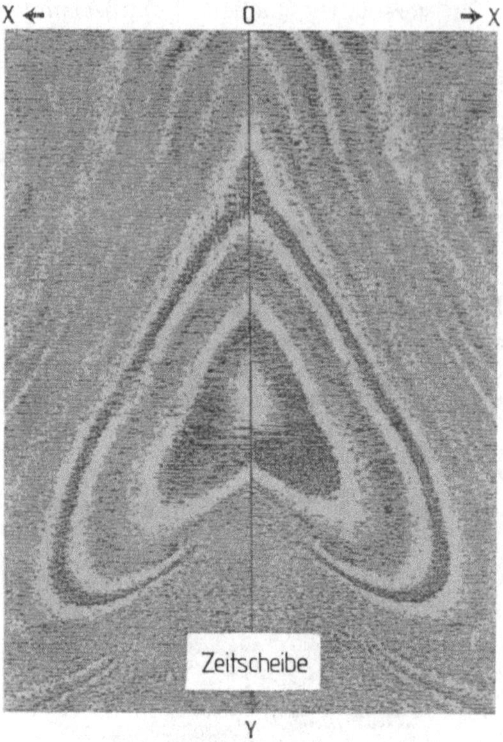

Abb. 8.20. 3D-automatische Restkorrekturen (Zeitscheibe zum besseren Vergleich spiegelbildlich wiederholt) links — ohne Restkorrektur, rechts — mit Restkorrektur

8.7.4. Dynamische Korrektur

Die *dynamische Korrektur* (NMO = normal moveout), häufig auch als *kinematische Korrektur* bezeichnet, ist die Differenz $\Delta t(x)$ zwischen der Reflexionslaufzeit t_x in der Entfernung x vom Erregerpunkt und der Lotzeit t_0. Ziel dynamischer Korrekturbearbeitungen ist die Reduzierung der Laufzeiten t_x auf die Lotzeit t_0.

Für homogenes isotropes Deckgebirge besteht über die Geschwindigkeit v ein exakter hyperbolischer Zusammenhang

$$\Delta t(x) = t_x - t_0 = \sqrt{t_0^2 + \left(\frac{x}{v}\right)^2} - t_0. \tag{8.4}$$

Nun führen aber Inhomogenitäten und brechende Schichtgrenzen im Deckgebirge sowie geneigte Reflektoren zu Abweichungen von der Hyperbelform (vgl. Kap. 6.2.). Würde man (8.4) auf eine Reflexion mit der Lotzeit t_0 unter einem inhomogenen (geschichteten) Deckgebirge anwenden, so würde man für jede Entfernung x eine andere Geschwindigkeit zur Befriedigung der Gleichung benötigen. Die praktische Berechnung der dynamischen Korrekturen erfolgt daher über die Ermittlung der Stapelgeschwindigkeit $\bar{v}'$, mit

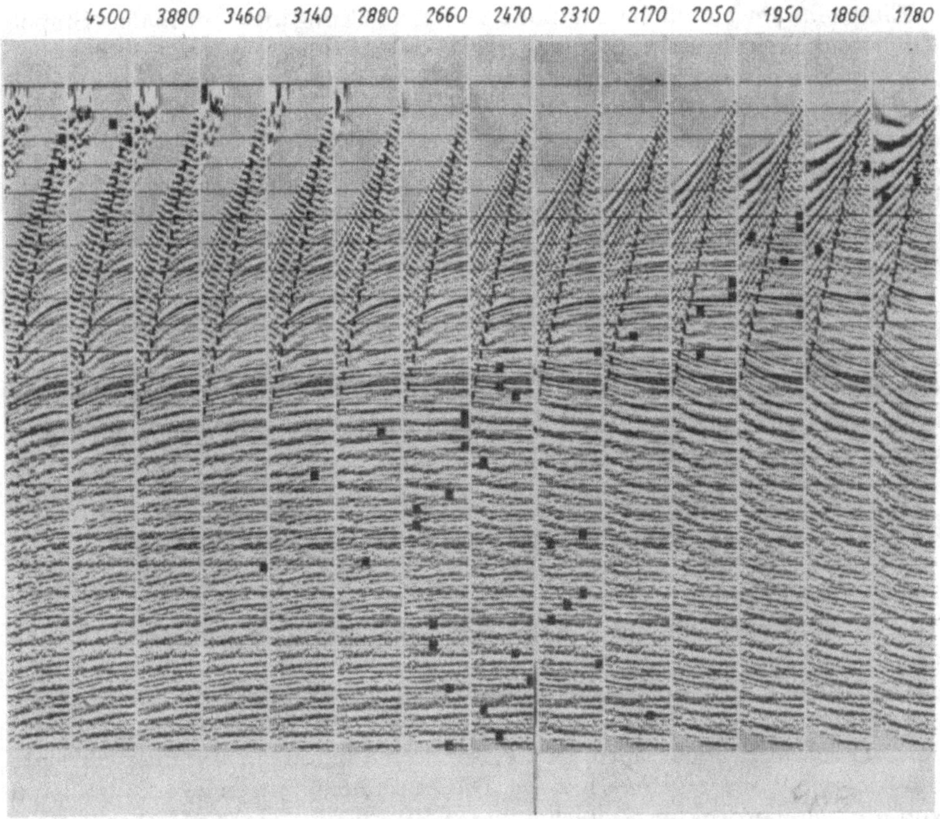

Abb. 8.21. Anwendung eines Geschwindigkeitsfächers auf ein Einzelseismogramm (aus Information Nr. 14 (1978) Prakla-Seismos)
(Mit den angegebenen Geschwindigkeiten optimal korrigierte Reflexionen sind markiert)

der eine optimale Angleichung an die gemessene Reflexionshyperbel gelingt (s. (6.12)). Als objektive Kriterien für die optimale Näherung verwendet man verschiedene Kohärenzmaße (z. B. (6.34)). Die so gefundene laufzeitabhängige Geschwindigkeit kommt besonders für nicht zu große Schußpunkt-Geophonpunkt-Entfernungen x der Effektivgeschwindigkeit $\bar{v}$ sehr nahe. Für kleine x läßt sich der hyperbolische Zusammenhang näherungsweise durch eine Parabel ersetzen (s. (6.33)), und man verwendet dann oft im Rahmen kinematischer Korrekturrechnungen sowie der Ermittlung und Anwendung von Stapelgeschwindigkeiten die Beziehung

$$\Delta t(x) = \frac{x^2}{2t_0\bar{v}^2}. \tag{8.5}$$

Ein Beispiel einer Geschwindigkeitsanalyse, in der die Verläßlichkeit des ermittelten Geschwindigkeitswertes auf Grund der verwendeten Kriterien durch Isolinien dargestellt ist, findet man in Abb. 8.12.

Eine sehr anschauliche Methode zur Ermittlung der optimalen Stapelgeschwindigkeit besteht in der mehrfachen Anwendung der dynamischen Korrektur auf ein Einzelseismogramm, wobei jeweils ein anderer, aber für das Seismogramm einheitlicher Wert der Korrekturgeschwindigkeit benutzt wird (Anwendung eines sog. *Geschwindigkeitsfächers*). Reflexionen, die in dieser Darstellung begradigt erscheinen, sind offenbar mit dem zugehörigen Wert des Geschwindigkeitsfächers optimal korrigiert (Abb. 8.21).

Die Qualität der Reflexionen hat natürlich bei allen Verfahren zur Bestimmung der dynamischen Korrektur eine entscheidende Bedeutung.

Zu beachten ist, daß der mittlere Fehler, mit dem die ermittelten Stapelgeschwindigkeiten behaftet sind, stark von der angewendeten Datenakquisitionsmethode hinsichtlich Schuß-Geophongruppen-Abstand, Kanalzahl und Überdeckungsgrad abhängt. Geschwindigkeiten aus seismischen Profilen, die sich in Gruppenabstand und Kanalzahl unterscheiden, können daher nicht unmittelbar miteinander verglichen werden.

8.7.5. Unterdrückung von Erst- und Refraktionseinsätzen

Die Unterdrückung (muting) der Signale des sog. *Einsatzdreiecks* ist notwendig, um die schußpunktnah in ungestörter Form vorhandenen Reflexionen aus geringen Tiefen typenrein stapeln zu können. Die Spuren werden dabei für den zu unterdrückenden Teil mit dem Faktor null und für den restlichen Teil mit dem Faktor eins multipliziert. Der Übergang von null auf eins erfolgt aber nicht sprungartig, sondern allmählich, um unerwünschte Spitzen in den Spuren zu vermeiden. Die Abschneidgrenzen legt man anhand von einfachüberdeckten Zeitschnitten (CSP-, CRP- oder CMP-Ausspielungen nach Abb. 8.16) fest.

8.7.6. Die CMP-Stapelung

Sind die statischen und dynamischen Korrekturen vorgenommen, so können zusammengehörige Spuren mit gemeinsamen Mittelpunkten (CMP) additiv zusammengesetzt werden. Der Stapelprozeß ist also eine Mehrspurfilterung. Bei optimalen Korrekturen führt das Stapeln zu einer wesentlichen Verbesserung des Nutz/Störverhältnisses der Aufzeichnung; die in Phase befindlichen Nutzsignale werden verstärkt, die inkohärenten Störwellen statistisch unterdrückt. Bei n-facher Überdeckung ist eine $\sqrt{n}$-fache Verbesserung des Nutz/Störverhältnisses zu erwarten.

Durch den Stapelprozeß werden auch kohärente Störwellen wie Diffraktionseinsätze, reflektierte Refraktionen, vor allem aber die multiplen Reflexionen abgeschwächt. Eine Multiple mit gleicher t_0-Zeit wie eine Primärreflexion besitzt wegen der im Hangenden meist geringeren Geschwindigkeiten eine stärkere Hyperbelkrümmung. Die erfolgte dynamische Korrektur ist daher nur für die Primärreflexionen passend. Diese addieren sich deshalb bei der Stapelung konstruktiv, während die Multiplen wegen ihrer unterschiedlichen Phasenlage durch destruktive Interferenz stark abgeschwächt werden. Das Nutzsignal der Stapelspur ergibt sich nach Division durch den Stapelgrad (Abb. 8.22). Der verbleibende Multiplenrest hängt vom Stapelgrad, von der Differenz der moveout-Zeiten von Primärreflexion und Multipler sowie vom Verhältnis Rest-moveout zu scheinbarer Periode der Multiplenschwingung ab. Sind die Rest-moveout-Zeiten einer Multiplen sehr klein, so ist eine Verbesserung durch eine *Teilstapelung* von Spuren mit weiten Schußpunkt-Geophonpunkt-Entfernungen möglich, da hier größere moveout-Unterschiede zwischen Primär- und multipler Reflexion herrschen müssen. Die Teilstapelung bewährt sich auch bei komplizierten Lagerungsformen mit starken lateralen Geschwindigkeitsgradienten und bei Unterschießungsverfahren.

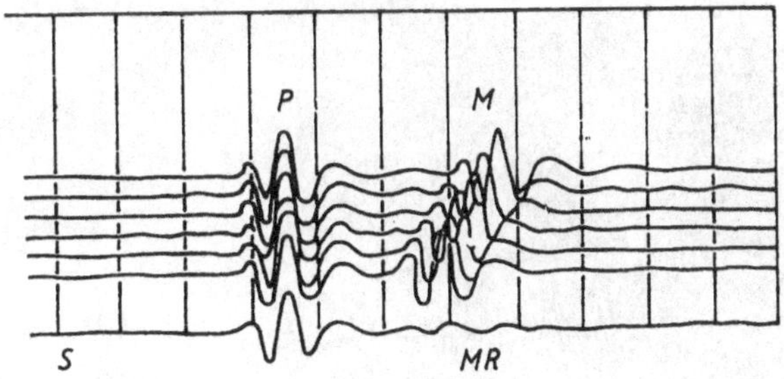

Abb. 8.22. Multiplendämpfung durch Stapelung
P — Primärreflexion, *S* — Stapelspur, *M* — Multiple, *MR* — Multiplenrest

8.7.7. Frequenzfilterung

Frequenzfilterung ist immer dann erfolgreich, wenn Nutz- und Störsignale einer Spur unterschiedlichen Frequenzinhalt haben. Es sei an die Oberflächenwellen erinnert, deren Hauptenergieanteil bei Frequenzen liegt, die meist deutlich unter den Frequenzen der Nutzsignale liegen.

Die digitalen Frequenzfilter erlauben die Realisierung von Filtercharakteristika mit beliebiger Form und Flankensteilheit (s. Kap. 7.3.2.2.). Im allgemeinen gibt man für ein Bandpaßfilter eine trapezförmige Filterfunktion vor und definiert als Eckfrequenzen die mittleren Frequenzwerte der beiden Filterflanken. Zur optimalen Festlegung der Filtergrenzen ist eine Analyse der in den seismischen Aufnahmen vorkommenden Frequenzen (Abb. 8.11) und eine Trennung in Nutz- und Störfrequenzanteil nötig. Eine Sektion wird mit mehreren Bandpaßfiltern behandelt (Abb. 8.23) und das günstigste Filter ausgewählt. Als Beurteilungskriterien sind Phasenkontinuität, Signalstärken, Auflösung, Störwellen, Hintergrundunruhe etc. von Bedeutung. Wegen der zunehmenden Absorption höherer Frequenzen mit der Tiefe können oft sehr vorteilhaft zeitvariable Frequenzfilter eingesetzt werden. Für verschiedene Laufzeitbereiche werden dabei unterschiedliche Bandpaßfilter gewählt. Die Frequenzfilterung kann vor oder nach dem Stapeln erfolgen, da es sich in beiden Fällen um lineare Prozesse handelt.

Aus Gründen der Rechenzeiteinsparung wird die Frequenzfilterung häufig erst nach dem Stapeln angesetzt.

Zu den Frequenzfiltern zählen auch die Kerbfilter (notch filter), die durch einen sehr schmalbandigen Sperrbereich zur Ausblendung bestimmter Störfrequenzen (z. B. 50 Hz Netzfrequenz) verwendet werden.

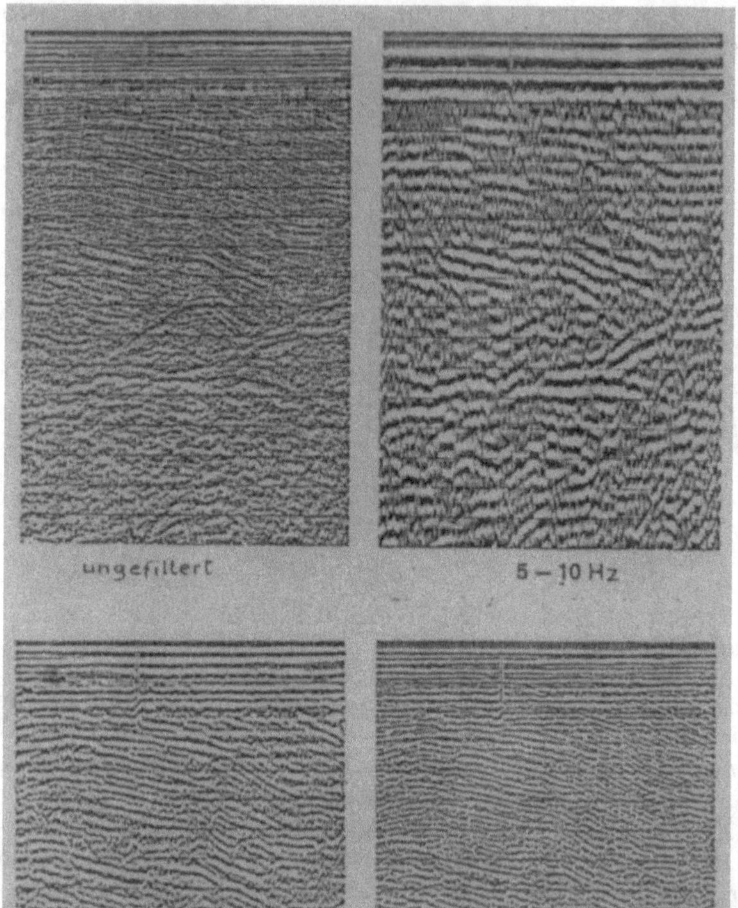

Abb. 8.23. Die Wirkung unterschiedlicher Frequenzfilterung auf eine reflexionsseismische Zeitsektion (nach Prakla-Seismos, 1972)

8.7.8. Inverse Filterung

Durch Frequenzfilterung werden bestimmte Frequenzkomponenten gedämpft. Der inverse Vorgang vollzieht sich bei der *Dekonvolution*, nur mit geringer Amplitude vorhandene Frequenzkomponenten werden verstärkt, woraus sich auch die Bezeichnung „inverse Filterung" erklärt (s. Kap. 7.4.4.).

Obwohl durch eine seismische Sprengung ein kurzer Impuls mit einem breiten und flachen Amplitudenspektrum erzeugt wird, sind die registrierten Reflexionen relativ langzeitliche Ereignisse. Schon in unmittelbarer Umgebung des Sprengpunktes wird das Sprengsignal durch Filtereffekte in ein oszillatorisches Quellensignal (source wavelet, source signature) verwandelt (s. Kap. 4.1.2.). Das Quellensignal wird weiter durch multiple Reflexionen verändert, worunter Geisterreflexionen (ghosts), Multiple zwischen Meeresboden und Meeresoberfläche (reverberations, singing) und alle anderen Kurz- und Langzeitmultiple gemeint sind. Dazu kommt die Verzerrung durch den Instrumenteneinfluß bei der Aufnahme und insbesondere die mit der Laufzeit zunehmende Absorption hoher Frequenzen. Das Signal wird immer breiter und verliert an Schärfe. Das Ergebnis all dieser Einflüsse auf den ursprünglichen Sprengimpuls ist dann das wirksame seismische Signal oder Wavelet (s. Kap. 7.2.4.). Ziel der Dekonvolutionsverfahren ist es, all diese Prozesse wieder rückgängig zu machen, also eine Signalkomprimierung herbeizuführen und damit die Auflösbarkeit einer seismischen Aufnahme zu verbessern. Die Dekonvolutionsverfahren für die Rückformung in das Quellensignal faßt man speziell unter der Bezeichnung *Signal-Dekonvolution* zusammen.

Bei der Impulsanregung tritt noch ein Problem auf. Das Konzept der Dekonvolution erfordert die Minimum-Delay-Eigenschaft des Signals. Durch die angeführten Filterprozesse geht aber die ursprüngliche Minimum-Delay-Eigenschaft (Kap. 7.2.4.) des seismischen Signals verloren. Das Wavelet wird mit der Laufzeit zunehmend gemischtphasig. Um Phasenfehler durch den Dekonvolutionsprozeß zu vermeiden, ist vor diesem Prozeß eine Minimum-Delay-Transformation, üblicherweise auf Einzelspuren angewendet, zweckmäßig (s. Kap. 8.8.3).

Bei kurzen Wavelets reichen 100 ms Operatorlänge meist aus. Kurze Dekonvolutionsoperatoren sind zum Einsatz schon vor der Stapelung geeignet und werden insbesondere verwendet, wenn laterale Wavelet-Änderungen von Spur zu Spur auftreten. Kurze Operatoren werden daher zur Signalkomprimierung und Abschwächung der normalen Nachschwingphasen des Signals und zur Unterdrückung von oberflächennahen Effekten, Geisterreflexionen und den in der Seeseismik störenden Reverberationen verwendet. Die Unterdrückung von Bubble-Effekten, also die Wirkung von oszillierenden Gasblasen, erfordern i. allg. längere Operatoren. Dekonvolutionen mit langen Operatoren benutzt man gewöhnlich nach dem Stapeln für Multiplenprobleme. Abb. 8.24 zeigt als Beispiel die wirkungsvolle Anwendung einer Spike-Dekonvolution auf eine von Reverberationen gestörte Zeitsektion.

a)

b)

Abb. 8.24. Unterdrückung von Reverberationen a) vor b) nach Spike-Dekonvolution (nach Prakla-Seismos, 1972)

Oft versucht man, die Quellensignalcharakteristik (source signature) direkt zu erfassen, z. B. durch Registrierung im tiefen Wasser oder durch Analyse der Reflexion vom Meeresboden. Durch laufende Aufnahme der Quellensignale in unmittelbarer Nähe der Energieabstrahlung verschafft man sich die Möglichkeit, Unterschiede bei den verschiedenen Schüssen in Rechnung zu stellen.

Gewöhnlich zieht man die nötige Information aus der seismischen Spur und zwar aus ihrer Autokorrelation (Kap. 7.4.4.1, 7.4.4.2). Diese ist gleich der Autokorrelation des Signals, wenn die Reflexionskoeffizienten in der Erde statistisch verteilt sind. Man teilt in der Praxis eine Spur oft in Abschnitte, bildet die Autokorrelation für jeden Abschnitt und daraus den entsprechenden Dekonvolutionsoperator (zeitabhängige Dekonvolution). Erfolgt nach Vergleich von gemessenen und vorausgesagten Werten eine automatische Anpassung, spricht man von *angepaßter* oder *adaptiver Dekonvolution*.

Sehr häufig wird die *Vorhersage-Dekonvolution* angewendet (Kap. 7.4.4.2). Als gewünschte Signalform wird ein Teil des registrierten Signals, meist der Anfangsteil, verwendet. Da die Herstellung des Dekonvolutionsparameters wesentlich vom Signal abhängt, ist es wichtig, daß die seismischen Spuren möglichst störungsfreie und unverzerrte Reflexionssignale enthalten. Ebenso sind vor Anwendung der Dekonvolution alle schwachen und gestörten Spuren auszuscheiden. Eine ungünstige Beeinflussung kann auf eine stattgefundene dynamische Korrektur zurückgehen, weil damit eine Signalverbreiterung verbunden ist, die mit kurzer Laufzeit wächst. Daher sollte die Dekonvolution vor der dynamischen Korrektur erfolgen.

8.8. Weiterführende Bearbeitungen

8.8.1. Seismische Migration

Zu den letzten in der Reihe der verschiedenen Bearbeitungsmethoden von seismischen Daten angewendeten Verfahren gehört die Migration. Ziel seismischer Migrationsprozesse ist die korrekte Darstellung verdeckter geologischer Strukturen durch Transformation des Lotzeitbildes in ein möglichst entzerrtes Laufzeitbild bzw. lagerichtiges Tiefenbild.

Seismische Lotzeitschnitte sind nur eine grobe Abbildung des geologischen Untergrundes. Geneigte Reflektoren erscheinen seitlich versetzt, Bruchkanten oder andere lokale Störstellen verursachen verwirrende Diffraktionserscheinungen, und Mulden, deren Krümmungsmittelpunkte unterhalb der Meßebene liegen, täuschen durch das bekannte „Krawatten-Phänomen" lokale Antiklinalen vor. Allen derartigen Beugungs- und Interferenzmustern ist gemeinsam, daß sie von unterschiedlichen Wellenwegen der gleichen Wellenart bei komplizierten Lagerungsverhältnissen herrühren.

Physikalisch gesehen, hat die Migration die Aufgabe, das in der Meßebene aufgenommene seismische Wellenfeld in die Ursprungspunkte, das sind die Diffraktionspunkte, aus denen man sich die Reflexionselemente des Untergrundes aufgebaut denkt, zurückzutransformieren. Die Migration ist somit ein Fokussierungsverfahren. Wegen der kompliziert strukturierten seismischen Wellenfelder ist das Problem aber nicht rein meßtechnisch etwa mittels eines statisch fokussierenden Meßsystems lösbar. Die Lösung liegt vielmehr in der Anwendung des Prinzips einer seismischen Abtastung und anschließenden synthetischen Fokussierung des Datenfeldes. Damit läuft die seismische Migration auf einen nicht in Echtzeit realisierbaren Mehrkanalprozeß hinaus.

Die für Rechenmaschinen adaptierten Migrationsmethoden lassen sich nach folgendem Schema einteilen:

- Migration von Einzelhorizonten in Profildarstellung oder Isolinienkarten (Horizontmigration),
- Wellenfrontmigration und Diffraktionsstapeln,
- Migration als Lösung der Wellengleichung:
  - KIRCHHOFF-Summations-Migration (x-t-Bereich),
  - Finite Differenzen-Migration (x-t-Bereich),
  - Frequenz-Wellenzahl-Migration (f-k-Bereich),
  - Frequenz-Weg-Migration (f-x-Bereich).

8.8.1.1. Horizontmigration

Die Migration von Einzelhorizonten erfolgt durch Weiterbearbeitung von ausgewerteten Lotzeithorizonten und hat nur die korrekte Positionierung der reflexionsseismischen Horizonte zum Ziel. Die Methodik gründet sich auf die Strahlentheorie, angewendet auf eine vorzugebende Geschwindigkeitsverteilung. Der Migrationsprozeß besteht in der Verfolgung der Lotstrahlen (Lotstrahlenmigration) durch die einzelnen Schichtglieder bis zum reflektierenden Horizont (ray-tracing). Die Ableitung der Strahlengleichung

$$\ddot{x} = \frac{2}{v}\left(\frac{\partial v}{\partial x}\dot{x}\right)\dot{x} - v\frac{\partial v}{\partial x} \tag{8.6}$$

mit

$$\frac{\partial v}{\partial x}x = \sum_{i=1}^{n}\frac{\partial v}{\partial x_i}x_i; \qquad n = 2 \text{ oder } 3 \tag{8.7}$$

und den Bezeichnungen

$x(t)$ – Ortsvektor des Strahles als Funktion der einfachen Zeit t,
$\dot{x}, \ddot{x}$ – Ableitungen nach der Zeit,
v – Geschwindigkeit,

wurde von Sattlegger (1964) gegeben.

Im Prinzip finden die alten Verfahren der Wellenfrontdiagramme (Jakosky, 1950; Musgrave, 1961) oder die anspruchsvolleren Methoden für kompliziertere Geschwindigkeitsverteilungen von Krey (1951, 1954) und Baumgarte (1955) ihre Anwendung am Computer. Bei einfachen, analytisch darstellbaren Geschwindigkeitsverteilungen ist eine geschlossene Integration der Strahlengleichung möglich. Andernfalls wird man numerische Integrationsverfahren anwenden. Sind also die Richtung des seismischen Strahles, die Geschwindigkeit und deren Gradient bekannt, so kann man den Beschleunigungsvektor oder die Krümmung des Strahles und damit dessen Richtung in einem benachbarten Punkt berechnen. An Unstetigkeitsstellen reduziert sich das Verfahren auf die Anwendung der Brechungsgesetze nach Snellius.

Das Verfahren läßt sich auf dreidimensionale Verhältnisse übertragen (Sattlegger, 1964). Aus Lotzeit-Isolinienplänen können somit entzerrte Strukturkarten hergestellt werden. Sehr viele Vorteile hat die interaktive Auswertung am Bildschirm. Die Migration eines Profils ist in Teilen durchführbar, und durch interaktive Änderungen der Horizonte und Geschwindigkeiten können unmittelbar die Auswirkungen auf das Ergebnis untersucht werden.

Ein Beispiel eines interpretierten Zeitprofils und des entsprechenden migrierten Tiefenprofils findet sich in Abb. 8.25. Über eine interessante Einsatzmöglichkeit der Lotstrahlenmigration berichten Rist; Schneider (1984). Bei einer komplizierten Salzstockstruktur mit postsalinarer Sedimentation an den Flanken wurde mit einem aus den Stapelgeschwindigkeiten

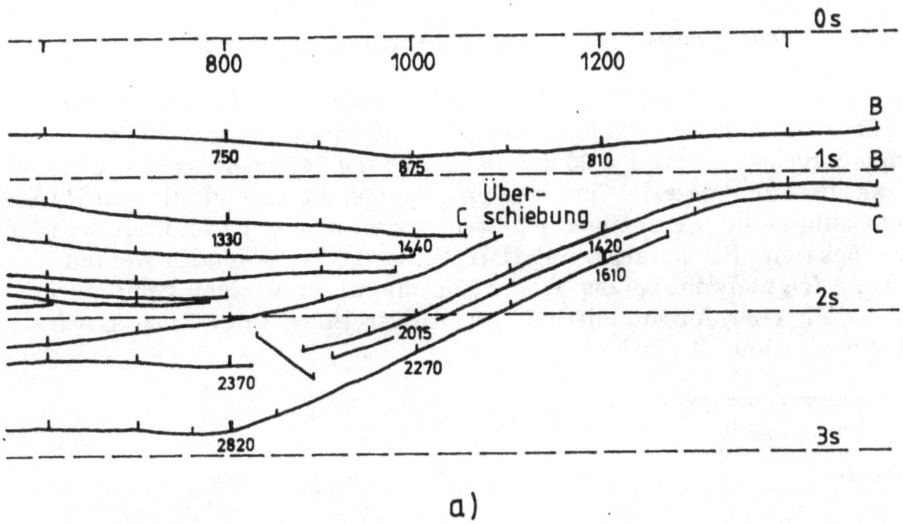

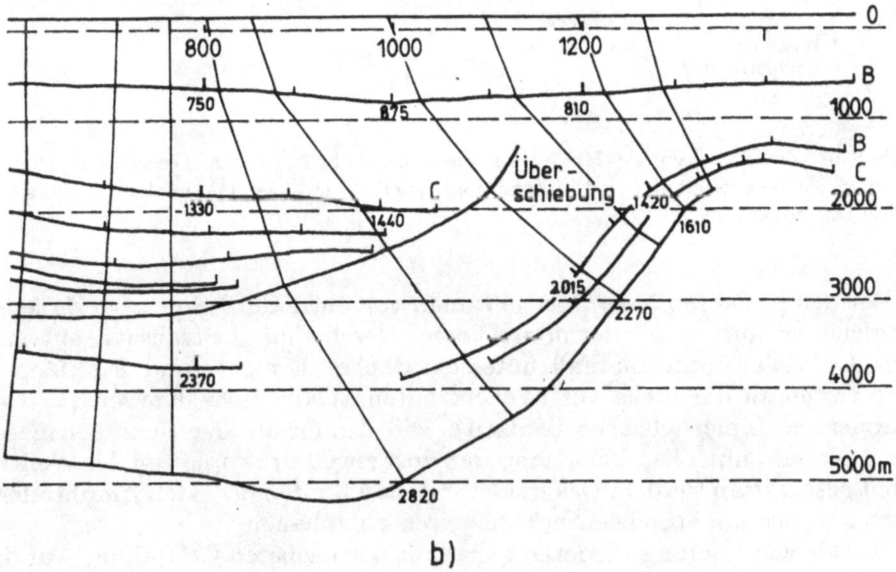

Abb. 8.25. Beispiel für Horizontmigration (nach SATTLEGGER, 1980)

a) ausgewertetes Zeitprofil

b) dem Zeitprofil entsprechendes, mit der Strahlengleichung migriertes Tiefenprofil mit Darstellung der Strahlen für den tiefsten Horizont

errechneten Intervallgeschwindigkeitsansatz eine Lotstrahlenmigration durchgeführt. Daraus wurde eine Geschwindigkeitssektion abgeleitet, die als Grundlage für eine nachfolgende Tiefenmigration im f-x-Bereich diente (Abb. 10.7.). Diese Art der Migration eignet sich gut bei stark geneigten Horizonten.

8.8.1.2. Wellenfrontmigration und Diffraktionsstapeln

In der klassischen Arbeit von Hagedoorn (1954) sind die Grundlagen für die Migration von Zeitschnitten mit Wellenfrontkarten und Diffraktionskurven dargelegt. In Abb. 8.26. ist die Beziehung zwischen Wellenfront und Diffraktionskurve gezeigt. Computerprogramme, die sich auf die von Hagedoorn aufgestellten Prinzipien stützten, waren bereits gegen Ende der 60er Jahre bekannt. Sie konnten auf CMP-Sektionen angewendet werden. Im Prinzip erfolgt sowohl bei der Wellenfrontmigration als auch beim Diffraktionsstapeln eine Aufsummierung gestapelter Spur-Amplituden (Diffraktions-Summations-Migration).

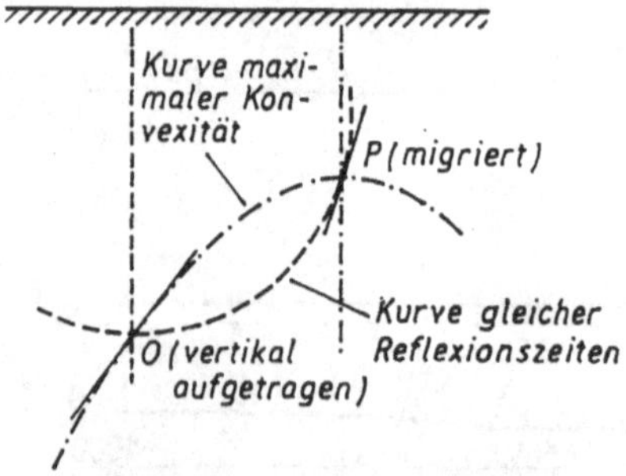

Abb. 8.26. Zweidimensionale Migration: Zusammenhang zwischen Wellenfront (Kurve gleicher Reflexionszeiten) und Diffraktionshyperbel (Kurve maximaler Konvexität) (nach Hagedorn, 1954)

Bei der *Wellenfrontmigration* geht man von einer CMP-Spur aus. Zu jeder Laufzeit gehört eine bestimmte, dem Geschwindigkeitsansatz entsprechende Wellenfront. Im Fall unterschiedlicher Erreger- und Empfängerorte treten an die Stelle von Wellenfronten aplanatische Kurven (= Isochronen = Linien gleicher Laufzeit). Die Amplitude der Spur bei dieser Laufzeit wird nun allen Nachbarspuren dort zugeteilt, wo sie von der Wellenfront geschnitten werden. Das wiederholt man für den nächsten Amplitudenwert und beginnt so, viele Nachbarspuren aufzubauen.

Der gleiche Vorgang wiederholt sich mit der nächsten CMP-Spur. Auf die Spuren, die man mit der ersten CMP-Spur begonnen hat aufzubauen, summiert man nun die mit der zweiten CMP-Spur sich ergebenden Werte. Dieser Prozeß wird auf das ganze Profil angewandt. Zusätzlich können eine unterschiedliche Wichtung auf den verschiedenen Teilen der Wellenfront oder eine Begrenzung der zulässigen Neigung erfolgen.

Das *Diffraktionsstapeln* geht von der Annahme aus, daß jeder Untergrundpunkt, der von einer Welle getroffen wird, Ausgangspunkt einer neuen Welle ist. In der Weg-Zeit (x-t)-Darstellung ergibt das eine von den Geschwindigkeitsverhältnissen abhängige hyperbelähnliche Kurve.

Das Diffraktionsstapeln geht von vielen benachbarten CMP-Spuren aus. Der Zentralspur wird bei jeder Lotzeit eine bestimmte *Diffraktionshyperbel* (entsprechend den Stapelgeschwindigkeiten) zugeordnet. Wo diese Diffraktionskurve die Nachbarspuren schneidet, werden die Amplitudenwerte abgelesen, aufsummiert und als Amplitude der neuen (migrierten) Spur bei der Lotzeit zugeordnet. Das wiederholt sich für jede Lotzeit der CMP-Spur bis zur Fertigstellung der migrierten Spur. Auf die gleiche Weise erfolgt dann die Bearbeitung der anderen CMP-Spuren und die Herstellung der entsprechenden weiteren Migrationsspuren.

Wellenfrontmigration und Diffraktionsstapeln sind im Effekt identisch. Der einzige Unterschied ist, daß die Abfolge der Operationen verschieden ist.

8.8.1.3. Migration als Lösung der Wellengleichung

Unter dieser Gruppe sind jene Migrationsmethoden zusammengefaßt, die auf die Lösung der skalaren Wellengleichung

$$\frac{\partial^2 \Phi}{\partial t^2} = v^2 \nabla^2 \Phi \tag{8.8}$$

hinauslaufen. Die an der Oberfläche beobachteten seismischen Daten (CMP-Sektionen) stellen dabei die Randbedingung dar. Obwohl den in geschichteten festen Medien entstehenden unterschiedlichen Wellenarten nur die vektorielle Wellengleichung Rechnung trägt, ist die Vereinfachung in Gestalt der skalaren Wellengleichung für die konventionelle Reflexionsseismik zulässig. Offensichtlich sind die mit der Methodik der Reflexionsseismik selektierten Wellenfelder ziemlich typenrein. Mit wachsendem Interesse an der Scherwellenseismik wird aber die Bedeutung der vektoriellen Wellengleichungsmigration zunehmen (Marfurt, 1978). Die wichtigsten Einschränkungen der Migrationsverfahren liegen wohl in den unvollkommenen Geschwindigkeitsinformationen, in der Störanfälligkeit und unvermeidbaren Bandbegrenzung der Originaldaten (Hood, 1981). Geht man grundsätzlich davon aus, daß die zu migrierende seismische Sektion immer im x-t-System (Weg-Zeit-System) gegeben ist, so können die Daten über die Fourier-Transformation in drei weitere Systeme übergeführt werden (Abb. 8.27), in denen der Migrationsprozeß durchgeführt werden kann.

Drei viel verwendete Methoden sollen im folgenden kurz besprochen werden. Die Kirchhoff-Summations-Migration (x-t-Bereich) hat sich aus der einfachen Diffraktionssummation heraus entwickelt. Die heute wohl populärste Methode ist die FD-Migration (Methode der finiten Differenzen) im x-t-Bereich, an deren Entwicklung Claerbout maßgeblich beteiligt ist. Die wohl schnellste, d. h. wirtschaftlichste, aber auch ungenaueste Methode (in Bezug auf ein sich in x und t änderndes Migrationsgeschwindigkeitsfeld) ist die f-k-Migration. Eine ausführliche Behandlung der Wellengleichungsmigration bietet Berkhout (1980).

Die Kirchhoff-*Summations-Migration* ist ein verbessertes Diffraktionsverfahren. Die Methodik hat seit den ersten Programmen der späten 60er Jahre eine bedeutende Entwicklung erfahren. Die einfache Summation ent-

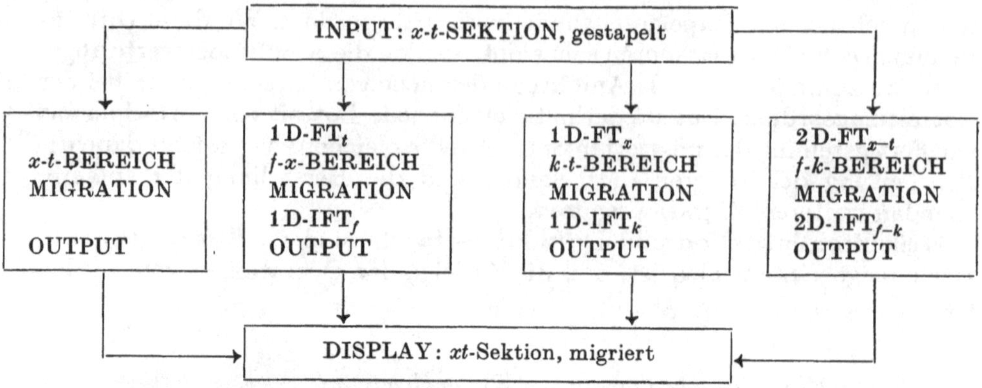

Abb. 8.27. Mögliche Systeme der Wellengleichungsmigration
Dabei bedeutet z. B.:
1 D-FT_t — eindimensionale Fourier-Transformation über t
2 D-FT_{x-t} — zweidimensionale Fourier-Transformation über x und t
IFT_k — inverse Fourier-Transformation über k (Wellenzahl)

lang der Hyperbeln ohne Berücksichtigung der Wellengleichung ist offensichtlich nur eine erste Annäherung an die wahre Summationskurve. Grundlegend neu war das tiefere theoretische Verständnis der Beziehung zwischen dem Diffraktionsstapelprozeß und der Kirchhoffschen Integrallösung der Wellengleichung (Schneider, 1978). Damit ergab sich auch eine theoretische Basis für die optimalen Wichtungs- und Richtungsfaktoren.

Drei Steuerparameter beeinflussen im wesentlichen das Ergebnis dieses Migrationsprozesses: die Krümmung der für die Summation vorgegebenen Hyperbelfamilien, die vom Geschwindigkeitsansatz abhängt, die Apertur der Hyperbelfamilie, also die Anzahl der mit in den Prozeß einbezogenen Spuren und die anzuwendende Wichtung der zu summierenden Abtastwerte. Der Geschwindigkeitsansatz ergibt sich aus den NMO-Geschwindigkeiten. Die Methode besitzt einige Nachteile. Eine große Störamplitude in einer Eingangsspur beeinflußt viele Ausgangsspuren und erzeugt eine nach oben konkave Migrationsstörung. Das ist einer der Gründe, daß man der Kirchhoff-Summations-Migration oft Dekonvolutions- und Filterprozesse folgen läßt. Wegen der ungenügenden Datenmenge an der Basis und an den Enden der Profile kommt es zu störenden Randeffekten bei dieser Migrationsmethode. Ein Vorteil des Verfahrens ist das günstige Verhalten gegenüber großen Neigungen.

Die *Finite-Differenzen-Migration* wird häufig auch als *Wellengleichungsmigration* bezeichnet. Sie gründet sich auf die Arbeiten von Claerbout (1970a, b, 1971) Claerbout; Johnson (1971) und Claerbout; Doherty (1972) Anfang der 70er Jahre. Aus der Differential-Wellengleichung ist ein stabiles computergerechtes Differenzenschema ableitbar, mit dem eine schrittweies Rückrechnung des seismischen Wellenfeldes von der Meßebene bis in die Tiefe des Diffraktionspunktes möglich ist. In der Geophysik wird ein derartiger Prozeß als *Feldfortsetzung nach unten* bezeichnet. Die etagenweise Berechnung des Wellenfeldes führt zunächst zu einem Zwischenergebnis, das einer Zeitsektion entspricht, die man mit Geophonen in der erreichten Etagentiefe messen würde. Durch Abarbeitung bis zur Endtiefe wird der gemessene Zeitschnitt vollständig in den Tiefenbereich übergeführt.

Für die etagenweise Bestimmung des Wellenfeldes auf dem Computer verlangt das Verfahren die Verwendung eines äquidistanten Punktgitters. Infolge des engen Einzugsbereichs für die Berechnung eines neuen Gitterpunktes lassen sich laterale Geschwindigkeitsänderungen besser verarbeiten als bei der Diffraktionssummation. Ein wesentlicher Steuerparameter ist die Etagenhöhe, also die Schrittweite in vertikaler Richtung. Sie wird so gewählt, daß sie dem Frequenzinhalt und der Neigung der Reflexionselemente im Zeitschnitt optimal angepaßt ist. Für den Geschwindigkeitsansatz sind die Intervallgeschwindigkeiten maßgeblich.

Wegen einiger wichtiger Vorzüge ist die Migration mit finiten Differenzen sehr viel in Verwendung. Einem günstigen Verhalten bei niedrigem Nutz/Störverhältnis und der im allgemeinen guten Eignung bei horizontalen Geschwindigkeitsgradienten stehen als Nachteile die Notwendigkeit des Datenpunktrasters und damit im Zusammenhang eine Störanfälligkeit bei größeren Neigungen gegenüber.

Die *Frequenz-Wellenzahl-Migration* könnte als die eleganteste Migrationsmethode bezeichnet werden. Sie geht auf STOLT (1978) zurück und liefert unter Anwendung der zweidimensionalen FOURIER-Transformation eine Lösung der skalaren Wellengleichung im Frequenz-Wellenzahl-Bereich. Von CHUN; JACEWITZ (1981) stammt eine für Operationen im Frequenzbereich geeignete geometrische Betrachtungsweise der Lösung von STOLT. Die f-k-Migration liefert eine sehr schnelle Lösung, arbeitet aber nur mit einer konstanten Ausbreitungsgeschwindigkeit. Der Geschwindigkeitsansatz erfolgt daher über laufzeitbezogene Durchschnittsgeschwindigkeiten. Die geringe Rechenzeit macht die Methode natürlich für Migrationsprozesse vor dem Stapeln sehr interessant. Ein weiterer Vorteil ist die geringe Störanfälligkeit auch bei großen Neigungen. Nachteilig ist die Voraussetzung einer konstanten Geschwindigkeit. Ideale Bedingungen sind etwa bei der Migration des Meeresbodens gegeben, da die Geschwindigkeit des bedeckenden Wassers konstant ist. Größere vertikale Geschwindigkeitsgradienten kann man berücksichtigen, indem man die Bearbeitung mit mehreren konstanten Geschwindigkeiten kombiniert. Horizontale Geschwindigkeitsänderungen können mit der f-k-Methode nicht berücksichtigt werden.

Abb. 8.28 zeigt ein vergleichendes Schema, in dem die grundsätzlichen Operationen der Feldfortsetzung nach unten für jene zuletzt besprochenen drei Migrationsverfahren nebeneinandergestellt sind, welche auf der Lösung der Wellengleichung beruhen.

8.8.1.4. *Tiefenmigration*

Gewöhnlich sind die Migrationsergebnisse im Zeitmaßstab dargestellt. Meistens genügt diese Art der Darstellung den Erfordernissen. Migrierte Zeitschnitte bewahren besser den Frequenzinhalt, sie lassen sich auch leich-

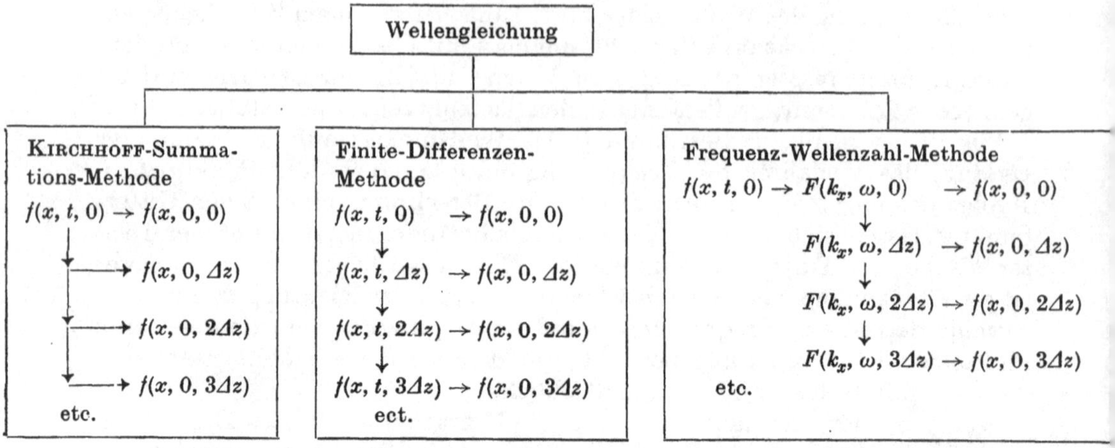

Abb. 8.28. Vergleich der grundsätzlichen Migrationsprozesse für die auf der Lösung der Wellengleichung beruhenden Methoden

ter mit den Stapelsektionen vergleichen. Wird eine Tiefendarstellung gewünscht, so hilft man sich oft mit einer einfachen Streckung oder Stauchung der Zeitsektion unter Berücksichtigung der jeweiligen vertikalen Geschwindigkeitsverteilung. Probleme treten aber bei lateralen Geschwindigkeitsänderungen auf. Die Diffraktionspunkte verschieben sich bei den üblichen Migrationsverfahren gegenüber der wahren Lage in seitlicher Richtung, da die Strahlenbrechung nicht oder nur unvollständig berücksichtigt wird.

Direkt zu einer Tiefendarstellung führt die Migration von einzelnen ausgewerteten Horizonten oder Laufzeitplänen, wie im Kap. 8.8.1.1. ausgeführt wird. Die Lage der Reflexionshorizonte wird aufgrund einer lokalen Geschwindigkeitsannahme unter Berücksichtigung des SNELLIUSschen Brechungsgesetzes oder mit der Strahlengleichung berechnet.

Tiefenmigration mit der Wellengleichung setzt eine gute Kenntnis der Geschwindigkeitsverhältnisse voraus. Bei einem Verfahren von HUBRAL (1977), HATTON et al. (1979) führt man vorerst eine herkömmliche Migration durch und anschließend eine „image-ray-Korrektur" unter Berücksichtigung der Brechung. Bei starken lateralen Geschwindigkeitsänderungen ist dieses Verfahren aber ungenau. RISTOW et al. (1980) transformieren in einem anderen Zweistufenverfahren die Zeitsektion in eine solche, bei der die Geschwindigkeitsfunktion nur von der Tiefe abhängt. Mit diesem vereinfachten Geschwindigkeitsmodell werden dann die transformierten Daten auf konventionelle Weise migriert. Bei komplizierten Strukturen ist eine Vormigration anhand ausgewerteter Horizonte wichtig (s. Kap. 8.8.1.1.; RIST; SCHNEIDER, 1984).

Für hohe Ansprüche wird die Migration vor dem Stapeln durchgeführt. Bei geneigten Horizonten verteilen sich bekanntlich die reflektierenden Punkte der zu einem CMP gehörenden Strahlenwege über einen gewissen Bereich. Um die Kosten niedrig zu halten, migriert man oft nicht jede Spur extra, sondern Gruppen von Spuren mit geringen Offset-Unterschieden. Die Ergebnisse dieser Migrationen werden anschließend zur Endstapelung verwendet.

8.8.1.5. 3D-Migration

Im Prinzip sind die 2D-Migrationsverfahren auf dreidimensionale Verhältnisse übertragbar. Beim Diffraktionsstapeln erfolgt die Summierung im 2D-Fall über eine Hyperbel, im 3D-Fall über ein Hyperboloid. Für die Methode der finiten Differenzen tritt an die Stelle eines neuen Schnittes, der mit jeder Stufe der Feldfortsetzung im 2D-Fall erreicht wird, ein entsprechender Raumteil mit Daten. In der Frequenz-Wellenzahl-Migration ist die Transformation auf die y-Komponente zu erweitern:

$$f(x, y, z, t) \leftrightarrow F(k_x, k_y, k_z, \omega).$$

Für die 3D-seismischen Daten gibt es nach Art der Anwendung grundsätzlich zwei Möglichkeiten (Abb. 8.29). Meistens migriert man erst zweidimensional in einer Richtung und führt an diesen migrierten Daten anschließend die Migration in der anderen Richtung aus. Das Splitting-Verfahren wird bei der Methode der finiten Differenzen verwendet. Man nähert den 3D-Prozeß bei jedem Schritt der Feldfortsetzung durch 2D-Operationen in aufeinander senkrechten Richtungen an (Houba, 1979). Zwei Probleme treten auf: Es darf nicht infolge zu großer Neigungen zum Aliasing kommen, und die Migrationsgeschwindigkeiten sollen optimal sein. Damit Aliasing z. B. in der x-Richtung vermieden wird, dürfen keine höheren Frequenzen auftreten als die Nyquist-Frequenz f_N, wenn Δt die maximale Neigung in der Zeitsektion je Kanal ist:

$$f_N = 1/2\Delta t. \tag{8.9}$$

Bezogen auf den aktuellen Spurabstand Δx ist die tatsächliche Neigung in der Zeitsektion

$$\Delta t' = \Delta t/\Delta x. \tag{8.10}$$

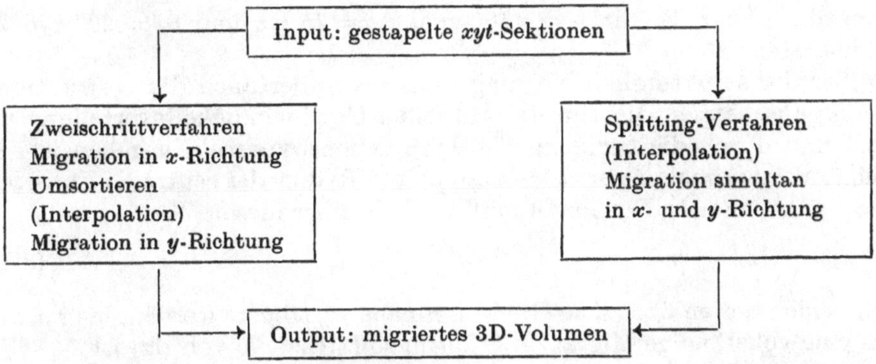

Abb. 8.29. Möglichkeiten für 3D-Migration

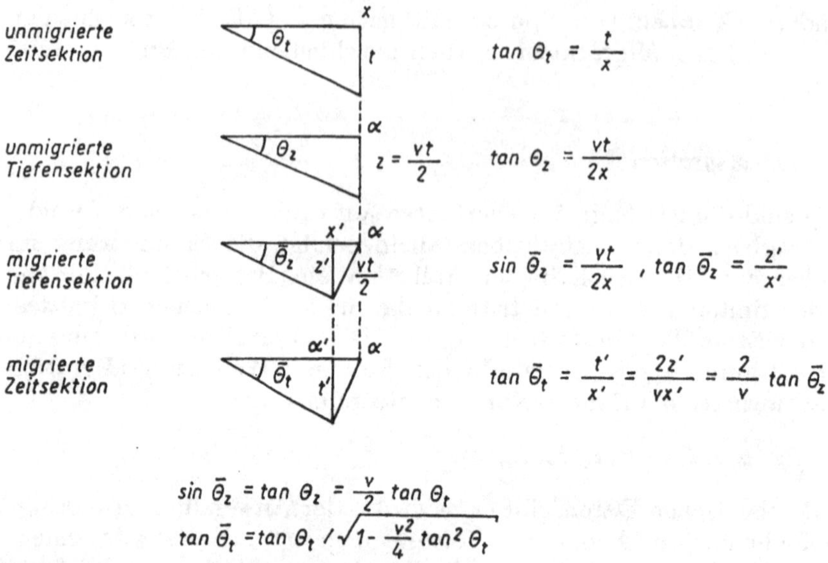

Abb. 8.30. Geometrische Zusammenhänge der Neigungswinkel eines seismischen Horizontes in unmigrierten und migrierten Zeit- und Tiefensektionen (nach CHUN; JACEWITZ, 1981)

Nach Abb. 8.30 folgt

$$\frac{\Delta t}{\Delta x} = \tan \theta_t = \frac{2}{v} \sin \bar{\theta}_z. \tag{8.11}$$

Das erlaubt z. B. die Abschätzung eines günstigen Spurabstandes, wenn eine Messung geplant werden soll und wenn Horizonte mit einem maximalen Neigungswinkel $\bar{\theta}_z$ zu erwarten sind und die Höchstfrequenz vorgegeben ist.

$$\Delta x = \frac{\Delta t v}{2 \sin \bar{\theta}_z} = \frac{v}{4 f_N \sin \bar{\theta}_z}. \tag{8.12}$$

Es ergibt sich z. B. für $v = 2\,500$ m/s, $f_N = 75$ Hz und $\bar{\theta}_z = 20°$ ein Δx von höchstens 25 m.

Außer der strukturellen Neigung muß man aber auch die Diffraktionsneigung abschätzen, die von der aktuellen Geschwindigkeitsverteilung abhängt und durch die Steigung der Diffraktionshyperbeln gegeben ist. Es genügt, als maximale Apertur den doppelten Radius der zentralen FRESNEL-Zone r anzunehmen. Ein Profil muß im Feld über diesen Wert

$$\Delta x_1 = 2r \tag{8.13}$$

nach beiden Seiten über jene Grenzen hinaus verlängert werden, bis zu welchen eine vollständige Migration erfolgen soll. Anstelle von Δx_1 ist

$$\Delta x_2 = z_T \sin \theta_z \tag{8.14}$$

zu nehmen, wenn dieser Wert größer als Δx_1 ist. z_T ist die Tiefe des interessierenden Horizontes.

Es ist weiterhin zu bedenken, auf welche Art die Migration vorgenommen werden soll. Für die Methode mit finiten Differenzen braucht man z. B. mindestens vier Samples pro Wellenlänge in x-Richtung und rund 10 Samples pro Wellenlänge in t-Richtung, um den numerischen Fehler unter der 3%-Grenze zu halten. Bei 3D-Messungen legt man die Profilrichtung (= in-line-Richtung) immer soweit wie möglich in die Haupteinfallsrichtung. Die Querrichtung (= cross-line-Richtung) liegt dann nahezu im Streichen, und man kann deshalb den Profilabstand größer wählen und später durch Interpolation verdichten. Diese Spureninterpolation kann entweder im $x =$ const.-Bereich, d. h. zwischen gegebenen Spuren in t-Richtung oder aber im $t =$ const.-Bereich, d. h. in Zeitscheiben (= time slices) erfolgen.

Die Ermittlung der optimalen Migrationsgeschwindigkeit ist relativ einfach, wenn auf einem Profil senkrecht zum Streichen Diffraktionshyperbeln erkennbar sind. Eine lineare Regression über die Quadrate der gemessenen Laufzeiten und Entfernungen gemäß der Hyperbel

$$\left(\frac{1}{2}\,t_x\right)^2 = \frac{z^2}{v^2} + \frac{x^2}{v^2} \tag{8.15}$$

führt unmittelbar zur optimalen Migrationsgeschwindigkeit.

Eine umfassende Methode zur Ermittlung der optimalen Migrationsgeschwindigkeit ist möglich, sofern man das 3D-Splitting-Migrationsverfahren benutzt. Ist das Migrationsfeld z. B. ab einer Laufzeit t zu überprüfen, so wird von da ab außer mit 100% der Original-$v(x, y, t)$-Version auch mit 94%, 105% oder anderen beliebigen Prozentvarianten migriert. Bei zu kleinen Migrationsgeschwindigkeiten erhält man in der Sektion nach oben konkave Kreisbögen (smiles). Die Auswertung eines solchen Migrationsgeschwindigkeitstests wird man zweckmäßigerweise interaktiv mit Hilfe eines 3D-Auswertesystems auf Bildschirm vornehmen. Ein Beispiel einer 3D-Migration wird in Abb. 8.31 gegeben. Es macht die zunehmende Verbesserung der Lesbarkeit von Rohstapelung über Endstapelung, 2D-Migration und 3D-Migration deutlich.

8.8.2. Geschwindigkeitsfilter

Geschwindigkeitsfilter sind Mehrkanalfilter, die sich im f-k-Bereich als Fächerfilter darstellen (vgl. Kap. 7.3.3.). Sie werden zur Unterdrückung kohärenter Störwellen verwendet. Wichtig ist, daß Nutz- und Störwellen eine unterschiedliche Scheingeschwindigkeit ausweisen. Derartige Filter werden zur Unterdrückung von Refraktionseinsätzen, reflektierten Refraktionen, Seiteneinsätzen und Kabelwellen bei der Seeseismik eingesetzt. Ein Beispiel zur Unterdrückung von Multiplen und einer reflektierten Refraktion zeigt Abb. 8.32. Da mit derartigen Filtern ein gewisser Mischungseffekt einhergeht, kann es zur Verfälschung der Nutzsignale kommen.

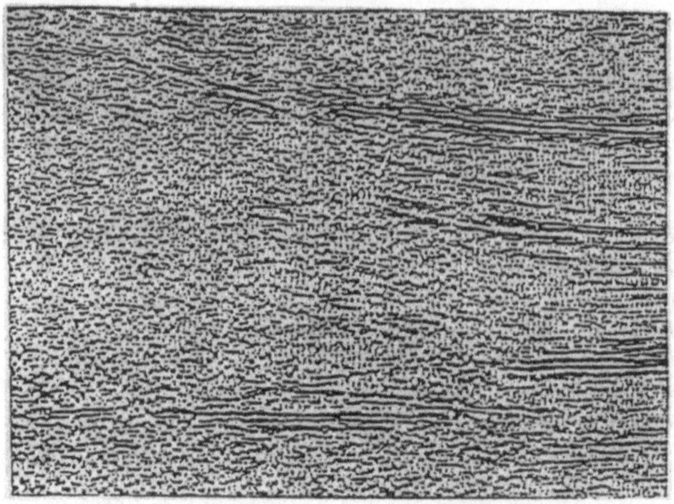

Abb. 8.31 a

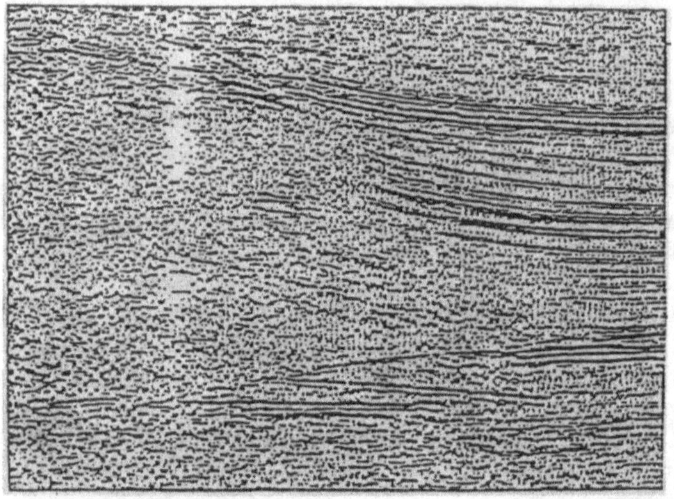

Abb. 8.31 b

Abb. 8.31. Profil in in-line-Richtung eines 12fach überdeckten 3D-Datenvolumens (in-line-Überdeckung 3fach, cross-line-Überdeckung 4fach) (nach BODEMANN, 1985)
a) Rohstapelung, b) Endstapelung, c) 2D-Migration, d) 3D-Migration

8.8.3. Waveletprocessing

Die Auflösbarkeit einer seismischen Sektion hängt von der Waveletschärfe ab. Ein Signal wird um so schärfer, je größer die Frequenzbandbreite ist. Durch geeignete Feldtechnik, breitbandige Registrierung und Anwendung der Dekonvolution sucht man dies zu verwirklichen.

Um die Signalform in einer erwünschten Weise zu verändern, also eine angestrebte Form des Wavelets zu erzielen, unterzieht man die seismische Spur einer weiteren Bearbeitung, dem *Waveletprocessing*. Das bezieht sich

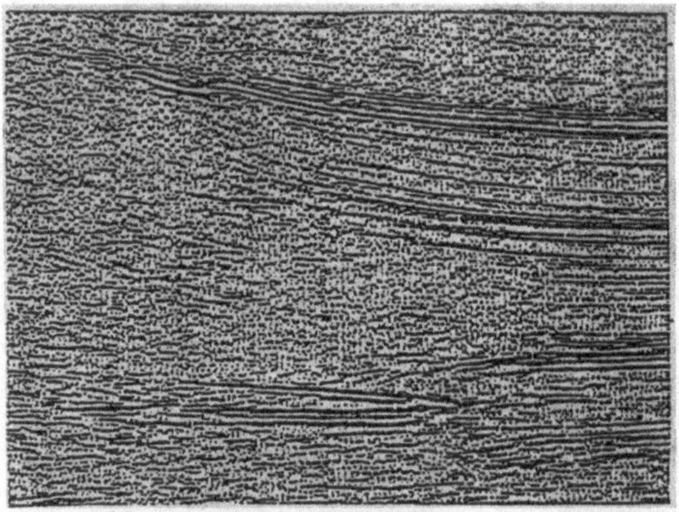

Abb. 8.31c

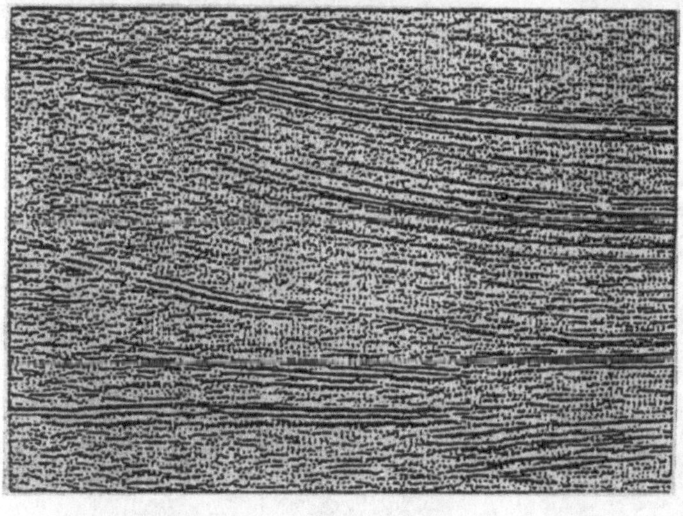

Abb. 8.31d

sowohl auf die Ermittlung des effektiven seismischen Wavelets einer Spur als auch auf die Bearbeitung, also Umformung des Wavelets. Den verwendeten Filteroperator nennt man auch *Formungsfilter* (shaping filter). Grundsätzlich sind zwei Formungsfilter wichtig (Marschall 1983, 1984):

- die Minimum-Delay-Transformation,
- die Nullphasen-Transformation.

Die *Minimum-Delay-Transformation* ist besonders als Vorstufe zum Dekonvolutionsprozeß von Bedeutung (s. Kap. 8.7.8.).

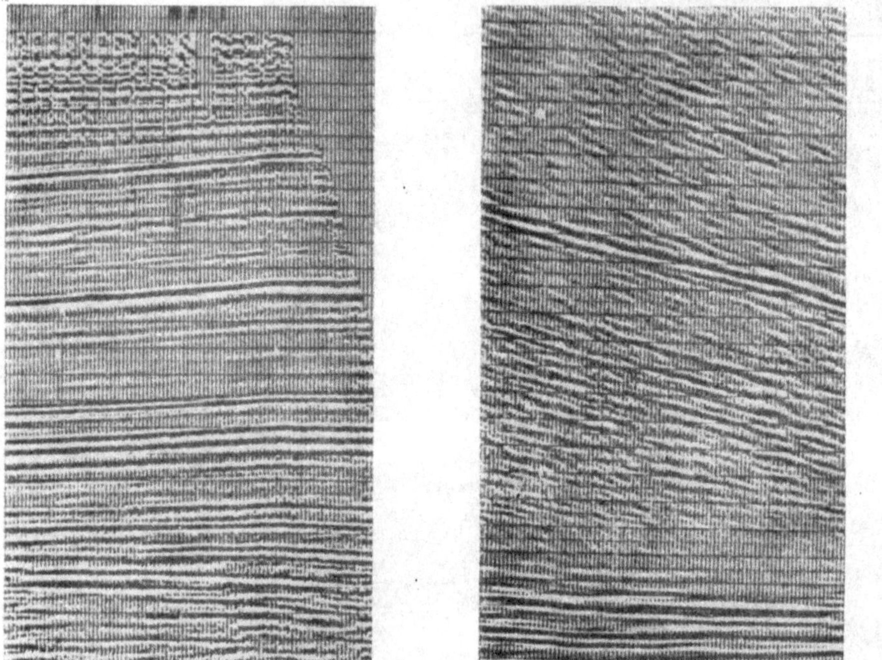

Abb. 8.32. Auslöschung multipler Reflexionen und reflektierter Refraktionen durch Geschwindigkeitsfilterung

a) vorher, b) nachher (nach Krey, 1971)

Eine weitere wichtige Anwendung ist das *Transition-Zone-Processing*. Transition-Zone-Daten entstehen, wenn man marine Daten mit Landdaten durch entsprechende seismische Profile verbinden will. Die möglichen Kombinationen sind in Tab. 8.2 zusammengefaßt. Zuerst behandelt man jeden Akquisitionsteil für sich. Sodann ermittelt man die allen Teilen gemeinsame Signalbandbreite und bestimmt danach die individuellen Phasenverschiebungen der Einzelteile untereinander relativ zu einer festzulegenden Referenzsektion (z. B. der Landsektion). Nach individueller Phasenkorrektur können die Einzelteile gestapelt und entsprechend der gemeinsamen Signalbandbreite gefiltert werden. Eine ähnliche Aufgabe liegt vor, wenn Vibroseisdaten durch Schuß- oder Rammhammerdaten ergänzt werden sollen, weil das Gelände für Vibratoren z. B. unzugänglich ist.

Tabelle 8.2. Energieerzeugungs- und Aufnahmebedingungen beim Übergang Landseismik — Flachwasserseismik — Seeseismik

	LANDTECHNIK	FLACHWASSER-TECHNIK	SEETECHNIK
QUELLE:	Sprengstoff Vibratoren . . .	Airgun-Array (kleinvolumig) Waterguns Sprengstoff ...	Airgun-Array (großvolumig) Waterguns Steamguns
EMPFÄNGER:	Geophone	Marschhydrophone Hydrophone	Hydrophone
MESSKABEL:	Landkabel	Bay-Kabel oder Streamer	Streamer

Die *Nullphasen-Transformation* ist für die Interpretationsphase wichtig. Das seismische Wavelet ist ein kausales einseitiges Ergebnis, das keine Signalamplituden vor der Ankunftszeit aufweist. Das Wavelet baut sich ab diesem Zeitpunkt auf, so daß die Hauptamplitude erst einige Zeit nach der Ankunftszeit auftrifft. Das ideale Wavelet für den Interpretator ist aber symmetrisch und markiert das Reflexionsereignis exakt mit seiner Maximalamplitude (s. Kap. 7.2.4.2.). Ein derartiges Wavelet ist nicht kausal und deshalb nicht im Feldmeßprozeß unmittelbar realisierbar, da es bereits vor der Ankunftszeit Werte aufweist. Die Nullphasen-Transformation wird üblicherweise nach der Stapelung bzw. nach der Migration angewendet.

Beim Vibroseis-Verfahren wird durch den Korrelationsprozeß automatisch ein quasi-nullphasiges Wavelet erzeugt. Das entstehende Korrelationssignal ist der Autokorrelationsfunktion des Sweeps sehr ähnlich.

Hervorzuheben ist, daß von allen Wavelets mit gegebenem Amplitudenspektrum jenes Wavelet die höchste Signalschärfe aufweist, das ein Nullphasen-Spektrum besitzt (Schoenberger, 1974).

9. Auswertung und Darstellung seismischer Daten

F. Weber

9.1. Geometrie der Wellenwege und zugehörige Laufzeitkurven (Reflexionsseismik)

9.1.1. Reflexion an einer Schichtgrenze

Der einfachste Fall ist ein horizontaler Reflexionshorizont, wobei die von den Reflexionswellen durchlaufene Schicht elastisch, homogen und isotrop ist, also in allen Richtungen eine konstante Geschwindigkeit v aufweist. Die *Wellenfronten* sind Kreise mit dem Schußpunkt 0 als Mittelpunkt, die

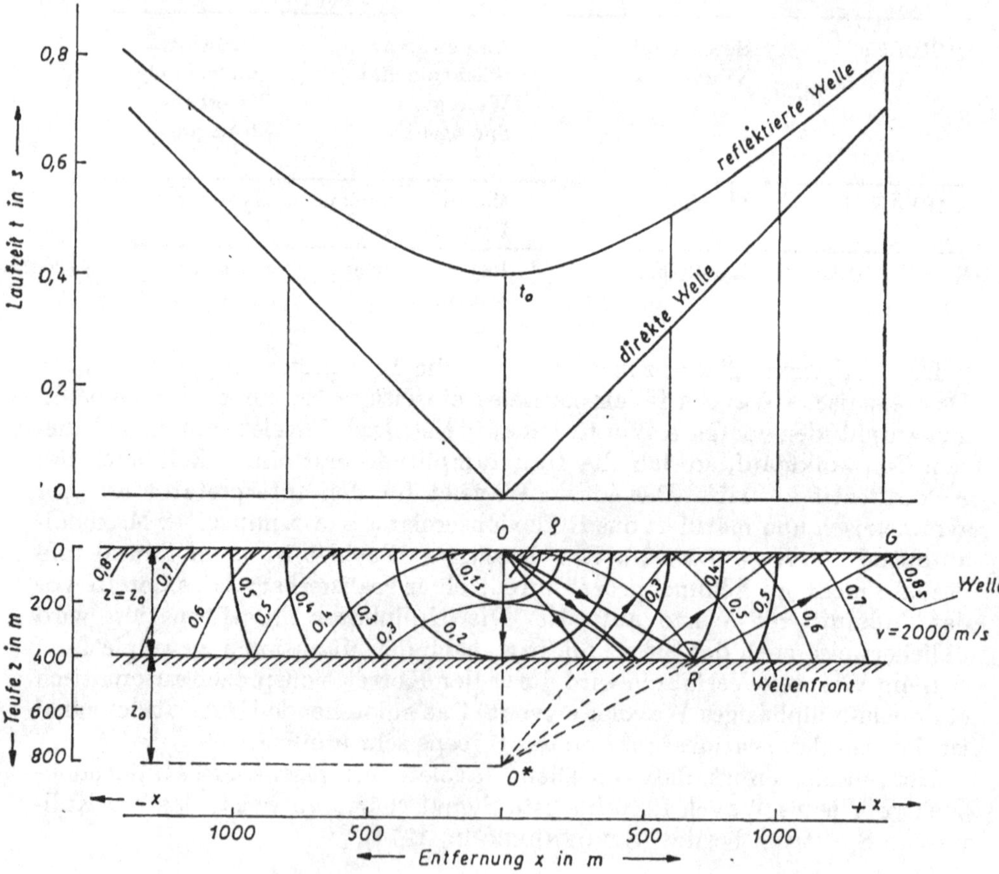

Abb. 9.1. Horizontaler Zweischichtfall

Stoßstrahlen sind Geraden. Aus Abb. 9.1. ergibt sich:

$$\overline{0^*G} = vt = 2\sqrt{\left(\frac{x}{2}\right)^2 + z_0^2}. \tag{9.1}$$

Daraus können die *Laufzeit* t bzw. die *Teufe* z_0 zum Reflektor berechnet werden:

$$t = \frac{2}{v}\sqrt{\frac{x^2}{4} + z_0^2} = \frac{1}{v}\sqrt{x^2 + 4z_0^2}, \tag{9.2}$$

$$z = z_0 = \frac{1}{2}\sqrt{(vt)^2 - x^2}. \tag{9.3}$$

Der Reflexionspunkt R befindet sich in der Mitte zwischen Schußpunkt und Geophon G. Die *Laufzeitkurve* ist eine Hyperbel, deren Scheitel über dem

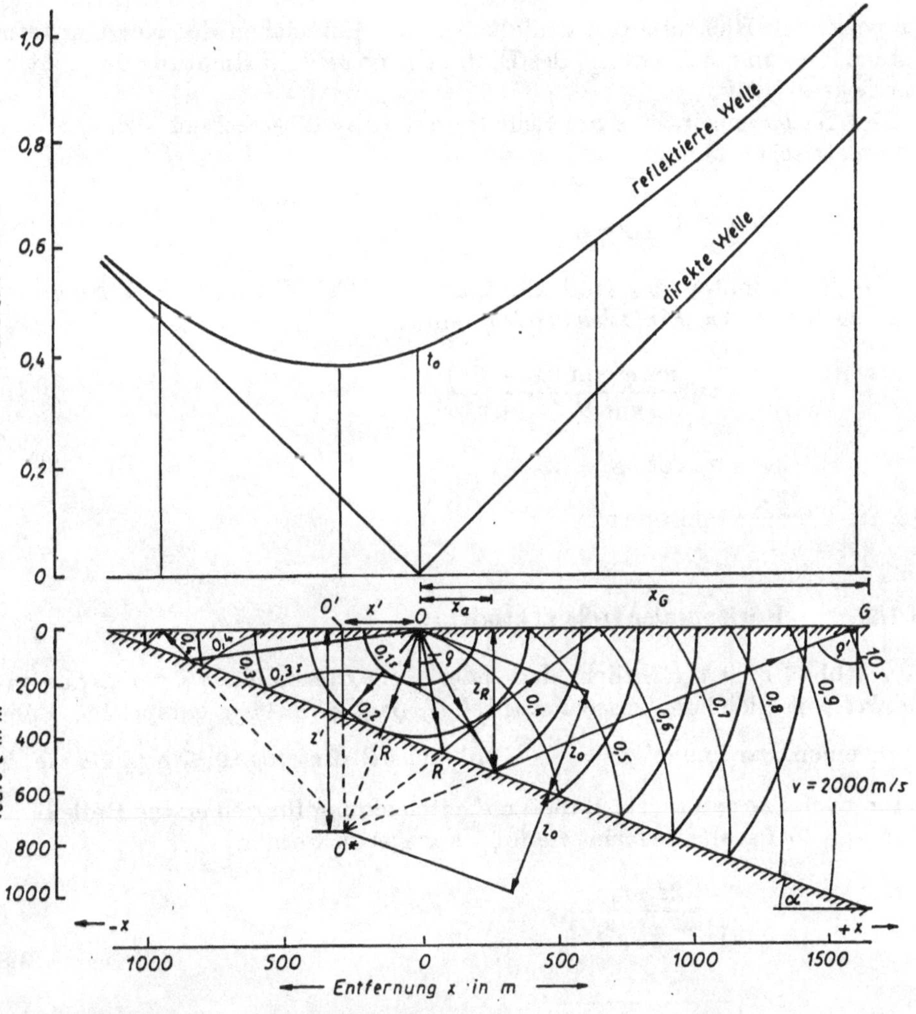

Abb. 9.2. Zweischichtfall, geneigte Grenzfläche

Schußpunkt liegt. Die Krümmung der *Reflexionshyperbel* ist um so größer, je geringer die Tiefe des Horizontes bzw. je kleiner die Ausbreitungsgeschwindigkeit ist. Für den in sich reflektierten Strahl beim Schußpunkt ($x = 0$) reduzieren sich (9.2) und (9.3) zu

$$t_0 = \frac{2z_0}{v} \quad \text{bzw.} \quad z_0 = v\,\frac{t_0}{2}, \tag{9.3a}$$

t_0 ist die Lotzeit, z_0 die Lottiefe.

Für den unter α geneigten Reflektor (Abb. 9.2) gilt:

$$(\overline{0^*G})^2 = (vt)^2 = z'^2 + (x + x')^2, \tag{9.4}$$

$$t = \frac{1}{v}\sqrt{x^2 + 4z_0 x \sin\alpha + 4{z_0}^2} \tag{9.5}$$

(x positiv in Richtung des Einfallens). Das Vorzeichen des Neigungsterms ist bei Messung in Richtung des Einfallens positiv, in Richtung des Schichtanstiegs negativ.

Der *Neigungswinkel* α am Schußpunkt ($x = 0$) errechnet sich aus einer symmetrischen Mittelpunktsaufstellung:

$$\sin\alpha = v\,\frac{\Delta t}{\Delta x}. \tag{9.6}$$

Die Koordinaten des Reflexionspunktes R als Funktion des Neigungswinkels α und des *Einfallswinkels* φ' sind:

$$x_R = x_G\,\frac{\cos\varphi' \sin(\varphi' - 2\alpha)}{\sin 2(\varphi' - \alpha)}, \qquad z_R = x_R \cot(\varphi' - 2\alpha) \tag{9.7}$$

(φ' im Uhrzeigersinn positiv).

9.1.2. Horizontaler n-Schichtfall

Aus Abb. 9.1 ist ersichtlich, daß jeder Reflexionslaufzeit t ein *Reflexionswinkel* mit gleichem *Austrittswinkel* φ' ($0 \leqq \varphi' \leqq 90°$) entspricht. Führt man einen Parameter $p = \frac{\sin\varphi'}{v}$ mit der Bedingung $0 \leqq p \leqq 1/v$ ein, so kann nach Slotnick (1959) die Laufzeitgleichung für den ersten Reflexionshorizont in Parameterform wie folgt angegeben werden:

$$x = \frac{2z_1 p v_1}{(1 - p^2{v_1}^2)^{1/2}}, \qquad t = \frac{2z_1}{v_1(1 - p^2{v_1}^2)^{1/2}}. \tag{9.8}$$

Der *Strahlparameter* p ist abhängig von der Neigung der Wellenfront beim Auftreffen an der Erdoberfläche. Diese Ergebnisse lassen sich unschwer für den n-Schichtfall erweitern. Liegen Schichtmächtigkeiten $h_1, h_2, h_3 \cdots h_n$ und die entsprechenden Geschwindigkeiten $v_1, v_2, v_3 \cdots v_n$ vor, dann ergibt sich für die Auftauchentfernung x und die Reflexionszeit t:

$$x = 2 \sum_{k=1}^{k=n} h_k \tan \varphi'_{k,n}; \qquad x = 2 \sum_{k=1}^{k=n} \frac{h_k p v_k}{(1 - p^2 v_k^2)^{1/2}}, \tag{9.9}$$

$$t = 2 \sum_{k=1}^{k=n} h_k / v_k \cos \varphi'_{k,n}; \qquad t = 2 \sum_{k=1}^{k=n} \frac{h_k}{v_k (1 - p^2 v_k^2)^{1/2}}. \tag{9.10}$$

9.1.3. Dreidimensionaler Fall

9.1.3.1. Schußpunkt liegt im Profil

Bei den bisherigen Betrachtungen wurde die vereinfachende Annahme gemacht, daß die Ebene, die durch Schußpunkt, Reflexionspunkt und das Geophon verläuft, senkrecht zum Streichen des Reflektors steht. Die Beziehungen (9.5)...(9.7) gelten nur bei geringen Abweichungen der Geophonlinie vom wahren Einfallen. Bei größeren Abweichungen wird die dreidimensionale Auswertung unerläßlich (Abb. 9.3).

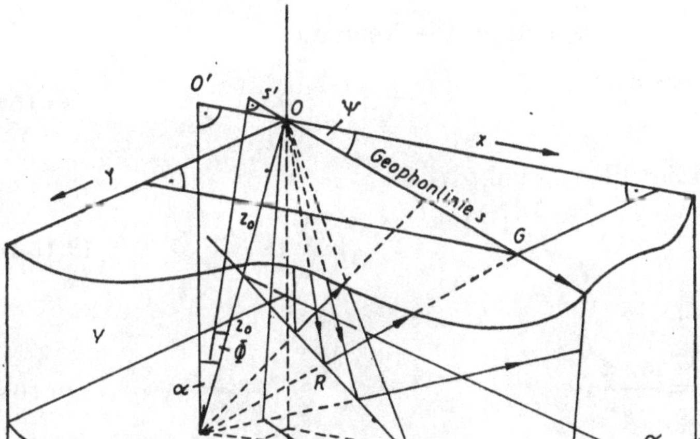

Abb. 9.3. **Zweischichtfall, Geophonlinie weicht von der Richtung des Einfallens ab.**

Das Quadrat der Entfernung zwischen 0* und G ist

$$\overline{(0^*G)}^2 = s^2 + 4z_0^2 + 4z_0 s \cos\psi \sin\alpha = (vt)^2. \tag{9.11}$$

Durch Anwendung des Kosinussatzes auf das Dreieck 0 0*G kann der *scheinbare Neigungswinkel* Φ ermittelt werden:

$$\overline{(0^*G)}^2 = s^2 + 4z_0^2 + 4sz_0 \sin\Phi = (vt)^2 \tag{9.12}$$

mit

$$\sin\Phi = \cos\psi \sin\alpha. \tag{9.13}$$

Die Ebene des Profilschnitts ist unter dem Winkel ν geneigt, für ihn gilt:

$$\sin\nu = \frac{\sin\psi \sin\alpha}{(\sin^2\psi + \cos^2\psi \cos^2\alpha)^{1/2}}. \tag{9.13a}$$

Die Laufzeitkurve für den betrachteten Fall ist ebenfalls eine gleichseitige Hyperbel, deren Scheitel vom Ursprung um eine Strecke s', entsprechend der Projektion des Spiegelpunktes in Richtung des Schichtanstieges, im Profil verschoben ist. Für die Neigung der Laufzeitkurve an einem beliebigen Punkt gilt

$$\frac{\mathrm{d}t}{\mathrm{d}s} = \frac{s + 2z_0 \cos\psi \sin\alpha}{v^2 t}. \tag{9.14}$$

Speziell im Schußpunkt ($s = 0$) beträgt die Neigung

$$\left.\frac{\mathrm{d}t}{\mathrm{d}s}\right|_0 = \frac{2z_0 \cos\psi \sin\alpha}{v^2 t_0}. \tag{9.15}$$

Die Lotzeit t_0 beträgt für diesen Punkt

$$t_0 = \frac{2z_0}{v} \tag{9.15a}$$

und (9.15) geht über in

$$\frac{\cos\psi \sin\alpha}{v} = \frac{\sin\Phi}{v}. \tag{9.16}$$

Zur Bestimmung des wahren Einfallens eines Reflektors ist es am einfachsten, den Fall einer *Kreuzaufstellung* mit dem Näherungsverfahren nach Dix (1952) auszuwerten. Unter Kreuzaufstellung versteht man zwei gleich lange Geophonlinien, die im rechten Winkel zueinander verlaufen (Abb. 9.4). An den Endpunkten werden die Zeiten t_1, t_2, t_3, t_4 der reflektierten Strahlen registriert. Eine rein qualitative Überlegung führt zu dem Schluß, daß bei zwei gleichen Laufzeiten, z. B. t_1 und t_2, die dazugehörige Aufstellung in Richtung des Streichens liegt, die senkrecht dazu verlaufende in Richtung des wahren Einfallens. Wenn alle vier Endzeiten gleich groß sind, dann liegt der Horizont söhlig. Bei Aufstellungen, die durch einen gemeinsamen Schußpunkt verlaufen und deren Profillänge $2l$ beträgt, ist die Summe der

Quadrate der Laufzeiten gleich groß:

$$t_1^2 + t_2^2 = t_3^2 + t_4^2. \tag{9.17}$$

Ist $\Delta t_{1,2} = t_2 - t_1$ und $\Delta t_{3,4} = t_4 - t_3$, so gilt, da die Zeitdifferenzen klein gegenüber den Laufzeiten sind, für das in Richtung des wahren Einfallens zu erwartende Δt_R näherungsweise:

$$\Delta t_R^2 = \Delta t_{1,2}^2 + \Delta t_{3,4}^2. \tag{9.18}$$

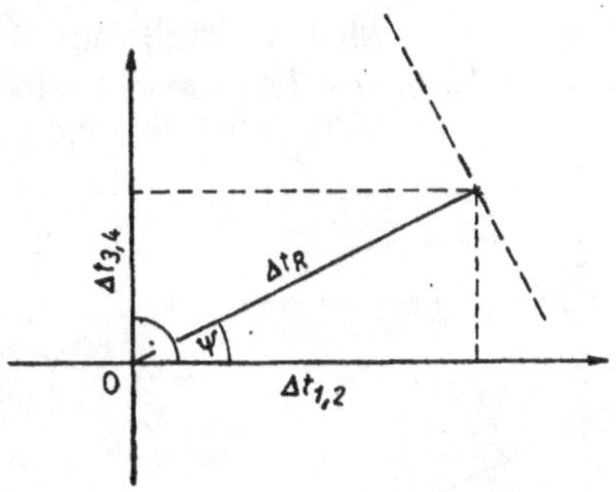

Abb. 9.4. Bestimmung des Einfallens bei einer Kreuzaufstellung (nach Dix, 1952)

Aus Δt_R können ψ und α berechnet werden:

$$\psi = \arctan \frac{\Delta t_{3,4}}{\Delta t_{1,2}}, \qquad \alpha = \arcsin \frac{v \Delta t_R}{2l}. \tag{9.19}$$

Unter Verwendung von t_0 läßt sich z_0 berechnen. In Richtung des Schichtanstieges wird die Strecke $z_0 \sin \alpha$ aufgetragen, dadurch ist die Lage des in sich reflektierten Strahls an der Oberfläche bestimmt; die Tiefe des Reflektors in diesem Punkt ergibt sich aus $z_0 \cos \alpha$.

Aus den scheinbaren Neigungswinkeln Φ_1 und Φ_2 von zwei Profilen, die den Winkel β einschließen (Abb. 9.5), erhält man ψ und α:

$$\tan \psi = \frac{\sin \Phi_2 - \sin \Phi_1 \cos \beta}{\sin \beta \sin \Phi_1}, \qquad \sin \alpha = \frac{\sin \Phi_1}{\cos \psi} = \frac{\sin \Phi_2}{\cos (\psi - \beta)}. \tag{9.20}$$

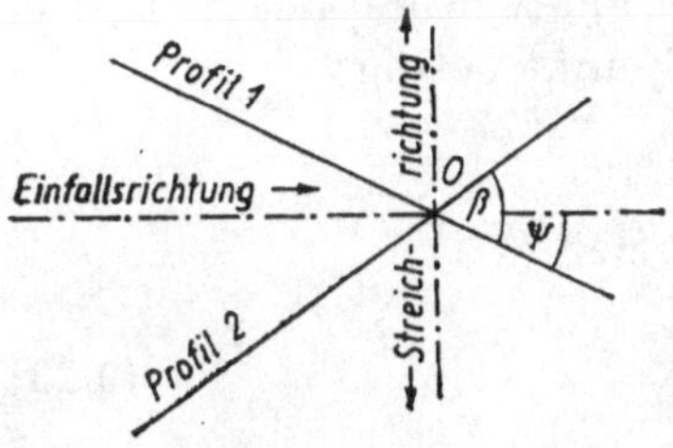

Abb. 9.5. Die Lage zweier sich kreuzender Profile mit dem Schnittwinkel β und dem Richtungswinkel ψ des wahren Einfallens

Man muß beachten, daß ψ von Profil 1 aus und im gleichen Sinn wie β gerechnet wird.

Wählt man eine Kreuzaufstellung $\left(\beta = \frac{\pi}{2}\right)$, wird die Berechnung des Winkels ψ besonders einfach

$$\tan \psi = \frac{\sin \Phi_2}{\sin \Phi_1}. \tag{9.21}$$

Eine graphische Lösung des Problems mit Hilfe von s_1' und s_2' (Abstände der Hyperbelscheitel vom Ursprung auf zwei sich kreuzenden Aufstellungen) ist in Abb. 9.6 skizziert. Die Schwierigkeit dieser Methode liegt vor allem in der genauen Festlegung der Abstände s_1' und s_2'.

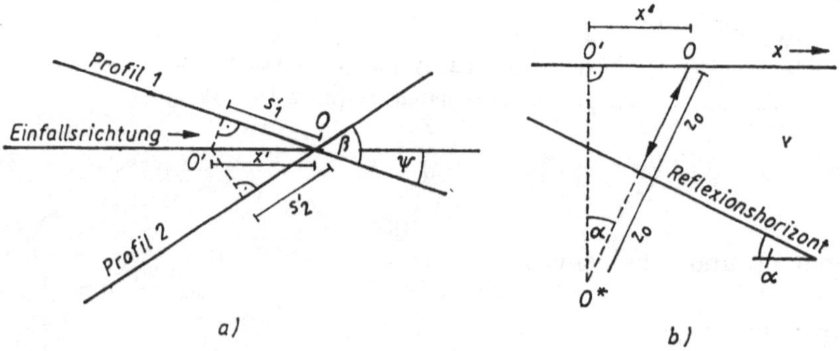

Abb. 9.6. Konstruktion von Einfallsrichtung ψ und Einfallswinkel α eines reflektierenden Horizontes

a) Konstruktion der Richtung ψ des Schichteinfallens aus den Hyperbelscheitelentfernungen s_1' und s_2'

b) Vertikaler Schnitt durch die Fallinie; Konstruktion von α aus x' und z_0

9.1.3.2. *Schußpunkt liegt außerhalb des Profils*

Die Betrachtung einer Laufzeitkurve mit dem Schußpunkt außerhalb des Profils läßt erkennen, daß auch sie eine Hyperbel darstellt. Nach GURVIČ (1970) ist die Laufzeit (Abb. 9.7):

$$t = \frac{1}{v} \sqrt{y^2 + 4z_0 y \sin \Phi_y + 4z_0^2 + \mathrm{d}^2 + 4z_0 d \sin \Phi_x}, \tag{9.22}$$

d – senkrechter Abstand des Schußpunktes von der Profillinie. φ_x, φ_y sind die scheinbaren Neigungswinkel des Reflektors in Richtung der x- und y-Achse. Die Tiefe des Reflektors unter dem Meßpunkt beträgt

$$z_{yd} = z_0 + d \sin \Phi_x + y \sin \Phi_y .$$

Nach Einsetzen in (9.22) ergibt sich für die Laufzeit

$$t = \frac{1}{v} \sqrt{y^2 + 4z_0 z_{yd} + d^2}. \tag{9.23}$$

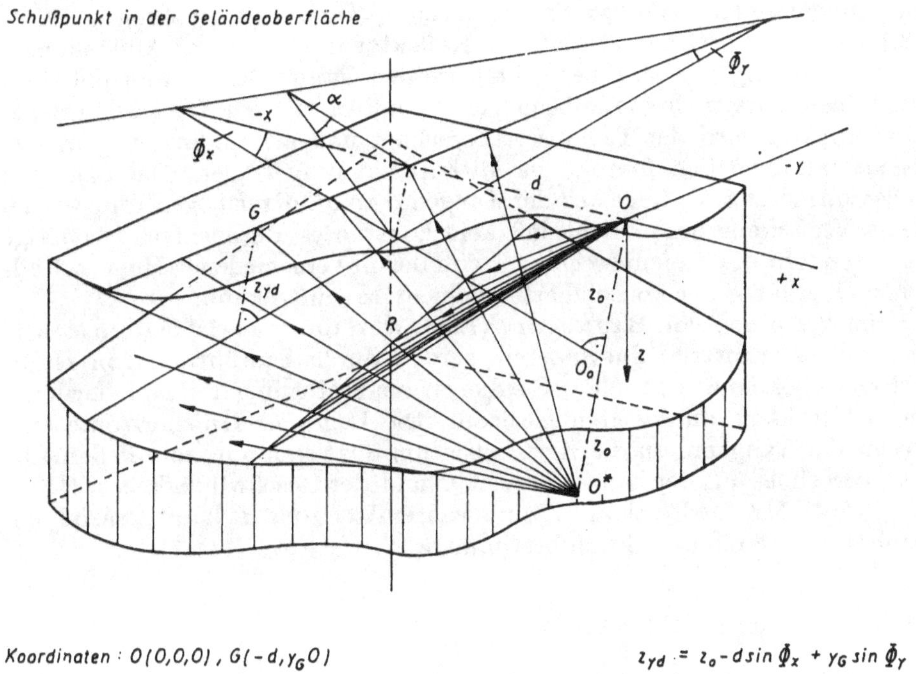

Abb. 9.7. Zweischichtfall; Schußpunkt außerhalb des Profils

9.2. Einige einfache Anwendungen bei der Tiefendarstellung von Reflexionen

Vor Einführung der rechnergestützten Auswertung erfolgte die Umrechnung der Reflexionszeiten, die meistens als kontinuierliche Profile, seltener als Einzelaufstellungen vorlagen, in Tiefenangaben mittels einfacher graphischer Verfahren. Mechanische Hilfsmittel erleichterten die Berechnung. Die stillschweigende Prämisse einer ersten Auswertung bestand in der Annahme, daß der Profilverlauf in Richtung des Streichens oder des Einfallens der Schichten lag bzw. nur wenig davon abwich. Bei geringen Neigungen wurden die mit der bestmöglichen Geschwindigkeitsinformation berechneten Tiefen senkrecht unter dem Schußpunkt oder Mittelpunkt der Aufstellung aufgetragen. Die Zahl der tiefenmäßig exakt darzustellenden Horizonte war aus Gründen der Arbeitsökonomie begrenzt, und es mußten größere Zeitintervalle mit einer konstanten Geschwindigkeit ausgewertet werden.

9.2.1. Tangentenmethode

Die *Tangentenmethode* stützt sich auf die Lotzeiten an den einzelnen Schußpunkten, während die übrigen Reflexionszeiten der zwischen zwei Schußpunkten gelegenen Aufstellung nur für die *Korrelation* verwendet werden.

Die Tangentenmethode ist das einfachste Migrationsverfahren (s. Kap. 8.8.1.1.). Voraussetzung ist, daß der Reflektor innerhalb der Aufstellungslänge als geneigte Ebene betrachtet werden kann. Durch Multiplikation der halben Lotzeit des jeweiligen Schußpunktes mit der Durchschnittsgeschwindigkeit wird der Tiefenwert berechnet und als Radius eines Kreisbogens mit dem Schußpunkt als Mittelpunkt aufgetragen. Die Lage des Reflexionshorizontes folgt aus der Tangente an die Kreisbögen. Ein Vorteil dieses Verfahrens liegt darin, daß kein konstantes Bezugsniveau benötigt wird, sondern die Tiefenberechnung von der in verschiedener Höhe befindlichen Oberkante der konsolidierten Schicht beginnen kann.

Beim Verfahren von BAUMGARTE (1955) wird die erste Schichtgrenze wie beschrieben ermittelt; die anderen werden durch Einführung von *Hilfshorizonten* bestimmt (Abb. 9.8). Sie dienen zur Festlegung der Einfallswinkel der Lotstrahlen zum zweiten Horizont. Die Lage der Hilfshorizonte entspricht der Tangente an die Kreisbögen um die Schußpunkte mit den Radien, berechnet aus der halben Lotzeit t_2 und der Geschwindigkeit v_1 (Dreischichtfall). Mit der Restlaufzeit zum wahren Horizont H_2 kann dessen Lage durch Tangentenkonstruktion bestimmt werden.

9.2.2. Spiegelpunktmethode

Werden die an den Geophonen einer Aufstellung registrierten Laufzeiten mit der Durchschnittsgeschwindigkeit multipliziert, so erhält man die Länge der zugehörigen Strahlen; ihr gemeinsamer Schnittpunkt ist der *Spiegelpunkt* 0* des Schußpunkts 0 (Abb. 9.1 und 9.2). Die Verbindung von 0* mit dem Schußpunkt liefert $2z_0$; die Mittelsenkrechte auf dieser Strecke markiert den Reflektor, dessen seitliche Erstreckung durch den Schnitt mit dem t_x-Strahl gegeben ist.

9.3. Gradientmedien

9.3.1. Problemstellung

Die Voraussetzung für die Annahme eines Gradientmediums bilden stets die Intervallgeschwindigkeiten (s. Kap. 6.1); sie können mit den Verfahren der Geschwindigkeitsanalyse aus Oberflächenmessungen ermittelt (s. Kap. 6.5) oder aus dem Soniclog über vergleichsweise kurze Intervalle bestimmt werden. Die Annahme eines Gradientmediums auf Grund von Intervallgeschwindigkeit-Tiefen-Daten beinhaltet einen Glättungseffekt. Dieser kann durchaus erwünscht sein, weil dadurch Meßfehler und horizontale, faziesbedingte Geschwindigkeitsänderungen nicht in Erscheinung treten. Bei der Auswertung von Meßdaten stellt jede Form eines Geschwindigkeitsgradienten eine gewisse Abstraktion dar, die deshalb notwendig ist, um die Laufzeit-Tiefen-Daten einer mathematischen Behandlung unterziehen zu können. Die Kriterien und Grenzen, innerhalb derer die Annahme eines Gradientmediums anstelle diskreter Geschwindigkeitshorizonte gestat-

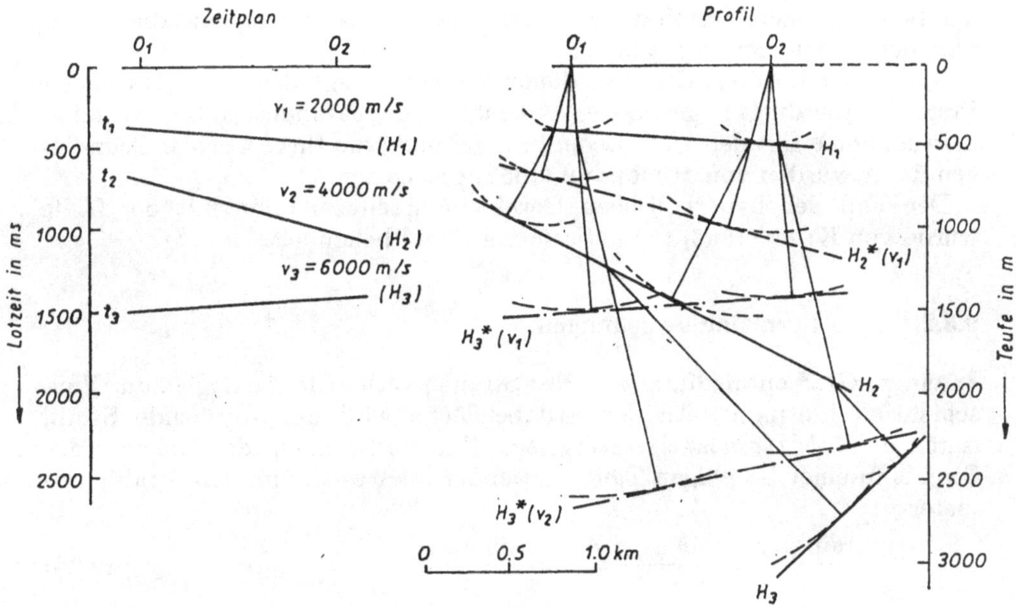

Abb. 9.8. Tangentenmethode (nach BAUMGARTE, 1955)
H_1, H_2, H_3 — seismische Horizonte,
H_2^*, H_3^* — Hilfshorizonte

tet ist, sind durch die geforderte Genauigkeit der Umwandlung von Reflexionslaufzeiten in Tiefen und der verzerrungsfreien Wiedergabe der geologischen Struktur gegeben.

Auf die Tatsache einer Geschwindigkeitszunahme mit der Tiefe z wurde bereits von HASKELL (1941) hingewiesen; basierend auf umfangreichem Material konnte FAUST (1951) folgenden Zusammenhang nachweisen

$$v(z) = az^{1/6}. \tag{9.23a}$$

a — Koeffizient.

Er ermittelte auch eine Abhängigkeit von der geologischen Zeit. GASSMANN (1951) gelangt zu derselben Geschwindigkeit-Tiefen-Abhängigkeit auf Grund von theoretischen Untersuchungen an Medien aus Kugelpackungen. Die geologischen Faktoren eines Geschwindigkeitsgradienten werden vornehmlich als Folge des mit der Tiefe zunehmenden Hangenddrucks interpretiert, der zu einer Porositätsverminderung der Sedimente, verbunden mit zunehmender Diagenese und Kompaktion führt.

Übersichtliche Darstellungen mathematischer Beziehungen der wichtigsten Parameter für verschiedene Geschwindigkeit-Tiefen-Funktionen sind bei KAUFMANN (1953), GREENHALGH; KING (1981) gegeben.

Ein Grund für die früher häufige Verwendung dieses Typs der Geschwindigkeitsverteilung waren die Schwierigkeiten der Routineauswertung bei Vorhandensein einer größeren Anzahl von Schichten; außerdem — bei Annahme einer linearen Geschwindigkeit-Tiefen-Funktion — die Einfachheit der Berechnungen. Durch die rechnergestützte Auswertung sind diese Vorteile heute nicht mehr gegeben.

Neben der linearen Geschwindigkeitszunahme mit der Tiefe hat in der Praxis – allerdings in geringerem Ausmaß – die parabolische Geschwindigkeitszunahme mit der Tiefe Bedeutung erlangt; die theoretischen Grundlagen dafür wurden von MUSGRAVE (1952) geschaffen.

Der Fall der hyperbolischen Geschwindigkeitszunahme mit der Tiefe wurde von KUNZ (1962) theoretisch eingehend behandelt.

9.3.2. Allgemeine Beziehungen

In einem Gradientmedium wird der Strahlenverlauf in Analogie zum Vielschichtfall bestimmt. An der Erdoberfläche wird der abgehende Strahl durch den *Abgangswinkel* φ festgelegt. Zur Bestimmung der Neigung des Strahls in einer beliebigen Tiefe verwendet man wiederum den Strahlparameter p:

$$\frac{\sin \varphi_{1,n}}{v_1} = \frac{\sin \varphi_{k,n}}{v_k} = p = \frac{\sin \varphi(z)}{v(z)}. \tag{9.24}$$

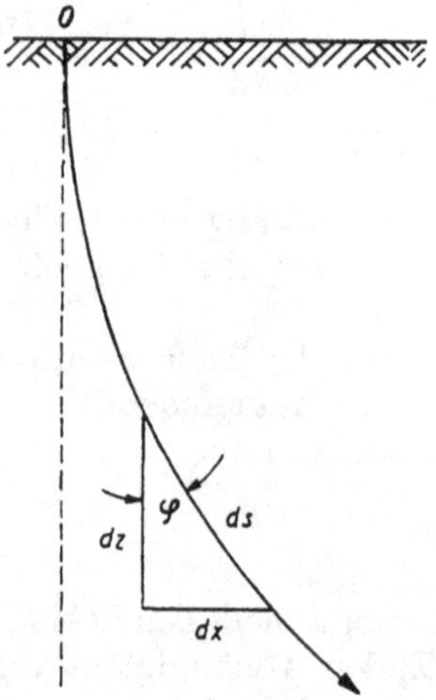

Abb. 9.9. Komponenten eines Strahles bei Geschwindigkeitszunahme mit der Tiefe

Weitere Beziehungen sind (Abb. 9.9):

$$\begin{aligned} \mathrm{d}s &= v\mathrm{d}t, \\ \frac{\mathrm{d}x}{\mathrm{d}z} &= \tan \varphi(z) = \frac{pv(z)}{\sqrt{1 - (pv(z))^2}}, \\ \frac{\mathrm{d}z}{\mathrm{d}s} &= \cos \varphi(z) = \sqrt{1 - (pv(z))^2}. \end{aligned} \tag{9.25}$$

Die gesamte Horizontalerstreckung x_R einer Reflexion in der Tiefe z ergibt sich durch Integration:

$$x_R = \int_0^x \mathrm{d}x = \int_0^z \frac{pv(z)\,\mathrm{d}z}{\sqrt{1 - (pv(z))^2}}. \tag{9.26}$$

Außerdem gilt

$$\frac{\mathrm{d}t}{\mathrm{d}z} = \frac{1}{v(z)\cos\varphi(z)} = \frac{1}{v(z)\sqrt{1 - (pv(z))^2}}$$

und für die Reflexionszeit t entsprechend dem doppelten Weg zum Horizont:

$$t = \int_0^t \mathrm{d}t = 2\int_0^z \frac{\mathrm{d}z}{v(z)\sqrt{1 - (pv(z))^2}}. \tag{9.27}$$

9.3.3. Lineare Geschwindigkeitszunahme mit der Tiefe

Die lineare Geschwindigkeitszunahme mit der Tiefe stellt die älteste Form einer Gradientfunktion dar und hat in der Praxis die weiteste Verbreitung gefunden. Dafür war maßgebend, daß sich eine Vielzahl von Laufzeit-Tiefen-Messungen und daraus abgeleitete Geschwindigkeiten befriedigend wiedergeben ließen. Zusätzlich sprach dafür die Einfachheit der mathematischen Grundlagen, wodurch auch die Hilfsmittel der Auswertung (Zeit-Tiefen-Tabellen, Wellenfrontkarten) ohne großen Rechenaufwand hergestellt werden konnten.

Eine eingehende Darstellung der mathematischen Grundlagen erfolgte durch SLOTNICK (1936; 1959), HASKELL; WIDESS (1940), NETTLETON (1940), VAN MELLE (1948), JAKOSKY (1950).

Die Ausgangsgleichung zur Ermittlung der Momentangeschwindigkeit v in der Tiefe z lautet:

$$v(z) = v_0 + az \tag{9.28}$$

v_0 — Anfangsgeschwindigkeit, a — Konstante.
Die Profilrichtung sei senkrecht zum Streichen des reflektierenden Horizontes angenommen.

Für die Ermittlung der Lage des Reflexionselementes aus der Reflexionszeit t des in sich zurücklaufenden Strahls sind für Rechnung und Konstruktion von Bedeutung:

- der *Emergenzwinkel* α_0 des reflektierten Strahls auf die Mittelpunktsaufstellung der Gesamtlänge $2l$,
- die Zeitdifferenz Δt der an den beiden äußeren Geophonen abgelesenen Reflexionszeiten,
- der Neigungswinkel α (Auftreffwinkel des seismischen Strahls auf das Reflexionselement) des Reflexionselementes,

– die Horizontalerstreckung x_R und die Tiefe z_R des Reflexionselementes,
– der Radius ϱ des Strahlkreises,
– die Koordinaten x_ϱ und z_ϱ des Mittelpunktes des Strahlkreises oberhalb der Erdoberfläche,
– die Tiefe D des Mittelpunktes des Wellenfrontkreises und dessen Radius R (Abb. 9.10).

$$\alpha_0 \approx \arcsin \frac{\Delta t v_0}{2l}, \qquad \alpha = 2 \arctan \left(e^{a(t_0/2)} \tan \frac{\alpha_0}{2} \right), \tag{9.29}$$

$$x_R = -\frac{v_0}{a} \sin \alpha \sinh \frac{a t_0}{2} = -\frac{v_0(\cos \alpha_0 - \cos \alpha)}{a \sin \alpha_0}, \tag{9.30}$$

$$z_R = \frac{v_0}{a} \left[e^{a t_0/2} - 1 - (1 - \cos \alpha) \sinh \frac{a t_0}{2} \right] = \frac{v_0(\sin \alpha - \sin \alpha_0)}{a \sin \alpha_0}, \tag{9.31}$$

$$z_R = \frac{v_0}{a} (e^{a t_0/2} - 1) \text{ bei horizontaler Lagerung,} \tag{9.32}$$

$$\varrho = \frac{v_0}{a \sin \alpha_0}; \quad x_\varrho = -\frac{v_0}{a} \cot \alpha_0; \quad z_\varrho = -\frac{v_0}{a}, \tag{9.33}$$

$$D = \frac{v_0}{a} \left(\cosh \frac{a t_0}{2} - 1 \right), \tag{9.34}$$

$$R = \frac{v_0}{a} \sinh \frac{a t_0}{2}. \tag{9.35}$$

9.3.4. Wellenfrontkarten

Bei den bisherigen Betrachtungen über die geometrischen Grundlagen der Interpretation wurde von den Wellenstrahlen ausgegangen. Dabei muß daran erinnert werden, daß Strahlen eine mathematische Abstraktion sind, definiert als senkrechte Linien auf die Wellenfront bzw. nach dem FERMATschen Prinzip als jene Kurven, entlang derer die Laufzeit ein Minimum ist. Physikalisch real sind Wellen, deren Laufzeiten in der Seismik gemessen werden. Die Interpretation komplizierterer geologischer Strukturen, als es die bisher besprochenen horizontalen oder geneigten Reflexionshorizonte darstellen, macht den Rückgriff auf die Wellentheorie notwendig, wie dies auch bei der refraktionsseismischen Auswertung mit Erfolg geschieht (s. Kap. 9.8.5.4.). Voraussetzung ist, daß die Wellenlängen der seismischen Wellen genügend klein in Relation zu den Dimensionen seismischer Reflektoren sind, damit diese lokalisiert werden können.

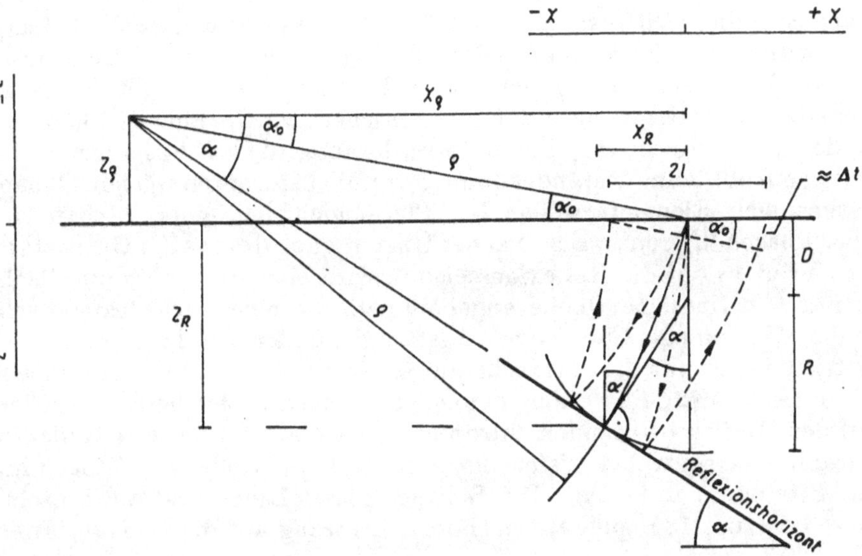

Abb. 9.10. Zur Lagebestimmung des Reflexionselementes bei linearer Geschwindigkeitszunahme mit der Tiefe

Die *Wellenfrontkarte* ist eine flächenhafte Darstellung der Ausbreitung elastischer Wellen, die von einer punktförmigen Quelle ausgehen. Sie erfolgt in bestimmten Zeitintervallen, mindestens alle 0,1 s, und muß in der richtigen räumlichen Lage aufgetragen werden (Abb. 9.11). Die Wellenfrontkarten bilden einen Schnitt durch Oberflächen gleicher Reflexionszeiten. Zur Transformation dieser Zeiten in Tiefen ist die Kenntnis der Geschwindigkeitsverhältnisse notwendig.

Als weitere Kurvenschar werden bestimmte Strahlen gezeichnet, deren Verlauf durch die Bedingung definiert ist, daß sie senkrecht auf den Wellenfronten stehen. Außerdem ist der Strahlenverlauf durch den Abgangswinkel vom Schußpunkt festgelegt, der sich wiederum aus den Parametern Δx und Δt ergibt. Bei Kenntnis der Laufzeit und der Zeitdifferenz einer bestimmten Geophonaufstellung ist also die Lage eines Reflexionselementes im Raum eindeutig bestimmt.

Mittels zweier Wellenfrontkarten lassen sich Kurven gleicher Reflexionslaufzeit auch für verschiedene Schußpunkt-Geophon-Aufstellungen konstruieren. Der unterhalb des Mittelpunkts gelegene Reflexionspunkt ist der tiefste Punkt dieser Kurve.

9.4. Beugungswellen

Das Auftreten von *Beugungswellen* in der Reflexionsseismik wurde erst relativ spät erkannt (Krey, 1952). Dies liegt darin begründet, daß in der Erdkruste nicht jene idealen Ausbreitungsverhältnisse für Wellen wie in der Akustik oder Optik vorliegen. Die physikalische Grundlage zur Erklärung der Beugung (*Diffraktion*) bildet das HUYGENS-FRESNELsche Prinzip. Nach HUYGENS ist jeder Punkt einer Wellenfront Quellpunkt von Elementarwellen, als deren Einhüllende sich die beobachtete Welle ergibt. FRESNEL entwickelte auf der Grundlage des HUYGENSschen Prinzips eine stichhaltigere Form der Beugungstheorie, indem er erkannte, daß Interferenzen eine wesentliche Rolle beim Zustandekommen von Wellenfronten spielen. Danach verstärken sich Elementarwellen bei Phasengleichheit oder löschen sich bei einer Phasendifferenz π aus. Bei der Übertragung des aus der Optik stammenden Prinzips auf die Reflexionsseismik wird eine an der Erdoberfläche im Punkt 0 befindliche Quelle angenommen, die eine monochromatische Welle der Wellenlänge λ aussendet. 0 ist zugleich der Empfangspunkt. Die Welle trifft im Punkt R_0 senkrecht auf einen in der Tiefe z_0 befindlichen Reflektor (Abb. 9.12). Es werden im folgenden jene Strahlen herausgegriffen, die auf dem Reflektor in einem Abstand von $\lambda/4$ auftreffen. Der Reflektor wird also in eine zentrale kreisförmige Zone und eine Reihe von Ringen mit R_0 als Mittelpunkt unterteilt. Die Beiträge dieser Ringe sind abwechselnd in Phase oder um 180° phasenverschoben in bezug auf die zentrale FRES-

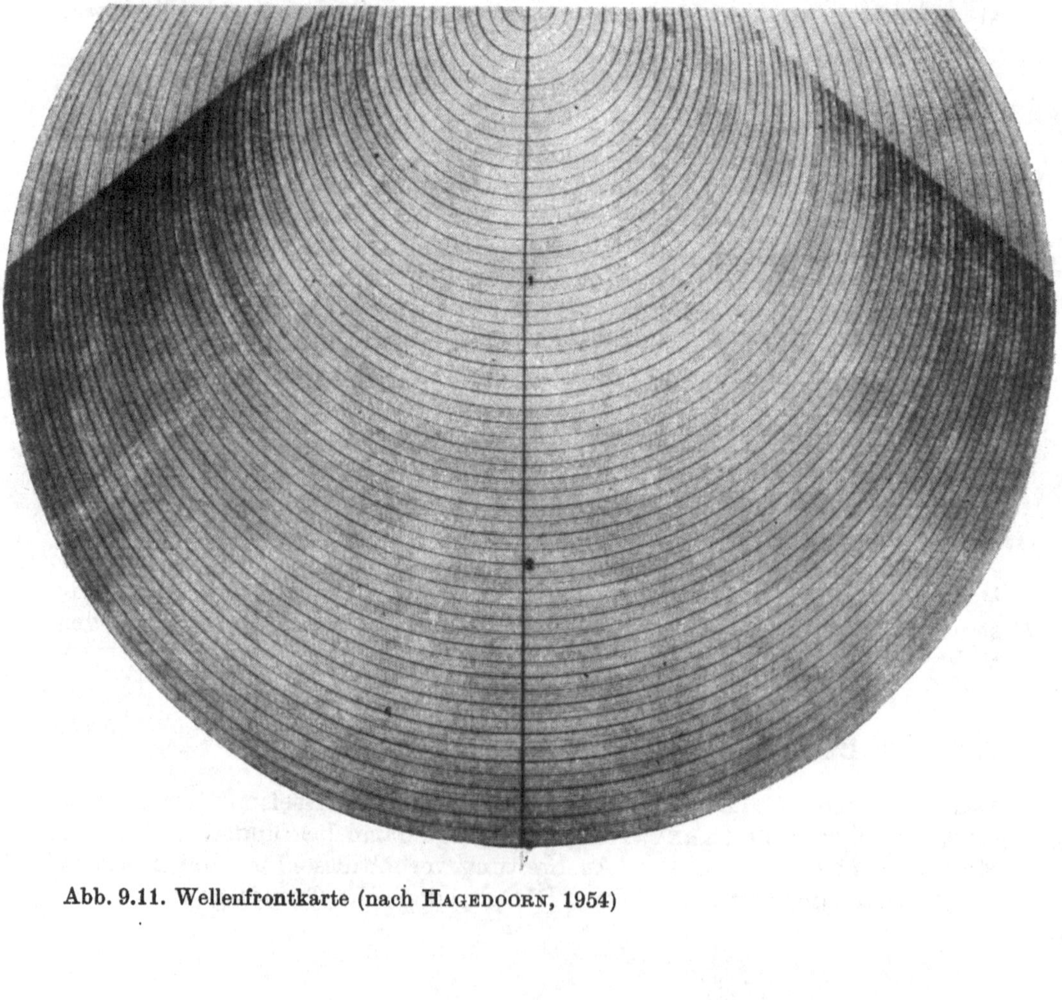

Abb. 9.11. Wellenfrontkarte (nach HAGEDOORN, 1954)

NELsche Zone. Letztere liefert den größten Beitrag zum KIRCHHOFFschen Integral (2.108), wobei für den Radius R_1 nach Abb. 5.2 gilt:

$$R_1 = \left(\frac{1}{2}\lambda z_0\right)^{1/2} = \frac{1}{2}v(t_0/f)^{1/2}. \quad (9.36)$$

Das FRESNELsche Prinzip bildet die Grundlage für die Beurteilung des *lateralen Auflösungsvermögens* einer reflexionsseismischen Messung (SHERIFF, 1980). Wenn die Ausdehnung eines Reflektors kleiner als die zentrale FRESNELsche Zone ist, dann ist keine Unterscheidung zu einer von einem Punkt ausgehenden Beugung mehr möglich. Als Erregungszentren von Beugungswellen im Untergrund kommen alle geologischen Strukturen in Frage, deren Krümmung im Bereich von wenigen Wellenlängen der seismischen Wellen oder darunter liegt (z. B. Brüche, auskeilende Schichten, steile Flanken).

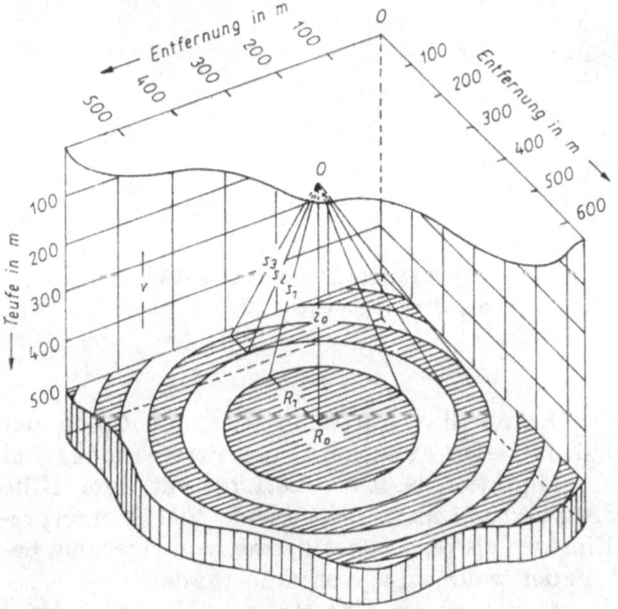

Abb. 9.12. Entstehung der FRESNELschen Zonen
$z_0 = 500$ m; $t_0 = 0{,}333$ s; $f = 30$ Hz; $v = 3000$ m/s; $\lambda = 100$ m; $s_i = z_0 + i\lambda/4$; $R_1 = 158$ m

Beugungswellen sind auf den Seismogrammen nach ihrer Schwingungsform von Reflexionen nicht zu unterscheiden. Bezüglich der mathematischen Behandlung der Beugungswellen, die ihren Ausgang in der Wellengleichung hat, wird auf RUBINOWICZ (1966), TROREY (1970, 1977) verwiesen. Einige Zusammenhänge der Laufzeiten von Diffraktionswellen für einfache Fälle (Punkt, halbunendliche Platte) werden abgeleitet. Ein in der Tiefe z befindlicher Punkt B wird durch eine von der Erdoberfläche ausgehende Wellenfront zur Ausbreitung von Beugungswellen angeregt. Die zugrundeliegende

Schematisierung besteht darin, daß in der Realität anstelle des Punktes ein Körper mit einem Durchmesser von mehreren Wellenlängen zu denken wäre; die strahlengeometrische Betrachtung setzt außerdem voraus, daß $\lambda \ll z$ ist (Abb. 9.13).

Für verschiedene Schußpunkt-Geophon-Kombinationen beim CDP-Verfahren (s. Kap. 5.2.2.2.) ergeben sich in bezug auf die Projektion zur Oberfläche symmetrische Strahlenwege. Diese sind im Falle einer konstanten Geschwindigkeit Geraden, im Falle eines Gradientenmediums Kurven. Werden die Laufzeiten der Beugungswellen als Reflexionen interpretiert und die dazugehörigen Reflexionspunkte senkrecht unter dem Mittelpunkt der Aufstellung aufgetragen, so erhält man eine Hyperbel, die von Hagedoorn (1954) als Kurve maximaler Konvexität bezeichnet wurde. Diese hat die Eigenschaft, daß jeder auf der Kurve gelegene Punkt der tiefste Punkt einer Oberfläche gleicher Reflexionszeit durch P gehend ist (s. Abb. 8.26).

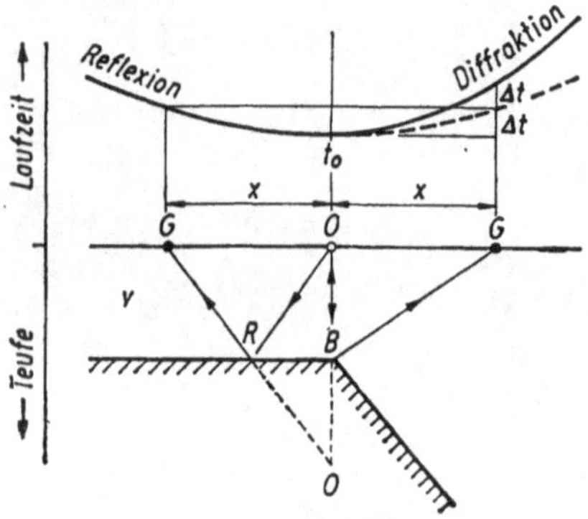

Abb. 9.13. Strahlenverlauf und Laufzeitkurve von Beugungswellen

Kurvenscharen maximaler Konvexität, die unter Zugrundelegung der entsprechenden Geschwindigkeit-Tiefen-Funktion konstruiert wurden, sind ein einfaches Hilfsmittel zur Migration (s. Kap. 8.8.1.2.). Mit ihrer Hilfe kann ein bei qualitativer Auswertung als reflektierende Fläche interpretiertes Band diffraktierter Einsätze als punktförmig, bzw. von einer eng begrenzten Stelle herrührend, in der wahren Lage erkannt werden.

Diese Unterscheidung ist jedoch auch auf Grund des Laufzeitverhaltens möglich, wie am Beispiel einer geologischen Struktur mit horizontaler Oberfläche gezeigt wird (Abb. 9.13). Die Laufzeit t_b bei einem Geophon im Abstand x vom Quellpunkt ist:

$$t_b = \frac{1}{v}\,[z + (x^2 + z^2)^{1/2}] \approx \frac{2z}{v} + \frac{x^2}{2vz}. \tag{9.37}$$

Das ist die Gleichung einer Hyperbel, die gegenüber der Reflexionslaufzeitkurve dadurch charakterisiert ist, daß die Zeitdifferenz Δt zur Lotzeit doppelt so groß wie bei dieser ist. Bei der reflexionsseismischen Aufnahme geht die Reflexion von der Oberkante der Struktur kontinuierlich in die Beugungseinsätze über. Die Krümmung der Hyperbel nimmt mit zunehmender

Tiefe ab, ihr Scheitel legt den Quellpunkt fest. Hierbei wird auch ein anderes Kriterium zur Erkennung von Beugungswellen ersichtlich, nämlich die Polarität. Der von der Plattenkante aus rückwärts verlaufende Teil der Laufzeithyperbel weist gegenüber dem anderen Ast eine umgekehrte Polarität auf. Wegen des Vorhandenseins von Störwellen kann jedoch dieser Polaritätswechsel auf den Seismogrammen nicht immer nachgewiesen werden. Neben der Laufzeit ist auch die Amplitude der Beugungswellen ein für die Auswertung wichtiger Parameter, der theoretisch und im Modellversuch untersucht wurde (TROREY, 1970). Im erwähnten Fall der halbunendlichen Platte wurde nachgewiesen, daß die Amplitude der Beugungswelle maximal halb so groß wie die Reflexionsamplitude ist und ein Phasenwechsel von 180° über der Kante erfolgt (Abb. 9.14).

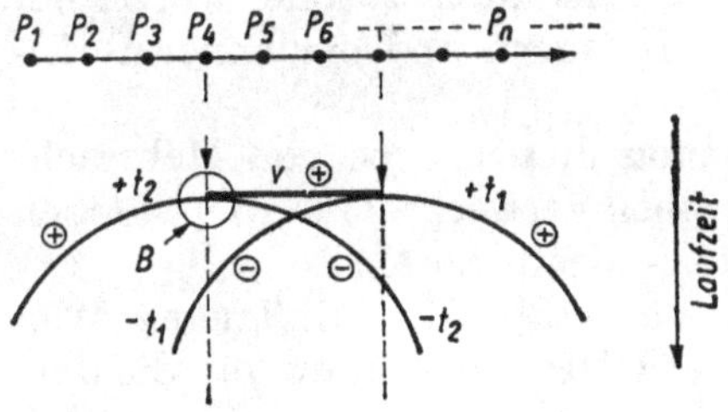

Abb. 9.14. Beugungswellen an einer Platte (nach TROREY, 1970)

$P_1, P_2, \ldots$ — Sender/Empfängerlokationen,
t_1, t_2 — Laufzeiten,
⊕, ⊖ — Vorzeichen der Phasen,
B — Beugungspunkt

9.5. Mehrfachreflexionen (multiple Reflexionen)

Multiple Reflexionen zeichnen sich dadurch aus, daß der Wellenweg zu einem Reflektor oder ein Teil desselben öfter als einmal zurückgelegt wird. Dabei kann diese Reflexion auch an der Erdoberfläche bzw. am Grundwasserspiegel oder am Meeresspiegel erfolgen. Nach der Art dieser Mehrfachreflexion kann grundsätzlich zwischen Multiplen mit langem und kurzem Wellenweg unterschieden werden. Ein weiteres Kriterium bildet die Anzahl der Reflexionen, so daß man z. B. von Zweifach-Dreifach-Reflexionen sprechen kann (Abb. 9.15).

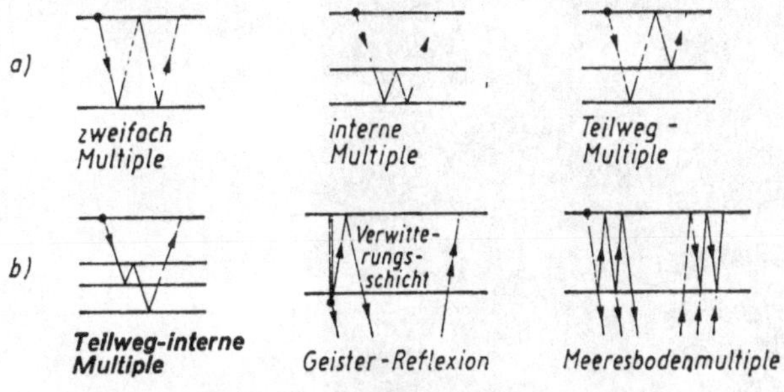

Abb. 9.15. Wellenwege multipler Reflexionen
a) Multiple mit langem Wellenweg,
b) Multiple mit kurzem Wellenweg

9.5.1. Multiple mit langem Weg

Bei Multiplen mit langem Weg erfolgt die Rückstrahlung der von einem Horizont im Untergrund reflektierten Welle entweder an der Erdoberfläche oder am Grundwasserspiegel. Die Laufzeit beträgt dabei das Doppelte bzw. Mehrfache der Primärreflexion (*Vollweg-Multiple*); dieser Umstand gestattet eine leichte Identifizierung. In Rechnung zu stellen sind hierbei die Aufzeit und eventuell die Laufzeit der über dem Grundwasserspiegel liegenden Verwitterungsschicht. Der bekannteste und häufigste Vertreter ist die Doppelreflexion. Dies deshalb, da die Energie bei jeder Reflexion an einer Grenzfläche abnimmt, so daß auch bei günstigen Reflexionseigenschaften nur Multiple höchsten bis zum dreifachen Typ beobachtet werden. Abb. 9.16 ist ein Beispiel aus dem nördlichen Teil der Molassezone, wo an der Tertiärbasis unverfestigte Sande über Granit lagern und ein hoher Reflexionskoeffizient wirksam ist.

Für die Interpretation liegt die Bedeutung dieses Typs von Mehrfachreflexionen darin, daß sie mit Primärreflexionen verwechselt werden können und dann falsche Schlüsse auf die Struktur gezogen werden.

Ein weiteres Kriterium zum Erkennen von Multiplen mit langem Weg bilden die Laufzeitdifferenz $\Delta t = t - t_0$ einer CDP-Aufstellung und die dar-

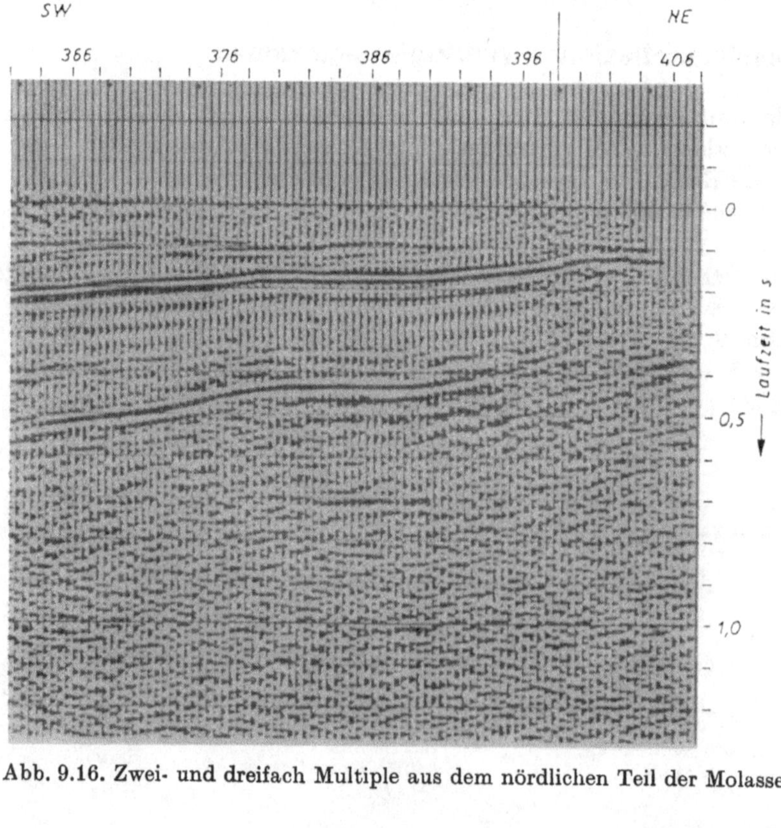

Abb. 9.16. Zwei- und dreifach Multiple aus dem nördlichen Teil der Molassezone

aus abgeleitete Geschwindigkeit. Ebenso wie die primäre bildet auch die Laufzeitkurve der Mehrfachreflexion eine Hyperbel, deren Krümmung allerdings bei zunehmender Geschwindigkeit mit der Tiefe größer als bei einer Primärreflexion derselben Lotzeit ist. Im Falle eines geneigten Horizonts, der die Multiple verursacht, ist die Zeitdifferenz Δt immer kleiner als bei horizontaler Reflektorlage; diese Zeitdifferenz und damit die Neigung der berechneten Schicht ist jedoch ebenfalls größer als bei einer Primärreflexion.

Die Konstruktion der Wellenwege erfolgt durch die Festlegung von drei Spiegelpunkten: zuerst der Spiegelpunkt 0* des Schußpunktes; dieser Punkt 0* wird sodann an der Erdoberfläche nach oben gespiegelt, wodurch der Wellenweg des dort reflektierten Strahls festgelegt wird. Endlich wird 0** am Reflektor gespiegelt und dadurch der äußere Ast der Multiplen bestimmt (Abb. 9.17). Die Laufzeitdifferenz Δt ist gegeben durch

$$\Delta t = \frac{\overline{0^{***}G'} - \overline{0^{*}G'}}{v}.$$

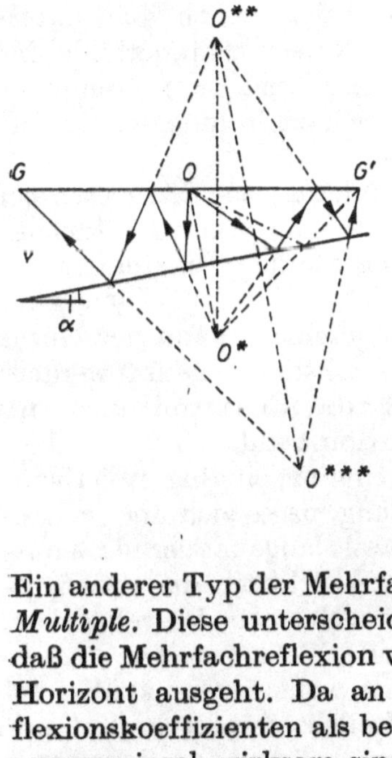

Abb. 9.17. Strahlenverlauf einer multiplen Reflexion bei geneigtem Horizont

Ein anderer Typ der Mehrfachreflexion mit langem Wellenweg ist die *interne Multiple*. Diese unterscheidet sich von der Oberflächenmultiplen dadurch, daß die Mehrfachreflexion von einem innerhalb der Schichtfolge befindlichen Horizont ausgeht. Da an einer solchen Schicht wesentlich kleinere Reflexionskoeffizienten als bei Reflexion an der Erdoberfläche oder am Grundwasserspiegel wirksam sind, nimmt die Energie bei mehrfacher Reflexion an diesem Zwischenhorizont rasch ab.

Beide erwähnten Arten von Mehrfachreflexionen werden auch als „W-Typ" bezeichnet.

Komplizierter sind die Verhältnisse beim dritten Typ, den *Teilweg-Multiplen* (peg-leg multiple); bei ihnen verläuft der Strahl zwischen zwei verschiedenen Horizonten und der Erdoberfläche (Abb. 9.15). Dieser Typ ist in Norddeutschland weit verbreitet (Bortfeld, 1956). Teilweg-Multiple haben zwar hyperbolische Laufzeitkurven, bei geneigten Reflektoren verschiebt sich jedoch das Laufzeitminimum. Die Strahlen dieser Multiplen sind dadurch charakterisiert, daß Einfalls- und Austrittswinkel verschieden sind. Wenn ein Untergrund geneigte Reflektoren enthält, sind sie eine wichtige Quelle von seismischer Unruhe.

9.5.2. Mehrfachreflexionen mit kurzem Wellenweg

Mehrfachreflexionen mit kurzem Wellenweg (Abb. 9.15) sind dadurch charakterisiert, daß die zusätzliche Reflexion innerhalb einer dünnen Schicht erfolgt. Es ergeben sich dadurch keine anomalen Reflektoren und Strukturen wie beim W-Typ, wohl aber wird die Wellenform einer Primärreflexion geändert, wobei die Länge des Schwingungsbandes zunimmt. Die Laufzeitdifferenzen dieser Multiplen unterscheiden sich nur unwesentlich von denen der Primärreflexionen, so daß dieses Kriterium ihrer Erkennung versagt.

Bei den internen Mehrfachreflexionen kurzen Wellenwegs erfolgt die Mehrfachreflexion in einer dünnen Zwischenschicht innerhalb einer Sedimentfolge mit abweichenden elastischen Eigenschaften, z. B. in einem Kohleflöz. Ihre Einsätze beeinflussen den Reflexionscharakter der zeitlich nicht unterscheidbaren Primärreflexion. Bei mehrmaliger Reflexion innerhalb der dünnen Schicht ändert sich das Frequenzspektrum, und zwar kommt es mit zunehmender Laufzeit zu einem Verlust des hochfrequenten Anteils (vgl. Kap. 6.1.).

Einen Sonderfall stellen die *Geisterreflexionen* (ghosts) dar. Sie treten bei sprengseismischen Arbeiten auf und wurden erstmals von VAN MELLE; WEATHERBURN (1953) beobachtet. Voraussetzung für ihre Entstehung ist, daß der Schuß unterhalb der Verwitterungsschicht erfolgt. Bei genügend großem Abstand von der Basis der Verwitterungsschicht kann der Ghost als getrennter Einsatz knapp hinter der Primärreflexion erkannt werden. Bei Verminderung der Schußtiefe nähert sich die Geisterreflexion der primären, und es entsteht ein einheitliches Reflexionsband.

Meeresbodenreflexionen oder *Reverberationen* (ringing, singing, reverberations) sind in der Seeseismik von großer Bedeutung, da es sich um energiereiche Einsätze handelt, welche die Seismogramme als langandauernde, sinusförmige Schwingungen unleserlich machen. Es wird nicht nur die vom Erregungspunkt sich ausbreitende Welle mehrfach vom Meeresboden reflektiert, sondern auch die als Primärreflexion auftauchende Welle von der Wasseroberfläche zum Meeresboden zurückgestrahlt. Da sowohl die Grenze Wasser/Luft als auch die Grenze Wasser/Gestein gute Reflektoreigenschaften aufweisen, entfällt auf die Mehrfachreflexion ein beträchtlicher Anteil der abgestrahlten Energie.

9.5.3. Abschwächung und Eliminierung von Mehrfachreflexionen

Das Auftreten von Multiplen des W-Typs sucht man bereits durch eine geeignete Aufnahmegeometrie zu verhindern. Geisterreflexionen lassen sich dadurch vermeiden, daß stets in einem experimentell ermittelten Abstand unterhalb der Basis der Verwitterungsschicht geschossen wird. Bei der Mehrfachüberdeckung werden die Multiplen bereits bis zu einem gewissen Grad infolge destruktiver Interferenz zwischen primären Reflexionen und Multiplen geschwächt. Mit Einführung der Datenverarbeitung hat das Verfahren der Vorhersage-Dekonvolution einen erheblichen Fortschritt zur Lösung dieses Problems gebracht (PEACOCK; TREITEL, 1969). Bei den Verfahren zur direkten Unterdrückung der Multiplen geht ein Trend dahin, vertikal sich ausbreitende Planwellen anzunehmen, die mit einer Serie von ebenen Horizonten in Wechselwirkung stehen (GOUPILLAUD, 1961). Einen anderen Weg beschreiten RILEY; CLAERBOUT (1976), indem sie einen Algorithmus einführen, bei dem die Oberfläche als ein nahezu vollkommener Reflektor betrachtet wird.

9.6. Spezielle Lagerungsformen

Die Kenntnis der reflexionsseismischen Charakteristik spezieller Lagerungsformen, die geologisch eine weite Verbreitung aufweisen, ist für die verschiedenen Stufen der Datenbearbeitung und Auswertung unerläßlich. Aus der Vielzahl der vorhandenen Strukturelemente sollen einige einfache geometrische Formen (Antiklinale, Mulde, Bruch) erläutert werden, wobei auch auf die Wirkung gekrümmter anstelle ebener Reflexionshorizonte eingegangen werden soll.

9.6.1. Gekrümmte Reflektoren

Da die Darstellung eines gekrümmten Reflektors als Teil einer Kugelfläche oder eines Zylinders eine geologisch unzulässige Vereinfachung darstellt, muß man zu komplizierteren geometrischen Flächen übergehen. Als solche haben sich elliptische Paraboloide bewährt, die wie folgt definiert sind (Abb. 9.18):

$$\frac{-z}{c} = \frac{x^2}{a^2} + \frac{y^2}{b^2}. \tag{9.38}$$

HILTERMAN (1975) leitet aus einer Vereinfachung der KIRCHHOFFschen Potentialgleichung Beziehungen zwischen der Krümmung solcher Paraboloide und den Amplituden der Reflexions- und Beugungswellen ab. Es besteht folgender Zusammenhang zwischen dem *Krümmungseffekt CE*, dem Radius der Wellenfront R_0 und den beiden Hauptkrümmungsradien der Grenzfläche:

$$CE = \left[\frac{1}{1 + R_0/R_\parallel}\right]^{1/2} \left[\frac{1}{1 + R_0/R_\perp}\right]^{1/2}. \tag{9.39}$$

CE ist das Verhältnis der Reflexionsamplitude einer gekrümmten Grenzfläche zur Reflexionsamplitude einer ebenen Grenzfläche bei derselben Tiefe. Die Hauptkrümmungsradien sind negativ, wenn die Brennpunkte der

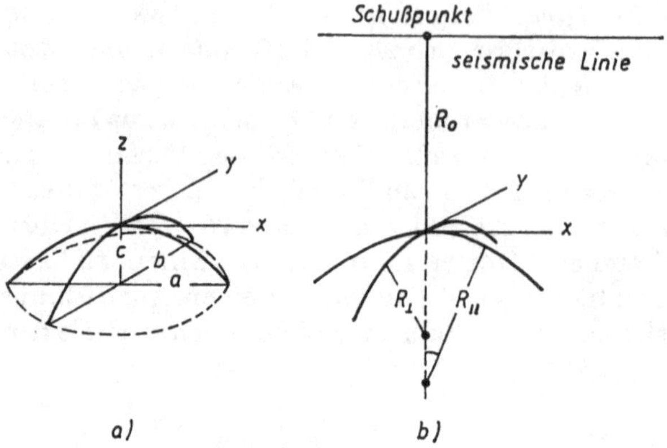

Abb. 9.18. Darstellung von gekrümmten Reflektoren als elliptische Paraboloide (nach Hilterman, 1975)
a) eingezeichnete Halbachsen a, b, c
b) eingezeichnete Hauptkrümmungsradien $R_\parallel$, $R_\perp$

Kurven auf derselben Seite der Grenzfläche wie die einfallende Wellenfront liegen. Für $0 > R_{\parallel,\perp} > -R_0$ existiert ein Brennpunkt im Untergrund. Hilterman (1975) gibt auch graphische Lösungen für einfache geometrische Formen an.

9.6.2. Antiklinale

Eine Problematik bei der seismischen Interpretation von Aufwölbungen ergibt sich erst bei stärkerer Neigung der Flanken. Bei gering geneigten Aufwölbungen (z. B. Dome) erscheinen die Flanken sogar unmigriert im Tiefenprofil lediglich etwas breiter als in der Wirklichkeit, aber der für das Ansetzen einer Aufschlußbohrung wichtige Scheitel der Struktur wird richtig dargestellt. Für steilere Flanken wird die Migration entscheidend, wie auf einer Wellenfrontkarte nachgeprüft werden kann. Bei gleicher Geschwindigkeit wandert der Reflexionspunkt um so weiter aus, je größer die Laufzeit und somit die Tiefe ist. Verständlicherweise sind durch die räumlich-zeitliche Verschiebung Einzelheiten der Detailstruktur bei der Auswertung nicht erkennbar. Die Lage des Scheitels einer symmetrischen Struktur bleibt erhalten (Abb. 10.6).

Eine wesentliche Komplikation bei der Interpretation bilden die bei einer Antiklinale mit steil einfallenden Flanken auftretenden Beugungswellen. Sie nehmen ihren Ausgang im Bereich der maximalen Krümmung und können über weite Strecken sichtbar werden. Über einer solchen Struktur können auch Amplitudenveränderungen als Folge des Divergierens der Strahlen über dem Scheitel auftreten. Bei starker Faltung kann es überhaupt zu einer Unterbrechung der Reflexionskontinuität kommen.

9.6.3. Synklinale

Für die Synklinale ergibt sich eine ähnliche Aussage wie für die nach oben gekrümmte Antiklinale. Wellenfrontbetrachtungen erfolgten von Hagedoorn (1954). Dabei wurde nachgewiesen, daß ein Reflektor nicht stärker konkav gekrümmt sein darf als eine Fläche gleicher Reflexionszeiten, wenn er kontinuierlich als Reflexionslaufzeit erfaßt werden soll. Eine Kurve bzw. Fläche gleicher Reflexionszeiten ist folglich als eine Kurve bzw. Fläche *maximaler* beobachtbarer *Konkavität* zu betrachten (Abb. 9.19).

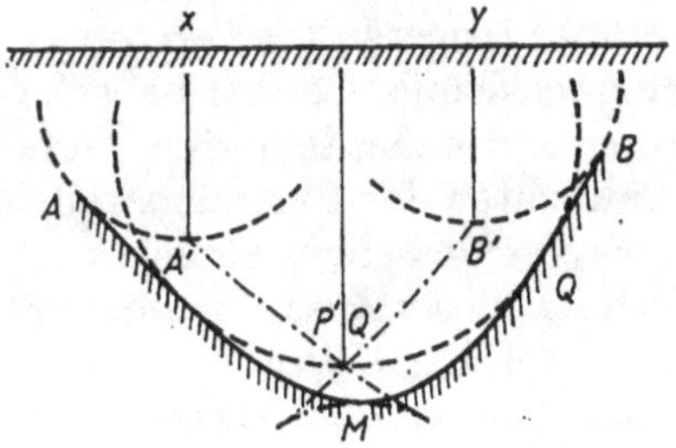

Abb. 9.19. Synklinale und Kurve maximaler beobachtbarer Konkavität (nach Hagedoorn, 1954)

A', B' — Wellenfront der von A bzw. B ausgehenden Reflexion,
P, P', Q', Q — Fläche maximaler beobachtbarer Konkavität,
M — Scheitelpunkt der Synklinale,
— · — · — — unmigrierte Lage der Reflexionszeiten

Die flach einfallende Mulde ist ohne Schwierigkeiten auswertbar; der tiefste Punkt erscheint lagerichtig, lediglich der Flankenbereich ist im Zeitprofil etwas schmäler als tatsächlich. Wesentlich ist hierbei die Lage des Krümmungsmittelpunktes, der bei der flachen Mulde über der Erdoberfläche liegt. Das Reflexionsmuster ist theoretisch auf einen Punkt reduziert, wenn er sich an der Erdoberfläche befindet; dies ist bei einer zylindrischen Synklinale der Fall. Rückt das Krümmungszentrum noch tiefer, dann ergibt sich ein *Fokussierungseffekt*, und die Strahlen kreuzen sich. Da der Wellenweg zum Scheitel der Mulde länger ist als zu den Flanken, entsteht eine *Laufzeitschleife* mit einer nach oben konvex gekrümmten Reflexion, die wegen des Fokussierungseffekts durch stärkere Amplituden hervortritt (Abb. 9.21). Bei Unkenntnis dieser Zusammenhänge könnte fälschlicherweise eine Aufwölbung angenommen werden. Das Reflexionsmuster der in größerer Tiefe gelegenen Synklinale kann so dominieren, daß begleitende Antiklinalen im unmigrierten Profil stark unterdrückt werden.

Nicht jede Mulde im Untergrund muß zu einem Fokussierungspunkt führen. Es gibt auch ein Verhältnis von Wellenfrontradius zu Hauptkrümmungsradius, das einen Defokussierungseffekt hervorruft (Hilterman, 1975).

Eine wichtige Rolle spielen auch hier Diffraktionserscheinungen, die von den an den Flanken gelegenen Bereichen maximaler Krümmung ausgehen. Das Zusammenspiel von Reflexionen und Beugungswellen ergibt ein typisches Muster, welches das Erkennen einer Synklinale im Zeitprofil gestattet.

9.6.4. Brüche

Das einfachste geologische Modell ist der Bruch mit senkrecht stehender Bruchfläche. Im seismischen Bild ist eine solche scharfe Diskontinuität oft nicht zu erkennen, weil sie durch Beugungswellen maskiert wird. Diese gehen — wie erstmals durch Krey (1952) nachgewiesen — von der Kante der Hoch- und der Tiefscholle aus und lassen sich über längere Strecken verfolgen. Vor allem für den Reflexionshorizont der Hochscholle werden bei schematischer Auswertung eine längere Erstreckung und außerdem eine Änderung des Einfallens durch die zunehmenden Laufzeiten der Beugungswellen vorgetäuscht. Wegen des Vortäuschens einer geschlossenen Struktur — auch auf Grund der Amplituden — ist das Erkennen dieses Zusammenhanges besonders wichtig. Durch die Festlegung des Scheitels der *Diffraktionshyperbel* kann die genaue Lage der Bruchkante angegeben werden. Dabei ist zu berücksichtigen, daß sich die Diffraktionshyperbel in beide Richtungen, also auf die Seite der Tief- und der Hochscholle, erstrecken kann (Abb. 9.21). Zusätzlich findet eine Phasenänderung statt, die aber als Kriterium für das Festlegen der Bruchkante nur bei genügend klarem Charakter der Wellen dienen kann.

Reale Schichtverbiegungen im Gefolge des Bruchs können Komplikationen bei der Auswertung verursachen. Bei flacher einfallenden Brüchen werden auch Reflexionen von der Bruchfläche selbst beobachtet. Ein weiteres Kriterium kann das Auftreten einer „Schattenzone" im Bereich unter der Bruchfläche sein, in der Reflexionen stark geschwächt oder gänzlich ausgelöscht sind.

Im Zusammenhang mit Brüchen können auch *reflektierte Refraktionseinsätze* auftreten, die sich im Prinzip auf Grund ihrer Laufzeitbeziehungen identifizieren lassen. Oftmals bilden sie jedoch ein störendes Element bei der Auswertung, da sie durch Interferenz mit Reflexions- und Beugungswellen deren Charakter ändern.

9.7. Geologische Modellierung reflexionsseismischer Ergebnisse

Das *Modelling* — die Berechnung und Erstellung reflexionsseismischer Modelle — hat sich als eine äußerst leistungsfähige Methode der Interpretation besonders bei komplexen geologischen Strukturen erwiesen. Grundsätzlich sind zwei Möglichkeiten gegeben:

— Es wird ein vorgegebenes Tiefenprofil in seinen wesentlichen Parametern (Mächtigkeiten, Geschwindigkeiten, Amplituden) so lange variiert, bis es mit dem gemessenen Zeitprofil möglichst genau übereinstimmt. Dies ist die direkte Modellierung.

– Bei der inversen Modellierung wird ein physikalisches Modell auf Grund der beim Processing gewonnenen Daten aufgestellt, das alle auftretenden Phänomene erklären soll.

Nach der gesuchten Aussage kann eine *strukturelle Modellierung* mit dem Ziel der Aufklärung einer geologischen Struktur von einer *stratigraphisch-lithologischen Modellierung* unterschieden werden, bei der auch über Formationsinhalte Informationen erbracht werden sollen.

Die mathematische Grundlage bildet die elastische Wellengleichung, deren Anwendung für die Auswertungspraxis durch die von CLAERBOUT erarbeiteten Modifikationen nachhaltig gefördert wurde.

Einen guten Überblick über die verwendeten Rechenverfahren und deren Vor- und Nachteile gibt RISTOW (1978) (Abb. 9.20).

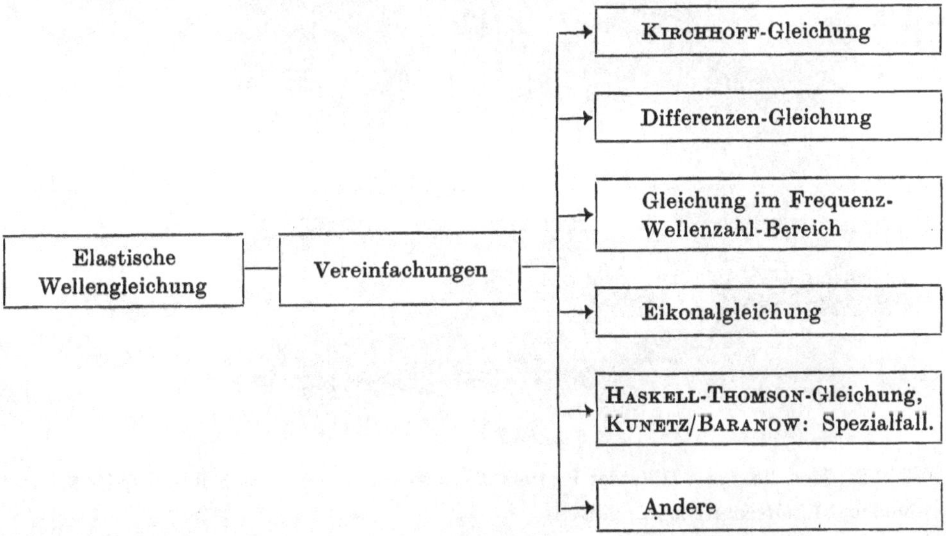

Abb. 9.20. Ausgangsgleichungen für das Modelling (nach RISTOW, 1978)

Das KIRCHHOFFsche Verfahren ist relativ einfach und als inverses Migrationsverfahren auf der Basis des HUYGENSschen Prinzips zu betrachten. Jeder Punkt des Reflektors erzeugt eine symmetrische Hyperbel, deren Einhüllende konstruiert wird. Es werden also Beugungswellen, nicht aber die Brechung berücksichtigt. Letzteres ist ein Nachteil der Differenzengleichung, deren Anwendung bei größeren Neigungswinkeln problematisch ist (Abb. 9.21). Größere Neigungen werden über die Gleichung im Frequenz-Wellenzahl-Bereich (f-k-Methode) gut wiedergegeben.

Als besonders vorteilhaft hat sich das auf der Eikonalgleichung beruhende Verfahren des "Ray-Tracing" erwiesen. Man gelangt nicht nur rasch zu Lösungen, sondern kann auch komplizierte geologische Strukturen mit stei-

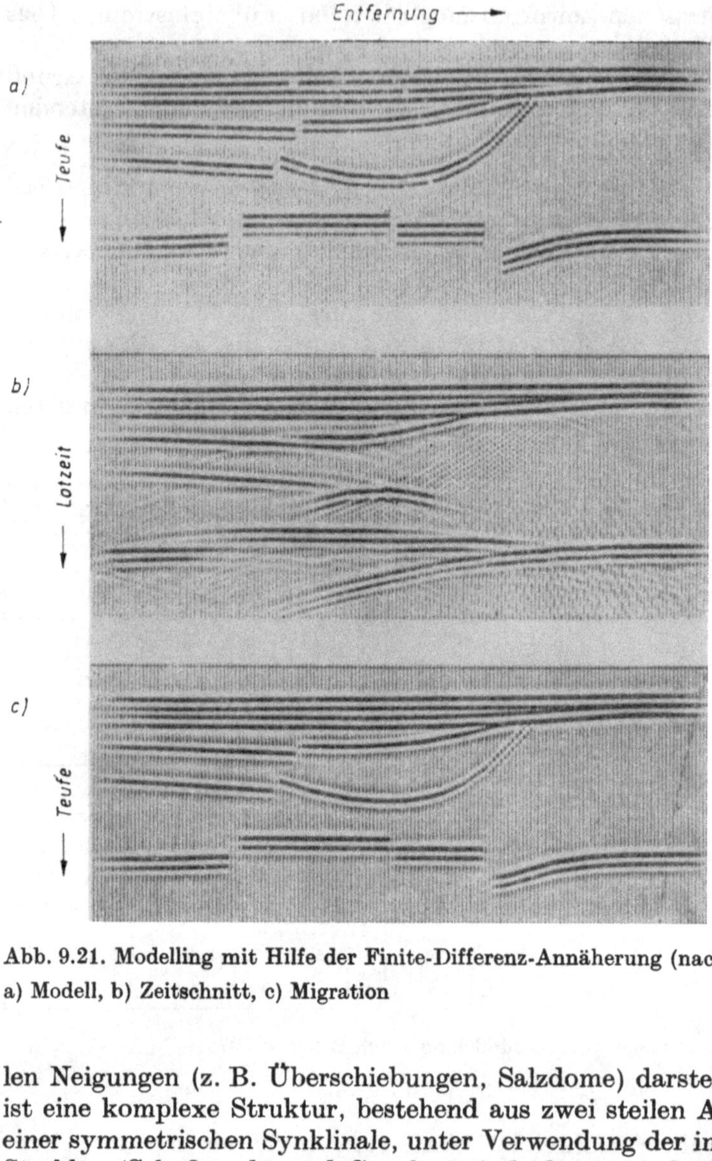

Abb. 9.21. Modelling mit Hilfe der Finite-Differenz-Annäherung (nach RISTOW, 1978)
a) Modell, b) Zeitschnitt, c) Migration

len Neigungen (z. B. Überschiebungen, Salzdome) darstellen. In Abb. 9.22 ist eine komplexe Struktur, bestehend aus zwei steilen Aufwölbungen und einer symmetrischen Synklinale, unter Verwendung der in sich reflektierten Strahlen (Schußpunkt und Geophon sind identisch) dargestellt. Es zeigen sich die von Synklinalen her bekannten Muster in den Laufzeitkurven (RISTOW, 1978).

Ein anderer geometrischer Typ ist die Diskordanz, die als Kombination von Schichten und Keilen unterschiedlicher Geschwindigkeit aufgefaßt

Abb. 9.22. Modelling nach der Eikonalgleichung (Ray-Tracing) (nach RISTOW, 1978)
a) Strahlenverlauf bei identischem Schußpunkt und Geophonpunkt,
b) Reflexionslaufzeitkurven

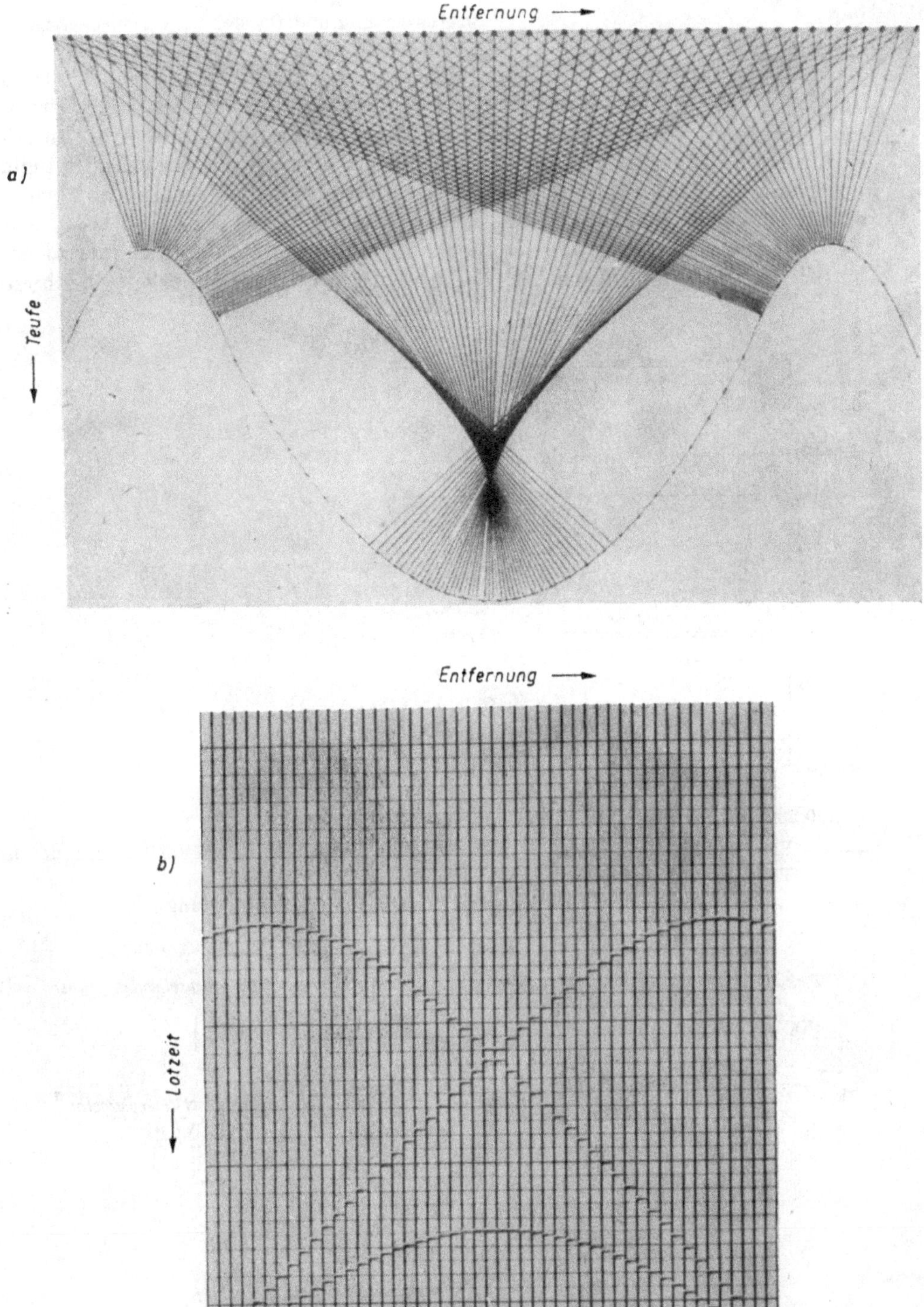
Entfernung →
a)
Teufe
Entfernung →
b)
Lotzeit

werden kann (Abb. 9.23). Beachtenswert sind nach TANER et al. (1970) die Unterschiede in der Dichte der auftauchenden, in sich reflektierten Strahlen, die zu Unterbrechungen der Reflexionshorizonte und Amplitudenänderungen führen. Durch die abrupten Geschwindigkeitsänderungen unterhalb der Diskordanzfläche werden die tieferen Reflektoren nur bruchstückhaft wiedergegeben.

Den vorläufigen Höhepunkt dieser Entwicklung bildet das interaktive Modellieren, das allerdings das Vorhandensein eines Hochleistungsrechners

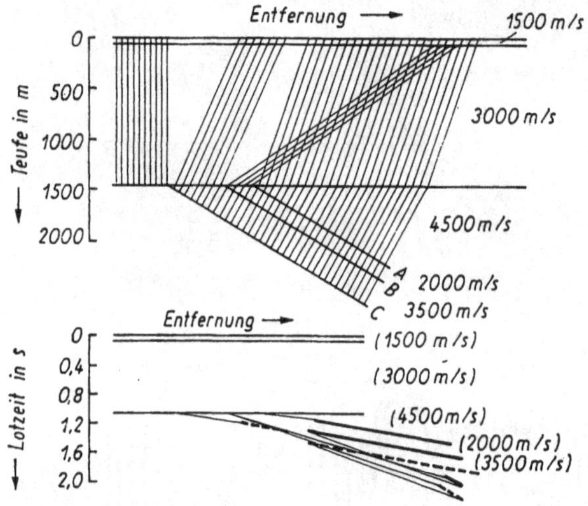

Abb. 9.23. Modellierung einer Diskordanz (nach TANER et al., 1970)
——— Erstreckung der Reflexionen *A*, *B*, *C* bei Stapelung unter Verwendung der im
– – – Tiefenprofil angegebenen Punktanordnung,
——— Reflexionserstreckung bei vollständiger Oberflächenüberdeckung

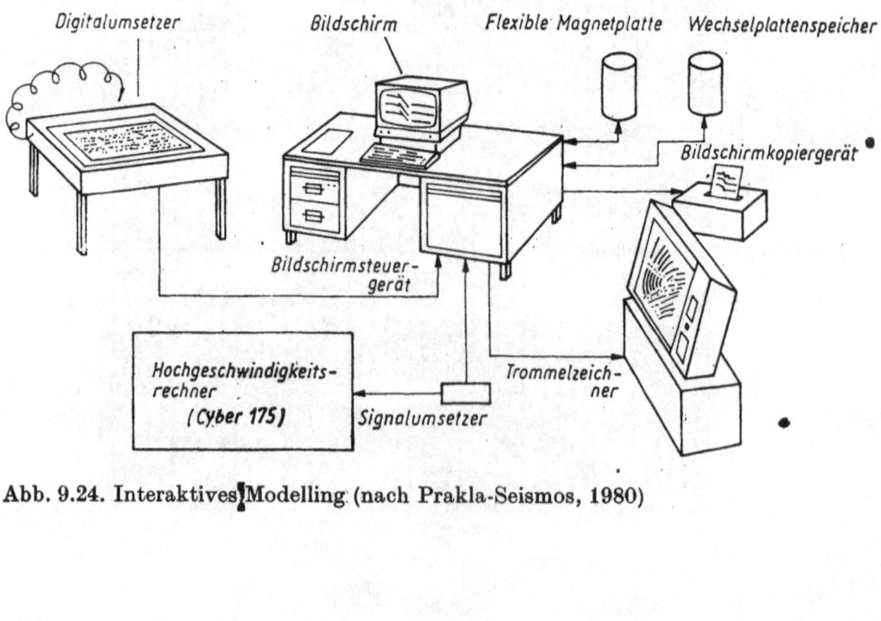

Abb. 9.24. Interaktives Modelling (nach Prakla-Seismos, 1980)

voraussetzt. Das Wesen dieser Technik besteht darin, daß reflexionsseismische Felddaten mit einem theoretischen Modell verglichen werden. Die Übereinstimmung wird auf dem Bildschirm betrachtet und das Modell bei Vorhandensein von Diskrepanzen entsprechend abgeändert. Auf Abb. 9.24 ist die technische Konfiguration für ein interaktives Modelling IAMP (Interactive Asymptotic Modelling Package) der Prakla-Seismos dargestellt. Im Prinzip handelt es sich um asymptotische Lösungen der elastischen Wellengleichung, die für unendliche Potenzreihen entwickelt wurden. Hierbei werden die Laufzeiten, Amplituden und Phasencharakteristik der seismischen Wellen (Kompressions-, Scher- und Wechselwellen) berechnet. Diese Berechnungen können sowohl für Zero-offset, wie beim Ray-Tracing-Verfahren beschrieben, als auch für Geophonaufstellungen üblicher Länge durchgeführt werden. In beiden Fällen können Laufzeitprofile, Strahlendiagramme und vor allem die Stapelgeschwindigkeiten sowie Amplitudenverteilungen dargestellt werden. Das Beispiel eines Salzstocks in Dänemark von SCHNEIDER (1981) läßt erkennen, welche Verbesserungen im Auflösungsvermögen beim interaktiven Modelling erreichbar sind (Abb. 9.25).

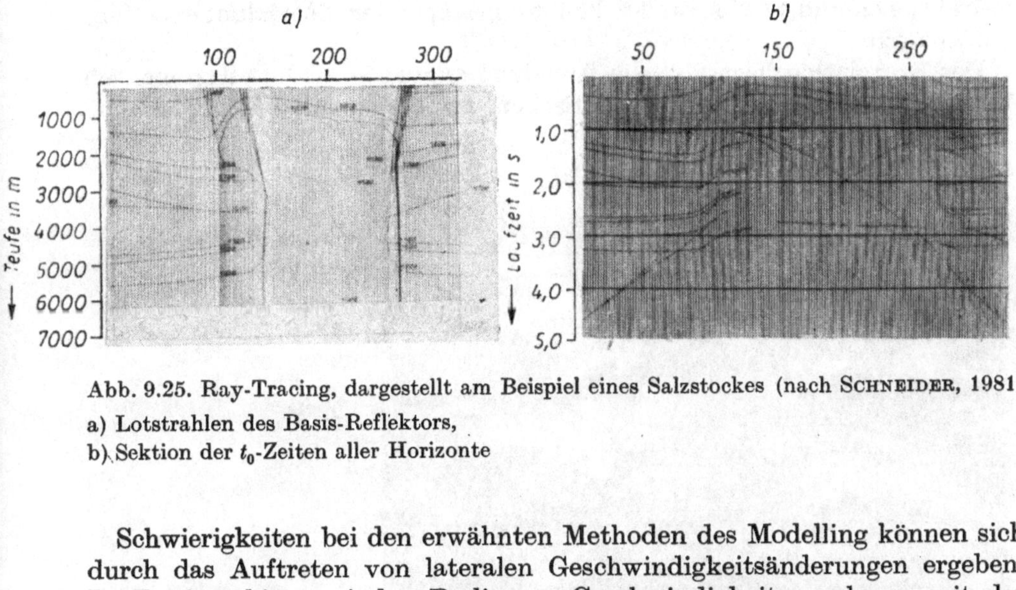

Abb. 9.25. Ray-Tracing, dargestellt am Beispiel eines Salzstockes (nach SCHNEIDER, 1981)
a) Lotstrahlen des Basis-Reflektors,
b) Sektion der t_0-Zeiten aller Horizonte

Schwierigkeiten bei den erwähnten Methoden des Modelling können sich durch das Auftreten von lateralen Geschwindigkeitsänderungen ergeben. In Tertiärgebieten sind z. B. lineare Geschwindigkeitszunahmen mit der Tiefe häufig, die sich auch lateral, etwa in Richtung zunehmender Sedimentmächtigkeit, graduell ändern. Diese Einflüsse müsssen durch Tiefenkorrekturen berücksichtigt werden.

9.7.1. Kriterien für das Erkennen von Reflexionen

Auf einem Originalseismogramm wird eine Reflexion durch eines oder mehrere der folgenden Kriterien angesprochen; es sind dies das Laufzeitverhalten, die Amplitude, die Phase, der Schwingungscharakter oder die Signalform.

Die gegenüber dem Störpegel erhöhte *Amplitude* und der In-Phase-Verlauf einer Reflexion sind die hervorstechendsten Merkmale. Da die Amplitude von Oberflächeneinflüssen und von der Verstärkung bei der Aufnahme abhängt, kommt der *Gleichphasigkeit* eine gleichrangige Bedeutung zu. Das *Laufzeitverhalten* dient als Kriterium, weil sich bei einer Reflexion die entsprechenden Einsatzzeiten zu einer Hyperbel zusammensetzen. Allerdings kann der Hyperbelverlauf durch Topographie und Verwitterungseinflüsse beträchtlich gestört sein. Die *Signalform* ist deshalb bedeutungsvoll, da Reflexionen oft aus zwei bis vier charakteristischen Wellenbergen und -tälern bestehen und somit als „Leithorizont" leicht erkennbar sind.

Das Ansprechen und Verfolgen einer Reflexion wird als *Korrelation* bezeichnet. Bei einem Zeitprofil erfolgt die Korrelation auf dieselbe Weise wie beim Einzelseismogramm. Da die aus der Mehrfachüberdeckung resultierenden korrigierten Lotzeiten der Reflexionspunkte dargestellt sind, entfällt das Kriterium der Hyperbelform. Es wird zunächst unter Berücksichtigung der anderen genannten Merkmale jedes kohärente Signal als Reflexion angesprochen und am Profil korreliert. Die Unterscheidung der dominierenden Primärreflexionen von Multiplen, Beugungswellen, reflektierten Refraktionen und Wechselwellen bleibt einer späteren Spezialuntersuchung vorbehalten.

Der Korrelation liegt also die Annahme zugrunde, daß Reflexionen als Folge von Änderungen der akustischen Impedanz im Untergrund mit

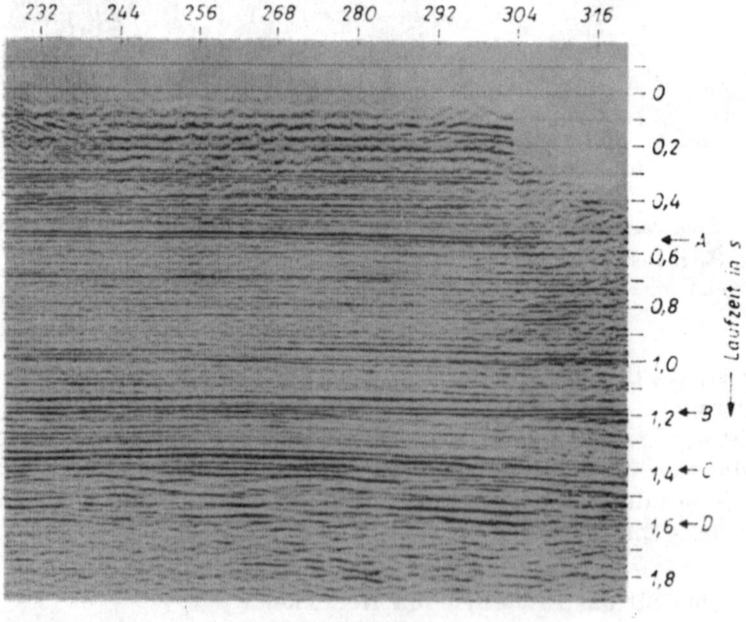

Abb. 9.26. Zeitprofil in kombinierter VAR-Darstellung aus der Molassezone (nach Prakla-Seismos, 1983)
A, B, C, D — Leithorizonte
A — Basis Miozän, *B* — Basis Tertiär, *C* — Top Jura, *D* — Top Kristallin

Schichten innerhalb der sedimentären Abfolge im Zusammenhang stehen und deren Verlauf angeben. Das Aussetzen einer Reflexion muß demnach eine sedimentäre oder tektonische Ursache haben. Falls jedoch eine oder mehrere Reflexionen aus Gründen, die z. B. in der Verwitterungsschicht liegen, abgeschwächt werden oder aussetzen, so kann deren Verlauf durch Charakterkorrelation weiter verfolgt werden. Diese Analyse des Reflexionscharakters spielt auch eine wichtige Rolle bei Lithofazies-Studien und bei der Untersuchung des Formationsinhalts.

Besonderes Augenmerk ist auf die Korrelation jener Reflexionen zu legen, die als *seismische Leithorizonte* in der Regel auch geologisch-lithologisch besonders wichtig sind und daher z. B. in Form von Sturkturkarten weiter bearbeitet werden sollen.

Abb. 9.26 ist ein mit 48facher Überdeckung aufgenommener Profilausschnitt aus der Molassezone von Oberösterreich, der mehrere charakteristische Leithorizonte erkennen läßt: Horizont *A* liegt an der Miozänbasis, *B* entspricht der Tertiärbasis, *C* der Oberkante des Malm und *D* der Kristallinoberkante. Mit Abnahme des Überdeckungsgrades am rechten Rand des Zeitschnittes nimmt – vor allem in den höheren Horizonten – die Reflexionsqualität ab.

9.7.2. Kontrolle des Datenmaterials

Bereits während der Auswertung der Zeitprofile ist deren Übereinstimmung an den Kreuzungspunkten zu kontrollieren. Dieses Zusammenpassen muß sowohl hinsichtlich der Laufzeit der Reflexionen als auch bezüglich der Phase bzw. Polarität gegeben sein. Ursachen für auftretende Differenzen können sein:

- Fehler in der Ermittlung der statischen Korrekturen,
- unterschiedliche Aufnahmegeometrie zweier Profile,
- verschiedene Datenverarbeitungsverfahren, wie etwa verschiedene Filterung,
- unterschiedliche Stapelgeschwindigkeiten,
- bei unmigrierten Profilen der Einfluß der Schichtneigung.

Differenzen ergeben sich auch, wenn Daten verschiedener Meßverfahren, wie Sprengseismik und Vibroseis, gemeinsam bearbeitet werden.

Die Kontrolle der Polarität ist bei der Auswertung von Profilen verschiedener Meßperioden wichtig, besonders nach einem Wechsel der Aufnahmeapparatur.

In jedem Fall sind beim Auftreten besagter Nichtübereinstimmungen über eine gewisse Toleranzgrenze hinaus alle Angaben über die Aufnahme im Feld und die Datenverarbeitung zu überprüfen und zu korrigieren.

Ein Fehler in der Korrelation von Profilen entsteht auch durch das Nichterkennen von Brüchen, vor allem solcher mit geringer Sprunghöhe, die bei einem Reflexionsband nur in der Größenordnung einer Phase liegen.

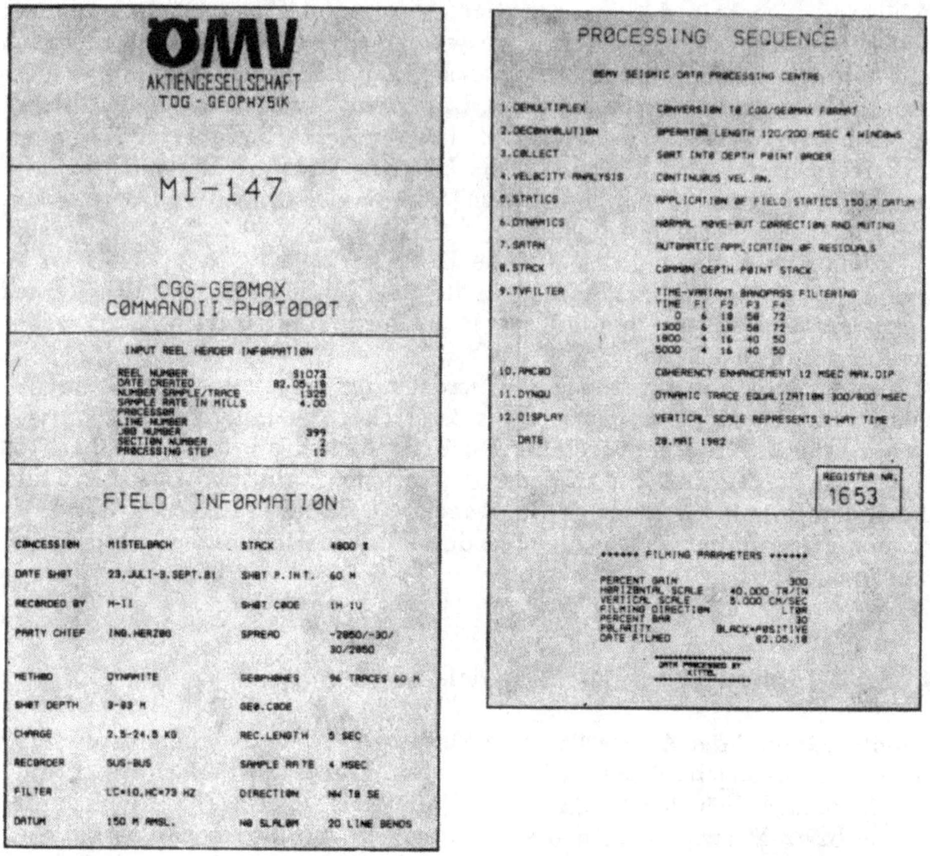

ÖMV
AKTIENGESELLSCHAFT
TOG - GEOPHYSIK

MI-147

CGG-GEØMAX
CØMMANDII-PHØTØDØT

INPUT REEL HEADER INFØRMATIØN

REEL NUMBER	S1073
DATE CREATED	82.05.18
NUMBER SAMPLE/TRACE	1325
SAMPLE RATE IN MILLS	4.00
PRØCESSØR	
LINE NUMBER	
JØB NUMBER	399
SECTIØN NUMBER	2
PRØCESSING STEP	12

FIELD INFØRMATIØN

CØNCESSIØN	MISTELBACH	STACK	4800 %
DATE SHØT	23.JULI-3.SEPT.81	SHØT P.INT.	60 M
RECØRDED BY	M-II	SHØT CØDE	1M 1U
PARTY CHIEF	ING.HERZØG	SPREAD	-2050/-30/ 30/2050
METHØD	DYNAMITE	GEØPHØNES	96 TRACES 60 M
SHØT DEPTH	3-83 M	GEØ.CØDE	
CHARGE	2.5-24.5 KG	REC.LENGTH	5 SEC
RECØRDER	SUS-BUS	SAMPLE RATE	4 MSEC
FILTER	LC=10,HC=73 HZ	DIRECTIØN	NW TØ SE
DATUM	150 M AMSL.	NØ SLALØM	20 LINE BENDS

PRØCESSING SEQUENCE

ØEMV SEISMIC DATA PRØCESSING CENTRE

1.DEMULTIPLEX	CØNVERSIØN TØ CGG/GEØMAX FØRMAT
2.DECØNVØLUTIØN	ØPERATØR LENGTH 120/200 MSEC 4 WINDØWS
3.CØLLECT	SØRT INTØ DEPTH PØINT ØRDER
4.VELØCITY ANALYSIS	CØNTINUØUS VEL.AN.
5.STATICS	APPLICATIØN ØF FIELD STATICS 150.M DATUM
6.DYNAMICS	NØRMAL MØVE-ØUT CØRRECTIØN AND MUTING
7.SATAN	AUTØMATIC APPLICATIØN ØF RESIDUALS
8.STACK	CØMMØN DEPTH PØINT STACK
9.TVFILTER	TIME-VARIANT BANDPASS FILTERING
10.AMCØD	CØHERENCY ENHANCEMENT 12 MSEC MAX.DIP
11.DYNQU	DYNAMIC TRACE EQUALIZATIØN 300/800 MSEC
12.DISPLAY	VERTICAL SCALE REPRESENTS 2-WAY TIME
DATE	28.MAI 1982

TIME	F1	F2	F3	F4
0	6	18	58	72
1300	6	18	58	72
1800	4	16	40	50
5000	4	16	40	50

REGISTER NR.
1653

****** FILMING PARAMETERS ******

PERCENT GAIN	300
HØRIZØNTAL SCALE	40.000 TR/IN
VERTICAL SCALE	5.000 CM/SEC
FILMING DIRECTIØN	LTØR
PERCENT BAR	30
PØLARITY	BLACK=PØSITIVE
DATE FILMED	82.05.18

DATA PRØCESSED BY
KITTEL

Abb. 9.27. Datenangaben eines reflexionsseismischen Profils (nach ÖMV-AG, 1982)

Als Ergebnis dieser Überprüfung, deren Resultate auf einer Arbeitskarte mit der Lage der Profile laufend vermerkt werden, liegt ein Datenblock vor, der die Grundlage für die weiterführende Interpretation bildet.

9.7.3. Zeit- und Tiefenprofile

Zeitprofile werden vom Rechenzentrum wahlweise in verschiedenen Schriftarten angefertigt (s. Kap. 8.4.). Unabhängig von der Darstellungsform hat jedes Profil am Kopf eine Zusammenstellung aller wesentlichen Angaben über die Aufnahme im Feld und die spätere Datenverarbeitung zu enthalten (Abb. 9.27).

Ein vorläufiges Tiefenprofil kann am einfachsten hergestellt werden, indem neben dem linearen Zeitmaßstab ein Tiefenmaßstab angebracht wird. Bei der rechnergestützten Auswertung können die digitalisierten Laufzeitdaten unter Verwendung der vorhandenen Geschwindigkeitsinformation (s. Kap. 6.6.) in Tiefenprofile umgewandelt und so gezeichnet werden, daß auch die Reflexionsqualität dargestellt wird. Zeit- und Tiefenprofile sind auf ein gemeinsames Bezugsniveau berechnet, dessen Lage in einem größeren Meßgebiet konstant ist.

9.7.4. Kartendarstellung

Die Darstellung der Laufzeiten und Tiefen von bestimmten Horizonten in Form von Karten hat den Zweck, ein räumliches Bild von den geologischen Verhältnissen des Untergrundes anstelle des flächenhaften Profilschnitts zu geben. Bei größeren Datenmengen und zahlreichen auszuwertenden Horizonten ist die EDV-Bearbeitung zweckmäßig, für die ausgereifte Software-Pakete vorhanden sind.

Als Zwischenergebnis steht in jedem Fall eine Karte mit dem Ausdruck der Lotzeiten oder Tiefen an den Schußpunkten bzw. Geophonpunkten zur Verfügung. Die Entscheidung, ob die Linienführung maschinell oder manuell erfolgen soll, hängt von der Struktur des Meßgebietes ab. Bei komplexem Bau oder Vorhandensein von Brüchen ist die manuelle Konstruktion vorzuziehen. Hierbei sind nach Möglichkeit alle geologischen Erfahrungen, z. B. über bevorzugte Streichrichtungen von Strukturelementen, einzubinden. Der Entwurf einer Lotzeitkarte sollte unbedingt auch bei nachfolgender Konstruktion einer Tiefenkarte erfolgen, da auf der Lotzeitkarte ein direkter Bezug zu den Originaldaten gegeben ist und Ergänzungen leicht angebracht werden können.

Der erste Schritt vor dem Zeichnen von Isolinien ist die Übertragung der Lage der Brüche und deren richtige Verbindung. Hierbei ist oftmals ein Rückgriff auf die Profile erforderlich, um auf Grund vorhandener Merkmale (z. B. Sprunghöhe, Richtung des Einfallens) den Verlauf der Störungen herauszufinden. Sodann empfiehlt es sich, die Lage von Mulden und Hochzonen sowie von bevorzugten Trends bei der Linienführung zu berücksichtigen. Für den weiteren Verlauf kann es keine generellen Richtlinien geben; er hängt vom Bauplan des Gebietes und von der Erfahrung des Interpretierenden ab.

Die Umwandlung der Lotzeit- in Tiefenkarten setzt die Kenntnis der Geschwindigkeitsverhältnisse voraus (s. Kap. 6.6.). Diese können in Form von Isogeschwindigkeitskarten (Durchschnitts-, Intervallgeschwindigkeit) dargestellt werden, wodurch die Berechnung der Tiefenwerte einfach wird. Hierbei ist besonders auf Verträglichkeit mit den Ergebnissen von Tiefbohrungen zu achten, aus denen die dem Reflexionshorizont entsprechende geologische Grenze genau bekannt ist.

Beim Konstruieren der Karten können auch noch Fehler in der Korrelation, z. B. der Horizonte und der Sprunghöhe von Brüchen, die zu geologisch unwahrscheinlichen Lösungen führen, erkannt und durch Wiederauswertung der betreffenden Profilteile korrigiert werden.

Die weitere Bearbeitung von seismischen Daten in Form von Karten erfolgt nach denselben Grundsätzen und Zielen wie die analogen geologischen Karten. Es können also aus den seismischen Leithorizonten — entweder aus den Laufzeiten direkt oder aus den umgerechneten Tiefen — Strukturkarten, Mächtigkeiten, palinspastische Profile und Karten konstruiert werden.

Ziel dieser weiterführenden Auswertung ist die Analyse der geodynamischen Entwicklung des Untersuchungsgebietes über den derzeitigen strukturellen Bau hinaus. Bei der Kohlenwasserstoffprospektion sollte neben dem Aufsuchen von Ölfallen auch deren Zusammenhang mit einer möglichen Migration untersucht werden.

9.7.5. Synthetische Seismogramme

Durch die Technik der synthetischen Seismogramme (vgl. Kap. 7.2.5.) ist es möglich, Daten von Bohrlochmessungen (Soniclog, Dichtelog) mit reflexionsseismischen Aufnahmen zu korrelieren. Synthetische Seismogramme können als Verfahren der Interpretation zur Lösung folgender Fragen verwendet werden:

- Identifizierung derjenigen Horizonte einer Schichtfolge, die Reflexionen verursachen,
- Aussagen über das Auftreten von Mehrfachreflexionen und deren Typ,
- Hilfestellung bei der Datenverarbeitung über deren Wirksamkeit hinsichtlich einzelner Processingschritte (Störwellenunterdrückung, Bandpaßfilterung),
- theoretische Untersuchung der Auswirkung von bestimmten petrophysikalischen Änderungen der Schichtparameter auf das zu erwartende Seismogramm,
- Untersuchungen über das Auflösungsvermögen der reflexionsseismischen Aufnahme, z. B. beim Auskeilen einer Schicht (für die Auffindung stratigraphischer Ölfallen von Interesse).

Beispiele für den Nutzen dieses Verfahrens sind in den Abb. 10.5; 10.13 gegeben.

9.7.6. Vertikales seismisches Profilieren

Das Prinzip der seismischen *Vertikalprofilierung* (VSP = vertical seismic profiling) ist in Kap. 6.3. beschrieben. Abb. 9.28 zeigt schematisch verschiedene Wellenwege, auf denen die Geophonsonde erreicht wird, und das zugehörige vertikale Laufzeitprofil. Beim Vergleich mit einem normalen Laufzeitprofil ist zu beachten, daß das seismische Vertikalprofil nur an eine einzige Spur des an der Erdoberfläche gemessenen Laufzeitprofils direkt anzuschließen ist.

Die Methode des vertikalen seismischen Profilierens ist ein wichtiges Hilfsmittel zur Lösung folgender Problemstellungen, deren Gewichtung von den jeweiligen geologischen Verhältnissen abhängt:

- genaue Identifizierung der Primärreflexionen einschließlich Klärung der lithologischen Verknüpfungen;
- Identifizierung von multiplen Reflexionen und Bestimmung ihres Wellenweges;

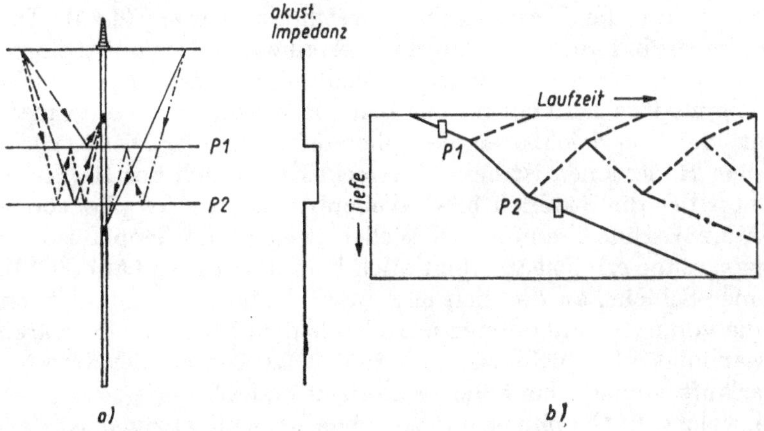

Abb. 9.28. Vertikales seismisches Profilieren beim Dreischichtfall (nach KENNETT, 1980)
a) Strahlenverlauf, b) Laufzeiten

- Aufschluß über die Verhältnisse unterhalb der Endteufe der Bohrung mittels genauerer Aufnahme der Primärreflexionen, als dies von der Erdoberfläche aus möglich ist;
- Studium der Impulsform der Primärwelle und Verwertung der gewonnenen Erkenntnisse bei der Datenverarbeitung von Oberflächenmessungen.

Das seismische Vertikalprofil läßt als ersten Einsatz den der direkten Welle deutlich erkennen (Abb. 9.29). Die Knickpunkte markieren die Geschwindigkeitsgrenzen, wobei die Intervallgeschwindigkeiten nach entspre-

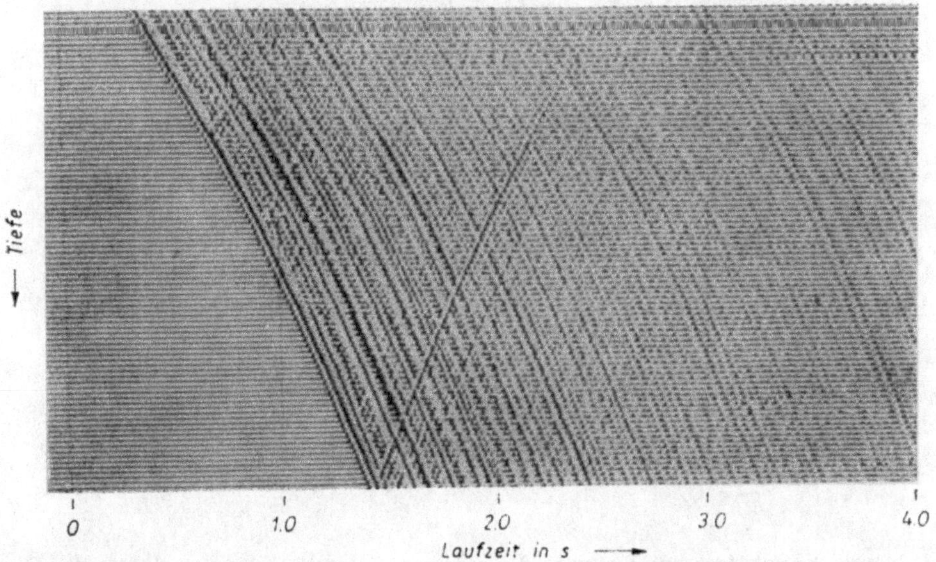

Abb. 9.29. VSP-Aufnahme in einer Tiefbohrung in der Nordsee (nach KENNETT, 1980)

chender Korrektur auf die Vertikalzeiten bestimmt werden (6.20). Die primären Reflexionen sind unschwer daran zu erkennen, daß sie unter einem Winkel in die Laufzeitkurve der direkten Welle einmünden; mit abnehmender Teufe nimmt ihre Laufzeit zu, bis beim Bezugsniveau die normale Zweiweglaufzeit der vergleichbaren Geophonaufstellung erreicht wird. Bei den multiplen Reflexionen ist eine Unterscheidung nach der Richtung erforderlich, unter der die Strahlen bzw. Wellenfronten die Geophonsonde erreichen (Abb. 9.28). Eine Trennung in Wellen, welche die Geophonsonde von oben oder von unten erreichen, erfolgt auch beim Processing (Abb. 9.30). Am Beispiel einer Schicht, an der sich eine interne Multiple ausbildet, ist zu sehen, daß die von unten ankommende Multiple dem Trend der primären Reflexionen zwar folgt, aber nicht wie diese in den Laufzeitast der direkten Welle hineinverläuft, sondern bei höherer Laufzeit endet.

Die Multiple, welche die Geophonsonde von oben erreicht, ist zunächst daran zu erkennen, daß sie mit demselben Trend wie die direkten Einsätze verläuft, jedoch nicht bis zur Oberfläche dringt. Dabei wird der Beginn durch die

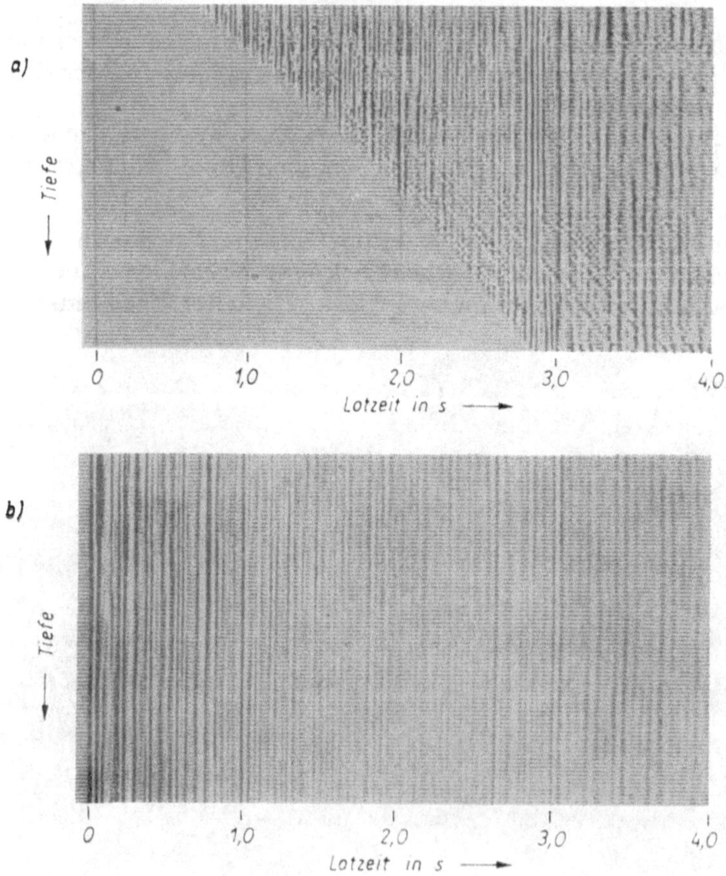

Abb. 9.30. VSP-Aufnahme; Trennung der aufwärts- (a) und abwärtsgerichteten (b) Einsätze (nach KENNETT, 1980)

Lage vom Knick P_1 (Abb. 9.28b) bestimmt. Das Aufhören eines Laufzeitastes im seismischen Vertikalprofil ist also ein Hinweis für das Auftreten einer multiplen Reflexion. Die von unten ankommende Multiple kann erst dann auftreten, wenn sich die Geophonsonde oberhalb der Schichtgrenze P_2 befindet.

Bei der Trennung nach dem Wellenweg und statischer Verschiebung der Ersteinstäze auf konstantes Zeitniveau können bei Messungen auf See die Meeresbodenmultiplen besonders hervorgehoben werden. Es ist auch möglich, einen geneigten Reflektor zu erkennen, der mit zunehmendem Abstand des Geophons vom Reflexionshorizont eine Laufzeitverkürzung bewirkt.

Bei der Indentifizierung von Primärreflexionen können Interferenzen mit Multiplen eine wesentliche Störquelle bilden. Abhilfe kann eine Spike-Dekonvolution (s. Kap. 7.4.4.1.) schaffen; dadurch wird dann auch ein Vergleich mit dem Soniclog der Bohrung möglich. Die Polarität der VSP-Reflexionen zeigt deutlich den Zusammenhang mit der Geschwindigkeitsänderung des betreffenden Intervalls auf dem Soniclog.

Eine für die Praxis wichtige Aufgabe des VSP besteht in der Vorhersage der akustischen Impedanz und der daraus abgeleiteten geologisch-technischen Gegebenheiten in Teufen unterhalb der Endteufe der Bohrung. Dies erfolgt durch Extrapolation des aus Sonic- und Dichtelog berechneten Impedanzlogs unter Zugrundelegung von Laufzeit, Polarität und Amplitude der Reflexionen des VSP. Da die VSP-Messung näher an die Zielhorizonte heranführt, ist die Methode erfahrungsgemäß auch dort erfolgreich, wo die Oberflächenseismik keine auswertbaren Ergebnisse lieferte; nach Kennett (1980), Geutebrück et al. (1984) gilt dies für Entfernungen von mehr als 1500 m unterhalb der Bohrlochsohle (Abb. 9.31). Diese Aussagen beziehen

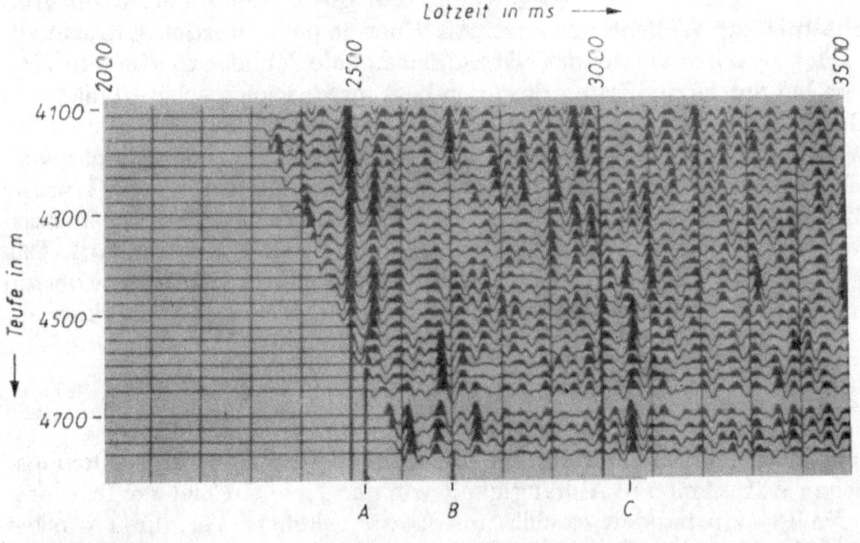

Abb. 9.31. VSP-Aufnahme mit Reflexionen unterhalb der Bohrlochsohle (nach Geutebrück et al., 1984)

A, B, C — Seismische Leithorizonte

sich auf die Lage des Beckenuntergrundes, potentielle Speicher und andere lithologisch wichtige Elemente sowie Hochdruckzonen.

Das seismische Processing von Oberflächenmessungen zieht aus dem VSP insofern Nutzen, als sich aus dem sich nach unten fortpflanzenden seismischen Signal Dekonvolutionsoperatoren berechnen lassen.

Ein umfassender Überblick über das VSP-Verfahren wird bei Gal'perin (1971), Lash (1980), Kennett (1980) gegeben; die damit verbundene Störwellenproblematik behandelt Hardage (1981); Fragen der Dämpfung, Interferenz und des Auflösungsvermögens werden von Hauge (1981), Spencer et al. (1982) bearbeitet.

Eine dem heutigen Wissensstand entsprechende Darstellung über das vertikale seismische Profilieren erfolgte 1983 im "Handbook of Geophysical Exploration" (Herausgeber: Helbig und Treitel), wobei im Band A von Hardage eine generelle Einführung in alle Problemkreise gegeben wird, während im Band B (Toksöz und Stewart) der Schwerpunkt auf der Theorie und Interpretation liegt.

9.7.7. Modellexperimente

Seismische Modellexperimente haben eine lange Tradition zur Darstellung geologischer Strukturen in zwei- oder dreidimensionaler Form und der dabei auftretenden Laufzeit-Amplituden- und Phasenverhältnisse. Allerdings müssen eine Reihe von vereinfachenden Annahmen, z. B. hinsichtlich der Reflexionskoeffizienten, gemacht werden. Die Modelle bestehen aus Kunststoff oder Metall, also Materialien mit wohl definierten elastischen Eigenschaften. Der Maßstab wird so gewählt, daß die Modelldimensionen groß im Verhältnis zur Wellenlänge sind. Als Energiequelle werden Ultraschallsender oder Sparker verwendet. Dreidimensionale Modellexperimente sind vor allem bei der Modellierung räumlich begrenzter geologischer Strukturen vorteilhaft. Hilterman (1970) konnte z. B. zeigen, daß hierbei auch Beugungswellen auftreten, die durch die klassische Strahlentheorie nicht vorhergesagt werden konnten und daher oftmals nur als seismische Unruhe betrachtet wurden. Dieser zweite Typ von Beugungswellen weist nach oben konkav gekrümmte Flächen und keine scharfen Einsätze auf. Das Modell eines Riffs (Abb. 9.32) läßt die Unterschiede in den diffraktierten Einsätzen zwischen dem berechneten und dem gemessenen Modell erkennen.

9.7.7.1. Impedanzlog

Seit langem ist die Bestimmung der akustischen Impedanz aus reflexionsseismischen Aufnahmen in Abhängigkeit von der Tiefe ein Ziel der Interpretation. Im Prinzip handelt es sich um das umgekehrte Verfahren wie bei der Erarbeitung synthetischer Seismogramme. Vorausgesetzt wird senkrechtes Einfallen der Wellenfront bei horizontaler Schichtung des Untergrundes. Zusätzlich müssen die Multiplen eliminiert und die wahren Ampli-

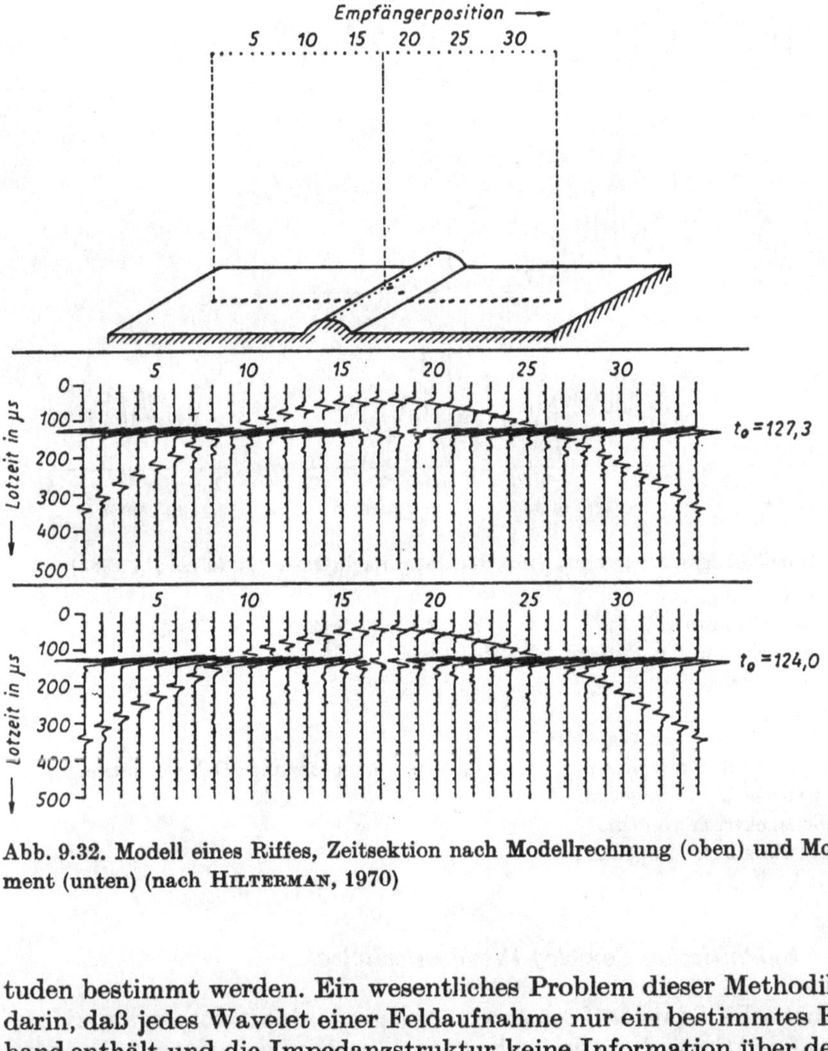

Abb. 9.32. Modell eines Riffes, Zeitsektion nach Modellrechnung (oben) und Modellexperiment (unten) (nach HILTERMAN, 1970)

tuden bestimmt werden. Ein wesentliches Problem dieser Methodik besteht darin, daß jedes Wavelet einer Feldaufnahme nur ein bestimmtes Frequenzband enthält und die Impedanzstruktur keine Information über den nieder- und hochfrequenten Anteil liefert.

Die Arbeit von GOPINATH; SOUDHI (1971) behandelt ausführlich die Inversion reflexionsseismischer Daten im Zeitbereich unter eindimensionalem Aspekt. Auf der Basis der Untersuchung von PETERSON et al. (1955) gelangen OLDENBURG et al. (1983) zu dem Ergebnis, daß die Logarithmen der akustischen Impedanz – geschätzt aus Mittelwerten der Reflektivitätsfunktion unter bestimmten Bedingungen (Nullfrequenz) – tatsächlich Mittelwerte der wahren Logarithmen der Impedanz sind. Es werden zwei Methoden entwickelt, mit denen der Verlust der tief- und hochfrequenten Information ausgeglichen wird. Synthetische Beispiele demonstrieren die Verwendbarkeit des Algorithmus (Abb. 9.33).

Ein Näherungsverfahren zur Berechnung der akustischen Impedanz wird von BERTEUSSEN; URSIN (1983) angegeben.

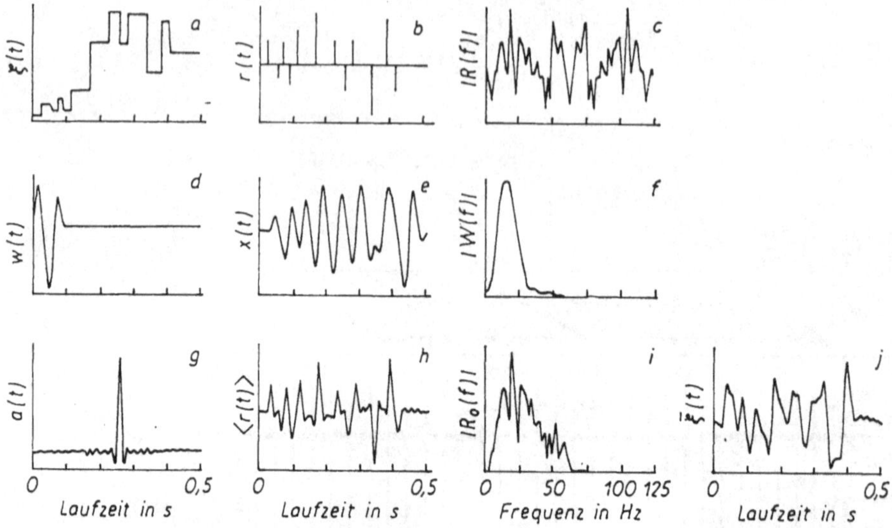

Abb. 9.33. Bearbeitungsschritte eines Impedanzlogs (nach OLDENBURG et. al., 1983)
a) Akustische Impedanz,
b) Reflexionskoeffizienten,
c) Amplitudenspektrum des Reflexionskoeffizienten,
d) seismisches Wavelet,
e) Seismogramm,
f) Amplitudenspektrum des Wavelets,
g) Mittelbildungsfunktion von einer hochfrequenten Abschätzungs-Dekonvolution,
h) das dekonvolvierte Seismogramm,
i) Amplitudenspektrum von (h),
j) berechnete akustische Impedanz

9.7.7.2. *Synthetisches Soniclog-Pseudovelocitylog*

Das synthetische Soniclog-Pseudovelocitylog ist eine Seismogramminversion, die auf der Ermittlung der wahren Amplitude und der Δt-Geschwindigkeiten beruht (LAVERGNE; WILLM, 1977). Im Unterschied zu (Pseudo)-Impedanzlogs müssen bei Pseudogeschwindigkeitslogs Geschwindigkeit und Dichte getrennt berechnet werden. Für eine Schichtfolge, bestehend aus tonigen Sanden, mergeligen Kalken und Mergeln wird folgende Dichte-Geschwindigkeits-Funktion zugrundegelegt:

$$\varrho = 1{,}62 + 0{,}00021\, v\,, \tag{9.43}$$

ϱ – Dichte in g/cm³, v – Longitudinalgeschwindigkeit in m/s.

Farbdarstellungen erleichtern den raschen Überblick über die zu untersuchenden lithologischen Parameter. Der Anschluß an eine Tiefbohrung und der Vergleich mit dem gemessenen Soniclog erweitert die Aussagemöglichkeiten.

Eine Methodik von Lindseth (1972; 1979) „Seislog" beruht auf folgenden Processingschritten:

- Ableitung einer angenäherten Abfolge der Reflexionskoeffizienten für jede seismische Spur,
- Umwandlung der Reflexionskoeffizienten zu bandlimitierten Geschwindigkeitskoeffizienten (Impedanzlogs),
- Anbringung einer Dichtekorrektur mit nachfolgender Anpassung der niederfrequenten Geschwindigkeitskomponenten.

Lindseth verwendet eine empirische Beziehung zwischen Impedanz und Geschwindigkeit:

$$v = 0{,}308\, \varrho v + 1153\,, \tag{9.44}$$

ϱ – Dichte in g/cm³, v – Geschwindigkeit in m/s.
Synthetische Soniclogs sind eine weitere Interpretationshilfe, die es gestattet, lithologische Aussagen zu treffen und z. B. Faziesänderungen zu erkennen (Abb. 9.34).

9.7.8. Amplitudenauswertung

Die Amplitude von Reflexionen wurde bereits frühzeitig in den Auswertungsvorgang der Reflexionsseismik einbezogen (z. B. Gutenberg, 1936). Durch die Einführung der automatischen Verstärkungsregelung (s. Kap.

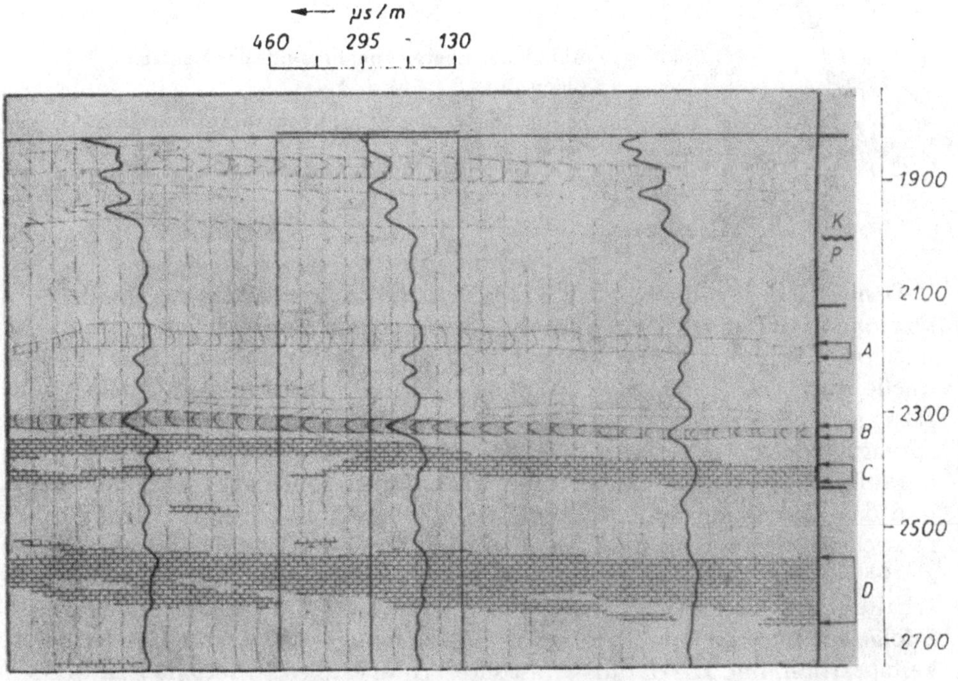

Abb. 9.34. Synthetisches Soniclog (nach Lindseth, 1979)
K – Kreide, *P* – Paläozoikum, *A*, *B*, *C*, *D* – lithologische Einheiten

4.3.2.) verlor diese Betrachtung ihre Bedeutung. Durch die Digitalseismik in Verbindung mit der Verwendung binärer Verstärker (s. Kap. **4.3.3.**) war es möglich, die wahre Amplitude zu erhalten und als Interpretationsparameter zu verwenden. Die damit verbundenen Schwierigkeiten sind jedoch erheblich, was sich schon daraus erkennen läßt, daß die Amplituden einer seismischen Aufnahme in einem Dynamikbereich von ca. 120 dB variieren.

Theoretisch hängt die Amplitude einer Reflexion von den Impedanzen der beteiligten Medien ab (s. Kap. **4.3.**). Zahlreiche andere Faktoren beeinflussen ebenfalls die Amplitude, wie Größe der Sprengladung, seismische Unruhe, Multiple, Absorption, sphärische Wellenausbreitung, Einfallswinkel der Wellen, Interferenzen, Krümmung des Reflektors, Fokussierungseffekte. Um alle diese Parameter auszuschalten und nur den gesuchten Effekt der Reflexionsamplitude einer bestimmten Grenzfläche zu erhalten, ist eine Normierung der registrierten Amplituden erforderlich.

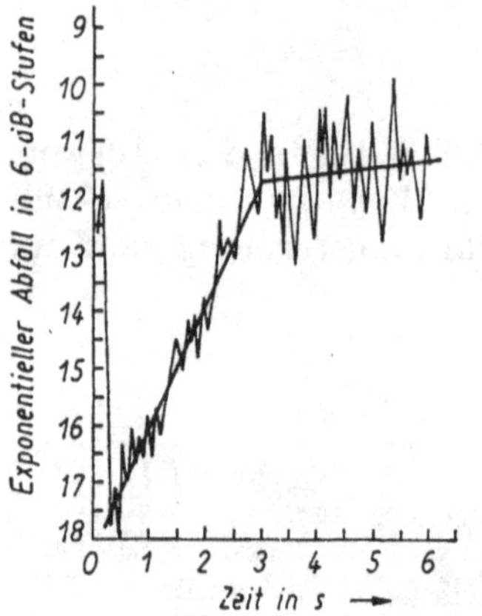

Abb. 9.35. Energieabnahme mit der Laufzeit (nach CRAFT, 1973)
——— Mittel für Spur 22 von 43 Aufnahmen auf einem Profil

Daher sind bereits bei der Feldaufnahme Daten höchster Qualität zu gewinnen, und ein hoher Überdeckungsgrad zur Unterdrückung der seismischen Unruhe und von Multiplen ist erforderlich. Die von der Energiequelle abgestrahlte Energie sollte über das Profil hinweg möglichst konstant sein. Diese Forderung läßt sich am besten in der Seeseismik mittels sprengstoffloser Anregung erfüllen. Bei landseismischen Messungen ist darauf zu achten, daß die Schußpunktkonfiguration möglichst gleich bleibt und das Processing äußerst sorgfältig durchgeführt wird. Weitere Verfahrensschritte betreffen die Dekonvolution, um den hochfrequenten Anteil zu bewahren und den seismischen Impuls möglichst kurzperiodisch zu erhalten. die Berücksichtigung der Dämpfung und der Energieverluste infolge sphärischer Divergenz sowie eine oftmalige und genaue Geschwindigkeitsbestimmung. Die daraus ermittelten Intervallgeschwindigkeiten werden zur Bekräftigung der Reflexionskoeffizienten aus den Amplitudenmessungen verwendet.

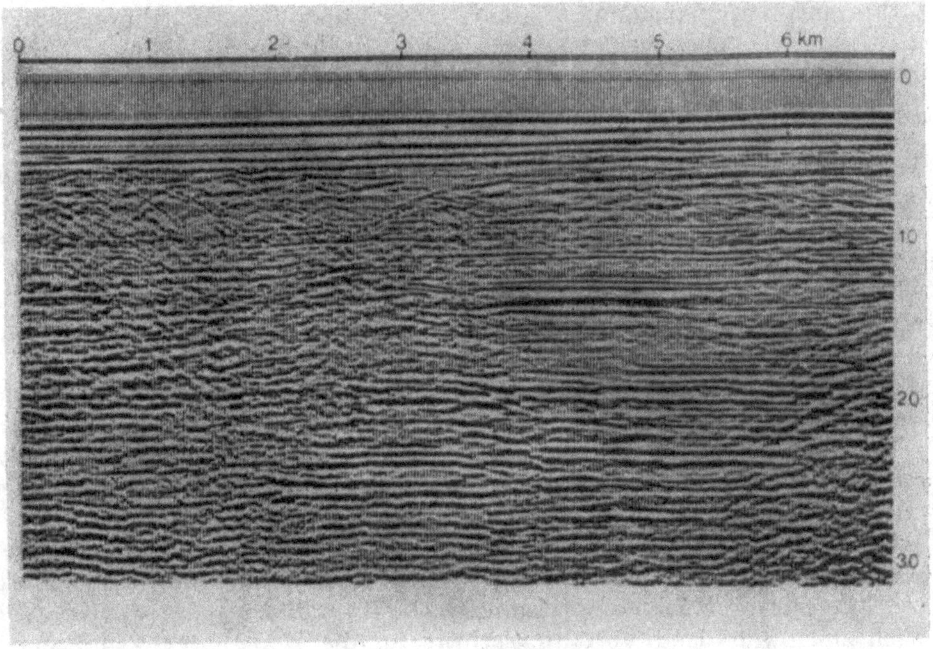

Abb. 9.36a

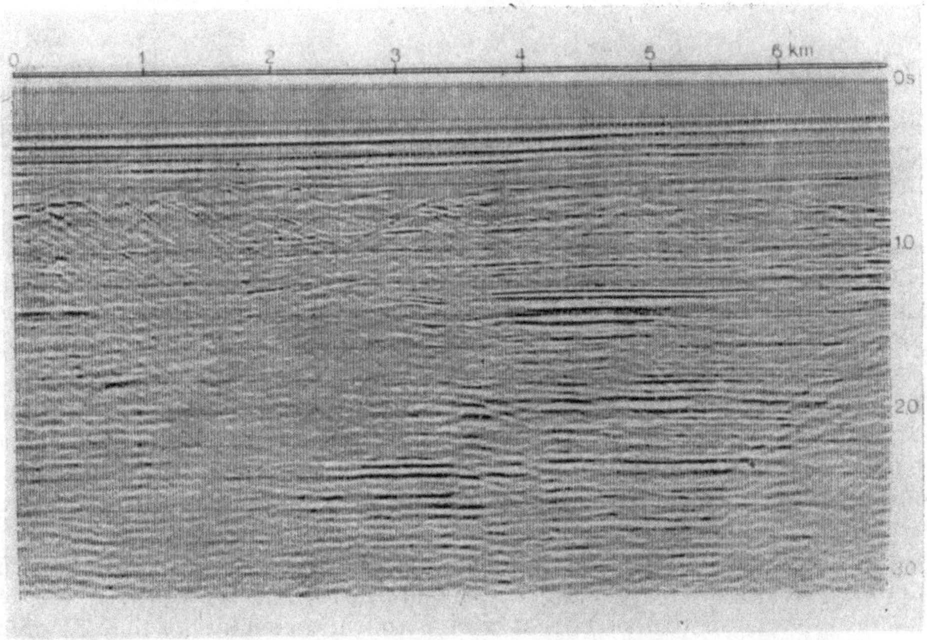

Abb. 9.36b

Abb. 9.36. Amplitudenprofil (nach Körner, 1973)
a) Stapelung mit reduzierten wahren Amplituden,
b) konventionelle Stapelung

Für die Auswertungspraxis ist die Art der Darstellung der wahren Amplituden wichtig; zunächst bietet sich hierfür die Profildarstellung an. Da in normaler Darstellung auf einem Profil nur ein Bruchteil des Dynamikbereichs der Reflexionen sichtbar gemacht werden kann, wird ein Modus mit relativen Amplituden gewählt. Dabei versucht man, auf statistischem Wege über eine größere Anzahl von Spuren eine Kurve der Energieabnahme mit der Laufzeit zu bestimmen. In halblogarithmischer Darstellung ergibt sich eine Gerade, wenn eine logarithmische Energieabnahme als Funktion der Laufzeit vorliegt (Abb. 9.35).

Eine über dieser Mittelkurve liegende Amplitude einer Reflexion charakterisiert sodann bestimmte seismische Leithorizonte. Durch geeignete Wahl des Grundniveaus lassen sich die wichtigsten Reflektoren und deren laterale Änderungen leicht erkennen, und es bleibt bei dieser Darstellungsart auch die Reflexionscharakteristik erhalten (Körner, 1973; Abb. 9.36).

Die Farbdarstellung besitzt gewisse Vorteile, unter anderem auch deshalb, weil sich mehrere Amplitudenniveaus in diesem Profil vereint übersichtlich wiedergeben lassen.

Große Bedeutung hat die beschriebene Technik zur Auswertung der wahren Amplituden („true amplitude recovery") durch ihre Anwendung beim direkten Nachweis von Kohlenwasserstoffen (s. Kap. 10.5.1.) erlangt. Sie stellt auch einen wichtigen Verfahrensschritt für die Herstellung von Pseudoimpedanzlogs dar.

9.7.9. 3D-Seismik

Bei der dreidimensionalen (3D-)Seismik handelt es sich um eine neue Technologie, die eine große Zahl von Daten liefert. Dadurch ergeben sich neue Aspekte für die Interpretation der Ergebnisse, welche die wahren geologischen Verhältnisse besser widerspiegeln als bei der zweidimensionalen Auswertung. Neben einer normalen 3D-Auswertung der Profile in x- und y-Richtung können sie auch für beliebige Richtungen konstruiert werden; dies ist für den Nachweis von Brüchen und anderen tektonischen Elementen aufschlußreich.

Eine neue Interpretationsmöglichkeit stellen die *horizontalen Zeitscheiben* dar, welche die Spur der Reflexionshorizonte in einer Abfolge von wenigen ms abbilden (Abb. 9.37, 9.38). Eine Aufwölbung ist durch eine Erweiterung, eine Mulde durch eine Verengung des betreffenden bogenförmigen Musters mit zunehmender Laufzeit gekennzeichnet. Brüche sind ebenfalls durch abrupte Versetzungen der betroffenen Horizonte unschwer zu erkennen. Farbdarstellungen schaffen zusätzlich bestimmte Vorteile, besonders bei der raschen Erkennung wichtiger Strukturelemente. Ausgewählte Horizonte können durch die Konstruktion von Strukturkarten dargestellt werden; die Veranschaulichung komplizierter geologischer Strukturen wird durch die Herstellung von Blockdiagrammen erleichtert.

Ein wesentlicher Vorteil der 3D-Interpretation besteht auch darin, daß eine bessere Kontrolle des Datenmaterials und die Möglichkeit zur raschen

Korrektur von zweifelhaften Daten gegeben sind; dadurch werden das Auflösungsvermögen und die Genauigkeit der Angaben verbessert.

Die gesamte Interpretation erfolgt interaktiv und eröffnet dem bearbeitenden Geophysiker bisher nicht gekannte Möglichkeiten im schnellen Zugriff auf das Datenmaterial.

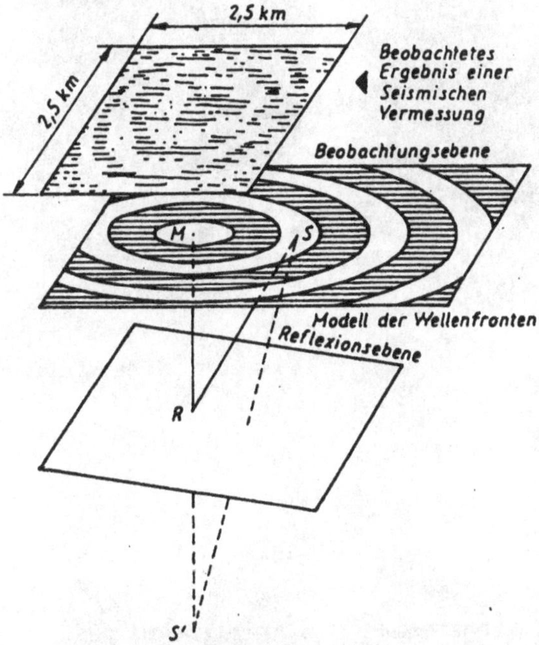

Abb. 9.37. Modell einer flächenhaften seismischen Aufnahme mit Zeitscheiben von einem ebenen, geneigten Horizont (nach DÜRSCHNER, 1981)

S — Schußpunkt, *M* — Mittelpunkt der beobachteten Wellenfronten, *R* — Reflexionspunkt

9.8. Refraktionsseismik

9.8.1. Allgemeines

In der Refraktionsseismik ist neben den physikalischen Grundlagen die Kenntnis der geometrischen Zusammenhänge eine wesentliche Voraussetzung für die Wahl des entsprechenden Auswerteverfahrens und des Auflösungsvermögens der Methode. Wegen der Einfachheit der Darstellung und Ableitung der Zusammenhänge wird meist vom Strahlenkonzept ausgegangen, obwohl allein der zeitliche Verlauf von Wellenfronten gemessen werden kann. Eine unerläßliche Vereinfachung betrifft die Geschwindigkeitsverteilung. Sie führt in der Auswertung zu relativ einfachen Modellen, die entweder aus einer diskreten Anzahl von Schichten mit konstanter Geschwindigkeit bestehen oder eine lineare, seltener parabolische Geschwindigkeitszunahme mit der Tiefe besitzen.

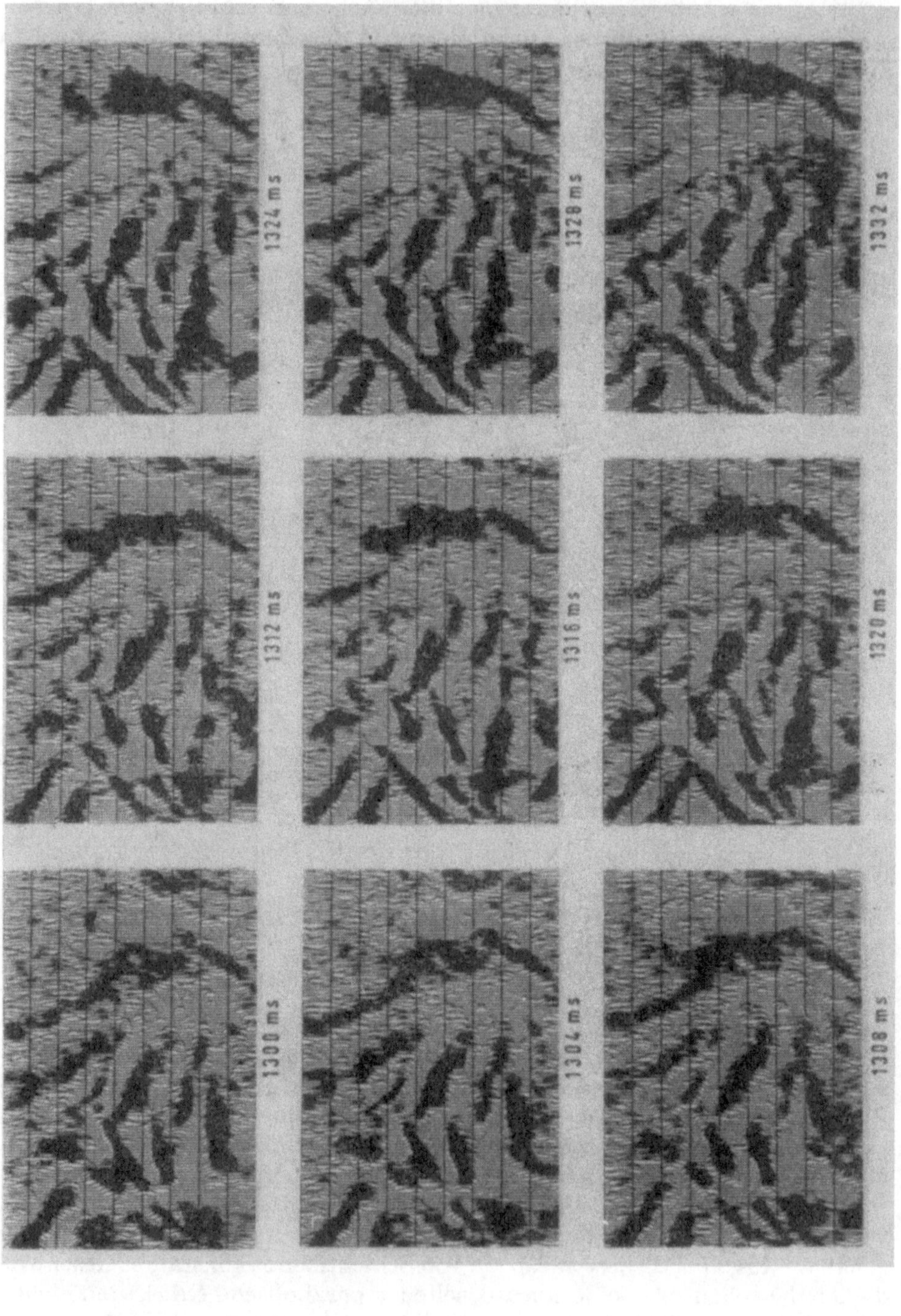

Abb. 9.38. Beispiel von 3D-Zeitscheiben in 4-ms-Intervallen (nach GEUTEBRÜCK et al. 1984)

Dieses vergleichsweise einfache Rüstzeug genügt meist nur bei einfachen geologischen und petrophysikalischen Verhältnissen. Bei komplizierten Verhältnissen (steile Neigungen, unregelmäßige Ausbildung der Refraktoren, laterale Geschwindigkeitsänderungen, elastische Anisotropie) ist mit Mehrdeutigkeiten der angestrebten Lösungen zu rechnen.

Im Gegensatz zur Reflexionsseismik spielt die Datenverarbeitung in der Refraktionsseismik keine so große Rolle. Eine weitergehende Datenverarbeitung ist lediglich bei den Auswertungsmethoden erforderlich, die auch spätere Einsätze einschließlich Wechselwellen sowie Amplitudenauswertungen einbeziehen.

9.8.2. Horizontale Grenzflächen

Beim horizontalen Zweischichtfall erfolgt die Tiefenbestimmung unter Auswertung zweier Parameter der Laufzeitkurve, und zwar der *Interceptzeit* t_1 und der *kritischen Entfernung* x_c (Abb. 9.39). t_1 folgt aus der Laufzeitgleichung

$$t = \frac{x}{v_2} + 2z \frac{\sqrt{v_2^2 - v_1^2}}{v_1 v_2} = \frac{x}{v_2} + \frac{2z}{v_1} \cos i_c \tag{9.45}$$

als der zweite Term

$$t_1 = 2z \frac{\sqrt{v_2^2 - v_1^2}}{v_1 v_2};$$

und daraus

$$z = \frac{t_1}{2} \frac{v_1 v_2}{\sqrt{v_2^2 - v_1^2}}, \tag{9.46}$$

i_c – Winkel der Totalreflexion (kritischer Winkel).

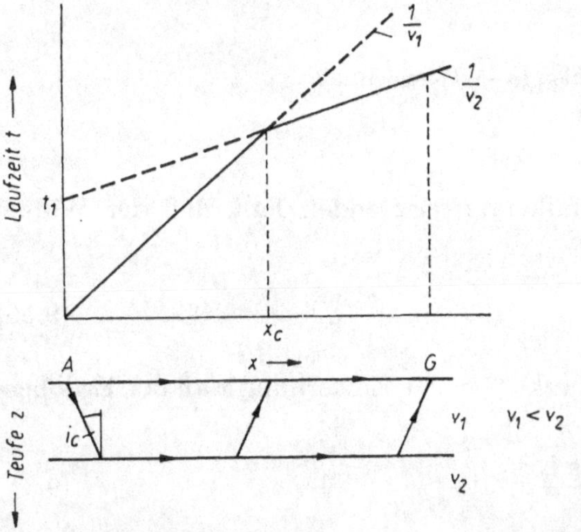

Abb. 9.39. Ebener refraktionsseismischer Zweischichtfall
A – Schußpunkt,
G – Geophonpunkt

Die kritische Entfernung x_c ist jener Abstand vom Ursprung, bei dem die Wellenfront der refraktierten Welle jene der direkten Welle überholt. Aus der Gleichsetzung der Laufzeiten bei diesem Abstand folgt:

$$\frac{x_c}{v_1} = \frac{x_c}{v_2} + 2z\,\frac{\sqrt{v_2^2 - v_1^2}}{v_1 v_2}, \tag{9.47}$$

$$z = \frac{x_c}{2}\sqrt{\frac{v_2 - v_1}{v_2 + v_1}}. \tag{9.48}$$

Beim horizontalen $(n + 1)$-Schichtfall gilt (Abb. 9.40):

$$p = \frac{\sin i_1}{v_1} = \frac{\sin i_2}{v_2} = \cdots = \frac{\sin i_k}{v_k} = \cdots = \frac{\sin i_n}{v_n}. \tag{9.49}$$

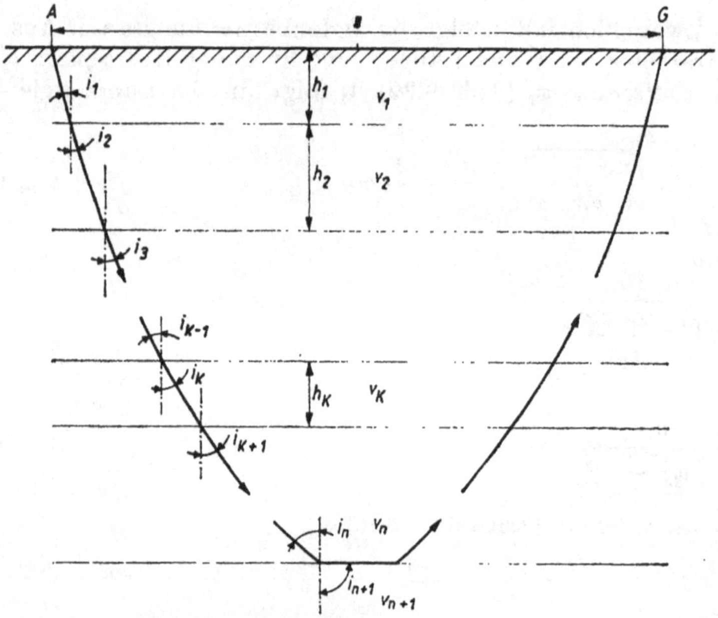

Abb. 9.40. Strahlenweg beim horizontalen $(n + 1)$-Schichtfall
A — Schußpunkt, G — Geophonpunkt

Für den in der Refraktionsseismik interessierenden Fall, daß der Winkel $i_{n+1} = 90°$ wird, folgt aus (9.49):

$$\sin i_k = p v_k = \frac{v_k}{v_{n+1}}. \tag{9.50}$$

Die Gesamtlaufzeit von 0 zum Punkt G in der Entfernung x an der Erdoberfläche beträgt

$$t = \frac{x}{v_{n+1}} + 2\sum_{k=1}^{n} \frac{h_k \cos i_k}{v_k}. \tag{9.51}$$

Dadurch können die Schichtmächtigkeiten nacheinander durch folgende Gleichung bestimmt werden:

$$h_n = \frac{v_n}{\cos i_n} \left\{ \frac{t_n}{2} - \sum_{k=1}^{n-1} \frac{h_k \cos i_k}{v_k} \right\}. \tag{9.52}$$

9.8.3. Geneigte Grenzfläche

Für die geneigte Grenzfläche gilt (Abb. 9.41)

$$t_A = t_{AC} + t_{CD} + t_{DB},$$

$$\overline{AC} = \frac{z_A'}{\cos i_c},$$

$$\overline{DB} = \frac{z_B'}{\cos i_c} = \frac{z_A' + x \sin \alpha}{\cos i_c},$$

$$\overline{CD} = x \cos \alpha - z_A' \tan i_c - (z_A' + x \sin \alpha) \tan i_c,$$

$$t_A = \frac{2 z_A' \cos i_c}{v_1} + \frac{x}{v_1} \sin (i_c + \alpha),$$

$$t_B = \frac{2 z_B' \cos i_c}{v_1} + \frac{x}{v_1} \sin (i_c - \alpha). \tag{9.53}$$

Es sind dies, ebenfalls wie beim horizontalen Fall, Gleichungen von Geraden; bei Messung in Richtung des Einfallens hat die Gerade eine Neigung von

$$\frac{1}{v_{2A}'} = \frac{\sin (i_c + \alpha)}{v_1}$$

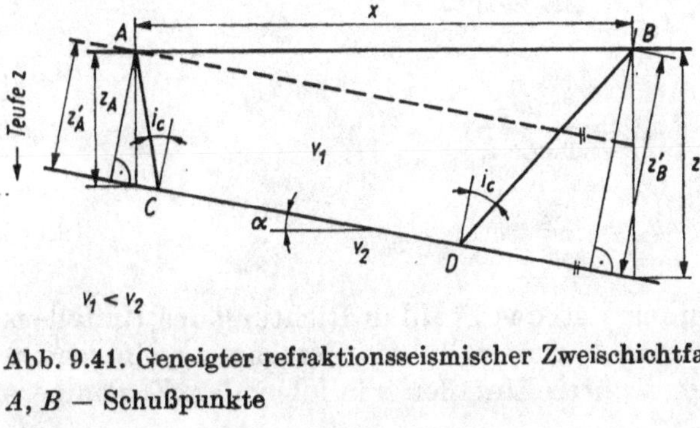

Abb. 9.41. Geneigter refraktionsseismischer Zweischichtfall
A, *B* – Schußpunkte

und einen Anfangsabschnitt (Interceptzeit)

$$t_{1A} = \frac{2z_A' \cos i_c}{v_1}. \tag{9.53a}$$

In Richtung des Schichtanstiegs beträgt die Neigung

$$\frac{1}{v'_{2B}} = \frac{\sin (i_c - \alpha)}{v_1} \tag{9.53b}$$

und die Interceptzeit

$$t_{1B} = \frac{2z_B' \cos i_c}{v_1}. \tag{9.53c}$$

Der kritische Winkel i_c ergibt sich aus v_1 und den Scheingeschwindigkeiten v'_{2A} und v'_{2B}:

$$i_c = \frac{1}{2}\left(\arcsin \frac{v_1}{v'_{2A}} + \arcsin \frac{v_1}{v'_{2B}}\right). \tag{9.54}$$

Daraus leitet sich weiter für v_2 ab:

$$v_2 = \frac{v_1}{\sin i_c}. \tag{9.55}$$

Bei kleinerem Winkel des Schichteinfallens gilt näherungsweise:

$$v_2 \approx \frac{2}{\frac{1}{v'_{2A}} + \frac{1}{v'_{2B}}}, \tag{9.55a}$$

Die Schichtneigung α erhält man durch:

$$\alpha = \frac{1}{2}\left(\arcsin \frac{v_1}{v'_{2A}} - \arcsin \frac{v_1}{v'_{2B}}\right). \tag{9.56}$$

Die entsprechenden Teufenwerte können ähnlich wie beim horizontalen Fall aus den Interceptzeiten oder den kritischen Entfernungen berechnet werden:

$$t_{1A} = \frac{2z_A' \cos i_c}{v_1}; \quad t_{1B} = \frac{2z_B' \cos i_c}{v_1},$$
$$z_A' = \frac{v_1 t'_{1A}}{2 \cos i_c}; \quad z_B' = \frac{v_1 t_{1B}}{2 \cos i_c}, \tag{9.57}$$

$$z_A = \frac{z_A'}{\cos \alpha}; \quad z_B = \frac{z_B'}{\cos \alpha}. \tag{9.58}$$

Die Gleichung (9.53) setzt voraus, daß das Profil in Richtung des Einfallens verläuft. Wenn dies nicht zutrifft, dann ergibt die Berechnung ein scheinbares Einfallen Φ, das mit dem wahren Einfallen α in folgendem Zusammenhang steht (s. Kap. 9.1.3.1.):

$$\sin \Phi = \sin \alpha \cos \psi, \tag{9.59}$$

ψ – Azimut zwischen Richtung des wahren Einfallens und Profillinie.
ψ kann am einfachsten aus zwei im rechten Winkel zueinander verlaufenden Profilen bestimmt werden:

$$\tan \psi = \frac{\sin \Phi_2}{\sin \Phi_1}. \tag{9.60}$$

Eingesetzt in (9.59) ergibt sich das wahre Einfallen α.

9.8.4. Unebene Grenzflächen

Wenn die einzelnen Refraktoren ein stärkeres Relief aufweisen, ist die Tiefenberechnung unter den Schußpunkten unsicher, und auch die Geschwindigkeitsbestimmung wird beeinträchtigt. Dies gilt besonders für unsystematische Neigungsänderungen. Die Grenzen der Auswertung sind dort gegeben, wo die Krümmung des zu erfassenden Strukturelementes (z. B. einer Einmuldung) größer ist als die Krümmung der Wellenfront der refraktierten Welle. Von den in der Literatur genannten Verfahren haben nur wenige universelle Anwendung gefunden, wobei die Größe des Einfallswinkels, das Relief, laterale Geschwindigkeitsänderungen etc. begrenzende Faktoren bilden. Die rechnergestützte Auswertung hat hier einen wesentlichen Fortschritt und einen beträchtlichen Rationalisierungseffekt gebracht.

9.8.4.1. Differenzenmethode

Die Differenzenmethode ist methodisch ein einfaches Verfahren und eignet sich zur näherungsweisen Bestimmung von Lotzeit und Tiefe an den Geophonpunkten für den Zweischichtfall (Abb. 9.42). Aus den Laufzeiten

$$t_{\overline{AG}} = \frac{\overline{AC}}{v_1} + \frac{\overline{CE}}{v_2} + \frac{\overline{EG}}{v_1},$$

$$t_{\overline{BG}} = \frac{\overline{BD}}{v_1} + \frac{\overline{DF}}{v_2} + \frac{\overline{FG}}{v_1},$$

$$t_{\overline{AB}} = \frac{\overline{AC}}{v_1} + \frac{\overline{CD}}{v_2} + \frac{\overline{DB}}{v_1} \tag{9.60a}$$

folgt bei Differenzbildung der Summe der Laufzeiten am Geophon $t_{\overline{AG}} + t_{\overline{BG}}$ und der Gesamtlaufzeit $t_{\overline{AB}}$ an den Endpunkten

$$(t_{\overline{AG}} + t_{\overline{BG}}) - t_{\overline{AB}} = \frac{\overline{EG} + \overline{FG}}{v_1} + \frac{\overline{CE} + \overline{DF}}{v_2} - \frac{\overline{CD}}{v_2}$$

$$= \frac{\overline{EG} + \overline{FG}}{v_1} - \frac{2z_G' \tan i_c}{v_2} \approx \frac{2z_G \cos i_c}{v_1}. \tag{9.61}$$

Daraus ergibt sich die Lottiefe beim Geophon G:

$$z_G \approx \frac{v_1}{2 \cos i_c} (t_{\overline{AG}} + t_{\overline{BG}} - t_{\overline{AB}}). \tag{9.62}$$

Systematische Teufenfehler können durch Parallelverschieben oder Kippen des unter den Geophonen ausgewerteten Refraktors beseitigt werden. Ein erheblicher Nachteil der Differenzenmethode liegt darin, daß sich in der Umgebung der Schußpunkte keine Teufen berechnen lassen. Besonders einfach sind die Voraussetzungen, wenn sich der Schuß an oder nahe der Grenzfläche befindet und der Geschwindigkeitsunterschied groß ist.

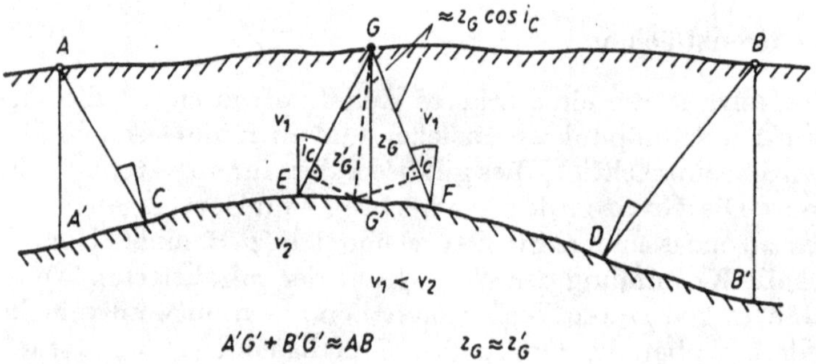

Abb. 9.42. Differenzenmethode
A, B **— Schußpunkte,** ***G*** **— Geophonpunkt**

9.8.4.2. *Delay-Zeitverfahren*

Das von Gardner (1939) eingeführte Delay-Zeitverfahren hat eine weite Verbreitung erlangt und eignet sich besonders zum Erfassen des Reliefs eines Leithorizontes, auch unter einem mehrschichtigen Hangenden oder bei Geschwindigkeitszunahme mit der Tiefe im Hangenden. Die Neigungswinkel des Refraktors sollten allerdings nur gering (bis 10°) sein. Die Delayzeit wird definiert als (Abb. 9.43)

$$t_D = q/v_1 - s/v_2, \tag{9.63}$$

mit $AC = q$ und $A'C = s$.

Die Summe der Delayzeiten beim Schuß- und Geophonpunkt ist gleich dem Zeitabschnitt $t - \frac{x_G}{v_2}$. Im Falle eines horizontalen Refraktors ist die Delayzeit gleich der halben Interceptzeit; bei geneigtem Refraktor sind die Delayzeiten verschieden (Abb. 9.43):

$$\begin{aligned} t_S &= \frac{z_A \cos i_c}{v_1} \quad \text{am Schußpunkt,} \\ t_G &= \frac{z_G \cos i_c}{v_1} \quad \text{am Geophon.} \end{aligned} \tag{9.64}$$

Ein Delay-Zeitprofil gibt bereits das Relief des Refraktors wieder und kann durch einfache Multiplikation in ein Tiefenprofil umgewandelt werden (Abb. 10.46). In den letzten Jahrzehnten wurden mehrere Methoden zur Ermittlung der Delayzeiten entwickelt.

9.8.4.3. Methode von Palmer

Die Methode von PALMER (GRM = generalized reciprocal method) gestattet ebenfalls die Auswertung von Mehrschichtfällen mit unebenen Refraktoren, wobei Gegenschießen und Mehrfachüberlappung vorausgesetzt werden.

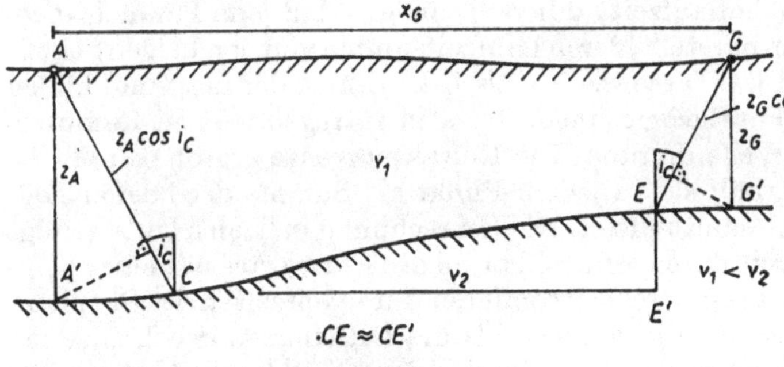

Abb. 9.43. Delay-Zeitverfahren
A — Schußpunkt, *G* — Geophonpunkt

Es wird eine optimale Empfängerdistanz ermittelt, bei der die Strahlen von ein und demselben Punkt im Untergrund nach oben verlaufen. Die Tiefenberechnung erfolgt über einen Tiefenumwandlungsfaktor, der für Schichtneigungen bis 20° benutzt werden kann. Die Tiefenberechnung erfolgt nicht punktweise, vielmehr wird der jeweilige Refraktor als Einhüllende wie bei den Wellenfrontverfahren bestimmt. Die Ermittlung der wahren Geschwindigkeiten der Refraktoren ist auch bei stärkerem Relief hinreichend genau (PALMER, 1980).

9.8.4.4. Methode von Thornburgh

Das Konzept der Wellenfronten ist physikalisch realer als die Verwendung von Strahlen in der Seismik und gewährt auch einen unmittelbaren Überblick über das von der Wellenbewegung erfaßte Volumen. THORNBURGH (1930) hat bereits eine exakte Methode ausgearbeitet, bei der unter Anwendung des HUYGENSschen Prinzips die Wellenfronten von zwei symmetrischen Schußpunkten her konstruiert werden. Ein Vorteil des Verfahrens besteht darin, daß nur die Kenntnis der Geschwindigkeit des Hangenden und nicht des Refraktors benötigt wird. In der Praxis geht man von der Gesamtlaufzeit (reciprocal time) aus, zeichnet die Wellenfronten auf Grund der an den Geophonpunkten gemessenen Laufzeiten und konstruiert die Refraktoroberfläche als Verbindungslinie von Schnittpunkten jener sich kreuzenden Wellenfronten, deren Summe gleich der Gesamtlaufzeit ist. Nach demselben Prinzip können dann auch Mehrschichtfälle behandelt werden.

9.8.4.5. Plus-Minus-Methode von Hagedoorn

Die Plus-Minus-Methode beruht ebenso wie das Verfahren von THORNBURGH auf den von zwei Schußpunkten ausgehenden Wellenfronten, stellt jedoch eine wesentliche Vereinfachung dar. Es läßt sich zeigen, daß die Refraktorfläche nicht nur durch die Schnittpunkte der Wellenfrontpaare verläuft, die sich zur Gesamtlaufzeit addieren, sondern daß jede Parallele dazu eine Linie von Punkten darstellt, deren Laufzeitsumme von den beiden Schußpunkten aus konstant ist. Diese werden als *Plus-Linien* definiert und bilden die Diagonalen von Parallelogrammen der sich in regelmäßigen Zeitintervallen schneidenden Wellenfronten. Die Refraktorgrenze ergibt sich als die Pluslinie Null; man erhält sie an jedem Punkt als Summe der beiden Teillaufzeiten minus der Gesamtlaufzeit. Die Umrechnung in Tiefenwerte erfolgt an jedem Geophonpunkt durch Multiplikation des Pluswertes mit einer Konstanten. Diese Pluswerte entsprechen somit den Interceptzeiten der Geophonpunkte. Die *Minus-Linien* ergeben sich als die Differenzen der Laufzeiten ($t_A - t_B - t_{\overline{AB}}$) und stellen vertikale Linien dar, aus deren Abstand die Refraktorgeschwindigkeit berechnet werden kann (Abb. 9.44).

Ein wesentlicher Vorteil der Plus-Minus-Methode liegt darin, daß sich eine Refraktorfläche mit unregelmäßigem Relief rasch auswerten läßt und auch laterale Geschwindigkeitsänderungen innerhalb des Refraktors erfaßt werden können. Dieses Auswerteverfahren eignet sich daher besonders zur routinemäßigen Ermittlung der Verwitterungsschicht für die statischen Korrekturen in der Reflexionsseismik.

9.8.5. Verborgene Schicht

Von einer *verborgenen Schicht* spricht man dann, wenn in der Laufzeitkurve eines mehrschichtigen Mediums ein bestimmter Horizont nicht auftritt. Dies kann entweder auf eine zu geringe Mächtigkeit des betreffenden Horizontes oder auf eine geringere Geschwindigkeit gegenüber dem Hangenden zurückgeführt werden. Das Problem der verborgenen Schicht bildet eine wichtige Begrenzung für das Auflösungsvermögen der Refraktionsseismik, insbesonders in jenen Fällen, wo es auf die geologische Korrelation und eine große Tiefengenauigkeit ankommt. Diese Problematik hat durch die Anwendung der Refraktionsseismik zur Bestimmung der statischen Korrekturen in der sprengstofflosen Reflexionsseismik erneut an Aktualität gewonnen. Man spricht auch von einer *überschossenen Schicht*, wenn zwar eine Geschwindigkeitszunahme mit der Tiefe ($v_1 < v_2 < v_3$) existiert, aber der Geschwindigkeitsunterschied v_2/v_3 oder die Mächtigkeit des zweiten Horizontes zu gering sind. Erfolgt aus Unkenntnis des Sachverhaltes die Behand-

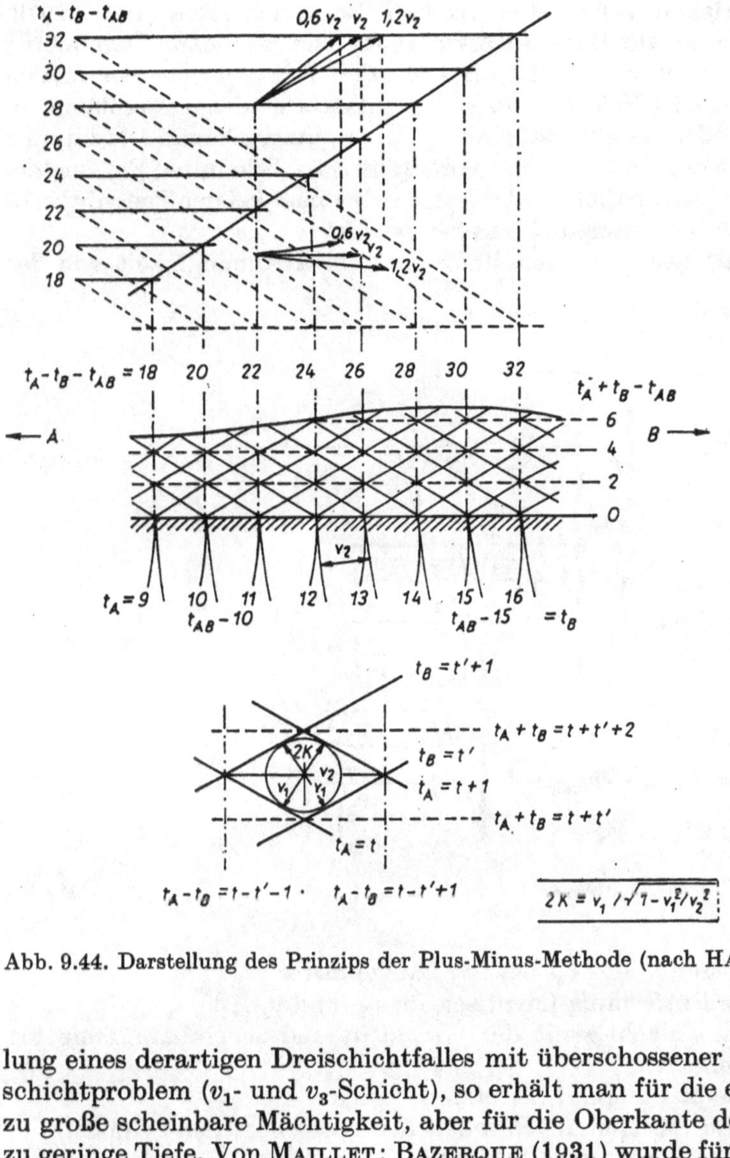

Abb. 9.44. Darstellung des Prinzips der Plus-Minus-Methode (nach HAGEDOORN, 1959)

lung eines derartigen Dreischichtfalles mit überschossener Schicht als Zweischichtproblem (v_1- und v_3-Schicht), so erhält man für die erste Schicht eine zu große scheinbare Mächtigkeit, aber für die Oberkante der v_3-Schicht eine zu geringe Tiefe. Von MAILLET; BAZERQUE (1931) wurde für den Dreischichtfall ein Diagramm angegeben, mit dessen Hilfe über die kritischen Winkel

$$i_{c1,2} = \arcsin \frac{v_1}{v_2} \text{ und } i_{c1,3} = \arcsin \frac{v_1}{v_3} \tag{9.64a}$$

die maximale Mächtigkeit der überschossenen Schicht und die zugehörige minimale Mächtigkeit der Hangendschicht ermittelt werden können. Bei diesen Mächtigkeiten fallen die kritischen Entfernungen für die v_2- und v_3-Schicht zusammen; alle drei Laufzeitäste schneiden sich in einem Punkt. Der Begriff *Blindzone* sollte der so definierten überschossenen Schicht mit maximaler Mächtigkeit vorbehalten bleiben. Bei SCHMÖLLER (1977, 1978, 1982) findet man eine auf BRINCKMEIER (1934) zurückgehende Darstellung sowohl der Blindzonenmächtigkeit als auch der dazugehörigen minimalen Mächtigkeit der ersten Schicht sowie der entsprechenden Gesamttiefe in Abhängigkeit von der Geschwindigkeit v_2. Über entsprechende Diagramme läßt sich sehr rasch der Einfluß dieses vorerst meist unbekannten Parameters auf den möglichen Maximalfehler abschätzen, den man bei der Tiefenberechnung mit dem Zweischichtmodell begehen würde.

Mit einer für die Diagrammerstellung geeigneten Abhängigkeit von der dimensionslosen Größe $\frac{v_2}{v_3}$ ergibt sich

$$h_{1\max} = \frac{x_{c2,3}}{2} \sqrt{\frac{1 - \frac{v_1}{v_3}}{1 + \frac{v_1}{v_3}}} = \frac{t_2}{2} \frac{v_1}{\sqrt{1 - \left(\frac{v_1}{v_3}\right)^2}}, \tag{9.65}$$

$$h_{1\min} = h_{1\max} \sqrt{\frac{\left(1 + \frac{v_1}{v_3}\right)\left(\frac{v_2}{v_3} - \frac{v_1}{v_3}\right)}{\left(1 - \frac{v_1}{v_3}\right)\left(\frac{v_2}{v_3} + \frac{v_1}{v_3}\right)}}, \tag{9.66}$$

$$h_{2\max} = (h_{1\max} - h_{1\min}) \frac{v_2}{v_1} \sqrt{\frac{\left(1 - \frac{v_1}{v_3}\right)^2}{\left(1 - \frac{v_2}{v_3}\right)^2}}, \tag{9.67}$$

$$z_{2\max} = h_{1\min} + h_{2\max} \tag{9.68}$$

mit

t_1, t_2 – Interceptzeiten des v_2- bzw. v_3-Laufzeitastes,
$x_{c2,3}$ – kritische Entfernung (identisch für v_2- und v_3-Ast),
$h_{1\max}$ – scheinbare Mächtigkeit der v_1-Schicht und scheinbare Tiefe bis zur v_3-Schicht,
$h_{1\min}$ – minimale Mächtigkeit der ersten Schicht,
$h_{2\max}$ – Blindzone (Maximalmächtigkeit der überschossenen Schicht),
$z_{2\max}$ – Maximaltiefe bis zur v_3-Schicht.

Im Fall einer Geschwindigkeitsumkehr ($v_1 > v_2 < v_3$) ist es aufgrund des Brechungsgesetzes physikalisch unmöglich, daß sich in dem Horizont niedriger Geschwindigkeit eine refraktierte Welle horizontal fortpflanzt.

Das Auftreten einer solchen Schicht niedriger Geschwindigkeit hat zur Folge, daß sich bei Nichterkennen und routinemäßiger Tiefenberechnung beträchtliche Tiefenfehler, und zwar zu große Tiefenwerte, für alle Horizonte unterhalb der Schicht ergeben. Eine Lösung ist nur möglich, wenn in einer Bohrung die Geschwindigkeit der Inversionszone gemessen werden kann oder sonstige Anhaltspunkte dafür vorhanden sind (SCHMÖLLER, 1982).

9.8.6. Kontinuierliche Geschwindigkeitszunahme mit der Tiefe

In geologisch jungen Sedimentbecken hat sich gezeigt, daß die Laufzeitkurven nicht aus geradlinigen Ästen bestehen, sondern eine gekrümmte, gegen die x-Achse konkave Kurve bilden. Ebenso wie in der Reflexionsseismik war man auch in der Refraktionsseismik bemüht, den vertikalen Geschwindigkeitsgradienten als lineare Zeit-Tiefen-Funktion zu interpretieren. Der Grund lag einerseits in der vielfach gelungenen Anpassung an die Ergebnisse von Bohrlochmessungen, andererseits in der Einfachheit der mathematischen Ableitungen für wichtige Parameter.

Die Grundgleichung lautet (s. Kap. 9.3.3.):

$$v(z) = v_0 + az \quad \text{bzw.} \quad v(z) = v_0\,(1 + Kz). \tag{9.68a}$$

Charakteristisch ist der Umstand, daß die Wellenfronten Kreise sind, deren Mittelpunkt sich entlang der z-Achse verschiebt, und die Strahlen ebenfalls Kreisbögen bilden, deren Mittelpunkte auf einer Linie im Abstand v_0/a über der Erdoberfläche liegen.

Weitere wichtige Zusammenhänge nach SLOTNICK (1959) sind: die Laufzeit t der Wellenfront

$$t = \frac{2}{a}\,\text{arsinh}\,\frac{ax}{2v_0}, \tag{9.68b}$$

der Abstand x des auftauchenden Wellenstrahls

$$x = \frac{2v_0}{a}\cot i_0 = \frac{2v_0}{a}\sinh\frac{at}{2}, \tag{9.69}$$

die Tiefe $z_{\max}$ der Umkehrpunkte

$$z_{\max} = \frac{v_0}{a}\,(1 - \sin i_0)/\sin i_0 = \frac{v_0}{a}\left(\cosh\frac{at}{2} - 1\right), \tag{9.70}$$

und der momentane Richtungswinkel i_0 des Strahles an der Oberfläche

$$i_0 = \arcsin p v_0. \tag{9.70a}$$

Praktisch wichtig ist der Fall, bei dem eine Schicht mit linearer Geschwindigkeitszunahme mit der Tiefe (z. B. Tertiär) einen Horizont mit konstanter, hoher Geschwindigkeit v_R (Beckenuntergrund) überlagert. Die Tiefenberechnung erfolgt unter Verwendung der Interceptzeiten in ähnlicher Weise wie beim Zweischichtfall mit konstanten Geschwindigkeiten (GARDNER, 1939; BARRY, 1967). Allerdings ergibt sich eine komplizierte Gleichung für die Abhängigkeit der Teufe von der Interceptzeit t_i, die numerisch durch ein Rechenprogramm oder durch eine graphische Auswertung gelöst werden kann (DOBRIN, 1976):

$$t_i = \frac{2}{a}\left[\text{arcosh}\,\frac{v_R}{v_0} - \text{arcosh}\,\frac{v_R}{v_0 + az} - \sqrt{1 - \left(\frac{v_0}{v_R}\right)^2} + \sqrt{1 - \left(\frac{v_0 + az}{v_R}\right)^2}\right]. \tag{9.71}$$

9.8.7. Amplitude des refraktierten Einsatzes

Die Berechnung und Auswertung der Amplitude der refraktierten Welle ist ein vielschichtiges Problem, dessen Lösung unter bestimmten Voraussetzungen eine lithologisch verwertbare Aussage gestattet. Nach HEELAN (1953), ZVOLINSKII (1958), WERTH (1967) gilt für die Partikelverschiebung durch die refraktierte Welle

$$u = K \frac{a}{(1 - a^2)^{1/2}} x^{-1/2} L^{-3/2} f(\omega_n), \tag{9.72}$$

$a = v_1/v_2$,
L — zurückgelegter Weg entlang des Refraktors,
$f(\omega_n)$ — reduziertes Verschiebungspotential,
x — Horizontalabstand Ursprung-Empfänger,
K — Konstante.

Dabei ist neben der Kenntnis der elastischen Eigenschaften auch die der Transmissionskoeffizienten in einem geschichteten Medium wesentlich. Bei der Beobachtung refraktionsseismischer Einsätze von unterirdischen Nuklearexplosionen stimmten die gemessenen Amplituden auch in großen Entfernungen gut mit theoretischen Werten überein (WERTH, 1967).

In der refraktionsseismischen Prospektion können jedoch auch relative Amplitudenwerte zu geologischen Aussagen herangezogen werden. Hierzu ist es notwendig, Korrekturen für unterschiedliche Ladungsgröße, Amplitudenabnahme als Folge der Divergenz der Wellenfront, für Einflüsse der Geophonaufstellung und instrumenteller Art anzubringen. O'BRIEN (1960, 1967) gibt praktische Methoden zur Durchführung der Korrekturen und Bestimmung der Restamplituden an. Das Dämpfungsverhalten der Restamplituden ist ein indikativer Parameter für den Refraktor.
Dämpfungswerte

- in der Größenordnung von Hundertstel dB pro Wellenlänge sind ein Hinweis für eine mächtige Refraktorschicht mit großer Dichte bzw.
- von wenigen Zehntel dB pro Wellenlänge für eine mächtige, poröse Refraktorschicht;

stärkere Dämpfung spricht für eine geringmächtige Refraktorschicht.

Es sollte demnach möglich sein, in einem seismisch unbekannten Gebiet zu entscheiden, ob ein Refraktor hoher Geschwindigkeit bereits das Grundgebirge oder nur eine Einlagerung größerer Dichte darstellt (VASSILIYEV et al., 1958).

9.8.8. Interpretation geologischer Strukturen

9.8.8.1. Bruch

Ein Bruch als Dislokation eines Gesteinskomplexes macht sich in der refraktionsseismischen Laufzeitkurve als Versetzung der entsprechenden Geschwindigkeitsäste bemerkbar. Beim Schießen von der Hochscholle in Richtung

Tiefscholle erfolgt eine Laufzeitzunahme, in umgekehrter Richtung eine Laufzeitverkürzung im Vergleich zur bruchlosen Struktur. Durch die auftretenden Beugungswellen bildet sich eine Übergangszone in der Laufzeitkurve anstelle der abrupten Versetzung heraus. Die Sprunghöhe Δz des Bruches kann beim Zweischichtfall bei Kenntnis der Geschwindigkeiten aus der Differenz der Interceptzeiten bestimmt werden:

$$\Delta z = \frac{v_1 \Delta t_1}{\sqrt{1 - \frac{v_1^2}{v_2^2}}}. \tag{9.73}$$

Die Festlegung des Einfallens der Bruchfläche ist mit Sicherheit nur bei größerer Sprunghöhe mit Wellenfrontverfahren möglich. Schwierigkeiten bereitet die Unterscheidung eines Bruches von einer Flexur.

9.8.8.2. *Salzstock*

Die Refraktionsseismik war zu Beginn ihrer Anwendung in der Praxis eine Standardmethode zum Aufsuchen von Salzstöcken. Übersichtsmessungen zur Untersuchung eines größeren Gebietes wurden hierbei mit dem *Fächerschießen* durchgeführt. Hierbei werden um einen Schußpunkt radial in konstanter Entfernung und in einem bestimmten Azimutbereich Geophone angeordnet (Fächeranordnung). Der konstante Abstand Schußpunkt-Geophon hängt von der gewünschten Eindringtiefe ab und beträgt meist einige Kilometer. Die durch das Salz gelaufenen Wellen weisen gegenüber den durch das Nebengestein sich fortpflanzenden eine Laufzeitverkürzung auf, die auf die hohe Geschwindigkeit von Steinsalz ($v_P \cong 4\,500$ m/s) zurückzuführen ist. Durch sich kreuzende Fächer kann die geometrische Konfiguration des Salzstocks näherungsweise ermittelt werden. Eine modifizierte Technik, bei der sich ein Geophon in einer Tiefbohrung an der Flanke des Salzstockes befindet, wurde zur Bestimmung der oftmals komplizierten Begrenzung des Salzstocks von Gardner (1949), Musgrave et al. (1967) erfolgreich eingesetzt.

9.8.9. Modellrechnung in der Refraktionsseismik

Die Berechnung von Modellen mit dem Ray-Tracing-Verfahren hat sich bei der Auswertung komplizierter Strukturen (z. B. Salzstöcke, Überschiebungen) und in der Tiefenseismik bewährt. Es können sowohl Schichten mit wechselndem Einfallen als auch Gradientmedien sowie vielfältige, lateral begrenzte Modelle ausgewertet werden. Dabei ergeben sich komplizierte Strahlenwege, deren Verlauf nach dem Brechungsgesetz berechnet wird. Ein Beispiel aus den Nördlichen Kalkalpen (Abb. 9.45), die derzeit im Zuge der Kohlenwasserstoffsuche auch intensiv mittels Reflexionsseismik erforscht werden, unterstreicht die Brauchbarkeit dieses Verfahrens (Will, 1976).

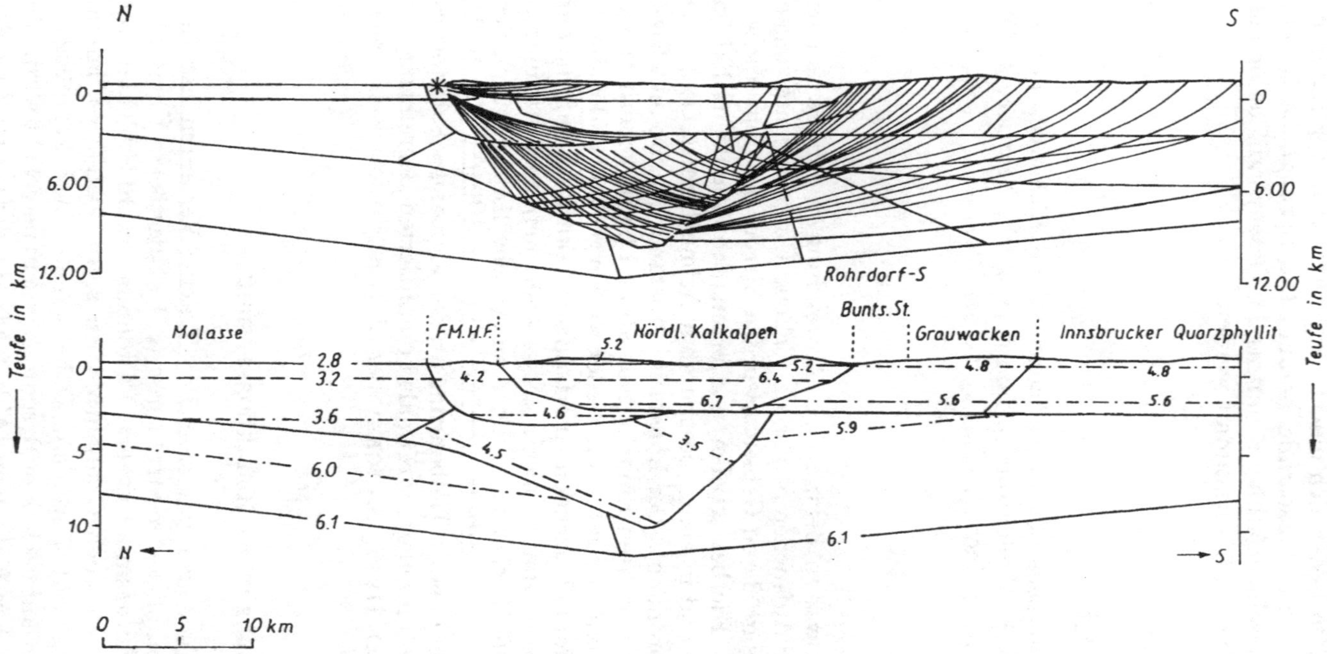

Abb. 9.45. Modellberechnung mit Ray-Tracing, Profil Nördliche Kalkalpen (nach WILL, 1976)

–·–·– Linien gleicher Longitudinalwellengeschwindigkeit mit Werten in km/s,
——— Grenzen der geologischen Einheiten,
* Schußpunkt in der Nähe von Rohrdorf,
FM – Faltenmolasse,
H – Helvetikum,
F – Flysch

10. Geologisch-lagerstättenkundliche Interpretation seismischer Ergebnisse und Beispiele

F. Weber

10.1. Geophysikalische Voraussetzungen beim Erfassen geologischer Strukturen

Die geologische Interpretation seismischer Daten bildet den Abschluß der Datengewinnung und das Endziel der Verarbeitung. Sie stellt eine Synthese zwischen dem geologischen Element (Struktur, Sedimentationsgeschichte, Lithologie) und der geophysikalischen Diagnostik dar, die aus physikalischen Gründen immer nur ein unvollständiges Abbild liefern kann. Die Korrelation beider Fachgebiete beruht auf einer Reihe von Voraussetzungen (s. Kap. 6.1.).

Reflexionshorizonte und Refraktoren korrelieren nicht immer und nicht exakt mit geologisch-lithologischen oder stratigraphischen Schichtgrenzen. Die Frage nach der Entstehung einer Reflexion ist eng mit den Informationen verbunden, die man aus ihr gewinnen kann. Daher kommt den Verfahren zur Kennzeichnung der Reflektoren (Bohrlochmessungen, synthetische Seismogramme, vertikales seismisches Profilieren, Impedanzlog) besondere Bedeutung zu. Eine Schlüsselstellung nimmt auch das Problem des Auflösungsvermögens ein, durch welches der Rahmen für die geologische Detailaussage abgesteckt wird. In der Exploration ist die geophysikalische Darstellung der zeitlich frühere Vorgang, während das geologische Äquivalent ein breites Spektrum von Informationen umfaßt, das von fast unbekannten geologischen Tatsachen am Beginn bis zur Detailkenntnis in einem gut aufgeschlossenen Gebiet reicht.

10.2. Ziel der Interpretation

Die Interpretation bildet den wesentlichen und abschließenden Schritt der seismischen Untersuchung, der auf den vorausgegangenen Stufen der Datengewinnung und Datenverarbeitung aufbaut. Sie hat eine Dolmetscherfunktion zwischen Geophysik und Geologie, da das Ziel in der Erarbeitung eines möglichst vollständigen Modells der geologischen und lagerstättenkundlichen Verhältnisse des Meßgebietes besteht. Um das zu erreichen, ist die Einbeziehung von relevanten geologischen Informationen (über Lagerungsverhältnisse, Tektonik, Schichtmächtigkeiten, Lithologie) nicht nur wünschenswert, sondern notwendig. Dadurch können die Aussagemöglichkeiten der Seismik erweitert und auch nicht eindeutige oder unvollständige seismische Daten zu geologisch sinnvollen Modellen verarbeitet werden.

Des weiteren ist es die Aufgabe der Interpretation, die Ergebnisse von Tiefbohrungen — vor allem Bohrlochmessungen — zu berücksichtigen und einzubeziehen. Dadurch können die lithologische Verknüpfung und Entstehung von Reflexionen erkannt und wichtige petrophysikalische Parameter abgeleitet werden. Durch die spezielle Methode des vertikalen seismischen Profilierens wird eine Brücke zwischen Oberflächen- und Bohrlochgeophysik hergestellt.

Eine so verstandene Interpretation geht weit über jede Methode der automatischen Auswertung reflexions- und refraktionsseismischer Daten hinaus, die nur bei einfachen geologischen Verhältnissen scheinbar keiner weiterführenden Bearbeitung bedarf, tatsächlich aber kein Ersatz für die Arbeit des alle Phasen und Ergebnisse der seismischen Untersuchung kritisch beurteilenden Geophysikers sein kann. Interpretation ist auch keine nach ihrer Durchführung abgeschlossene Routine, deren Schwerpunkt vor der Durchführung der Aufschlußbohrung liegt. — Bestätigungen und Widerlegungen seismischer Ergebnisse durch Tiefbohrungen können Anlaß für eine Reinterpretation der Daten sein, eventuell mit mehr und verbesserten Hilfsmitteln. Da die Ergebnisse der geophysikalisch-geologischen Interpretation oft auch die Grundlage für wichtige Managemententscheidungen bilden, wie z. B. Fortsetzung der Aufschlußarbeiten in einem Hoffnungsgebiet, sind an die Qualität der Interpretationsarbeit und das Verantwortungsbewußtsein des Geophysikers hohe Ansprüche zu stellen.

10.3. Besonderheiten einzelner Strukturtypen

Die weltweiten Erfolge der Reflexionsseismik bei der Suche nach strukturellen Ölfallen unter den verschiedensten geologischen Verhältnissen beruhen darauf, daß die physikalische Fragestellung klar umrissen ist und die aus den reflexionsseismischen Daten abgeleiteten Modelle der geologischen Realität in der Regel gut entsprechen. Dennoch ist es notwendig, in jedem größeren Meßgebiet und für jeden Strukturtyp bei der Auswertung die Frage nach der Gültigkeit der zugrundegelegten Annahmen zu stellen. So kann etwa die Wirkung der Geschwindigkeitsanisotropie eines Gesteinskomplexes bei flach einfallenden Strukturen vernachlässigt werden; bei der Auswertung von gefalteten und steil einfallenden Schichten kann diese Vernachlässigung jedoch eine Fehlerquelle sein.

Die Genauigkeit der Strukturerfassung ist letztlich auch eine ökonomische Frage, die über den Kompetenzbereich des Geophysikers hinausgeht, da durch zusätzlichen Meßaufwand (z. B. Verdichtung des Meßnetzes, zusätzliche Bestimmung statischer Korrekturen, Scherwellenregistrierung), aber auch durch weitgehende Ausnutzung des Spektrums der Processingverfahren eine Optimierung möglich ist. Es ist verständlich, daß einfache Strukturen, wie z. B. Brüche, leichter zu analysieren sind als komplizierte Bauformen, wie z. B. Überfaltungen und Überschiebungen. Bei der Erarbeitung einer Auswertepraxis für die einzelnen Strukturtypen ist auch zu bedenken, daß durch die spezifische Tektonik eines Meßgebietes und deren Berücksichtigung neue und zusätzliche Gesichtspunkte für die Interpretation gegeben werden. In diesem Sinne soll daher die Besprechung der Besonderheiten einzelner Strukturtypen einen Rahmen bilden, innerhalb dessen die Erfahrung und Kreativität des Geophysikers und Geologen die Problemlösung weiter vervollkommnen.

10.3.1. Brüche

Von der Problemstellung her sind die normalen und inversen Brüche einerseits und die Blattverschiebungen anderseits zu unterscheiden. Bei der ersten Gruppe ist das Vorhandensein von seismischen Leithorizonten die sicherste Voraussetzung, Brüche aufzufinden sowie Sprunghöhe und Einfallswinkel festzulegen. Die Analyse der Wellenform ist ein wichtiges Hilfsmittel, um die Horizonte beiderseits der Dislokation richtig zu korrelieren. Auf die Rolle der Diffraktion wurde bereits eingehend hingewiesen (s. Kap. 9.4.).

Brüche können geologisch kurzzeitig entstanden sein; dies drückt sich in gleichbleibenden Mächtigkeiten innerhalb der vom Bruchvorgang erfaßten Schichtenfolge aus. Langandauernde Bruchvorgänge dagegen sind durch unterschiedliche Mächtigkeiten beiderseits der Störung charakterisiert.

Brüche können nach oben hin auskeilen; dadurch läßt sich aus dem seismischen Bild das Alter der Störung angeben, sofern die geologische Identifizierung der Reflektoren erfolgt ist. Normal abschiebende Brüche sind gewöhnlich beckenwärts gerichtet, wobei das Einfallen der Bruchfläche mit zunehmender Tiefe oftmals abnimmt. Dies trifft auch auf Brüche mit kleiner Sprunghöhe zu, die durch sedimentäre Einflüsse, wie z. B. unterschiedliche Diagenese, entstanden sind und sich dann besonders schwierig nachweisen lassen.

Komplizierte Bruchstrukturen (z. B. sich kreuzende Brüche) können nur bei Vorhandensein eines dichten Meßnetzes und guter Reflexionsqualität erkannt werden. Die Kenntnis des geologischen Strukturtyps erleichtert die Auswertung; als Beispiel sei das Auftreten von Y-Brüchen über Salzstöcken genannt.

Brüche mit größerer tektonischer Signifikanz beeinflussen oft auch ein größeres Gesteinsvolumen durch Auflockerung des Gesteinsverbandes bei Zerrungen oder Gesteinszerreibung und Brekzienbildung. Wenn diese Erscheinungen ein Ausmaß erreichen, das in vergleichbarer Relation zur seismischen Wellenlänge steht, können sie sich im Reflexionsbild direkt bemerkbar machen.

Schwierig ist das Erkennen von Brüchen, wenn ausgesprochene Leithorizonte fehlen und die Reflexionen nur über eine bestimmte Distanz anhalten, wie dies in jungen Sedimentgebieten mit sandig-toniger Wechsellagerung häufig der Fall ist. Dann kann nur eine kombinierte Untersuchung aller Bruchkriterien zur Lösung führen. Auch weniger bedeutungsvolle Momente, wie geringfügige Schichtverbiegungen oder Änderungen des Einfallens, Amplitudenänderungen, Ausbildung von „Schattenzonen" unterhalb der Bruchfläche, können von Bedeutung sein.

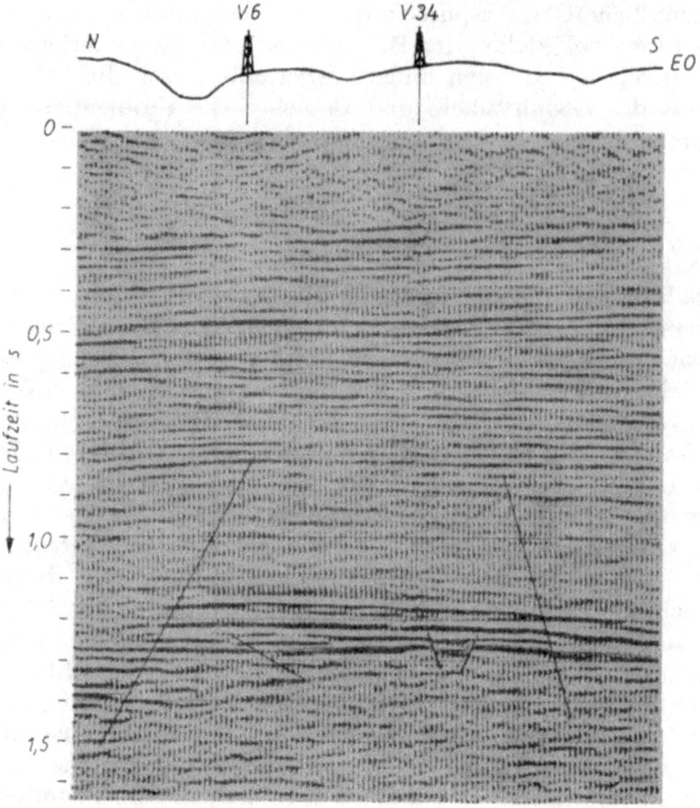

Abb. 10.1a

Abb. 10.1. Antithetischer Bruch und Monoklinale — Ölfeld Voitsdorf/Oberösterreich

a) reflexionsseismisches Profil (nach KITTLER; MALZER, 1984; unveröffentlichtes Material der Rohölaufsuchungs-GmbH, Wien)

Blattverschiebungen, bei deren Zustandekommen Bewegungen theoretisch nur in horizontaler Richtung erfolgen, sind im Einzelprofil äußerst schwierig nachzuweisen. Glücklicherweise haben diese Störungen aber oftmals eine vertikale Komponente, so daß Kriterien zum Erkennen anderer Bruchtypen auch zum Nachweis erfolgter Horizontalbewegungen herangezogen werden können.

Auf Strukturkarten kann die horizontale Versetzung bestimmter Leitelemente — wie Achsen von Antiklinalen oder Mulden — einen wichtigen Hinweis auf das Vorhandensein von Blattverschiebungen geben. Als besonders aussagekräftig hat sich bei der Bearbeitung dieser Frage die Auswertung horizontaler Zeitscheiben der 3D-Seismik erwiesen (s. Kap. 9.7.6.).

Die wichtigsten Kriterien für das Erkennen von Brüchen mit vertikaler Dislokation aus reflexionsseismischen Aufnahmen können wie folgt zusammengefaßt werden:

- Unterbrechung von Reflexionshorizonten und Wiedereinsetzen in höherer und tieferer Position,

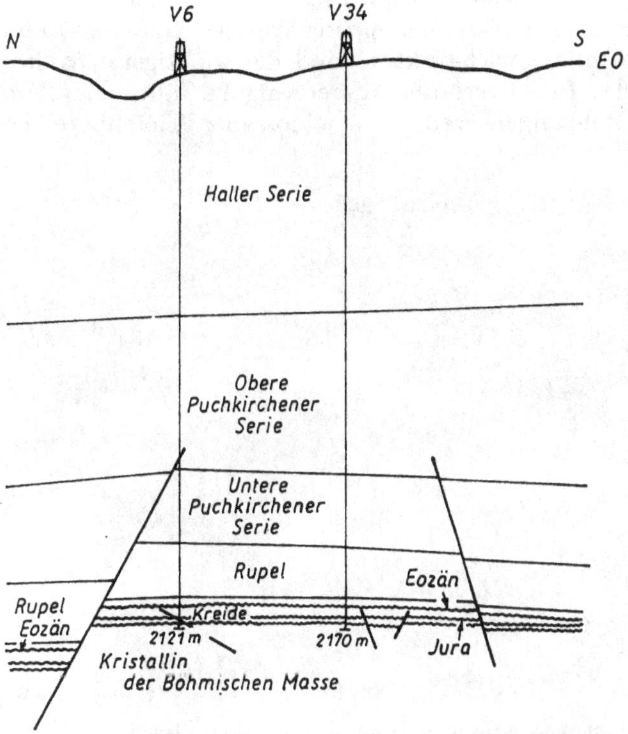

Abb. 10.1 b

b) geologisches Profil (nach Kollmann; Malzer, 1980)
V 6, V 34 – Bohrungen; E 0 – Erdoberfläche

- Probleme bei der Korrelation von Reflexionen in geschlossenen Schleifen,
- an Bruchkanten gebundene Diffraktionserscheinungen, eventuell auch Polaritätsänderungen bei Beugungswellen,
- Änderungen der Schichtneigung in der Umgebung des Bruches,
- Schattenzonen unterhalb von Brüchen oder Verzerrungen als Folge von Geschwindigkeitsänderungen,
- charakteristische Sekundärstrukturen wie *Rollover* (Anfaltungen) und Schleppstrukturen,
- Reflexion von der Bruchfläche.

Abb. 10.1 zeigt an einem Profil durch das Ölfeld Voitsdorf in der Molassezone von Oberösterreich eine von einem antithetischen Bruch begrenzte Monoklinale und erläutert die Technik der Bruchfestlegung bei Vorhandensein seismischer Leithorizonte. Durch eine genaue Analyse des Reflexionscharakters lassen sich auch Störungen geringer Sprunghöhe erkennen, die letztlich nur an Reflexionen von der Basis des Mesozoikums ersichtlich sind.

Die Problematik des reflexionsseismischen Nachweises einer Störung mit großer Sprunghöhe (bis 5000 m) illustriert ein Profil über den Steinbergbruch im Nördlichen Wiener Becken (Abb. 10.2). Die Ausbildung von Begleitstrukturen auf der Tiefscholle (Schleppstrukturen), Neigungsänderungen, Änderungen des Reflexionscharakters sind die wichtigsten Kriterien für die Festlegung des Bruchverlaufs; diese Aufgabe fällt vor allem für die größeren, durch Bohrungen weniger erschlossenen Tiefenbereiche der Reflexionsseismik zu.

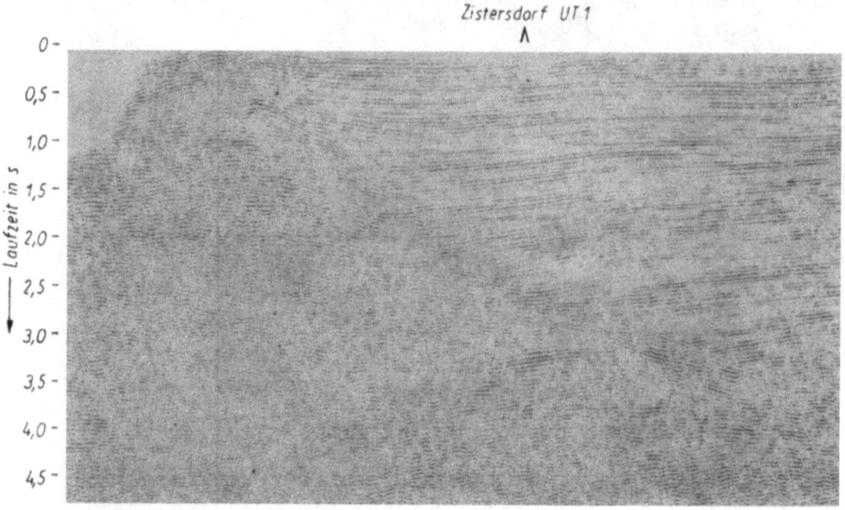

10.2a

Abb. 10.2. Steinbergbruch, Nördliches Wiener Becken (nach KRÖLL; WESSELY, 1980; unveröffentlichtes Material der ÖMV-AG, Wien)
a) reflexionsseismischer Zeitschnitt,
b) geologisches Profil

Das Zeitprofil der Abb. 10.3 verläuft im Nördlichen Wiener Becken auf der Mistelbacher Scholle in einem Gebiet, das durch zahlreiche Brüche in ein Schollenmosaik zerlegt ist. Die gute Reflexionsqualität erleichtert die Festlegung und Verbindung der einzelnen Brüche. Die Interpretation geht von den bedeutenden Störungen aus und schreitet zur Festlegung der geringfügigen Dislokationen fort, die mitunter die älteren Brüche versetzen. Im Abschnitt 185...200 könnte eine mit Laufzeiten von 2,35...2,50 s steiler einfallende Reflexion direkt von der Bruchfläche herrühren. Durch die Tiefbohrung konnten die Brüche in ihrer von der Seismik bestimmten Lage bestätigt werden.

10.3.2. Überschiebungen

Die Interpretation reflexionsseismischer Aufnahmen zum Nachweis von Überschiebungen ist schwierig und nicht immer eindeutig. Auf Grund starker Deformationen entstehen nicht nur komplexe Verformungen der Schich-

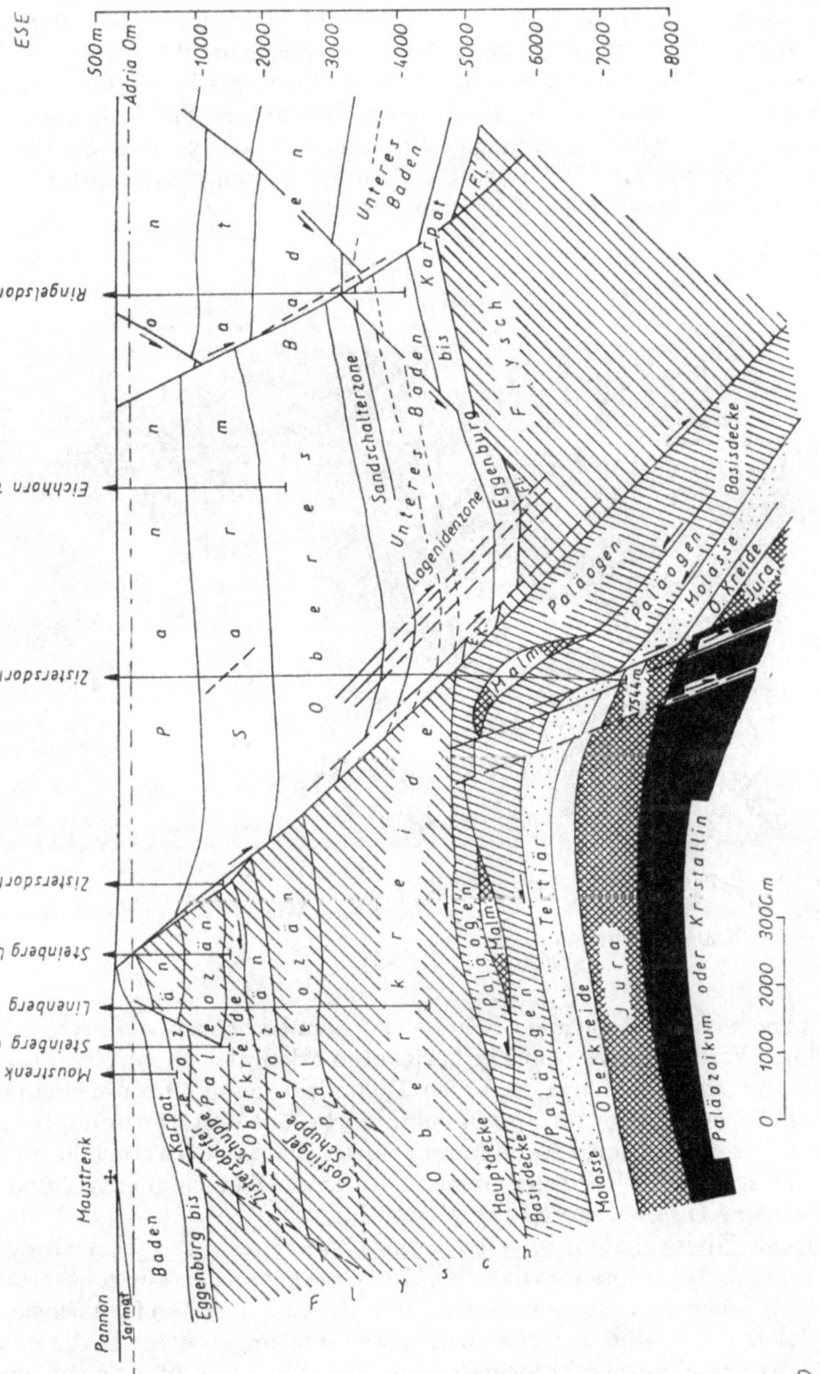
Schnitt Zistersdorf
WNW
ESE
500m
0m
Adria 0m
-1000
-2000
-3000
-4000
-5000
-6000
-7000
-8000
-9000
-10000
Maustrenk
Maustrenk ND 16
Steinberg US
Linenberg 2
Steinberg U1
Zistersdorf 1
Zistersdorf ÜT1
Eichhorn 1
Ringelsdorf 2
Pannon
Sarmat
Baden
Karpat
Eggenburg bis
Paleozän
Oberkreide
Zistersdorfer Schuppe
Gostinger Schuppe
Paläogen
Oberkreide
Hauptdecke
Basisdecke
Malm
Tertiär
Molasse
Oberkreide
Jura
Paläozoikum oder Kristallin
Pannon
Sarmat
Oberes Baden
Sandschalterzone
Lagenidenzone
Unteres Baden
Eggenburg
Unteres Baden bis Karpat
Flysch
Molasse
O. Kreide
Jura
Basisdecke
7544m
0 1000 2000 3000Gm

Abb. 10.2b

ten, sondern auch Änderungen in den petrophysikalischen Parametern. Insbesondere können Geschwindigkeit und Dichte im überschobenen Bereich und vor der Deckenstirn deutlich höhere Werte als im ungestörten Gebiet aufweisen. Innerhalb eines Deckenkörpers variiert die Reflexionsqualität oftmals beträchtlich; Beugungswellen und reflektierte Refraktionseinsätze wirken erschwerend. Um wichtige Strukturelemente lagerichtig einzuordnen, muß eine sorgfältige Migration erfolgen.

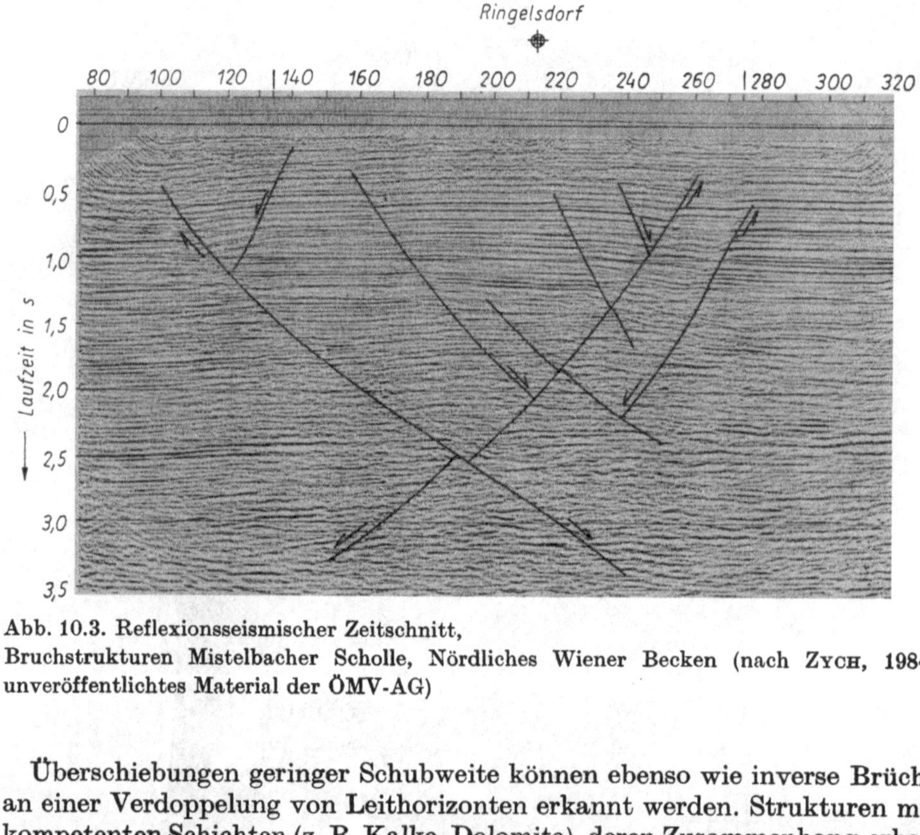

Abb. 10.3. Reflexionsseismischer Zeitschnitt,
Bruchstrukturen Mistelbacher Scholle, Nördliches Wiener Becken (nach Zych, 1984; unveröffentlichtes Material der ÖMV-AG)

Überschiebungen geringer Schubweite können ebenso wie inverse Brüche an einer Verdoppelung von Leithorizonten erkannt werden. Strukturen mit kompetenten Schichten (z. B. Kalke, Dolomite), deren Zusammenhang erhalten geblieben ist oder nur durch Sekundärbrüche gestört wurde, beinhalten in der Regel markante Reflektoren, durch die das Strukturbild analysiert werden kann. Ein Vertreter dieses Typs sind Überschiebungen und damit verbundene Ölfallen der Rocky Mountains.

Alpine Überschiebungen sind zum Unterschied von den übrigen als wurzellos zu betrachten, so daß eine Korrelation von Leithorizonten zwischen Deckenkörper und überschobener Einheit von vornherein auszuschließen ist. Hierbei ist eine individuelle Auswertung angebracht, in die möglichst viele geophysikalische Informationen über Stratigraphie, Schichtmächtigkeiten und Störungen einbezogen werden sollten. Neigungsänderungen können für die Festlegung der Deckengrenzen und tektonischen Einheiten indikativ sein.

Besonderheiten bietet die Auswertung von Schuppenstrukturen, bei denen die einzelnen Einheiten oft durch geringe Mächtigkeit und Ausdehnung gekennzeichnet sind. Sie weisen oft nur geringe oder überhaupt keine Unterschiede im regionalen Einfallen auf, so daß über tektonische Grenzen leicht hinwegkorreliert wird und fälschlicherweise durchlaufende Reflexionshorizonte angenommen werden.

Die komplexe Problematik der reflexionsseismischen Interpretation eines Gebietes mit intensivem Decken- und Schuppenbau läßt sich am Aufschlußprojekt Oberhofen der Rohölaufsuchungs-GmbH am Molassesüdrand (nahe der Grenze Oberösterreich/Salzburg) demonstrieren (Abb. 10.4). An

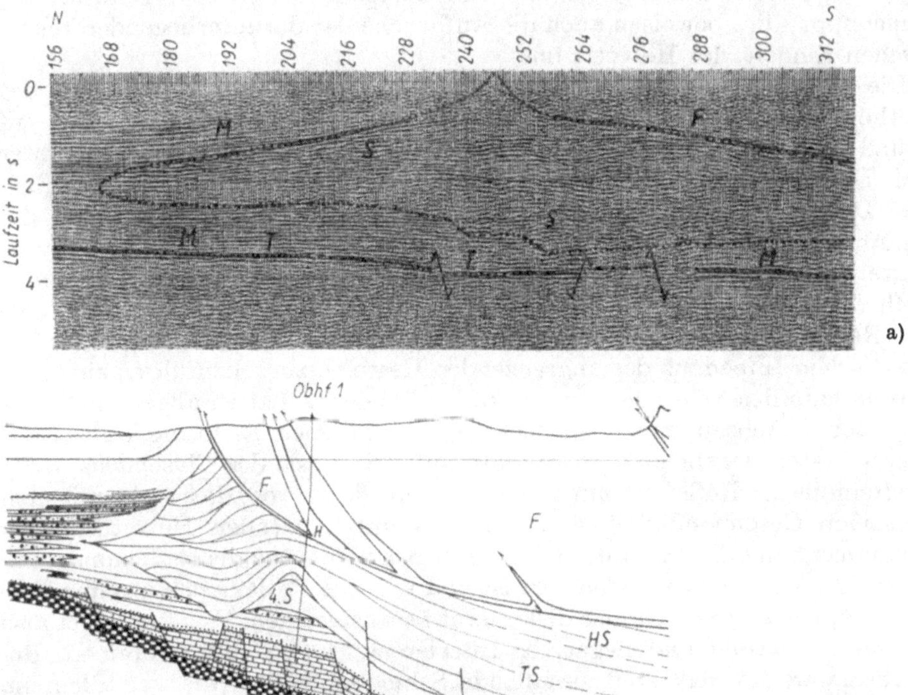

Abb. 10.4. Überschiebung Flysch/Helvetikum/Molasse und Schuppenstrukturen in Oberösterreich (Tiefbohrung Oberhofen/Obhf 1); (nach Derksen; Wagner, 1984; unveröffentlichtes Material der Rohölaufsuchungs-GmbH, Wien)

a) reflexionsseismischer Zeitschnitt

S – Schuppenbau der Molasse,
F – Überschiebung der Flyschzone/Helvetikum,
T – Tertiärbasis,
M – ungestörte Molasse,

b) geologisches Profil

F – Flysch, *H* – Helvetikum, *HS* – höhere Schuppen, *TS* – tiefere Schuppen, *4. S* – 4. Schuppe der Grenze Molasse/Flysch erfolgt eine bemerkenswerte Umgestaltung des tektonischen Baustils. Die weiter im N flach liegenden miozänen Schichten zeigen gegen die Flyschzone hin ein zunehmend steileres nördliches Einfallen. Die oligozän-eozänen Schichtglieder fallen dagegen – unterbrochen durch syn- und antithetische Brüche – weiter nach Süden ein. Unterhalb der Deckenstirn liegt ein Komplex von tertiären Schuppen, der in sich wiederum gefaltet und tektonisch stark beansprucht ist. Explorationsziele waren eine antiklinale Aufwölbung in den tieferen Schuppen und die Untersuchung des Eozäns, des wichtigsten Speichergesteins der Molasse (Laufzeit von 1,6...1,9 s nach S zunehmend). Die aus verschiedenen Gesteinsserien bestehende Flyschzone ist wurzellos, also weithin überschoben, in sich gefaltet und verschuppt; dies beweisen auch die Aufbrüche der darunterliegenden tektonischen Einheit, des Helvetikums.

Die reflexionsseismische Interpretation muß mit der Korrelation des Leithorizontes der autochthonen Tertiärbasis beginnen. Diese läßt sich auf Grund der hervorragenden Reflexionsqualität ohne Schwierigkeiten unter dem Deckenstapel hindurch verfolgen, ebenso wie die Festlegung der Brüche. Durch eine Reihe von Winkeldiskordanzen kann die Oberkante des Schuppenkörpers unter der Molasse abgegrenzt werden, während die Unterkante besser durch das mehr oder weniger plötzliche Aufhören markanter Reflexionen festgelegt wird. Teilweise wird die Oberkante selbst durch kräftige Reflexionen gekennzeichnet, die auf entsprechende Unterschiede in der akustischen Impedanz des angrenzenden Gesteins zurückzuführen sind.

Innerhalb des Schuppenkörpers können mehrere Falten abgegrenzt werden, deren Achsen eine Verschiebung in südlicher Richtung aufweisen; ebenso treten deutliche Diskordanzen auf. Die Basis der Flyschdecke tritt größtenteils als Reflexion mit großer Amplitude hervor; dies steht mit dem negativen Geschwindigkeitskontrast zum unterlagernden Helvetikum im Zusammenhang. Es fällt auf, daß zwischen P 270...292 die Reflexionsqualität der Flyschbasis verschlechtert ist und kräftige Reflexionen aus den Tertiärschuppen an diese Grenze diskordant heranstreichen. Es könnte hier also zu Defokussierung und negativer Interferenz (s. Kap. 9.7.) kommen. Bemerkenswert ist, daß steil einfallende Schichten fehlen, die vor allem im Bereich der Beckenstirn zu erwarten wären, obwohl ein solches Einfallen geologisch erwiesen ist. Innerhalb der Flyschzone treten Reflexionen auf, die aber oft nach mehr oder weniger langem Verlauf abrupt aufhören. Es ist zwar eine südfallende Schuppung und Faltung als tektonischer Baustil zu interpretieren, die Schichtsättel treten jedoch nicht in Erscheinung.

Höchste Ansprüche an die Reflexionsseismik werden bei Erkundungsarbeiten in den Kalkalpen gestellt. Eine zufriedenstellende Interpretation, die auch mit den geologischen Ergebnissen voll verträglich ist, war erst durch das Einbeziehen aller Hilfsmittel möglich, vor allem auch durch Tiefbohrungen und Bohrlochmessungen (Geutebrück et al., 1984).

Ziel der Prospektion sind die Schichten der autochthonen Molasse und des autochthonen Mesozoikums, die sich in der Regel unter fünf verschiedenen Decken und Schuppen vom Vorland bis an den Südrand der Kalkalpen erstrecken dürften. Abb. 10.5 zeigt neben dem seismischen Profil einen

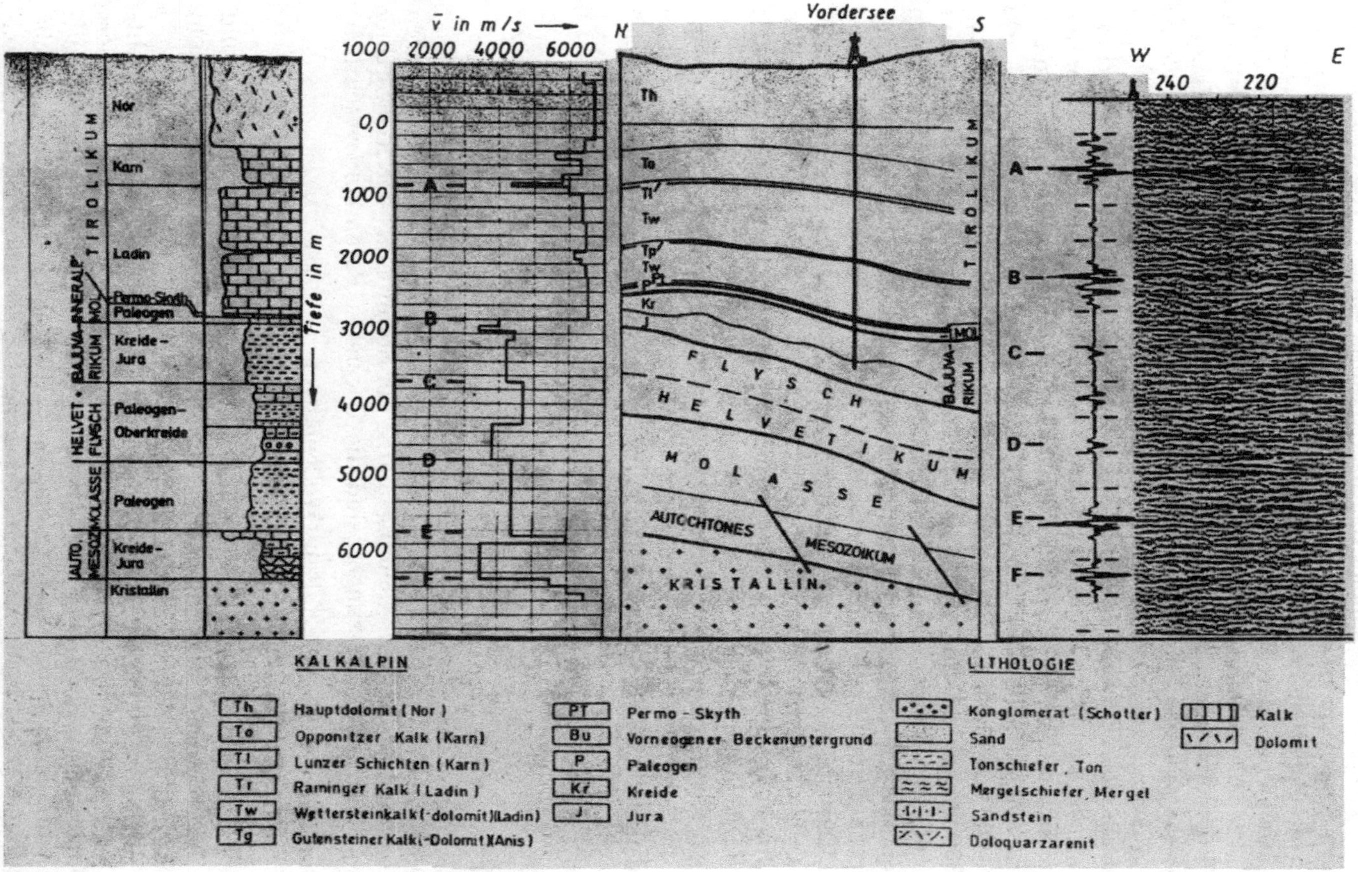

Abb. 10.5. Deckenbau in den Nördlichen Kalkalpen bei Vordersee/Salzburg (nach GEUTEBRÜCK et al., 1984)
Vergleich Reflexionsseismik (Zeitprofil, synthetisches Seismogramm) mit Geologie sowie Intervallgeschwindigkeit mit Lithostratigraphie

für weite Teile der Nördlichen Kalkalpen repräsentativen Überblick aus dem Raum der Tiefbohrung Vordersee 1 (südlich Salzburg), der auch die Lithostratigraphie und Schichtgeschwindigkeiten enthält. Die Triasgesteine des Tirolikums sind durch hohe Geschwindigkeiten von ca. 6000 m/s charakterisiert; lediglich im Karn kommt es auf Grund der abweichenden Lithologie (Sandsteine, Mergel) zu einem Geschwindigkeitsrückgang auf 4300 m/s und damit zur Ausbildung einer markanten Reflexion. Die Grenze Tirolikum/Bajuvarikum ist durch den Übergang von dichten Kalken im Hangenden gegen tonig-sandige Gesteine von Paläogen und Oberkreide sowie im Gefolge davon durch einen Geschwindigkeitsrückgang von ca. 2500 m/s gekennzeichnet. Flysch und Helvetikum weisen auf Grund des Überlagerungsdruckes nicht unbeträchtlich höhere Geschwindigkeiten gegenüber den vergleichbaren, an der Oberfläche anstehenden Gesteinsserien auf. In den stärker tonigen Helvetikumgesteinen gehen die Geschwindigkeiten auf Werte unter 4000 m/s zurück. Bemerkenswert sind die hohen Geschwindigkeiten (ca. 4300 m/s) der Molasse; sie betragen ca. das Doppelte der Werte der anstehenden Gesteine. Dagegen besitzt die Hauptmasse des autochthonen Mesozoikums relativ geringe Intervallgeschwindigkeiten von ca. 3500 m/s, die durchaus auch poröse und permeable Gesteine kennzeichnen können.

Der Horizont A (Karn) ist ein im ganzen Untersuchungsgebiet verbreiteter seismischer Leithorizont, der die Klärung des inneren Baus des oberen kalkalpinen Stockwerks gestattet (persönliche Mitteilung der ÖMV-AG); auch die Kalkalpenbasis ist in der Regel gut erkennbar. Zur stratigraphischen Einstufung dieser und der anderen Reflexionshorizonte haben die aus den Bohrlochmessungen berechneten synthetischen Seismogramme einen entscheidenden Beitrag geleistet. Es besteht auch eine gute Übereinstimmung mit den Zeitprofilen der Feldaufnahmen. Die Kristallinoberkante wurde im Profil Vordersee bei ca. 6200 m Teufe angenommen.

10.3.3. Falten

Falten zeigen auf Grund ihrer mechanischen und geologischen Bedingungen ein verschiedenartiges Erscheinungsbild. Vom Standpunkt der Auswertung reflexionsseismischer Messungen sind die folgenden Parameter wesentlich:

— Abstand zwischen den Falten (Wellenlänge),
— Tiefgang der Faltung und Schichtneigung der Flanken.

Wichtige physikalische Erscheinungen, wie z. B. Defokussierung und damit verbundene Änderungen der Reflexionsqualität sowie Diffraktion, wurden bereits bei den Antiklinalen besprochen.

Im einfachen Fall der Parallelfaltung ist charakteristisch, daß die Schichtsättel mit zunehmender Tiefe steiler und die Schichten stärker komprimiert bzw. eingeengt werden. Dies führt zum Ausfall von Reflexionen und Auftreten von Beugungswellen aus dem zentralen Bereich der Sättel. Solche Strukturen ergeben sich bei Gleitfaltungen, wie sie an den Kontinentalhängen vorkommen.

Für die Mechanik der Faltung und auch für die Ausbildung von Reflexionen ist die Einschaltung kompetenter Gesteine wichtig, wie es z. B. bei Kalkbänken in eine tonige Schichtenfolge der Fall ist. Wegen des beträchtlichen Unterschiedes in der seismischen Impedanz sind diese Einschaltungen bei entsprechender Mächtigkeit mit der Ausbildung kräftiger Reflexionen verbunden.

Steil stehende Falten, die auch in Überschiebungen übergehen, treten in der Molassezone Niederösterreichs im Raum der „Staatzer Klippenzone" auf. Durch tangentiale Tektonik wurden Jura und Kreidegesteine als Kern von ortsfremden Klippen nach NW verfrachtet, wodurch die umhüllenden miozänen Schichten steil aufgefaltet wurden. Abb. 10.6 stellt ein typisches Profil dar, in dem der Bereich der tektonischen Beanspruchung durch die Verbindung der Steilstellung in den einzelnen Schichtgliedern genau abgegrenzt werden kann, wobei es in der Umgebung auch zu einer Durchspießung des Tertiärs kam. Die bis in das Kristallin (bei 1,95 s) abgeteufte Tiefbohrung bestätigte die seismische Interpretation.

10.3.4. Salzstöcke und Diapire

Salzstöcke gehören als Ölfallen zu den kombinierten Typen im Sinne der Einteilung von LEVORSEN (1954). Sie sind durch eine charakteristische Tektonik („Salztektonik") gekennzeichnet und in vielen Sedimentbecken welt-

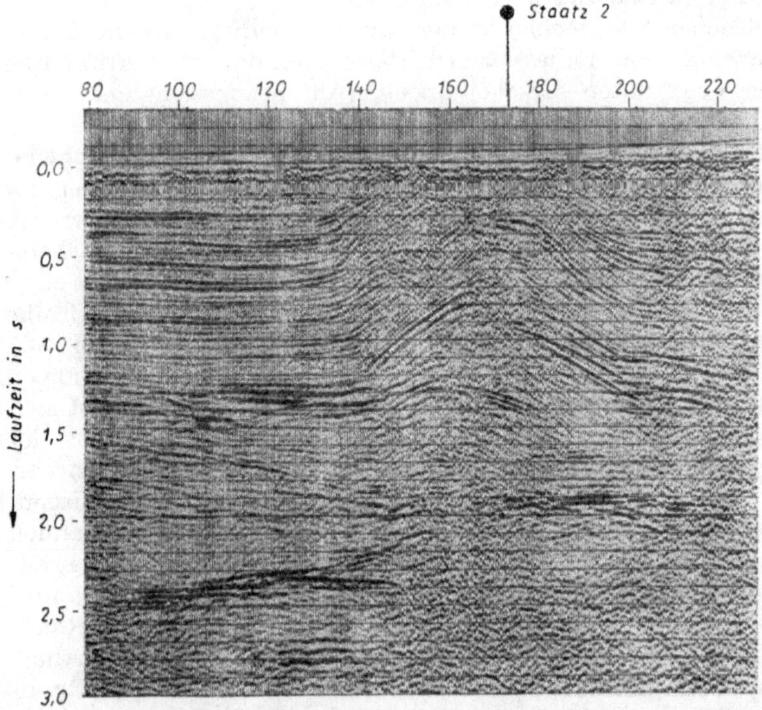

Abb. 10.6. Zeitschnitt Klippe Staatz, Nördliches Wiener Becken (nach MILAN; ZYCH, 1980; unveröffentlichtes Material der ÖMV-AG, Wien)

weit verbreitet; dadurch können gewisse allgemeingültige Regeln bei der seismischen Interpretation festgestellt werden. Klassische Gebiete, in denen grundlegende Erfahrungen in Bezug auf Meßtechnik und Auswertung gesammelt werden konnten, sind Norddeutschland, die Golfküste (USA) und der Iran. Das typische Erscheinungsbild sind steil einfallende Reflexionselemente, an die sich ein vertikal meist gut abgegrenzter reflexionsleerer Bereich anschließt.

Andere Erscheinungsmerkmale sind schmale, parallel angeordnete Muldenzonen, an die steilgestellte Schichten grenzen. In diesem Bereich ist bei Vorhandensein zahlreicher Reflektoren oft eine beträchtliche Mächtigkeitsabnahme der Schichten festzustellen. Die genaue Abgrenzung dieser Flanken ist eine wichtige Aufgabe der reflexionsseismischen Auswertung, da an solche Bereiche bedeutende Ölfallen gebunden sind.

Die Oberkante des Salzstocks ist meist durch kräftige Reflexionen gekennzeichnet; dies ist vor allem bei Vorhandensein einer mächtigen Gesteinskappe der Fall und auf den guten Kontrast in der akustischen Impedanz zurückzuführen.

Auch die mit Salzstöcken verbundenen Brüche zeigen meist bestimmte Merkmale. Im Kartenbild läßt sich eine radiale Anordnung mit abnehmender Sprunghöhe im salzstockfernen Bereich erkennen. Auf die Y-Brüche in den Schichten über dem Salzstock wurde bereits hingewiesen (s. Kap. 10.3.1.). Die Brüche im Flankenbereich sind komplexer Natur und auf Zerrung sowie Kompression beim Salzaufstieg zurückzuführen.

Bei tiefer gelegenen Salzstöcken können die darüberliegenden Schichten domartig aufgewölbt sein. Es lassen sich dann auch die von gekrümmten Reflektoren her bekannten Erscheinungen (Amplitudenabnahme) feststellen.

Die genaue Kenntnis der Geschwindigkeiten und der Lage der Geschwindigkeitsgrenzen ist eine entscheidende Voraussetzung für die Erfassung der wahren geologischen Struktur. Ansonsten können vor allem in den unterhalb des Salzdoms gelegenen Reflektoren gravierende Lagefehler und Scheinstrukturen auftreten. Rist; Schneider (1984) erläutern die Vorteile einer Tiefenmigration unter Verwendung vormigrierter Geschwindigkeitsprofile gegenüber einer Zeitmigration. Das gestapelte Zeitprofil von Abb. 10.7 zeigt einen Salzstock im fortgeschrittenen Kissenstadium mit Störungen im Bereich der Gesteinskappe. Vor allem der rechte Flankenteil läßt sich strukturell nicht interpretieren. Erst nach der (f-k)-Tiefenmigration der Stapelsektion werden zwei Diskordanzen in den tieferen Horizonten sichtbar.

Der Zeitschnitt der Abb. 10.8 gibt den zwischen zwei Salzkissen liegenden Senkungsbereich wieder. Die Konvergenz der Phasenachsen im Bereich der Zechsteinbasis bei 2,5 s Laufzeit zeigt die nahezu vollständige Auswanderung des Salzes aus dem Zentrum der primären Randsenke an. Eine jüngere Phase der Salzbewegung ist für die Ausbildung der sekundären Randsenke im linken Teil des Zeitschnitts zwischen 0,7...1,1 s verantwortlich. Oft läßt sich aus der Systematik der räumlichen Anordnung solcher Randsenken auf die generelle Richtung der Salzwanderung und damit auf die Genese ganzer Salzstockfamilien schließen.

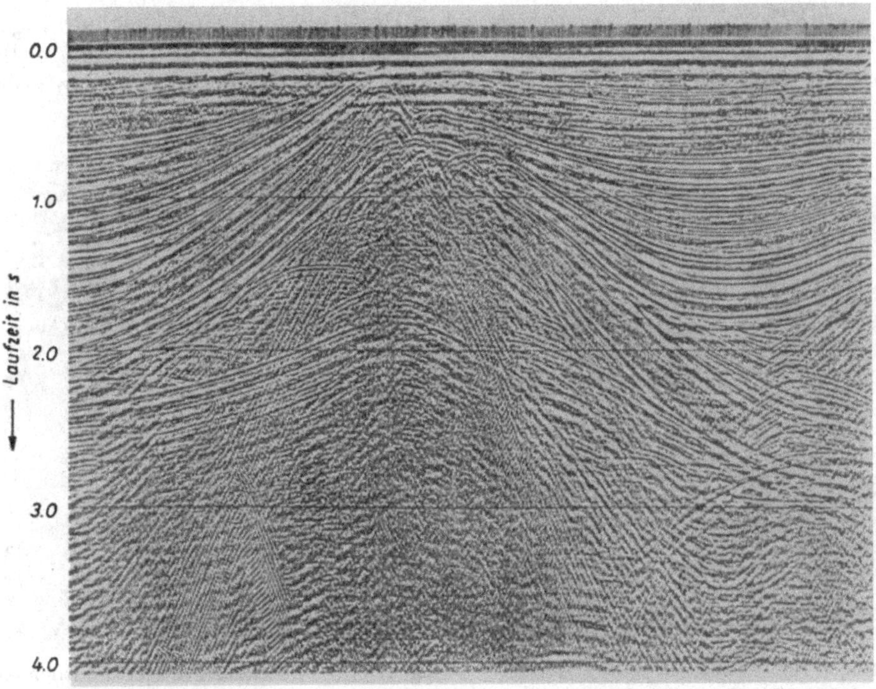

a)

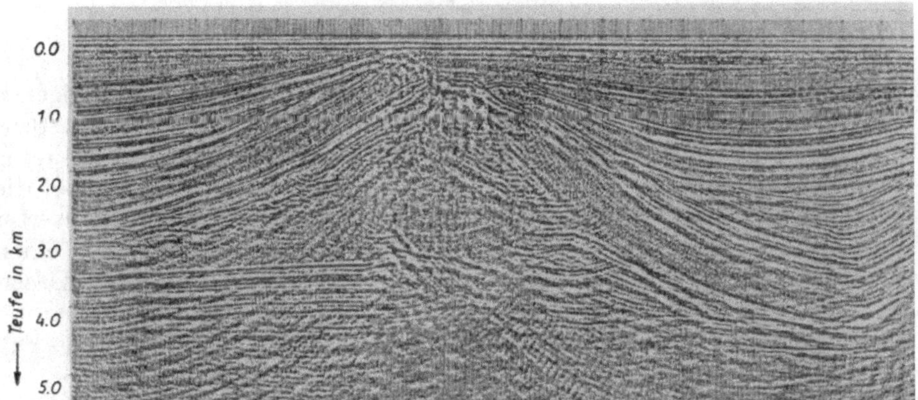

b)

Abb. 10.7. Salzstock (nach Rist; Schneider, 1984)
a) gestapeltes Zeitprofil,
b) f-x-Tiefenmigration des gestapelten Zeitprofils

Diapire können im reflexionsseismischen Profil ein ähnliches Erscheinungsbild wie Salzstöcke ergeben, da sie durch unverfestigte Tone — ebenfalls plastische Gesteine — hervorgerufen werden. Die Geschwindigkeiten sind jedoch wesentlich niedriger als im Bereich von Salzstrukturen.

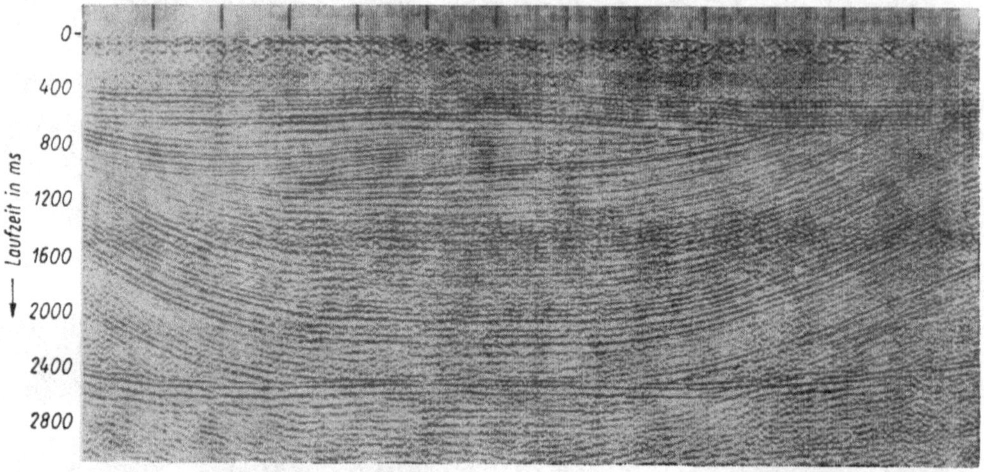

Abb. 10.8. Primäre und sekundäre Randsenke zwischen zwei Salzkissen (unveröffentlichtes Material des VEB Kombinat Geophysik, Leipzig)

10.4. Seismostratigraphie

Die Seismostratigraphie hat sich im letzten Jahrzehnt zu einem eigenen Teilgebiet entwickelt, in dem geologische und seismische Merkmale sowie Daten auf das Engste verknüpft sind. Ausgegangen ist diese Entwicklung von der systematischen Suche nach stratigraphischen Ölfallen, wobei die Reflexionsseismik erst nach Einführung der Digitalseismik und verbesserter Datenverarbeitung —anders als bei der strukturellen Interpretation — einen wesentlichen Anteil gewinnen konnte. Tragfähige Konzepte für eine Klassifikation wurden von Levorsen (1954) entwickelt. Das wichtigste Kriterium dabei ist das Vorhandensein oder Fehlen einer Diskordanz; im letzteren Fall wird in primäre und sekundäre Ölfallen eingeteilt.

Vor etwa 10 Jahren entstand eine als Seismostratigraphie oder seismische Faziesanalyse bezeichnete Forschungsrichtung, die über die Ölfallenerkennung hinaus die Untersuchung sedimentärer Elemente zum Ziele hat. Dabei kann auch ein Rückschluß auf die geologischen Faktoren (z. B. Senkungen, Hebungen, Transportmechanismen, Transgression, Regression, Erosion) gezogen werden, welche die betreffenden Gesteine und Strukturen entstehen ließen.

Die wichtigsten seismischen Parameter, die zur Erkennung der entsprechenden geologisch-sedimentären Modelle herangezogen werden, sind Reflexionskontinuität und -charakter, Verteilung und Neigung der Reflexionen,

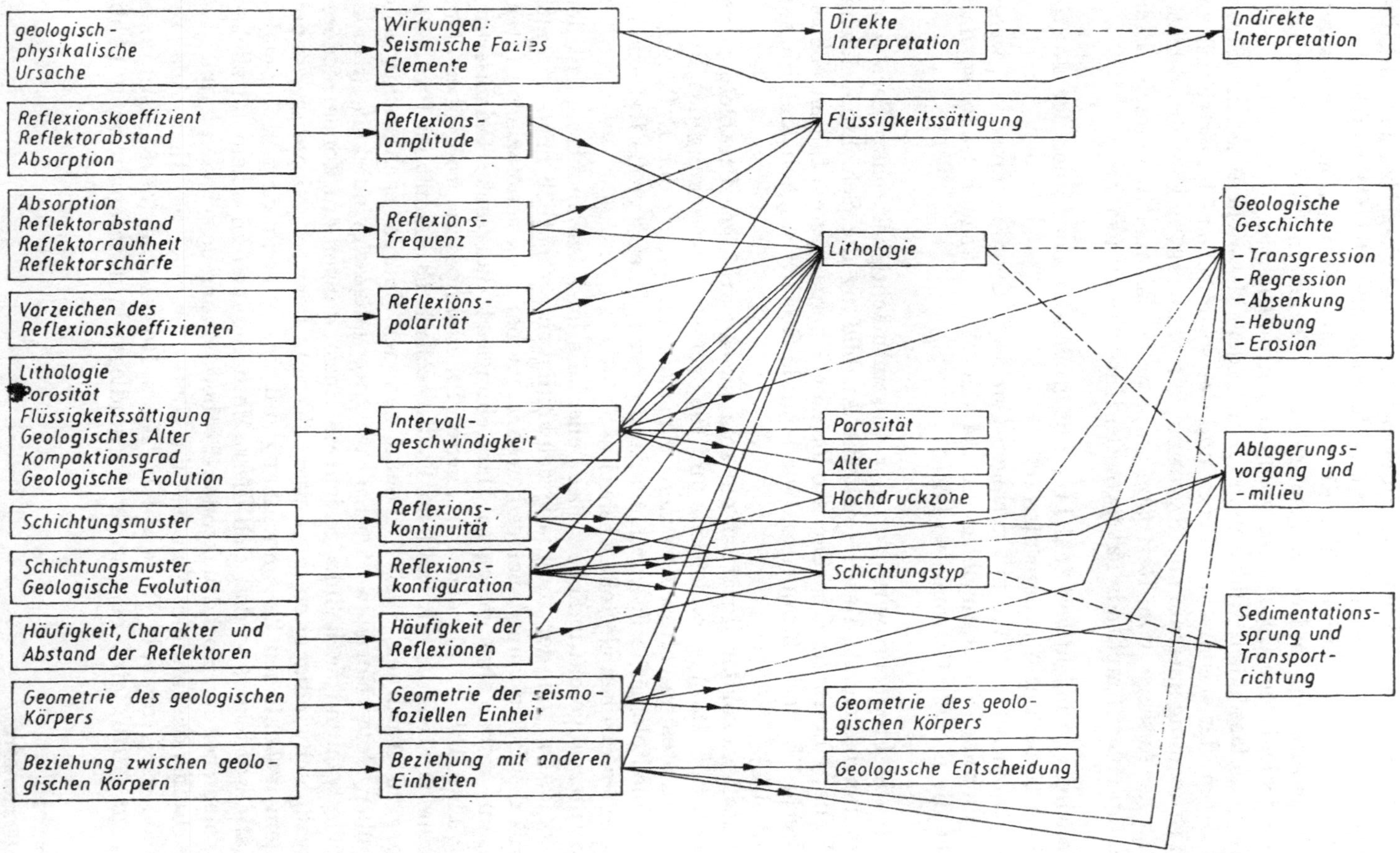

Abb. 10.9. Zusammenhänge zwischen seismischen Fazieselementen und deren Ursachen (nach ROKSANDIĆ, 1978)

Amplitude, Frequenz, Polarität, Intervallgeschwindigkeit, bei kartenmäßiger Darstellung außerdem bestimmte Trends und die Geometrie dieser Parameter. Einen Überblick über die komplexen Zusammenhänge zwischen den Reflektoreigenschaften, der seismischen Fazies und der daraus abgeleiteten geologischen Geschichte vermittelt Abb. 10.9.

Einen umfassenden Gliederungsversuch der klassischen sedimentären Faziesarten, der seismischen Fazies und der seismischen Charakteristik zu deren Erkennung unternahmen Sangree; Widmier (1979). Die seismostratigraphische Aussage von Reflexionsamplituden ist relativ einfach. Eine Reflexion hoher Amplitude hat zweierlei Entstehungsursachen:

- sie wird von mächtigen Schichten mit großen Unterschieden der akustischen Impedanz hervorgerufen oder
- von dünnen Schichten mit geringen Unterschieden der Impedanz, wenn die einzelne Schichtmächtigkeit 1/4 der Wellenlänge beträgt, so daß sich die Einzelreflexionen addieren.

Auch die Frequenz wird von der Gesamtmächtigkeit einer Serie von Horizonten bestimmt. Dabei spielt die Ausbildung der Schichtoberfläche eine Rolle; eine rauhe Oberfläche oder eine Übergangszone führen ebenso zum Verlust höherer Frequenzen wie laterale Geschwindigkeitsänderungen (s. Kap. 6.1.).

Die Reflexionskontinuität ist ein sehr aussagekräftiger Parameter; aus ihr kann auf das Vorhandensein und die weitere Erstreckung des Reflexionshorizontes geschlossen werden. Auch die Verteilung der Reflexionen läßt sedimentologische Folgerungen zu; so legt z. B. eine große Reflexionsdichte einen raschen Gesteinswechsel nahe.

Die Intervallgeschwindigkeit steht ebenfalls im Zusammenhang mit der Lithologie. Die von der Intervallgeschwindigkeit wesentlich mitbestimmte Technik der Pseudoimpedanzlogs bewährt sich bei der seismofaziellen Interpretation, wobei eine geeignete Darstellungsart die rasche Orientierung ermöglicht. Abb. 10.10 zeigt ein solches Pseudoimpedanzprofil über einer ölführenden Struktur mit raschem Fazieswechsel. Er kommt im Profil dadurch zum Ausdruck, daß Auslenkungen der Spuren nach rechts eine gegenüber dem Normalwert erhöhte Intervallgeschwindigkeit (Sande) angeben, während nach links gerichtete Auslenkungen auf Zonen niederer Intervallgeschwindigkeiten hinweisen (Tone). Letztere wiederum stehen in einem ursächlichen Zusammenhang mit der Ausbildung von anomalen Formationsdrücken, so daß sich diese Methode auch zu einem nützlichen Instrument bei der Hochdruckzonen-Früherkennung entwickeln kann.

Die Reflexionskonfiguration ist ein Kriterium, das bei allen Analysemodellen eine tragende Rolle spielt. Nach Roksandić (1978), Sangree; Widmier (1979) gibt es nur drei grundlegende Konfigurationen (Abb. 10.11):

- geschichtet,
- reflexionsfrei,
- chaotisch.

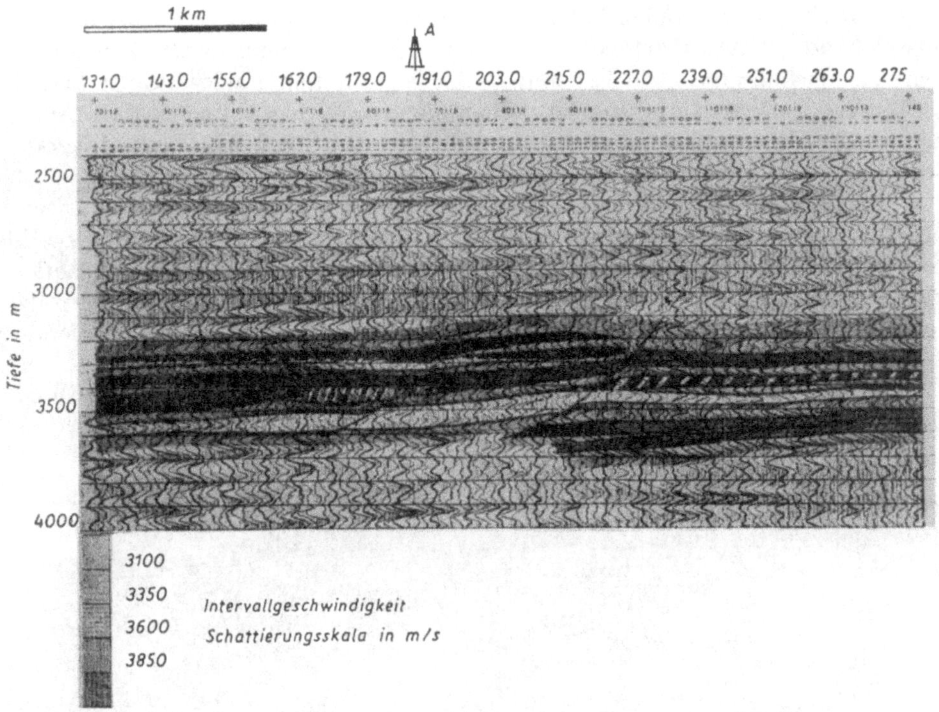

Abb. 10.10. Seismofazielle Interpretation mit Pseudoimpedanzlog (nach BILGERI; ADAMENO, 1982).

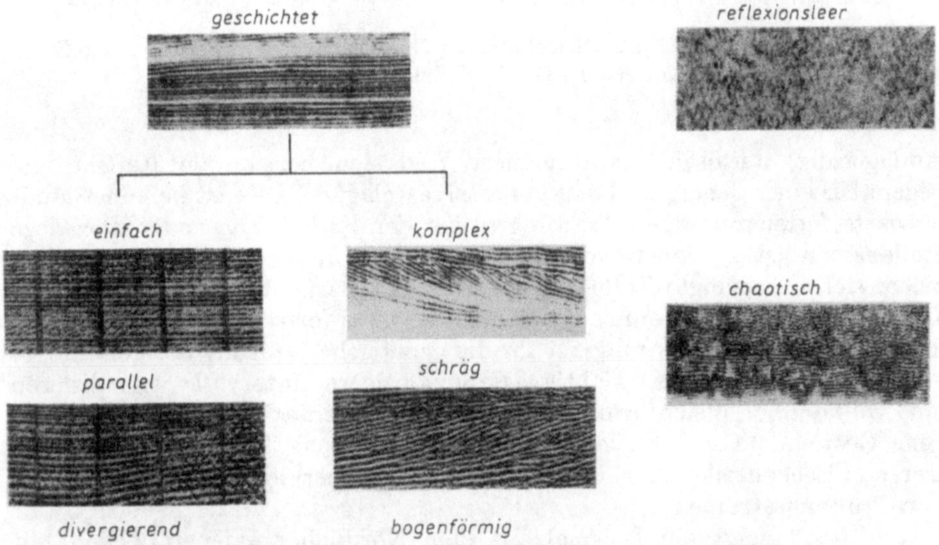

Abb. 10.11. Typische Reflexionsmuster (nach SANGREE; WIDMIER, 1979)

Oft ist eine profilmäßige Interpretation zur Festlegung einer Fazies nicht ausreichend, so daß Kartendarstellungen oder dreidimensionale Darstellungen erforderlich sind. Die Ergebnisse der seismischen Faziesanalyse lassen sich in Karten der Verteilung einzelner Faziesarten zusammenfassen. Auch eine Quantifizierung ist möglich; dies gilt z. B. für Sand-Ton-Verhältniskarten, die aus Intervallgeschwindigkeiten hergeleitet werden können.

Geschichtete Reflexionsmuster sind die Basis für die seismofazielle Interpretation. Parallel verlaufende Reflexionen weisen auf gleichmäßige Sedimentationsverhältnisse hin; dagegen kann man aus divergierenden Reflexionen schließen, daß Sedimentation und Absenkung ungleichmäßig erfolgten. Bei den komplexen Reflexionsmustern ist das *Onlap* (übergreifende

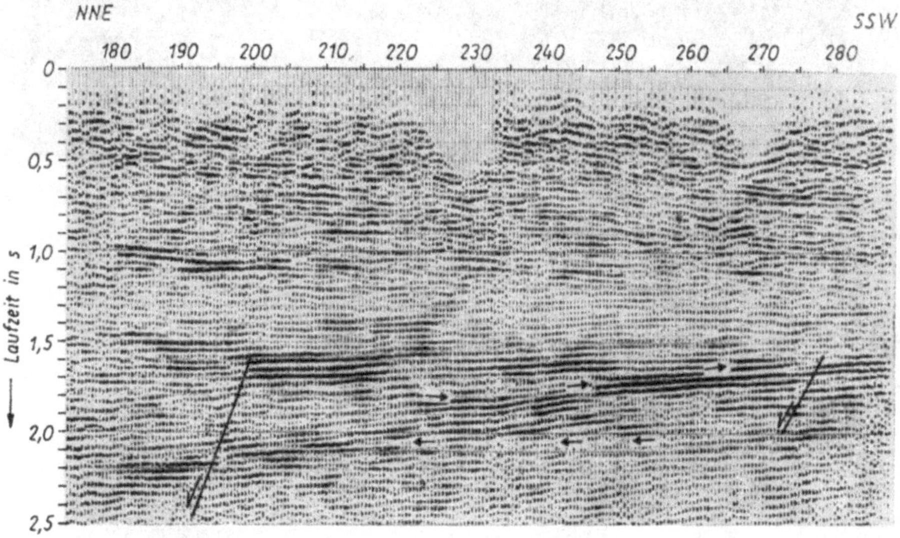

Abb. 10.12. Onlap- und Downlap-Schichtung im Nördlichen Wiener Becken (nach ZYCH, 1979; unveröffentlichtes Material der ÖMV-AG, Wien)

Auflagerung) dadurch charakterisiert, daß sich horizontale Reflektoren gegenüber einer geneigten Basis sukzessive anlagern. Dies ist bei einer landeinwärts fortschreitenden Transregression der Fall. *Offlap*- oder *Downlap*-Reflexionen (Reflexionen von Schichten mit abtauchender Lagerung) beziehen sich auf geneigte Reflektoren, die an der Basis abgeschnitten werden. Dieser Reflexionstyp kennzeichnet eine seewärts fortschreitende Sedimentzufuhr, und seine Erkennung ist für die genetische Deutung der Geschichte eines Sedimentbeckens wichtig. Reflexionsleere Intervalle signalisieren eine vollkommen gleichförmige und ruhige Sedimentation und daher homogene Gesteine (Tone, Kalke, Steinsalz). Chaotische Reflexionen dagegen treten in Beckenteilen mit hoher Sedimentationsenergie auf, z. B. im Gefolge von Trübungsströmen.

Abb. 10.12 zeigt ein Beispiel aus dem Nördlichen Wiener Becken mit einer Onlap- und Offlap-Situation. Über dem gegen SSE ansteigenden Reflektor (bei ca. 1,65 s am rechten Profilende) lagern sich ehemals flach liegende, heute schwach geneigte Reflexionen an. Von einer sich zwischen 2,0 ... 2,1 s erstreckenden Reflexion werden gegen NNE stärker geneigte Elemente nach unten zu abgeschnitten (Downlap). Dabei kommt die Grenze der verschiedenen stratigraphischen Einheiten als ein gegen SSW ansteigendes Reflexionsband mit paralleler Schichtung zum Ausdruck.

10.4.1. Sandlinsen und Sandabfolgen

Der Nachweis von Sandlinsen zählt zu den schwierigsten Aufgaben für die Reflexionsseismik und übersteigt häufig deren Auflösungsvermögen. Sandlinsen treten in verschiedenen Faziesarten (z. B. in der Schelf- oder in der Deltafazies) auf. Das direkte Erkennen und Abgrenzen in Form einer separaten Reflexion von der Ober- und Unterkante hat neben einem Unterschied in der Impedanz eine Mindestmächtigkeit im Verhältnis zur Wellenlänge des seismischen Impulses zur Voraussetzung. Eine solche reflexionsseismische Trennung von Ober- und Unterkante ist vielmehr als Ausnahme und nur bei sehr mächtigen Schichten möglich. Die praktische Grenze der Auflösung, bei der noch eine klare Trennung der Einzelsignale erkennbar ist, liegt bei einer Mächtigkeit, die 5/8 der Wellenlänge für die vorherrschende Frequenz beträgt (Abb. 10.13). Die theoretische Grenze der Auflösung wird für den Fall der Erhöhung der Amplitude durch konstruktive Interferenz bei einer Mächtigkeit von $\lambda/4$ erreicht (s. Kap. 7.2.4.2.). Ein Einfluß der Schicht auf die Wellenform ist zwar noch bei einer Mächtigkeit von $\lambda/8$ gegeben, wegen des Störpegels in der Praxis aber i. allg. nicht nachweisbar. Daher enden die von einer Sandeinlagerung oder einem Sandsteinhorizont kommenden Reflexionen schon in einem bestimmten Abstand vor dem Auskeilen.

Eine Wechsellagerung von Sanden und Tonen macht sich in einer aus mehreren Phasen bestehenden Reflexion bemerkbar, aus der sich aber keine Einzelheiten entnehmen lassen. Durch Auskeilen von einzelnen Sandlagen können sich Reflexionscharakter und Amplitude ändern. Balch et al. (1981) konnten durch komplexe Interpretation Mächtigkeitsänderungen eines oberkarbonen Ölsandes („First Leo Sandstein“) in Wyoming nachweisen. Maßgebliche Hilfsmittel waren die flächenhafte Erfassung von Amplitudenanomalien, vertikale seismische Profilierung und synthetische Seismogramme (Abb. 10.14).

Ein weiteres Beispiel für den Nachweis auskeilender Sande ist der Abb. 10.15 zu entnehmen. An der Wende von Oligozän/Miozän erfolgte in der Molassezone eine Umgestaltung der Absenkung und Sedimentation, als deren Folge diese Grenze auch reflexionsseismisch gut definiert ist. Den marinen untermiozänen Tonmergeln sind nahe der Basis Stapel dünner, meist sehr feinkörniger Sande zwischengeschaltet, die hohe Porositäten und Permeabilitäten besitzen. Zahlreiche Gasfunde stammen aus diesen Schichten, die nach Malzer (1980) genetisch als küstenparallele Sandbarrieren, z. T. auch als unregelmäßige Sandlagen über Untiefen interpretiert werden. Abb. 10.15 läßt zwischen 0,6 und 0,65 s ein nach N an Mächtigkeit abnehmendes Schichtintervall erkennen, das den gasführenden Sanden entspricht. Der bei P 139 befindliche Bereich der Vertonung der Sande fällt mit dem Aufhören der Reflexion von der Oberkante zusammen; die Auskeilungslinie liegt bei P 129 und ist durch eine Umgestaltung des Reflexionscharakters, eine Amplitudenänderung und eine kleine zeitliche Versetzung der Reflexion von der Basis zu erkennen. Die kleinere Amplitude der Reflexion von der Basis der Sandfolge wird auf die stärkere Dämpfung durch die Gasführung zurückgeführt. Der bei P 183 nachgewiesene Gas/Wasserkontakt ist im reflexionsseismischen Bild deutlich mit einer gewissen Charakteränderung und Amplitudenabnahme der Reflexion vom Top und einer nahezu parallel laufenden Amplitudenverbesserung der Reflexion von der Basis des Schichtgliedes verbunden.

Bei genügend dichten Reflexionen stellt die Intervallgeschwindigkeit einen aussagekräftigen Parameter dar. Im allgemeinen weisen Sande und Sandsteine höhere Geschwindigkeiten als die Tongesteine auf. Aus den lateralen Änderungen der Intervallgeschwindigkeit kann bei genügend engem Schichtintervall auf das Auskeilen von Sanden geschlossen und der Übergang von einem gasführenden zu einem dichten, tonigen Sand erkannt werden. Zyklische Sand-Ton-Abfolgen lassen sich durch vertikale

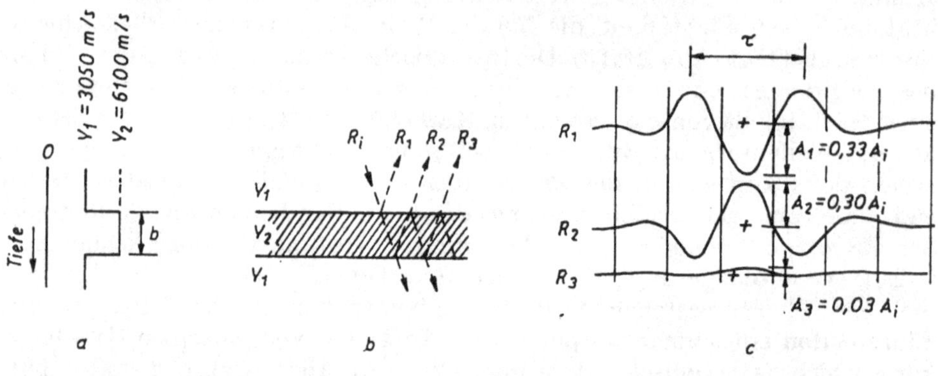

Abb. 10.13. Wirkung der Schichtmächtigkeit auf die Ausbildung von Reflexionen (nach Widess, 1973)

a) Geschwindigkeitsverteilung,
b) Strahlenverlauf,
c) Einzelne Reflexionswellen, konstruiert aus den Verzögerungszeiten, die aus den Schichtmächtigkeiten berechnet wurden.
d) Form und Relativzeiten der zusammengesetzten Reflexion als Funktion der Schichtmächtigkeiten

① Einsatz der Reflexion R_1,
② Parallele zum Einsatz von R_1,
③ Parallele zum Mittelwert der Einsätze von R_1 und R_2,
④ Parallele zum Einsatz von R_2,

x — Laufzeit des Wellentales,
o — Zeit der Nullamplitude,

Laufzeitintervall der Zeitlinien: 0,5τ
(τ — vorherrschende Periode des einfallenden Wellenzuges)

Geschwindigkeitsänderungen nachweisen. Die Polarität der Reflexionen ermöglicht Aussagen über lithologische Änderungen, wie z. B. das Auskeilen eines Sandes.

Bei einfacher Lithologie, wie sie z. B. eine Sand-Ton-Folge darstellt, können auch statistische Verfahren dienlich sein. Eine solche Situation läßt sich als stochastische Matrix beschreiben (Velzeboer, 1981) und bei zusätzlicher Kenntnis der wahrscheinlichen Mächtigkeitsverteilung der Schichten als Grundlage zur Ermittlung des Leistungsspektrums der reflexionsseismischen Wiedergabe verwenden. Daraus wiederum sind Wahrscheinlichkeitsangaben für petrophysikalisch wichtige Angaben möglich, wie z. B. die Streuung der Reflexionskoeffizienten, das Sand-Ton-Verhältnis oder die Mächtigkeiten sedimentärer Zyklen (Abb. 10.16).

Voraussetzung dafür, solche durch Tonlagen getrennten Sande noch eindeutig zu identifizieren, ist eine hochauflösende Reflexionsseismik. Modellrechnungen mit plausiblen Geschwindigkeitsannahmen ergeben, daß bei einer Frequenz von 40 Hz zwei durch eine 6 m mächtige Tonlage getrennte Sande noch als Einzelreflexionen identifiziert werden können. Bei geringerer Mächtigkeit der Tonlage bildet sich eine einzige Reflexion hoher Amplitude durch konstruktive Interferenz aus (Abb. 10.17).

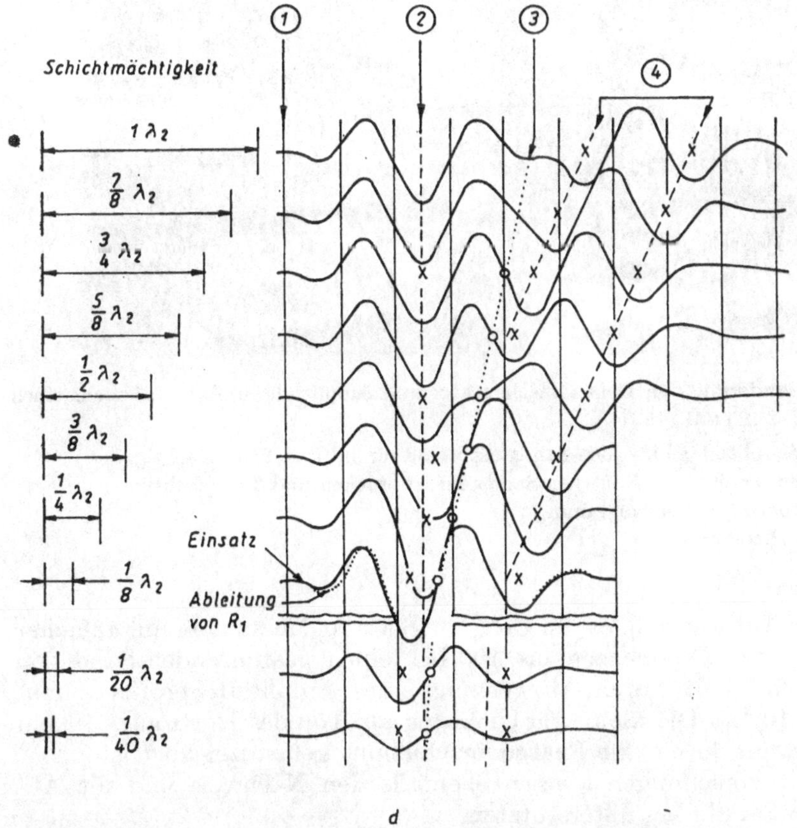

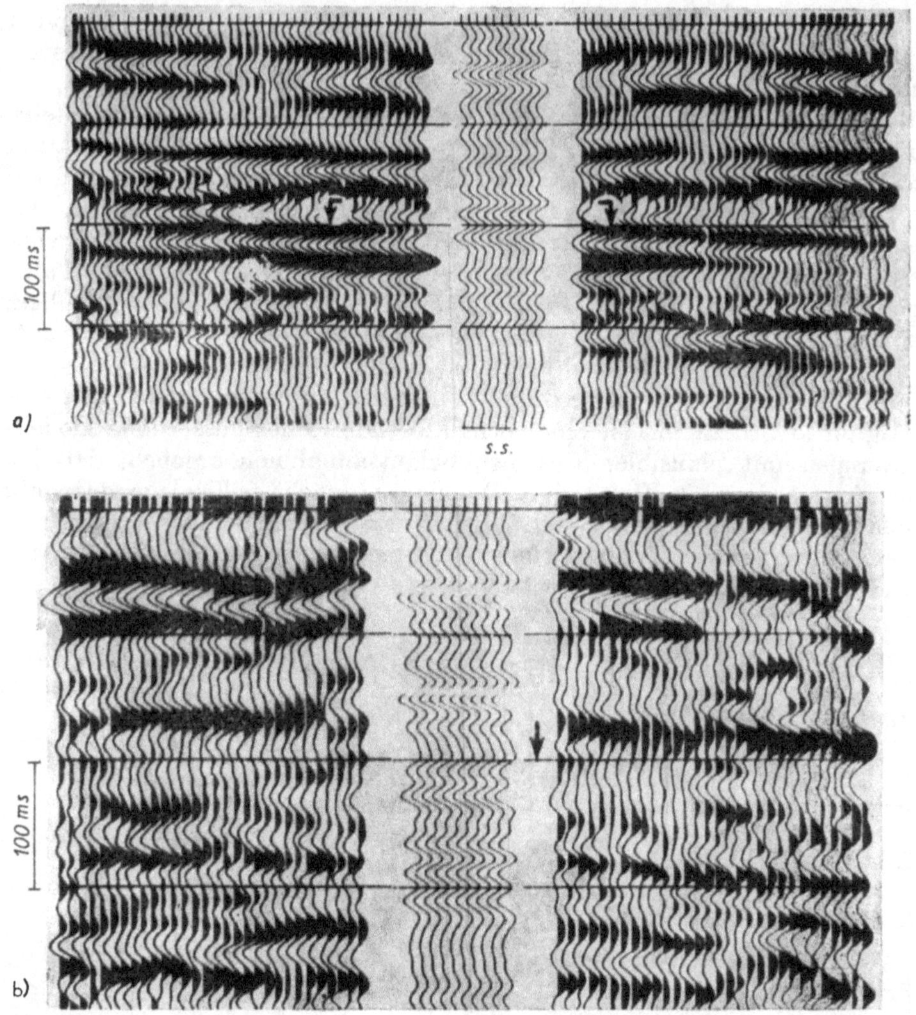

Abb. 10.14. Veränderung von Reflexionscharakter und Amplitude infolge Auskeilens eines Sandes (nach BALCH et al., 1981)

a) Starke Leo-Amplitude; First-Leo-Sandstein ist ölführend und 15 m mächtig.
b) Schwache Leo-Amplitude; First-Leo-Sandstein ist trocken und 3 m mächtig.
S.S. — synthetisches Seismogramm
Pfeil — First-Leo-Sandstein

Demselben Autor gelang es, im Golf von Suez bei Messungen mit 48facher Überdeckung und Frequenzen bis 100 Hz, einen gasführenden Sand von nur 5 m Mächtigkeit durch Auswertung eines Amplitudenprofils aufzufinden (Abb. 10.18). Die kleine Einbuchtung am Top des Horizontes ist ein Gasindikator, der durch eine Phasenverschiebung gekennzeichnet ist.

Polaritätsuntersuchungen können ebenfalls den Nachweis und die Abgrenzung von Sandlinsen unterstützten.

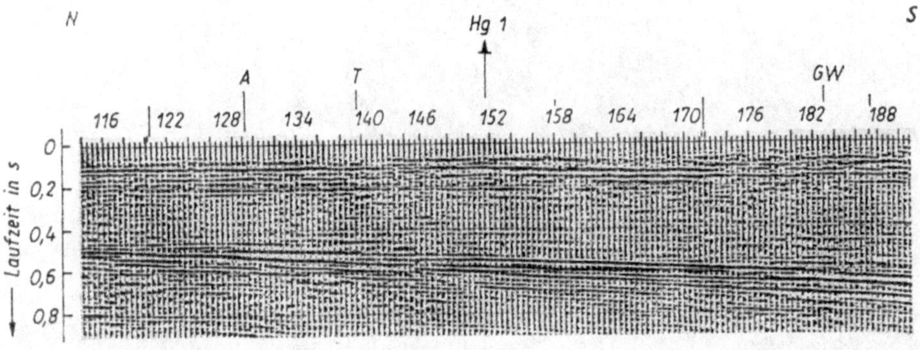

Abb. 10.15. Auskeilender Gassand in der Molassezone (nach KITTLER, 1984; unveröffentlichtes Material der Rohölaufsuchungs-GmbH, Wien)

A — Auskeilen des Horizontes
T — Vertonung des Horizontes
GW — Gas/Wasserkontakt

Abb. 10.16. Leistungsspektren von Spuren einer Sand-Ton-Folge (nach VELZEBOER, 1981)

——— Synthetische Spur aus Bohrlochmessungen,
— — — Spur nach Dekonvolution,
○ berechnet für $D_1 + D_2 = 18$ m, $D_2/D_1 = 50$, $\sigma_r/r_0 = 0{,}045$, $v = 2400$ m/s

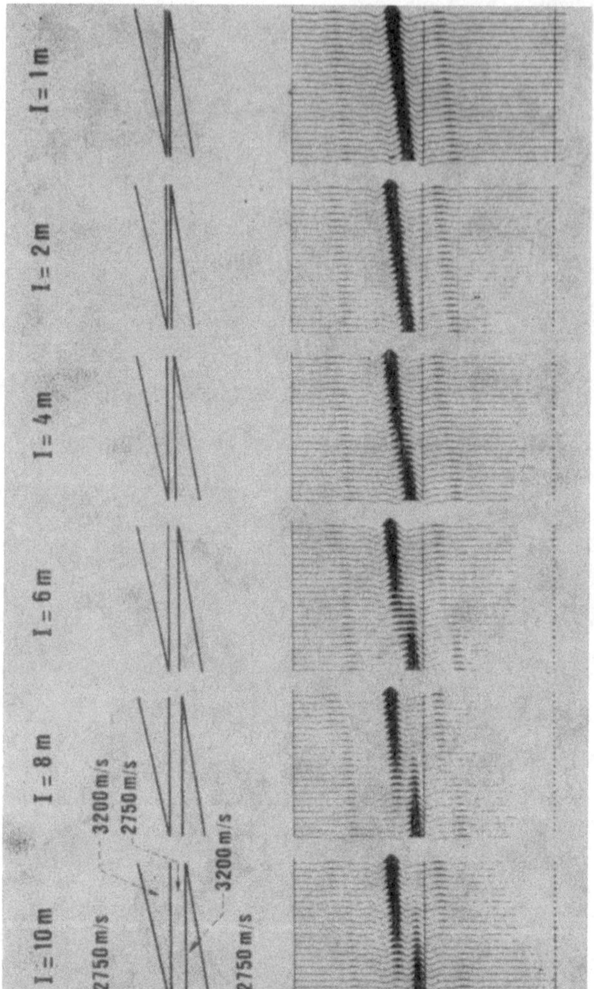

Abb. 10.17. Interferenz zwischen Reflexionen von zwei auskeilenden Sanden (nach DELAPLANCHE et al., 1982)

10.4.2. Sandkanäle, Flußablagerungen

Diese marinen oder fluviatilen Bildungen lassen sich mit denselben Kriterien wie die Sandlinsen erkennen. Hinzu kommt eine charakteristische Geometrie, die bei der 3D-Auswertung sichtbar wird. Beiden Typen ist die konvexe Ausformung der Basis und die mehr oder weniger große Energie des Transportmediums gemeinsam. Der Verlauf der Sandkanäle kann gekrümmt, der fossiler Flußablagerungen mäanderförmig sein. Die Reflexionskontinuität ist variabel. Kräftige Reflexionen weisen vor allem die

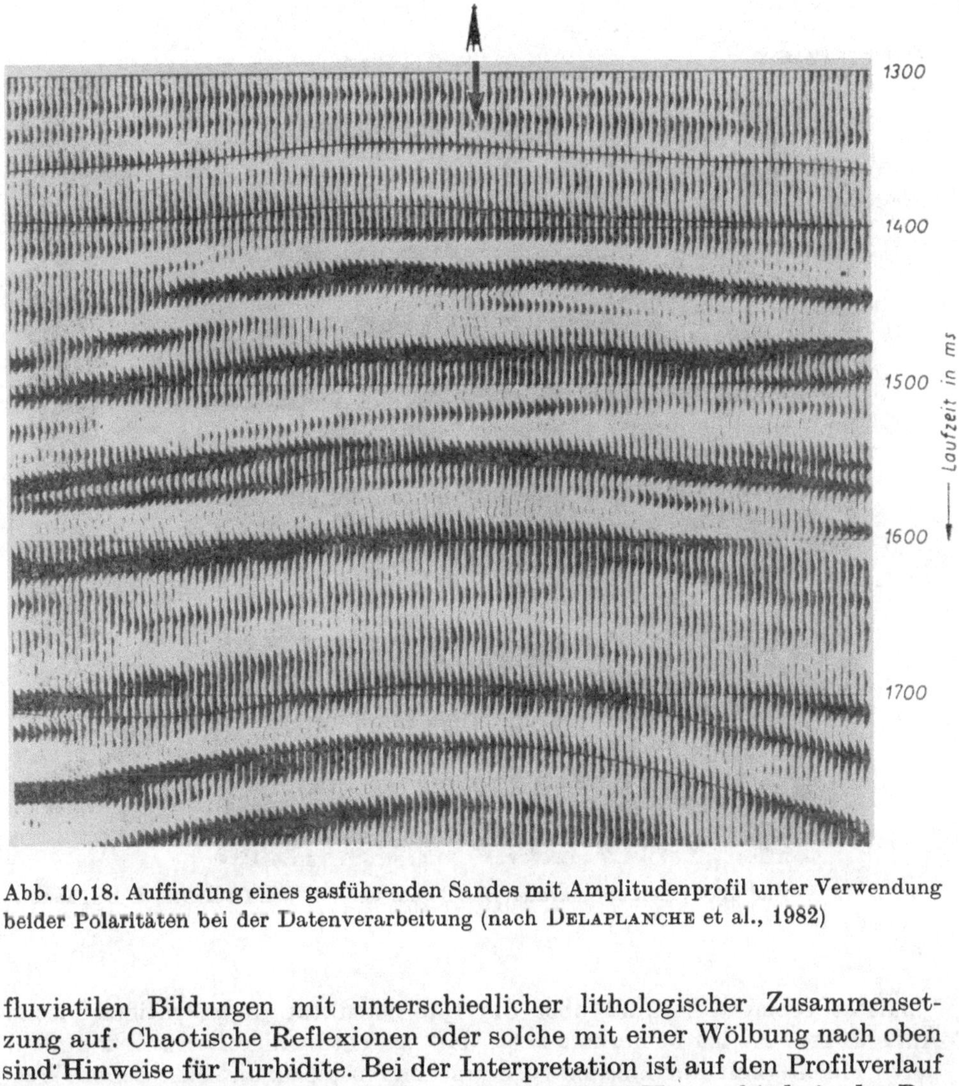

Abb. 10.18. Auffindung eines gasführenden Sandes mit Amplitudenprofil unter Verwendung beider Polaritäten bei der Datenverarbeitung (nach DELAPLANCHE et al., 1982)

fluviatilen Bildungen mit unterschiedlicher lithologischer Zusammensetzung auf. Chaotische Reflexionen oder solche mit einer Wölbung nach oben sind Hinweise für Turbidite. Bei der Interpretation ist auf den Profilverlauf in bezug auf den Kanal zu achten, da sich hierbei Unterschiede in der Reflexionskonfiguration ergeben. Das kommt bei einer Untersuchung im Golf von Cadiz deutlich zum Ausdruck, wo ein submariner Kanal die erwähnten Charakteristika erkennen läßt (Abb. 10.19). Profil 5 verläuft in der Strömungsrichtung und zeigt vier aufeinanderfolgende Terrassen; auf Profil 6 dagegen treten die Flanken besonders deutlich in Erscheinung. Profil 3 liegt senkrecht zum Kanalverlauf, zeigt daher ein anderes Bild und läßt die erwähnten Terrassen als Sandlinsen erkennen.

Der Wert der 3D-Seismik bei stratigraphischen Untersuchungen wird durch die Ergebnisse von Messungen an einem sich ausbreitenden Delta miozänen Alters im Golf von Thailand überzeugend demonstriert. In den horizontalen Zeitscheiben kommt der Verlauf von mäanderförmigen Sandkanälen deutlich zum Ausdruck. Die Profile und Karten der Reflexionsamplitude und

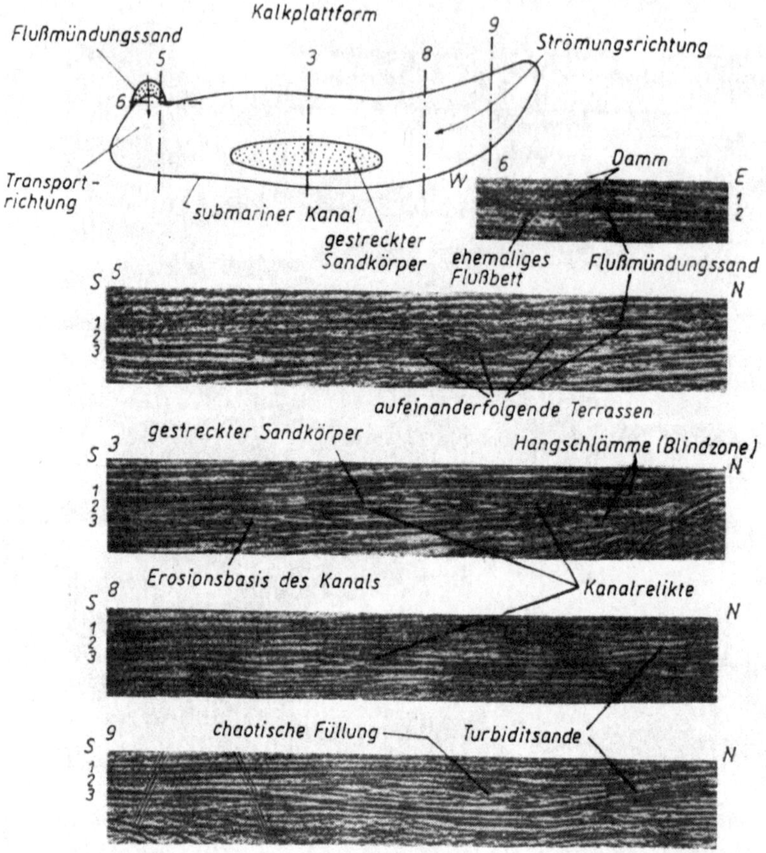

Abb. 10.19. Profile über einen submarinen Sandkanal im Golf von Cadiz (nach DELAPLANCHE et al., 1982)

Polarität geben Aufschluß über die Internstruktur und stratigraphische Änderungen. Es ist bemerkenswert, daß schichtförmige Sandvorkommen, deren Mächtigkeit nur $\lambda/2$ der vorherrschenden reflexionsseismischen Wellenlänge beträgt, noch als deutliche Reflexion in Erscheinung treten (Abb. 10.20).

Das in der Abb. 10.21 dargestellte Beispiel aus dem Adriatischen Meer erläutert die Situation eines begrabenen Tals mit komplexer Sedimentation und die Möglichkeiten der seismostratigraphischen Interpretation. Es handelt sich um ein maximal 50 km breites Tal, das sich von der jugoslawischen Küste nach SW bis in die mittlere Adria erstreckt. Es besitzt einen asymmetrischen Bau mit einer steileren östlichen Flanke. Die Erosionsbasis ist unschwer an den Winkeldiskordanzen und Beugungswellen zu erkennen. Aus den Reflexionen unmittelbar darüber läßt sich das Vorhandensein von Kanälen ableiten; die Schichten werden gegen die Mitte hin mächtiger. Es handelt sich hierbei um den vom Festland (Dinariden) her transportierten Detritus, durch den das starke Paläorelief nicht gänzlich

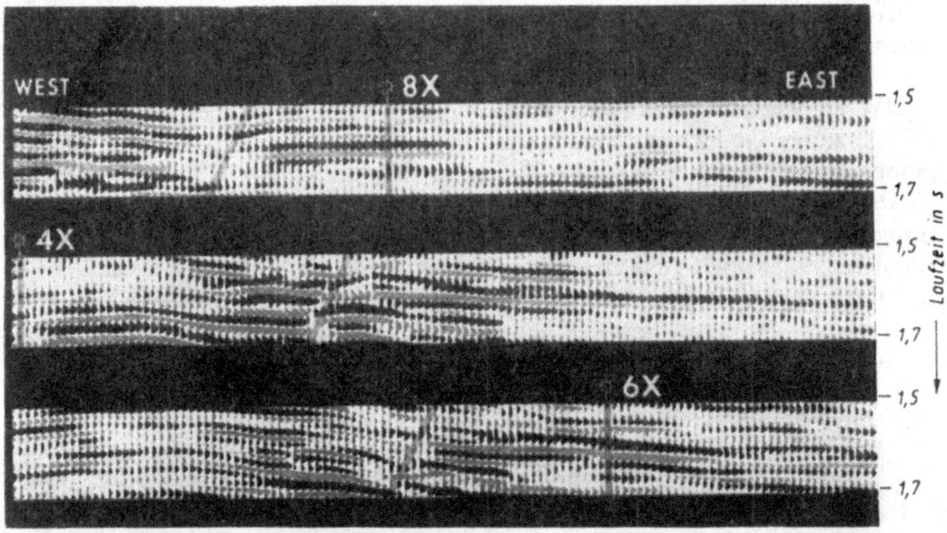

Abb. 10.20. Auffindung eines gasführenden Sandes im 3D-seismischen Profil aus dem Golf von Thailand (nach BROWN et al., 1981)

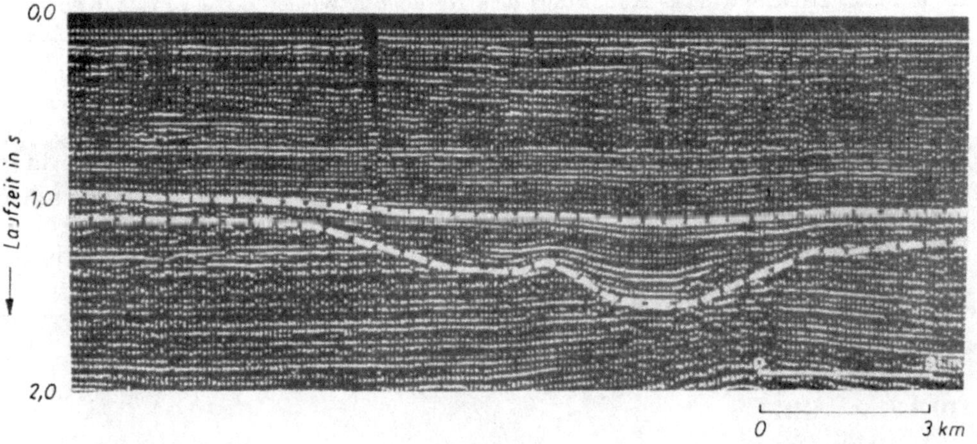

Abb. 10.21. Zeitschnitt eines Profils über ein begrabenes Tal aus der Adria (nach TUFEKČIĆ, 1978)

zusedimentiert wurde. Ein Reflexionsband in der jeweiligen Talmitte im Intervall zwischen 1,3...1,5 s markiert eine neue Sedimentationsphase: die endgültige, marine Auffüllung des Tals, in deren Verlauf es auch zum Auskeilen von Schichten gegen die Ränder hin kommt. Die flächenhafte Verteilung von anomal starken Reflexionen zeigt Zusammenhänge mit dem Paläorelief und wird als Sedimentation grober Sandsteine interpretiert. Diese wiederum sind ein Hoffnungsgebiet für stratigraphische Ölfallen.

Abb. 10.22 zeigt ein Beispiel aus dem Nördlichen Wiener Becken. In geringer Tiefe befindet sich ein jungtertiärer (Karpat) Kanal, dessen Basis ein deutliches Relief mit unterschiedlicher Reflexionsqualität aufweist. Gegen WNW transgredieren Schichten der Eggenburg- und Ottnangstufe (Untermiozän) über Oberkreide und Malm, wobei sich schwach divergente, im allgemeinen aber konkordante Reflexionsmuster ergeben.

Abb. 10.23 ist ein Beispiel dafür, daß auch Strukturen geringer Ausdehnung bei entsprechender Reflexionsqualität eindeutig nachgewiesen werden können. Es handelt sich um einen durch Bohrungen erschlossenen Sandkanal an der Basis des Untermiozäns („Haller Serie") der Molassezone.

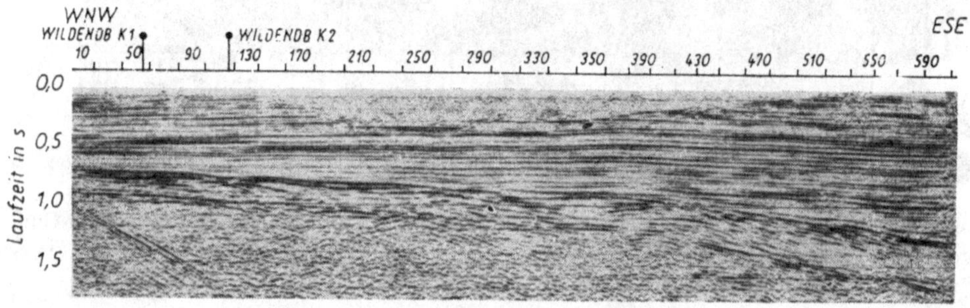

Abb. 10.22. Zeitschnitt eines Kanals aus dem Nördlichen Wiener Becken (nach Kröll; Zych, 1984; unveröffentlichtes Material der Österreichischen Mineralöl-Verwaltung AG, Wien)

Der bei ca. 0,69 s verlaufende Reflektor ist zwischen P 196 und 199,5 in seiner Kontinuität unterbrochen. Dafür schaltet sich parallel dazu ein bis zwei Phasen tiefer ein Reflektor ein, von dessen Enden anscheinend nach beiden Richtungen Beugungswellen ausgehen. Auf Grund dieser Kriterien können die Ausdehnung und der Verlauf des Sandkanals mit großer Genauigkeit angegeben werden.

10.4.3. Riffe

Trotz der großen Unterschiede in der Ausbildung und den Dimensionen der Riffe (Barriereriff, Atoll) gibt es eine Reihe gemeinsamer Merkmale, die das Erkennen dieses ölgeologisch wichtigen Fallentyps aus reflexionsseismischen Messungen gestatten. Bei der seismostratigraphischen Interpretation ist nicht nur der Riffkörper selbst zu untersuchen, der aus Korallen, Foraminiferen und anderen karbonatbildenden Organismen besteht, sondern auch die umgebende Fazies (Fore-Riff-, Back-Riff-Fazies). Grundlegende Diskussionen dazu wurden bereits Anfang der 50er Jahre geführt. In methodischer Hinsicht konnten entscheidende Verbesserungen mit Einführung der Digitalseismik und den damit verbundenen Möglichkeiten genauer Geschwindigkeits-, Amplituden- und Frequenzanalysen erreicht werden.

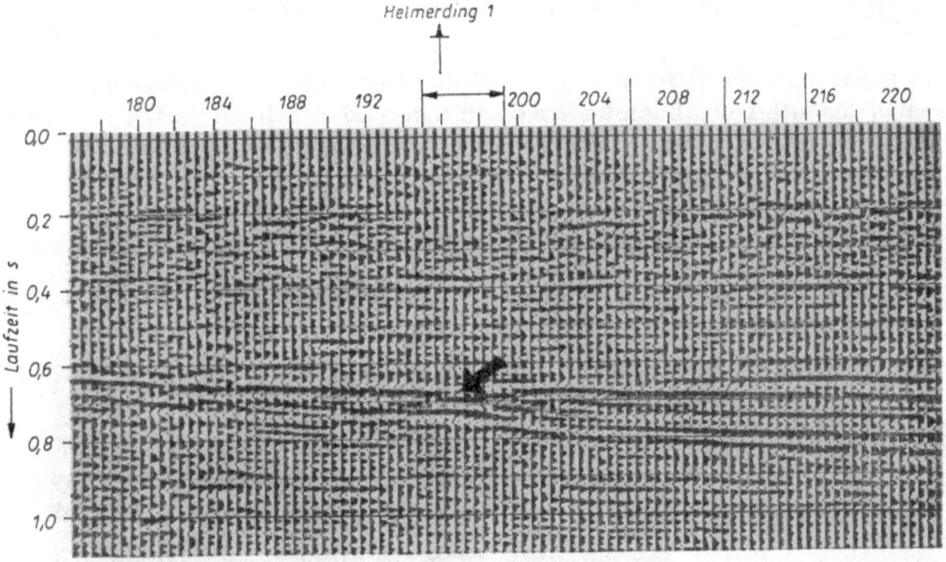

Abb. 10.23. Begrabener Fluß in der Molassezone (nach HUSKA, 1984; unveröffentlichtes Material der Rohölaufsuchungs- GmbH, Wien)

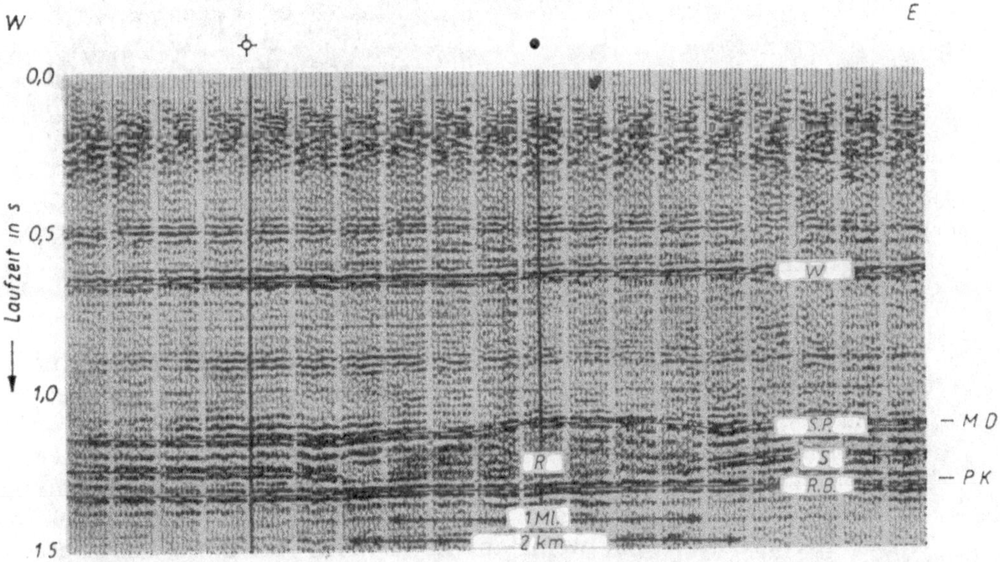

Abb. 10.24. Zeitschnitt eines Profils über das Rainbow-Feld (Riff)/Kanada (nach HRISKEVICH, 1967)

W – Wabamun-Formation, S. P. – Slave-Point-Formation, S – Salz; R. B. – Red-Beds-Formation; R – Riff; M. D. – Mitteldevon; P. K. – Präkambrium

Die wichtigsten Kriterien bei der Suche von Riffen mittels Reflexionsseismik sind:

- Ausbildung einer Aufwölbung des Reflexionshorizontes, verbunden mit einer Mächtigkeitsabnahme der darüberliegenden Schichten. Oft ist nur die erwähnte Mächtigkeitsverringerung zu beobachten, ohne daß Reflexionen vom Riffkern auftreten (Abb. 10.24.).
- Unterbrechung des Horizontes, dem das Riff aufsitzt, sowie des Horizontes, über den das Riff hinausragt. Wegen der hervorragenden Qualität im Zwischenriffbereich waren diese Kriterien bei der Erkennung der Silur-Riffe in Nordmichigan ausschlaggebend (Abb. 10.25).

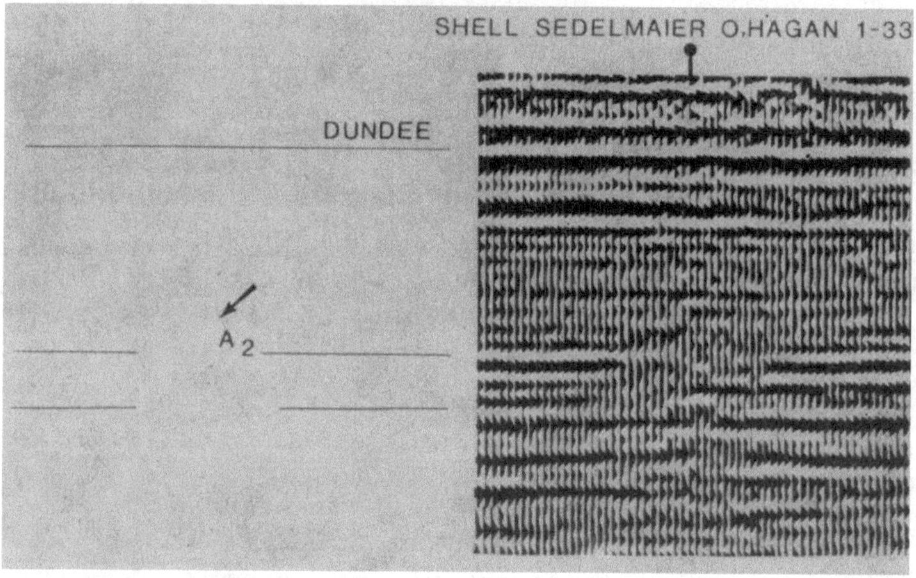

Abb. 10.25. Modell und seismisches Profil über ein Silur-Riff in N-Michigan (nach CAUGHLIN et al., 1976)

A_2 – Karbonatriff in der Niagaran-Formation

- Ausbildung einer gegen das Hangende ausklingenden Antiklinalstruktur über dem Riff infolge unterschiedlicher Setzung in den überlagernden Schichten.
- Beugungswellen, ausgehend von den Kanten und Rändern des Riffs. Dabei ist zu beachten, daß die Flanken selbst auch nach Anlagerung von Riffschutt steile Neigungen aufweisen können. Entstehung reflektierter Refraktionswellen, wenn an die Flanken des Riffs Horizonte angrenzen, die auf Grund der Geschwindigkeits- und Mächtigkeitsverhältnisse zur Ausbreitung refraktierter Wellen geeignet sind.
- Auftreten verschiedener Reflexionsmuster zu beiden Seiten des Riffs infolge unterschiedlicher Sedimentologie der Fore-Riff- und Back-Riff-Fazies. Bei entsprechender Größe des Riffs und guter Reflexionsqualität

kann eine Asymmetrie der Flanken des Riffs festgestellt werden; die dem ehemaligen offenen Meer zugewandte Fore-Riff-Kante ist steiler geneigt als die in eine ruhige Sedimentation übergehende Back-Riff-Seite. Diese Asymmetrie kann jedoch bei Profilen, die mehr oder weniger im Streichen des Riffs verlaufen, weniger ausgeprägt sein, bei isolierten Riffen (Atollen) kann sie ganz fehlen.

– Die Geschwindigkeit im Riffbereich ist gewöhnlich höher als im Bereich der umgebenden Gesteine. Der Unterschied ist besonders markant gegenüber tonigen Sedimenten. Deshalb gehen von den unterhalb des Riffs gelegenen Reflektoren Laufzeitverkürzungen aus, die bei Nichtberücksichtigung der lateralen Geschwindigkeitsänderungen zu einer falschen Struktur führen (Pseudostruktur).

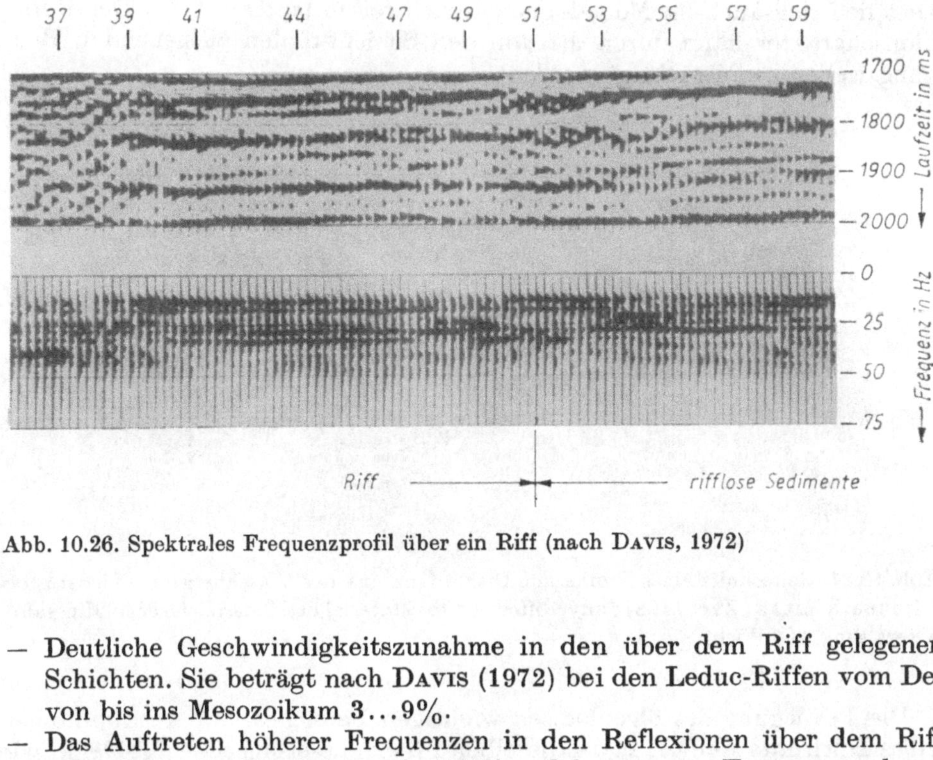

Abb. 10.26. Spektrales Frequenzprofil über ein Riff (nach DAVIS, 1972)

– Deutliche Geschwindigkeitszunahme in den über dem Riff gelegenen Schichten. Sie beträgt nach DAVIS (1972) bei den Leduc-Riffen vom Devon bis ins Mesozoikum 3...9%.

– Das Auftreten höherer Frequenzen in den Reflexionen über dem Riff ermöglicht die Ermittlung der Riffausdehnung aus Frequenzanalysen (Abb. 10.26).

Die Auswertung reflexionsseismischer Messungen in riffhöffigen Gebieten sollte unter möglichst vollständiger Einbeziehung aller geologischen Informationen erfolgen, um die nicht immer klar ausgeprägten seismischen Riffkriterien zu untermauern. So werden von HRISKEVICH (1970) bei den Rainbow-Riffen/Alberta, Kanada, 14 lithofazielle Ausbildungen unterschieden, die wiederum die reflexionsseismischen Daten beeinflussen.

10.4.4. Diskordanzen

Geologisch wohl definierte Diskordanzen sind durch charakteristische reflexionsseismische Merkmale gekennzeichnet. Besonders deutlich lassen sich Winkeldiskordanzen zwischen der älteren und der diskordant auflagernden Einheit auch bei nicht kontinuierlichem Nachweis der Reflexionen über die Ermittlung von Grenzflächen mit hinreichender Genauigkeit angeben. Wenn ein genügend großer Unterschied in der akustischen Impedanz gegeben ist, kann die Winkeldiskordanz auch selbst als Reflexion in Erscheinung treten. Ein komplexeres Bild ist gegeben, wenn sich die Überlagerung über einen gefalteten oder lithologisch wechselnden Untergrund erstreckt. Dies kann sich in Unterschieden der Amplitude und Reflexionsqualität ausdrücken. Im Bereich der Überlagerung kommt es wegen der Strahlenbrechung zu Defokussierungseffekten und somit zu Amplitudenänderungen. Dies ließ sich auch im Modellversuch nachweisen (s. Kap. 9.7.). Der Reflexionscharakter kann durch die von den Schichtköpfen ausgehenden Beugungswellen beeinträchtigt werden.

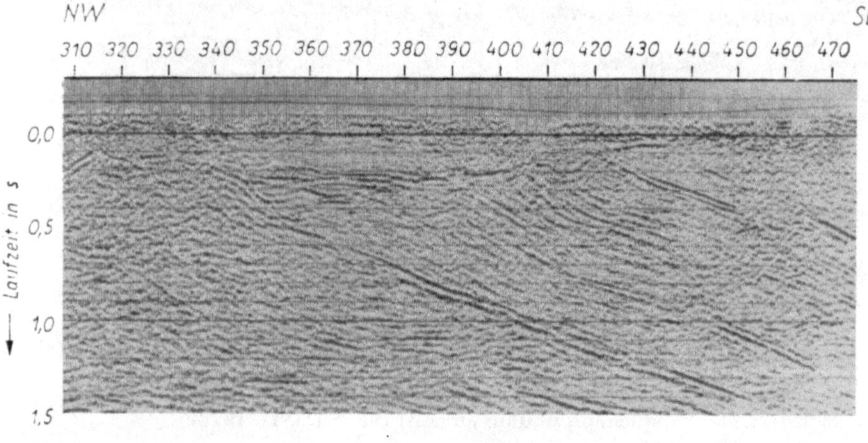

Abb. 10.27. Zeitschnitt eines Profils mit Diskordanz aus der Waschbergzone/Niederösterreich (nach MILAN; ZYCH, 1984; unveröffentlichtes Material der Österreichischen Mineralöl-Verwaltung AG, Wien)

Die Festlegung des ölgeologisch wichtigen Bereiches von Ausdünnungen eines Horizonts umfaßt etwa dieselben reflexionsseismischen Probleme wie der Nachweis einer auskeilenden dünnen Schicht. Einzelheiten des Baus solcher Struktursituationen lassen sich mittels hochauflösender Reflexionsseismik genauer herausarbeiten.

Abb. 10.1 (s. S. 296/297) macht deutlich, wie Diskordanzen mit nur geringen Unterschieden in der Lagerung der Schichten die Reflexionscharakteristik beeinflussen. Im Ölfeld Voitsdorf sind drei Diskordanzen vorhanden: Eozän über Oberkreide, Oberkreide über Oberjura und Oberjura transgressiv auf Kristallin. Das Mesozoikum läßt sich wegen zu geringer Mächtigkeit reflexionsseismisch nicht untergliedern. Die Mächtigkeitsänderungen sind jedoch durch ein Ineinanderlaufen sowie den Ausfall einzelner Phasen und bei der Bohrung V 34 auch durch Frequenzänderungen der Basisreflexion des Mesozoikums zu erkennen.

Die wesentliche Aussage der Abb. 10.27 besteht darin, daß Diskordanzen in allen Details reflexionsseismisch nachgewiesen werden können. Geologisch handelt es sich um eine oberflächennahe, asymmetrische Neogenbucht aus der Molassezone in Niederösterreich (Waschbergzone), wo Jungtertiär über einen komplexen Schuppenbau transgrediert. Die Reflexionen mehrerer Leithorizonte der Schuppen lassen sich bis an die Basisreflexion des Neogens verfolgen. In diesem Bereich verschlechtert sich auch die Qualität der Basisreflexion, wie dies von den Modellversuchen her zu erwarten war. Da die einzelnen Schuppen beträchtliche Unterschiede in den Geschwindigkeiten aufweisen, kommt es an der Grenze zum überlagernden Tertiär, dessen Intervallgeschwindigkeiten konstant sind, zu einem divergierenden Strahlenverlauf. Im Neogen gibt die Reflexionskonfiguration Hinweise auf Onlap und Downlap (s. Kap. 10.4.).

10.5. Zusammenhang zwischen Lithologie, Formationsinhalt und seismischen Parametern

Bei allen Lagerstättenuntersuchungen haben lithologische Studien große Bedeutung. Deshalb werden seit langem die Zusammenhänge zwischen seismischen Parametern, insbesondere Geschwindigkeit, Impedanz, Amplitude, Frequenz und Lithologie untersucht. Dabei sind Aussagen über die Gesteinsart stets nur bedingt möglich, da sich z. B. die Geschwindigkeitsbereiche verschiedener Gesteine nicht nur überlappen, sondern grundsätzlich zwischen der Ausbreitungsgeschwindigkeit elastischer Wellen und der Gesteinsart keine eindeutige Korrelation besteht (s. Kap. 3.1.1.). Wohl aber ist es möglich, Änderungen der Lithologie innerhalb eines reflexionsseismisch erfaßten Abschnittes mit Hilfe seismischer Parameter zu quantifizieren. Den größten Aussagewert besitzt dabei die Intervallgeschwindigkeit, wenn zugleich der Einfluß anderer Faktoren (Tiefe, Druck, Wassersättigung, Dichte und Porosität) berücksichtigt wird. Mateker; Wu (1971) berechnen einen Dämpfungsfaktor und können daraus Änderungen der Nettosandmächtigkeit von 10% nachweisen; die Mindestmächtigkeit der stratigraphischen Einheit beträgt dabei allerdings 600 m.

Dichte Sandsteine und Konglomerate sind durch hohe Geschwindigkeiten (bis 6000 m/s) charakterisiert und weisen keine nennenswerte Geschwindigkeitszunahme mit der Tiefe auf. Die großen Geschwindigkeiten machen auch größere Mindestmächtigkeiten im Verhältnis zur vorherrschenden Wellenlänge erforderlich, wenn die für dünne Schichten bekannten Effekte zum Tragen kommen sollen (s. Kap. 10.4.1.). Eine besondere hohe akustische Impedanz ist bei Einlagerungen toniger Sedimente gegeben; dadurch treten diese Gesteine als kräftige Reflexionen in Erscheinung, und die Amplitudendarstellung ist von diagnostischem Wert.

Dichte Karbonate (Kalke, Dolomite) zählen zu den Sedimentgesteinen mit den höchsten Geschwindigkeiten (5000...7000 m/s) und sind deshalb bevorzugte seismische Leithorizonte. Die Porosität ist im Unterschied zu den grobklastischen Gesteinen als Kluftporosität wirksam. In mächtigen, geschichteten Karbonaten kommt es auch bei geringen Unterschieden der Impedanz zur Ausbildung von Reflexionen; massige Karbonate dagegen sind meist reflexionsleer. Auf die Möglichkeit, Frequenzänderungen zur Unterscheidung der Lithologie heranzuziehen, wurde bei der Besprechung der Riffe bereits hingewiesen (s. Kap. 10.4.3.).

Eine besondere Stellung nehmen Einschaltungen von Vulkaniten in eine sedimentäre Schichtenfolge ein. Auf Grund ihrer hohen Geschwindigkeiten und Dichten (Basalt: $v = 5500$ m/s, $\varrho = 2{,}9 \cdot 10^3 \ldots 3{,}15 \cdot 10^3$ kg/m^3) sind in der Regel hohe akustische Impedanzen und somit gute Reflektoreigenschaften gegeben. Bei größerer Mächtigkeit kann der Fall eintreten, daß ein Großteil der Energie reflektiert wird und die unterhalb der Vulkanite gelegenen Sedimente reflexionsseismisch nicht in Erscheinung treten; solche Verhältnisse waren im Gebiet der Paranabasalte (Brasilien) gegeben.

Eine der Reflexionsseismik häufig gestellte Aufgabe besteht darin, den Untergrund eines Sedimentbeckens festzulegen. Bei größeren Beckentiefen, kompaktierten Sedimenten im basalen Bereich, z. B. Konglomeraten, kann der Unterschied in den Geschwindigkeiten stark zurückgehen. Im Bereich von Erosionsdiskordanzen können tiefreichende Verwitterungserscheinungen die Geschwindigkeit kristalliner Gesteine beträchtlich reduzieren. Dies macht es verständlich, daß z. B. in den tieferen Beckenteilen der Molassezone und der nördlichen alpinen Decken, wo der kristalline Untergrund aus Gneisen und Graniten des Moldanubikums besteht, die Kristallinoberkante reflexionsseismisch mit unterschiedlicher Qualität in Erscheinung tritt oder streckenweise fehlt.

Die Amplitude von Reflexionen eines seismischen Leithorizontes kann ebenfalls einen kausalen Zusammenhang mit der Lithologie andeuten und zwar insbesondere mit Eigenschaften, die ein Speichergestein kennzeichnen (Hun, 1978). So wurde z. B. eine gute Korrelation zwischen der Produktivität eines ölführenden Speichers und geringen Amplituden von Reflexionen eines knapp darüber liegenden Reflektors gefunden.

10.5.1. Direkte Auffindung von Kohlenwasserstoffen

Das hohe Risiko der Kohlenwasserstoffexploration hat die zunächst wenig aussichtsreich erscheinenden Versuche und Überlegungen stimuliert, Verfahren zu entwickeln, die es gestatten, Schlüsse auf das Vorkommen von Öl oder Gas im tieferen Untergrund zu ziehen. Die Vorgehensweise sollte etwa dieselbe sein, wie es bei der geochemischen Prospektion auf Kohlenwasserstoffe der Fall ist. Durch die Einführung der Digitalseismik erhielten diese Bestrebungen eine realistischere Grundlage. Ein Ausgangspunkt war die in vielen produktiven Gebieten gemachte Beobachtung, daß Gashorizonte mit kräftigen Reflexionen verbunden sind. Es erfolgten daher in den 60er Jahren intensive Forschungen, die Amplitude von charakteristischen Reflexionen als Kartierungsparameter für das Vorkommen von Kohlenwasserstoffen (insbesondere Gas) zu verwenden. Diese im Englischen als "bright spot" oder "hot spot" bezeichnete Auswertungstechnik konnte bereits um 1970 eine Reihe nachgeprüfter Erfolge erzielen, insbesondere in der Seeseismik. In der Folge wurden Wege beschritten, um auch andere Parameter und Reflexionscharakteristika als Erkennungsmerkmale einzubeziehen. Man spricht daher heute auch – nicht ganz zutreffend – von DHI-Verfahren (direct hydrocarbon indicators).

Die Grundlage ist in jedem Fall der Unterschied petrophysikalischer Eigenschaften des kohlenwasserstofführenden Gesteins gegenüber dem umgebenden Medium. Es liegen nunmehr fundierte experimentelle und theoretische Untersuchungen über die Wirkungen von Gasen und Flüssigkeiten in den Speichergesteinen auf deren elastische Eigenschaften vor. Auch durch die seismische Modellierung und durch Modellversuche konnte man weitere Erkenntnisse gewinnen. Eine quantitative Analyse der Anomalien von Reflexionen wird von Khattri et al. (1979) für das Modell einer kohlenwasserstofführenden Antiklinale gegeben und durch synthetische Seismogramme erläutert. Die flachen Flüssigkeitskontakte erscheinen als Folge der niedrigen Geschwindigkeit in der Gaskappe („time sag"). Erst an den Rändern der Lagerstätte treten echte flache Reflexionselemente auf.

Allerdings gibt es noch relativ wenig publizierte oder in anderer Weise bekannt gemachte Resultate aus der Praxis. Unter diesen Aspekten sind die nachstehenden Ausführungen als vorläufig zu betrachten. Eine bedeutungsvolle Einschränkung scheint hinsichtlich der erreichbaren Tiefe zu bestehen, die meist oberhalb von 2000 m liegen dürfte. Eine Schlüsselstellung bei der DHI Auswertung kommt den Geschwindigkeiten kohlenwasserstofführender Sande in sedimentären Schichtfolgen zu. Dieses Problem wird seit Jahrzehnten unter dem Gesichtspunkt der Interpretation von Bohrlochmessungen (soniclog) behandelt.

Gardner et al. (1974) gelangten an Hand von repräsentativen Intervallgeschwindigkeitskurven zu der Schlußfolgerung, daß nur in geringen Tiefenbereichen ein mit den Verfahren der Geschwindigkeitsanalyse erfaßbarer Unterschied zwischen Gas- und Öl- bzw. Wassersanden ausgebildet ist (Abb. 10.28). Dieser Geschwindigkeitsparameter geht in verschiedene Phänomene bei der DHI-Auswertung ein. Zur „direkten" Erkennung von Gassanden können folgende Kriterien herangezogen werden, wobei eine Kombination mehrerer Hinweise das Gewicht der Aussage erhöht:

– Amplitudenänderungen

  Infolge der Änderung der akustischen Impedanz an der Grenze Ton/Gassand existieren ein beträchtlicher negativer Reflexionskoeffizient (Größenordnung −0,2... −0,3) und in der Folge eine markante Amplitudenanomalie, die etwa die Ausdehnung des Gassandes angibt (s. Abb. 10.18, 10.29, 10.30). Diese ist eines der wichtigsten und leicht erkennbaren

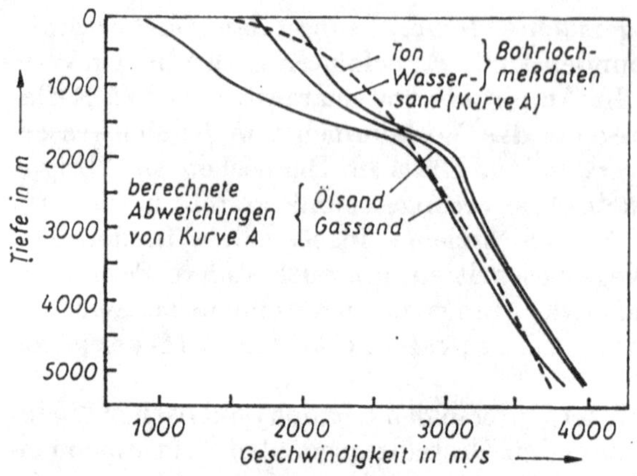

Abb. 10.28. Intervallgeschwindigkeit—Tiefenkurven für verschiedene Speicherinhalte (nach GARDNER et al., 1974)

Merkmale. Es ist jedoch zu beachten, daß Einschaltungen von Kohle vergleichbare Amplitudenanomalien liefern können.

– Phasenänderungen
  Wenn an der Schichtgrenze Ton/Sand eine Reflexion auftritt, dann kann der Bereich der Gasführung durch eine Phasen-(Polaritäts-)änderung gekennzeichnet sein.

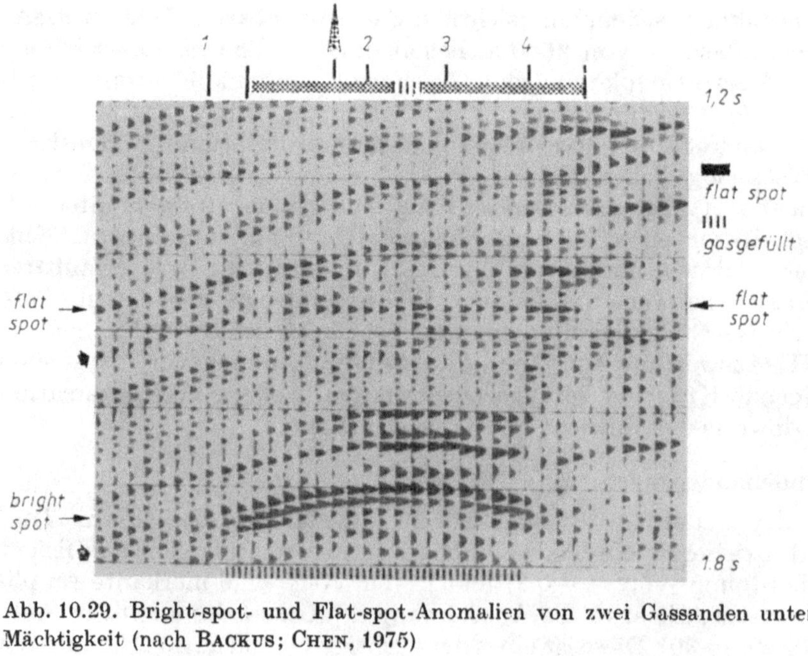

Abb. 10.29. Bright-spot- und Flat-spot-Anomalien von zwei Gassanden unterschiedlicher Mächtigkeit (nach BACKUS; CHEN, 1975)

— Horizontale Reflektoren
Wenn in einer geneigten Schichtenfolge horizontale Reflexionselemente auftreten, dann kann als naheliegende Erklärung ein Flüssigkeitskontakt angenommen werden. Im Falle eines mächtigen Speichers kann sich ein Reflexionsmuster ergeben, das aus einem relativ kurzen horizontalen Reflektor besteht, der an einem unter dem regionalen Einfallen verlaufenden Horizont endet. Damit wäre ein gewichtiger Hinweis für eine Kohlenwasserstofführung gegeben, so daß die Suche nach solchen horizontalen Reflexionselementen („flat spot") systematisch über die normale strukturelle Auswertung hinaus betrieben werden sollte. Ein Vorteil dieser Methodik besteht darin, daß bei günstigen Verhältnissen auch die Mächtigkeit und flächenhafte Ausdehnung der produktiven Zone angegeben werden können. Backus; Chen (1975) untersuchten eingehend die Voraussetzungen für eine allgemeine Anwendung dieser anspruchsvollen Methodik. Erforderlich sind eine hohe Dichte der Aufnahmegeometrie und ein niedriger Störpegel. Eine hochfrequente Aufnahme setzt die Mächtigkeitsgrenze für das Erkennen eines Flüssigkeitskontaktes herab. Eine weitere wichtige Maßnahme ist die Anwendung von Neigungsfiltern bei der Datenverarbeitung zur Unterdrückung geneigter Reflektoren. Die Interpretation basiert auf einer möglichst genauen Kenntnis der petrophysikalischen Parameter (Dichte, Geschwindigkeit), die sich in jungen, wenig verfestigten Sedimenten mit der Tiefe ändern. Infolgedessen schwanken auch die zu erwartenden Reflexionskoeffizienten in einem weiten Bereich von 0,5...0,005, wie Backus; Chen (1975) am Beispiel der Schichtenfolge der Golfküste anschaulich demonstrieren.

— Geschwindigkeitsänderungen
Wenn die fortlaufende Geschwindigkeitsbestimmung eines Sandpaketes möglich ist, dann wird im Bereich der Gaskappe ein Geschwindigkeitsminimum auftreten. Bei routinemäßigem Processing führt das zu einer kleinen Einbuchtung der Reflexion von der Basis des Sandes oder knapp darunter befindlicher Reflektoren im Zeitprofil (Abb. 10.17). Ein Beweis dafür, daß eine bestimmte Bright-spot-Anomalie von einer Schicht mit niedriger Geschwindigkeit hervorgerufen wurde, kann durch eine detaillierte Datenverarbeitung (konstanter Geschwindigkeitsstack, CDP — Gather) erbracht werden. Neben einer ungenügend geglätteten Primärreflexion ist das Auftreten einer intern Multiplen ein Hinweis für ein solches Geschwindigkeitsminimum, wie Ware (1977) beim Auffinden von 12 m mächtigen Gassanden überzeugend darlegte.

— Frequenzänderungen
Im Bereich der Gasführung wurde häufig eine Verschiebung im Wellenbild nach tieferen Frequenzen beobachtet. In Verbindung damit kann es auch zu einer Änderung der Reflexionscharakteristik kommen.

— Schattenzone
Da Gassande die Reflexionsenergie stark absorbieren, kann eine Auslöschung oder Abschwächung von Reflexionen im Bereich unterhalb von Bright-spot-Anomalien auftreten.

— Auskeilen von Reflektoren

An den Rändern eines Gasvorkommens entsteht ein charakteristisches Reflexionsbild, bei dem die vom Gas/Wasser-Kontakt herrührende, horizontal verlaufende Reflexion am geneigten Reflektor darüber plötzlich endet.

— Multiple

Als Folge der beträchtlichen Reflexionskoeffizienten an der Ober- und Unterkante der Gaskappe können sich in diesem Bereich Teilwegmultiple ausbilden, die eine Änderung des Reflexionscharakters bewirken. Das Auftauchen einer Multiplen unter dem Scheitelbereich und deren Verschwinden an den Flanken hat dann diagnostischen Wert für die Feststellung von Gas. Bei dünnen Schichten ergibt sich durch Interferenzen ein komplexes Reflexionsbild, in dem die erwähnten Einzelheiten nicht mehr erkennbar sind.

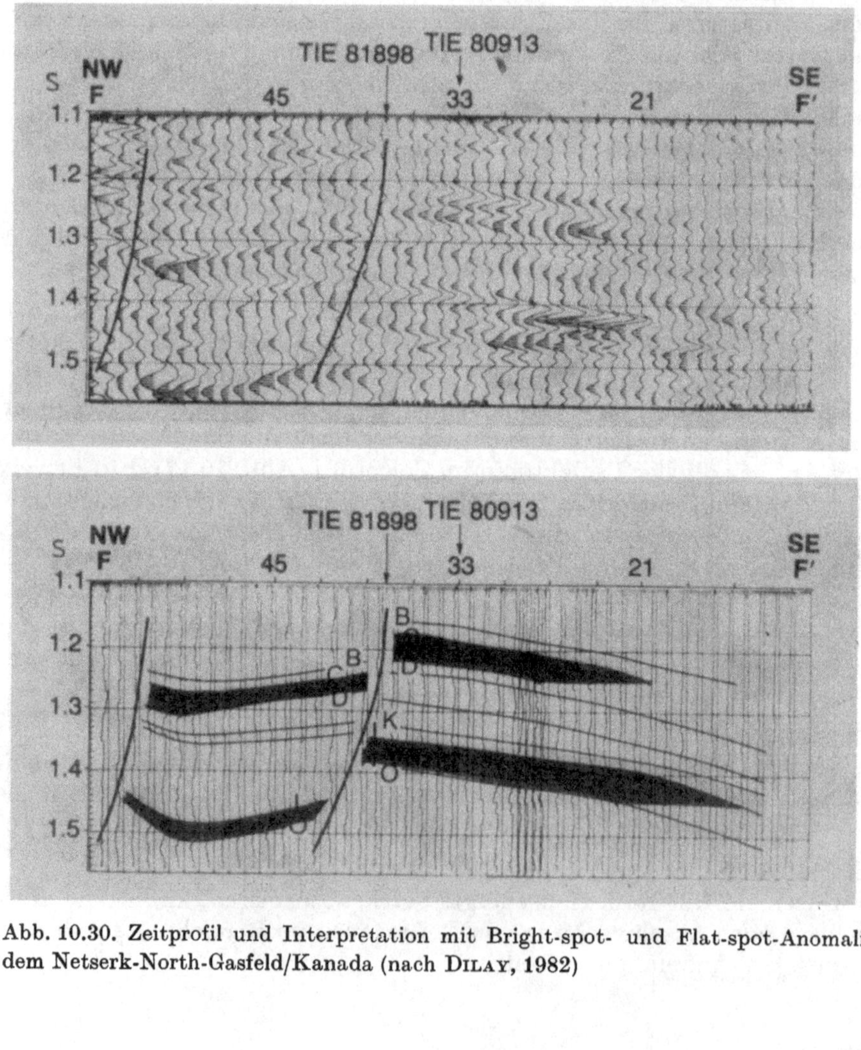

Abb. 10.30. Zeitprofil und Interpretation mit Bright-spot- und Flat-spot-Anomalien aus dem Netserk-North-Gasfeld/Kanada (nach DILAY, 1982)

Dilay (1982) erläutert ein überzeugendes Beispiel des erfolgreichen Einsatzes der DHI-Methodik im Netserk North-Gasfeld des Mackenzie Delta/Kanada. Durch Anwendung der erwähnten Kriterien in Verbindung mit seismischen Modellierungen wurden in tertiären Gesteinen zwei Gasvorkommen in Tiefen von 1 220 m und 1 408 m mit Mächtigkeiten von 22 bzw. 53 m vorhergesagt und durch nachfolgende Bohrungen — allerdings mit geringerer Nettogasmächtigkeit von 6 m bzw. 20 m — bestätigt (Abb. 10.30).

Ein noch ungelöstes Problem bildet der Umstand, daß aus den bright-spot-Anomalien keine Aussage über die Produktivität eines Gassandes möglich ist. Auch geringe Gasgehalte von wenigen Prozent Methan ergeben bedeutende Anomalien, wie auch im Laborversuch nachgewiesen werden konnte. Nach Winkler; Nur (1982) ist das Dämpfungsverhältnis von Kompressions- zu Scherwellen ein verläßlicherer Indikator für die Gassättigung als das entsprechende Geschwindigkeitsverhältnis.

10.6. Anwendungsmöglichkeiten besonderer Interpretationshilfen

Als besondere Interpretationshilfen werden solche Verfahren verstanden, die über die routinemäßige Datenaufnahme und -verarbeitung hinausgehen und einen zusätzlichen Aufwand erfordern. Es werden das v_P/v_S-Verhältnis, die komplexe seismische Spurenanalyse und Farbdarstellungen besprochen.

10.6.1. Verhältnis von Longitudinal- zu Scherwellengeschwindigkeit

Die Scherwellenregistrierung hat nicht nur neue Aspekte hinsichtlich des Auflösungsvermögens und der Bestimmung elastischer Parameter gebracht, sondern gestattet über die Bestimmung des Verhältnisses der Intervallzeiten $\Delta T_S/\Delta T_P$ eines durch Reflexionen gekennzeichneten Schichtgliedes zusätzlich die Ermittlung von v_P/v_S. Dieses Geschwindigkeitsverhältnis eröffnet weitere Möglichkeiten der Interpretation.

Vor allem durch Labormessungen wurde nachgewiesen, daß ein enger Zusammenhang zwischen v_P/v_S und der Lithologie von Sedimenten besteht. Zusätzlich zeigt das v_P/v_S-Verhältnis deutliche Abhängigkeiten von der Porenfüllung der Sedimente, der Porengeometrie und der Klüftung.

Die Auswertung akustischer Bohrlochmessungen über Zusammenhänge von v_P/v_S mit der Lithologie (z. B. Pickett, 1963; Nations, 1974) sowie petrophysikalische Untersuchungen haben gezeigt, daß v_P/v_S-Werte für Kalke von 1,9, für Dolomite von 1,8 und für Sandsteine von 1,6...1,75 signifikant sind. Verschiedene publizierte Resultate führen zusammengefaßt zu der Feststellung (Tatham, 1982), daß Sandsteine mit v_P/v_S-Werten unter 1,7 Porositäten von 3...25% besitzen und daß im Porositätsbereich von 15...30% die v_P/v_S-Werte generell mit der Porosität zunehmen. In jedem Fall liegt bei diagenetisch verfestigten Gesteinen das v_P/v_S-Verhältnis unter 2,0. In der ölgeologisch wichtigen Frage über den Einfluß des Poreninhaltes (Wasser, Öl, Gas) auf v_P/v_S und den Aussagewert dieses Verhältnisses liegen Untersuchungen z. B. von Gardner; Harris (1968) sowie Gregory (1967) vor. Daraus kann der Schluß gezogen werden, daß über die Ermittlung des v_P/v_S-Verhältnisses zunächst Sande gegenüber Sandsteinen unterschieden werden können. In Sandsteinen variiert nach Gregory (1976) v_P/v_S bei Wassersättigung zwischen 1,42...1,98, bei Vorhandensein von Gas zwischen 1,30...1,69. v_P/v_S-Werte über 2,0 dagegen sind charakteristisch für wassergesättigte unverfestigte Sande (Abb. 10.31).

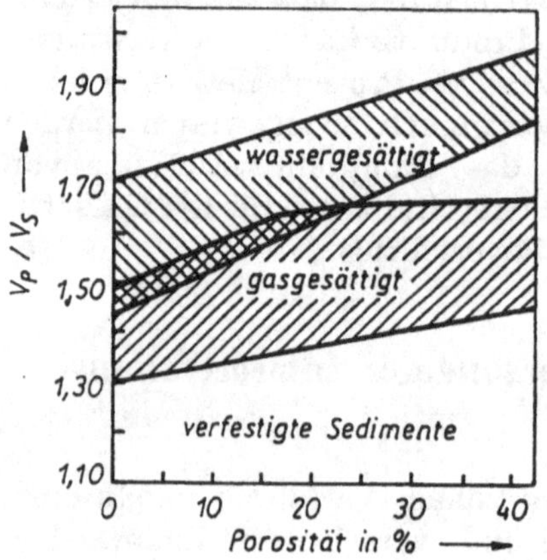

Abb. 10.31. Abhängigkeit des Verhältnisses v_P/v_S von der Porosität in wasser- und gasgesättigten Sedimenten (nach Gregory, 1976)

Der Einfluß der Porenfüllung Öl auf das v_P/v_S-Verhältnis ist gering. Deshalb kann es nicht zur Unterscheidung zwischen öl- und wasserführenden Sedimenten herangezogen werden. Die v_P/v_S-Methodik wird auch zur Bestimmung der Klüftigkeit und damit zur Beantwortung wichtiger Fragen im Zusammenhang mit der Durchlässigkeit eines Gesteins angewendet (Tatham, 1982). Gestützt auf theoretische Modelle (O'Connell; Budiansky, 1974; Toksöz et al., 1976) werden von Tatham (1982) direkte Zusammenhänge zwischen der Klüftung und dem v_P/v_S-Verhältnis nachgewiesen (Abb. 10.32).

Die Klüftung wird durch den Streckungsgrad α der Kluft (Verhältnis von minimaler und maximaler Ausdehnung) sowie durch die Kluftdichte ε definiert. Zusätzlich wird die Kenntnis der Geschwindigkeiten v_P und v_S des unzerklüfteten Gesteins und dessen Inkompressibilität K vorausgesetzt.

Dabei zeigt sich:

– Es bestehen deutliche, lithologisch bedingte Unterschiede, insofern als Kalke, Dolomite und Sandsteine gut abgegrenzte Gruppen bilden.
– Innerhalb der Gruppen werden die Geschwindigkeiten anscheinend durch deutlich unterschiedliche Streckungsgrade der Poren und Klüfte kontrolliert.

Die Streckungsgrade betragen für

– Sandsteine $10^{-1}...1$,
– Dolomite $10^{-2}...10^{-1}$,
– dichte Kalke $10^{-3}...10^{-2}$.

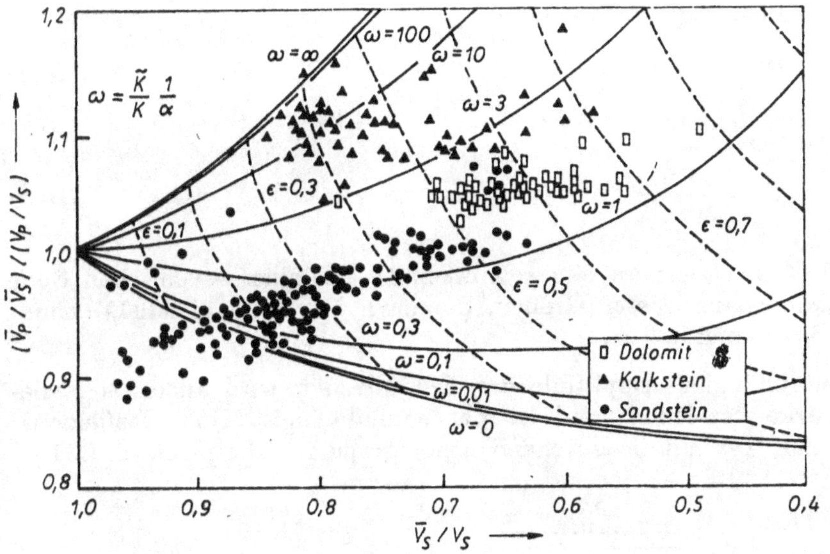

Abb. 10.32. Normierte Werte von v_P/v_S und v_S für geklüftete Gesteine (nach TATHAM, 1982)

$\bar{v}_P$, $\bar{v}_S$ — P- und S-Wellengeschwindigkeit des geklüfteten Gesteins,
v_P, v_S — P- und S-Wellengeschwindigkeit des ungeklüfteten Gesteins,
ε — Anzahl der Klüfte pro Volumeneinheit,
K — Inkompressibilität der Gesteinsmatrix,
$\tilde{K}$ — Inkompressibilität der Porenflüssigkeit,
α — Streckungsgrad der Kluft (Verhältnis von maximaler und minimaler Ausdehnung)

10.6.2. Komplexspurenanalyse

Die Komplexspurenanalyse ist eine Transformationstechnik, die aus der Signalanalyse stammt und auch bei der reflexionsseismischen Interpretation nutzbringend angewandt werden kann. Nach TANER et al. (1979) kann eine seismische Spur $f(t)$ als der reale Teil einer komplexen Spur $F(t)$ betrachtet werden, deren imaginäre Komponente $f^*(t)$ ist:

$$F(t) = f(t) + jf^*(t). \tag{10.1}$$

Die imaginäre Komponente kann aus $f(t)$ durch eine lineare Faltung ermittelt werden. Die Darstellung einer realen Spur im Frequenzbereich und ihres komplexen Äquivalentes läßt folgendes erkennen (Abb. 10.33):

- Das Amplitudenspektrum $C(\omega)$ der Komplexspur $F(t)$ verschwindet für $\omega < 0$ und ist jeweils doppelt so groß für $\omega > 0$.
- Die Phase $\Phi(\omega)$ bleibt ungeändert, außer daß sie für $\omega < 0$ nicht definiert ist.

Außerdem werden bei dieser Technik eine zeitabhängige Amplitude $A(t)$ und Phase $\theta(t)$ sowie eine Momentanfrequenz $\omega(t)$ und gewichtete

Durchschnittsfrequenz bestimmt:

$$A(t) = |F(t)| = [f^2(t) + f^{*2}(t)]^{1/2}, \qquad (10.2)$$

$$\theta(t) = \arctan\,[f^*(t)/f(t)], \qquad (10.3)$$

$$\omega(t) = \frac{\mathrm{d}\theta(t)}{\mathrm{d}t}. \qquad (10.4)$$

Abb. 10.34 illustriert an einem Ausschnitt aus einer seismischen Spur den Zusammenhang dieser Größen, die nach TANER et al. (1979) nachstehende Bedeutung haben:

– Die zeitabhängige Amplitude der Einhüllenden wird auch als Reflexionsstärke bezeichnet und ist phasenunabhängig. Hohe Reflexionsstärke geht oft mit bedeutenden lithologischen Änderungen, z. B. Dis-

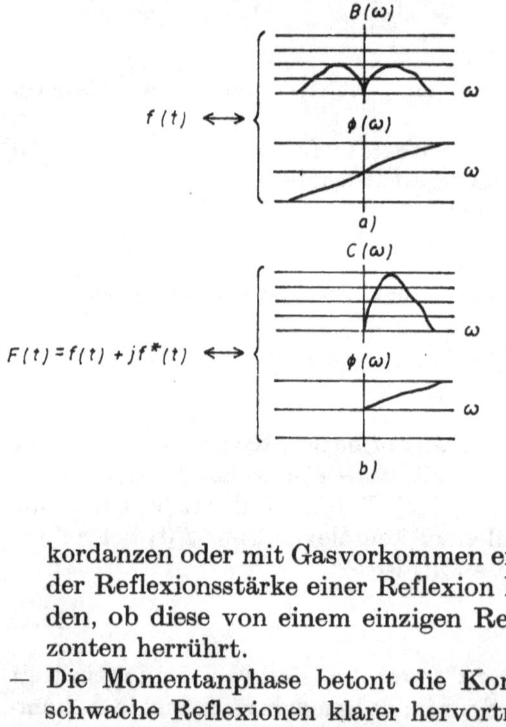

Abb. 10.33. Komplexspurenanalyse (nach TANER et al., 1979)
Frequenzbereichswiedergabe
a) reale Spuren
b) komplexe Spuren

kordanzen oder mit Gasvorkommen einher. Aus der Lage des Maximums der Reflexionsstärke einer Reflexion kann auch darauf geschlossen werden, ob diese von einem einzigen Reflektor oder einer Serie von Horizonten herrührt.

– Die Momentanphase betont die Kontinuität von Einsätzen, wodurch schwache Reflexionen klarer hervortreten. Dieser Parameter kann eingesetzt werden, um Diskordanzen, Brüche, auskeilende Schichten und sedimentäre Strukturen mit verschiedenen Fallwinkeln zu analysieren.

– Die Momentanfrequenz ist eine Größe, die es gestattet, den Frequenzcharakter einer aus mehreren Schwingungen zusammengesetzten Reflexion als Korrelationshilfe zu verwenden. Der Charakter einer solchen Reflexion ändert sich graduell, wenn in gleicher Weise Änderungen in der Mächtigkeit oder Lithologie erfolgen. Variationen bei auskeilenden Schichten und an den Rändern von Öl- bzw. Gas/Wasser-Kontakten

erfolgen dagegen mehr abrupt. Es wurde daher bei Reflexionen von Horizonten unterhalb von Gasvorkommen oftmals eine charakteristische Verschiebung in Richtung zu tieferen Frequenzen beobachtet.
- Die gewichtete Durchschnittsfrequenz betont die Frequenzen der stärkeren Reflexionen und kann zur Verdeutlichung der Reflexionskontinuität verwendet werden.
- Die scheinbare Polarität kann mit gewissen Einschränkungen zum Nachweis von Gas benutzt werden.

In Kombination mit den konventionellen seismischen Profilen erschließen diese Interpretationshilfen neue Aspekte der Seismostratigraphie, wobei sich vor allem laterale Änderungen der petrophysikalischen Situation rasch erkennen lassen.

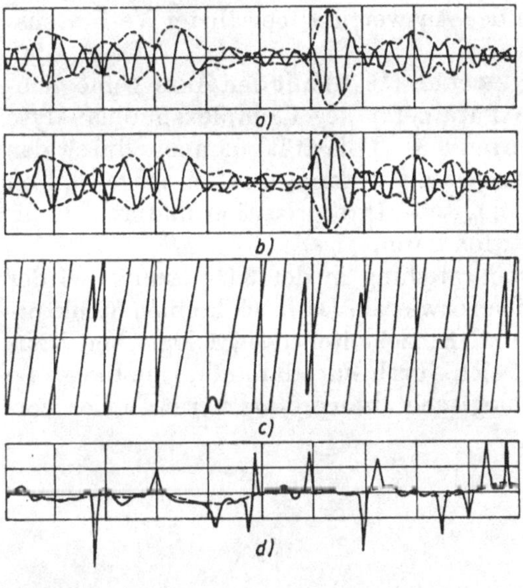

Abb. 10.34. Komplexspurenanalyse (nach TANER et al., 1979)
a) reflexionsseismische Spur,
b) phasenverschobene Spur (strichliert: Einhüllende),
c) Phase,
d) Momentanfrequenz (strichliert: gewichtete Durchschnittsfrequenz)

10.6.3. Farbdarstellungen

Die Verwendung von Farbdarstellungen in der Reflexionsseismik ist jüngeren Datums. Sie kann gegenüber Schwarz-Weiß-Darstellungen Vorteile bieten und läßt sich bereits heute als bewährte Interpretationshilfe ansprechen. Ein Überblick über die Anwendungsmöglichkeiten in der reflexionsseismischen Interpretation wurde erstmals von BALCH (1971) gegeben.

Bei der Amplitudendarstellung bietet die Verwendung von Farben den Vorteil, daß man einen raschen Überblick über die Verteilung der Reflexionsamplituden auf einem Profil erhält, wobei die Reflektoren mit großen Amplituden besonders betont werden. Dadurch können bright-spots, die einen Hinweis auf Gasvorkommen liefern, leichter und zuverlässiger erkannt werden. Auch lithologische Änderungen eines Reflektors, die sich in Veränderungen der Reflexionsamplitude auswirken, bilden sich gut ab. Da auch mit Brüchen Veränderungen der Reflexionsamplitude einhergehen (Schattenzonen), erleichtern Farbdarstellungen auch bei diesen Fragestellungen die Auswertung.

Farbdarstellungen des Frequenzinhaltes lassen nicht nur die generelle Abnahme der Frequenzen mit zunehmender Reflexionszeit erkennen, sondern auch stärkere Änderungen in horizontaler und vertikaler Richtung besser hervortreten. Dies ist vorteilhaft bei Reflexionen komplexer Entstehung, wo sich stratigraphische Änderungen, wie Ausfall von einzelnen Schichten, als Frequenzänderungen bemerkbar machen. Auch die bright-spot-Technik zieht daraus Nutzen, da Reflexionen aus Bereichen unterhalb von Gasvorkommen eine Verschiebung zu tieferen Frequenzen aufweisen.

Die Kombination der Farbdarstellung von Amplituden und Frequenzen mit der normalen Profildarstellung, etwa als Aufdruck auf Profile mit variabler Flächenschrift, ist ein bei der Auswertung bewährter Verfahrensschritt.

In jüngster Zeit befassen sich TANER et al. (1979) mit den Aussagemöglichkeiten von Farbdarstellungen. Die Parameter der Komplexspurenanalyse (Reflexionstärke, Phase, Momentanfrequenz, Polarität) können durch das Spektrum der Farben signifikant dargestellt werden, und an ausgewählten Beispielen wird gezeigt, daß die geologische Interpretation dadurch qualitativ und quantitativ verbessert werden kann.

Als unerläßlich hat sich die Farbdarstellung in der 3D-Seismik bei der Methodik der horizontalen Zeitscheiben erwiesen. Dadurch können Strukturelemente leichter erkannt werden, und Einzelheiten des geologischen Baus treten besser hervor. Insgesamt läßt sich durch Farbdarstellungen die große Datenfülle im Hinblick auf die geologische Interpretation rationeller verarbeiten.

10.7. Fehlinterpretationen

Eine fehlerhafte Interpretation (*Pitfall*) liegt dann vor, wenn zwar alle Möglichkeiten der seismischen Datengewinnung und -verarbeitung ausgeschöpft, die Ergebnisse jedoch in ein unzutreffendes oder unzulängliches geologisches Modell umgesetzt wurden. Nach TUCKER; YORSTON (1973) werden die „Pit falls" in drei Gruppen eingeteilt:

- Geschwindigkeits-Geometrie-Fehlinterpretation,
- Fehlinterpretation auf Grund der Datengewinnung,
- Fehlinterpretation auf Grund der Datenbearbeitung.

Bei einem nicht zu eng gefaßten Überblick über die scheinbaren Mißerfolge könnte man auch von internen und externen Gruppen ausgehen. Zur ersteren wären Unzulänglichkeiten der Planung, Aufnahme, des Processing und von Ergebnisdarstellungen zu rechnen; zur zweiten solche, deren Ursache vor allem in den geophysikalischen und geologischen Verhältnissen des Untergrundes liegt. Es ist zu erwarten, daß durch die Fortschritte der Meßtechnik und Auswertung zunehmend mehr Ursachen der Fehlinterpretation beseitigt werden. Als ein einfaches Beispiel soll auf das von Kunz (1960) behandelte Problem von Scheinstrukturen als Folge einer Fehlinterpretation der Beugungswellen von antithetischen Brüchen hingewiesen werden (Abb. 10.35). Bei schematischer Auswertung der analogseismischen Aufnahmen bestand die Gefahr, daß fälschlicherweise ein inverser Bruch bzw. ein Gegenfallen der Horizonte gegen den Bruch hin konstruiert wird. Durch das bessere Verständnis der physikalischen Natur der Beugungswellen, deren Eliminierung und der Möglichkeiten zur Untersuchung von Reflexionen konnte dann dieses Problem als weitgehend gelöst betrachtet werden.

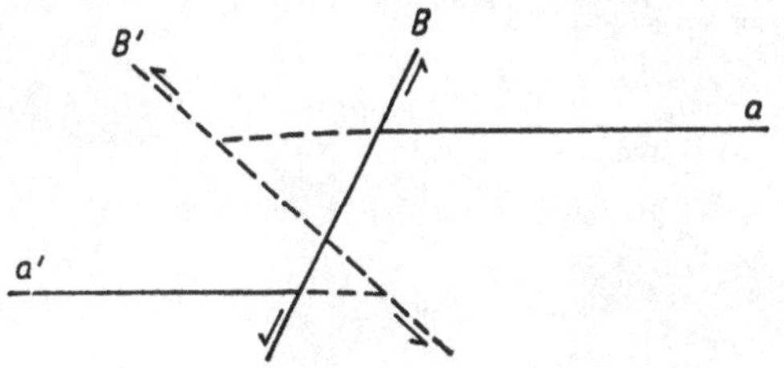

Abb. 10.35. Scheinstruktur bei antithetischem Bruch (nach Kunz, 1960)
a, a' — Reflexionshorizont,
B — Bruch, wahre Lage,
B' — Fehlinterpretation bei Nichterkennen der Beugungswelle,
— — — diffraktierte Einsätze

Die Bruchinterpretation kann jedoch problematisch sein, wenn es sich um ein tektonisch stark gestörtes Gebiet handelt, in dem Brüche unterschiedlichen Alters, verschiedener Sprunghöhe und Einfallsrichtung auftreten. Wenn die in Abb. 10.3 (s. S. 300) gezeigte Schollenstruktur von einem reflexionsseismischen Profil schräg geschnitten wird, sind durch das Zusammenspiel z. B. von Beugungswellen, Interferenzen und Schattenzonen trotz einwandfreier Datenverarbeitung Schwierigkeiten bei der richtigen Verbindung der Brüche durchaus möglich. Lösungsvorschläge umfassen die Anlage der Profile möglichst senkrecht zum Streichen der wesentlichen Strukturen, einen engen Profilabstand, die Analyse des Reflexionscharakters und weiterer Parameter (Intervallgeschwindigkeit, Amplitude).

Breiten Raum nehmen auch durch abweichende Geschwindigkeiten verursachte Probleme ein. Allgemein bekannt sind die Scheinstrukturen in den Horizonten unterhalb von Salzstöcken. Dabei kann es sich z. B. um eine antiklinale Aufwölbung im Zeitbereich handeln, die jedoch nur durch eine Laufzeitverkürzung infolge der meist höheren Geschwindigkeit in Steinsalz gegen die umgebenden Sedimente zustandekommt. Ein wesentliches Kriterium zum Erkennen solcher Situationen ist die Koinzidenz der Laufzeitanomalie mit dem Verlauf des Salzdomes. Die wahre Struktur des tieferen Untergrundes kann durch ray-tracing (s. Kap. 9.7.) ermittelt werden.

Es wurde bereits auf ähnliche Situationen bei Riffen hingewiesen (s. Kap. 10.4.3.), wobei die unterhalb eines Riffes gelegenen Horizonte Laufzeit-

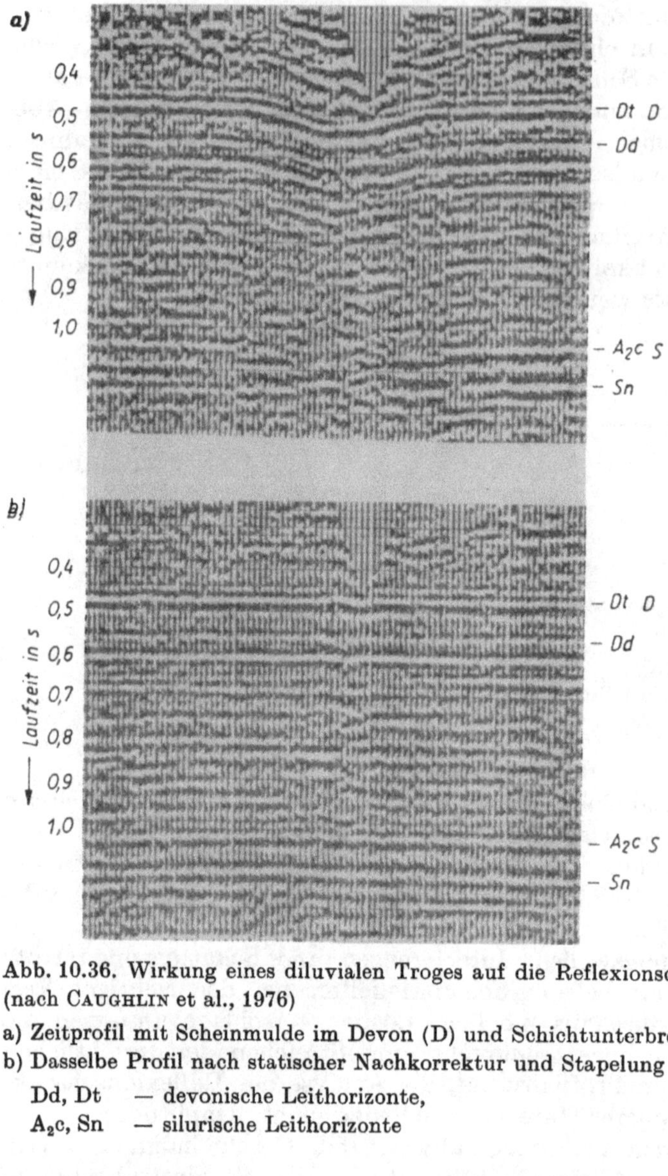

Abb. 10.36. Wirkung eines diluvialen Troges auf die Reflexionscharakteristik eines Riffes (nach CAUGHLIN et al., 1976)

a) Zeitprofil mit Scheinmulde im Devon (D) und Schichtunterbrechung im Silur (S).

b) Dasselbe Profil nach statischer Nachkorrektur und Stapelung

Dd, Dt — devonische Leithorizonte,

A_2c, Sn — silurische Leithorizonte

verkürzungen bis 20 ms aufweisen und als antiklinale Aufwölbung fehlinterpretiert werden können. Auch oberflächennahe Schichten können dort, wo sie einerseits Ursache großer statischer Korrekturen sind und andererseits vertikale und horizontale Geschwindigkeitsvariationen aufweisen, zu einem unruhigen Verlauf tiefer gelegener Reflexionshorizonte oder sogar zu Scheinstrukturen führen. In alpinen Tälern erreichen Moränen und daraus hervorgegangene diluviale Sedimente oft Mächtigkeiten von mehr als 100 m und zeigen entsprechende Laufzeitverzögerungen. Lokal wechselndes Auftreten von Konglomeraten mit hohen Geschwindigkeiten und Zwischenlagen von Seetonen mit niedrigen Geschwindigkeiten stellt hohe Anforgerungen an die exakte Bestimmung der statischen Korrekturen. Deshalb muß auch die Methode ihrer automatischen Ermittlung auf Gültigkeit überprüft werden. CAUGHLIN et al. (1976) erläutern ein Beispiel aus Nordmichigan, wo ein glazialer Trog infolge ungenügender Korrektur eine Synklinale in devonischen Reflektoren und auf Grund von Reflexionsunterbrechungen in silurischen Horizonten sogar ein Riff vortäuscht. Eine verbesserte Korrekturmethode läßt eine ungestörte, nahezu horizontale Lagerung der Schichten erkennen (Abb. 10.36).

Auch bei der Auswertung refraktionsseismischer Ergebnisse sind durchaus Möglichkeiten von Fehlinterpretationen gegeben; dabei können gegenüber der Reflexionsseismik zusätzlich noch Blindzonenprobleme auftreten (SCHMÖLLER, 1982). Eine von den örtlichen Gegebenheiten herrührende Fehlerquelle ergibt sich oft aus zu kurzen Aufstellungslängen. Die Folge kann eine falsche Interpretation in struktureller und in lithologischer Hinsicht sein.

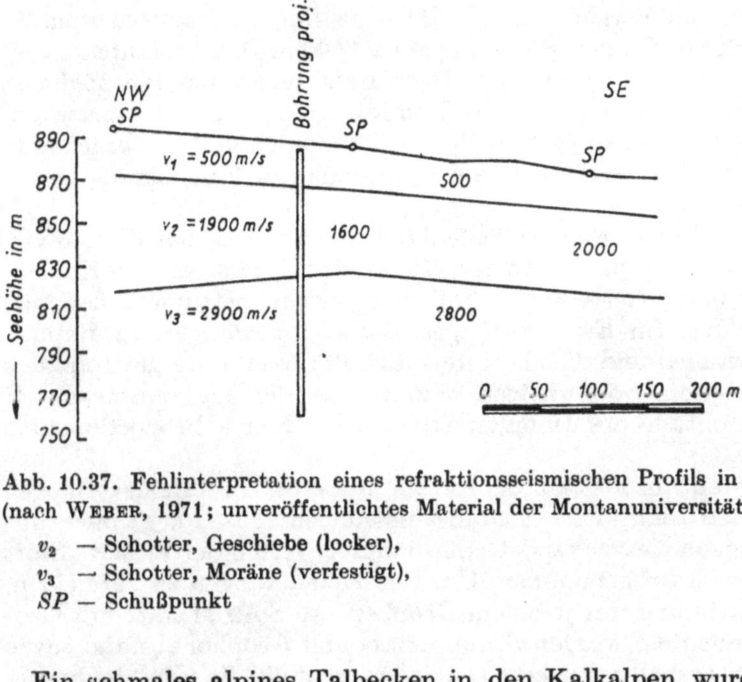

Abb. 10.37. Fehlinterpretation eines refraktionsseismischen Profils in einem alpinen Tal (nach WEBER, 1971; unveröffentlichtes Material der Montanuniversität Leoben)

v_2 — Schotter, Geschiebe (locker),
v_3 — Schotter, Moräne (verfestigt),
SP — Schußpunkt

Ein schmales alpines Talbecken in den Kalkalpen wurde durch ein in der Talmitte verlaufendes refraktionsseismisches Profil übersichtsmäßig vermessen. Für die quartäre Beckenfüllung war eine Mächtigkeit unter 100 m angenommen worden; der Beckenuntergrund sollte aus Untertrias (Sandsteine, Tonschiefer mit $v = 3000$ m/s) oder mitteltriasischen Kalken ($v = 5000$ m/s) bestehen. Die maximal 660 m langen Aufstellungen ließen einen seismischen Dreischichtfall erkennen. Die kurzen Aufstellungslängen führten bei der Auswertung zu der Konsequenz, daß der in ca. 70 m Tiefe befindliche v_3-Refraktor bereits als Quartärbasis, nämlich als Werfener Schichten, interpretiert wurde (Abb. 10.37). Tatsächlich bildete dieser

Horizont die Oberkante einer verfestigten Moräne. Durch eine Bohrung konnten eine über 200 m mächtige Talfüllung und ein aus Kalken bestehender Beckenuntergrund nachgewiesen werden. Neben längeren refraktionsseismischen Aufstellungen könnte zur Klärung derartiger geologischer Verhältnisse eine hochauflösende Reflexionsseismik beitragen.

Schichten mit hoher Geschwindigkeit (Konglomerate, lagerförmige Vulkanite) innerhalb eines Sedimentbeckens können zur Bestimmung einer falschen Tiefenlage und Struktur des Beckenuntergrundes führen. Die Laufzeitkurven ergeben das Modell eines von Brüchen begrenzten Horstes, wenn die Geschwindigkeiten von Einlagerung und Beckenuntergrund in derselben Größenordnung liegen.

10.8. Reflexionsseismische Messungen im Steinkohlenbergbau

Die Anwendung der Reflexionsseismik im Steinkohlenbergbau (Exploration, Abbau) zeigt im Vergleich zur Erdölsuche einige Besonderheiten. So beträgt die geforderte Eindringtiefe nur etwa 1500 m; bei geplanten Tagebauen kann sie sogar unter 100 m liegen. Die Nutzfrequenzen sollten möglichst hoch sein, um ein entsprechendes Auflösungsvermögen zu gewährleisten, da Brüche mit nur wenigen Metern Sprunghöhe aufgefunden werden und auch relativ dünne Kohlehorizonte als Reflexionen in Erscheinung treten sollen.

Bei der Untersuchung größerer Tiefenbereiche in britischen Kohlerevieren wurde von Ziolkowski; Lerwill (1979) eine gegenüber der Kohlenwasserstoffsuche modifizierte Feldtechnik bei gleicher instrumenteller Ausrüstung angewendet. Im Ergebnis folgte, daß Impulsdauer und Impulsamplitude proportional und die absolute spektrale Bandbreite des Impulses umgekehrt proportional der dritten Wurzel aus der Ladungsmenge M sind; für die Amplitude des Impulsspektrums ergab sich Proportionalität zu $M^{2/3}$ (Abb. 10.38).

Um höhere Frequenzen und damit ein besseres Auflösungsvermögen zu erzielen, werden sehr kleine Ladungsmessungen (50…100 g) oder nur Zünder als Energiequelle verwendet. Ein dadurch vermindertes Nutz/Störverhältnis wird in Kauf genommen. Um Phasenänderungen zu vermeiden, erfolgt die Registrierung mit je einem Geophon pro Spur anstatt mit Geophongruppen. Außerdem werden Schußpunkt- und Geophonabstand sowie die Samplingrate (1 ms) reduziert. Die instrumentelle Bandbreite betrug 40…375 Hz.

Ziel der Messungen waren die oberkarbonen Flözhorizonte („Coal measures"), die vom Perm transgressiv abgeschnitten werden. Die Reflexionskoeffizienten liegen mit dem Wert von 0,5 sehr hoch (Ziolkowski; Lerwill, 1979); sie folgen aus $\varrho_{\text{Steinkohle}} = 1{,}3 \cdot 10^3\ \text{kg/m}^3$, $v_{\text{Steinkohle}} = 1100\ \text{m/s}$ und $\varrho_{\text{Nebengestein}} = 2{,}5 \cdot 10^3\ \text{kg/m}^3$, $v_{\text{Nebengestein}} = 2800\ \text{m/s}$.

Abb. 10.39 zeigt an einem typischen Profil die erfolgreiche Methodik und die lagerstättenkundliche Problematik. Es konnten dabei Brüche mit nur 5 m Sprunghöhe in 800 m Teufe nachgewiesen werden.

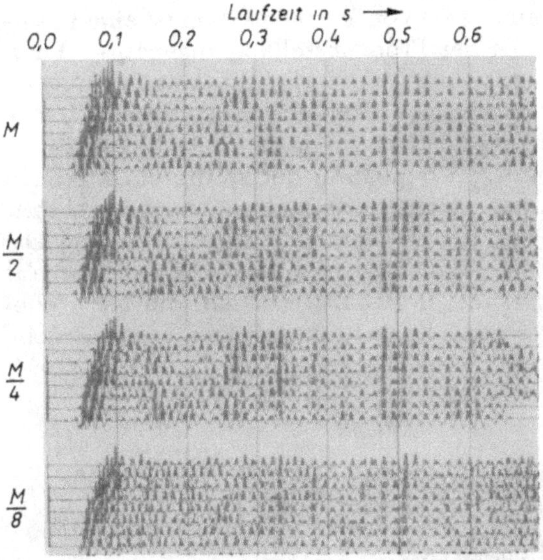

Abb. 10.38. Ladungsgröße und Reflexionscharakteristik (nach ZIOLKOWSKI; LERWILL, 1979)

Abb. 10.39. Seismisches Profil im Kohlerevier Vale of Belvoir/Großbritannien (nach ZIOLKOWSKI; LERWILL, 1979)
(Aufnahme mit 0,12 kg Ladung, Einzelgeophone und 12 m Goephonabstand)

P. T. — Permotriadische Diskordanz,
K. F. — Kohleflöz,
L — Lias,
K — Keuper

Vor allem bei Arbeiten im Teufenbereich von wenigen 100 m ist eine Hochfrequenz-Reflexionsseismik mit einer der Problemstellung angepaßten Feldtechnik und instrumentellen Ausrüstung erforderlich. LEPPER; RUSKEY (1976) führten Messungen zur Erfassung von Kohleflözen in nur 50 m Teufe durch; dazu waren Schußpunktabstände von 7,5 m und Geophonabstände von 1,5 m notwendig. Um bevorzugt Frequenzen der seismischen Wellen über 100 Hz aufnehmen zu können, wurden Spezialgeophone eingesetzt, die im Frequenzbereich von 100...800 Hz verzerrungsfrei arbeiten. Die Samplingrate sollte kleiner als 0,5 ms sein. FARR; PEACE (1979) konnten auf diese Weise kleinräumige stratigraphische Details erfassen, die bei größerem Geophonabstand und höherer Samplingrate untergehen, sowie Brüche von nur 5 m Sprunghöhe nachweisen (Abb. 10.40).

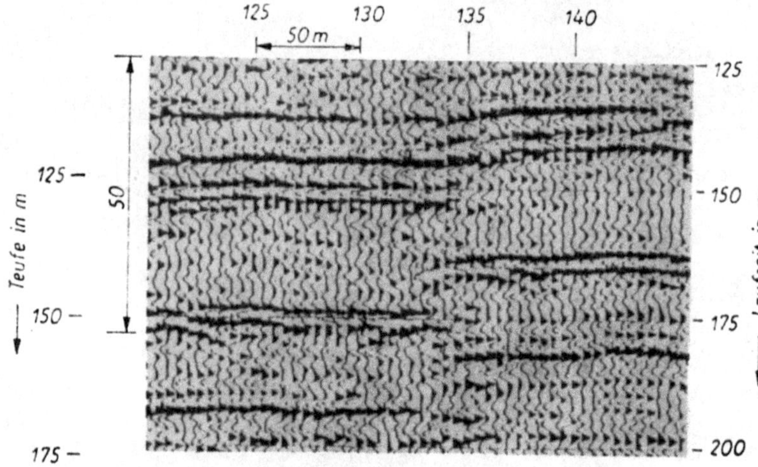

Abb. 10.40. Hochfrequenzseismisches Profil mit Bruch (nach FARR; PEACE, 1979)

Als Methode zur Planung von Steinkohlenbergbauen hat sich vor allem die 3D-Seismik bewährt (ARNETZL, 1980). Die im Oberkarbon liegenden Kohleflöze des Ruhrgebietes sind durch eine zyklische Sedimentation gekennzeichnet (ca. 160 Flöze); die maximale Abbauteufe liegt derzeit bei ca. 1200 m. In Anbetracht der großen akustischen Impedanz ist eine Hochfrequenz-Reflexionsseismik nur zur Erkundung der obersten Partien der Flözserie geeignet, da sich das seismische Signal rasch nach tieferen Frequenzen verschiebt. Dennoch ist eine Extrapolation des hochaufgelösten Lagerstättenbereiches in größere Tiefen möglich. Durch die vertikalen, migrierten Profile und horizontalen Zeitscheiben können tektonische Elemente geringer Versetzung aufgefunden werden, die bei der zweidimensionalen Messung unentdeckt bleiben.

Die Registrierungen erfolgten mit 6...8facher Überdeckung; der Abstand der Tiefenpunkte betrug 12,5...20 m, die Frequenz 80...90 Hz (bei längeren Laufzeiten 45 Hz). Ein 3D-migriertes Profil unterstreicht das hohe Auflösungsvermögen (Abb. 10.41); es zeigt eine breite Muldenstruktur im Oberkarbon, die transgressiv von Oberkreide überlagert wird.

Zum besseren Verständnis der reflexionsseismischen Messungen haben Modellversuche beigetragen, indem verschiedene kohlengeologische Verhältnisse simuliert wurden. Dazu gehören z. B. Modelle kleinräumiger Strukturen – wie mäandrierende Sandkanäle – im Zusammenhang mit Untersuchungen über ihre Wirkung auf die Reflexionscharakteristik eines darunterliegenden Kohleflözes (Duffy, 1983), Modelle über komplexe petrophysikalische Situationen (gleitende Übergänge in der Lithologie) sowie über die Mächtigkeitsabnahme und das Auskeilen von Kohleflözen in Verbindung mit dem Studium über das Frequenz- und Amplitudenverhalten reflektierter Signale.

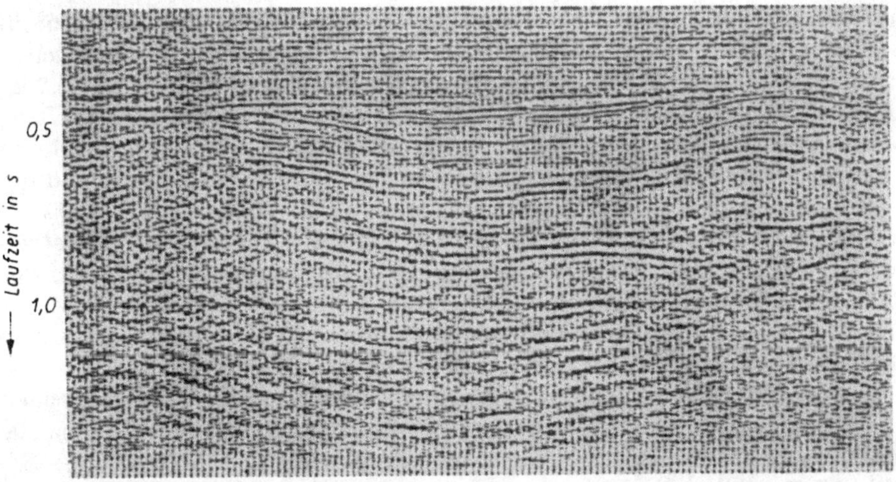

Abb. 10.41. 3D-seismisches Profil aus dem Ruhrgebiet, migriert (nach Arnetzl, 1980)

Auch synthetische Seismogramme haben sehr aufschlußreiche Ergebnisse über die Aussagemöglichkeiten der Reflexionsseismik bei zyklischer Schichtung des Karbons gebracht (Rüter; Schepers, 1978). Danach erzeugt ein Einzelflöz noch eine erkennbare Reflexion bei einer Flözmächtigkeit von nur 1/50 der seismischen Wellenlänge. Liegt eine größere Anzahl von Flözen und Grenzflächen vor, so sind einzelne Reflexionen nicht mehr auflösbar; in diesem Fall entstehen jedoch durch konstruktive Interferenz große Amplituden, und mit zunehmender Laufzeit überwiegen Internmultiple mit kurzem Wellenweg. Die Flözfolge wirkt wie ein Hochpaßfilter.

10.9. Reflexionsseismische Messungen im Braunkohlenbergbau

Bei der Untersuchung von Braunkohlenlagerstätten überwiegt das Interesse am Flözbereich selbst (Mächtigkeit, Unterbrechungen der Kohleführung durch Vertaubung, Auswaschungen, Erosion) sowie an der Lithologie der

Hangendschichten besonders im Hinblick auf Abbaufragen. Da Braunkohle und Lignit heute meist nur im Tagebau gewonnen werden, erstreckt sich der Untersuchungsbereich auf wenige 10 bis maximal einige 100 m Teufe; dies entspricht einem Laufzeitbereich von weniger als 0,5 s. Die Dichte der Braunkohle beträgt $1{,}3 \cdot 10^3 \ldots 1{,}7 \cdot 10^3$ kg/m³, die Longitudinalwellengeschwindigkeit ca. 1500 m/s, so daß bei unverfestigten Gesteinen im Hangenden mit Reflexionskoeffizienten von $-0{,}14 \ldots -0{,}27$ gerechnet werden kann.

Die Technik der Feldmessungen hat die Erzeugung möglichst hochfrequenter Wellen zum Ziel, so daß ebenfalls mit kleinen Ladungen, eventuell aufgeteilt auf mehrere Schußbohrungen, ausgekommen werden muß. Wesentlichen Einfluß hat die Verwitterungsschicht, vor allem wenn in ihr die Schüsse abzutun sind. Eine gründliche Störwellenanalyse ist die Basis für ein günstiges Nutz/Störverhältnis.

In Österreich hat sich bei der Braunkohlenprospektion als Kompromiß zwischen dem geforderten Auflösungsvermögen und einem wirtschaftlichen Meßfortschritt folgende Methodik bewährt: Ladungen kleiner als 0,2 kg oder nur Zünder in Schußlöchern von 1...2 m Tiefe; siebenfache Überdeckung mit 10 oder 20 m Geophongruppenabstand; zur Unterdrückung der Störwellen 12 Geophone pro Gruppe im Abstand von 2 m; Verwendung von Geophonen mit hoher Eigenfrequenz (40 Hz); in steilerem Gelände oder bei niedrigen Geschwindigkeiten der Verwitterungsschicht Registrierung mit 9 m langen 10er Geophongruppen (Weber et al., 1985). Bei der Datenverarbeitung haben sich zeitvariable Filterung und Frequenzfilter 18/32...70/100 Hz, Wellengleichungsmigration und Kohärenzfilterung sowie andere Bearbeitungsschritte bewährt. Wegen des Einflusses der stärker wechselnden Verwitterungsschicht ist eine sehr genaue Ermittlung der statischen Korrekturen von ausschlaggebender Bedeutung; dazu müssen spezielle kurze refraktionsseismische Profile geschossen werden.

Abb. 10.42 stellt ein Profil aus einem inneralpinen Kohlehoffnungsgebiet in Kärnten dar. Nach Bohrlochmessungen sowie auf Grund der Ergebnisse refraktions- und reflexionsseismischer Untersuchungen wurde für die Oberkante der Flöze ein Reflexionskoeffizient von $-0{,}23$, für die Unterkante von 0,28 ermittelt. Der obere Flözhorizont erstreckt sich mit einer Mächtigkeit von 20 m zwischen Laufzeiten von 0,09...0,1 s; dies entspricht einem Teufenbereich von 90 m. Die im Profil auftretende Reflexion dürfte aus der Überlagerung der Reflexionen von Oberkante und Basis des Flözes bzw. den Einlagerungen entstanden sein. Bei den reflektierten Signalen wurden Frequenzen bis 100 Hz beobachtet. Die tiefere Flözgruppe ist durch Reflexionslaufzeiten von 0,23...0,24 s am östlichen Profilende charakterisiert (Teufe ca. 240 m). Da das Flöz weitgehend abgebaut ist, dürfte die Reflexion von der Oberkante des Versatzes und der Basis des Flözes stammen. Im Hangenden lassen steiler einfallende Reflexionen eine Schrägschichtung erkennen.

Unter den Lagerstättenbedingungen der DDR haben sich sowohl schußseismische als vor allem auch vibrationsseismische und transversalwellenseismische Aufnahmen in Verbindung mit gravimetrischen Untersuchungen bewährt. Die Bedeutung der weniger kostenaufwendigen Refraktionsseismik liegt in erster Linie in der großräumigen Erkundung der Tertiärbasis (GERSTENBERGER et al., 1985). Die erreichten Leistungsparameter der genannten Verfahren sind in Tab. 10.1 zusammengestellt. Mit den aus gravimetrischen Aufnahmen möglichen Angaben zur Abgrenzung und zum Bau der Tertiärbecken, zur Lokalisierung flözfreier Bereiche (Erosionsrinnen, Aufragungen), zur Abbildung von Sattel- und Muldenstrukturen sowie zur Verfolgung tektonischer Störungen wird die zielgerichtete Anlage seismischer Profile vorbereitet und das Bohrnetz notwendiger Erkundungsbohrungen optimiert. Nahseismische Aufnahmen dienen der Detailuntersuchung bestimmter Strukturen, insbesondere des Tiefenbereichs > 50 m, der durch die Gravimetrie weniger gut erfaßbar ist.

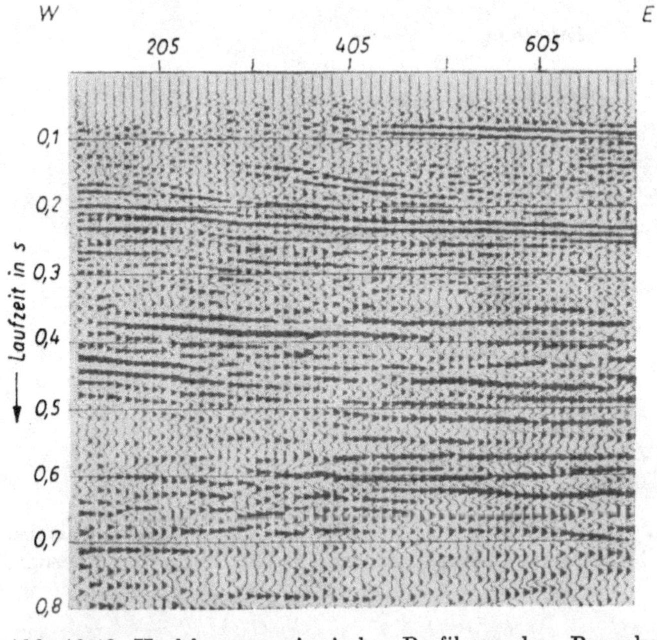

Abb. 10.42. Hochfrequenzseismisches Profil aus dem Braunkohlengebiet Lavanttal (nach WEBER et al., 1985)

Tabelle 10.1. Leistungsparameter der seismischen Verfahren in der Braunkohle der DDR (nach BREMER et al., 1983)

Verfahren	Transversalwellenseismik	Vibrationsseismik (P-Wellen)	Schußseismik (P-Wellen)	Refraktionsseismik
Erkundungsintervall	20...150 m	30...200 m	60...800 m	60...400 m
Auflösungsvermögen	3... 8 m	7... 15 m	etwa 15 m	—
Nachweisfähigkeit dünner Schichten	etwa 1 m	etwa 3 m	etwa 3 m	—
Tiefenfehler	5...10%	5...7%	5...7%	etwa 10%

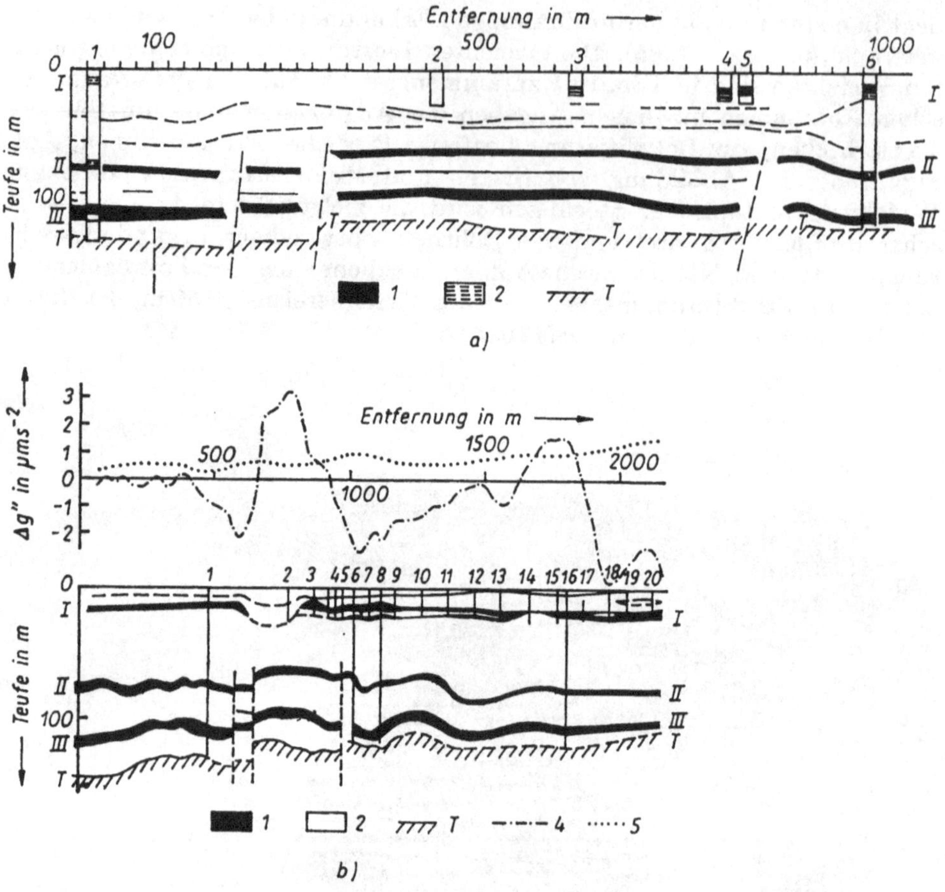

Abb. 10.43. Beispiel für den gemeinsamen Einsatz von Gravimetrie und Nahseismik bei der Vorerkundung einer Mehrflözlagerstätte (aus GERSTENBERGER; MILITZER; PETZOLD, 1985)

a) seismisches Tiefenprofil

1 — Braunkohle, *2* — kohlehaltiger Schluff,
T — Tertiärbasis, *I...III* — Kohleflöze,
1...6 — Bohrungen,

b) komplexinterpretiertes Tiefenprofil

1 — Braunkohle
2 — sandig/tonige Sedimente
T — Tertiärbasis
I...III — Kohleflöze
4 — Schwerewirkung des Flözes *I*,
5 — Schwerewirkung der Flöze *II* und *III*,
1...20 — Bohrungen

An dem in Abb. 10.43 gezeigten Beispiel wird der komplexe Einsatz von Gravimetrie und Nahseismik erläutert. Wegen zu geringer Teufenlage ist es im vorliegenden Fall nicht möglich gewesen, das oberste Kohleflöz seismisch zu erfassen. Vielmehr bilden sich im seismischen Meßbefund lediglich die beiden tieferen Flöze sowie Grenzflächen im Deckgebirge und die Ter-

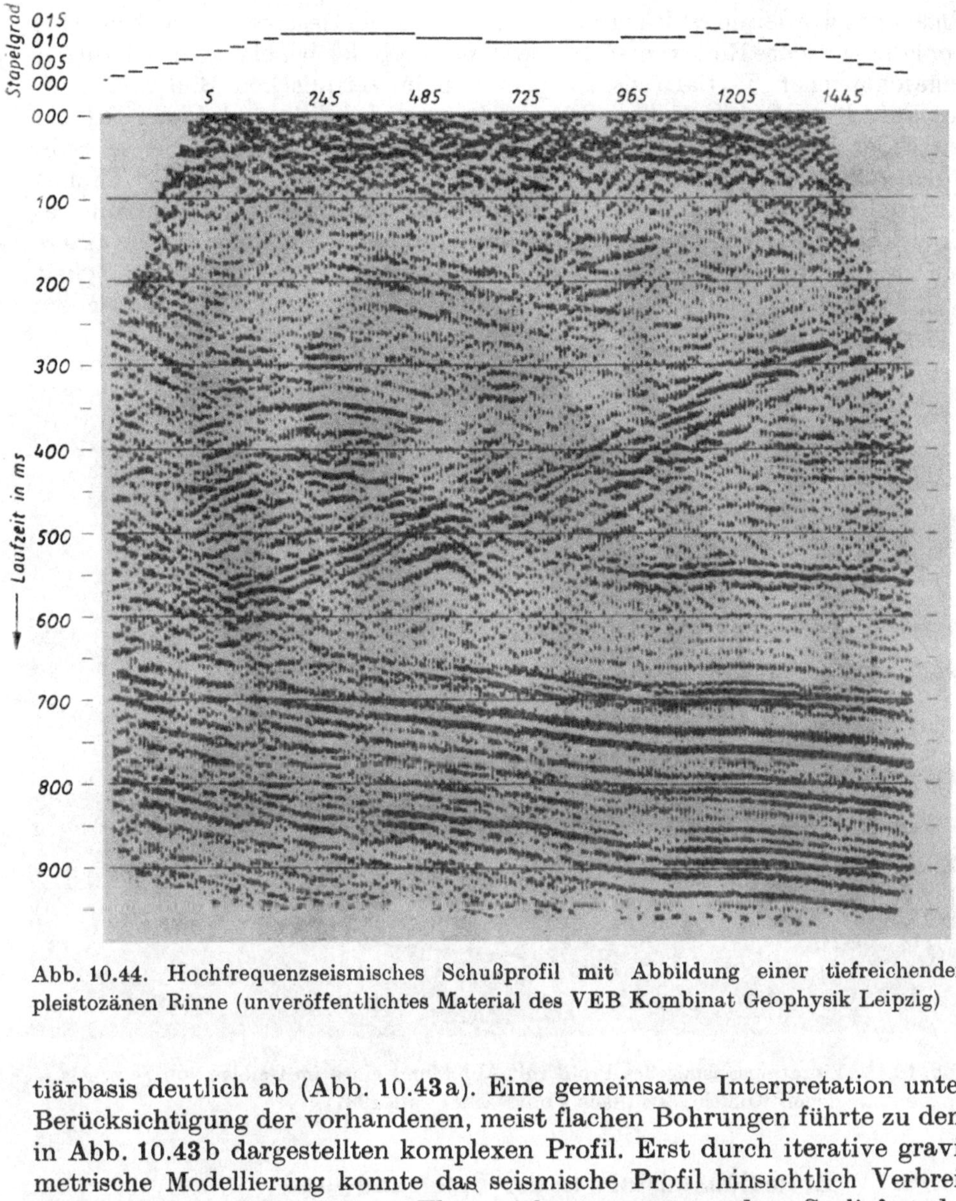

Abb. 10.44. Hochfrequenzseismisches Schußprofil mit Abbildung einer tiefreichenden pleistozänen Rinne (unveröffentlichtes Material des VEB Kombinat Geophysik Leipzig)

tiärbasis deutlich ab (Abb. 10.43a). Eine gemeinsame Interpretation unter Berücksichtigung der vorhandenen, meist flachen Bohrungen führte zu dem in Abb. 10.43b dargestellten komplexen Profil. Erst durch iterative gravimetrische Modellierung konnte das seismische Profil hinsichtlich Verbreitung und Verlauf des obersten Flözes sicher ergänzt werden. So liefert der komplexe Einsatz von Gravimetrie und Seismik in den meisten Fällen ein gutes geometrisches Modell der häufig relativ kompliziert gebauten Mehrflözlagerstätten. Der Zeitschnitt der Abb. 10.44 wurde mit 12facher Überdeckung und Schußanregung in flachen Bohrungen von 2 m Tiefe mit einer Ladungsmenge von 50 g erzielt. Er zeigt das Beispiel einer tiefreichenden Pleistozänrinne, deren Rand durch eine Staffel geneigter Reflexionselemente abgebildet wird. Diese Reflexionselemente stammen von dünnen bindigen Schichten, die im Zuge der glazigenen Auffüllung der Rinne am Rinnenrand abgelagert worden sind. Innerhalb der Rinne bilden Geschiebemergel einzelne wenig konsistente Reflexionsbereiche. Unterhalb der bei etwa 0,55 s Laufzeit angeschnittenen Tertiärbasis spiegeln sich im seismischen Bild z. T. sehr gut aufgelöste Wechselfolgen von sandigen und kohlig-schluffigen Schichten wider. Ein Beispiel für die vibrationsseismische Abbildung einer Subrosionslagerstätte gibt Abb. 10.45 wieder. Die Flözmächtigkeit nimmt kontinuierlich von 3 m in den Randbereichen bis auf 60 m im Zentrum des Kohlekessels zu. Die systematische Veränderung des Interferenzcharakters der nullphasigen Reflexionssignale mit Zunahme der Flözmächtigkeit (vgl. Abb. 7.10) bildet eine wesentliche Voraussetzung für eine sichere Signaldeutung.

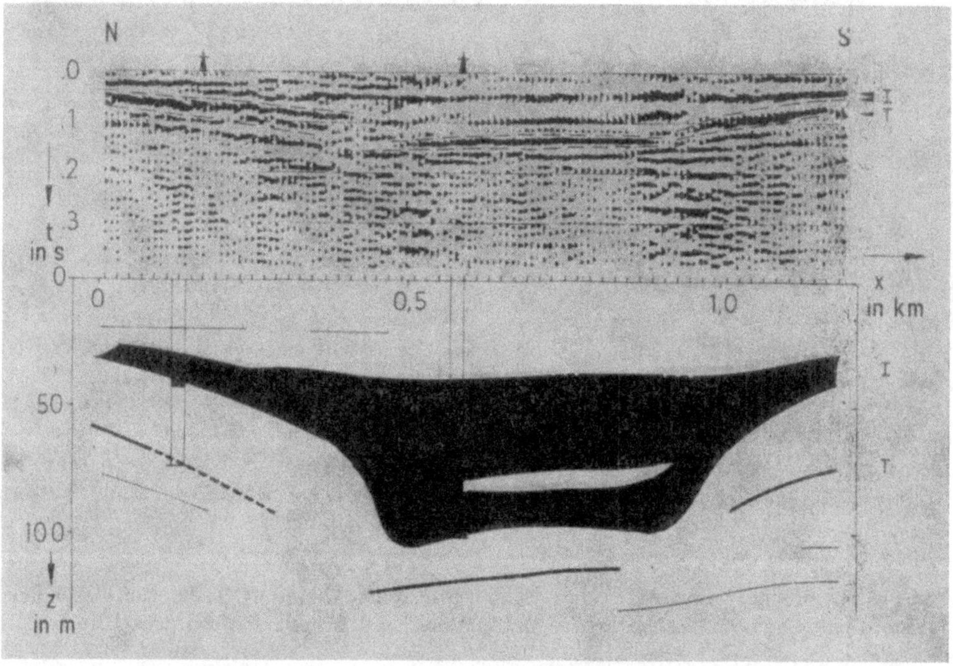

Abb. 10.45. Vibrationsseismisches Profil mit Abbildung eines im Gefolge von Salzauslaugung entstandenen Kohlekessels (nach FORKMANN et al., 1981)

10.10. Reflexionsseismik in der Baugrund- und hydrologischen Forschung

Seismische Messungen für ingenieurgeologische und hydrogeologische Fragen waren und sind eine Domäne der Refraktionsseismik. Nach Einführung der Digitalseismik ist es jedoch gelungen, den Anwendungsbereich der Reflexionsseismik mit Erfolg auch auf die Untersuchung geringerer Teufen (< 100 m) zu erweitern. Die höheren Kosten einer hochauflösenden Reflexionsseismik gegenüber der Refraktionsseismik können bei der Bearbeitung bestimmter Probleme durch das verbesserte Auflösungsvermögen gerechtfertigt sein. Dies trifft auf Tertiärgebiete zu, wo der Aquifer von Sandlagen gebildet wird, die in vorwiegend tonige Schichtfolgen eingeschaltet sind. Solche Verhältnisse liegen im Oststeirischen Becken vor, wo mehrere hundert Brunnen gespannte Wässer aus tertiären Sanden beziehen. Für reflexionsseismische Testmessungen zum Nachweis mächtiger, ergiebiger Sande von der Erdoberfläche aus mußte folgende petrophysikalische Situation in Betracht gezogen werden:

Sande $v = 1600 \ldots 1700$ m/s, $\varrho = 1{,}9 \cdot 10^3$ kg/m³,

Tone $v = 1800 \ldots 1900$ m/s, $\varrho = 2{,}0 \cdot 10^3$ kg/m³.

Die relativ geringen Unterschiede in den petrophysikalischen Eigenschaften der Sande und Tone innerhalb des oberen Teufenbereiches von 150 m führten zu Reflexionskoeffizienten in der Größenordnung von nur 0,08.

Tatsächlich ergibt sich oft ein kompliziertes Reflexionsmodell, da auch mächtige Sandpakete durch Tonlagen unterteilt sind und auch vertonte Sande mit schlechten Durchlässigkeiten vorkommen. Trotz dieser Einschränkungen konnten in den weitaus meisten Fällen durchgehende Reflexionen zufriedenstellender Qualität erhalten werden; sie kennzeichnen einen Teufenabschnitt, in dem Sande vorherrschen, und ermöglichen die Festlegung von Ansatzpunkten für Bohrungen. Zur Klärung der Frage, ob beim Zustandekommen der Reflexionen auch konstruktive Interferenz eine Rolle spielt, wurde eine ähnliche Meß- und Datenverarbeitungstechnik wie für die Suche und Erkundung von Braunkohlenlagerstätten entwickelt.

Abb. 10.46 zeigt einen Profilausschnitt aus dem Oststeirischen Becken ca. 2 km vom Grundgebirgsrand entfernt. Die Änderungen des Reflexionscharakters bei Reflexionen mit Laufzeiten von 0,08 und 0,18 s sind vermutlich auf Änderungen der Mächtigkeit und Lithologie zurückzuführen.

Reflexionsseismische Messungen in quartären Schichten zur Erkundung des Reliefs des Untergrundes sowie zum Nachweis undurchlässiger, wasserstauender Sedimente sind mit üblichen digitalseismischen Instrumenten nur bei größerer Schichtmächtigkeit zweckmäßig.

Eine spezielle hochfrequente reflexionsseismische Meßmethode, die auch für den ganz oberflächennahen Teufenbereich, z. B. bei Baugrunduntersuchungen, geeignet ist, wurde von Schepers (1974; 1977) beschrieben. Danach werden hochfrequente Wellen bis 1 kHz verwendet, und die Aufnahme erfolgt mit Spezialgeophonen (Beschleunigungsmesser), die eine lineare Frequenzwiedergabe bis 3 kHz aufweisen. Die Energieerzeugung geschieht an der Erdoberfläche; zur Aufnahme dienen Einzelgeophone in flachen, eng benachbarten Bohrlöchern. Dadurch werden Oberflächen- und Scherwellen gedämpft. Stapelung und homomorphe Dekonvolution sind wichtige Verfahrensschritte der Datenbearbeitung.

Abb. 10.47 zeigt das Zeitprofil einer Messung in einem Gebiet, in dem grundwasserführende Sande und Schotter Tonen auflagern. Der Grundwasserspiegel befindet sich bei ca. 2 m, die Grundwassersohle (Ton) variiert von 40 m auf ca. 10 m. Die Oberkante des Tones ist als deutliche Reflexion korrelierbar; außerdem treten über kürzere Distanzen auch Reflexionen aus dem Sandkörper auf.

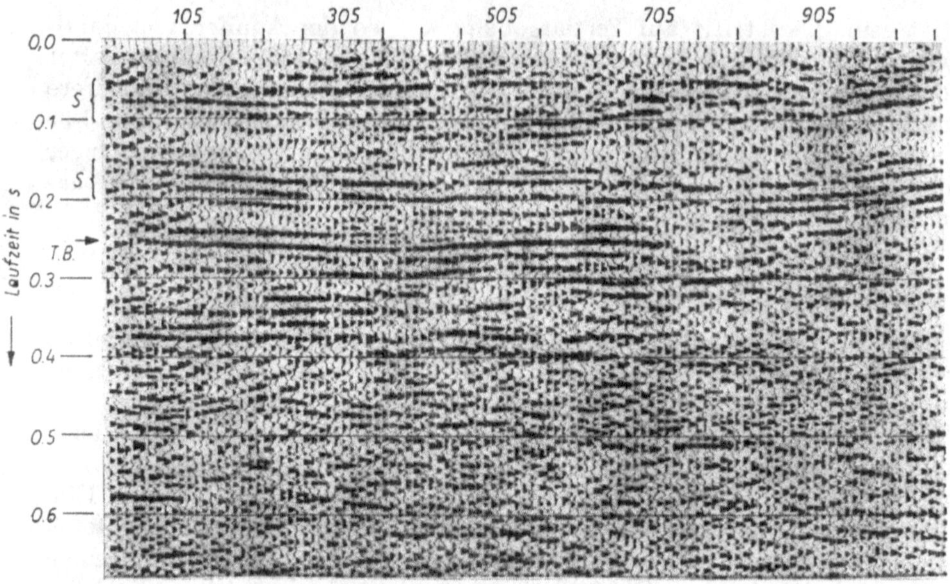

Abb. 10.46. Zeitschnitt eines Profils aus dem Oststeirischen Becken zur Auffindung von wasserführenden Sanden (nach KLAMMER et al., 1984; unveröffentlichtes Material der ÖMV-AG, Wien)

T. B. — Tertiärbasis, *S* — sandführende Bereiche

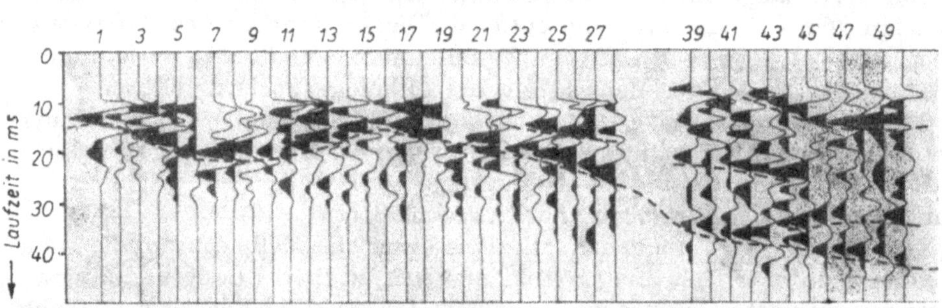

Abb .10.47. Hochfrequenzseismisches Profil (gefilterter Seismogrammausschnitt) aus grundwasserführendem Quartär (nach SCHEPERS, 1977)

10.11. Anwendungsmöglichkeiten der Refraktionsseismik

Die großen Fortschritte in der Reflexionsseismik sollten nicht vergessen lassen, daß nach wie vor ein breites Feld von Anwendungen der refraktionsseismischen Methode bei der Bearbeitung von Fragen der angewandten Geologie sowie Lagerstättensuche und -erschließung besteht. Dazu gehören vornehmlich die Suche und Erkundung von Energierohstoffen (Erdöl, Erdgas, Kohle), von Steinen und Erden, Erzen (Seifenlagerstätten) und Grundwasser sowie Anwendungen in der Eisseismik und bei Baugrunduntersuchungen.

Bei der Kohlenwasserstoffsuche wird die Refraktionsseismik nur noch in Sonderfällen und nicht mehr als Routinemethode wie im Anfangsstadium der Exploration herangezogen. Die Gründe liegen im ungenügenden Auflösungsvermögen – vor allem bei der Erkundung größerer Tiefen und bei der Überlagerung mehrerer Horizonte; dieser Mangel ist prinzipieller Natur. Auch die Berechnung der Tiefen ist wesentlich ungenauer, als es reflexionsseismische Aufnahmen ermöglichen. Dazu kommen noch Unsicherheiten durch Blindzonenprobleme und eine mögliche Geschwindigkeitsanisotropie. Die Refraktionsseismik ist daher in erster Linie zur Suche größerer struktureller Ölfallen geeignet, während für stratigraphische Fallen – abgesehen von nicht zu tiefen Riffen – ungünstige Voraussetzungen bestehen.

Refraktionsseismische Messungen größeren Umfanges wurden in jüngerer Zeit (bis 1970) z. B. in Norddeutschland zur Untersuchung der Präzechsteinbasis durchgeführt, wobei Aufstellungslängen bis 50 km verwendet wurden (Krey, 1975). Die Auswertung erfolgte nach der Wellenfrontmethode unter Benutzung aller vorhandenen Geschwindigkeitsinformationen für die Hangendschichten. In der Regel war es möglich, auch aus Teufenbereichen unter den Salzstöcken Informationen über die Lagerungsverhältnisse des Karbon/Devon zu erhalten (Abb. 10.48).

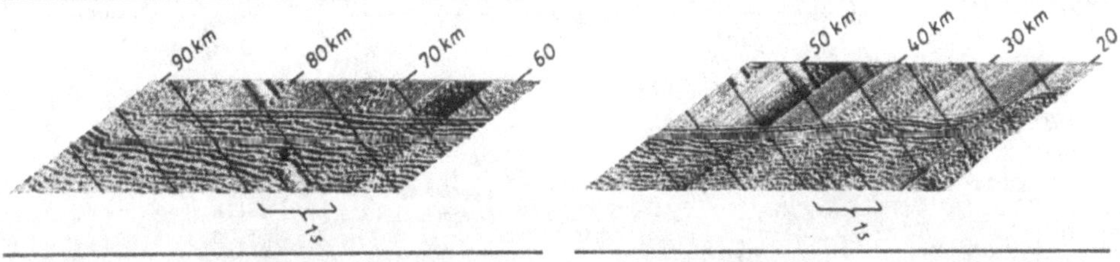

Abb. 10.48. Refraktionsseismische Aufnahme bei der Erdölsuche (nach Krey, 1975)

Unangefochten als Standardmethode ist die Stellung der Refraktionsseismik bei der Bearbeitung hydrogeologischer Fragen, insbesondere bei der Erkundung von Grundwasservorkommen in quartären Gesteinen. Die wichtigsten Aufgaben dabei sind die Feststellung der Mächtigkeit einzelner Schichten, speziell des grundwasserführenden Stockwerks, die Ermittlung des Reliefs des Beckenuntergrundes und Angaben zur Lithologie. Als ein typisches Beispiel der Untersuchung eines Quartärbeckens in Österreich wird eine Vermessung des Krappfeldes vorgestellt (Abb. 10.49). Es handelt sich um einen seismischen Vier- bis Fünfschichtfall, wobei trockene Schotter Geschwindigkeiten von 850...1000 m/s aufweisen, während die Hauptmasse des grundwasserführenden Quartärs durch Werte von 1600...1800 m/s gekennzeichnet ist; lediglich in den oberen Partien treten niedrigere Geschwindigkeiten infolge stärkerer lithologischer Änderungen (Tonlagen) auf. Die undurchlässige Sohle wird von tertiären Tonen mit Geschwindigkeiten von 2250...2500 m/s gebildet. An den Beckenrändern stehen Gesteine der Oberkreide, Trias und des Paläozoikum an, die sich als tiefster Refraktor mit hohen Geschwindigkeiten bemerkbar machen. Geoelektrische Tiefensondierungen ergänzen die refraktionsseismischen Daten und gestatten Aussagen über die lithologische Zusammensetzung der Beckenfüllung und die Trennung einzelner Grundwasserstockwerke.

Wichtig, oftmals unentbehrlich, sind die Aussagen der Refraktionsseismik bei Baugrunduntersuchungen und ingenieurgeologischen Problemstellungen. SJØGREN et al. (1979) konnten eine seismische Klassifikation der Gesteinsqualität für einen weiten Bereich von Hartgesteinen erarbeiten, verbunden mit einer Korrelation der Longitudinalwellengeschwindigkeit und wichtigen gebirgsmechanischen sowie elastischen Parametern.

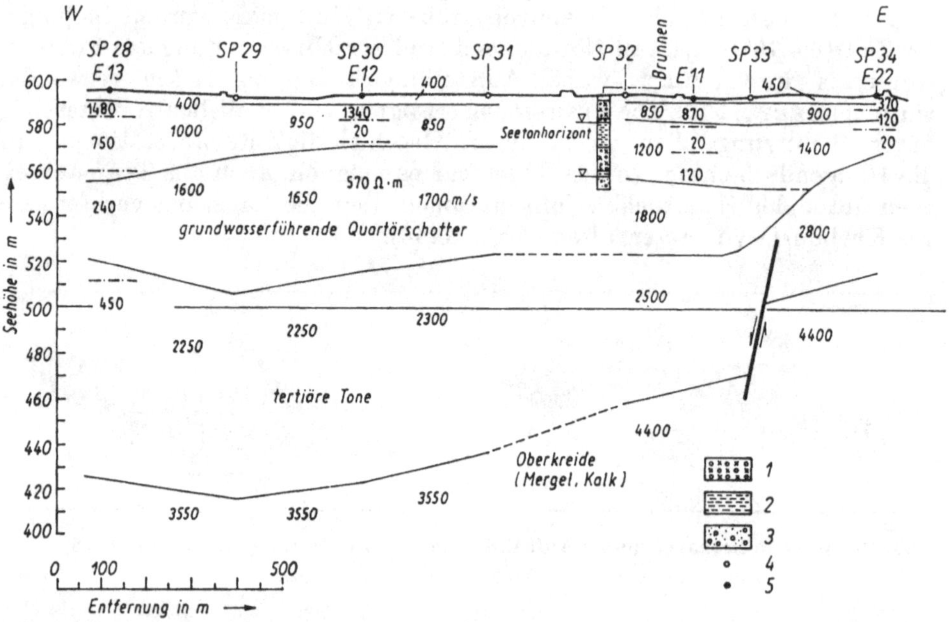

Abb. 10.49. Refraktionsseismisches Profil, geoelektrische Tiefensondierungen und Geologie aus einem Grundwasservorkommen (nach WALACH; WEBER, 1981)

1 — **Quartärschotter (trocken),**
2 — **Schluff, Ton (Seeton),**
3 — **Quartärschotter (wasserführend),**
4 — **Schußpunkte,**
5 — **Geoelektrische Tiefensondierungspunkte**

Gleichermaßen wurden ein quantitativer Zusammenhang mit der Klüftung unter Zuhilfenahme von Bohrkernen nachgewiesen und die Gesteine durch ein Qualitätsmaß „RQD" (rock quality designation in %) charakterisiert (s. auch MILITZER et al., 1985).

In alpinen Gebieten werden refraktionsseismische Messungen durch die rauhe Topographie und die dadurch bedingten Korrekturprobleme erschwert. Ein Beispiel aus dem Nordostsporn der Alpen, wo die Refraktions-

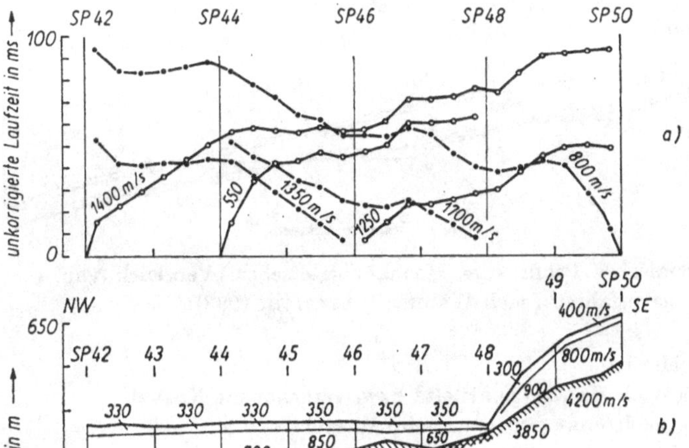

Abb. 10.50. Refraktionsseismische Baugrunduntersuchung (nach Walach; Weber, 1976; unveröffentlichtes Material der Montanuniversität Leoben)

a) Laufzeitkurven,

b) Tiefenprofil

SP — **Schußpunkte**

seismik für die Standortbestimmung eines Kavernenspeichers eingesetzt war, läßt die auftretenden Probleme erkennen (Abb. 10.50). Es handelt sich mindestens um einen seismischen Dreischichtfall, wobei der tiefste Refraktor jeweils dem unverwitterten Kristallin (Gneise, Glimmerschiefer) entspricht. Die Feldmessungen wurden mit 30 m Schußpunkt- und 5 m Geophonabstand sowie mit bis 12facher Überdeckung durchgeführt. Aus den unkorrigierten Laufzeitkurven selbst läßt sich nur ein Überblick über die Geschwindigkeiten der Verwitterungsschicht gewinnen, während die Geschwindigkeitswerte des Kristallins aus den Laufzeitkurvenästen nicht direkt ersichtlich sind; in einzelnen Abschnitten, z. B. zwischen SP 42...44 könnte eine unkritische Auswertung sogar zu negativen Geschwindigkeiten führen. Die Problemstellung konzentrierte sich auf die Frage nach dem Relief der Felsoberkante und die Tiefe der Verwitterung sowie vor allem nach dem Auftreten von Mylonitzonen. Letztere werden durch tektonische Störungen verursacht und sind seismisch durch eine detaillierte Geschwindigkeitsanalyse erfaßbar; dabei sinken die Durchschnittsgeschwindigkeiten von ansonsten 4800 m/s auf Werte bis 3000 m/s.

Bei geophysikalischen Untersuchungen von Gletschern dominiert die Refraktionsseismik; sie liefert Angaben über die Eisdicke und die Massenbilanz eines Gletschers sowie das Relief des Felsuntergrundes. Am Hochköniggletscher liegt ein seismischer Dreischichtfall vor (Weber; Wüstrich,

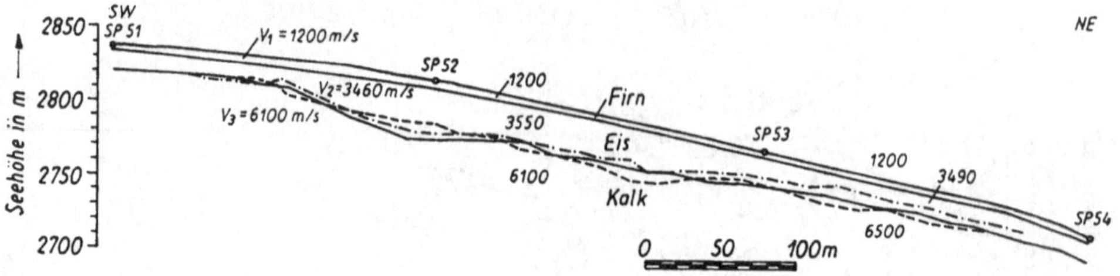

Abb. 10.51. Refraktionsseismisches Profil vom Hochköniggletscher; Vergleich von verschiedenen Tiefenberechnungsverfahren (nach Weber; Wüstrich, 1983)
SP — Schußpunkte

——— $x_c + T_i + T_d$ — Methode
— — — Tiefenberechnung nach Hales (gemittelte bzw. verschobene Kurve)
— · — · Tiefenberechnung nach Tarrant (gemittelte Werte)

1983); die Firnschicht an der Oberfläche ist durch Geschwindigkeiten von 1000...1700 m/s, darunter das Gletschereis durch Geschwindigkeiten von 3000...3980 m/s gekennzeichnet. Gegen den unterlagernden Dachsteinkalk, dessen Durchschnittsgeschwindigkeit 5890 m/s beträgt, ist ein guter Geschwindigkeitskontrast vorhanden. Schwierigkeiten bei der Auswertung ergeben sich durch ein lokal starkes Relief des Felsuntergrundes und steile Neigungen sowie sich lateral ändernde Firn- und Eisgeschwindigkeiten. Ein Vergleich verschiedener Tiefenberechnungsverfahren ergab, daß bei nicht zu großen Neigungen ähnliche Resultate in bezug auf das Relief erzielt wurden, wobei sich die Delay-Zeitverfahren als sehr flexible Routinemethoden erwiesen (Abb. 10.51). Bei steilen Neigungen der Felsoberfläche sind Wellenfrontverfahren vorzuziehen.

11. Ausgewählte Spezialverfahren der Seismik

H. Militzer

11.1. Tiefenseismik

11.1.1. Besonderheiten der Zielstellung und Voraussetzungen

Das Ziel *tiefenseismischer Untersuchungen* ist es, seismische Profilschnitte zu erarbeiten und auf ihrer Grundlage ein möglichst detailliertes Bild über die Struktur und Beschaffenheit von Erdkruste und oberem Mantel in den verschiedensten geologischen Regionen zu entwickeln. Da sich regionaltektonische Besonderheiten auch in der Tiefenstruktur der Kruste widerspiegeln und zu den Gesetzmäßigkeiten der Entstehung und Verteilung der verschiedensten Lagerstätten enge Wechselbeziehungen erkennen lassen, liegt die Bedeutung tiefenseismischer Untersuchungen sowohl im Erkenntnisfortschritt über den Aufbau und die Dynamik unserer Erde als auch in der Bereitstellung unentbehrlicher Grundlagen für regionale Lagerstättenprognosen und -einschätzungen. Letztendlich gehen tiefenseismische Untersuchungen auf die fundamentale Entdeckung des kroatischen Seismologen A. Mohorovičić (1909) zurück. Er fand bei der Bearbeitung der Seismogramme eines Bebens in den Tauern, daß in einer Tiefe von ca. 50 km eine Schicht mit höherer Geschwindigkeit vorhanden sein müsse, in deren oberstem Bereich die von ihm analysierten Wellen gelaufen sind (Mohorovičić, 1910). Später wurde diese Schicht ihm zu Ehren als Mohorovičić-Diskontinuität (kurz Moho) bezeichnet und formal als die untere Grenze einer zunächst einschichtigen Kruste betrachtet.

In der Folgezeit wiesen z. B. Conrad 1923 und später auch andere Seismologen eine weitere Diskontinuität nach und entwickelten das Modell einer zweischichtigen Kruste (Tab. 11.1). Obwohl diese Modelle noch sehr grob waren, wurde deutlich, daß der seitens der Seismologie eingeschlagene Weg zur Erforschung des Erdkörpers als Ganzes, nämlich die Ausbreitungsgeschwindigkeit seismischer Wellen als Funktion der Tiefe zu analysieren, prinzipiell auch für die Erkundung der Erdkruste gangbar ist. Es wurde aber auch sehr bald erkannt, daß sich seismologische Untersuchungen dieses Tiefenbereiches weder mit der erforderlichen Systematik durchführen lassen, noch die gewünschten detaillierten Aussagen liefern. Dies ist vor allem darauf zurückzuführen, daß für Krustenuntersuchungen i. allg. nur Beben mit relativ geringer Epizentralentfernung (< 1000 km) in Frage kommen und daß bei der Auswertung natürlicher Bebenvorgänge durch die Unkenntnis der genauen Herdzeit und der Herdkoordinaten Ungenauigkeiten in Kauf genommen werden müssen, die sich trotz aller Verbesserungen der Auswerteverfahren nicht beseitigen lassen. Außerdem sind systematische und nach geologischen Gesichtspunkten angesetzte Arbeiten schwierig durchzuführen, wenn sie sich ausschließlich auf die räumlich und zeitlich zufälligen Ereignisse natürlicher Beben bzw. Gebirgsschläge oder Explosionen stützen. Deshalb wurden besonders nach dem zweiten Weltkrieg zunehmend die Ergebnisse seismischer Beobachtungen in Verbindung mit industriellen und militärischen Großsprengungen in die Krustenerkundung einbezogen (z. B. Helgoland-Sprengung, 1947; Haslach-Sprengung im Schwarzwald, 1948). Darüber gibt es weltweit eine umfangreiche Literatur, auf die im Rahmen dieses Beitrages lediglich verwiesen werden kann (Zusammenstellungen z. B. bei REINHARDT, 1954; PAPKE, 1967; GIESE, 1968). Einen spürbaren Aufschwung erfuhr die seismische Tiefenerkundung mit Beginn des Geophysikalischen Jahres 1958. Hauptuntersuchungsgebiete waren z. B. das Alpen-Orogen, der Rheintalgraben, die Karpaten, das Böhmische Massiv sowie andere tektonisch relevante Bereiche in Zentral- und Südost-Europa sowie Nordamerika.

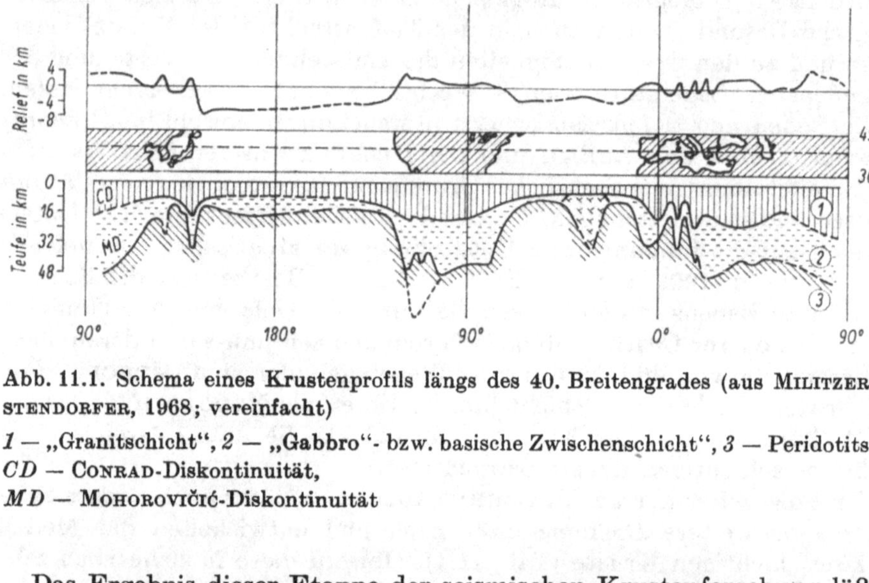

Abb. 11.1. Schema eines Krustenprofils längs des 40. Breitengrades (aus MILITZER; PORSTENDORFER, 1968; vereinfacht)

1 — „Granitschicht", *2* — „Gabbro"- bzw. basische Zwischenschicht", *3* — Peridotitschicht, *CD* — CONRAD-Diskontinuität, *MD* — MOHOROVIČIĆ-Diskontinuität

Das Ergebnis dieser Etappe der seismischen Krustenforschung läßt sich im wesentlichen etwa wie folgt zusammenfassen (Abb. 11.1): Der äußere Teil der Kruste besteht vorwiegend aus Sedimenten, die zwar nicht überall vorhanden sind, und Gesteinen mit granitähnlicher Zusammensetzung („Granitschicht"), in denen sich die Grenzflächenwellen mit einer Geschwindigkeit $v_G = 5 \ldots 6$ km/s ausbreiten. Im Bereich der Ozeane fehlt die Granitschicht weitgehend; ansonsten wird sie durch die „Basaltschicht" („Gabbroschicht") unterlagert, für die oft auch die Bezeichnung „basische Zwischenschicht" geläufig ist; die Ausbreitungsgeschwindigkeit beträgt $v_G \approx 6 \ldots 7$ km/s. Die Grenzfläche zwischen der Granit- und Gabbroschicht wird durch die CONRAD-Diskontinuität gebildet; sie läßt sich zwar in einigen Regionen, z. B. im östlichen Kanada, nicht nachweisen, stellt aber doch die markanteste Zwischengrenze innerhalb der Kruste dar. Schließlich wird die Gabbroschicht durch die Moho von der darunterliegenden, bereits zum Erdmantel gerechneten „Peridotitschicht" getrennt. An der Diskontinuität Kruste/Mantel beträgt $v_G = 8,0 \ldots 8,5$ km/s. Die Moho ist weltweit nachweisbar; unter den Kontinenten liegt sie allgemein zwischen 30...40 km tief, erreicht unter den Hochgebirgen Teufen bis 70 km („Wurzelstruktur") und erstreckt sich im Bereich des Atlantischen und Pazifischen Ozeans schließlich nur 8...12 km unter dem Meeresboden.

Weiterführende Krustenmodelle aus dieser Zeit ließen statt scharfer Diskontinuitäten „Übergangszonen" zwischen oberer und unterer Kruste sowie zwischen unterer Kruste und oberem Mantel erkennen, und es wurde erstmals auch auf das mögliche Vorhandensein von Bereichen mit Geschwindigkeitsinversion bzw. low-velocity-Zonen hingewiesen (Abb. 11.8).

11.1.2. Methodische und technische Besonderheiten

In methodischer Hinsicht haben sich für tiefenseismische Untersuchungen vor allem zwei Varianten durchgesetzt

- die Methode der seismischen Tiefensondierung (STS) in Verbindung mit der Aufnahme von Weitwinkelreflexionen (WAR – wide angle reflection),
- die Methode der Steilwinkelreflexionen (NAR – near angle reflection).

Die Methode der STS stützt sich in erster Linie auf die in der Erdöl-Erdgas-Erkundung üblichen Verfahren der Reflexions- und Refraktionsseismik – besonders auf die von Gamburzew erarbeitete Weiterentwicklung – die *Korrelationsmethode gebrochener Wellen* (KMgW).

Die KMgW beruht auf der Registrierung derselben Wellentypen wie in der Refraktionsseismik (Methode der ersten Einsätze), die Untersuchungs- und Auswertetechnik jedoch ähnelt mehr dem Reflexionsverfahren. Wesentliche Besonderheiten der KMgW sind nach Gamburzew et al. (1952):

- Im Unterschied zur Refraktionsseismik werden neben den Zeiten der ersten Einsätze auch die Laufzeiten der nachfolgenden Gruppen gebrochener Wellen ermittelt.
- Wie in der Reflexionsseismik werden auf den Seismogrammen Wellen und Wellengruppen nach dem Prinzip der Phasenkorrelation miteinander verglichen und verfolgt.
- Die Wahl des seismischen Beobachtungssystems hängt in der Regel von der Forderung nach vollständigen, durch Korrelation verbundenen Laufzeitkurvensystemen ab.
- Ähnlich wie in der Reflexionsseismik wird die dynamische Charakteristik der Wellen (Amplitude, Frequenz) für Zwecke der Phasenkorrelation sowie zur Ermittlung struktureller und (oder) petrophysikalischer Besonderheiten des untersuchten Mediums genutzt.
- In methodischer und technischer Hinsicht lassen sich KMgW und Reflexionsseismik kombiniert anwenden.

Diese Hauptmerkmale der KMgW werden durch die physikalischen Besonderheiten refraktierter Wellen in geologischen Medien bestimmt. Sie wurden auf der Grundlage von Analysen umfangreichen Materials durchgeführter Geländemessungen erarbeitet.

WAR-Messungen setzen die Kenntnis der „kritischen Entfernung“ in bezug zur interessierenden Diskontinuität der Kruste (meist der Moho) voraus. Sie wird durch den kritischen Winkel (Kap. 9.8.2.) bestimmt und ist die Aufstellungsweite vom Schußpunkt, von der an charakteristische, refraktierte Wellen oder Wellengruppen von der jeweiligen Diskontinuität registriert werden; sie hängt vom Geschwindigkeitsprofil bis zur Diskontinuität sowie von deren Tiefenlage ab und muß experimentell ermittelt werden. Kritische Entfernungen von einigen zehn Kilometern bis mehr als 100 km sind möglich. Ist diese Entfernung bekannt, so können folgende, durch die örtlichen Bedingungen mitbestimmte Beobachtungssysteme gewählt werden:

– *Ununterbrochene Längsprofilierung* (Abb. 11.2a); bei dieser Variante überschreitet die Entfernung zwischen den Schußpunkten die für das untersuchte Gebiet charakteristische kritische Entfernung geringfügig. An den Gegenpunkten werden sowohl kritische oder überkritische Reflexionen als auch gebrochene Wellen registriert und korreliert.
– *Unterbrochene Längsprofilierung* (Abb. 11.2b); sie unterscheidet sich von der ununterbrochenen lediglich durch die Anzahl der eingesetzten Registrierapparaturen und durch kürzere Beobachtungsintervalle; die Wellenkorrelation erfolgt an den Gegenpunkten.
– *Querprofilierung* auf parallelen Profilen (Abb. 11.2c); die Anordnung der Schußpunkte erfolgt auf zwei parallelen Profilen, deren Abstand etwas größer ist als die kritische Entfernung. Wie aus Abb. 11.2c ersichtlich, werden die Einsatzzeiten in den Gegenpunkten der gegenüberliegenden Intervalle miteinander korreliert, da die Wellenwege analog sind. Bei einem solchen Beobachtungssystem wird der Bau der Erdkruste unterhalb einer Linie ermittelt, die sich zwischen den beiden Profilen befindet.

Große Bedeutung kommt bei der Durchführung seismischer Messungen nach der Methode STS der apparativ-technischen Seite zu. Da im Spektrum der Tiefenwellen niederfrequente Komponenten vorherrschen, müssen Apparaturen eingesetzt werden, welche die Registrierung niederfrequenter Schwingungen (ca. 6...20 Hz) ermöglichen und hochfrequente (meist industrielle) Störungen ausschließen. Um schon mit einer Aufstellung möglichst lange Laufzeitkurven zu erhalten (bis einige zehn Kilometer), werden bei routinemäßig durchgeführten tiefenseismischen Untersuchungen bis zu 50 und mehr, möglichst vielkanalige, einheitliche, tieffrequent abgestimmte Apparaturen mit Magnetband- bzw. Digitalaufzeichnung eingesetzt. Bei Arbeiten in wasserbedeckten Gebieten sind es homogene, autonome seismische Seebodenanlagen.

Die verwendeten Geophone besitzen Eigenfrequenzen zwischen 3...12 Hz, die Gruppenabstände der meist gebündelten Einheiten betragen zwischen 50...200 m.

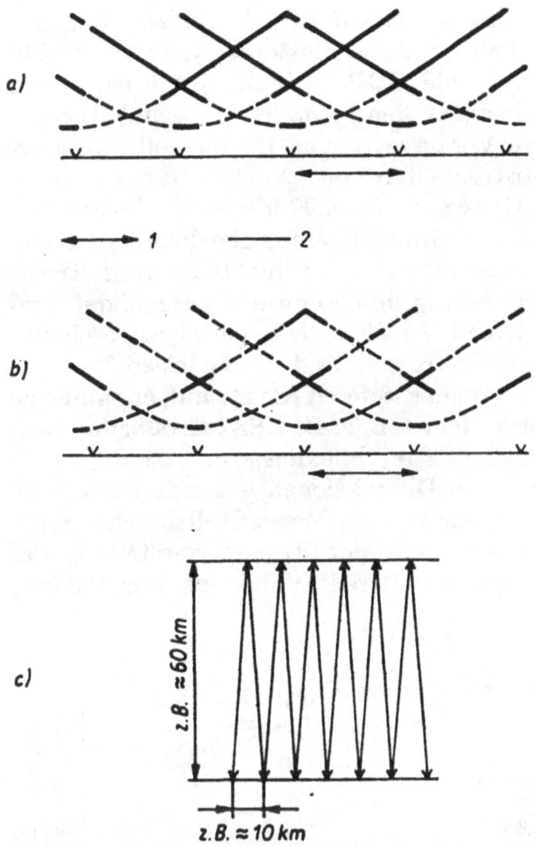

Abb. 11.2. Beobachtungsschemata für seismische Tiefensondierungen (nach MITUCH; POSGAY, 1972)
a) für die Methode der ununterbrochenen Längsprofilierung,
b) für die Methode der unterbrochenen Längsprofilierung,
c) für die Methode der Querprofilierung auf parallelen Profilen
1 — kritische Entfernung, *2* — Beobachtungsintervall

Als Energiequelle dienen Sprengungen in 15...40 m tiefen Bohrungen bzw. in seichten Gewässern, Tümpeln oder Seen; bei Sprengungen im Meer werden die Ladungen 50...100 m tief in das Wasser versenkt. Je nach den seismogeologischen Bedingungen und der Registrierentfernung betragen die Ladungsmengen pro Sprengung 50...1000 kg; die Gesamtladungsmenge wird auf mehrere, bis zu zehn, Einzelbohrungen verteilt und dann insgesamt gezündet. Der Abstand der Sprengpunkte kann von wenigen Kilometern (bei seeseismischen Aufnahmen 1,5...2,0 km) bis zu einigen zehn Kilometern reichen. Der Schußmoment wird meist per Funk übermittelt.

Die Methode der Steilwinkelreflexionen ist in theoretischer und methodischer Hinsicht vergleichbar gut durchgebildet wie die Methode der STS bzw. WAR; sie wird in den USA fast ausschließlich und zunehmend auch in den europäischen Ländern eingesetzt. Dies ist darauf zurückzuführen, daß mit der Entwicklung spezieller Techniken für die Reflexionsseismik auf Erdöl/Erdgas wie z. B. die Digitaltechnik, die CDP-Technik, der Einsatz von Vibratoren, Filter- und Migrationstechniken, Amplituden- und Wellenbildanalyse zugleich auch günstige Voraussetzungen für die reflexionsseismische Tiefenerkundung mit Registrierzeiten von 12...15 s (d.h. ca. 34 bis 48 km Tiefe) geschaffen wurden (Cassinis, 1983). Erfolgreiche Steilwinkelreflexionsmessungen setzen ebene Reflektorelemente, gleichmäßige Lagerungsverhältnisse sowie homogene und hypsotrope Schichten voraus. Trotzdem treten Steilwinkelreflexionen häufig nur schwach ausgebildet und schwer erkennbar auf. Gründe dafür sind vor allem die zu geringen Geschwindigkeiten für die moveout-Korrektur (Kap. 6.4.) und die niedrigen Vorzugsfrequenzen (10...25 und 30 Hz) der von der tieferen Kruste aufgenommenen Reflexionen. Außerdem ist in weiten Gebieten (z. B. USA; Großbritannien) der oberere Krustenbereich generell relativ reflexionsarm und der tiefer gelegene durch Reflexionsbänder sowie Diffraktionen gekennzeichnet, die möglicherweise auf kohärente, unter der Moho gelegene Reflektorhorizonte hinweisen. Dies ist beispielsweise auch aus der Ergebnisdarstellung der Abb. 11.3 ersichtlich, in der über einen weiten Profilbereich (0...130 km)

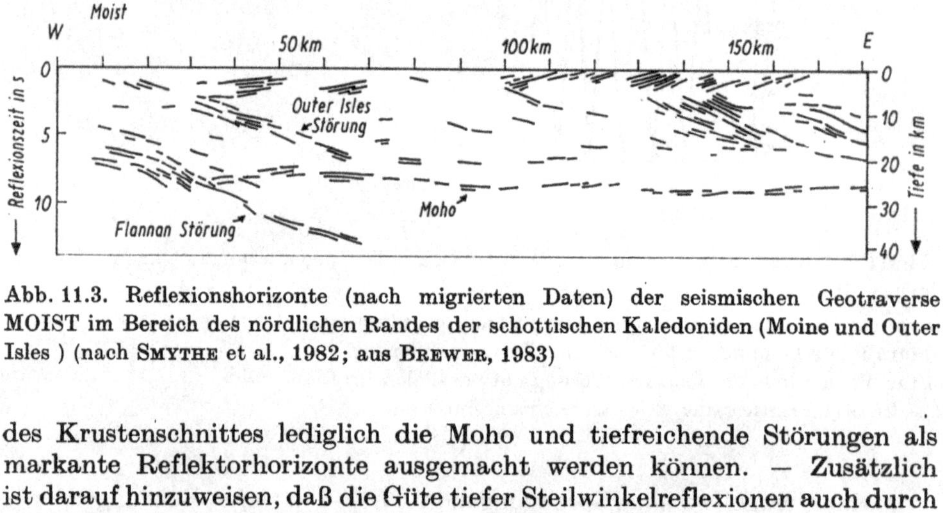

Abb. 11.3. Reflexionshorizonte (nach migrierten Daten) der seismischen Geotraverse MOIST im Bereich des nördlichen Randes der schottischen Kaledoniden (Moine und Outer Isles) (nach Smythe et al., 1982; aus Brewer, 1983)

des Krustenschnittes lediglich die Moho und tiefreichende Störungen als markante Reflektorhorizonte ausgemacht werden können. — Zusätzlich ist darauf hinzuweisen, daß die Güte tiefer Steilwinkelreflexionen auch durch eine stark gegliederte Oberflächentopographie gemindert wird (Brewer, 1983).

Qualitativ gute Steilwinkelreflexionsaufnahmen sind also nicht schlechthin durch eine bloße Erweiterung der Registrierzeit bei reflexionsseismischen Messungen für Erkundungszwecke z. B. auf Erdöl-Erdgas zu erreichen, sondern erfordern immer wieder Kontrollmessungen zur Optimierung der Anregung, der Empfänger-(Geophon-)Anordnungen sowie der Registrierdauer.

Unter tiefenreflexionsseismisch günstigen Bedingungen ist das Auflösungsvermögen der Methode der Steilwinkelreflexionen mit $\lambda/2$ ... $\lambda/4$ (λ — Wellenlänge) anzusetzen und beträgt im Bereich der Moho etwa 300 bis 400 m. Dies ist günstiger, als es für STS-Messungen erwartet werden kann, da für Tauchwellen die Wellenlänge mit etwa 700...1000 m angenommen werden muß (Cassinis, 1983).

Eine spezielle methodische Variante tiefenseismischer Untersuchungen stellt die *Methode der Erdbebenwechselwellen* dar; sie wird in der sowjetischen Literatur als Methode „Zemlja" (zemlja ≙ die Erde) bezeichnet. Die Grundlage des Verfahrens ergibt sich aus Dreikomponentenregistrierungen natürlicher seismischer Ereignisse (vorwiegend Fernbeben) mittels mobiler Feldstationen. Ausgenutzt wird dabei die Tatsache, daß es an seismischen Grenzflächen mit dem Einfall von P-Wellen zur Erzeugung von Wechselwellen (PS-Wellen) kommt (Kap. 2.4.2.2.). Diese erleiden auf ihrem Weg von der „Wechselgrenze" bis zur Registrierstation eine Zeitverzögerung gegenüber den P-Wellen. Mit der aus den Seismogrammen ermittelten Zeitverzögerung kann bei Kenntnis der Herdkoordinaten sowie der Ausbreitungsgeschwindigkeiten der P- und S-Wellen die Tiefenbestimmung der jeweiligen Wechselgrenze erfolgen. Einzelheiten der Feld- und Interpretationsmethodik, der eingesetzten Apparaturen sowie der geologischen Deutung wurden ausführlich von Pomeranzeva (1968), Pomeranzeva et al. (1970) sowie Pomeranzeva; Moizzenko (1972) behandelt.

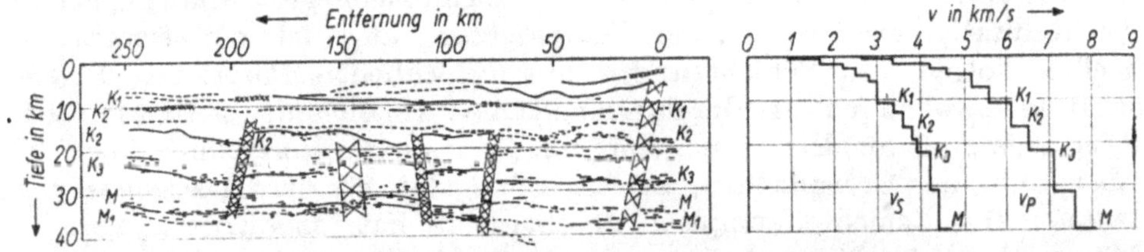

Abb. 11.4. Krustenschnitt nach Zemlja-Messungen im Norden der DDR einschließlich regionaltypischer Geschwindigkeit-Tiefen-Funktionen (nach Polškov et al., 1976; vereinfacht)

$K_1 \cdots K_3$ — Wechselgrenzen im Kristallin,
M_1, M — Wechselgrenzen im Bereich der Moho,
|×| — Bruchzonen nach Daten von Zemlja-Registrierungen
v_P — Ausbreitungsgeschwindigkeit von Longitudinalwellen
v_S — Ausbreitungsgeschwindigkeit von Transversalwellen

Die Methode Zemlja wurde bisher in größerem Umfang in der UdSSR, in Kuba sowie in der DDR eingesetzt. So befanden sich in der DDR beispielsweise 25 Apparaturen gleichzeitig im Einsatz; der durchschnittliche Stationsabstand betrug etwa 5 km, der mittlere Abstand zwischen annähernd parallel verlaufenden Profilen 25...70 km und die durchschnittliche Registrierdauer pro Meßpunkt 19 Tage. Bei diesem Aufwand wurden während eines Meßeinsatzes von 18 Monaten ca. 1000 Fernbeben registriert; auf jede Station entfielen im Mittel etwa 20 Bebenaufzeichnungen. Um aus diesen Aufzeichnungen letztendlich einen seismischen Tiefenschnitt konstruieren zu können, wurden zur Ableitung der erforderlichen Geschwindigkeitsdaten auf nahezu allen Regionalprofilen mittels speziell vorbereiteter Sprengungen Systeme gegengeschossener Laufzeitkurven der ersten Einsätze für P- und S-Wellen ermittelt. Die Abstände zwischen den Schußpunkten betrugen 40...70 km, die maximalen Registrierentfernungen 220...250 km (Polškov et al., 1976).

Der Abb. 11.4 ist ein Ausschnitt der Ergebnisse von Zemlja-Untersuchungen längs eines Regionalprofils im Norden der DDR zu entnehmen. Neben den Vorteilen, die dieses Verfahren besonders durch die Verwendung natürlicher Energiequellen besitzt, sind aber auch die Nachteile nicht zu übersehen. Sie ergeben sich – wie bei allen tiefenseismischen Untersuchungen – aus dem hohen apparativ-technischen Aufwand und zusätzlich aus der Notwendigkeit, die Ausbreitungsgeschwindigkeit der P- und Wechselwellen gesondert zu bestimmen, der erforderlichen Kenntnis der Herdkoordinaten der aufgezeichneten seismischen Ereignisse und dem relativ geringen Auflösungsvermögen, das sich zwangsläufig aus der Auswertung so niederfrequenter Signale (ca. 1 Hz) ergibt.

11.1.3. Besonderheiten der Interpretation

Die Interpretation tiefenseismischer Aufzeichnungen geht ähnlich wie in der Refraktionsseismik von der Voraussetzung aus, daß die seismischen Wellen Folgen von Schichten mit unterschiedlichen elastischen Eigenschaften durchlaufen, die durch Grenzflächen voneinander getrennt sind. Allerdings muß für das Grundgebirge der Kruste die Vorstellung über die Ausbildung der Grenzflächen, wie sie sich i. allg. für die Untergliederung sedimentärer Schichtenkomplexe durchgesetzt hat, modifiziert werden. Mit zunehmender Metamorphose treten scharfe Grenzflächen immer mehr zurück, und es bildet sich ein mehr oder minder kontinuierlicher Übergang vor allem als Folge mit der Tiefe steigender Werte von Druck und Temperatur aus. Machen sich dennoch gelegentlich im Kristallin sprunghafte Änderungen der elastischen Eigenschaften bemerkbar, so treten sie an Kontakten von Intrusiv- und Nebengestein auf und besitzen vornehmlich lokalen Charakter (Giese, 1968).

Unter Berücksichtigung dieser Gegebenheiten scheint es generell gerechtfertigt, die Meßergebnisse der Tiefenseismik unter der Annahme einer beliebigen Verteilung der elastischen Parameter nach Seite und Tiefe zu betrachten. Dies aber führt zu nicht eindeutigen Geschwindigkeit-Tiefen-Funktionen und zur Mehrdeutigkeit aufgenommener Laufzeitdiagramme, wenn die Bearbeitung seismischer Krustenuntersuchungen ausschließlich auf der Analyse kinematischer Parameter erfolgt (Prinzip der Refraktionsseismik). Deshalb ist es günstig, bei Messungen nach der Methode der STS in die Auswertung und Korrelation folgende Parameter einzubeziehen:

– kinematische Parameter
  - Kopfwellengeschwindigkeit,
  - Schichtgeschwindigkeit,
  - Durchschnittsgeschwindigkeit,

Tabelle 11.1. Übersicht über die wichtigsten Diskontinuitäten und Schichten der Erdkruste aus tiefenseismischen Untersuchungen

Diskontinuität bzw. Schicht	Wellentyp zum Nachweis der Diskontinuität	Nachweisentfernung vom Sprengpunkt in km	Ausbreitungsgeschwindigkeit in km/s
Diskontinuitäten in der Sedimentschicht	reflektierte Wellen		
	gebrochene Wellen	bis 100	3,0...6,0
	Erdbebenwechselwellen		2,7...5,7
	Tauchwellen	bis 80	
„Granitschicht" (Oberkruste; kristallines Grundgebirge)	Steilwinkelreflexionen	1... 5	
	gebrochene Tauchwellen	2...30 bis 100...140	5,8...6,2
	reflektierte Wellen (selten)		
	Wechselwellen vom Typ PSP		
	Erdbebenwechselwellen		6,1...6,2
Horizonte in der Granitschicht (nicht überall verbreitet)	Steilwinkelreflexionen	1... 5	
	gebrochene Wellen (in der Regel kompliziertes Wellenbild — lange Interferenzen)	2...30 bis 100...140	6,3...(6,8)
	reflektierte Wellen		
Unterkruste ehem. „Basaltschicht"-Oberfläche (CONRAD-Diskontinuität) (oft nur schwach ausgebildet)	Steilwinkelreflexionen	1... 5	
	gebrochene Wellen (hinter krit. Winkel)	40...60	6,8...7,2
	reflektierte Wellen		
	Erdbebenwechselwellen		6,5...7,1
Horizonte innerhalb der Unterkruste	vielphasige Wellen mit Interferenzcharakter		
	Erdbebenwechselwellen		7,1...7,6
MOHOROVIČIĆ-Diskontinuität (weltweit verbreitet)	Steilwinkelreflexionen	1... 5	
	gebrochene Wellen (meist schwach ausgebildet; „zerrissenes", unsystematisches Wellenbild bes. in altproterozoischen geosynklinalen strukturell-faziellen Zonen)	120...200	8,0...8,2
	reflektierte Wellen	60...80 bis 180...200	
	Erdbebenwechselwellen		8,0...8,4

— dynamische Parameter

- Amplituden (relativer Vergleich und Bestimmung von Absorptionskoeffizienten),
- Form und Dauer von Wellenzügen der verschiedenen identifizierten Wellengruppen,
- Einzelfrequenzen und Frequenzspektren.

An Wellentypen werden in die Auswertung Kopfwellen, Tauchwellen, reflektierte Wellen (sowohl vor als auch hinter dem kritischen Winkel – „vorkritisch" bzw. „nachkritisch" reflektiert, das sind Steilwinkel- bzw. Weitwinkelreflexionen), diffraktierte Wellen und Wechselwellen einbezogen. Während in den ersten Einsätzen der Registrierungen Tauchwellen und gebrochene Tauchwellen vorherrschen, überwiegen in den späteren Einsätzen die Reflexionswellen. Eine Zusammenstellung über die zum Nachweis bestimmter Diskontinuitäten geeigneten Wellentypen ist der Tab. 11.1 zu entnehmen.

Anfangs herrschte bei der Auswertung von Krustenuntersuchungen nach der Methode STS das Prinzip der Gruppenkorrelation und eine damit angestrebte Generalisierung des Wellenbildes vor. Später setzte sich immer mehr das Bemühen durch, die registrierten Schwingungsgruppen in einzelne Wellen aufzugliedern und anschließend elementare seismische Flächenelemente zu konstruieren. Dadurch wird die Konstruktion zu stark idealisierter Schnitte der Erdkruste mit glatten, ununterbrochenen Grenzen vermieden; sie werden besser der Wirklichkeit angenähert und im Strukturinhalt wesentlich ergänzt (Abb. 11.5).

Neue Wege der Interpretation ergeben sich aus der Anwendung von Modellrechnungen mittels EDV für zweidimensional inhomogene Medien (z. B. GEBRANDE, 1976). Dabei werden unter Annahme plausibler Modelle und beliebig vorgegebener zweidimensionaler Geschwindigkeitsverteilungen die zugehörigen Strahlenwege und Laufzeitkurven berechnet (s. Kap. 9.8.9.) und so lange variiert, bis zwischen den experimentellen und berechneten Daten eine bestmögliche Übereinstimmung besteht. Die bei der Bearbeitung der einzelnen Approximationen jeweils mit ausgeplotteten seismischen Strah-

Abb. 11.5. Laufzeitkurven und daraus abgeleitetes Tiefenseismik-Profil entlang der Linie nördlich Lwow (UdSSR)-Częstochowa (VR Polen) zur Erläuterung für die Interpretation wichtiger Wellen und Wellengruppen einschließlich regionaler Geschwindigkeit-Tiefen-Funktionen

a) für den Bereich der paläozoischen Plattform,

b) für den Bereich der osteuropäischen Plattform nach GUTERCH et al., 1978; in SOLLOGUB et al., 1987)

P_1 — im kristallinen Grundgebirge einzelner Blöcke refraktierte Wellen mit $v_G = 5{,}8 \ldots 6{,}6$ km/s,

P_2 — Wellen aus dem unteren Krustenbereich, speziell von Grenzen in der Basaltschicht (K_2, K_3)

$P^M_{refl.}$ — von der Moho M reflektierte Wellen

$P^M_{1refl.}$ — von der Moho M_1 reflektierte Wellen

P^M — von der Moho M refraktierte Wellen

⊠ — Tiefenbrüche

☰ — TEISSEYRE-TORNQUIST-Zone

← — angedeuteter low-velocity-Kanal

len sind eine große Hilfe bei der Festlegung von Änderungen am Modell bis zur gewünschten Annäherung. — Der Abb. 11.6b ist diese Verfahrensweise am Beispiel der Auswertung tiefenseismischer Refraktionsmessungen entlang des Internationalen Profiles VII (Abb. 11.6a) zu entnehmen. Nach Miller; Gebrande (1976) wurden die in der ČSSR durchgeführten Sprengungen auch zwischen der Böhmischen Masse und den nördlichen Kalkalpen beobachtet. Auf der Grundlage dieser Beobachtungen erfolgten nach

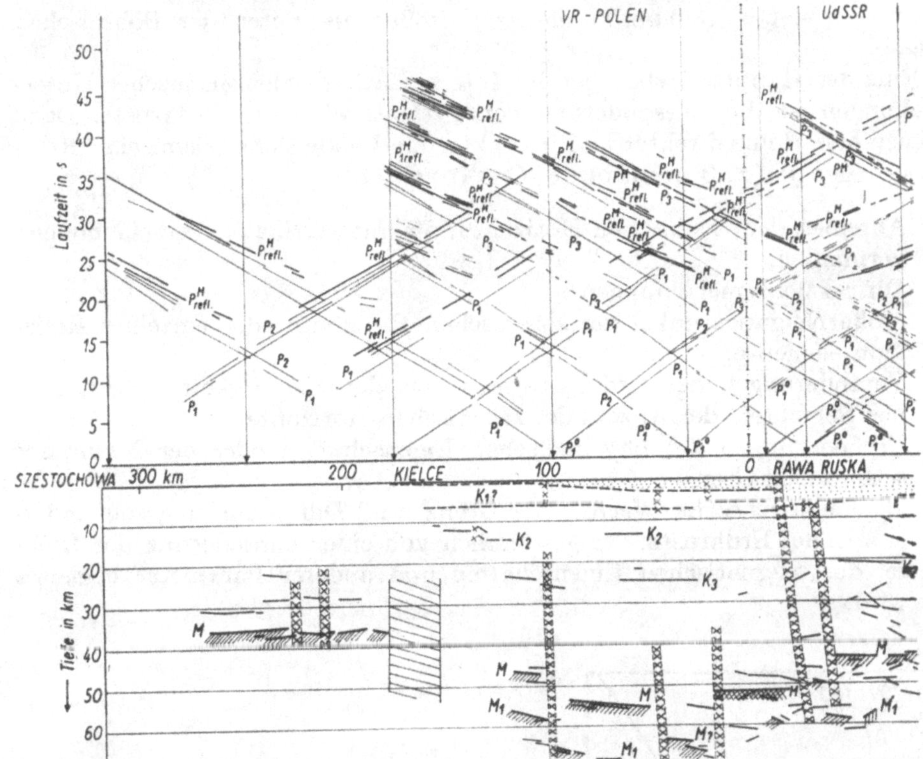

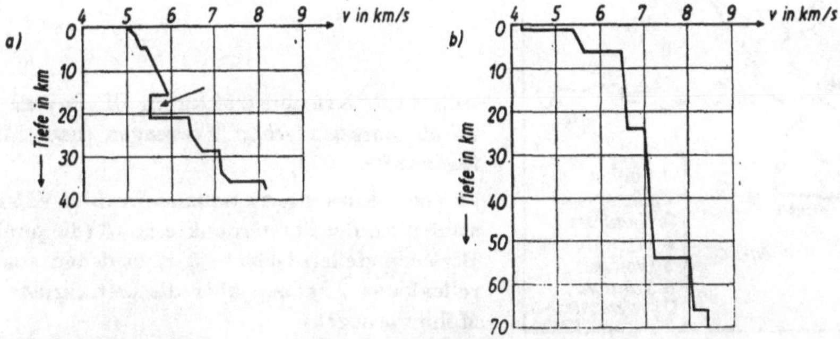

zwei verschiedenen Verfahren Modellrechnungen für zweidimensional inhomogene Medien unter Berücksichtigung von Bohrergebnissen und Laufzeiten aus tiefenreflexionsseismischen Aufnahmen.

Die in Abb. 11.6b dargestellten Graphiken sind die letzten und am besten angepaßten Modelle aus einer ganzen Reihe vorher berechneter. Nach MILLER; GEBRANDE (1976) lassen sie charakteristische Unterschiede in der Krustenstruktur erkennen. Insbesondere ist die Gesamtmächtigkeit der Kruste unterhalb des Molasse-Beckens geringer, die Mächtigkeit der Unterkruste ($v_P \approx 6{,}4 \ldots 8{,}0$ km/s) dagegen größer als unter der Böhmischen Masse.

Eine der Hauptaufgaben bei der Interpretation tiefenseismischer Untersuchungen ist die Aussonderung von *Tiefenbrüchen* der Erdkruste. Dazu dienen eine Reihe direkter und indirekter Merkmale tiefenseismischer Registrierungen wie z. B. (SOLLOGUB; CHEKUNOV, 1972)

- Abreißen der seismischen Horizonte; oft mit vertikalen Verschiebungen verbunden,
- Diffraktionserscheinungen,
- große Neigungswinkel der seismischen Horizonte oder einzelner Reflexionselemente,
- Veränderungen der Erdkrustenstruktur, der Mächtigkeit ihrer einzelnen Schichten, der Anzahl der seismischen Horizonte,
- Veränderungen der physikalischen Eigenschaften oder der Natur der seismischen Grenzen,
- allgemein schroffer Wechsel der Grenz- und Durchschnittsgeschwindigkeit in der Erdkruste, der gewöhnlich von einer Veränderung der Dichte, der magnetischen Eigenschaften und anderer Parameter begleitet wird.

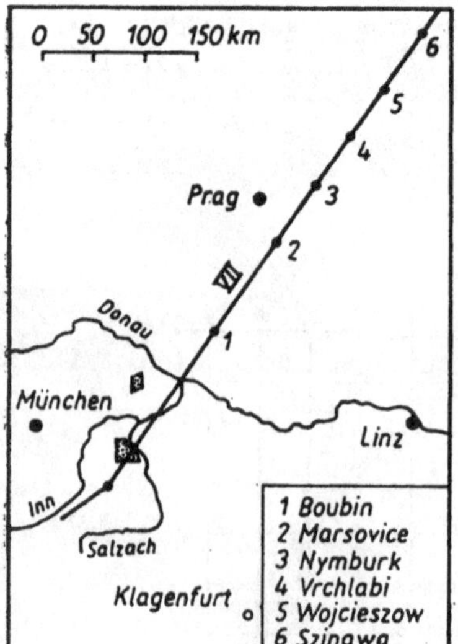

a)

Abb. 11.6. Krustenstruktur in SE-Bayern nach refraktionsseismischen Messungen (nach MILLER; GEBRANDE, 1976)

a) Verlauf des internationalen Profiles VII einschließlich der Sprengpunkte 1...6 (die punktierten Bereiche stellen Gebiete dar, in denen aus Tiefenreflexionen Angaben über die Unterkruste und die Moho vorliegen)

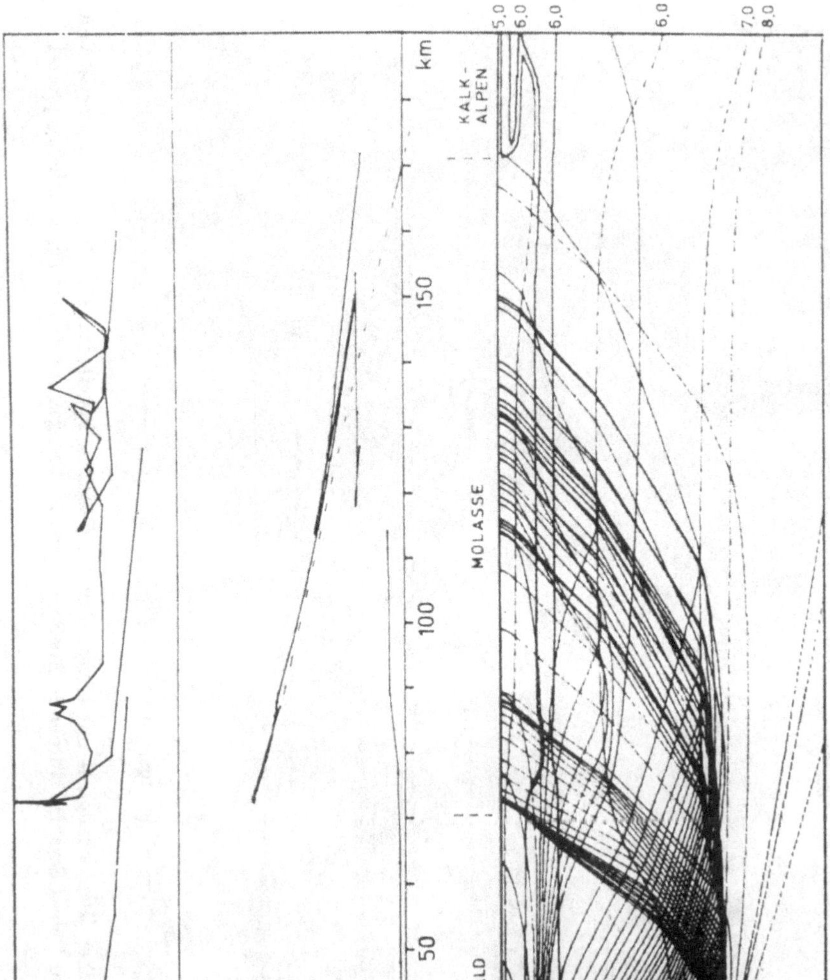

Abb. 11.6. b) Modell A: Linien gleicher Geschwindigkeit mit entsprechenden Geschwindigkeitsdaten in km/s, Strahlwege, berechnete Laufzeitkurven und relative Amplituden. Die seismischen Strahlen wurden in Abständen von 0,5°, bezogen auf den Abstrahlungswinkel, geplottet.

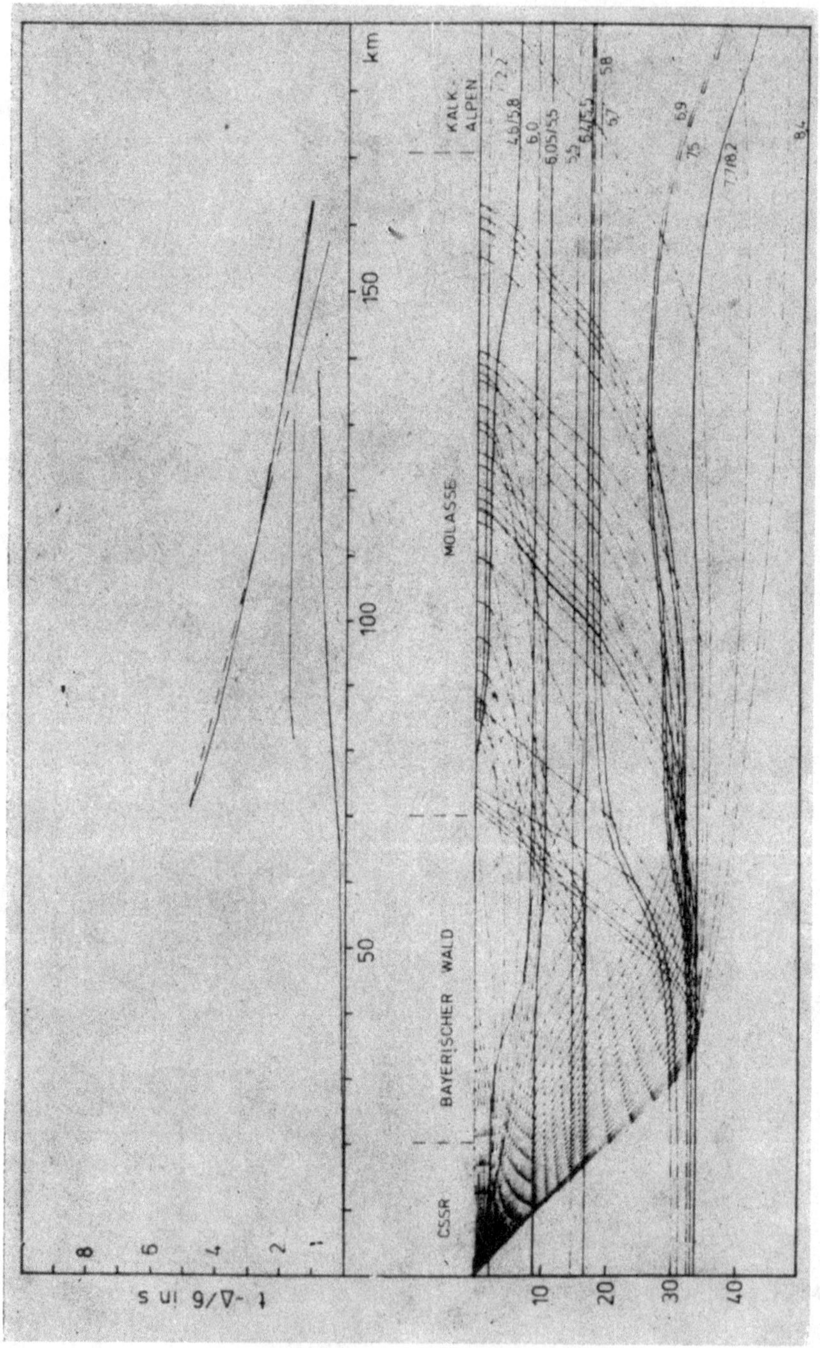

Abb. 11.6b Modell B: Linien gleicher Geschwindigkeit mit entsprechenden Geschwindigkeitsdaten in km/s, Strahlwege und berechnete Laufzeitkurven. Die seismischen Strahlen wurden in Abständen von 1°, bezogen auf den Abstrahlwinkel, geplottet.

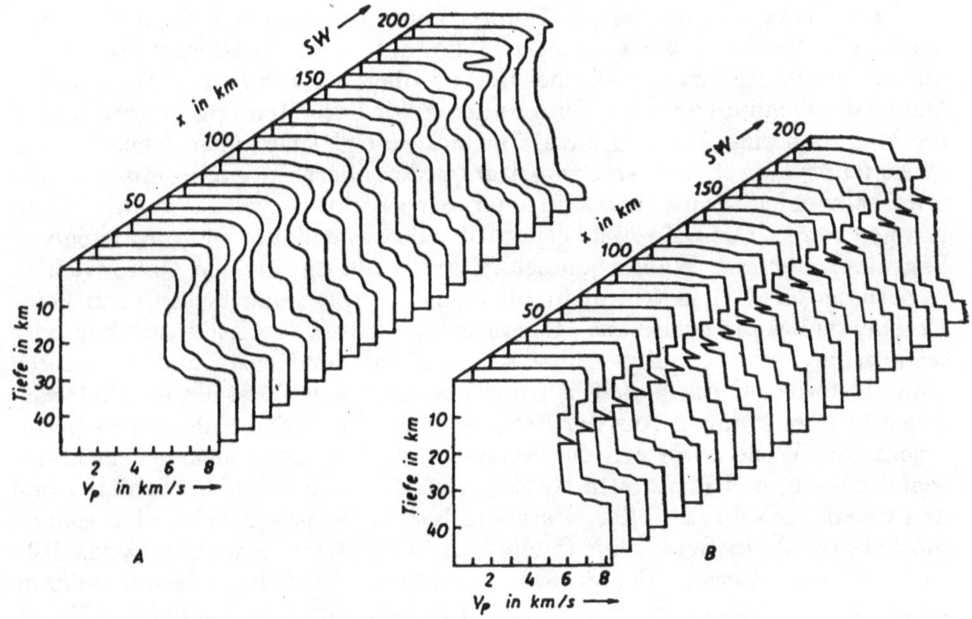

Abb. 11.6c) Verteilung der Geschwindigkeit-Tiefen-Funktionen für Modell A (oben links) und für Modell B (unten rechts) entlang des Profils jeweils im Abstand von 10 km

11.1.4. Einige Ergebnisse

Eines der wichtigsten Ergebnisse systematischer tiefenseismischer Untersuchungen drückt sich in einer grundsätzlichen Revision früherer Modellvorstellungen über den Bau der Erdkruste und des oberen Erdmantels aus. An die Stelle eines vereinfachten, aus einzelnen Schichten radialsymmetrisch aufgebauten dreigliedrigen Krustenmodells sind Vorstellungen über eine ungleichartig dünngeschichtete Kruste mit zahlreichen lokalen Grenzen getreten, bei deren Verdichtung km-mächtige Übergangszonen in der Horizontalen und Vertikalen auftreten können. Durch die Analyse seismischer Wellen konnten Bereiche mit Tiefenbrüchen ermittelt und die Vorstellungen über den komplizierten Schichten-Block-Bau der Kruste weiter konkretisiert werden. Die Tiefenbrüche besitzen z. T. sehr unterschiedliche Neigungen, bilden gesetzmäßige Systeme und wirken wie kompliziert gebaute Gelenkzonen zwischen den Blöcken (Abb. 11.5). Teilweise durchsetzen die Tiefenbrüche die gesamte Kruste und bewirken Verwerfungen der einzelnen Schichtenkomplexe bis zu 20 km und mehr. In besonderem Maße wird dies im Bereich der Moho deutlich.

Neben einer Kenntniserweiterung über den Verlauf der Moho erbrachten tiefenseismische Untersuchungen eine Reihe interessanter Hinweise, die geeignet sind, unser Verständnis auch um die Natur dieser seismischen Grenzfläche zu erweitern. Gegenwärtig existieren für den seismischen Geschwindigkeitssprung, der an der Moho beobachtet wird, im wesentlichen zwei Erklärungsmöglichkeiten. Einmal könnte es sich um einen Grenzflächeneffekt handeln, wie er zustande kommt, wenn beispielsweise in der unteren Kruste ein gabbroidisches und im oberen Mantel ein peridotitisches Material angenommen wird. Zum anderen wird die Meinung vertreten, daß die Moho als eine Phasengrenze von Material gleicher chemischer Zusammensetzung aufzufassen sei, wobei entweder oberhalb gabbroidisches und unterhalb eklogitisches Material oder Serpentinite bzw. Peridodite anzunehmen wären. Ohne Zweifel besitzt die zuletzt genannte Deutungsmöglichkeit einen höheren Wahrscheinlichkeitsgrad als die übliche Grenzflächenhypothese. Es darf jedoch nicht übersehen werden, daß bisher noch keine Ergebnisse beispielsweise aus Hochdruckversuchen an Gesteinsproben oder seismischen Untersuchungen über die Struktur der Kruste und des oberen Mantels vorliegen, die eindeutig zur Stützung dieser Vorstellungen herangezogen werden können. Aus der Frequenzanalyse an der Moho refraktierter seismischer Wellen, wie aus der Schärfe von Reflexionseinsätzen, läßt sich schlußfolgern, daß in stabilen Gebieten, z. B. unter den alten Schilden und den tiefen Ozeanbecken, der Übergangsbereich Kruste/Mantel viel weniger mächtig ist als in Geosynklinalgebieten, in Gebieten mit alpinotyper Tektonik oder im Bereich der großen Inselbögen. In diesem Zusammenhang ist auch die in einigen Bereichen nachgewiesene Mehrgliedrigkeit der Mohorovičić-Diskontinuität eines der interessantesten, experimentell gesicherten Ergebnisse. Das Vorhandensein von zwei und mehr dieser Mohorovičić-

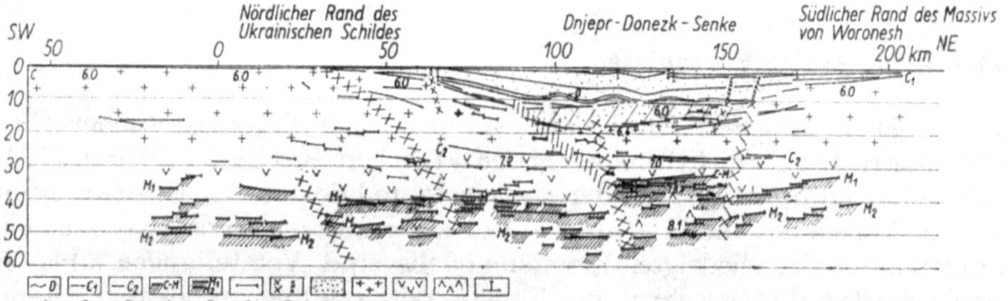

Abb. 11.7. Seismischer Krustenschnitt senkrecht zum Streichen des Paläoriffs Dnjepr-Donezk im Bereich von Charkow (nach Sollogub; Chekunov, 1983; vereinfacht)

1 — **Stratigraphische Grenzen in der Sedimentschicht,**
2 — **Grundgebirgsoberkante mit $v_P = 6 \dots 6{,}4$ km/s,**
3 — **seismische Schichtgrenze mit $v_P = 7$ km/s (Oberfläche des „basaltischen Schichtenkomplexes" bzw. der „Gabbroschicht"),**
4 — **Oberfläche einer Kruste-Mantel-Schicht mit $v_P = 7{,}8$ km/s**
5 — **Mohorovičić-Diskontinuität mit $v_P = 8{,}1 \dots 8{,}2$ km/s,**
6 — **Reflexionsflächen,**
7 — **Verwerfungen,**
8 — **Sedimentschicht,**
9 — **granitischer Komplex,**
10 — **basaltischer Komplex,**
11 — **Kruste-Mantel-Komplex mit $v_P = 7{,}8$ km/s,**
12 — **Bohrungen**

Diskontinuitäten wurde speziell im Bereich der Karpaten bis in den angrenzenden Randteil der osteuropäischen Plattform, insbesondere in Gebieten der altproterozoischen geosynklinalen Zonen des Ukrainischen Schildes und ihrer Fortsetzung in das Dnjepr-Becken festgestellt (Abb. 11.7).

Im Verlauf tiefenseismischer Untersuchungen wurden auch mehrfach *low-velocity-Zonen* in Kruste und oberem Mantel nachgewiesen. Sie sind für das Verständnis vieler tiefenphysikalischer Vorgänge von großer Bedeutung. Der Abb. 11.8 ist der Verlauf einer low-velocity-Zone zu entnehmen, wie sie von Beranek; Praus (1972) bei der Auswertung tiefenseismischer Untersuchungen längs des internationalen STS-Profils VI auf dem Territorium der ČSSR (Böhmisches Massiv-Karpatisches Faltungsgebiet-Pannonisches Massiv) ermittelt werden konnte. Sie tritt im Raum der Donausenke und des Böhmischen Massivs in Tiefen zwischen 15...30 km auf und wird mit einer partiellen Anatexis in Verbindung gebracht.

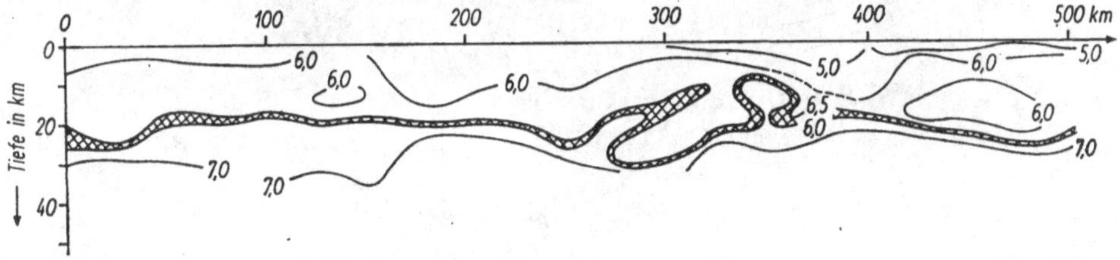

Abb. 11.8. Tiefenseismisches Profil VI — Abschnitt ČSSR — unter besonderer Kennzeichnung eines low-velocity-Kanals (nach Beranek; Praus, 1972; aus Militzer, 1975)

Die auf dem Territorium von Zentral- und Südosteuropa unter der Federführung der KAPG entlang einer Reihe internationaler Geotraversen durchgeführten tiefenseismischen Untersuchungen machten es möglich, einige Großblöcke voneinander abzugrenzen, die sich in der Mächtigkeit der Kruste gegenseitig deutlich unterscheiden (Abb. 11.9). Krustenmächtigkeiten von über 40...60 km und mehr treten vor allem innerhalb der osteuropäischen Tafel und einer etwa 100 km breiten Zone auf, die sich südwestlich und südlich an diesen Bereich anschließt. Solche Mächtigkeiten werden auch im Gebiet der Alpen, der Dinariden, der Krim und des Kaukasus beobachtet.

Vergleichsweise relativ geringe Krustenmächtigkeiten von 30...32,5 km kennzeichnen das Territorium der Senke im Norden der DDR und der VR Polen, des Pannonischen Innenmassivs, der Südkarpaten, der Misischen Tafel, des Balkans und Schwarzen Meeres. Die Grenzen zwischen den genannten Großblöcken sind meist tiefreichende Störungen mit Verwerfungsbeträgen von 10...15 km; sie lassen sich oft über einige 100 km hinweg in nordwestlicher oder ostwestlicher Richtung verfolgen (Sollogub et al., 1979).

Wie die Beispiele erkennen lassen, gibt es für die seismische Erforschung der Kruste und des oberen Mantels keine Standardmethode. Offensichtlich ist die Methode der STS bzw. WAR besonders zur Erkundung mittels überregionaler Profile (long-range-profiling) sowie zur Bestimmung von Geschwindigkeitsverteilungen geeignet, die Methode NAR dagegen besitzt

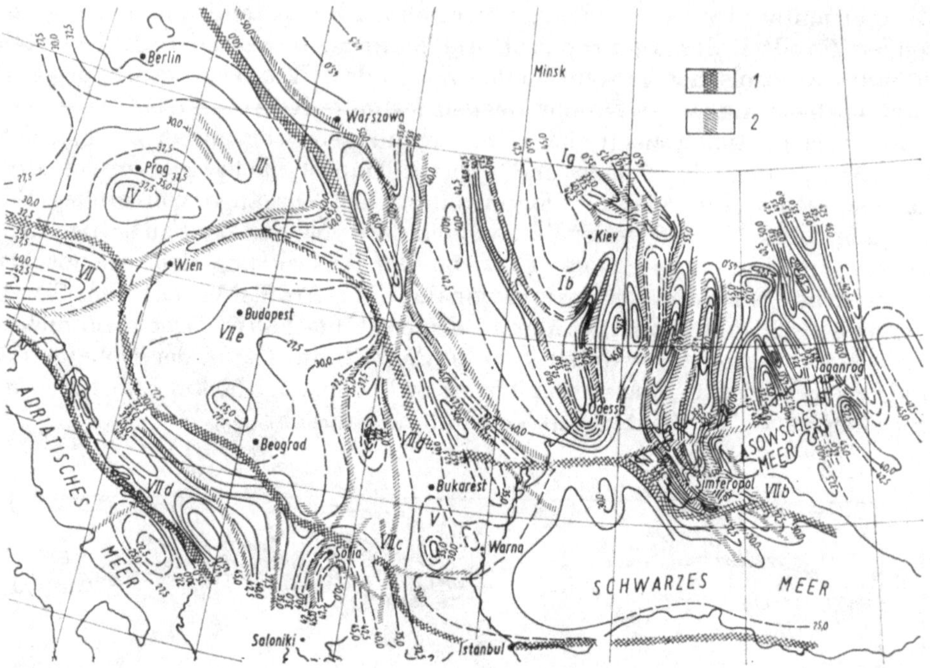

Abb. 11.9. Isohypsen der Moho (Linien gleicher Krustenmächtigkeit in km) in einem begrenzten Bereich Mittel- und Südost-Europas aus seismischen Tiefensondierungen (umgezeichnet nach SOLLOGUB; CHEKUNOV, 1980)

1 — Tiefenlineament, *2* — Tiefenbrüche

besondere Vorteile in den Fällen, in denen detaillierte Informationen über Struktursituationen und die Natur von Übergangszonen von Interesse sind. Zunehmend ist zu beobachten, daß die Methoden STS und NAR miteinander kombiniert werden (z. B. MEISSNER; LEUSCHEN, 1983). Natürlich sind die Kosten derartiger Untersuchungen sehr hoch; die Ergebnisse jedoch sind auch von unschätzbarem Wert für die Beantwortung von Fragen, die z. B. mit der Entwicklungsgeschichte der Lithosphäre sowie deren Veränderung, der Plattentektonik, regionaler bzw. überregionaler tektonischer Situationen, der Seismizität wie auch mit der Einschätzung von Lagerstättenbildungen und -verteilungen zusammenhängen.

Unter diesem Gesichtspunkt wurde auch das überregionale *Projekt der Europäischen Geotraverse* konzipiert, die über eine Länge von ca. 4000 km vom Nordkap bis nach Nordafrika reicht und drei tektonische Haupteinheiten überquert; es sind dies der präkambrische Schild Fennoskandiens mit seinen Grenzgebieten einschließlich der Kaledoniden, der herzynische (variszische) Bereich Zentral- und Westeuropas sowie das alpin-mediterrane Gebiet (MUELLER; BANDA, 1983).

Anlage, Aufwand und Interpretation tiefenseismischer Untersuchungen von Kruste und oberem Mantel erfordern in allen Ländern eine nationale

Kooperation und sind zunehmend auch Inhalt internationaler Zusammenarbeit (z. B. CoCoRP (Consortium for Continental Reflection Profiling; KLEMPERER; OLIVER, 1983); BIRPS (British Institutions Reflection Profiling Syndicate); STS-Arbeitsgruppen der Kommission der Akademien der Wissenschaften sozialistischer Länder für die multilaterale Bearbeitung des komplexen Problems „Planetare Geophysikalische Forschungen“ (KAPG) sowie der Geophysikalischen Kommission der Karpato-Balkanischen Geologischen Assoziation).

11.2. Reflexionsseismische Unterschießungen

11.2.1. Besonderheiten der Zielstellung und Voraussetzungen

Das Ziel erstmals von BADING, ECHTERHOFF, KREY und MARSCHALL durchgeführter *Unterschießungen* (BADING et al., 1974) ist es, auch solche Strukturen reflexionsseismisch möglichst durchgehend zu erfassen, die entweder durch Systeme tiefreichender Störungen verworfen oder durch eine komplizierte Hangendtektonik maskiert werden. Dies bezieht sich in der Tiefenseismik auf Fragen zur Struktur der Erdkruste und des oberen Mantels, z. B. unterhalb großer Gräben, und in der Erkundungsseismik auf die Analyse von Lagerungsformen bzw. -störungen vor allem des Präsalinars. Routinemäßig wird das Unterschießen bei der Erkundung von Erdöl-Erdgas-Lagerstätten auf dem Land, in Flachwassergebieten (Wattenmeer) und auf hoher See (MARSCHALL, 1974) überall dort durchgeführt, wo relativ einfach strukturierte, lagerstättenbedeutsame Horizonte, wie z. B. die Zechsteinbasis, durch eine komplizierte Salztektonik mit der herkömmlichen Reflexionsseismik nicht oder nur sehr unsicher erfaßt werden können.

11.2.2. Methodische und technische Besonderheiten

In methodischer Hinsicht werden beim Unterschießen die Spreng- und Geophonpunkte so angesetzt, daß trotz tektonisch komplizierter Verhältnisse im Deckgebirge ein ausreichend großer Energieanteil am seismischen Leithorizont (z. B. Zechsteinbasis) reflektierter Wellen registriert wird.

Bei marinen Untersuchungen ist der Einsatz von zwei Schiffen — eines Sprengschiffes und eines Registrierschiffes — erforderlich.

Abb. 11.10 zeigt, daß beim Unterschießen die Stoßstrahlen zwischen Spreng- und Geophonpunkt die seismisch abschirmenden Bereiche unterlaufen und Reflexionen andeuten, die auch lagerichtig relativ einfach dargestellt werden können.

Die Geometrie Sprengpunkt-Geophonpunkt läßt zwei Möglichkeiten des Unterschießens zu; das sind

- zwei Flankenunterschießungen
- eine Totalunterschießung.

Meist werden auch noch die Sprengpunkte und Geophonaufstellungen vertauscht, so daß sich insgesamt sechs Aufnahmeserien ergeben. – Praktisch hängt natürlich der Abstand Sprengpunkt-Geophonpunkt-Aufstellung von der Tiefe der Basis der Salinarformation und von der Form des Salzdomes ab. Er beträgt z. B. unter den geologischen Bedingungen im NW der BRD 3...8 km bei Flankenunterschießungen und 5...15 km bei Totalunterschießungen.

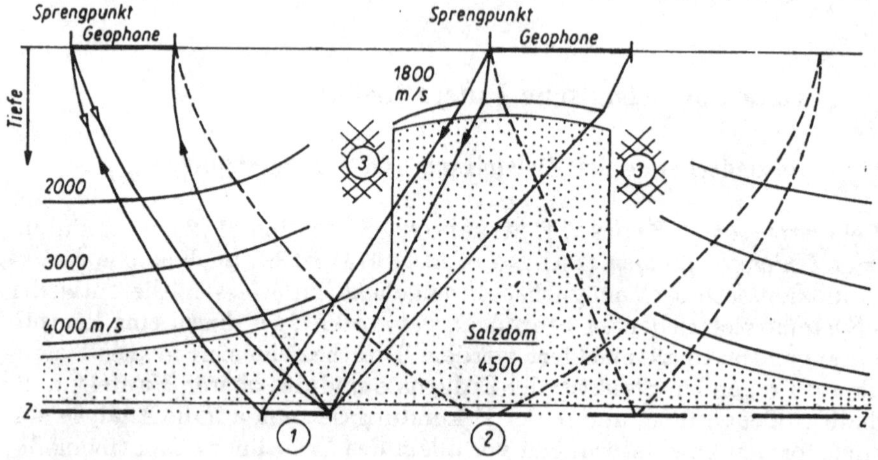

Abb. 11.10. Prinzip des Unterschießens eines Salzdomes (nach Bading et al., 1974)
① – Flankenunterschießung,
② – Totalunterschießung,
③ – für alle Stoßstrahlen verbotene Bereiche,
Z – Zechsteinbasis

Der Erfolg einer Unterschießung setzt voraus, daß der Reflexionsvorgang an der Grenze zwischen Salinar und postpermischen Sedimenten in möglichst großer Tiefe dort erfolgt, wo die Geschwindigkeitsunterschiede klein sind (z. B. Salinar-Untere Trias) und daß sedimentäre Zwischengrenzen mit hohem Geschwindigkeitskontrast (z. B. Basis Jura oder Tertiär) durch die am Zechsteinhorizont reflektierten Wellen weit genug von den Flanken entfernt durchsetzt werden (Bading et al., 1974).

11.3. Seismische Messungen im Untertage-Bergbau

11.3.1. Allgemeine Besonderheiten

Gemessen am Umfang übertageseismischer Erkundungsarbeiten für die spezifischen Belange des Ingenieur- und Bergbaus ist der Anteil untertageseismischer Untersuchungen zur Lösung bergbaulich-geologischer Aufgaben gering.

Seismische Untertage-Messungen erfordern die Berücksichtigung einer Reihe von Besonderheiten und lassen eine unmittelbare Übernahme erprobter Methoden oder Meßanordnungen der Übertage-Seismik nur selten zu (Tab. 11.2). Vielmehr ist es in methodischer und technischer Hinsicht unerläßlich, den spezifischen geologischen und bergbautechnischen Bedingungen untertage Rechnung zu tragen. Neben den in der Tab. 11.2 zusammengestellten Besonderheiten kommen in verstärktem Maße Forderungen hinsichtlich der Transportierbarkeit, der Schlagwetter- und Staubsicherheit sowie der Korrosionsbeständigkeit der Meßgeräte hinzu.

Tabelle 11.2. Gegenüberstellung einiger Besonderheiten seismischer Über- und Untertage-Messungen

über Tage	unter Tage
	geologische Besonderheiten
zu erkundende Strukturen sind in den meisten Fällen durch eine Boden-Lockerschicht verdeckt	beim Fehlen einer Boden-Lockerschicht erfolgen die Messungen direkt am Anstehenden
	Profilanlage
relativ freie Wahl der Profilanlage nach geologischen Gesichtspunkten	Beschränkung der Profilwahl durch die Strecken- und Abbauführung
	Meßfrequenz
bis etwa 100 Hz, nur in Sonderfällen einige 100 Hz	von einigen 100 Hz bis einige kHz
	seismische Besonderheiten
nur in Sonderfällen Nutzungsmöglichkeiten von Transversal- und Wechselwellen gegeben; Messung erfolgt im physikalischen Halbraum	bevorzugtes Auftreten von Transversalwellen und gelegentlich auch von Wechselwellen; Wellenausbreitung erfolgt im Vollraum (Mehrdeutigkeit bei der Auswertung erfordert Anwendung spezieller Auswerteverfahren)

In methodischer Hinsicht werden durchgeführt

- direkte Laufzeitmessungen,
- refraktions- und reflexionsseismische Messungen,
- Messungen unter Verwendung von Flözwellen.

Die Erzeugung seismischer Wellen erfolgt mittels Sprengungen, Hammerschlag oder Vibrationsanregung; für die Aufnahme werden grubensichere, schlagwettergeschützte, vielkanalige Digitalapparaturen mit einem Abtastintervall bis zu 0,1 ms und Mehrkomponentengeophone zur Aufstellung in den Strecken oder zum Einsatz in 1...2 m tiefen Bohrungen verwendet.

11.3.2. Direkte Laufzeitmessungen

Direkte Laufzeitmessungen dienen vornehmlich der Erkundung des Gebirges zwischen Bohrungen, aufgefahrenen Strecken und Sohlen. Die Zielstellung besteht z. B. in der Abgrenzung mineralisierter Bereiche, im Nachweis von Hohlräumen sowie abbaubedingter Veränderungen im Gebirge. Der Auswertung werden die gemessenen Laufzeiten oder die aus ihnen und den bekannten Entfernungen Quelle (Sprengpunkt) – Empfänger (Geophon) berechneten Ausbreitungsgeschwindigkeiten zugrunde gelegt.

Der Abb. 11.11 ist ein Ergebnis der Zwischenfelderkundung aus dem Erzbergbau zu entnehmen. Die mit der Abbauführung verbundene Hangendauflockerung führte zu einer charakteristischen Verringerung der seismischen Ausbreitungsgeschwindigkeit, wie sie nach dem Verfahren der direkten Laufzeitmessung zwischen aufgefahrenen Strecken und der Rasensohle (Erdoberfläche) bestimmt werden konnte.

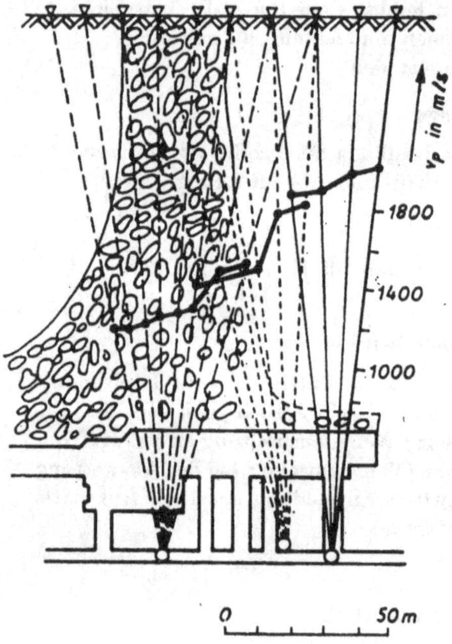

Abb. 11.11. Prinzip und Ergebnis direkter Laufzeitmessungen zwischen einer Sohle und der Erdoberfläche zur Abgrenzung abbaubedingter Auflockerungszonen in einer Erzgrube (umgezeichnet nach TARCHOW et al., 1973)

○ – Sprengpunkte,
▽ – Geophonaufstellungen

11.3.3. Refraktionsseismische Messungen

Bei *refraktionsseismischen Untersuchungen* unter Tage treten oft intensive Transversalwellen auf. Ihr Zustandekommen ist auf die Impulsgabe im Festgestein mittels kleiner Sprengungen in Flachbohrungen oder Hammerschlag auf Keile bzw. Anker aus Metall zurückzuführen, die oberflächennah in die Sohle oder den Stoß eingebracht werden. Für die Ausbreitung von Transversalwellen bestehen im unzerklüfteten Gebirge besonders günstige Bedingungen.

Schwierigkeiten ergeben sich, wenn die Streckenführung die Länge der Refraktionsprofile zu stark begrenzt und somit die Festlegung der Knickpunkte in den Laufzeitkurven erschwert. Wegen der oft nur geringen Unterschiede in der Ausbreitungsgeschwindigkeit aneinandergrenzender Festgesteinspartien sind es ohnedies „schleifende" Knickpunkte bei großen Knickpunktentfernungen (Abb. 11.12). Zusätzlich treten im zerklüfteten und tektonisch beanspruchten Gebirge oft Probleme der Energieübertragung auf; die Folge davon sind unsichere Festlegungen der Einsätze in den Registrierungen.

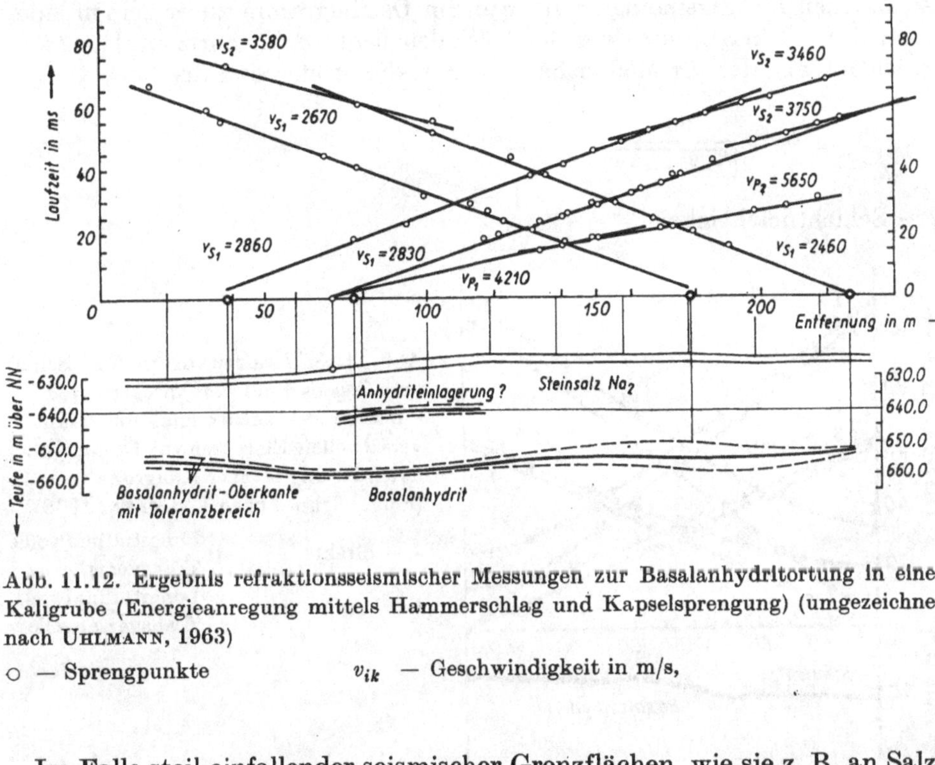

Abb. 11.12. Ergebnis refraktionsseismischer Messungen zur Basalanhydritortung in einer Kaligrube (Energieanregung mittels Hammerschlag und Kapselsprengung) (umgezeichnet nach Uhlmann, 1963)

○ — Sprengpunkte v_{ik} — Geschwindigkeit in m/s,

Im Falle steil einfallender seismischer Grenzflächen, wie sie z. B. an Salzstöcken, bei Gangvererzungen oder an Verwerfungen auftreten, ist der Einsatz der Refraktionsseismik generell in Frage gestellt. In solchen Fällen bieten häufig reflexionsseismische Aufnahmen die einzige Möglichkeit einer effektiven geophysikalischen Vorfelderkundung.

11.3.4. Reflexionsseismische Messungen

Die Probleme der *Reflexionsnahortung* untertage sind vielfältiger Art und umfassen Anregung, Aufnahme und Auswertung. — Da die kürzeste Meßentfernung wesentlich mit durch die Dauer des Sendesignals bestimmt wird, erfolgt die Energieanregung je nach der Aufgabenstellung und petrophysikalischen Situation neben dem Abtun kleinerer Sprengungen vor allem mittels Hammerschlag und in seltenen Fällen auch durch den Einsatz von Ultraschallsendern (UHLMANN, 1968).

Das bevorzugte Auftreten hoher Frequenzen (einige kHz) erfordert die Verwendung hochabgestimmter Geophone ($f_0 >$ einige kHz) und Registriereinrichtungen mit großem Auflösungsvermögen.

Infolge der kurzen Laufzeit gehen die Reflexionseinsätze der P-Wellen (PP-Einsätze) oft in dem energiereichen Direktimpuls unter. Deshalb werden nach Möglichkeit zusätzliche Reflexionen der Transversalwellen (PS- oder SS-Einsätze) in die Auswertung einbezogen. Dies ist vorteilhaft, da PP-Reflexionen im allgemeinen nur dann im Oszillogramm zu erkennen sind, wenn deren Einsatz vor dem der S-Wellen liegt. Beim horizontalen Zweischichtfall gilt das für Meßentfernungen x, die größer sind als

$$x_0 = \frac{2hv_S}{\sqrt{v_P^2 - v_S^2}},$$

h — Schichtmächtigkeit.

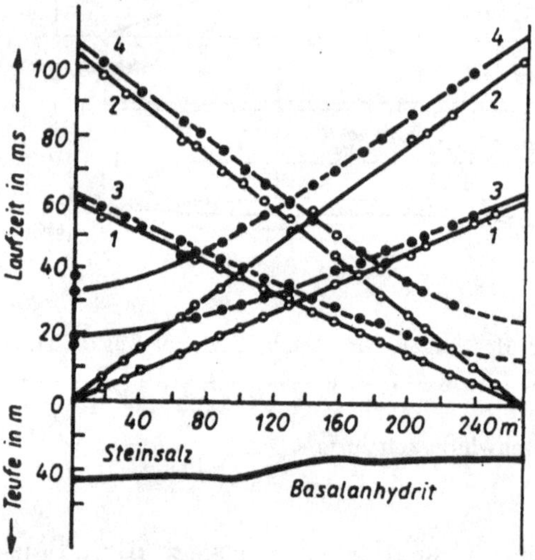

Abb. 11.13. Laufzeitkurven für „Schuß und Gegenschuß" aus direkten und reflektierten Longitudinal- und Transversalwellen-Einsätzen zur Basalanhydritortung in einer Kaligrube (umgezeichnet nach UHLMANN, 1968)

1 — direkte Longitudinalwelle
Transversalwelle
2 — reflektierte Longitudinalwelle
Transversalwelle

Die Abb. 11.13 zeigt als Beispiel eine Laufzeitkurvenschar für refraktierte und reflektierte Einsätze nach hammerschlagseismischen Untersuchungen zur Basalanhydritortung im Kalibergbau. Die Auswertung reflexionsseismischer Untertagemessungen wird besonders dann erschwert, wenn das Streichen und Fallen der seismischen Grenzflächen nicht bekannt sind. In solchen Fällen sind Mehrkomponentenregistrierungen und spezielle Verfahren einer räumlichen Auswertung erforderlich. Ist das Einfallen bekannt, so stellt uns die Auswertung vor ein ebenes Problem.

Interessante Aspekte ergeben sich aus der Anwendung der *Vibratortechnik* in der Untertage-Reflexionsseismik. Den spezifischen Bedingungen angepaßt, kommen dabei weitaus handlichere und höher abgestimmte Vibratoren zum Einsatz, als es für die Strukturerkundung im Sedimentbereich der Fall ist. Dadurch können – je nach der Ausbreitungsgeschwindigkeit – Ortungssignale mit Wellenlängen von wenigen Dezimetern bis einige Meter abgestrahlt und schon von der Anregung her günstige Bedingungen für ein hohes Auflösungsvermögen gesichert werden (Abb. 11.14).

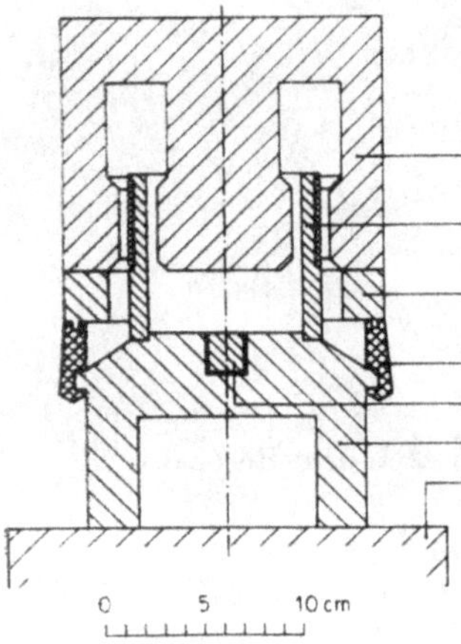

a

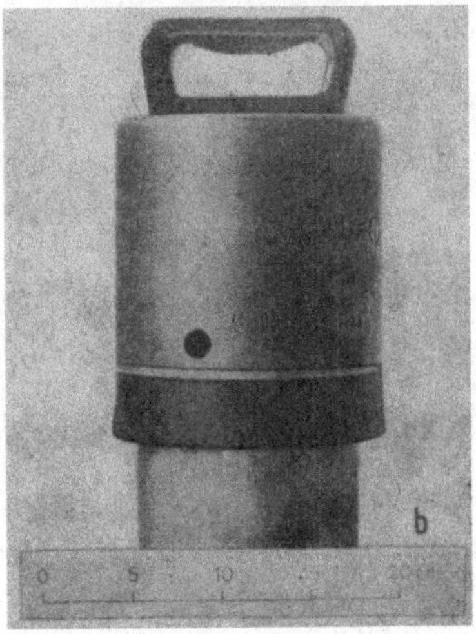

b

Abb. 11.14. Prinzipdarstellung und Ansicht eines elektrodynamischen Vibrators für seismische Messungen untertage

a) schematische Darstellung

1 – Topfmagnet mit Armierung,
2 – Spulenkörper mit Spule,
3 – Haltering,
4 – Gummifeder,
5 – piezoelektrischer Schwingungsaufnehmer
6 – Bodenkörper,
7 – Untersuchungsobjekt

b) Ansicht. Technische Daten: Gesamtmasse ca. 20 kg
Arbeitsfrequenzbereich 200...10000 Hz
Leistungsaufnahme 5 W

Die Arbeitsweise eines solchen Vibrators besteht darin, unmittelbar im Anregungspunkt bei konstant gehaltener Abstrahlleistung und kontinuierlich veränderlicher Frequenz Amplitudenerhöhungen zu erfassen, die auftreten, wenn der Abstand h zwischen Vibrator und Schichtgrenze folgende Bedingungen erfüllt (Abb. 11.15)

$$h = n\frac{\lambda}{2} \qquad \text{für} \quad \varrho_1 v_1 < \varrho_2 v_2,$$

$$h = \frac{\lambda}{4}(2n - 1) \qquad \text{für} \quad \varrho_1 v_1 > \varrho_2 v_2;$$

λ – Wellenlänge,
n – Ordnung der Resonanzstelle.

Die so aufgenommene Resonanzkurve ist die Grundlage der Auswertung nach dem *Resonanzverfahren*. Aus der Differenz Δf aufeinanderfolgender Resonanzfrequenzen und der Ausbreitungsgeschwindigkeit v läßt sich die Schichtmächtigkeit h wie folgt ermitteln

$$h = \frac{v}{2\Delta f}.$$

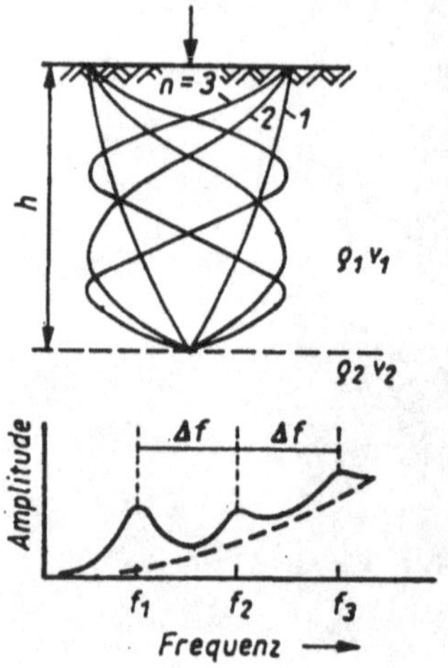

Abb. 11.15. Auswerteprinzip nach dem Resonanzverfahren

$f_1 \ldots f_3$ – Resonanzfrequenzen
n – Ordnung der Resonanzstelle

Unter geologisch nicht zu komplizierten Bedingungen bieten vibratorseismische Untersuchungen auf der Grundlage des Resonanzverfahrens die Möglichkeit, Reflektorflächen mit hoher Genauigkeit zu orten. Dabei erlaubt der nutzbare Frequenzbereich (Abb. 11.16) bei Ausbreitungsgeschwindigkeiten von etwa 5000 m/s eine Schichtgrenzenerkundung bereits ab Teufen von 0,5 m.

Das hohe Auflösungsvermögen und die günstige minimale Erkundungstiefe rechtfertigen den Einsatz der Vibratorseismik speziell in der Hohlraumerkun-

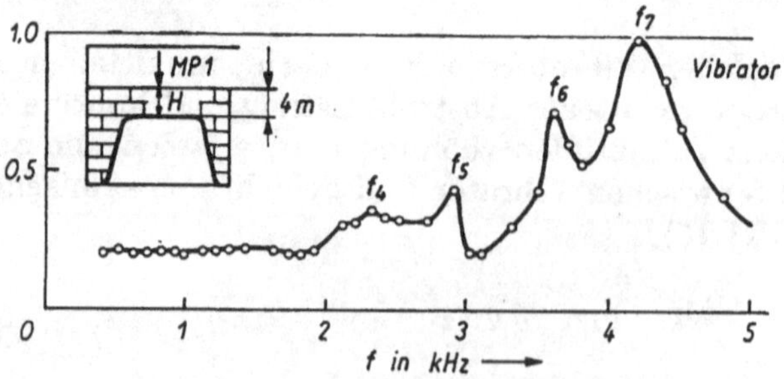

Abb. 11.16. Vibratorseismische Aufnahmen nach dem Resonanzverfahren zur Bestimmung der Deckschichtmächtigkeit über einem Hohlraum

A/A_0 – normierte Amplitude der erzwungenen Bodenbewegung
$f_4 \ldots f_7$ – Resonanzfrequenzen

dung, beim Nachweis von Kluftsystemen und Schichtgrenzen bis zu Entfernungen von einigen 10 Metern (Abb. 11.16).

Die Schwierigkeiten vibratorseismischer Messungen untertage liegen in der Ankopplung von Sender (Vibrator) und Empfänger (Geophon) an das Gestein. Eine ausreichend gute Übertragung der seismischen Energie vom Vibrator auf das Gebirge und von dort auf den Empfänger kommt nur zustande, wenn beide Wandler akustisch hinreichend gut angekoppelt sind. Dazu müssen die Koppelflächen weitgehend eben und glatt sein; ihre Herstellung ist oft umständlich und zeitraubend. Sind sie vorhanden, so können die Untersuchungsobjekte praktisch in beliebiger Richtung durchschallt werden (Abb. 11.17).

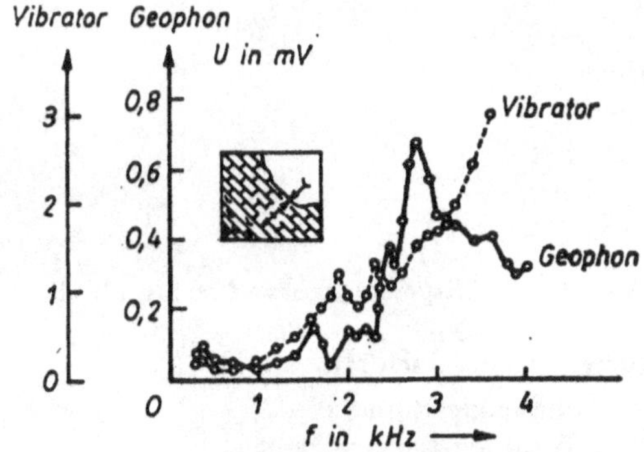

Abb. 11.17. Untertägige Mächtigkeitsbestimmung einer schrägeinfallenden Schicht (Kalkstein/Phyllit) (MILITZER; STOLL, 1970)
Nach der Resonanzmethode gemessene Mächtigkeit $h = 11{,}0 \pm 1$ m,
U – gemessene Spannung von Anregung und Aufnahme

11.3.5. Flözwellenseismik

11.3.5.1. Besonderheiten der Zielstellung und Voraussetzungen

Flözwellenseismische Untersuchungen stellen eine besondere Art seismischer Untertage-Messungen im Steinkohlenbergbau dar. Sie dienen dem Nachweis von Flözversetzungen mit Sprunghöhen bis maximal einige wenige Meter, von Flözvertaubungen und -auswaschungen im Unverritzten. In jedem Falle sind es Lagerungsstörungen, die von der Erdoberfläche aus weder durch geologische Untersuchungen noch durch geophysikalische Messungen nachgewiesen werden können und deren Kenntnis von erheblicher Bedeutung für die betriebstechnische Planung sowie den Abbau ist. Besonderes Interesse hat die Flözwellenseismik in Gruben mit schreitendem Abbau gefunden.

Voraussetzung für die Entstehung und Ausbreitung von Flözwellen ist die Tatsache, daß die Kohle eine geringere Ausbreitungsgeschwindigkeit und Dichte als die im Hangenden und Liegenden der Flöze befindlichen Sedimente besitzt ($v_{P(\text{Kohle})} = 0{,}8\ldots3{,}1$ km/s; $v_{S(\text{Kohle})} = 0{,}5\ldots1{,}86$ km/s; $\varrho_{\text{Kohle}} = 1{,}35 \cdot 10^3$ kg/m³). Dadurch stellen Kohleflöze im Gebirgsverband eine „Langsamschicht" (low-velocity-layer) dar und wirken wie ein Kanal, wenn in das Flöz seismische Energie eingebracht wird. Deshalb werden Flözwellen auch als *Kanalwellen* bezeichnet (Kap. 2.4.3.3.). Sie entstehen aus Raumwellen, die mehrfach an der Hangend- und Liegendgrenze reflektiert werden und dabei konstruktiv interferieren. Aus der Überlagerung von Kompressions-(P-) und vertikal polarisierten Scherwellen (SV) entsteht die Flözwelle vom RAYLEIGH-Typ; sie führt beim Durchgang zu einer Partikelbewegung in Flöz und Gebirge, die senkrecht zu Flöz und Wellenfront gerichtet ist. Aus horizontal polarisierten Scherwellen (SH) werden Flözwellen vom LOVE-Typ gebildet; sie führen zu einer Partikelbewegung parallel zum Flöz und zur Wellenfront.

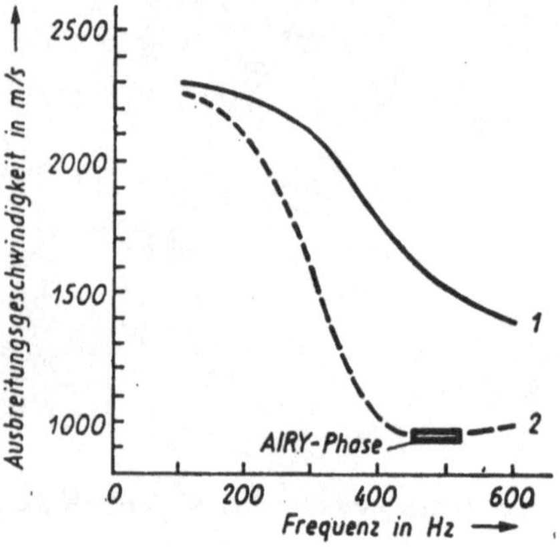

Abb. 11.18. Dispersionskurve für Kanalwellen vom LOVE- Typ (umgezeichnet nach MILLAHN, 1980)
1 — **Phasengeschwindigkeit,**
2 — **Gruppengeschwindigkeit**

Kanalwellen dispergieren; d. h., ihre Ausbreitungsgeschwindigkeit hängt von der Frequenz ab. Aus den Dispersionskurven ist zu ersehen, daß die Gruppengeschwindigkeit ein mehr oder weniger ausgeprägtes Minimum besitzt (Abb. 11.18). Dieses Minimum wird AIRY-Phase genannt und deutet darauf hin, daß unter den im Flöz geführten Wellen solche existieren, die trotz unterschiedlicher Frequenz eine relativ konstante Gruppengeschwindigkeit besitzen, etwa zeitgleich ankommen und sich so zu verhältnismäßig hohen Amplituden addieren. Im Gebirge geht die Amplitude mit zunehmender Entfernung vom Flöz rasch gegen Null (Abb. 11.19). Die Frequenz dieser Wellen ist um so höher, je geringmächtiger das Flöz ist.

Nach den ersten Arbeiten von EVISON (1955) und KREY (1963) wurde mittlererweile die Flözwellenseismik theoretisch, methodisch und apparativ so weiterentwickelt, daß sie heute international einen festen Platz bei Erkundungsarbeiten im Steinkohlenbergbau einnimmt (z. B. RÜTER; SCHEPERS, 1979; MASON et al., 1980a, b; MILLAHN; MARSCHALL, 1980; BICHANAN et al., 1981a, b; KLINGE et al., 1981 ASTEN et al., 1984). Modellseismische Untersuchungen haben wesentlich dazu beigetragen, wichtige Eigenschaften von Kanalwellen zu erkennen, den Einsatz des Verfahrens zunehmend effektiver zu gestalten und die Aussagesicherheit der Ergebnisse zu erhöhen (FREYSTÄTTER; DRESEN, 1977).

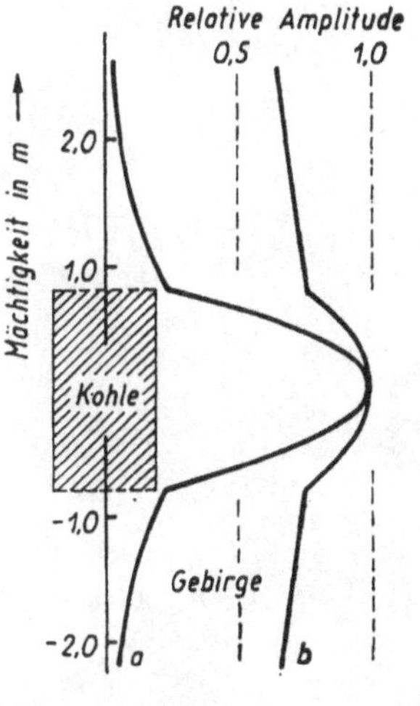

Abb. 11.19. Relative Amplituden von Kanalwellen vom LOVE-Typ für die Frequenzen
von a — 460 Hz,
b — 200 Hz
(umgezeichnet nach MILLAHN, 1980)

11.3.5.2. Methodische und technische Besonderheiten

In methodischer Hinsicht sind für flözwellenseismische Untersuchungen sowohl Durchschallungs- als auch Reflexionsmessungen möglich (Abb. 11.20).

Durchschallungsmessungen dienen generell dem Nachweis von Flözversetzungen sowie der Abschätzung ihres Betrages. Läßt sich die AIRY-Phase nachweisen, so wird angedeutet, daß im Durchschallungsbereich keine Störungen vorliegen, deren Verwerfungsbetrag größer als die Flözmächtigkeit ist. Fehlt andererseits in den Registrierungen die AIRY-Phase, so wird das Flöz von mindestens einer Störung verworfen, deren Sprunghöhe größer als die Flözmächtigkeit ist. Der Abb. 11.21 sind diese Situationen dem Prinzip nach zu entnehmen. Abb. 11.21a deutet auf einen ungestörten Durchgang der Flözwelle im Falle nicht oder gering gestörter Lagerungsverhältnisse hin. Die AIRY-Phase ist deutlich nachweisbar, so lange die Flözversetzung weniger als 30% der Flözmächtigkeit beträgt. In Abb. 11.21b ist der Durchgang der Flözwelle gestört. Tektonische Verwerfungen oder verringerte Flözmächtigkeiten führen zu Intensitätsminderungen der AIRY-Phase in Abhängigkeit vom Verwerfungsbetrag. Erfahrungsgemäß lassen sich auf diese Weise noch Flözversetzungen bzw. Mächtigkeitsverringerungen nachweisen, die etwa 30...70% der Flözmächtigkeit betragen (STAŠ, 1969). In Abb. 11.21c ist der Durchgang der Flözwelle gänzlich unterbrochen und die AIRY-Phase nicht mehr nachweisbar; dies ist der Fall, wenn die Flözversetzung bzw. Mächtigkeitsverringerung mehr als 70% der Flözmächtigkeit beträgt.

Die Reichweite kann bei Durchschallungsmessungen bis zum 1000fachen der Flözmächtigkeit angenommen werden; das sind beispielsweise unter den Bedingungen des Ruhrgebietes (BRD) mit einer mittleren Flözmächtigkeit von 1,5 m ca. 1500 m (MILLAHN, 1980).

Reflexionsmessungen ermöglichen neben dem bloßen Nachweis von Lagerungsstörungen auch die Bestimmung von deren Lage. Auch dabei ist die AIRY-Phase von besonderem Interesse. Zur Verbesserung des Nutz/Störver-

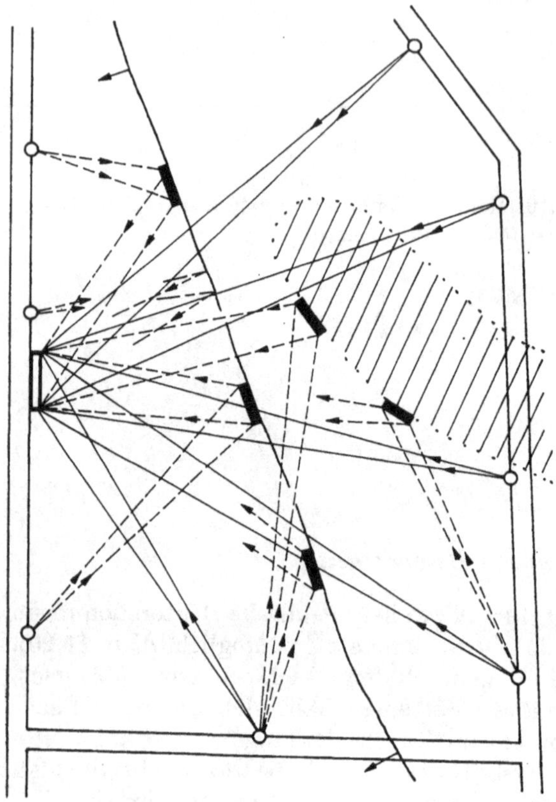

Abb. 11.20. Prinzip der Anlage flözwellenseismischer Untersuchungen zum Nachweis einer tektonischen Störung und Vertaubungszone (umgezeichnet nach Staš, 1969)
——→ Durchschallungsmessungen,
----→ Reflexionsmessungen,
○ Sprengpunkte,
▭ Geophonauslage
▬ Reflexionselemente

hältnisses wird – ähnlich wie bei reflexionsseismischen Übertagemessungen – das Prinzip der Mehrfachüberdeckung angewendet (Kap. 5.2.2.2.).

Zur Erzeugung von Flözwellen dienen Sprengungen geringer Ladungen von Sprengstoff, der in 1...2 m tiefen Bohrungen im Flöz gezündet wird, oder auch sprengstofflose Energiequellen.

Zur Aufnahme von Flözwellen werden Geophone eingesetzt, welche die Registrierung einer oder besser von zwei Horizontalkomponenten gestatten. Sie werden in horizontale, etwa 2 m tiefe Bohrungen eingeführt, die sich in Flözmitte befinden, und pneumatisch an die Bohrlochwandung angepreßt. Die Orientierung der Geophone erfolgt so, daß die Y-Komponente in das Flöz hineinzeigt und die X-Komponente parallel zum Stoß verläuft. So werden vor allem Flözwellen vom Love-Typ registriert (Abb. 11.22).

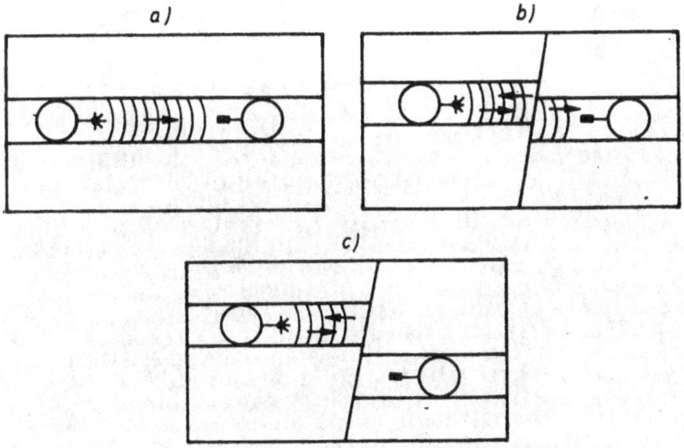

Abb. 11.21. Prinzip flözwellenseismischer Durchschallungsmessungen zur Erläuterung von Intensitätsminderungen der AIRY-Phase (nach STAŠ, 1974)

○ Strebstrecke, ——✱ Wellenerregung,
——■ seismische Empfänger,
——)→ einfallende Wellenfront

a) ungestörter Durchgang der Flözwelle bei tektonisch nicht oder nur gering gestörten Lagerungsverhältnissen (Flözversetzung $< 30\%$ der Flözmächtigkeit),
b) gestörter Durchgang der Flözwelle; tektonische Störungen oder verringerte Flözmächtigkeit führen zu Intensitätsminderungen abhängig von der Mächtigkeit des Hindernisses (Flözversetzung, Mächtigkeitsverringerung $= 30 \ldots 70\%$ der Flözmächtigkeit),
c) unterbrochener Durchgang der Flözwelle; Flöz tektonisch versetzt oder Vertaubung des Flözes (Flözversetzung, Mächtigkeitsverringerung $> 70\%$ der Flözmächtigkeit)

11.3.5.3. Besonderheiten der Datenbearbeitung und Interpretation

Die Kompliziertheit des Wellenbildes und besonders Probleme der dynamischen Korrektur (Kap. 6.2.) haben zu speziellen Verfahren der Bearbeitung flözwellenseismischer Aufnahmen geführt. Aus reflexionsseismischen Messungen erhaltene Registrierungen werden folgenden Maßnahmen unterzogen (KLINGE et al., 1982):

- Bandpaßfilterung im Frequenzbereich der AIRY-Phase (350 – 500 Hz),
- dynamische Korrektur unter Berücksichtigung der Streichrichtung zu erwartender Störungen,
- Berechnung der Einhüllenden (Enveloppe) der AIRY-Phase mittels HILBERT-Transformation,
- CDP-Stapelung mit und ohne Enveloppen-Bildung.

Abb. 11.23 erläutert dies an einem Teilprozeß der Seismogramm-Bearbeitung, der im Ergebnis bei etwa 0,125 s die Reflexion einer Störung erkennen läßt (MILLAHN, 1980).

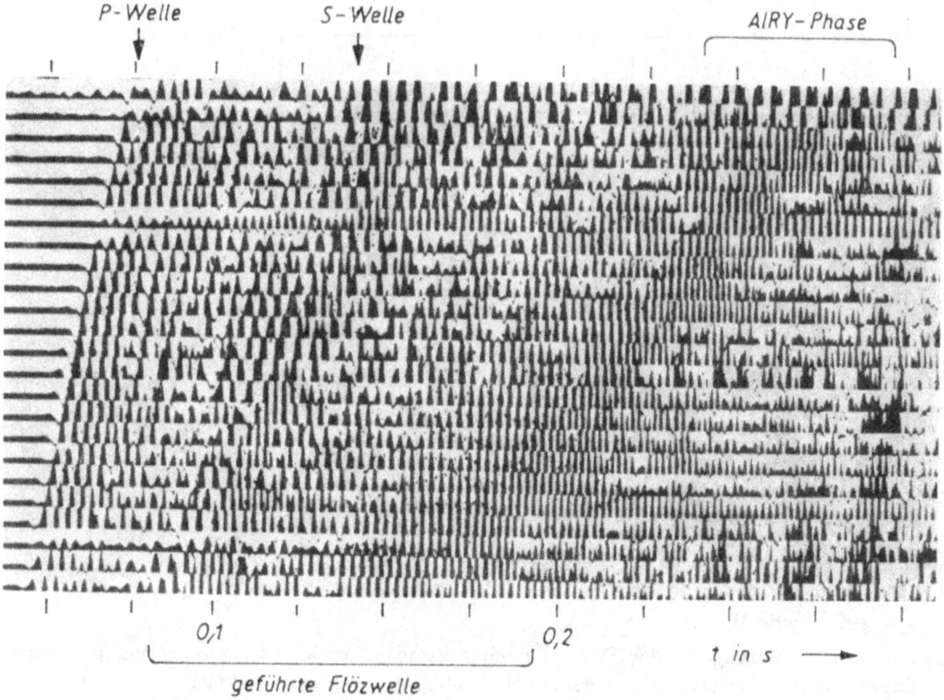

Abb. 11.22. Wellenbild einer Durchschallung (x-Komponente; Laufwege 176...310 m); (aus MILLAHN, 1980)

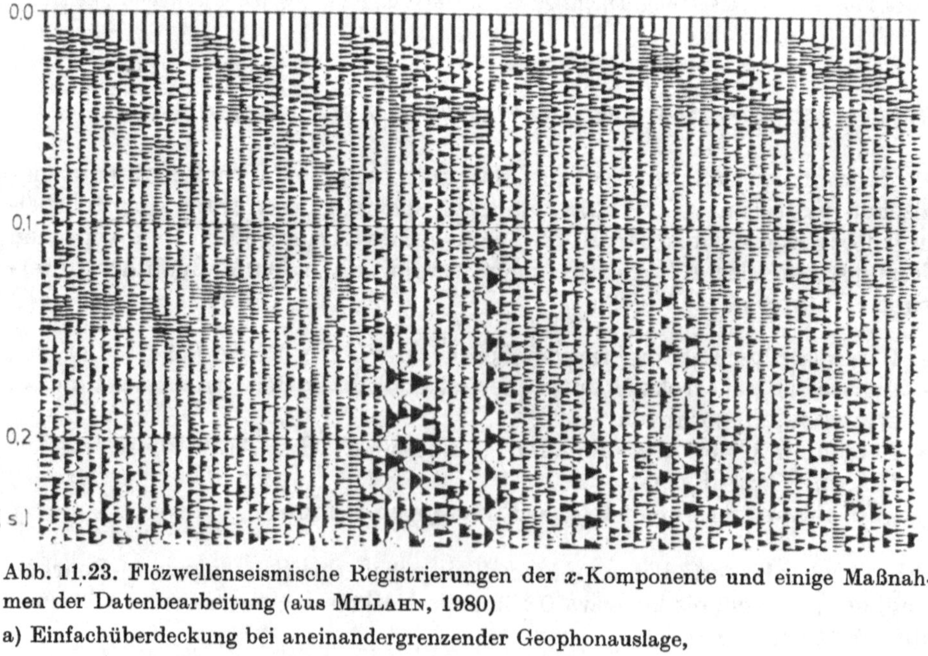

Abb. 11.23. Flözwellenseismische Registrierungen der x-Komponente und einige Maßnahmen der Datenbearbeitung (aus MILLAHN, 1980)

a) Einfachüberdeckung bei aneinandergrenzender Geophonauslage,

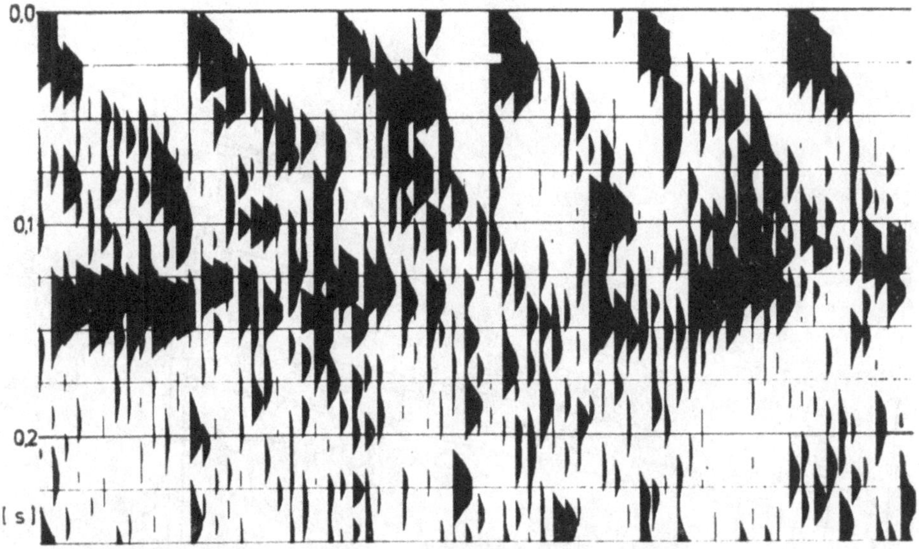

Abb. 11.23b) dieselben Seismogramme nach Bandpaßfilterung, dynamischer Korrektur und Enveloppenbildung,

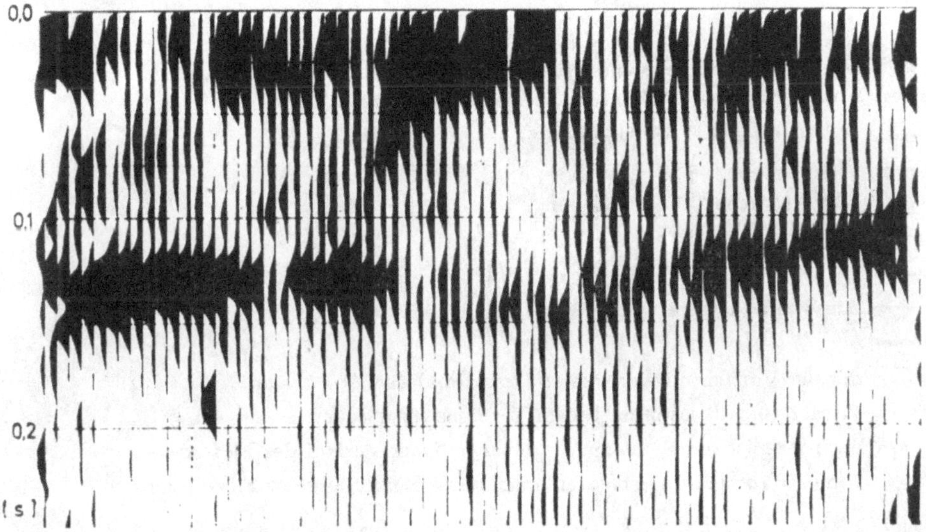

Abb. 11.23c) Resultat nach sechsfacher Stapelung

Die zur Umrechnung der Laufzeitschnitte in Tiefenschnitte erforderlichen Geschwindigkeitsdaten werden aus Durchschallungsmessungen ermittelt; dazu müssen die Durchschallungsseismogramme besonders hinsichtlich Amplitudennormierung und Filterung genauso behandelt werden wie Reflexionsseismogramme. Die Konstruktion der Reflexionselemente selbst erfolgt mit Hilfe einfacher geometrischer Verfahren, z. B. mittels Tangenten-

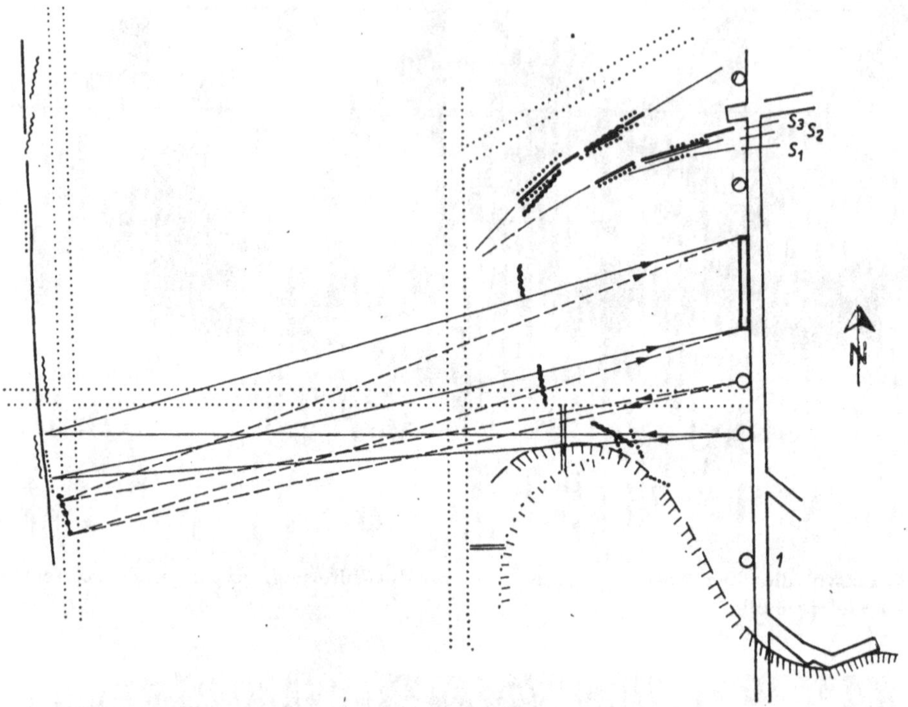

Abb. 11.24. Anlage und Ergebnisse flözwellenseismischer Reflexionsmessungen im Grubenrevier Ostrava-Karvina (ČSSR) (umgezeichnet nach STAŠ, 1974)

Geophonauslage, ○ Sprengpunkte,

schwache, sehr schwache, ungewisse Reflexionen,

Amplitude der Störung < 30%, 30...70%, > 70% der Flözmächtigkeit,

mit der Vorrichtungsstrecke erfaßter Rand der Flözerosion,

Vorrichtungsstrecken nach dem Ergebnis seismischer Messungen,

nach seismischen Messungen wahrscheinlicher Verlauf der Flözerosion,

von den Vorrichtungsstrecken angebohrte Berandung der Flözerosion

methode (Kap. 9.2.1.). Auf diese Weise können unter seismogeologisch günstigen Verhältnissen noch aus Entfernungen von 300···400 m gut verwertbare Informationen gewonnen werden.

Der bisher erläuterte Verfahrensweg bezieht sich lediglich auf die Auswertung von Registrierungen in der x-Komponente (parallel zum Stoß; entspricht in der Übertageseismik der Erdoberfläche). Werden in die Auswertung beide Horizontalkomponenten einbezogen, so lassen sich eine Verbesserung des Nutz/Störverhältnisses, detaillierte Richtungsangaben zu den registrierten Einsätzen über die Konstruktion von Bahnkurven (Hodogramme), die getrennte Bestimmung der Kompressions- und Scheranteile verschiedener Phasen erreichen und Angaben über die räumliche Kohärenz des Wellenfeldes machen (MILLAHN, 1980).

Die unter Verwendung spezieller Polarisationsfilter möglichen Polarisationsanalysen zur Ermittlung der Einfallsrichtung und Bestimmung des Polarisationsgrades werden vor allem bei Durchschallungsmessungen durchgeführt; bei Reflexionsuntersuchungen beschränken sie sich z. Z. noch auf die Bearbeitung von Sonderfällen.

11.3.5.4. Ergebnisse

Im folgenden sollen als Beispiel Zielstellung und Ergebnisse flözwellenseismischer Untersuchungen dargestellt werden, die aus einer Grubenstrecke heraus im Revier Ostrava-Karvina (ČSSR) zur Beurteilung gleichbleibender Flözmächtigkeit (4,20 m) durchzuführen waren (STAŠ, 1974).

Ausgehend von einigen mit der Vorrichtungsstrecke durchörterten Störungen $S_1 \ldots S_3$ und einer erosiven Auswaschung galt es

- die tektonische Situation generell im interessierenden Vorfeld zu erfassen,
- den Verlauf der Flözerosion zu ermitteln,
- den für einen mechanisierten Abbau in Frage kommenden Bereich abzugrenzen.

Sprengpunkte, Geophonauslage und einige Wellenwege sind der Abb. 11.24 zu entnehmen.

Im Ergebnis der flözwellenseismischen Aufnahme nach dem Reflexionsverfahren wird etwa 200 m westlich von der Vorrichtungsstrecke entfernt und etwa parallel zu dieser Strecke eine markante tektonische Störung nachgewiesen, die für das Abbaugeschehen von grundsätzlicher Bedeutung ist. Die in das Vorfeld streichende Flözerosion hindert vor allem die vom Sprengpunkt 1 ausgehende Flözwelle am Durchgang, so daß sie wahrscheinlich wieder nach W zu abschwenkt und etwa in Höhe des Sprengpunktes 2 ihre nördliche Begrenzung findet. Intensität und Verlauf der sich in das Vorfeld erstreckenden Störung $S_1 \ldots S_3$ deuten auf deren Konvergenz und schließlich ein Ausstreichen hin.

Aus der Zusammenfassung all dieser Befunde läßt sich mit großer Sicherheit der gesuchte, weitgehend ungestörte und für den mechanisierten Abbau geeignete Bereich festlegen. Die bergmännischen Vorrichtungsstrecken und die von ihnen aus vorgetriebenen Bohrungen erbrachten die Bestätigung dafür.

Literatur

ACHENBACH, J. D.: Wave Progagation in Elastic Solids. North-Holland publ. comp., Amsterdam, London, New York, Elsevier 1973, 425 S.

AGARD, J.; GRAU, G.: Étude statistique de sismogrammes. Geoph. Prosp., The Hague **9** (1961) 4, S. 503–525.

AKI, K.: Scattering and attenuation of shear waves in the Lithosphere. J. Geoph. Res., Richmond **85** (1980), S. 6496–6504.

AL-CHALABI, M.: An analysis of stacking, rms, average and interval velocities over a horizontally layered ground. Geoph. Prosp., The Hague **22** (1974) 3, S. 458–475.

AL-CHALABI, M.: Velocity determination from seismic reflection data. In: Developments in Geophysical Methods. 1. Applied Science Publishers Ltd., London 1979, S. 1–68.

ALEKSANDROV, K. S.; RYŽOVA, T. V. et al.: Anisotropy of elastic properties of rocks. Izv. AN SSSR, Ser. geol., Moskva **6** (1968), S. 17–18. (Engl. Übersetzung: Int. Geology Rev., Washington **11** (1969), 539 S.)

ALLEN, S. J.: Seismic methods. Geophysics, Tulsa **45** (1980) 11, S. 1619–1633.

AL-SADI, H. N.: Seismic Exploration, Technique and Processing. Birkhäuser-Verl., Basel–Boston–Stuttgart 1980, 215 S.

ANSTEY, N. A.: The new seismic interpreter. International Human Resources Development Corporation, Boston, Massachusetts 1974, 1975, 1976; 637 S.

ARNETZL, H. H.: Three-dimensional reflection seismic coal field exploration, a highly modern tool for mine planning. Proc. First intern. mine plann. a. devel. Symp., Beidaihe, China, Miller Freeman Publ. Inc., San Francisco 1980.

ASTEN, M. W.; DRAKE, L. A.; EDWARDS, S.: In-seam seismic LOVE-wave scattering modelled by the finite element method. Geophys. Prosp., The Hague **32** (1984) 4, S. 649–661.

AULD, B. A.: Acoustic Fields and Waves in Solids, I. & II. John Wiley & Sons, New York 1973, 414 S.

BACKUS, M. M.; CHEN, R. L.: Flat spot exploration. Geoph. Prosp., The Hague **23** (1975) 3, S. 533–577.

BADING, R.: Anlage flächenhafter reflexionsseismischer Messungen als Grundlage für 3D-seismische Bearbeitung. Prakla-Seismos Report 1/76, Hannover (1976), S. 3–7.

BADING, R.: 3D-Seismik, Case History No. 1. Prakla-Seismos Report 3 + 4/79, Hannover (1979), S. 11–20.

BADING, R.; ECHTERHOFF, J.; KREY, TH.; MARSCHALL, R.: New possibilities for reflection seismics by undershooting bodies with complicated tectonics. Geoph. Prosp., The Hague **22** (1974) 1, S. 1–21.

BALCH, A. H.: Colour sonograms: A new dimension in seismic data interpretation. Geophysics, Tulsa **36** (1971) 6, S. 1074–1098.

BALCH, A. H.; LEE, M. W.; MILLER, J. J.; RYDER, R. T.: Seismic amplitude anomalies associated with thick First-Leo-sandstone lenses, eastern Powder River basin, Wyoming. Geophysics, Tulsa **46** (1981) 11, S. 1519–1527.

BARRY, K. M.: Delay Time and its Application to Refraction Profile Interpretation. In: Seismic Refraction Prospecting, ed. A. W. MUSGRAVE. The Soc. of Expl. Geoph., Tulsa 1967, S. 348–361.

BAUMGARTE, J.: Konstruktive Darstellung von seismischen Horizonten unter Berücksichtigung der Strahlenbrechung im Raum. Geoph. Prosp., The Hague 3 (1955) 2, S. 126–162.

BERANEK, B.; PRAUS, O.: Die bisherigen Ergebnisse der Untersuchung des tiefen Aufbaus der Erdkruste auf dem Gebiet der ČSSR. Unveröffentlichtes Manuskript des Instituts für angewandte Geoph. Brno und des geoph. Instituts der Akad. d. Wiss. Prag 1972, 18 S.

BERKHOUT, A. J.: Seismic Migration. Developments in Solid Earth Geophysics 12. Elsevier, Amsterdam 1980, 339 S.

BERKHOUT, A. J.; ZAANEN, P. R.: A comparison between Wiener filtering, Kalman filtering and deterministic least squares estimation. Geoph. Prosp., The Hague 24 (1976), S. 141–197.

BERRYHILL, J.: Diffraction response for non zero separation of source and receiver. Geophysics, Tulsa 42 (1977) 6, S. 1158–1176.

BERTEUSSEN, K. A.; URSIN, B.: Approximate computation of the acoustic impedance from seismic data. Geophysics, Tulsa 48 (1983) 10, S. 1351–1358.

BILGERI, D.; ADEMENO, E. B.: Predicting Abnormally Pressured Sedimentary Rocks. Geoph. Prosp., The Hague 30 (1982) 5, S. 608–621.

BODEMANN, W.: Stand der 3D-seismischen Landdatenbearbeitung. Prakla-Seismos Report 1+2/85, Hannover (1985), S. 3–15.

BODOKY, A.; BODOKY, T.: Preliminary results of numerical modelling of seam waves. Geoph. Transactions, Budapest 29 (1983) 2, S. 129–141.

BORODAČEV, N. M.: Dinamičeskaja kontaktnaja zadača dla stampa s ploskim krutovym osnovaniem, ležaščego na uprugom poluprostranstve. Mechanika i mašinostroenie, Moskau (1964) 2, S. 82–90.

BORODAČEV, N. M.: Vynuždennye kolebanija žestkich plit i massivov, ležaščich na uprugom poluprostranstve. Osnovanija, fundamenty i mechanika gruntov, Moskau (1966) 1, S. 8–10.

BORTFELD, R.: Multiple Reflexionen in Nordwestdeutschland. Geoph. Prosp., The Hague 4 (1956) 4, S. 394–423.

BREMER, H.; GERSTENBERGER, W.; TEICHERT, B.: Application of surface geophysical methods in brown-coal exploration. Proc. 28. Int. Geoph. Symp., Budapest 1983, S. 474–492.

BREWER, J. A.: Profiling continental basement: the key to understanding structures in the sedimentary cover. First Break, Oxford 1 (1983) 6, S. 25–31.

BRINCKMEIER, G.: Sonderfälle aus der Praxis des seismischen Verfahrens. Beiträge zur angewandten Geophysik, Berlin 4 (1934), S. 152–164.

BROWN, A. R.; DAHM, C. G.; GRAEBNER, R. J.: A stratigraphic case history using three-dimensional seismic data in the Gulf of Thailand. Geoph. Prosp., The Hague 29 (1981) 3, S. 327–349.

BUCHANAN, D. J.; DAVIS, R.; JACKSON, P. J. et al.: Fault location by channel wave seismology in United Kingdom coal seams. Geophysics, Tulsa (1981a) 46, S. 994–1003.

BUCHANAN, D. J.; DAVIS, R.; JACKSON, P. J. et al.: Fault detection in coal by channel wave seismology: some case histories. Bull. of the Austr. Soc. of Explor. Geophys. (1981b) 12, S. 13–19.

BUCHHEIM, W.: Die Spannungs-Dehnungs-Beziehungen nach NAKAMURA als Ausgangspunkt für ein allgemeines phänomenologisches Stoffgesetz für isotrope Körper. Archiwum Górnictwa, Warszawa 4 (1959) 4, S. 245–267.

CASSINIS, R.: Deep Geology of the Continental Crust. First Break, Oxford 1 (1983) 4, S. 9–19.

CAUGHLIN, W. G.; LUCIA, F. J.; MCIVER, N. L.: The detection and development of Silurian reefs in Northern Michigan. Geophysics, Tulsa **41** (1976) 4, S. 646–658.

CHAPMAN, W. L.; BROWN, G. L.; FAIR, D. W.: The VIBROSEIS system: A high-frequency tool. Geophysics, Tulsa **46** (1981) 12, S. 1657–1666.

CHUN, J. H.; JACEWITZ, C. A.: Fundamentals of frequency domain migration. Geophysics, Tulsa, **46** (1981) 5, S. 717–733.

CLAERBOUT, J. F.: Course grid calculations of waves in inhomogeneous media with application to delineation of complicated seismic structures. Geophysics, Tulsa **35** (1970a) 3, S. 407–418.

CLAERBOUT, J. F.: Numerical holography. Acoustical holography, Ed. A. F. METHERELL. Plenum Press, New York **3** (1970b), S. 273–284.

CLAERBOUT, J. F.: Toward a unified theory of reflector mapping. Geophysics, Tulsa **36** (1971) 3, S. 467–481.

CLAERBOUT, J. F.: Fundamentals of geophysical data processing: with application to petroleum prospecting. Mc Graw-Hill, New York 1976, 274 S.

CLAERBOUT, J. F.; DOHERTY, S. M.: Downward continuation of moveout-corrected seismogramms. Geophysics, Tulsa **37** (1972) 5, S. 741–768.

CLAERBOUT, J. F.; JOHNSON, A. G.: Extrapolation of time dependent wave forms along their path of propagation. Geoph. J. Roy. Astron. Soc., London **26** (1971), S. 285–295.

CRAFT, C.: Detecting hydrocarbons — for years the goal of exploration geophysics. The Oil and Gas Journal, Tulsa **71** (1973) 8, S. 122–125.

CUNNINGHAM, A. B.: Some alternate vibrator signals. Geophysics, Tulsa **44** (1979) 12, S. 1901–1921.

DAVIS, T. L.: Velocity variations around Leduc reefs, Alberta. Geophysics, Tulsa **37** (1972) 4, S. 584–604.

DELAPLANCHE, J.; LAFET, Y.; SINERIZ, B. G.; REMON GIL, M. A.: Seismic reflection applied to sedimentology and gas discovery in the Gulf of Cadiz. Geoph. Prosp., The Hague **30** (1982) 1, S. 1–24.

DILAY, A. J.: Direct Hydrocarbon Indicators lead to Canadian gas find. World Oil, Houston **195** (1982) 5, S. 149–164.

DIX, C. H.: Seismic prospecting for oil. Harper & Brothers publ., New York 1952, 414 S.

DIX, C. H.: Seismic velocities from surface measurements. Geophysics, Tulsa **20** (1955) 1, S. 68–86.

DOBRIN, M. B.: Introduction to geophysical prospecting. McGraw-Hill, New York 1976, 630 S.

DOBROKA, M.; ORMOS, T.: Absorption-dispersion relations for LOVE channel waves. Geoph. Transactions, Budapest **29** (1983) 2, S. 117–128.

DRESEN, L.; FREYSTÄTTER, S.: Rayleigh channel waves for the in-seam seismic detection of discontinuities. J. of Geophysics, Hamburg **42** (1976) 2, S. 111–129.

DUFFY, R. E., Jr.: Seismic coal seam modeling constrained by Depositional Environment. In: MCDONALD J. A., GARDNER G. H. F., HILTERMAN, F. J.: Seismic studies in physical modeling. Intern. Hum. Res. Develop. Corp., Boston 1983, S. 53–98.

DÜRSCHNER, H.: Dreidimensionale Seismik in der Exploration auf Kohlenwasserstoff-Lagerstätten. J. of. Geophysics, Hamburg **55** (1984) 1.

EDELMANN, H. A. K.: SHOVER shear-wave generation by vibration orthogonal to the polarisation. Geoph. Prosp., The Hague **29** (1981) 4, S. 541–549.

EDELMANN, H. A. K.; SCHMOLL, J.: Scherwellenseismik. Prakla-Seismos-Report, Hannover (1983), Nr. 3/4, S. 6–71.

EDELMANN, H. A. K.; WERNER, H.: The encoded sweep technique for Vibroseis. Geophysics, Tulsa **47** (1982) 5, S. 809–818.

ENGELHARDT, L.; NEUPERT, F.: Zur Auswertung von Mikroseismogrammen. Erdöl-Erdgas-Zeitschr., Hamburg/Wien **99** (1983) 9, S. 277–280.

EVISON, F. F.: A coal seam as a guide for seismic energy. Nature, London (1955) 176, S. 1224–1225.

EWING, M. A.; JARDETZKY, M. S.; PRESS, F.: Elastic waves in layered media. Mc Graw Hill, New York 1957, 380 S.

FARR, J. B.; PEACE, D. G.: Surface seismic profiling for coal exploration and mine planning. Firmenmitteilung, Western Geophysical Company, Houston (1979), 51 S.

FAUST, L. Y.: Seismic velocity as a function of depth and geologic time. Geophysics, Tulsa **16** (1951) 2, S. 192–206.

FEDOROV, F. I.: Teorija uprugich voln v kristallach. Izd. Nauka, Moskva 1965, 386 S.

FORKMANN, B.: Entwicklung eines vibrationsseismischen Meßsystems zur Erkundung der Lagerungsstruktur von Lockersedimenten. Unveröffentlichte Dissertation, Bergakademie Freiberg (1973), 160 S.

FORKMANN, B.; SEITZ, R.; SCHEIBE, R.-D.: On signal conception of vibration seismics. In: Proceedings, 25th Intern. Geophys. Symp., Székesfehérvár 16.–20. Sept. 1980, Magyar Geofizikusok Egyesülete, Budapest (1980), S. 162–172.

FREYSTÄTTER, S.; DRESEN, L.: Ausbreitung von RAYLEIGH-Kanalwellen in Steinkohleflözen – Modellseismische Untersuchungen. Journ. of. Geoph., Würzburg (1977) 43, S. 807–828.

GAL'PERIN, E. I.: Vertical Seismic Profiling. Moscow, Nedra, (1971). English Trans. Soc. of Expl. Geophys., Special Publication no. 12, Tulsa (1974).

GAMBURZEW, G. A.; RISNIČENKO, J. W.; BERSON, I. S. et al.: Korrelationsmethode gebrochener Wellen. Verl. d. Akad. d. Wissensch. d. UdSSR, Moskau (1952).

GARDNER, L. W.: An areal plan of mapping subsurface structure by refraction shooting. Geophysics, Tulsa **4** (1939) 3, S. 247–259.

GARDNER, L. W.: Seismograph Determination of Salt-Dome Boundary Using Well Detector Deep on Dome Flank. Geophysics, Tulsa **14** (1949) 1, S. 29–38.

GARDNER, G. H. F.; GARDNER, L. W.; GREGORY, A. R.: Formation velocity and density – the diagnostic basics for stratigraphic traps. Geophysics, Tulsa **39** (1974) 6, S. 770–780.

GARDNER, G. H. F.; HARRIS, M. H.: Velocity and attenuation of elastic waves in sand. Trans. 9th Annual Log. Symp. (1968), S. M1–M19.

GASSMANN, F.: Elastic waves through a packing of spheres. Geophysics, Tulsa **16** (1951) 4, S. 673–685.

GEBRANDE, H.: A Seismic-Ray Tracing Method for Two-Dimensional Inhomogeneous Media. In GIESE, P. et al.: Explosion Seismology in Central Europe. Springer-Verl. Berlin, Heidelberg, New York 1976, S. 162–167.

GERSTENBERGER, W.; MILITZER, H.; PETZOLD, H.: Zu einigen ausgewählten Problemen über die Anwendung der Geophysik in der Braunkohlenindustrie. Neue Bergbautechnik Leipzig **15** (1985) 1, S. 15–21.

GEUTEBRÜCK, E.; KLAMMER, W.; SCHIMUNEK, K.; STEIGER, E.; STRÖBL, E.; WINKLER, G.; ZYCH, D.: Oberflächengeophysikalische Verfahren im Rahmen der KW-Exploration der ÖMV. Erdöl-Erdgas-Zeitschrift, Hamburg–Wien, **100** (1984) 9, S. 296–304.

GIESE, P.: Versuch einer Gliederung der Erdkruste im nördlichen Alpenvorland, in den Ostalpen und in Teilen der Westalpen mit Hilfe charakteristischer Refraktions-Laufzeit-Kurven sowie eine geologische Deutung. Inst. Meteor. Geoph., Freie Univ. Berlin, Geoph. Abh., Band 1, Heft 2, Verlag Dietrich Reimer, Berlin 1968, 202 S.

GIESE, P.; PRODEHL, C.; STEIN, A.: Explosion Seismology in Central Europe. Springer-Verl. Berlin, Heidelberg, New York 1976, 429 S.

GLOCKE, A.: COMSEIS – Computergesteuertes seismisches Auswertesystem (Teil I: Hardware). Prakla-Seismos Report 3 + 4/83, Hannover (1983), S. 18–20.

GLOCKE, A.: COMSEIS – Computergesteuertes seismisches Auswertungssystem (Teil II: Software). Prakla-Seismos Report 1 + 2/84, Hannover (1984), S. 10–15.

GOCHT, W.: Wirtschaftsgeologie und Rohstoffpolitik. Springer Verlag Heidelberg—Tokyo 1983.

GOPINATH, B.; SOUDHI, M. M.: Inversion of the telegraph equation and the synthesis of non uniform lines. Proc. IEEE, **5** (1971) 3.

GOUPILLAUD, P. L.: An Approach to inverse Filtering of Near-Surface layer Effects from Seismic Records. Geophysics, Tulsa **26** (1961) 6, S. 754—760.

GOUPILLAUD, P. L.: Signal design in the „Vibroseis" technique. Geophysics, Tulsa **41** (1976) 6, S. 1291—1304.

GREENHALGH, S. A.; KING, D. W.: Curved raypath interpretation of seismic refraction data. Geoph. Prosp., The Hague **29** (1981) 6, S. 853—882.

GREGORY, A. R.: Fluid saturation effects on dynamic elastic properties of sedimentary rocks. Geophysics, Tulsa **41** (1976) 5, S. 895—921.

GURVIČ, I. I.: K teorii sferičeskogo izlučatelja sejsmičeskich voln. Fizika zemli, Moskau (1965) 10, S. 45—56.

GURVIČ, I. I.: Seismische Erkundung (russ.). Ferdinand Enke Verlag, Stuttgart 1970.

GURVIČ, I. I.; DUKAČ, D. S.: O statističeskom effekte gruppirovanija v sejsmorazvedka. Priklad. Geofiz., Moskau (1958) 22, S. 53—63.

GUTENBERG, B.: The Amplitudes of Waves to be expected in Seismic. Geophysics, Tulsa **1** (1936) 2, S. 252.

GUTERCH, A.; MATERSZOK, C.; TOPORKEWITZSCH, J. et al.: Ergebnisse bei der Erforschung des Aufbaus der Erdkruste entlang des VIII. internationalen Profils GSE auf dem Territorium Polens. In: SOLLOGUB et al., 1978, S. 84—89.

HAGEDOORN, J. G.: A process of seismic reflection interpretation. Geoph. Prosp., The Hague **2** (1954) 2, S. 85—127.

HAGEDOORN, J. G.: The Plus-Minus Method of Interpreting Seismic Refraction Sections. Geoph. Prosp., The Hague **7** (1959) 8, S. 158—182.

HARDAGE, B. A.: An examination of tube wave noise in vertical seismic profiling data. Geophysics, Tulsa **46** (1981) 6, S. 892—903.

HARDAGE, B. A.: Vertical seismic profiling. Part A: Principles. Handbook of Geophysical Exploration, Section I. Seismic Exploration, Vol. 14A, Ed.: K. HELBIG und S. TREITEL, Geophysical Press, London—Amsterdam 1983, 450 S.

HARDTWIG, E.: Über die Eintauchtiefe von RAYLEIGH-Wellen. Zeitschr. f. Geophysik, Würzburg 18 (1943), S. 150—163.

HASKELL, N. A.: The relation between depth, lithology and seismic wave velocity in Tertiary sandstones and shales. Geophysics, Tulsa **6** (1941) 3, S. 318—326.

HASKELL, N. A.; WIDESS, M. B.: The computation and mapping of seismic reflection data. Geophysics, Tulsa **5** (1950) 2, S. 156—168.

HATTON, L.; LARNER, K.; GIBSON, B.: Migration of seismic data from inhomogeneous media. Vortrag beim „Migration and Modelling Symposium", Geoph. Soc., Denver 1979.

HAUGE, P. S.: Measurements of attenuation from vertical seismic profiles. Geophysics, Tulsa **46** (1981) 11, S. 1548—1558.

HEELAN, P. A.: On the Theory of Head Waves. Geophysics, Tulsa 18 (1953) 4, S. 871—893.

HELBIG, K.: Elastische Wellen in anisotropen Medien. Gerlands Beiträge zur Geophysik, Leipzig **67** (1958), S. 177—211.

HILTERMAN, F. J.: Three-dimensional seismic modelling. Geophysics, Tulsa **35** (1970), S. 1020—1037.

HILTERMAN, F. J.: Amplitudes of seismic waves — a quick look. Geophysics, Tulsa **40** (1975) 5, S. 745—762.

HOLZMAN, M.: Chebychev optimized geophone arrays. Geophysics, Tulsa **28** (1963) 2, S. 145—155.

HOOD, P.: Migration. Developments in Geophysical Exploration Methods, London (1981) 2, S. 151—230.

HOOVER, G. M.; O'BRIEN, J. T.: The influence of the planted geophone on seismic land data. Geophysics, Tulsa **45** (1980) 8, S. 1239–1253.

HOUBA, W.: 3D-Processing, Prakla-Seismos Report 2/79, Hannover (1979), S. 9–20.

HRISKEVICH, M. E.: Middle Devonian reef production. Am. Ass. Petr. Geol. Bull., Tulsa **54** (1970) 12, S. 2260–2281.

HUBRAL, P.: Time migration – some ray theoretical aspects. Geoph. Prosp., The Hague **25** (1977) 4, S. 738–745.

HUN, F.: Correlation between seismic reflection amplitude and well productivity – a case study. Geoph. Prosp., The Hague **26** (1978) 1, S. 157–162.

JAKOSKY, J. J.: Exploration Geophysics. Trija Publishing Company, Los Angeles 1950, 1195 S.

JIN, D. J., ROGERS, J. R.: Homomorphe deconvolution. Geophysics, Tulsa 48 (1983) 7, S. 1014–1116.

JOHN, H.: Die seismischen Geschwindigkeitsfelder des Nordwestdeutschen Beckens. Erdöl-Erdgas-Zeitschrift, Hamburg/Wien **99** (1983) 3, S. 75–81.

KAUFMANN, H.: Velocity functions in seismic prospecting. Geophysics, Tulsa 18 (1953) 2, S. 289–297.

KELLY, K. R.; WARD, R. W.; TREITEL, S.; ALFORD, R. H.: Synthetic seismograms: A finite difference approach. Geophysics, Tulsa **41** (1976) 1, S. 2–27.

KENNETT, P.: Vertical seismic profiles: Their applications in exploration geophysics. Geoph. Prosp., The Hague **28** (1980) 5, S. 676–699.

KEPPNER, G.: Von Handbohrlanzen, Druckluftlanzen und Rammhämmern. Prakla-Seismos Report 2/3(82), Hannover (1982), S. 3–10.

KHATTRI, K.; MITHAL, R.; GAUR, V.: Pattern space of seismic anomalies associated with hydrocarbon deposits. Geoph. Prosp., The Hague **27** (1979) 2, S. 339–359.

KLAUDER, J. R. et al.: The theory and design of chirp radars. The Bell. Syst. Techn. J., New York **39** (1960) 4, S. 645–808.

KLEMPERER, S. L.; OLIVER, J. E.: The adventage of the length in deep crustal reflection profiles. First Break, Oxford, 1 (1983) 4, S. 20–27.

KLINGE, U. J.; ARNETZL, H. H.; KREY, TH. et al.: Trends in the detection of coal seam discontinuities by in-seam seismic techniques. In Third Internat. Coal Explor. Symp. Calgary (ed. G. O. ARGALL); Miller, Freeman, San Francisco (1981) S. 172–194.

KLINGE, U. J.; KREY, TH.; ORDOWSKI, N. et al.: Digital in-seam reflection surveys and their interpretation by classical data processes only. Seismic-Exploration for Coal. Prakla-Seismos Digest Vol. 6, Hannover (1982), S. 27.

KOEFOED, O.: Reflection and transmission coefficients for plane longitudinal incident waves. Geoph. Prosp., The Hague **10** (1962), S. 304–351.

KÖHLER, K.: Die 3D-ASP-Analyse. Prakla-Seismos Report 4/74, Hannover (1974), S. 4–7.

KOLLMANN, K.; MALZER, O.: Die Molassezone Oberösterreichs und Salzburgs. In: Erdöl und Erdgas in Österreich, Ed.: F. BACHMAYER, Naturhist. Mus. Wien 1980, S. 179 bis 201.

KOLSKY, H.: Stress waves in solids. Oxford Clarendon Press 1953, 211 S.

KÖRNER, H. J.: Das RAP-System. Prakla-Seismos Report 2/73, Hannover (1973), S. 4–7.

KÖRNER, H. J.: Farbdarstellungen. Prakla-Seismos Report 4/75, Hannover (1975), S. 10 bis 12.

KRAMER, F. S.; PETERSON, R. A.; WALTER, W. C.: Seismic energy sources 1968 handbook. Bendix United Geophysical Corp., Pasadena 1968, 57 S.

KREY, T.: An approximate correction method for refraction in reflection seismic prospecting. Geophysics, Tulsa **16** (1951) 3, S. 468–485.

KREY, T.: The significance of diffractions in the investigation of faults. Geophysics, Tulsa **17** (1952) 4, S. 843–858.

KREY, T.: Extension to three-dimensional problems concerning an approximate correction method for refraction and reflection seismic prospecting. Geoph. Prosp., The Hague 2 (1954) 1, S. 61–72.

KREY, T.: Channel waves as a tool of applied geophysics in coal mining. Geophysics, Tulsa 28 (1963) 5, S. 701–714.

KREY, T.: Betrachtungen zum Stand der „Angewandten Seismik". Erdoel-Erdgas-Zeitschrift, Hamburg/Wien 3 (1971), S. 80–90.

KREY, T.: Modern Aspects in Exploration Seismics. Prakla-Seismos Report 3/74, Hannover (1974), S. 3–23.

KREY, T.: Präpermexploration in NW-Deutschland. Prakla-Seismos Report, Hannover (1975) 3, S. 3–11.

KRÖLL, A.: Das Wiener Becken. In: Erdöl und Erdgas in Österreich. Ed.: F. BACHMEYER, Naturhist. Mus. Wien 1980, S. 147–179.

KUNZ, B.: Diffraction problems in fault interpretation. Geoph. Prosp., The Hague 8 (1960) 3, S. 381–388.

KUNZ, B.: The hyperbolic increase of depth with time. Geoph. Prosp., The Hague 10 (1962) 1, S. 93–102.

LANDAU, L. D.; LIFSCHITZ, E. M.: Theory of Elasticity. Pergamon Press, London–New York–Paris–Los Angeles 1959, 134 S.

LAPWOOD, E. R.; USAMI, T.: Free oscillations of the Earth. Cambridge Univ. Press, Cambridge 1981, 243 S.

LASH, C. C.: Shear waves, multiple reflections and converted waves found by a deep vertical wave test (vertical seismic profiling). Geophysics, Tulsa 45 (1980) 9, S. 1373–1411.

LAVERGNE, M.; WILLM, C.: Inversion of seismograms and pseudo velocity logs. Geoph. Prosp., The Hague 25 (1977) 2, S. 231–250.

LEPPER, M. C.; RUSKEY, F.: High-resolution seismic reflection techniques for mapping coal seams from the surface. U. S. Department of the Interior, B. o. M. C. M. H. & S. Progr., Techn. Progr. Rep. 101, Oct. 1976.

LEVINSON, N.: The WIENER RMS (root mean square) error criterion in filter design and prediction. J. Math. Phys., New York 25 (1947), S. 261–278.

LEVORSEN, A. I.: Geology of Petroleum. W. H. Freeman and Company, San Francisco 1954, 703 S.

LINDSETH, R. O.: Approximation of acoustic Logs from seismic traces. J. Canadian Well Logging Society, 5 (1972), S. 13–26.

LINDSETH, R. O.: Synthetic sonic logs – a process for stratigraphic interpretation. Geophysics, Tulsa 44 (1979) 1, S. 3–26.

LINES, L. R.; ULRYCH, T. J.: The old and new in seismic deconvolution and wavelet estimation. Geoph. Prosp., The Hague 25 (1977), S. 512–540.

LUGG, R.: Marine seismic sources. In: Developments in Geophysical Exploration Methods – 1, Applied Science Publishers Ltd., London 1979, S. 143–203.

MAILLET, R.; BAZERQUE, J.: La prospection sismique du sous-sol. Annales des Mines 20 (1931), S. 287–341.

MARFURT, J. J.: Elastic wave equation migration-inversion. PhD Thesis, Columbia University 1978.

MARSCHALL, R.: Marine Unterschießungen. Prakla-Seismos Report 2/74, Hannover (1974), S. 3–5.

MARSCHALL, R.: Simplified wavelet processing. Vortrag, gehalten beim 44. EAEG-Kongreß, Cannes, Frankreich, Juni 1982.

MARSCHALL, R.: Verbesserung der seismischen Erkundungsmethoden für die Seismogrammbearbeitung durch Einbeziehung des seismischen Signals. BMFT, Forschungsbericht T 83-230; Fachinformationszentrum Energie-Physik-Mathematik GmbH, Karlsruhe 1983, 361 S.

MARSCHALL, R.: Ein- und zweidimensionale Rekursivfilter und ihre Anwendung in der Seismik, Habilitationsschrift, Ruhruniversität, Bochum 1984.

MASON, I. M.; BUCHANAN, D. J.; BOOER, A. K.: Channel wave mapping of coal seams in the United Kingdom. Geophysics, Tulsa **45** (1980a) 7, S. 1131—1143.

MASON, I. M.; BUCHANAN, D. J.; BOOER, A. K.: Fault location by underground seismic survey. Proc. of the Inst. of Electr. Engin. (1980b) 127F, S. 322—336.

MATEKER, E. J.; WU, CH.: True amplitude data can indicate lithology. World Oil, Houston **172** (1971) 5, S. 73—75.

MAVKO, G.; KJARTANSSON, E.; WINKLER, K.: Seismic wave attenuation in rocks. Rev. Geoph. Space Phys., Washington **17** (1979), S. 1155—1164.

MAYNE, W. H.: Common reflection point horizontal data stacking techniques. Geophysics, Tulsa **27** (1962) 6, S. 927—938.

MEINHOLD, R.: Von den Anfängen der angewandten Seismik in Deutschland. In: Geschichte der Seismologie, Seismik und Erdgezeitenforschung. Veröffentl. d. Zentralinst. Phys. d. Erde Potsdam, **64** (1981), S. 117—127.

MEISSNER, R.: Wave-front diagrams from uphole shooting. Geoph. Prosp., The Hague **9** (1961) 4, S. 533—543.

MEISSNER, R.; LEUSCHEN, E.: Seismic near-vertical reflection studies of the Earth's Crust in the FGR. First Break, Oxford **1** (1983) 2, S. 19—24.

MEIXNER, E.: Der neue VAX-Computer. Prakla-Seismos Report 4/81, Hannover (1981), S. 9—13.

MENDEL, J. M.; KORMYLO, J.: Singel-channel white noise estimators for deconvolution. Geophysics, Tulsa **43** (1978) 1, S. 102—124.

MILITZER, H.: Einige Ergebnisse des UMP als Beitrag zur Lösung tektonophysikalischer Probleme. — Ergebnisse und Probleme der Geo- und Kosmoswissenschaften. Sitzungsber. d. AdW d. DDR — Mathem.-Naturwissensch.-Techn., Akad. Verl. Berlin **1N** (1975), S. 93—116.

MILITZER, H.; PORSTENDORFER, G.: Stand und Entwicklungstendenzen geophysikalischer Untersuchungen für die Tiefenerkundung. Zeitschr. f. angew. Geol., Berlin **14** (1968) 12, S. 617—630.

MILITZER, H.; SCHÖN, J.; STÖTZNER, U.: Angewandte Geophysik im Ingenieur- und Bergbau. VEB Deutscher Verl. f. Grundstoffindustrie, 2. Auflage, Leipzig 1986, 419 S.

MILITZER, H.; STOLL, R.: Vibrationsseismische Messungen in situ zur Bestimmung eines frequenzabhängigen Absorptionskoeffizienten. Bergakademie, Leipzig **20** (1968) 9, S. 518—521.

MILITZER, H.; STOLL, R.: Vibratorseismische Messungen zur Bestimmung struktureller und substantieller Eigenschaften von Festgestein in natürlicher Lagerung. Bergakademie, Leipzig **22** (1970) 11, S. 643—650.

MILLAHN, K. O.: Flözwellen-Seismik. Prakla-Seismos Report, Nr. 2 u. 3, 1980, S. 54—65.

MILLAHN, K. O.; MARSCHALL, R.: Two-components in-seam seismics. Paper pres. at 50th Ann. Meeting of Soc. of Explor. Geophys., Houston (1980) Nov.

MILLER, H.; GEBRANDE, H.: Crustal structure in Southeastern Bavaria Derived from Seismic Refraction Measurements by Ray-Tracing Methods. In GIESE, P. et al.: Explosion Seismology in Central Europe. Springer-Verl. Berlin, Heidelberg, New York (1976), S. 339—346.

MINTROP, L.: Über Anwendungen des seismischen Verfahrens im Erdölbergbau und ihre wirtschaftlichen und wissenschaftlichen Auswirkungen. Öl und Kohle, Essen (1943) 10, S. 269—287.

MITUCH, E.; POSGAY, K.: In: „Die Struktur der Erdkruste Mittel- und Südosteuropas nach Angaben der Tiefenseismik". Geodät. und Geophys. Veröffentl., Hrsg. v. NKGG d. DDR bei der AdW der DDR, Reihe III, Heft 27 (1972), S. 43—57.

MOHOROVIČIĆ, A.: Das Beben vom 8. Oktober 1909. Jhrb. Meteorol. Obs. Agram (1909), Zagreb 1910.

MUELLER, ST.; BANDA, E.: The European Geotraverse. First Break, Oxford 1 (1983) 8, S. 25–28.

MUSGRAVE, A. W.: Wave front charts and raypath plotters. Quarterly of the Colorado School of Mines, **47** (1952) 4, 60 S.

MUSGRAVE, A. W.: Wave-front charts and three-dimensional migrations. Geophysics, Tulsa **26** (1961) 6, S. 738–753.

MUSGRAVE, A. W. (Ed.): Seismic Refraction Prospecting. The Soc. of Expl. Geoph., Tulsa 1967, 604 S.

NAKAMURA, S. T.: On visco-elastic medium. Sc. Rep. Tohoku Univ., 5. Ser., **1** (1949), S. 91–95; **2** (1950), S. 66–77, 146–148; **3** (1951), S. 48–52.

NATIONS, J. F.: Lithology and porosity from acoustic shear and compressional wave transit-time relationships. SPWLA 15th Ann. Logging Symp. (1974), S. Q1–Q16.

NETTLETON, L. L.: Geophysical Prospecting for Oil. Mc Graw-Hill, New York 1940, 444 S.

NEWMAN, P.; MAHONEY, J. T.: Pattern – with a pinch of salt. Geoph. Prosp., The Hague **21** (1973) 2, S. 197–219.

NIKOLAJEW, A. W.: Seismische Bodeneigenschaften. Verlag Wissenschaft, Moskau 1965.

O'BRIEN, P. N. S.: The Use of Amplitudes in Refraction Shooting, a Case History. Geoph. Prosp., The Hague **8** (1960) 3 S. 417–428.

O'BRIEN, P. N. S.: The Use of Amplitudes in Seismic Refraction Survey. In: Seismic Refraction Prospecting, ed A. W. MUSGRAVE. The Soc. of Expl. Geoph., Tulsa 1967 S. 85–118.

O'CONNELL, R. J.; BUDIANSKY, B.: Seismic velocities in dry and saturated cracked solids. J. Geoph. Res., Washington **79** (1974) 35, S. 5412–5426.

OLBERG, M.; RÁKÓCZI, R.: Informationstheorie in Meteorologie und Geophysik. Akademie-Verlag Berlin 1984, 181 S.

OLDENBURG, D. E.; SCHEUER, T.; LEVY, S.: Recovery of the acoustic impedance from reflection seismograms. Geophysics, Tulsa **48** (1983) 10, S. 1318–1337.

OTIS, R. M.; SMITH, R. B.: Homomorphic deconvolution by log spectral averaging. Geophysics, Tulsa **42** (1977) 6, S. 1146–1157.

PALMER, D.: The Generalized Reciprocal Method of Seismic Refraction Interpretation. Soc. of Expl. Geophys., Tulsa 1980, 104 S.

PAPKE, K. H.: Die MOHOROVIČIĆ-Diskontinuität. Geologie, Akademie-Verlag Berlin, Beiheft 57, 16 (1967), 127 S.

PAVLENKOVA, N. I.; SMELJANSKAJA, T. V.: Metody opredelenija skorostej po godografem prelomlennych voln. Geofiz. Sborn., Kiev (1969) 29, S. 38–46.

PEACOCK, K. L.; TREITEL, S.: Predictive deconvolution: theory and practice. Geophysics, Tulsa **34** (1969) 2, S. 155–169.

PETERSON, R. A.; FILLIPONE, W. R.; COKER, F. B.: The Synthesis of seismograms from well log data. Geophysics, Tulsa **20** (1955) 3, S. 516–538.

PICKETT, G. R.: Acoustic character logs and their application in formation evaluation. J. Petr. Tech. Richardson 1963.

POLŠKOV, M. K.; POMERANZEVA, I. V.; MOIZZENKO, A. N. et al.: Die deutsch-sowjetische Zusammenarbeit bei der Erforschung des Tiefenbaus der Erdkruste im Nordteil der DDR. Zeitschr. f. geol. Wissensch., Berlin **4** (1976) 1, S. 113–123.

POMERANZEVA, I. V.: Interpretationsmethodik für durchgehende Wechselwellen, die mit „Semlja"-Stationen registriert werden. Prikl. geofiz., Moskva, **53** (1968), S. 37–61.

POMERANZEVA, I. V.; MOIZZENKO, A. N.; JUNGE, CH. et al.: Die Methode „Zemlja" – ein neues Verfahren zur regionalen Untersuchung des Krustenbaus. Geologie, Berlin **19** (1970) 2, S. 125–136.

POMERANZEVA, I. V.; MOIZZENKO, A. N.: Methodik und einige Untersuchungsergebnisse des Baus der Erdkruste und des oberen Mantels mit Hilfe der Apparatur „Semlja". Wissensch. techn. Inform., Sonderh. Berlin 5 (1972), S. 3–23.

PUSYREV, N. N.: Izmerenie sejsmičeskich skorostej v skvažinach. Gostoptechizdat, Moskau 1957, 79 S.

REINHARDT, H.-G.: Steinbruchsprengungen zur Erforschung des tieferen Untergrundes (Grundlagen, bisherige Ergebnisse und Ausführungsmöglichkeiten in der DDR). Freiberger Forschungshefte. C 15, Berlin 1954, 91 S.

REINHARDT, H. -G.: Bohrlochseismische Geschwindigkeiten im Nordteil der DDR. Geoph. und Geol., Folge 12, Leipzig (1968), S. 67—82.

RICKER, N. H.: Transient waves in visco-elastic media. Elsevier Scientific Publ. Comp., Amsterdam, Oxford, New York 1977.

RIES, H. W.: Fixpunktbestimmung über Doppler-Satelliten, wichtiges Hilfsmittel der Geophysik. Prakla-Seismos Report 3/84, Hannover (1984), S. 3—10.

RILEY, D. C.; CLAERBOUT, J. F.: 2-D multiple reflections. Geophysics, Tulsa **41** (1976) 4, S. 592—620.

RIST, H.: ASP — Allgemeines Seismisches Programm. Prakla-Seismos Report 2/73, Hannover (1973), S. 7—12.

RIST, H.; SCHNEIDER, J.: Tiefenmigration im (f, x)-Bereich unter Verwendung vormigrierter Geschwindigkeitsprofile. Prakla-Seismos Report 4/84, Hannover (1984) S. 9—18.

RISTOW, D.: Methoden der seismischen Datenverarbeitung. Prakla-Seismos Report 1/78, Hannover (1978a), S. 10—12.

RISTOW, D.: Modelling. Prakla-Seismos Digest, Hannover **4** (1978b), S. 45—52.

RISTOW, D.; RIST, H.; HOUBA, W.: Tiefenmigration. Festschrift Theodor KREY, Prakla-Seismos, Hannover (1980), S. 142—153.

ROBINSON, E. A.: Multichannel Time Series Analysis with Digital Computer Programs. Holden Day, San Francisco 1967a, 298 S.

ROBINSON, E. A.: Statistical communication and detection — digital data processing of radar and seismic signals. Griffin London 1967b, 362 S.

ROBINSON, E. A.: Predictive Decomposition of Time Series with Application to Seismic Exploration. Geophysics, Tulsa **32** (1967c) 3, S. 418—484.

ROCKWELL, I. G.: Migration stack aids interpretation. Oil and Gas J., Tulsa **69** (1971), S. 16.

ROKSANDIĆ, M. M.: Seismic Facies Analysis Concepts. Geoph. Prosp., The Hague **26** (1978) 2, S. 383—398.

ROST, L.: Probleme, Möglichkeiten und Ergebnisse der Bestimmung elastischer und inelastischer Gesteinseigenschaften mit dem Resonanzverfahren. Dissertation B, Bergakademie Freiberg 1980, 129 S.

ROST, L.: Elastische und inelastische Festgesteinsparameter und ihre Bestimmung mit dem Resonanzverfahren. Freiberger Forschungshefte C 373, Leipzig (1982), 113 S.

ROST, L.; HEINICKE, J.: Vergleichende Messungen elastischer Konstanten an Salinargesteinen nach dem Resonanzverfahren und dem Impulslaufzeitverfahren. Freiberger Forschungshefte C 408, Leipzig (1985), im Druck.

RUBINOWICZ, A.: Die Beugungswelle in der Kirchhoffschen Theorie der Beugung. Springer Verlag, Berlin—Heidelberg—New York, PWN-Polnischer Verlag der Wissenschaften, Warschau 1966, 411 S.

RÜTER, H.; SCHEPERS, R.: Investigation of the seismic response of cyclically layered carboniferous rock by means of synthetic seismograms. Geoph. Prosp., The Hague **26** (1978) 1, S. 29—47.

RÜTER, H.; SCHEPERS, R.: In-seam seismic methods for the detection of discontinuities applied to West German coal deposits. In Coal Exploration vol. 2 (ed. G. O. ARGALL); Proc. of the Internat. Coal Explor. Symp., Denver; Miller, Freeman, San Francisco (1979).

ŠAGINJAN, A. L.: Untersuchungen zur dynamischen Charakteristik vibrationsseismischer Signalquellen. Zeitschr. f. angew. Geol., Berlin **28** (1982) 4, S. 193—196.

SANGREE, J. B.; WIDMIER, J. M.: Interpretation of depositional facies from seismic data. Geophysics, Tulsa **44** (1979) 2, S. 131–160.

SATTLEGGER, J.: Series for three-dimensional migration in reflection seismic interpretation. Geoph. Prosp. The Hague **12** (1964) 1, S. 115–134.

SATTLEGGER, J.: Migration mit Hilfe der Strahlengleichung. Festschrift Theodor KREY, Prakla-Seismos, Hannover (1980), S. 169–176.

SAVARENSKI, E. F.; KIRNOS, D. P.: Elemente der Seismologie und Seismometrie. Akademie-Verlag Berlin 1960, 512 S.

SCHEPERS, R.: A seismic reflecting method for solving engineering problems. J. Geoph., Berlin–Heidelberg–New York **41** (1974) S. 367–384.

SCHEPERS, R.: High resolution near surface reflection measurements using a vertical array technique. J. Geoph., Berlin–Heidelberg–New York **43** (1977) S. 791–806.

SCHIKOWSKI, P.: Beiträge zur Modellierung und Abbildung reflexionsseismischer Wellenfelder. Dissertation, Karl-Marx-Universität, Leipzig 1983, 81 S.

SCHOENBERGER, M.: Resolution comparison of minimum-phase and zero-phase signals. Geophysics, Tulsa **39** (1974) 6, S. 826–833.

SCHÖN, J.: Petrophysik: physikalische Eigenschaften von Gesteinen und Mineralen. Akademie-Verlag Berlin 1983, 405 S.

SCHMÖLLER, R.: Comments on „The hidden layer Problem in seismic refraction work". Geoph. Prosp., The Hague **25** (1977) 4, S. 791–792.

SCHMÖLLER, R.: Der Grundwasserleiter im Murboden des Fohnsdorfer Beckens als refraktionsseismisch überschossene Schicht. Mitteilungen der Abteilung für Geologie. Paläontologie und Bergbau am Landesmuseum Joanneum (1978) 39, S. 97 bis 108.

SCHMÖLLER, R.: Some aspects of handling velocity inversion and hidden layer problems in seismic refraction work. Geoph. Prosp. The Hague **30** (1982) 6, S. 735–751.

SCHNEIDER, J.: Interaktive Modellberechnungen nach asymptotischen Strahlenverfahren. Prakla-Seismos Report 3/81, Hannover (1981), S. 5–12.

SCHNEIDER, W. A.: Integral formulation for migration in two and three dimensions. Geophysics, Tulsa **43** (1978) 1, S. 49–76.

SCHREIBER, E.; ANDERSON, O. L.; SOGA, N.: Elastic Constants and their Measurement. Mc Graw Hill, New York 1973, 196 S.

SCHULZE-GATTERMANN, R.: Der seismische Impuls des Luftpulsers. Geol. Jahrb., Hannover **88** (1970), S. 47–58.

SHARPE, J. A.: The propagation of elastic waves by explosive pressures. Geophysics. Tulsa **7** (1942), S. 144–154, 311–321.

SHERIFF, R. E.: Nomogram for Fresnel-zone calculation. Geophysics, Tulsa **45** (1980) 5, S. 968–972.

SHIBUJA, K.: Complex propagation function; constants and the mutual relations of some existing models. J. Phys. Earth, Tokyo **25** (1977), S. 321–344.

SJØGREN, B.; ØESTHUS, A.; SANDBERG, A.: Seismic classification of rock mass qualities. Geoph. Prosp., The Hague **27** (1979) 2, S. 409–442.

SLOTNICK, M. M.: On seismic computations with applications. Part I. Geophysics, Tulsa **1** (1936) 1, S. 9–22. Part II. Geophysics, Tulsa **1** (1936) 3, S. 299–305.

SLOTNICK, M. M.: Lessons in seismic computing. Ed. by R. A. GEYER, The Society of Exploration Geophysicists, Tulsa 1959, 268 S.

SOLLOGUB, V. B.: Seismic crustal studies in Southeastern Europe. In: The Earth Crust and Upper Mantle. Geophys. Monogr. **13**, Washington (1969).

SOLLOGUB, V. B.; CHEKUNOV, A. V.: Raonnirovanje zentralnoj i wostotschnoj evropij po toltschine semnoj korij i vosrasti jeje osnovania. In SOLLOGUB, V. B.; GUTERCH, A.; PROSEN, D. et al. (Hrsg.): Die Struktur der Erdkruste und des oberen Mantels von Mittel- und Osteuropa (in russisch). Verl. Naukova Dumka, Kiev (1980).

Sollogub, V. B.; Chekunov, A. V.: The Lithosphere of the Ukraine. First Break, Oxford 1 (1983) 6, S. 9–17.

Sollogub, V. B.; Guterch, A.; Prosen, D. et al. (Hrsg.): Die Struktur der Erdkruste und des oberen Mante lsvon Mittel- und Südosteuropa (in russisch). Verl. Naukova Dumka, Kiev (1978), 271 S.

Sollogub, V. B.; Guterch, A.; Militzer, H. et al.: Der Aufbau von Kruste und oberem Mantel längs der internationalen Geotraverse IV (Taganrog-Rava Ruska-Częstochova-Wrocław-NW der DDR). Neue Bergbautechnik, Leipzig 9 (1979), 3, S. 126–132.

Sollogub, V. B.; Guterch, A.; Prosen, D. et al. (Hrsg.): Die Struktur der Erdkruste und des oberen Mantels von Mittel- und Osteuropa (in russisch). Verl. Naukova Dumka Kiev (1980), 206 S.

Sollogub, V. B.; Prosen, C.; Militzer, H. (Hrsg.): Die Struktur der Erdkruste Mittel- und Südosteuropas nach Angaben der Tiefenseismik. Geodät. und Geophys. Veröffentl. – Hrsg. v. NKGG d. DDR, Reihe III, Heft 27 (1972), 186 S. – dsgl. in russisch. Verl. Naukova Dumka, Kiev (1971), 286 S.

Sommerfeld, A.: Vorlesungen über theoretische Physik. Bd. II: Mechanik der deformierbaren Medien. Akad. Verlagssgesell. Geest u. Portig, Leipzig 1950, 371 S.

Smythe, D. K.; Dobinson, A.; Mc Quillin et al.: Deep structure of the Scottish Caledonides revealed by the MOIST profile. Nature, London (1982) 299, S. 338–340.

Spencer, T. W.; Sonnad, J. R.; Butler, T. M.: Seismic Q-Stratigraphy or dissipation. Geophysics, Tulsa 47 (1982) 1, S. 16–24.

Staš, B.: Applikation der seismischen Forschungen in der Kohlenprospektion des Reviers Ostrava-Karvina. Internat. Wissensch. Symp. auf dem Gebiet des Markscheidewesens, der Grubengeologie und der Lagerstättengeometrie, Prag 1969.

Staš, B.: ČSSR-Patentschrift Nr. 150649, 1974.

Stolz, R. H.: Migration by Fourier transform. Geophysics, Tulsa 43 (1978) 1, S. 23–48.

Stopp, F.: Operatorrechnung. Mathem. f. Ingenieure, Naturwiss. u. Ökonomen, Leipzig 1978.

Taner, M. T.; Cook, E. E.; Neidell, N. S.: Limitations of the reflection seismic method; lessons from computer simulations. Geophysics, Tulsa 35 (1970) 4, S. 551–573.

Taner, M. T.; Koehler, F.: Velocity spectra – digital computer derivation and applications of velocity functions. Geophysics, Tulsa 34 (1969) 6, S. 859–881.

Taner, M. T.; Koehler, F.; Sheriff, R. E.: Complex seismic trace analysis. Geophysics, Tulsa 44 (1979) 6, S. 1041–1063.

Tatham, R. H.: V_p/V_s and lithology. Geophysics, Tulsa 47 (1982) 3, S. 336–344.

Tarchov, A. G.; Bondarenko, B. M. et al.: Bergbaugeophysik. Verl. Nedra, Moskau 1973, 311 S.

Telford, W. M.; Geldart, L. P.; Sheriff, R. E.; Keys, D. A.: Applied Geophysics. Cambridge Univ. Press, Cambridge 1976, 352 S.

Thornburgh, H. R.: Wavefront diagrams in seismic interpretation. Bull. Am. Ass. Petr. Geol., Tulsa 14 (1930) 2, S. 185–200.

Timošin, J. V.: Grundlagen der Diffraktions-Transformation seismischer Aufzeichnungen (russ.). Verl. Nedra, Moskau 1972, 234 S.

Toksöz, M. N.; Cheng, C. H.; Timur, A.: Velocities of seismic waves in porous rocks. Geophysics, Tulsa 41 (1976) 4, S. 621–645.

Toksöz, M. N.; Stewart, R. R.: Vertical seismic profiling. Part B: Advanced concepts. Handbook of Geophysical Exploration, Section I. Seismic Exploration, Vol. 14B. Ed.: K. Helbig und S. Treitel, Geophysical Press, London–Amsterdam (1983) 419 S.

Trorey, A. W.: A simple theory for seismic diffractions. Geophysics, Tulsa 35 (1970) 5, S. 762–784.

Trorey, A. W.: Diffractions for arbitrary source-receiver locations. Geophysics, Tulsa 42 (1977) 6, S. 1177–1182.

TUCKER, P. M.; YORSTON, H. J.: Pitfalls in seismic interpretation. Soc. of Expl. Geoph., Monograph Series 2, Tulsa 1973, 50 S.

TUFEKČIĆ, D.: A prediction of sedimentary environment from marine seismic data. Geoph. Prosp., The Hague **26** (1978) 2, S. 329—336.

UHLMANN, M.: Untertageseismische Untersuchungen im Südharz-Kalisalzgebiet. Freiberger Forschungshefte C 161, Leipzig (1963) S. 29—46.

UHLMANN, M.: Seismische Untersuchungen im Kali- und Steinsalzbergbau zur Ortung von Grenzflächen und zur Bestimmung elastischer Kennwerte in-situ. Habil.-Schrift, einger. an der Fakultät f. Math. und Naturwissensch. d. Bergakademie Freiberg (1968) (nicht veröffentlicht).

ULRYCH, T. J.: Application of homomorphic deconvolution to seismology. Geophysics, Tulsa **36** (1971) 4, S. 650—660.

VAN MELLE, F. A.: Wave front circles for a linear increase of velocity with depth. Geophysics, Tulsa **13** (1948) 2, S. 158—162.

VAN MELLE, F. A.; WEATHERBURN, K. R.: Ghost reflections caused by energy initially reflected above the level of the shot. Geophysics, Tulsa **18** (1953) 4, S. 793—804.

VASILEV, S. A.; GOLOSOV, V. P.; POLŠKOV, M. K.; URUPOV, A. K.: Prinzipien der digitalen Bearbeitung seismischer Aufzeichnungen von Reflexionswellen auf der Grundlage der mathematischen Beschreibung der Wiederherstellung von Wellenfeldern (russ.). Priklad. Geofiz., Moskva **66** (1972), S. 8—24.

VASSILIYEV, Y. I.; KOVALEV, O. I.; PARKHOMENKO, I. S.: The investigation of the crystalline basement by the method of refracted waves under conditions of incomplete screening, Part 2. Akad. Nauk SSSR, Izv. Ser. geofiz., no. 5 (1958), S. 569—581.

VELZEBOER, C. J.: The theoretical seismic reflection response of sedimentary sequences. Geophysics, Tulsa **46** (1981) 6, S. 843—853.

VICH, R.: *Z*-Transformation; Theorie und Anwendung. Verl. Technik, Berlin 1964.

WALACH, G.; WEBER, F.: Die geophysikalische Problematik bei der Erforschung der hydrogeologischen Verhältnisse des Krappfeldes (Kärnten). Verh. Geol. B.-A., Wien (1981) 2, S. 205—214.

WARE, J. A.: A simple upgrade for some bright spots. Geophysics, Tulsa **42** (1977) 4, S. 868—871.

WEBER, J.: ALYS: Eine automatische Geschwindigkeitsanalyse. Prakla-Seismos Report 4/71, Hannover (1971), S. 10—11.

WEBER, F.; SCHMÖLLER, R.; SCHMID, C.: Reflexionsseismische Messungen mit hohem Auflösungsvermögen zur Strukturerkundung in der Braunkohle. Freiberger Forschungshefte C 408, Leipzig 1985, S. 20—37.

WEBER, F.; WÜSTRICH, R.: Ergebnisse der refraktionsseismischen Messungen am Hochköniggletscher. Zentralanstalt f. Meteor. u. Geodyn. in Wien, Publ. Nr. 268 (1983) 56, 50 S.

WERNER, H.: KREY, TH.: Combi-Sweep — a contribution to sweep techniques. Geophys. Prosp., The Hague **27** (1979) 1, S. 78—105.

WERTH, G. C.: Method for Calculation the Amplitude of the Refraction Arrival. In: Seismic Refraction Prospecting, ed A. W. MUSGRAVE, The Soc. of Expl. Geoph., Tulsa (1967), S. 119—137.

WIDESS, M. B.: How thin is a thin bed? Geophysics, Tulsa **38** (1973) 6, S. 1176—1180.

WIECHERT, E.: Untersuchungen der Erdrinde mit Seismometer unter Benutzung künstlicher Erdbeben. Nachr. Ges. Wiss. Göttingen, mathem.-phys. Klasse, 1 (1923).

WIECHERT, E.: Seismische Untersuchungen. Zeitschr. f. Geoph., Würzburg **1** (1924) 1/2, S. 14—20.

WIECHERT, E.: Untersuchungen der Erdrinde mit Hilfe von Sprengungen. Geol. Rundschau, Stuttgart **17** (1926), 339 S.

WIENER, N.: The extrapolation, interpolation and smoothing of stationary time series with engineering Applications. John Wiley and Sons, New York 1949.

WILL, M.: Calculation of Travel Times and Ray Paths for Lateral Inhomogeneous Media. In: Explosion Seismology in Central Europe, ed.: P. GIESE, C. PRODEHL, A. STEIN, Springer-Verlag Berlin—Heidelberg—New York 1976, S. 168—177.

WINKLER, K. W.; NUR, A.: Seismic attenuation: Effects of pore fluids and frictional sliding. Geophysics, Tulsa 47 (1982) 1, S. 1—15.

ZIOLKOWSKI, A.: A method for calculating the output pressure wave form from an air gun. Geoph. J. Roy. Astron. Soc., London 21 (1970), S. 137—161.

ZIOLKOWSKI, A.; LERWILL, W. E.: A simple approach to high resolution seismic profiling for coal. Geoph. Prosp., The Hague 27 (1979) 2, S. 360—393.

ZVOLINSKY, N. V.: Reflected and head waves arising at a plane interface of two elastic media II, Equation 21. Bull. Ac. Sc. U. S. S. R., Geophysics, series No. 1, Engl. Transl. (1958), S. 1—7.

Sachverzeichnis

FSC
www.fsc.org
MIX
Papier | Fördert
gute Waldnutzung
FSC® C083411

Kolibri 360 GmbH
Ferdinand-Jühlke-Straße 7
99095 Erfurt, Deutschland
produktsicherheit@kolibri360.de